建筑结构与识图

（第2版）

主　编　周　晖

副主编　刘赛红

参　编　李　勇　刘国强　蔡丹阳

北京理工大学出版社
BEIJING INSTITUTE OF TECHNOLOGY PRESS

内 容 提 要

本书按照新国家规范和土建类专业教学标准相关内容和要求编写，紧密围绕建筑结构原理和施工图展开，主要内容包括建筑力学基础，建筑结构材料，结构设计方法与设计指标，钢筋混凝土结构基本构件，钢筋混凝土楼（屋）盖、楼梯，基础，多层及高层钢筋混凝土房屋结构，砌体结构基础，钢结构基础，建筑结构施工图识读。

本书可作为高等院校土木工程类相关专业的教材，也可供工程造价人员学习参考，还可作为岗位培训教材或工程技术人员的参考书。

图书在版编目（CIP）数据

建筑结构与识图/周晖主编.—2版.—北京：北京理工大学出版社，2021.6

ISBN 978-7-5682-9979-4

Ⅰ.①建…　Ⅱ.①周…　Ⅲ.①建筑结构　②建筑结构—建筑制图—识图　Ⅳ.①TU3　②TU204.21

中国版本图书馆CIP数据核字（2021）第130882号

出版发行 / 北京理工大学出版社有限责任公司
社　　址 / 北京市海淀区中关村南大街5号
邮　　编 / 100081
电　　话 / （010）68914775（总编室）
（010）82562903（教材售后服务热线）
（010）68944723（其他图书服务热线）
网　　址 / http://www.bitpress.com.cn
经　　销 / 全国各地新华书店
印　　刷 / 河北鑫彩博图印刷有限公司
开　　本 / 787毫米×1092毫米　1/16
印　　张 / 22
字　　数 / 587千字
版　　次 / 2021年6月第2版　2021年6月第1次印刷
定　　价 / 85.00元（含配套图集）

责任编辑 / 封　雪
文案编辑 / 封　雪
责任校对 / 刘亚男
责任印制 / 边心超

图书出现印装质量问题，请拨打售后服务热线，本社负责调换

第2版前言

《建筑结构与识图》参考了《建筑结构制图标准》（GB/T 50105—2010）、《混凝土结构设计规范（2015年版）》（GB 50010—2010）、《建筑抗震设计规范（2016年版）》（GB 50011—2010）、《钢结构设计标准》（GB 50017—2017）、《建筑地基基础设计规范》（GB 50007—2011）等规范标准进行编写。本书可作为高等院校土建类相关专业的教材，也可作为岗位培训教材或工程技术人员的参考书。

本书主要以结构施工图识读能力的培养为主线展开，主要研究一般结构构件的受力特点、构造要求、施工图表示方法等建筑结构基本概念和基本知识。全书内容包括建筑力学基础，建筑结构材料，结构设计方法与设计指标，钢筋混凝土结构基本构件，钢筋混凝土楼（屋）盖、楼梯，基础，多层及高层钢筋混凝土房屋结构，砌体结构基础，钢结构基础，建筑结构施工图识读等。本书编写过程中，结合编者教学实践的经验，突出能力目标的训练及知识目标的掌握，内容选取以够用为原则，注重实用性和针对性，力求反映高等教育的特点。

本书由广州番禺职业技术学院周晖担任主编、广州市城市建设职业学校刘赛红担任副主编，广东省有色地质勘查院李勇、广州城建职业学院刘国强、广州番禺职业技术学院蔡丹阳参与项目编写与修订工作，由广州番禺职业技术学院周晖对全书进行统稿。

本书为广东省高职院校第一批高水平专业群项目（GSPZYQ2020016）建设内容之一，广州中望龙腾软件股份有限公司给予大力支持，在此一并表示感谢！

由于编者的理论水平和实践经验有限，书中错误及不妥之处在所难免，恳请专家和读者批评指正。

编　者

第1版前言

《建筑结构与识图》参考了《建筑结构制图标准》（GB/T 50105—2010）、《混凝土结构设计规范（2015年版）》（GB 50010—2010）、《建筑抗震设计规范》（GB 50011—2010）、《钢结构设计规范》（GB 50017—2003）、《建筑地基基础设计规范（2016年版）》（GB 50007—2011）等规范标准进行编写。本书可作为高等院校土建类相关专业的教材，也可供同类专业的师生和工程造价人员学习参考，还可作为岗位培训教材或工程技术人员的参考书。

本书主要以结构施工图识读能力的培养为主线展开，主要研究一般结构构件的受力特点、构造要求、施工图表示方法等建筑结构基本概念和基本知识。全书内容包括建筑力学基本知识，建筑结构材料，结构设计方法与设计指标，混凝土结构基本构件，钢筋混凝土楼（屋）盖、楼梯，基础，钢筋混凝土多层与高层结构，砌体结构基础知识，钢结构基础知识，建筑结构施工图识读等。本书编写过程中，结合编者教学实践的经验，突出能力目标的训练及知识目标的掌握，内容选取以够用为原则，注重实用性和针对性，力求反映高等教育的特点。

本书由广州城建职业学院周晖、刘赛红担任主编，并进行了全书的统筹安排与编写。

本书为广东省高等学校优秀青年教师培养计划项目（Yq201462）、广东省品牌专业设项目（2016gzpp016）的配套建设项目。

由于编者的理论水平和实践经验有限，书中错误及不妥之处在所难免，恳请专家和读者批评指正。

编　者

目录

绪　论

教学目标

通过本项目的学习，掌握建筑结构的组成与分类，了解建筑结构的发展及应用概况，熟悉本课程的特点和基本要求，并通过优秀建筑作品赏析来增强学生的民族自豪感和文化自信。

教学要求

学习目标	相关知识点	权重
能够说出建筑结构的组成	建筑结构的概念与建筑结构的组成	30%
能够区分建筑结构的分类	建筑结构的分类	40%
能够说出本课程的特点	课程的特点与基本要求	30%

学习重点

建筑结构的组成与分类。

引　例

观察身边的建筑，思考建筑由哪些构件作为承受建筑荷载的骨架？这些荷载是如何传递的？

建筑为人们提供生产、生活和其他活动所必需的场所，包括建筑物和构筑物两大类。建筑中由若干个单元按照一定的连接方式组成，将所承受的荷载和其他间接作用自上而下最终传递给地基土的骨架称为建筑结构，而这些单元就称为建筑结构的基本构件。

1. 建筑结构的组成

建筑结构的基本构件主要有板、梁、柱、墙、基础等，这些构件由于所处部位及承受荷载情况不相同，其作用也各不相同。

(1)板——水平承重构件。板直接承受着各楼层上的家具、设备、人的重量和楼层自重；同时，板对墙或柱起水平支撑的作用，传递着风、地震等侧向水平荷载，并将上述各种荷载传递给墙或柱。结构设计时，对板的要求是要有足够的强度和刚度，以及良好的隔声、防渗漏、防火性能。板是典型的受弯构件，且其厚度方向的尺寸远小于长、宽两个方向的尺寸。

(2)梁——水平承重构件。承受着板传来的荷载及梁的自重。梁的截面高度和宽度尺寸远小于长度方向的尺寸。梁主要承受竖向荷载，其作用效应主要为受弯和受剪。

一般梁的形态认知

(3)柱——竖向承重构件。承受着由屋盖和各楼层传来的各种荷载，并将这些荷载可靠地传递给基础。柱的截面尺寸远小于其高度。当荷载作用线通过柱截面形心时为轴心受压柱；当荷载作用线偏离柱截面形心时为偏心受压柱。设计时必须满足强度、刚度和耐久性的要求。

(4)墙——竖向承重构件。与柱的作用类似，也承受着由屋盖和各楼层传来的各种荷载，并将这些荷载传递给基础。同时，外墙有围护的功能，内墙有分隔房间的作用，所以，对墙体还常提出保温、隔热、隔声、防水、防火等要求。墙的作用效应为受压，有时还可能受弯。

(5)基础——基础位于建筑物的最下部，埋于自然地坪以下，承受上部结构传来的所有荷载，并将这些荷载传递给地基。基础是房屋的主要受力构件，其构造要求坚固、稳定、耐久，能经受冰冻、地下水及所含化学物质的侵蚀，保持足够的使用年限。

2. 建筑结构的分类

建筑结构的分类方法有多种，一般可以按照结构所用的材料、承重结构类型、使用功能、外形特点、施工方法等进行分类。

(1)按照结构所用材料分类。按照结构所用材料的不同，建筑结构可分为混凝土结构、砌体结构、钢结构、木结构、混合结构等多种形式。

1)混凝土结构包括素混凝土结构、钢筋混凝土结构、预应力混凝土结构、钢纤维混凝土结构和各种形式的加筋混凝土结构。

2)砌体结构包括砖砌体结构、石砌体结构、砌块砌体结构。砌体结构多用于多层民用建筑。

3)钢结构是由钢板、型钢等钢材通过有效的连接方式而形成的结构，广泛用于高层建筑和工业建筑中。钢结构具有轻质高强、可靠性好、施工简单、工期短等优点，是建筑结构发展的方向。

4)木结构是全部或大部分用木材制作的结构，由于砍伐木材对资源的不利影响，且木材具有易燃、易腐、结构变形大等缺点，目前已经较少采用了。

5)结构材料可以在同一结构体系中混合使用，形成混合结构。如砖混结构，楼屋盖等采用混凝土材料，墙体采用砖砌体，基础采用砖石砌体或钢筋混凝土等。

(2)按照承重结构类型分类。按承重结构类型和受力体系，建筑结构可分为砖混结构、框架结构、排架结构、剪力墙结构、框架-剪力墙结构、筒体结构、拱结构、网壳结构、钢索结构等多种形式。

(3)按照其他方法分类。

1)按照使用功能可分为建筑结构(如住宅、公共建筑、工业建筑等)、特种结构(如烟囱、水池、水塔、挡土墙、筒仓等)、地下结构(如隧道、井筒、涵洞、地下建筑等)。

2)按照外形特点可分为单层结构、多层结构、高层结构、大跨结构、高耸结构等。

3)按照施工方法可分为现浇结构、装配式结构、装配整体式结构、预应力混凝土结构等。

3. 建筑结构的发展及应用概况

建筑结构有着悠久的历史，它随着人类社会的进步、生产力的提高而不断发展。

中国建筑结构体系大约发端于距今 8 000 年前的新石器时代。人类应用较早的建筑结构是砖石结构和木结构。万里长城、河南登封的嵩岳寺塔、河北赵县的安济桥、五台山南禅寺和佛光寺等都是建筑结构发展史上的经典之作。

国外，17 世纪工业革命时开始将生铁作为建筑材料，19 世纪初开始使用熟铁。随着 19 世纪 20 年代波特兰水泥的出现，混凝土开始广泛应用于建筑行业，随后钢筋混凝土结构、预应力

混凝土结构、装配式钢筋混凝土结构、钢筋混凝土薄壁结构等相继出现。现代建筑结构向高、深、轻质高强、绿色环保方向发展，其结构形式、应用范围、施工方法和设计理论等都随着科技水平的提高而迅猛发展。

建筑结构在设计理论方面也日趋成熟与完善，从1955年我国有了第一批建筑结构设计规范起，至今已修订了四次。20世纪50年代前，结构的安全度和可靠度设计方法基本处于经验性的允许应力法阶段。20世纪70年代后，结构可靠度的近似概率极限状态设计方法被广泛采用。现行的《混凝土结构设计规范(2015年版)》(GB 50010—2010)采用以概率理论为基础的极限状态设计方法，全面侧重结构的性能，还明确了工程人员必须遵守的强制性条文。随着理论的深入、现代测试技术的发展、计算机的广泛应用，建筑结构的计算理论和设计方法将向更高的阶段迈进。

4. 课程的特点和基本要求

《建筑结构与识图》是工程造价专业的重要基础课程，其主要由建筑力学基础知识、建筑材料基础知识、钢筋混凝土结构、多高层结构、砌体结构、钢结构、建筑基础、建筑结构施工图识读等部分组成。本课程以培养学生的结构施工图识读能力为主线，主要研究一般结构构件的受力特点、构造要求、施工图表示方法等建筑结构基本概念和基本知识，为学生以后正确计算结构工程量奠定基础。

为了学好建筑结构基础与识图这门课程，应注意以下几个方面：

(1)学习本课程时，应加强基本概念的理解。本课程内容多、符号多、计算公式多、构造要求多，在学习中不应死记硬背，要注重对概念的理解。除课堂教学外，要通过思考题和习题等作业，进一步巩固和理解学习内容。

(2)重视结构设计规范[《混凝土结构设计规范(2015年版)》(GB 50010—2010)、《建筑结构荷载规范》(GB 50009—2012)、《砌体结构设计规范》(GB 50003—2011)、《建筑结构可靠性设计统一标准》(GB 50068—2018)、《建筑抗震设计规范(2016年版)》(GB 50011—2010)、《混凝土结构施工图平面整体表示方法制图规则和构造详图(现浇混凝土框架、剪力墙、梁、板)》(16G101-1)等]的学习。在本课程学习的同时，应熟悉并掌握现行的相关规范。课程中涉及的构造措施和相关规定要予以重视，弄懂其中的道理。许多构造要求是大量的工程经验和科学实验的总结，其地位与计算结果同等重要，需通过平时的作业和课程设计逐步掌握一些基本的构造要求并学会应用有关规范和标准。

(3)注重实践锻炼，做到理论联系实践。本课程的理论本身很多来自工程实践，是实践经验的总结。多到施工现场参观、学习钢筋的下料、绑扎，混凝土的浇筑等内容，这样才能加深对知识的理解。

(4)注重识图能力的培养和提高。识读建筑图和结构图是工程造价专业学生的重要能力之一。要求学生必须熟悉结构施工图的表示方法(传统表示方法和平面整体表示方法)，掌握基本的结构知识，理解构造要求，能熟练准确地识读板、梁、柱、剪力墙、楼梯、基础等的结构施工图。在学习过程中，应准备多套图纸进行实际的图纸识读和会审训练。

项目 1

建筑力学基础

教学目标

通过本项目的学习，理解静力学的基本概念；掌握常见约束类型及其约束反力；能快速画出物体(物体系)受力分析图；能准确运用平面力系的静力平衡条件求出约束反力；能熟练运用截面法求出指定(或任意)截面的内力；能快速准确地绘制出轴心受力构件、受弯构件的内力图。通过力学简化将复杂问题简单化，培养学生解决复杂问题的思路和方法—“化繁为简”。

教学要求

学习目标	相关知识点	权重
能在实际工程中运用静力学基本概念对简单结构进行受力分析	力的基本概念、力的效应、力的平衡、静力学公理、力系、力矩、力偶、力的分解、常见约束及其约束反力、受力图的步骤	25%
能计算约束反力	平面力系平衡条件	15%
能正确计算出简单结构的内力	内力及应力的基本概念	15%
能计算轴向拉压杆的轴力并绘制轴力图	计算轴力的步骤、$\sigma=\dfrac{N}{A}$	15%
能绘制单跨静定梁的内力并绘制内力图	单跨静定梁的基本形式、计算单跨静定梁内力的方法	30%

学习重点

约束的类型，支座反力的计算，用截面法计算杆件的轴力、剪力及弯矩。

引　例

案例一　三层砖混结构的办公楼，由梁、预制混凝土空心板、砖砌体墙和钢筋混凝土基础等构件组成，这些构件相互支承，形成主要受力骨架。楼面由预制混凝土空心板铺成，空心板支承在梁上，梁支承在墙体上，墙体支承在基础上。墙厚为 240 mm，楼面由预制混凝土空心板铺成，其结构平面布置图如图 1-1(a)所示。

案例二　五层现浇钢筋混凝土框架结构教学楼，由现浇的梁、板、柱和基础等构件组成，这些构件整体浇筑在一起。楼面是现浇的钢筋混凝土板，由现浇的钢筋混凝土框架梁支承着，现浇钢筋混凝土柱支承着梁，柱固结于现浇钢筋混凝土基础上。楼面做法：楼面面层为水磨石(10 mm面层，20 mm水泥砂浆打底)，天花板采用15 mm混合砂浆抹灰。图1-1(b)所示为其构件平面布置示意图。

思考：案例中的板和梁是否平衡，怎样达到平衡的，会产生怎样的变形?

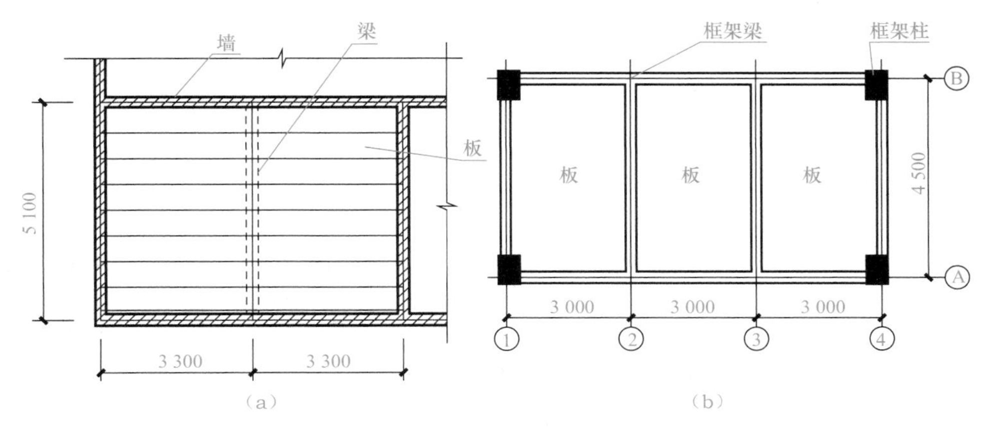

图1-1　案例一和案例二中的楼面

任务1.1　物体受力分析与受力图绘制

知识导航

1.1.1　力与平衡的基本概念

1. 力的概念

力是物体间的相互机械作用，这种作用使物体的运动状态或形状发生改变。力对物体作用的效应取决于力的三要素，即力的大小、方向和作用点。

(1)力的大小反映物体之间的相互机械作用的强弱程度，力的单位是牛顿(**N**)或千牛顿(**kN**)。

(2)力的方向表示物体之间的相互机械作用具有方向性，包含力的作用线在空间的方位和指向，如水平向右、铅直向下等。

(3)力的作用点是指力对物体的作用位置，通常它是一块面积而不是一个点，当作用面积很小时可以近似看作一个点。

力总是按照各种不同的方式分布于物体接触面的各点上。当接触面面积很小时，可以将微小面积抽象为一个点，这个点称为力的作用点，那么该作用力称为集中力，用$\boldsymbol{F}$(N)表示；当力在整个接触面上分布作用，则此时的作用力称为分布力。分布力的大小用单位面积上的力的大小来度量，称为荷载集度，用$\boldsymbol{q}$(N/m^2)表示；力是矢量，记作$\boldsymbol{F}$，用一段带有箭头的直线(AB)来表示。其中，线段(AB)的长度按一定的比例尺表示力的大小；线段的方位和箭头的指向表示力的方向；线段的起点A或终点B应在受力物体上，表示力的作用点，如图1-2所示。线段所

在的直线称为力的作用线。

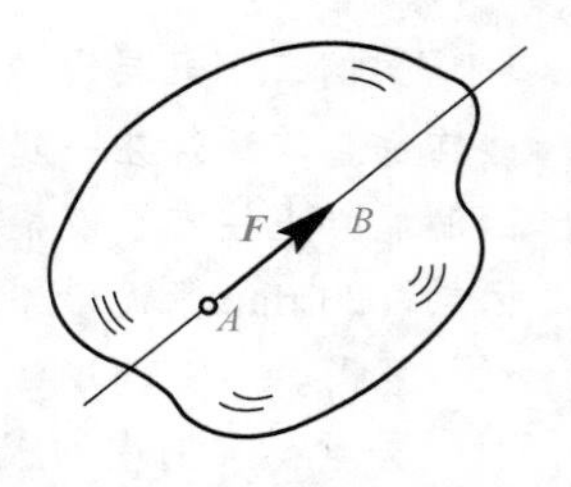

图 1-2　力的表示

力可以分为外力和内力。外力是指其他物体对所研究物体的作用力；内力是指物体系内各物体之间的相互作用力。外力和内力的区分并不是绝对的，将由研究对象的不同而异。

2. 刚体和平衡的概念

刚体——在力作用下不产生变形或变形可以忽略的物体。刚体是对实际物体经过科学的抽象和简化而得到的一种理想模型，绝对的刚体实际并不存在。

平衡——在一般工程问题中是指物体相对于地球保持静止或做匀速直线运动的状态。显然，平衡是机械运动的特殊形态，因为静止是相对的、暂时的，而运动才是绝对的、永恒的。建筑力学研究的平衡主要是指物体处于静止状态。

3. 力系、等效力系、平衡力系的概念

(1)作用在物体上的一组力，称为力系。按照各力作用线是否位于同一平面内，力系可以分为平面力系和空间力系两大类，如平面力偶系、空间一般力系等。在静力学中一般遇到的是平面力系。

按照平面力系中各力作用线分布的不同形式，平面力系又可分为以下四类，如图 1-3 所示。

1)平面汇交力系——力系中各力作用线位于同一平面内并汇交于一点。

2)平面力偶系——力系由若干力偶组成。

3)平面平行力系——力系中各力作用线位于同一平面内并相互平行。

4)平面一般力系——力系中各力作用线位于同一平面内，且既不完全交于一点，也不完全相互平行。

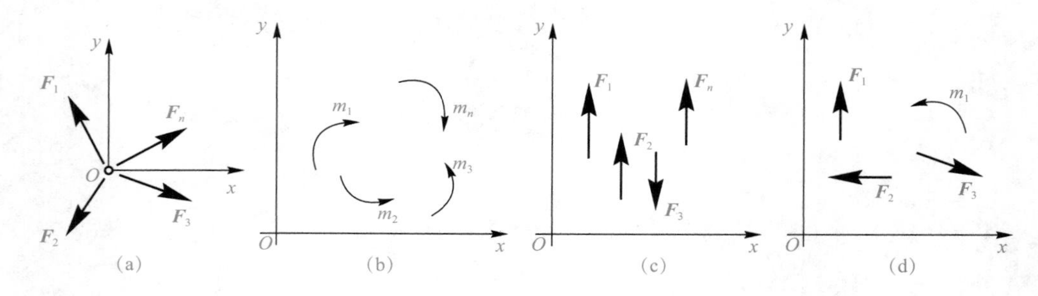

图 1-3　平面力系的分类

(a)平面汇交力系；(b)平面力偶系；(c)平面平行力系；(d)平面一般力系

(2)等效力系——如果某一力系对物体产生的效应，可以用另外一个力系来代替，则这两个力系称为等效力系。

合力——当一个力与一个力系等效时，则称该力为此力系的合力。

分力——当一个力与一个力系等效时，称该力系中的每一个力为这个力的分力。

把力系中的各个分力代换成合力的过程，称为力系的合成；反之，把合力代换成若干分力的过程，称为力的分解。

(3)平衡力系——若刚体在某力系作用下保持平衡，则该力系称为平衡力系。

1.1.2　静力学公理

1. 二力平衡公理

作用于刚体上的两个力平衡的充分与必要条件是：这两个力大小相等、方向相反、力的作

用线在同一条直线上，如图 1-4 所示。

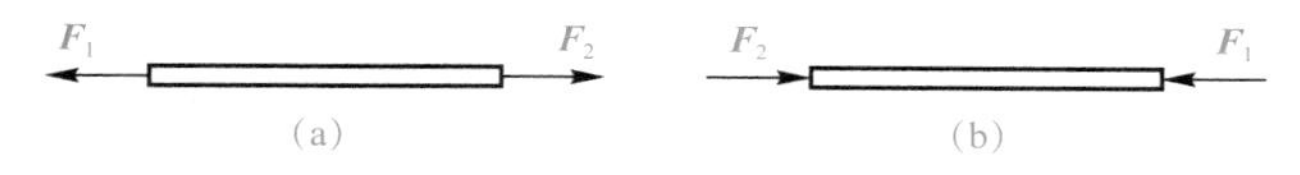

图 1-4　二力平衡公理

应当指出的是，对于刚体，该条件是充分而且必要的；而对于变形体，该条件只是必要的而不是充分的。如柔索受到两个等值、反向、共线的压力作用时就不能平衡，如图 1-5 所示。

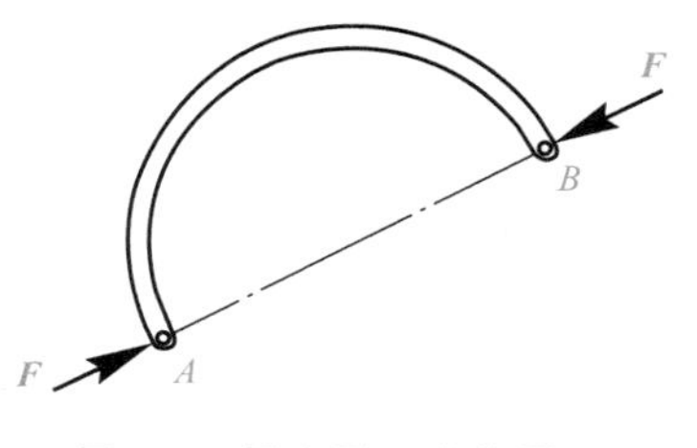

图 1-5　柔索受二力作用

在两个力作用下处于平衡的物体称为二力构件；若为杆件，则称为二力杆。根据二力平衡公理可知：作用在二力构件上的两个力，它们必须通过两个力作用点的连线(与杆件的形状无关)，且大小相等、方向相反。

2. 加减平衡力系公理

在作用于刚体上的已知力系上，加上或减去任意一个平衡力系，不会改变原力系对刚体的作用效应。因为任意一个平衡力系的作用效应等于零，增加一个零和减去一个零并不改变刚体原有的运动效果。

【推论】　力的可传性原理

作用于刚体上某点的力，可沿其作用线移动到刚体内任意一点，而不改变该力对刚体的作用效应。如图 1-6 所示，在力的作用线上任取一点 B，加上一对平衡力 $F_1=F_2=F$，由公理 2 可知，刚体的运动状态不改变，即力系($\boldsymbol{F}_1$，$\boldsymbol{F}_2$，$\boldsymbol{F}$)与力($\boldsymbol{F}$)等效。又 $\boldsymbol{F}_2$ 与 $\boldsymbol{F}$ 构成一对平衡力，可以去掉，即力系($\boldsymbol{F}_1$，$\boldsymbol{F}_2$，$\boldsymbol{F}$)与力($\boldsymbol{F}_1$)等效。所以，作用于 A 点的力 $\boldsymbol{F}$ 与作用在 B 点的力 $\boldsymbol{F}_1$ 是等效的。同样必须指出，力的可传性原理也只适用于刚体而不适用于变形体。

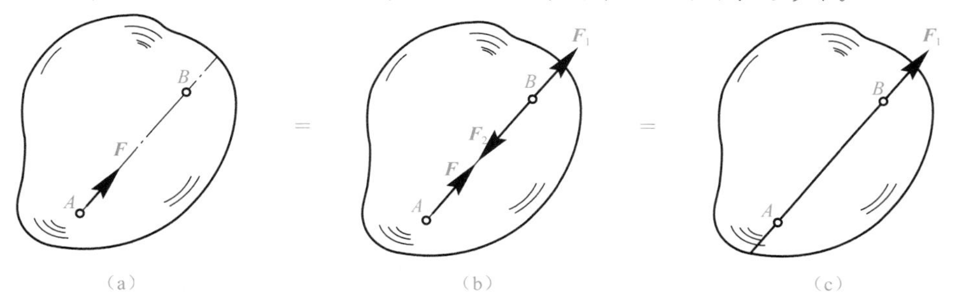

图 1-6　力的可传性

3. 力的平行四边形法则或三角形法则

作用于物体同一点的两个力，可以合成为一个合力，合力也作用于该点，其大小和方向由以两个分力为邻边的平行四边形的对角线表示。如图 1-7 所示，其矢量表达式为

$$\boldsymbol{F}_1+\boldsymbol{F}_2=\boldsymbol{F}_R \tag{1-1}$$

在求两共点力的合力时，为了作图方便，只需画出平行四边形的一半，即三角形便可。其方法是自任意点 O 开始，先画出一矢量 $\boldsymbol{F}_1$，然后再由 $\boldsymbol{F}_1$ 的终点画另一矢量 $\boldsymbol{F}_2$，最后由 O 点至力矢量 $\boldsymbol{F}_2$ 的终点 R 作一矢量 $\boldsymbol{F}_R$，它就代表 $\boldsymbol{F}_1$、$\boldsymbol{F}_2$ 的合力矢。合力的作用点仍为 $\boldsymbol{F}_1$、$\boldsymbol{F}_2$ 的汇交点 A。这种作图法称为力的三角形法则。显然，若改变 $\boldsymbol{F}_1$、$\boldsymbol{F}_2$ 的顺序，其结果不变，如图 1-8 所示。

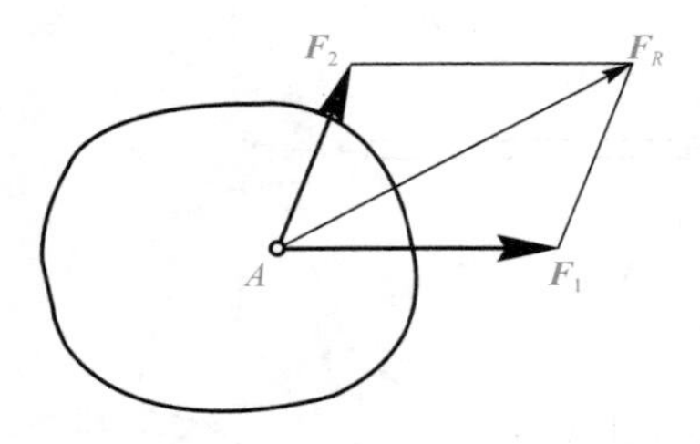

图 1-7　力的平行四边形法则

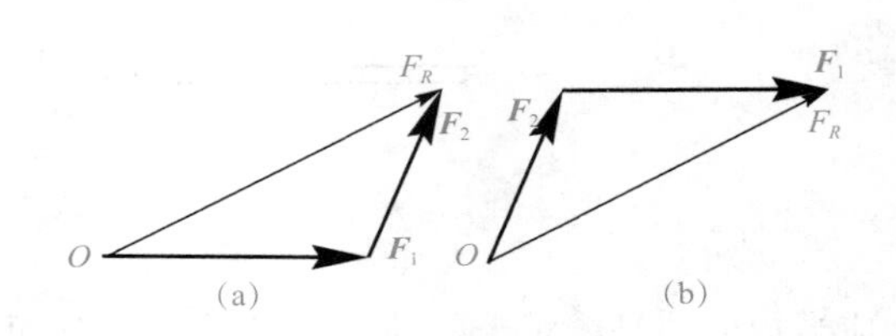

图 1-8　力的三角形法则

利用力的平行四边形法则或三角形法则，可以求两个力的合力，也可以把一个已知力分解成与其共点的两个力。如要得出唯一解，必须给出限制条件，如已知一分力的大小方向求另一分力或已知两分力的方向求其大小等。在实际计算中，常将力 $\boldsymbol{F}$ 沿 x 轴、y 轴正交分解成两个分力 $\boldsymbol{F}_x$ 和 $\boldsymbol{F}_y$，如图 1-9 所示。

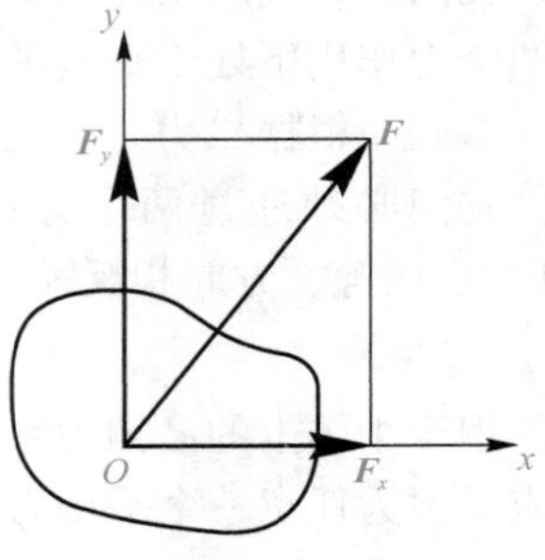

图 1-9　力的分解

【推论】 三力平衡汇交定理

一刚体受不平行的三个力作用而平衡时，此三力的作用线必共面且汇交于一点，如图 1-10 所示。

应当指出，三力平衡汇交定理只说明了不平行的三力平衡的必要条件，而不是充分条件。它常用来确定刚体在不平行三力作用下平衡时，其中某一未知力的作用线。

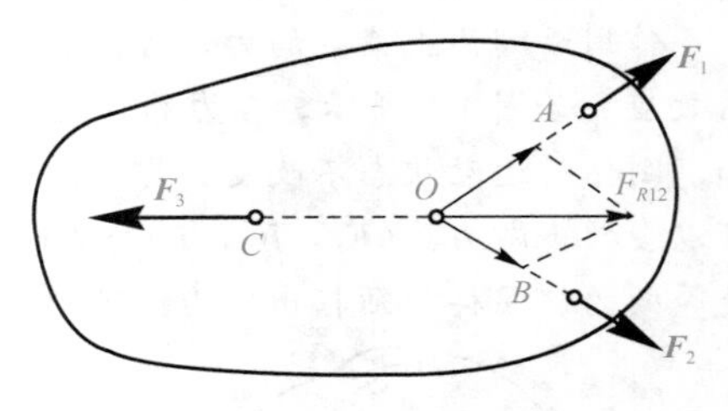

图 1-10　三力汇交平衡力系

4. 作用力与反作用力公理

两个物体之间相互作用的一对力，总是大小相等、方向相反、作用线相同，并分别同时作用于这两个物体上。

1.1.3　约束与约束反力

约束——阻碍物体运动的限制条件，约束总是通过物体之间的直接接触而形成。例如，讲台是粉笔盒的约束，轨道是火车的约束，柱是梁的约束。

约束反力——约束对物体必然作用一定的力，这种力称为约束反力或约束力，简称反力。约束反力的方向总是与物体的运动或运动趋势的方向相反，它的作用点就在约束与被约束物体的接触点。

凡能主动引起物体运动或使物体有运动趋势的力，称为主动力，如重力、水压力、风压力等都是主动力。作用在工程结构上的主动力又称为荷载。通常情况下，主动力是已知的，而约束反力是未知的。

下面列举几种工程中常见的约束及其约束反力的特征：

(1)柔体约束。由柔软且不计自重的绳索、胶带、链条等构成的约束统称为柔体约束。柔体约束的约束反力为拉力，沿着柔体的中心线背离被约束的物体，用符号 $\boldsymbol{F}_T$ 表示，如图 1-11 所示。

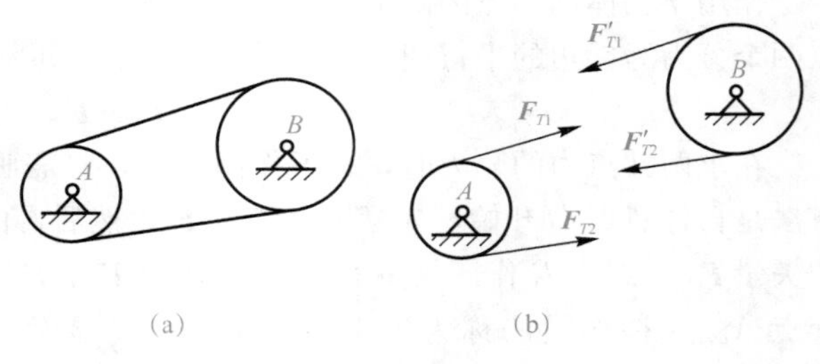

图 1-11　柔体约束

(2)光滑接触面约束。物体之间光滑接触，只限制物体沿接触面的公法线方向并指向物体的运动。光滑接触面约束的反力为压力，通过接触点，方向沿着接触面的公法线指向被约束的物体，通常用符号 $\boldsymbol{F}_N$ 表示，如图 1-12 所示。

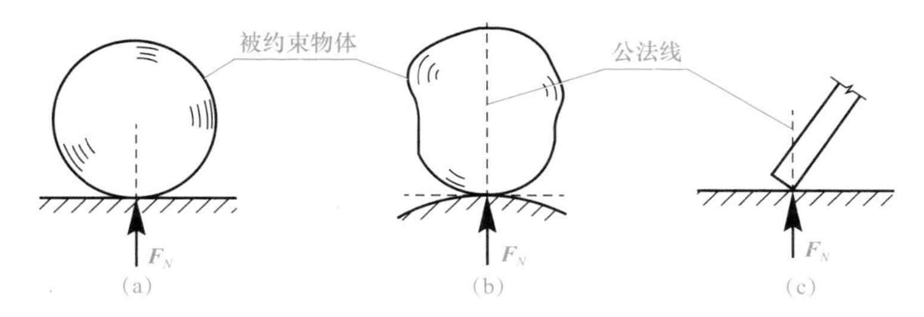

图 1-12　光滑接触面约束

(3)链杆约束。两端各以铰链与其他物体相连接且中间不受力(包括物体本身的自重)的直杆称为链杆，如图 1-13 所示。链杆的约束反力总是沿着链杆的轴线方向，指向不定，常用符号 $\boldsymbol{F}$ 表示。

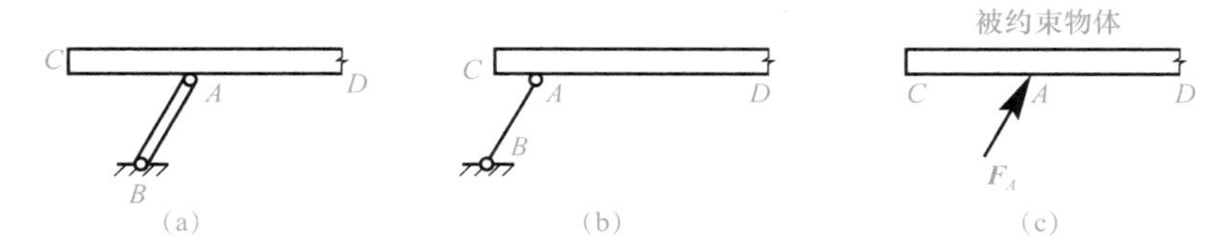

图 1-13　链杆约束

(4)圆柱铰链约束。两个物体分别被钻上直径相同的圆孔并用销钉相连接，如果忽略销钉与销壁之间的摩擦，则这种约束称为光滑圆柱铰链约束，简称铰链约束，如图 1-14 所示。铰链的约束反力作用在与销钉轴线垂直的平面内，并通过销钉中心，但方向待定，如图 1-14(c)所示的 $\boldsymbol{F}_A$ 常分解为通过铰链中心的相互垂直的两个分力 $\boldsymbol{F}_{Ax}$、$\boldsymbol{F}_{Ay}$ 来表示[图 1-14(d)]。

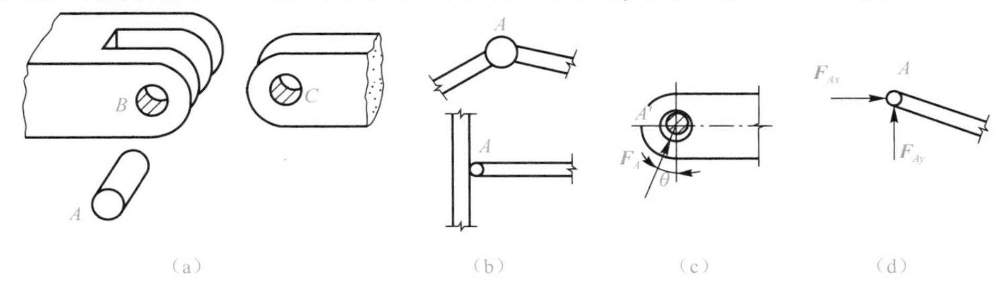

图 1-14　圆柱铰链约束

(5)固定铰支座。将构件或结构连接在支承物上的装置称为支座。用光滑圆柱铰链把构件或结构与支承底板相连接，并将支承底板固定在支承物上而构成的支座，称为固定铰支座，如图 1-15所示。工程中，为避免构件打孔削弱构件的承载力，常在构件和底板上固结一个用来穿孔的物体，如图 1-15(a)所示。

固定铰支座的约束反力与圆柱铰链相同，其约束反力也应通过铰链中心，但方向待定。为方便起见，常用两个相互垂直的分力 $\boldsymbol{F}_{Ax}$、$\boldsymbol{F}_{Ay}$ 表示，如图 1-15(b)所示。力学计算时，其简图可用图 1-15(c)、(d)表示。

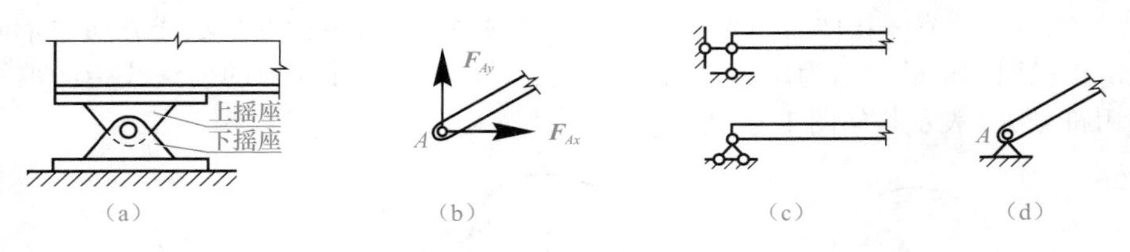

图 1-15　固定铰支座

(6)可动铰支座。如果在固定铰支座的底座与固定物体之间安装若干辊轴，就构成可动铰支座，如图 1-16 所示。可动铰支座的约束反力垂直于支承面，且通过铰链中心，但指向不定，常用 $\boldsymbol{R}$(或 $\boldsymbol{F}$)表示，如图 1-16(b)所示。力学计算时，其简图可用图 1-16(c)、(d)表示。

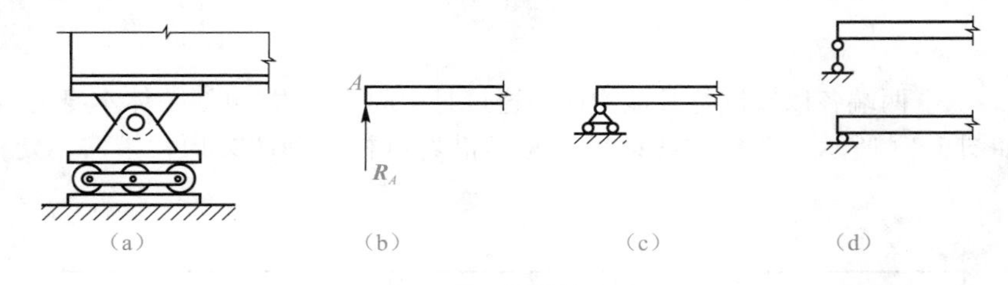

图 1-16　可动铰支座

(7)固定端支座。如果构件或结构的一端牢牢地插入支承物里面，如房屋的雨篷嵌入墙内[图 1-17(a)]，底层柱与基础整体浇筑在一起等，就形成固定端支座。这种约束的特点是连接处有很大的刚性，不允许被约束物体与约束物体之间发生任何相对的移动和转动，即被约束物体在约束端是完全固定的一个整体。其约束反力一般用三个反力分量来表示，即两个相互垂直的分力 $\boldsymbol{F}_{Ax}$(或 $\boldsymbol{X}_A$)、$\boldsymbol{F}_{Ay}$(或 $\boldsymbol{Y}_A$)和反力偶 M_A，如图 1-17(b)所示。其力学计算简图可用图 1-17(c)表示。

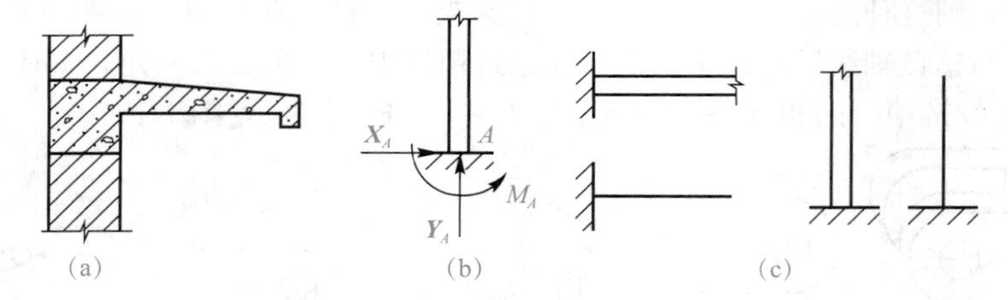

图 1-17　固定端支座

能力导航

1.1.4　物体的受力分析与受力图绘制

进行力学分析时需要了解物体的受力情况，其中哪些是已知力，哪些是未知力，这个过程称为对物体进行受力分析。工程结构中的构件或杆件，一般都是非自由体，它们与周围的物体(包括约束)相互连接在一起以承担荷载。为了分析某一物体的受力情况，往往需要解除限制该物体运动的全部约束，将该物体从与它相连系的周围物体中分离出来，单独画出这个物体的图形，称之为脱离体(或研究对象)。然后，将周围各物体对该物体的各个作用力(包括主动力与约束反力)全部用矢量线画在脱离体上。这种画有脱离体及其所受的全部作用力的简图，称为物体的受力图。

正确对物体进行受力分析并画出其受力图，是求解力学问题的关键。

受力图绘制步骤如下：

(1)明确研究对象，取脱离体。研究对象(脱离体)可以是单个物体，也可以是由若干个物体组成的物体系统，这要根据具体情况确定。

(2)画出作用在研究对象上的全部主动力。

(3)画出相应的约束反力。

(4)检查。

其中需要注意以下事项：

(1)应注意两个物体之间相互作用的约束力应符合作用力与反作用力公理。

(2)要熟练地使用常用的字母和符号表示各个约束反力。注意要按照原结构图上每一个构件或杆件的尺寸和几何特征作图，以免引起错误或误差。

(3)受力图上只画脱离体的简图及其所受的全部外力，不画已被解除的约束物体。

(4)当以系统为研究对象时，受力图上只画该系统(研究对象)所受的主动力和约束反力，而不画系统内各物体之间的相互作用力(称为内力)。

(5)正确判断二力杆，二力杆中的两个力的作用线是沿力作用点的连线，且等值、反向。

下面举例说明如何绘制受力图。

【例 1-1】 重力为 G 的梯子 AB，放置在光滑的水平地面上并靠在竖直的墙上，在 D 点用一根水平绳索与墙相连，如图 1-18(a)所示。试画出梯子的受力图。

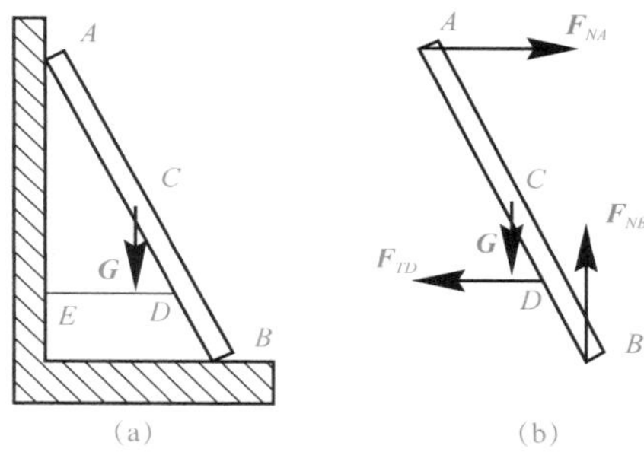

图 1-18　例 1-1 图

【解】

(1)根据题意取梯子为研究对象，画出脱离体图。

(2)在脱离体上画上主动力即梯子的重力 $\boldsymbol{G}$，作用于梯子的重心(几何中心)，方向铅直向下。

(3)在脱离体上画约束反力。根据光滑接触面约束的特点，A、B 处的约束反力 $\boldsymbol{F}_{NA}$、$\boldsymbol{F}_{NB}$ 分别与墙面、地面垂直并指向梯子；绳索的约束反力 $\boldsymbol{F}_{TD}$ 应沿着绳索的方向离开梯子，为拉力。图 1-18(b)即为梯子的受力图。

案例点评

求解该案例时要注意光滑接触面约束的约束反力方向沿着接触面的公法线指向被约束的物体。

【例 1-2】 如图 1-19(a)所示，简支梁 AB，跨中受到集中力 $\boldsymbol{F}$ 的作用，A 端为固定铰支座约束，B 端为可动铰支座约束。不计梁的自重，试画出梁的受力图。

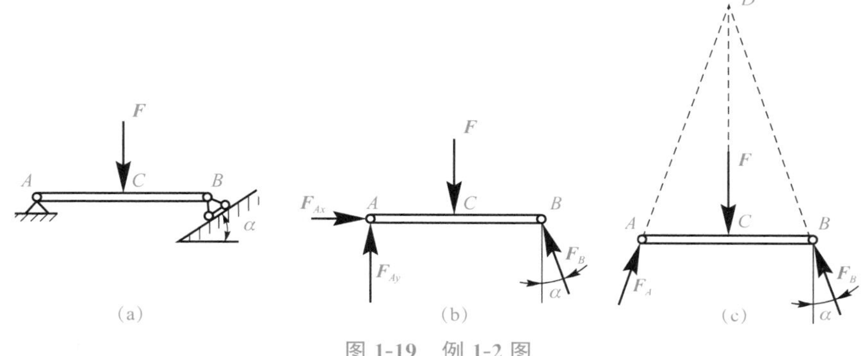

图 1-19　例 1-2 图

【解】

(1)根据题意，取 AB 梁为研究对象，解除 A、B 两处的约束，画出脱离体简图。

(2)画主动力，在梁的中点 C 画主动力 $\boldsymbol{F}$。

(3)在受约束的 A 处和 B 处，根据约束类型画出约束反力。因 B 处为可动铰支座约束，其反力通过铰链中心且垂直于支承面，其指向假定如图 1-19(b)所示；A 处为固定铰支座约束，其反力可用通过铰链中心 A 并相互垂直的分力 $\boldsymbol{F}_{Ax}$、$\boldsymbol{F}_{Ay}$ 表示，受力图如图 1-19(b)所示。

同时，如注意到梁只在 A、B、C 三点受到互不平行的三个力作用而处于平衡状态，因此，也可以根据三力平衡汇交定理进行受力分析。已知 $\boldsymbol{F}$、$\boldsymbol{F}_B$ 相交于 D 点，则 A 处的约束反力 $\boldsymbol{F}_A$ 也应通过 D 点，从而可确定 $\boldsymbol{F}_A$ 必通过沿 A、D 两点的连线，画出如图 1-19(c)所示的受力图。

【例 1-3】 试画出图 1-20(a)所示的梁 AB 的受力图，不计梁自重。

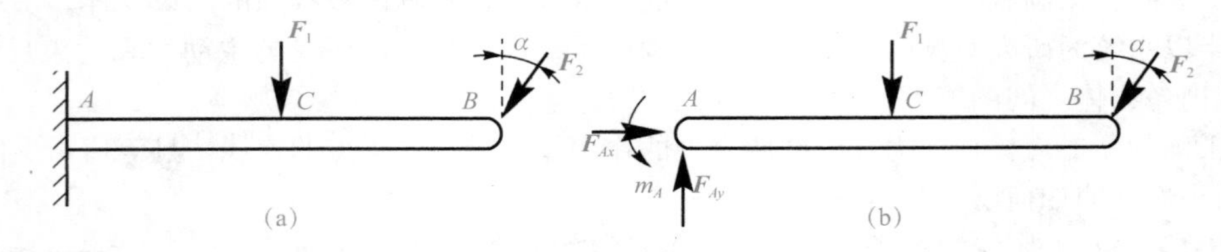

图 1-20 例 1-3 图

【解】

(1)根据题意，取 AB 梁为研究对象，解除 A 处的约束，画出脱离体简图。

(2)画主动力，梁受主动力 $\boldsymbol{F}_1$、$\boldsymbol{F}_2$ 作用。

(3)在受约束的 A 处画出约束反力。因为 A 端是固定端支座，所以 A 端的约束反力有两个正交的分力 $\boldsymbol{F}_{Ax}$、$\boldsymbol{F}_{Ay}$ 及未知的反力偶 $\boldsymbol{M}_A$，它们的指向均为假设。图 1-20(b)即为梁 AB 的受力图。

以上举例是单个物体的受力分析，下面举例说明物体系统的受力图画法。

【例 1-4】 如图 1-21(a)所示，某支架由杆 AC、BC 通过销 C 连接在一起，设杆、销的自重不计，试分别画出杆 AC、BC 和销 C 的受力图。

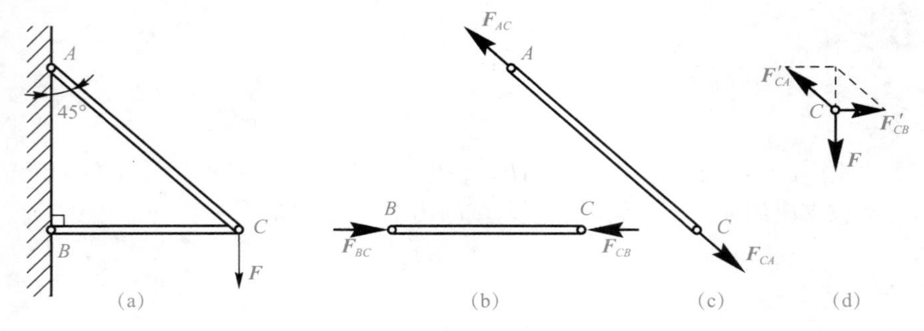

图 1-21 例 1-4 图

【解】

(1)以杆 BC 为研究对象，画出脱离体图。B、C 处均为圆柱铰链约束，如不考虑杆自重，则杆 BC 受两个力的作用而平衡，根据二力平衡公理可知，杆 BC 为二力杆，且力的作用线沿杆 BC 的连线，经判定是压杆，画出受力图如图 1-21(b)所示。

(2)以杆 AC 为研究对象，画出脱离体图。A、C 处均为圆柱铰链约束，如不考虑杆自重，

则杆 AC 受两个力的作用而平衡，根据二力平衡公理可知，杆 AC 为二力杆，且力的作用线沿杆 AC 的连线，在 F 的作用下，杆 AC 有伸长趋势，可判定是拉杆，画出受力图如图 1-21(c)所示。

(3)以销 C 为研究对象画出脱离体图。销 C 除受外力 $\boldsymbol{F}$ 的作用外，还与杆 CA、CB 接触，根据作用力与反作用力公理，销 C 还受到 CA、CB 杆给的作用力 $\boldsymbol{F}'_{CA}$ 和 $\boldsymbol{F}'_{CB}$，其中 $\boldsymbol{F}'_{CA}$ 与 $\boldsymbol{F}_{CA}$ 大小相等方向相反，$\boldsymbol{F}'_{CB}$ 与 $\boldsymbol{F}_{CB}$ 大小相等方向相反。销 C 受三个力的作用而平衡，应满足三力汇交平衡力系公理，合力为零。画出受力图如图 1-21(d)所示。

案例点评

求解该案例时要注意：二力平衡原理确定二力杆件的约束反力的方向。

【例 1-5】 梁 AD 和 DG 用铰链 D 连接，用固定铰支座 A，可动铰支座 C、G 与大地相连，如图 1-22(a)所示，试画出梁 AD、DG 及整梁 AG 的受力图。

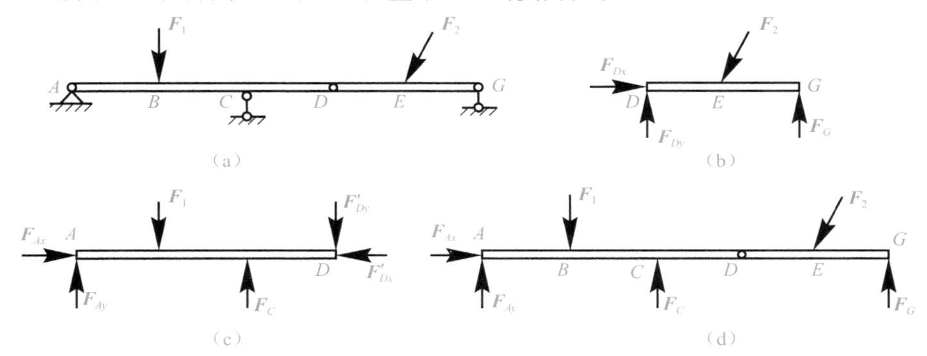

图 1-22　例 1-5 图

【解】

(1)取 DG 为研究对象，画出脱离体图。DG 上受主动力 $\boldsymbol{F}_2$，D 处为圆柱铰链约束，其约束反力可用两个正交的分力 $\boldsymbol{F}_{Dx}$、$\boldsymbol{F}_{Dy}$ 表示，指向假设；G 处为可动铰支座，其约束反力 $\boldsymbol{F}_G$ 垂直于支承面，指向假设向上，如图 1-22(b)所示。

也可用三力汇交平衡力系公理确定 D 处铰链约束反力的方向，类似于例 1-2。

(2)取 AD 为研究对象，画出脱离体图。AD 上受主动力 $\boldsymbol{F}_1$，A 处为固定铰支座，其约束反力可用两个正交的分力 $\boldsymbol{F}_{Ax}$、$\boldsymbol{F}_{Ay}$ 表示，指向假设；C 处为可动铰支座，其约束反力 $\boldsymbol{F}_C$ 垂直于支承面，指向假设向上，D 处为圆柱铰链约束，其约束反力可用两个正交的分力 $\boldsymbol{F}'_{Dx}$，$\boldsymbol{F}'_{Dy}$ 表示，与作用在 DG 梁上的 $\boldsymbol{F}_{Dx}$、$\boldsymbol{F}_{Dy}$ 分别是作用力与反作用力的关系，指向与 $\boldsymbol{F}_{Dx}$、$\boldsymbol{F}_{Dy}$ 相反；AD 梁的受力分析图如图 1-22(c)所示。

(3)取整梁 AG 为研究对象，画出脱离体图。受力图如图 1-22(d)所示，此时不必将 D 处的约束反力画上，因为对整体而言它是内力。主动力 $\boldsymbol{F}_1$、$\boldsymbol{F}_2$，A、C、G 处的约束反力同上。

案例点评

求解该案例时要注意：作用力与反作用力是大小相等、方向相反、作用线平行的一对力，且产生作用力与反作用力的两个物体互为受力物体与施力物体。

【例 1-6】 图 1-23(a)所示的结构由杆 ABC、CD 与滑轮 B 铰接组成。物体重 G，用绳子挂在滑轮上。设杆、滑轮及绳子的自重不计，并不考虑各处的摩擦，试分别画出滑轮 B(包括绳子)，杆 CD、ABC 及整个系统的受力图。

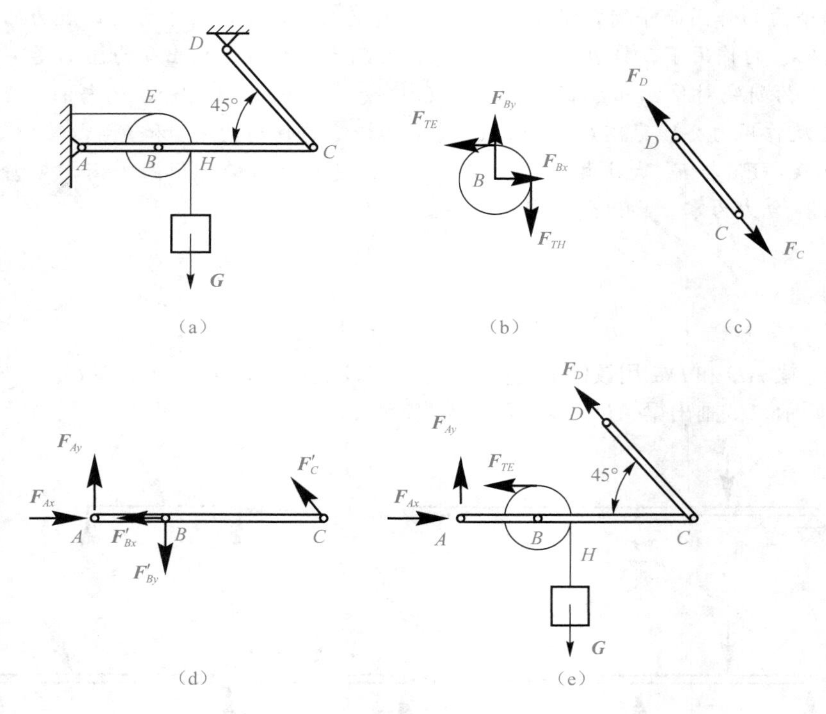

图 1-23　例 1-6 图

【解】

(1)以滑轮及绳子为研究对象，画出脱离体图。B 处为光滑铰链约束，杆 ABC 上的铰链销钉对轮孔的约束反力为 $\boldsymbol{F}_{Bx}$、$\boldsymbol{F}_{By}$；在 E、H 处有绳子的拉力 $\boldsymbol{F}_{TE}$、$\boldsymbol{F}_{TH}$，如图 1-23(b)所示。在这里显然，$F_{TE}=F_{TH}=G$。

(2)杆 CD 为二力杆，所以首先对其进行分析。取杆 CD 为研究对象，根据题意分析，CD 杆受拉，在 C、D 处画上拉力 $\boldsymbol{F}_D$、$\boldsymbol{F}_C$，且有 $\boldsymbol{F}_D=-\boldsymbol{F}_C$。其受力图如图 1-23(c)所示。

(3)以杆 ABC(包括销钉)为研究对象，画出脱离体图。其中 A 处为固定铰支座，其约束反力为 $\boldsymbol{F}_{Ax}$、$\boldsymbol{F}_{Ay}$；在 B 处画上 $\boldsymbol{F}'_{Bx}$、$\boldsymbol{F}'_{By}$，它们分别与 $\boldsymbol{F}_{Bx}$、$\boldsymbol{F}_{By}$ 互为作用力与反作用力；在 C 处画上 $\boldsymbol{F}'_C$，它与 $\boldsymbol{F}_C$ 互为作用力与反作用力。其受力图如图 1-23(d)所示。

(4)以整个系统为研究对象，画出脱离体图。此时杆 ABC 与杆 CD 在 C 处铰接，滑轮 B 与杆 ABC 在 B 处铰接，这两处的约束反力都为作用力与反作用力，成对出现，在研究整个系统时，属于内力故不必画出。此时，系统所受的力为：主动力(物体重)$\boldsymbol{G}$，约束反力 $\boldsymbol{F}_D$、$\boldsymbol{F}_{TE}$、$\boldsymbol{F}_{Ax}$ 及 $\boldsymbol{F}_{Ay}$。其受力图如图 1-23(e)所示。

案例点评

求解该案例时要注意柔索约束的约束反力为拉力。

1.1.5　结构计算简图与结构受力图

力学是一门严谨的理论学科，可以解决自然领域各种各样的力学问题。实际工程结构是非常复杂的，在结构力学中，我们忽略次要的因素，保留主要因素，利用力学知识对结构进行简化与分析，在对结构进行力学分析与计算前采用简化的图形来代替实际的工程结构，这种简化

了的图形称为结构计算简图。例如，在结构计算中某种特定情况下常将框架结构单跨次梁简化为一端为固定铰支座一端为可动铰支座的简支梁，单跨悬挑梁常简化为一端为固定端支座一端为悬空的悬臂梁。受力图包含构件、荷载和支座三要素。这三要素在计算中都进行了合理的简化，一般结构都是空间结构，根据其实际的受力情况常简化为平面状态，而对于构件或杆件，由于它们的截面尺寸通常要比其长度小很多，故常用其纵向轴线画成粗实线来表示杆性构件，例如，水平直线代表水平梁，竖直直线代表柱。实际结构受到的荷载，一般是作用在构件内各处的体荷载(如自重)或作用在某一面积的面荷载(如风荷载)，在计算简图中，常把它们简化为线性荷载或集中荷载，例如，梁的自重用线性荷载表示，次梁对主梁的作用用集中荷载表示。而结构中的约束(如主梁为次梁的约束)常简化为几种理想支座，如固定铰支座、可动铰支座、固定端支座都是理想的支座。建立结构构件力学简图的目的是对结构进行受力分析。

结构受力图是指在结构计算简图的基础上主动力保持不变，将约束转化为约束力的简图。简而言之，结构构件上只有外力的存在而没有约束的存在，只是将结构计算简图中的约束由约束反力代替，外力包括结构构件的主动力和约束反力。建立结构构件受力图的目的是进行结构力学计算。

结构计算简图与结构受力图既相互联系又相互区别，如图 1-24 所示。

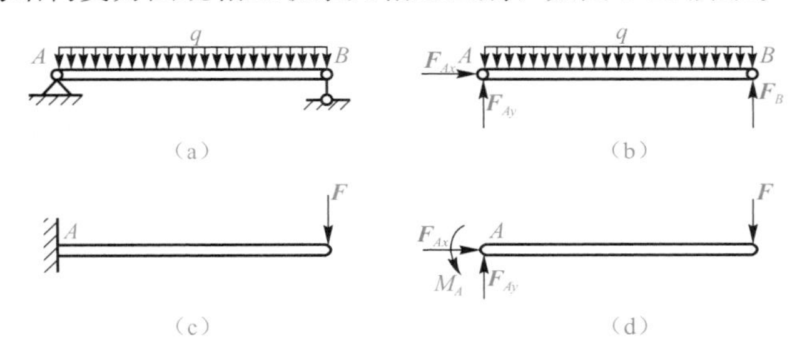

图 1-24　结构计算简图与结构受力图

(1)结构计算简图——用简化了的图形代替实际的工程结构，包含构件、荷载、约束三要素。例如，图 1-24(a)所示为某简支梁的计算简图，简支梁为水平杆性构件，简支梁上作用有线性荷载 q，该简支梁由 A 固定铰支座和 B 可动铰支座共同约束；图 1-24(c)所示为某悬臂梁的计算简图，悬臂梁为水平杆性构件，悬臂梁端部作用有集中荷载 $\boldsymbol{F}$，该悬臂梁由 A 固定端支座约束。

(2)结构受力图——为了便于进行力学数据计算，将结构构件从周围物体如约束中脱离开来，只画出构件上全部外力的简图，包含构件、主动力、约束力三要素。例如，图 1-24(b)所示为某简支梁的结构受力图，简支梁为水平杆性构件，简支梁上作用有线性荷载 q 为主动力，该简支梁的 A 固定铰支座可表示为作用于该梁上相互垂直的水平约束反力 $\boldsymbol{F}_{Ax}$ 和竖直约束力 $\boldsymbol{F}_{Ay}$，B 可动铰支座可表示为作用于该梁上的竖直约束力 $\boldsymbol{F}_B$；图 1-24(d)所示为某悬臂梁的结构受力图，悬臂梁为水平杆性构件，悬臂梁端部作用有集中荷载 $\boldsymbol{F}$，为主动力，该悬臂梁的 A 固定端支座，相当于水平约束反力 $\boldsymbol{F}_{Ax}$、竖直约束力 $\boldsymbol{F}_{Ay}$ 和反力偶 M_A。

可见结构计算简图是将工程结构进行理想化假设后的简图，此简化具有科学依据，能够将结构进行力学分析，为了进行力学数据计算，将结构计算简图进一步处理，去掉约束将结构构件置身于只有主动力与约束力等外力的情景，这样的简图为结构受力图。

下面举例说明如何绘制结构计算简图与结构受力图。

【例 1-7】 某框架结构中次梁的跨度为 6 m，该次梁上均匀作用有楼板，与其自重共计 10 kN/m，且该次梁跨中作用有竖直向下的吊灯重 30 kN，将该梁当作简支梁，试画出其结构计

算简图与结构受力图。

【解】

(1)画结构构件，次梁为空间结构水平杆构件，其长度与截面尺寸相差很大，在平面上画水平线段 AB 代表次梁结构构件，这样将空间构件简化为平面线段，该次梁的跨度(两个支座的距离)为 6 m，表示该水平线段的长度为 6 m，如图 1-25(a)所示。

(2)画荷载，该次梁上的楼板与自重是沿着整道次梁的跨度均匀作用，故简化为水平线性均布荷载，其大小为 10 kN/m，总共作用的范围为 6 m，次梁跨中作用的竖直向下的吊灯 30 kN，因吊灯常由吊杆支撑其力的作用面积很小，故简化为集中荷载，如图 1-25(b)所示。

(3)画约束，在建筑力学中常将简支梁的约束假定为一端为固定铰支座和一端为可动铰支座，如图 1-25(c)所示。

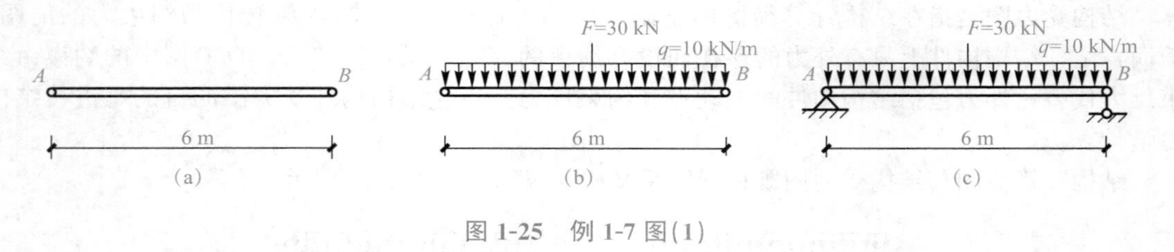

图 1-25 例 1-7 图(1)

(4)画受力图，结构受力图在结构计算简图的基础上进行绘制，受力图的绘制步骤如下：

第一步，取出脱离体次梁，水平线段 AB 代表次梁构件。

第二步，照搬次梁上的所有主动力即外荷载，包括线性均布荷载 10 kN/m 和集中荷载 30 kN。

第三步，将约束转化为约束反力，A 为固定铰支座，其约束反力可用通过铰链中心 A 并相互垂直的分力 $\boldsymbol{F}_{Ax}$ 和 $\boldsymbol{F}_{Ay}$ 表示，B 为可动铰支座，其约束反力可用通过铰链中心 B 并与接触面垂直的力 $\boldsymbol{F}_B$ 表示，该次梁的结构受力图如图 1-26 所示。

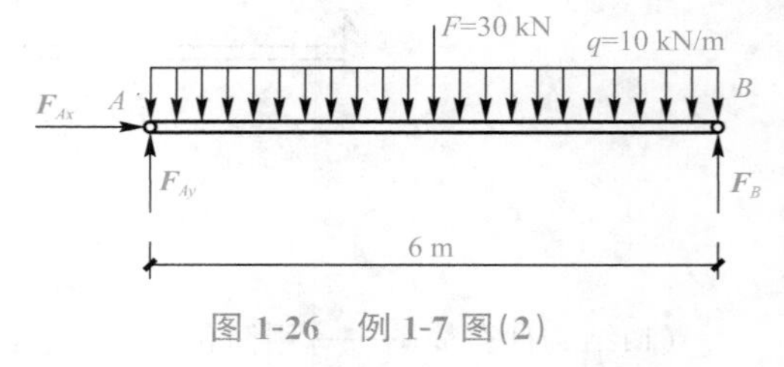

图 1-26 例 1-7 图(2)

任务 1.2 利用平面力系平衡条件求物体的约束反力

知识导航

1.2.1 力的投影、力矩及力偶

1. 力在平面直角坐标轴上的投影

如图 1-27 所示，在 xOy 面内有一个力 $\boldsymbol{F}$，与 x 轴的夹角为 α，该力分别向 x、y 轴作投影，则线段 ab 与 $a'b'$ 的长度冠以正、负号，分别称为 $\boldsymbol{F}$ 在 x 轴或 y 轴上的投影，用 X 或 Y 表示。当力的始端的投影到终端的投影的方向与投影轴的正向一致时，力的投影取正值；反之，力的投影取负值。设力 $\boldsymbol{F}$ 与 x 轴的夹角为 α，由图 1-27 可知：

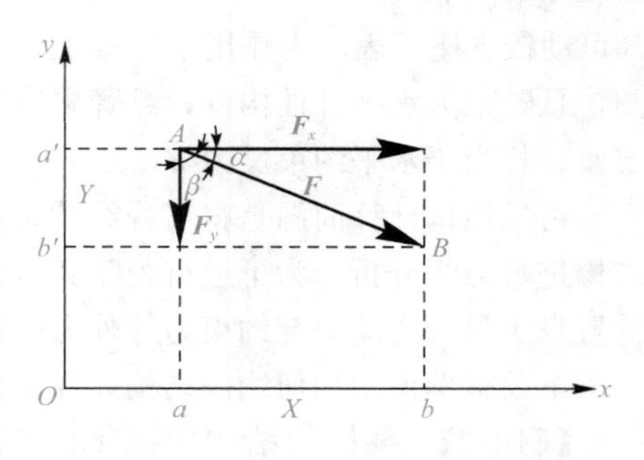

图 1-27 力在平面直角坐标轴上的投影

$$
\begin{aligned}
X &= F\cos\alpha \\
Y &= -F\sin\alpha
\end{aligned}
\tag{1-2}
$$

一般情况下，若力 $\boldsymbol{F}$ 与 x 轴、y 轴所夹的锐角分别为 α、β，则力 $\boldsymbol{F}$ 在 x 轴、y 轴上的投影分别为

$$
\begin{aligned}
X &= \pm F\cos\alpha \\
Y &= \pm F\cos\beta
\end{aligned}
\tag{1-3}
$$

若已知力 $\boldsymbol{F}$ 在坐标轴上的投影 X、Y，也可求出该力的大小和方向：

$$
\begin{aligned}
F &= \sqrt{X^2+Y^2} \\
\tan\alpha &= \left|\frac{Y}{X}\right|
\end{aligned}
\tag{1-4}
$$

若将力 $\boldsymbol{F}$ 沿 x 轴、y 轴进行分解，可得分力 $\boldsymbol{F}_x$ 和 $\boldsymbol{F}_y$。应当注意，力的投影和分力是两个不同的概念：力的投影是标量，它只有大小和正负；而力的分力是矢量，有大小和方向。从图 1-27 中可见，在直角坐标系中，分力的大小和力在对应坐标轴上投影的绝对值是相同的。

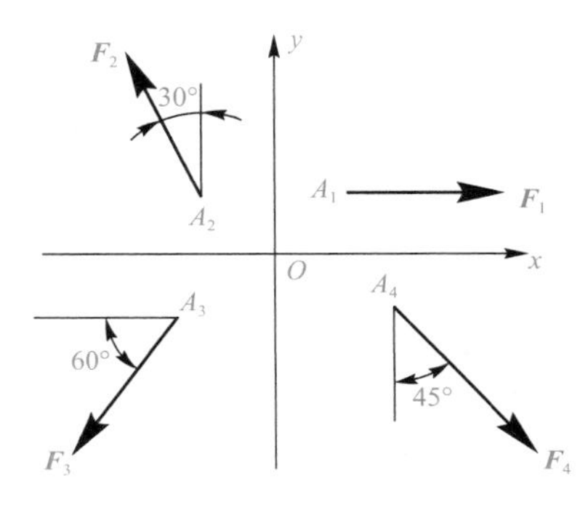

图 1-28　例 1-8 图

【例 1-8】 如图 1-28 所示，已知 $F_1=200\ \text{N}$，$F_2=200\ \text{N}$，$F_3=200\ \text{N}$，$F_4=200\ \text{N}$，各力的方向如图 1-28 所示，试分别求各力在 x 轴和 y 轴上的投影。

【解】

根据式(1-2)或式(1-3)，可以求出力在 x 轴和 y 轴上的投影。计算结果见表 1-1。

表 1-1　计算结果

力	力在 x 轴上的投影	力在 y 轴上的投影
$\boldsymbol{F}_1$	$200\times\cos0°=200(\text{N})$	$200\times\sin0°=0(\text{N})$
$\boldsymbol{F}_2$	$-200\times\cos60°=-100(\text{N})$	$200\times\sin60°=100\sqrt{3}(\text{N})$
$\boldsymbol{F}_3$	$-200\times\cos60°=-100(\text{N})$	$-200\times\sin60°=-100\sqrt{3}(\text{N})$
$\boldsymbol{F}_4$	$200\times\cos45°=100\sqrt{2}(\text{N})$	$-200\times\sin45°=-100\sqrt{2}(\text{N})$

案例点评

以上案例中的各力出现在不同的方向上，具有代表性。在求解力的投影时要明确力的投影与坐标轴正方向的关系，方向一致，力的投影就取正号；反之，取负号。

2. 力矩

一个力作用在具有固定轴的物体上，若力的作用线不通过该轴，物体就会产生转动效果，例如，扳手拧螺母，手推门，摇手柄等。如图 1-29 所示，扳手拧螺母的转动效果既与力 $\boldsymbol{F}$ 的大小有关，又与矩心到力的作用线的垂直距离 d 有关。

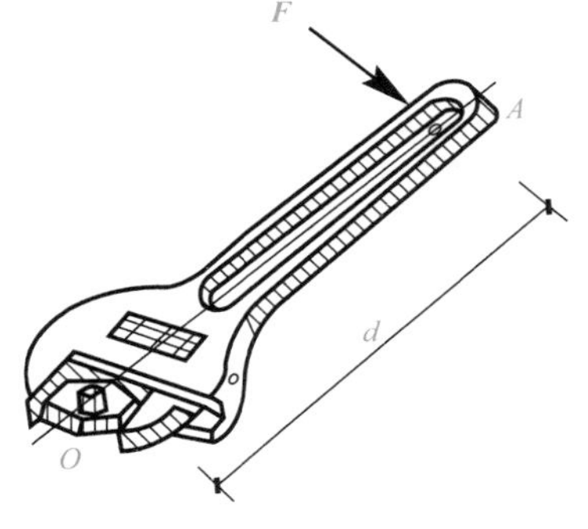

图 1-29　扳手拧螺母

因此，用 $\boldsymbol{F}$ 与 d 的乘积再冠以适当的正、负号来表示力 $\boldsymbol{F}$ 使物体绕 O 点转动的效应，称为力 $\boldsymbol{F}$ 对 O 点之矩，简称力矩，以符号 $M_O(\boldsymbol{F})$ 表示，即

$$M_O(\boldsymbol{F})=\pm F\cdot d \tag{1-5}$$

O点称为转动中心，简称矩心；矩心O到力作用线的垂直距离d称为力臂；正、负号表示力矩的转向。规定：力使物体绕矩心产生逆时针方向转动时，力矩为正；反之为负。在平面力系中，力矩或为正值，或为负值，因此，力矩可视为代数量。力矩的单位是牛·米(**N·m**)或千牛·米(**kN·m**)。

合力矩定理(证明从略)：平面汇交力系的合力对平面内任一点之矩等于该力系中的各分力对同一点之矩的代数和。用下式表示：

$$M_O(\boldsymbol{F})=M_O(\boldsymbol{F}_1)+M_O(\boldsymbol{F}_2)+\cdots+M_O(\boldsymbol{F}_n)=\sum M_O(\boldsymbol{F}) \tag{1-6}$$

> **特别提示**
>
> 力矩在下列两种情况下等于零：力等于零；力臂等于零，即力的作用线通过矩心。

【例 1-9】 如图 1-30 所示，每 1 m 长挡土墙所受土压力的合力为$\boldsymbol{R}$，其大小为 200 kN，求土压力$\boldsymbol{R}$使墙倾覆的力矩。

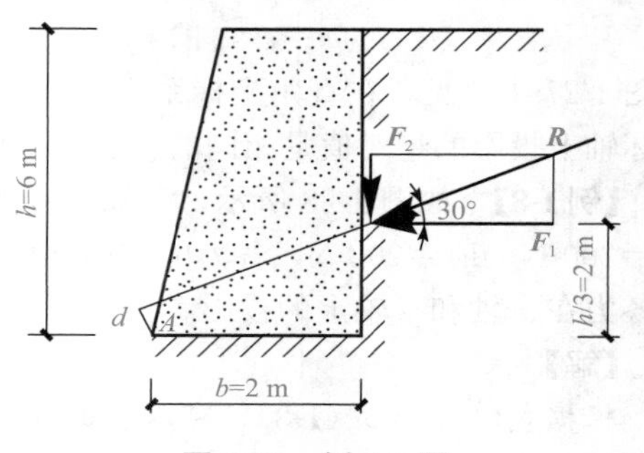

图 1-30 例 1-9 图

【解】

土压力$\boldsymbol{R}$可使挡土墙绕A点倾覆，求$\boldsymbol{R}$使墙倾覆的力矩，就是求它对A点的力矩。本题土压力$\boldsymbol{R}$的力臂d求解较麻烦，但如果将$\boldsymbol{R}$分解为两个分力$\boldsymbol{F}_1$和$\boldsymbol{F}_2$，而两分力的力臂是已知的。因此，根据合力矩定理，合力$\boldsymbol{R}$对A点之矩等于$\boldsymbol{F}_1$、$\boldsymbol{F}_2$对A点之矩的代数和。则计算荷载$\boldsymbol{R}$对A点的力矩为

$$M_A(\boldsymbol{R})=M_A(\boldsymbol{F}_1)+M_A(\boldsymbol{F}_2)=F_1\cdot\frac{h}{3}-F_2\cdot b=200\times\cos30^\circ\times\frac{6}{3}-200\times\sin30^\circ\times2$$
$$=146.4(\text{kN}\cdot\text{m})$$

【例 1-10】 求图 1-31 所示各分布荷载对A点的矩。

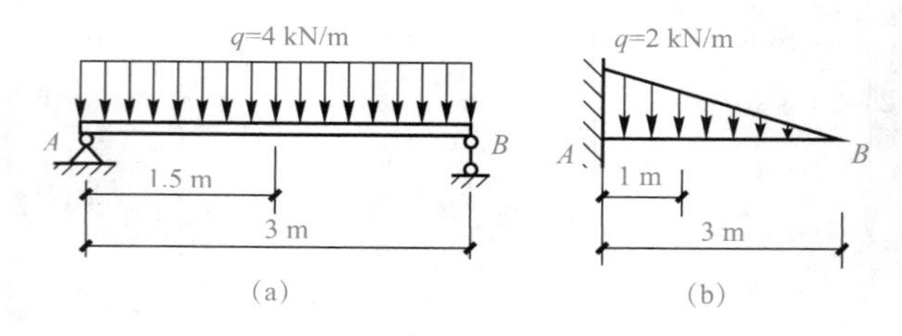

图 1-31 例 1-10 图

【解】

沿直线平行分布的线荷载可以合成为一个合力。其合力的大小等于荷载图形围成的面积，合力的方向与分布荷载的方向相同，合力作用线通过荷载图形的形心。根据合力矩定理可知，分布荷载对某点之矩就等于其合力对该点之矩。

(1)计算图 1-31(a)均布荷载对A点的力矩为

$$M_A(q)=-4\times3\times1.5=-18(\text{kN}\cdot\text{m})$$

(2)计算图 1-31(b)三角形均布荷载对A点的力矩为

$$M_A(q)=-\frac{1}{2}\times2\times3\times1=-3(\text{kN}\cdot\text{m})$$

由以上两例可知，当合力臂较难求解或遇均布荷载时，采用合力矩定理求解较为简单。

3. 力偶

日常生活中常见大小相等、方向相反、作用线不重合的两个平行力所组成的力系。这种力系只能使物体产生转动效应而不能使物体产生移动效应。例如，司机操纵方向盘[图 1-32(a)]、木工钻孔[图 1-32(b)]、开关自来水龙头或拧钢笔套等。这种大小相等、方向相反、作用线不重合的两个平行力称为力偶，用符号($\boldsymbol{F}$，$\boldsymbol{F}'$)表示。力偶的两个力作用线间的垂直距离d称为力偶臂；力偶的两个力所构成的平面称为力偶作用面。

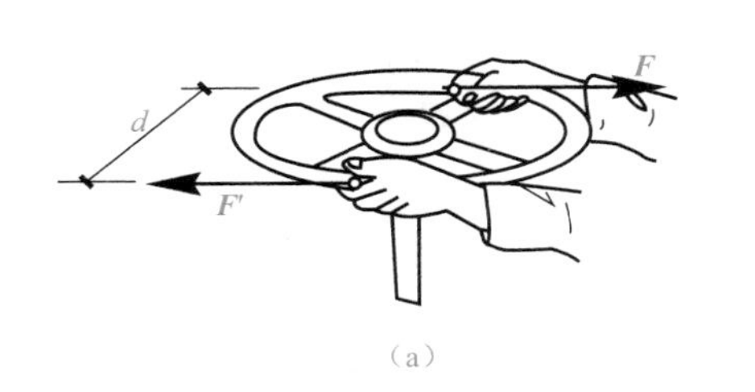

(a)

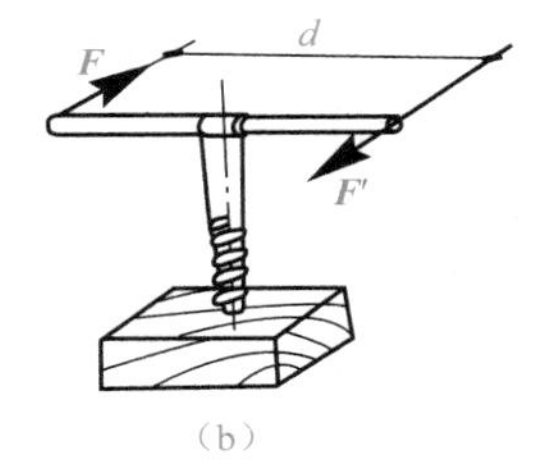

(b)

图 1-32　力偶

用 $\boldsymbol{F}$ 与 d 的乘积来度量力偶对物体的转动效应，并把这一乘积冠以适当的正负号称为力偶矩，用 $m(\boldsymbol{F},\boldsymbol{F}')$或 m 表示，即

$$m(\boldsymbol{F},\boldsymbol{F}')=m=\pm F\cdot d \tag{1-7}$$

若力偶使物体作逆时针方向转动时，力偶矩为正；反之为负。在平面力系中，力偶矩是代数量。力偶矩的单位与力矩相同。

力偶的基本性质如下：

(1)力偶没有合力，不能用一个力来代替。如图 1-33 所示，由于力偶中的一对力由等值反向的平行力组成，因此力偶在任一轴上的投影都为零，说明力偶不能用一个力来代替，力偶只能和力偶平衡。

(2)力偶对其作用面内任一点之矩都等于力偶矩，与矩心位置无关。如图 1-34 所示，力偶中的两个力对平面内任意一点 O 的矩：

$$-F(d_1+d_2)+F'd_1=-Fd_2=-F'd_2$$

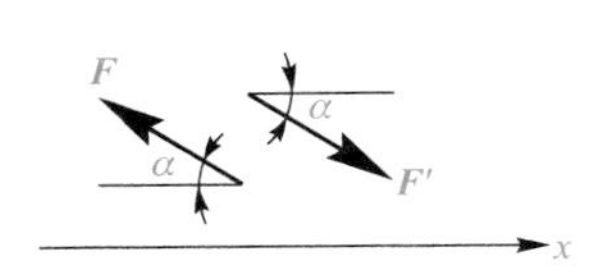

图 1-33　力偶在任一轴的投影

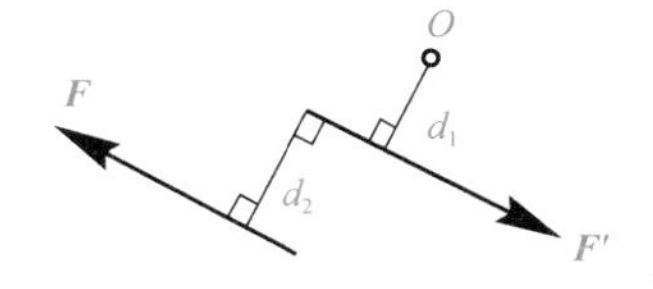

图 1-34　力偶对平面内任一点的矩

(3)同一平面内的两个力偶，如果它们的力偶矩大小相等、转向相同，这两个力偶等效，称为力偶的等效性，如图 1-35 所示。

从以上性质还可得出以下两个推论：

(1)在保持力偶矩的大小和转向不变的条件下，力偶可在其作用面内任意移动，而不会改变力偶对物体的转动效应。

(2)在保持力偶矩的大小和转向不变的条件下，可以任意改变力偶中力的大小和力偶臂的长短，而不改变力偶对物体的转动效应。

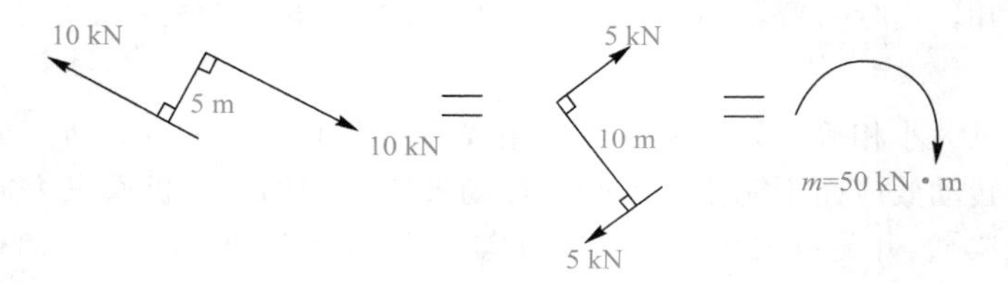

图 1-35　力偶的相同转动效应

力偶对于物体的转动效应完全取决于力偶矩的大小、力偶的转向及力偶作用面，即力偶的三要素。因此，在力学计算中，有时也用一带箭头的弧线表示力偶，如图 1-35 所示，其中箭头表示力偶的转向，m 表示力偶矩的大小。

作用在同一平面内的一群力偶组成平面力偶系。平面力偶系可以合成为一个合力偶，其力偶矩等于各分力偶矩的代数和，即

$$M = m_1 + m_2 + \cdots + m_n = \sum m_i \tag{1-8}$$

【例 1-11】 如图 1-36 所示，在物体的同一平面内受到三个力偶的作用，设 $F_1 = F'_1 = 400$ N，$F_2 = F'_2 = 400$ N，$m = 250$ N·m，求其合成的结果。

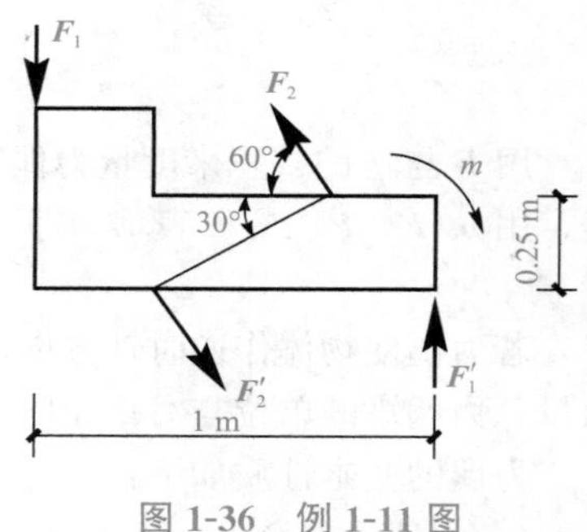

图 1-36　例 1-11 图

【解】

三个共面力偶合成的结果是一个合力偶，各分力偶矩为

$$m_1 = F_1 \cdot d_1 = 400 \times 1 = 400(\text{kN} \cdot \text{m})$$

$$m_2 = F_2 \cdot d_2 = 400 \times \frac{0.25}{\sin 30°} = 200(\text{kN} \cdot \text{m})$$

$$m_3 = -m = -250(\text{kN} \cdot \text{m})$$

$$M = m_1 + m_2 + m_3 = 400 + 200 - 250 = 350(\text{kN} \cdot \text{m})$$

即合力偶矩的大小等于 350 kN·m，转向为逆时针方向，作用在原力偶系的平面内。

能力导航

1.2.2　利用平面一般力系的平衡方程求约束反力

如前所述，平面一般力系是指各力的作用线位于同一平面内任意分布的力系(各力既不平行又不汇交于同一点)。

1. 平面一般力系的平衡条件

平面一般力系平衡的必要与充分条件是：力系的主矢和力系对平面内任一点的主矩都等于零，即

$$\boldsymbol{R}' = 0，\boldsymbol{M}_O = 0 \tag{1-9}$$

平衡方程的基本形式(一矩式)：

$$\left.\begin{aligned}\sum X = 0 \\ \sum Y = 0 \\ \sum M_O = 0\end{aligned}\right\} \tag{1-10}$$

平面一般力系平衡的必要与充分的解析条件是：力系中所有各力在任意选取的两个坐标轴中的每一轴上投影的代数和分别等于零；力系中所有各力对平面内任一点之矩的代数和等于零。

说明物体要平衡就是既不能移动又不能转动。式(1-10)包含两个投影方程和一个力矩方程，故又称一矩式，是平面一般力系平衡方程的基本形式，还可以导出平衡方程的其他两种形式。

二矩式：

$$\left.\begin{aligned}\sum X &= 0\\ \sum M_A &= 0\\ \sum M_B &= 0\end{aligned}\right\} \tag{1-11}$$

式中，x 轴不与 A、B 两点的连线垂直。

三矩式：

$$\left.\begin{aligned}\sum M_A &= 0\\ \sum M_B &= 0\\ \sum M_C &= 0\end{aligned}\right\} \tag{1-12}$$

式中，A、B、C 三点不在同一直线上。

综上所述，平面一般力系有三种形式的平衡方程，它们之间的效果是等价的，至于遇到具体问题时究竟选择哪种形式的平衡式应视具体问题具体分析，总之三个相互独立的方程可以求解三个未知量。选择方程时最好一个方程只包含一个未知量，这样可以避免联立方程求解。

2. 平面一般力系平衡方程在结构力学中的应用

结构中的杆件往往受到多个力(即力系)的作用，这些力可以简化为平面力系，其中包含两大主要的力：由外界引起的能够导致结构构件有运动趋势的力为主动力；阻碍主动力引起的运动趋势而限制它运动的力为约束力。主动力往往是已知的，而约束力是未知的，并且约束力随着主动力的变化而变化，但是结构构件在主动力和约束力的共同作用下自身达到了平衡，而平面一般力系平衡的必要与充分条件是：力系的主矢和力系对平面内任一点的主矩都等于零。故可以利用这种平衡条件求取约束对结构构件的约束反力，这样就达到了分析清楚结构构件上所有外力数值的目的。

例如，某简支梁的结构计算简图如图 1-37(a)所示，结构受力图如图 1-37(b)所示，该简支梁上的主动力 q 为已知的，而两个支座提供的反力是未知的，但根据整道梁在由主动力与约束力形成的平面力系中已经达到平衡可知，约束力会随着 q 的变化而变化，这样根据一矩式平衡方程可求出三个支座反力的具体数值。

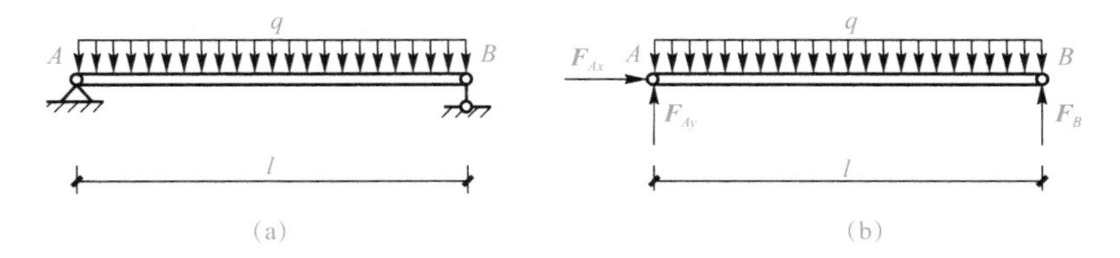

图 1-37　某简支梁结构计算简图和结构受力图

根据平衡方程的基本形式(一矩式)：

$$\left.\begin{aligned}\sum X &= 0\\ \sum Y &= 0\\ \sum M_O &= 0\end{aligned}\right\}$$

依次对应三个方程如下：

$F_{Ax}=0$(X 方向只有一个有力投影的力 $\boldsymbol{F}_{Ax}$，该力的方向为假定，若求出为正则与假定方向

相同，否则相反）。

$F_{Ay}+F_B-ql=0$（Y 方向有三个有力投影的力，$\boldsymbol{F}_{Ay}$ 和 $\boldsymbol{F}_B$ 的方向为假定，若求出为正则与假定方向相同，否则相反）。

$F_B\times l-ql\times l/2=0$（在该平面力系中对 A 点取力矩的代数和，力矩逆时针转动为正，顺时针转动为负）。

根据这三个平衡方程便可求出三个未知的约束反力，需要注意的是，在计算过程中，由于三个未知力的方向是未知的，故采用了设正法，即在计算中先假定一个方向，若算出来的结果为正则假定的方向成立，否则方向相反。

利用平面一般力系的平衡条件求结构约束反力的步骤如下：

第一步，取脱离体，选取需要研究的结构构件。

第二步，作结构受力图，结构受力图只需将结构计算简图的约束用约束反力代替，即去掉约束变成约束反力，结构构件与主动力保持不变。

第三步，列平衡方程，将结构受力图中的力系代入平衡方程，注意前两个方程中采用的是力的投影，力的方向为假定方向，一般来说，为了减小计算难度将力的假定方向定为投影方向的正向，第三个方程是力矩和方程，可以选取结构构件平面中的任一点求力矩的代数和，为了减小计算难度，一般选取构件上的特殊点，如两个端点或中点即可。

第四步，校核，由于第三个方程中可以选取结构平面内任意点求力矩的代数和，当利用三个平衡方程求解出三个未知数后，校核时则选取结构平面内另一点求力矩的代数和校验是否为零，若为零则结果正确；否则需要重新计算。

> **特别提示**
>
> xOy 直角坐标系，一般假定 x 轴以水平向右为正，y 轴以竖直向上为正；绘制受力图时，支座反力均假定为正方向；求解出支座反力后，应标明其实际受力方向。

下面举例说明平面一般力系平衡条件的应用。

【例 1-12】 如图 1-38(a)所示的悬臂梁 AB（一端固定支座，一端自由的梁）受 $q=2$ kN/m，$F=5$ kN 和 $m=4$ kN·m 作用，梁长为 2 m，试求 A 端的反力。

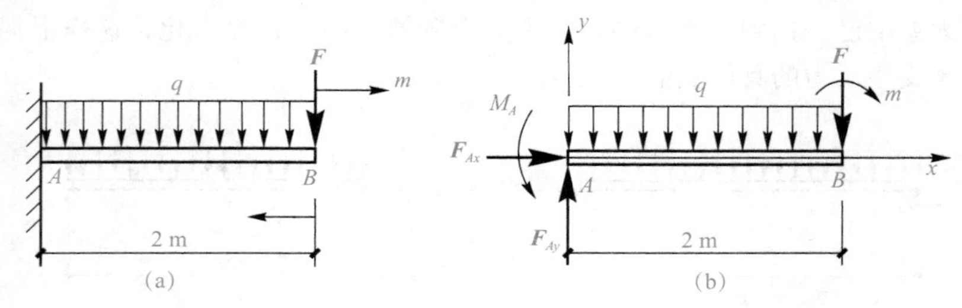

图 1-38　例 1-12 图

【解】

(1)选择悬臂梁 AB 为研究对象，画脱离体。

(2)画受力图，悬臂梁受到的主动力有 q、$\boldsymbol{F}$ 和 m，约束反力有 $\boldsymbol{F}_{Ax}$、$\boldsymbol{F}_{Ay}$ 和 M_A，约束反力的指向均先假设，受力图如图 1-38(b)所示，均布荷载 q 的合力大小为荷载围成的面积，方向与 q 方向相同竖直向下，合力的作用点在梁中点处。

(3)选取坐标轴，如图 1-38(b)所示，取矩点选在未知力的交点 A 处。

(4)列平衡方程，求解未知量。

$\sum X=0$　　　　$F_{Ax}=0$　　　　(1)

$\sum Y=0$　　　　$F_{Ay}-F-q\times 2=0$　　　　(2)

$\sum M_A = 0 \qquad M_A - q \times 2 \times 1 - F \times 2 - m = 0$ (3)

由方程(1)得：$F_{Ax} = 0$ kN

由方程(2)得：$F_{Ay} = 9$ kN(↑)

由方程(3)得：$M_A = 18$ kN·m(↺)

(5)校核。校核各力对 B 点矩的代数和是否为零，即

$$\sum M_B = M_A - F_{Ay} \times 2 + q \times 2 \times 1 - m = 18 - 9 \times 2 + 2 \times 2 \times 1 - 4 = 0(\text{kN} \cdot \text{m})$$

说明计算无误。

【例 1-13】 如图 1-39(a)所示的钢筋混凝土刚架的计算简图，其左侧面受到一水平推力 $F=10$ kN，刚架顶上作用有均布荷载，荷载集度 $q=5$ kN/m，忽略刚架自重，试求 A、B 支座的约束反力。

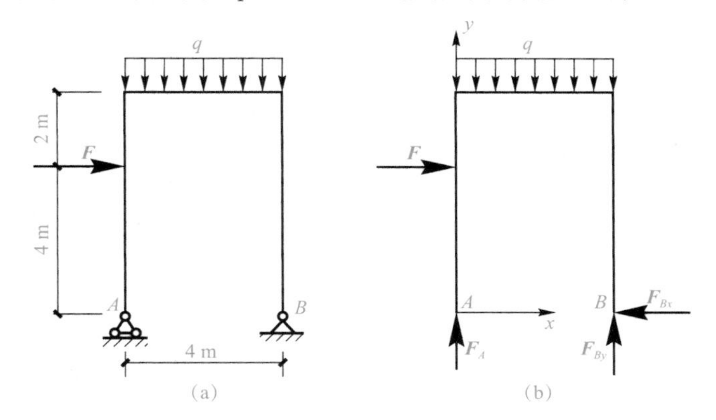

图 1-39 例 1-13 图

【解】

(1)选择刚架为研究对象，画脱离体。

(2)画受力图，刚架受到的主动力有集中力 $\boldsymbol{F}$ 和均布荷载 q，约束反力有 $\boldsymbol{F}_A$、$\boldsymbol{F}_{Bx}$、$\boldsymbol{F}_{By}$，指向均先假设，受力图如图 1-39(b)所示，均布荷载的合力大小为荷载围成的面积，方向与 q 方向相同竖直向下，合力的作用点在刚架顶中点处。

(3)选取坐标轴，为避免联立方程，坐标轴尽量与未知力垂直，如图 1-39(b)所示。取矩点，选未知力 $\boldsymbol{F}_A$、$\boldsymbol{F}_{Bx}$ 的交点 A 点[取矩点也可选 B 点($\boldsymbol{F}_{Bx}$、$\boldsymbol{F}_{By}$ 的交点)]。

(4)列平衡方程，求解未知量。

$\sum X = 0 \quad F - F_{Bx} = 0$ (1)

$\sum Y = 0 \quad F_A + F_{By} - q \times 4 = 0$ (2)

$\sum M_A = 0 \quad -F \times 4 - q \times 4 \times 2 + F_{By} \times 4 = 0$ (3)

由方程(1)得：$F_{Bx} = 10$ kN(←)

由方程(3)得：$F_{By} = 20$ kN(↑)

将 F_{By} 代入方程(2)得：$F_A = 0$ kN

(5)校核。力系既然平衡，我们可以用其他平衡方程来校核计算有无错误。本例校核各力对 B 点矩的代数和是否为零，即

$$\sum M_B = -F_A \times 4 - F \times 4 + q \times 4 \times 2 = 0 - 10 \times 4 + 5 \times 4 \times 2 = 0(\text{kN} \cdot \text{m})$$

说明计算无误。

1.2.3 利用平面汇交力系、平面平行力系、平面力偶系的平衡条件求约束反力

1. 平面汇交力系平衡的条件

前述图 1-3(a)即为平面汇交力系，其合力的大小为

$$R=\sqrt{R_X^2+R_Y^2}=\sqrt{(\sum X)^2+(\sum Y)^2} \tag{1-13}$$

式(1-13)中$(\sum X)^2$和$(\sum Y)^2$恒为正值，所以，要使$R=0$，$\sum X$和$\sum Y$就必须同时等于零，即

$$\left.\begin{aligned}\sum X=0\\ \sum Y=0\end{aligned}\right\} \tag{1-14}$$

因此，平面汇交力系平衡的必要与充分条件是：力系中各分力在任意两个坐标轴上投影的代数和分别等于零。这时，方程组有两个独立的方程，可以求解两个未知量。

下面举例说明平面汇交力系平衡条件的应用。

【例 1-14】 一物体重力$G=50$ kN，用不可伸长的柔索AB和BC悬挂于图 1-40(a)所示的平衡位置，设柔索重力不计，AB与铅垂线的夹角$\alpha=30°$，BC为水平。分别用几何法和解析法求柔索AB和BC的拉力。

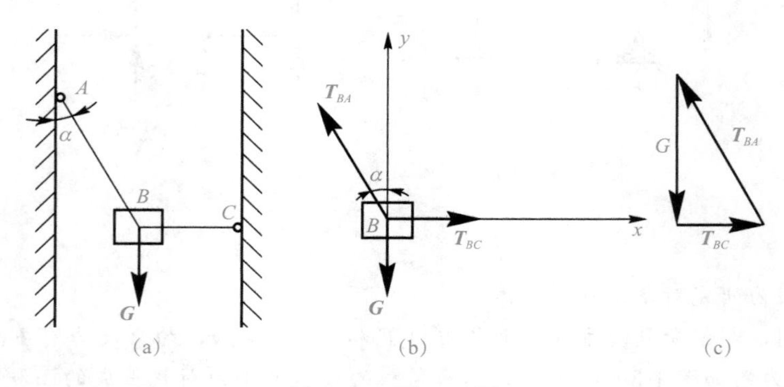

图 1-40 例 1-14 图

【解】

(1)取重物为研究对象，画受力图。根据柔索约束的特点，分析其受拉。

(2)建立直角坐标系xOy，如图 1-40(b)所示，分析本例属于三力汇交平衡力系[力的多边形如图 1-40(c)所示]。列平衡方程求解未知力$\boldsymbol{T}_{BA}$、$\boldsymbol{T}_{BC}$。

$$\sum X=0$$

$$\sum Y=0$$

即

$$T_{BC}-T_{BA}\sin 30°=0$$

$$T_{BA}\cos 30°-G=0$$

得

$$T_{BC}=28.87\ \text{kN}$$

$$T_{BA}=57.74\ \text{kN}$$

求出是正值表示实际受力方向与假设一致，确实受拉。

2. 平面平行力系平衡的条件

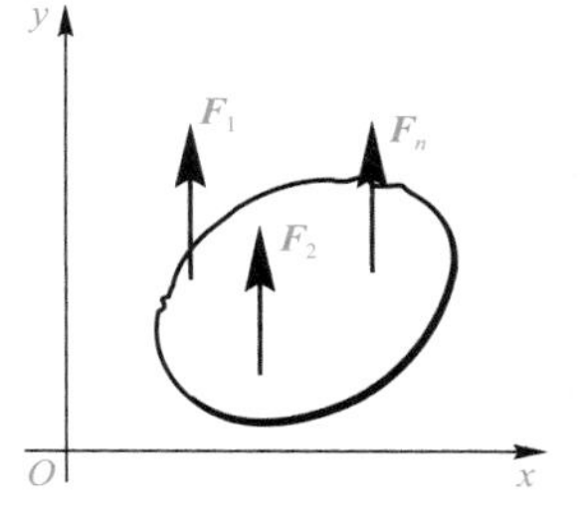

图 1-41　平面平行力系

平面平行力系是平面一般力系的一种特殊情况(图 1-41)，设物体受平面平行力系 $\boldsymbol{F}_1$、$\boldsymbol{F}_2 \cdots \boldsymbol{F}_n$ 的作用。如选取 x 轴与各力垂直，则无论力系是否平衡，每一个力在 x 轴上的投影恒等于零，即 $\sum X = 0$。于是，平面平行力系只有两个独立的平衡方程，即

$$\left.\begin{aligned}\sum Y &= 0\\ \sum M_O &= 0\end{aligned}\right\} \tag{1-15}$$

现举例说明平面平行力系平衡条件的应用。

【例 1-15】 伸臂梁AD，设重量不计，受力情况如图 1-42(a)所示，已知 $q=10$ kN/m，$F=20$ kN，试求支座反力。

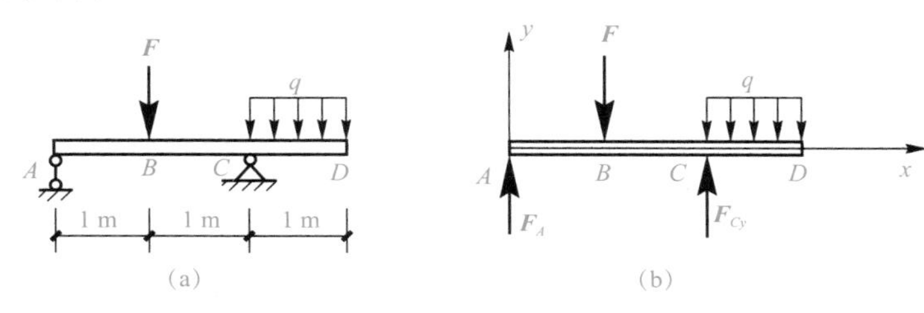

图 1-42　例 1-15 图

【解】

(1)选择伸臂梁 AD 为研究对象，画脱离体。

(2)画受力图，主动力有 q 和 $\boldsymbol{F}$，约束反力有 $\boldsymbol{F}_A$ 和 $\boldsymbol{F}_{Cy}$，而 $\boldsymbol{F}_{Cx}$ 显然为零，可不画。约束反力的指向均先假设，受力图如图 1-42(b)所示，均布荷载 q 的合力大小为荷载围成的面积，方向与 q 方向相同，竖直向下，合力的作用点在 CD 中点处。

(3)选取坐标轴，如图 1-42(b)所示，所有力的作用线都沿竖直方向，故该力系属于平面平行力系。取矩点，选未知力的交点 A 点。

(4)列平衡方程，求解未知量。

$$\sum Y = 0 \quad F_A + F_{Cy} - q \times 1 - F = 0 \tag{1}$$

$$\sum M_A = 0 \quad -F \times 1 - q \times 1 \times 2.5 + F_{Cy} \times 2 = 0 \tag{2}$$

由方程(2)得：$F_{Cy}=22.5$ kN(↑)

将 F_{Cy} 代入方程(1)得：$F_A=7.5$ kN·m(↑)

(5)校核。校核各力对 C 点矩的代数和是否为零，即

$$\sum M_C = -F_A \times 2 + F \times 1 - q \times 1 \times 0.5 = -15 + 20 - 5 = 0(\text{kN}\cdot\text{m})$$

说明计算无误。

3. 平面力偶系平衡的条件

平面力偶系可以合成为一个合力偶，当合力偶矩等于零时，则力偶系中的各力偶对物体的转动效应相互抵消，物体处于平衡状态。因此，平面力偶系平衡的必要和充分条件是：力偶系中所有各力偶矩的代数和等于零。用计算式表示为

$$\sum M = 0 \tag{1-16}$$

现举例说明平面力偶系平衡条件的应用。

【例 1-16】 在梁 AB 的两端各作用一力偶，其力偶矩的大小分别为 $m_1=100$ kN·m，$m_2=300$ kN·m，转向如图 1-43(a)所示。梁跨度 $l=4$ m，重力不计。求 A、B 处的支座反力。

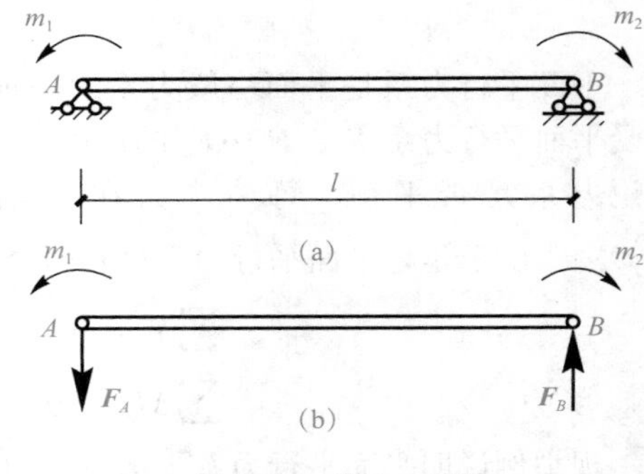

图 1-43　例 1-16 图

【解】

取梁 AB 为研究对象，作用在梁上的力有：两个已知力偶 m_1、m_2 和支座 A、B 的反力 $\boldsymbol{F}_A$、$\boldsymbol{F}_B$。B 为可动铰支座，其反力 $\boldsymbol{F}_B$ 的方位铅垂，指向假定向上。A 为固定铰支座，其反力 $\boldsymbol{F}_A$ 的方向本属于不确定的，但因梁上只受力偶作用，故 $\boldsymbol{F}_A$ 必须与 $\boldsymbol{F}_B$ 组成一个力偶才能与梁上的力偶平衡，所以 $\boldsymbol{F}_A$ 的方向假定向下，受力图如图 1-43(b)所示，列平衡方程：

$$\sum Y=0$$

$$\sum m_B=0$$

即

$$F_A-F_B=0$$

$$m_1-m_2+F_A\cdot l=0$$

代入解得　$F_A=50\ \text{kN}(\downarrow)$　$F_B=50\ \text{kN}(\uparrow)$

求得的结果为正值，说明力的假设方向和实际相同。

任务 1.3　杆件的内力

固体材料在外力作用下都会或多或少的产生变形，这些固体材料称为变形固体。变形固体在外力作用下会产生两种不同性质的变形：一种是当外力消除时，变形也随着消失，这种变形称为弹性变形；另一种是外力消除后，变形不能全部消失而留有残余，这种不能消失的残余变形称为塑性变形。一般情况下，物体受力后，既有弹性变形，又有塑性变形。只有弹性变形的物体称为理想弹性体。只产生弹性变形的外力范围称为弹性范围。

大多数构件在外力作用下产生变形后，其几何尺寸的改变量与构件原始尺寸相比是极其微小的，我们称这类变形为小变形。由于变形很微小，我们在研究构件的平衡问题时，就可以采用构件变形前的原始尺寸进行计算。本书将组成构件的各种固体视为变形固体，主要研究基本杆件的内力问题。

知识导航

1.3.1　杆件变形的基本形式

1. 杆件

所谓杆件，是指长度远大于其他两个方向尺寸的构件。横截面是与杆长方向垂直的截面，而轴线是各截面形心的连线。各截面相同且轴线为直线的杆，称为等截面直杆，如图 1-44 所示。

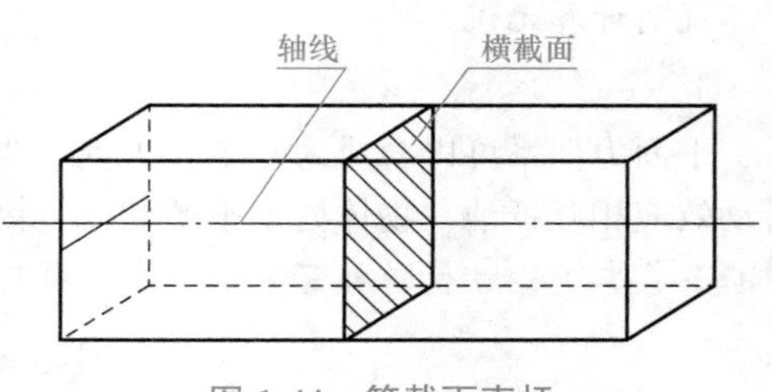

图 1-44　等截面直杆

2. 杆件变形的基本形式

(1)**轴向拉伸或压缩**：在一对大小相等、方向相反、作用线与杆轴线相重合的外力作用下，杆件将发生长度的改变(伸长或缩短)。轴向受拉的杆件称为拉杆，轴向受压的杆件称为压杆，如图 1-45(a)所示。

(2)**剪切**：在一对相距很近、大小相等、方向相反的横向外力作用下，杆件的横截面将沿外力方向发生错动，如铆钉、螺栓等连接件会受剪切变形，如图 1-45(b)所示。

(3)**扭转**：在一对大小相等、方向相反、位于垂直于杆轴线的两平面内的力偶作用下，杆的任意两横截面将绕轴线发生相对转动，如图 1-45(c)所示。

(4)**弯曲**：在一对大小相等、方向相反、位于杆的纵向平面内的力偶作用下，杆件的轴线由直线弯成曲线。以弯曲变形为主要变形的杆件称为受弯构件或梁式杆，水平或倾斜放置的梁式杆简称为梁，如图 1-45(d)所示。

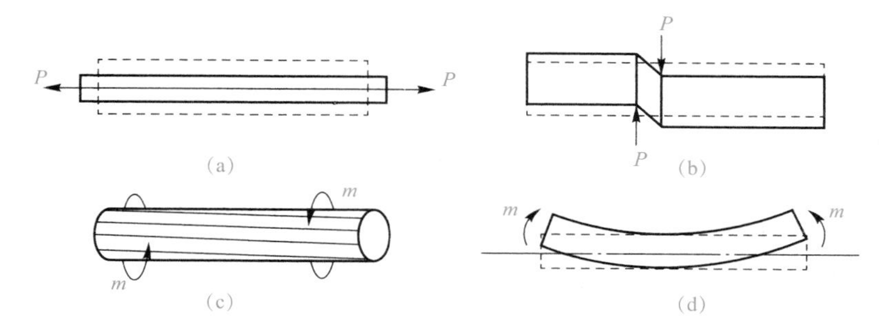

图 1-45　杆件的基本变形形式

由上述两种或两种以上基本变形组成的复杂变形称为**组合变形**，在本书中不详述。

3. 平面杆系结构的基本形式

杆系结构是指由若干杆件所组成的结构，也称为**杆件结构**。按照空间观点，杆系结构又可分为**平面杆系结构**和**空间杆系结构**。凡是组成结构的所有杆件的轴线和作用在结构上的荷载都位于同一平面内，这种结构称为平面杆系结构；如果组成结构的所有杆件的轴线或作用在结构上的荷载不在同一平面内，这种结构即为空间杆系结构。本书主要研究和讨论平面杆系结构，其常见的形式可分为以下几种：

(1)**梁**。梁是一种最常见的结构，其轴线常为直线，有单跨及多跨连续等形式，如图 1-46(a)所示。

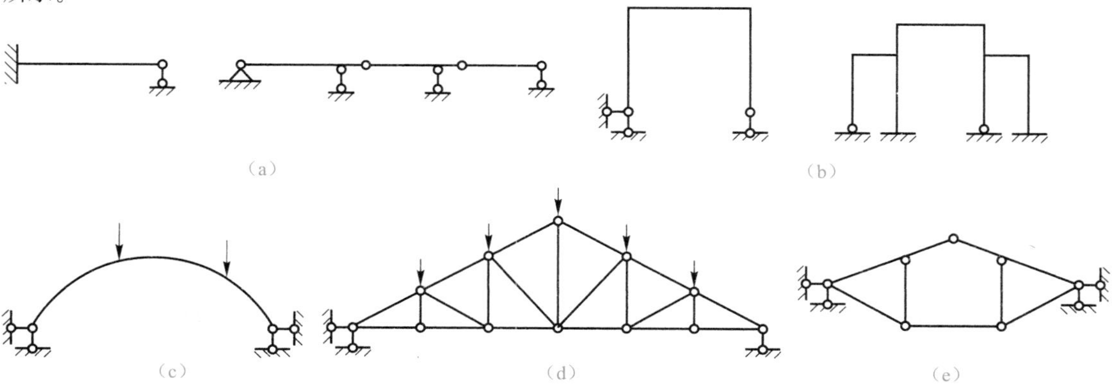

图 1-46　平面杆系的基本形式

(2)刚架。刚架是由直杆组成的，各杆主要受弯曲变形，节点大多数是刚性节点，也可以有部分铰节点，如图 1-46(b)所示。

(3)拱。拱的轴线是曲线，这种结构在竖向荷载作用下，不仅产生竖向反力，还产生水平反力。在一定的条件下，拱能以压缩变形为主，各截面主要产生轴力，如图 1-46(c)所示。

(4)桁架。桁架是由直杆组成的，各节点都假设为理想的铰接点，荷载作用在节点上，各杆只产生轴力，如图 1-46(d)所示。

(5)组合结构。在这种结构中，一部分是桁架杆件只承受轴力，而另一部分杆件则是梁或刚架杆件，即受弯杆件，也就是说，这种结构由两种结构组合而成，如图 1-46(e)所示。

1.3.2 内力和应力

1. 内力

杆件在外力作用下产生变形，从而杆件内部各部分之间就产生相互作用力，这种由外力引起的杆件内部之间的相互作用力，称为内力。

2. 应力

将内力在一点处的分布集度，称为应力。为了分析图 1-47(a)所示截面上任意一点 E 处的应力，围绕 E 点取一微小面积 ΔA，作用在微小面积 ΔA 上的合内力记为 Δp，则比值为

$$p_m=\frac{\Delta p}{\Delta A} \qquad (1\text{-}17)$$

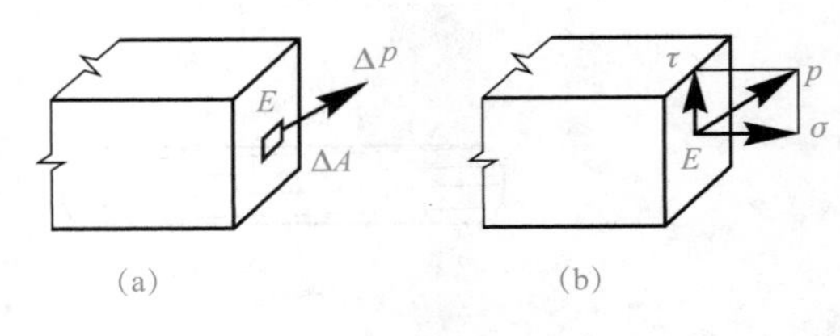

图 1-47 应力

式(1-17)中 p_m 为 ΔA 上的平均应力。平均应力不能精确地表示 E 点处的内力分布集度。当 ΔA 无限趋近于零时，平均应力 p_m 的极限值 p 才能表示 E 点处的内力集度，即

$$p=\lim_{\Delta A\to 0}\frac{\Delta p}{\Delta A}=\frac{\mathrm{d}p}{\mathrm{d}A} \qquad (1\text{-}18)$$

式(1-18)中 p 称为 E 点处的应力。

应力 p 的方向与截面既不垂直也不相切。通常，将应力 p 分解为与截面垂直的法向分量 σ 和与截面相切的切向分量 τ。垂直于截面的应力分量 σ 称为正应力或法向应力；相切于截面的应力分量 τ 称为切应力或切向应力(剪应力)。应力的单位为 **Pa**，常用单位是 **MPa** 或 **GPa**。单位换算如下：

$$1\ \text{Pa}=1\ \text{N/m}^2$$
$$1\ \text{kPa}=10^3\ \text{Pa}$$
$$1\ \text{MPa}=10^6\ \text{Pa}=1\ \text{N/mm}^2$$
$$1\ \text{GPa}=10^9\ \text{Pa}$$

能力导航

1.3.3 截面法

研究杆件内力常用的方法是截面法。截面法是假想地用一平面将杆件在需求内力的截面截开，将杆件分为两部分；取其中一部分作为研究对象，此时，截面上的内力被显示出来，变成研究对象上的外力；再由平衡条件求出内力。

用截面法计算内力的步骤一般可归纳如下：

(1)截：假想地沿待求内力所在截面将杆件截开成两部分。

(2)取：完整地取截开后的任一部分作为研究对象。

(3)代：画出保留部分的受力图，其中要把弃去部分对保留部分的作用以截面上的内力代替。

(4)平衡：列出研究对象的平衡方程，计算内力的大小和方向。

> **特别提示**
>
> 用截面法求解杆件内力时，轴力、剪力、弯矩均假设为正。

在用截面法求解杆件任一横截面上的内力分量时，若内力分量的方向不易判断，则一般采用设正法，即按正向先假设，若最后求得的内力分量为正号，则表示实际内力分量的方向与假设方向一致(为正)，若最后求得的内力分量为负号，则表示实际内力分量的方向与假设方向相反(为负)。截面法的具体应用详见本项目任务 1.4 和任务 1.5 的介绍。

任务 1.4　轴向拉压杆的内力和内力图绘制

知识导航

1.4.1　轴力与轴力图

1. 轴力

如前所述桁架的竖杆、斜杆和上下弦杆，作用在这些杆上外力的合力作用线与杆轴线重合。在这种受力情况下，杆所产生的变形主要是轴向伸长或缩短。产生轴向拉伸或压缩的杆件称为拉杆或压杆，如图 1-48 所示。轴向拉伸或压缩的杆件的内力称为轴力。

图 1-49(a)所示为一等截面直杆受轴向外力作用，产生轴向拉伸变形。现用截面法分析 $m—m$ 截面上的内力。用假想的横截面将杆在 $m—m$ 截面处截开分为左、右两部分，取左部分为研究对象，如图 1-49(b)所示，左右两段杆在横截面上相互作用的内力是一个分布力系，其合力为 $\boldsymbol{N}$。由于整根杆件处于平衡状态，所以左段杆也应保持平衡，由平衡条件 $\sum X=0$ 可知，$m—m$ 横截面上分布内力的合力 $\boldsymbol{N}$ 必然是一个与杆轴相重合的内力，且 $\boldsymbol{N}=\boldsymbol{F}$，其指向背离截面。同理，若取右段为研究对象，如图 1-49(c)所示，可得出同样的结果。

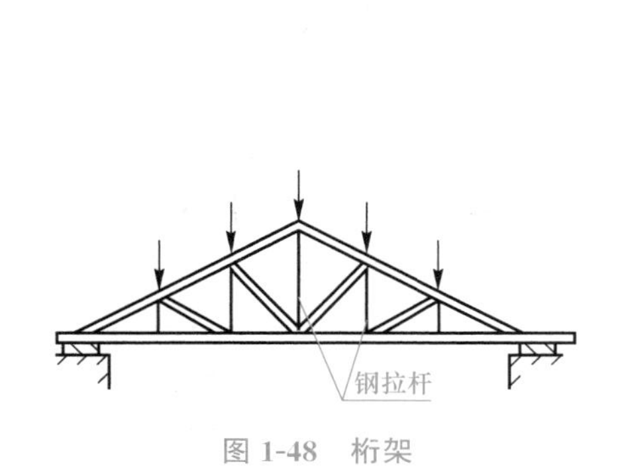

图 1-48　桁架

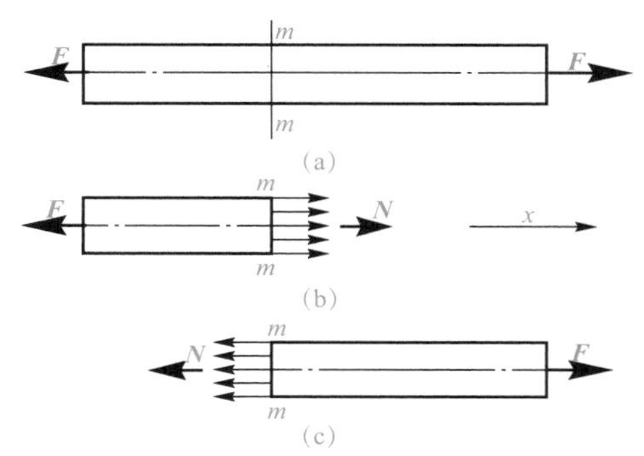

图 1-49　轴向拉压杆的内力和应力

对于压杆，也可以通过上述方法求得其任一横截面上的内力 $\boldsymbol{N}$，但其指向为沿着截面的法

线指向截面。

将作用线与杆件轴线相重合的内力，称为轴力，用符号 **N** 表示，沿着截面的法线背离截面的轴力，称为拉力；反之称为压力。轴力的正负号规定：轴向受拉为正；轴向受压为负。轴力的单位为 N 或 kN。

2. 轴力图

将表明沿杆长各个横截面上轴力变化规律的图形，称为轴力图。画轴力图时，将正值的轴力画在轴线上方，负值的轴力画在轴线下方，零值的轴力沿杆轴画。

3. 轴向拉、压杆的应力

轴向拉、压杆横截面上的内力是均匀分布的，也就是横截面上各点的应力相等。由于拉、压杆的轴力是垂直于横截面的，故与它相应的分布内力也必然垂直于横截面，由此可知，轴向拉、压杆横截面上只有正应力，而没有剪应力。由此可得结论：轴向拉伸时，杆件横截面上各点处只产生正应力，且大小相等，即

$$\sigma=\frac{N}{A} \tag{1-19}$$

式中 σ——杆件横截面上的正应力；

N——杆件横截面上的轴力；

A——杆件的横截面面积。

当杆件轴向受压缩时，正应力也随轴力 **N** 而有正负之分，即拉应力为正，压应力为负。

能力导航

1.4.2 截面法求轴向拉、压杆的轴力及轴力图绘制

求解轴向拉、压杆上任意截面的轴力可采用截面法，用截面法计算轴力的步骤一般可归纳如下。

(1)截：在所要求取轴力的位置将杆件假想地截开。

(2)取：完整地取截开后的任一部分作为研究对象，若是水平杆可完整地取左边或右边。

(3)代：画出保留部分的受力图，在截开的位置画上轴力代替。

(4)平衡：列出研究对象的平衡方程，利用平衡方程求出内力的大小和方向。

下面举例说明如何利用截面法求轴向拉、压杆的轴力和画内力图。

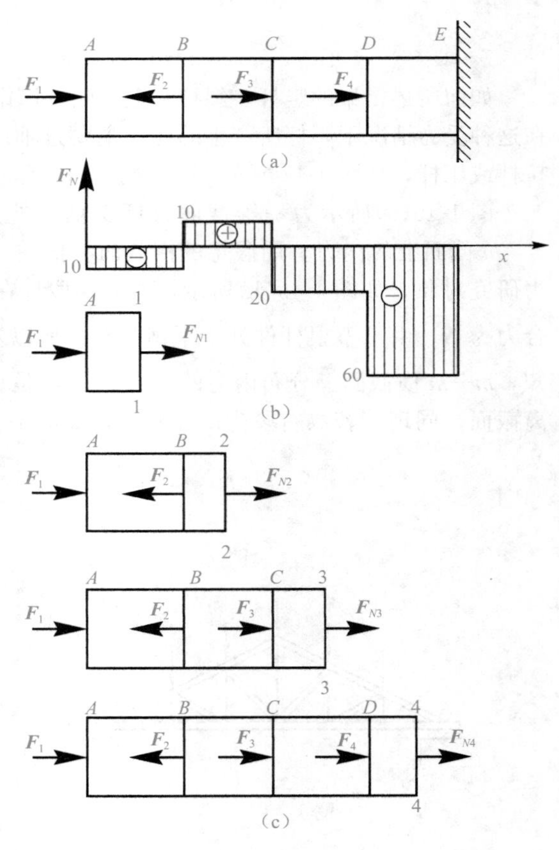

图 1-50　例 1-17 图

【例 1-17】 已知 $F_1=10$ kN，$F_2=20$ kN，$F_3=30$ kN，$F_4=40$ kN，试画出图 1-50(a)所示杆件的内力图。

【解】

首先分析该杆是轴向拉压杆(杆是直杆且外

力都沿杆轴作用)，取整根杆件为研究对象，列平衡方程即可求解。本例较简单可以不求支座反力。

(1)计算各段杆的轴力[图 1-50(c)]。为保证一致，在假设截面轴力指向时，一律假设先受拉(正号)。如果计算结果为正值，表示实际指向与假设指向相同，即内力为拉力；反之，表示实际指向与假设指向相反，即内力为压力。

AB 段：用 1—1 截面将 AB 段切开，取左段分析，用 $\boldsymbol{F}_{N1}$ 表示截面上的轴力，列平衡方程：

$$\sum X=0$$

$$F_1+F_{N1}=0$$

得 $F_{N1}=-F_1=-10\ \text{kN}$(压)

BC 段：用 2—2 截面将 BC 段切开，取左段分析，用 $\boldsymbol{F}_{N2}$ 表示截面上的轴力，列平衡方程：

$$\sum X=0$$

$$F_1-F_2+F_{N2}=0$$

得 $F_{N2}=F_2-F_1=10\ \text{kN}$(拉)

CD 段：用 3—3 截面将 CD 段切开，取左段分析，用 $\boldsymbol{F}_{N3}$ 表示截面上的轴力，列平衡方程：

$$\sum X=0$$

$$F_1-F_2+F_3+F_{N3}=0$$

得 $F_{N3}=F_2-F_1-F_3=-20\ \text{kN}$(压)

DE 段：用 4—4 截面将 DE 段切开，取左段分析，用 $\boldsymbol{F}_{N4}$ 表示截面上的轴力，列平衡方程：

$$\sum X=0$$

$$F_1-F_2+F_3+F_4+F_{N4}=0$$

得 $F_{N4}=F_2-F_1-F_3-F_4=-60\ \text{kN}$(压)

(2)画轴力图。以平行于杆轴的 x 轴为横坐标，垂直于杆轴的 $\boldsymbol{F}_N$ 轴为纵坐标，按比例将各段杆计算的轴力画在坐标图上，并在受拉区标正号，受压区标负号，画出轴力图，如图 1-50(b)所示。

案例点评

不难看出：AB 段任一截面的轴力与 1—1 截面上的轴力相等，BC 段任一截面的轴力与 2—2 截面上的轴力相等，BC、CD 段同理如此。

【例 1-18】 试画出图 1-51(a)所示阶梯柱的轴力图并求 AB、BC 段的应力，已知 $F=80\ \text{kN}$，$A_{AB}=1\ 000\ \text{mm}^2$，$A_{BC}=2\ 000\ \text{mm}^2$。

【解】

(1)求各段柱的轴力。

$$N_{AB}=-F=-80\ \text{kN}(压)$$

$$N_{BC}=-3F=-240\ \text{kN}(压)$$

(2)画轴力图。根据上面求出各段柱的轴力并画出阶梯柱的轴力图，如图 1-51(b)所示。

(3)求各段的应力。

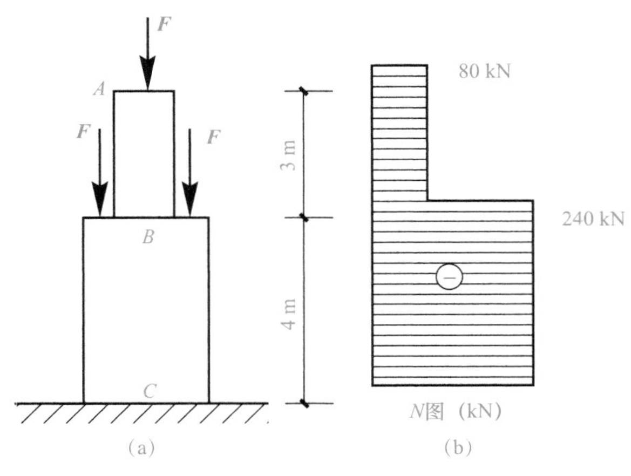

图 1-51 阶梯柱

$$\sigma_{AB}=\frac{N_{AB}}{A_{AB}}=\frac{-80\times10^{3}}{1\ 000}=-80(\text{MPa})$$

$$\sigma_{BC}=\frac{N_{BC}}{A_{BC}}=\frac{-240\times10^{3}}{2\ 000}=-120(\text{MPa})$$

1.4.3 技巧法作轴力图(只有集中荷载且杆件水平)

对水平构件：从左向右绘制轴力图，从起点的杆轴开始画，遇到水平向左的力往上画力的大小(受拉)，遇到水平向右的力往下画力的大小(受压)，无荷载段水平画，最后能够回到终点的杆轴，表明绘制正确。

【例 1-19】 画出图 1-52(a)所示杆件的内力图。

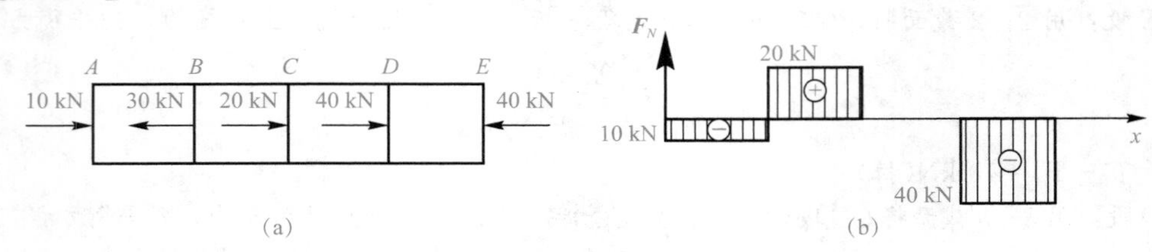

图 1-52　例 1-19 图

【解】

(1)分析该杆件属于轴向拉压杆，取 A 点为坐标原点，建立坐标系，以平行于杆轴的 x 轴为横坐标，垂直于杆轴的 $\boldsymbol{F}_N$ 轴为纵坐标。

(2)从起点 A 的杆轴开始，首先遇到水平向右的力 10 kN，因此往下画 10 kN(按比例)，AB 段无荷载沿杆轴画(水平画)，到 B 点遇到水平向左的力 30 kN，往上画力的大小 30 kN，值为正的 20 kN，BC 段无荷载沿杆轴画(水平画)，到 C 点遇到水平向右的力 20 kN，往下画力的大小 20 kN，回到杆轴的零值，CD 段同样无荷载沿杆轴画(水平画)，到 D 点遇到水平向右的力 40 kN，往下画力的大小 40 kN，值为负的 40 kN，DE 段同样水平画，最后在 E 点遇到水平向左的力 40 kN，往上画力的大小 40 kN，刚好回到终点 E 的杆轴，表明轴力图(N 图)绘制正确。轴力图如图 1-52(b)所示。

【例 1-20】 画出图 1-53(a)所示杆件的内力图。

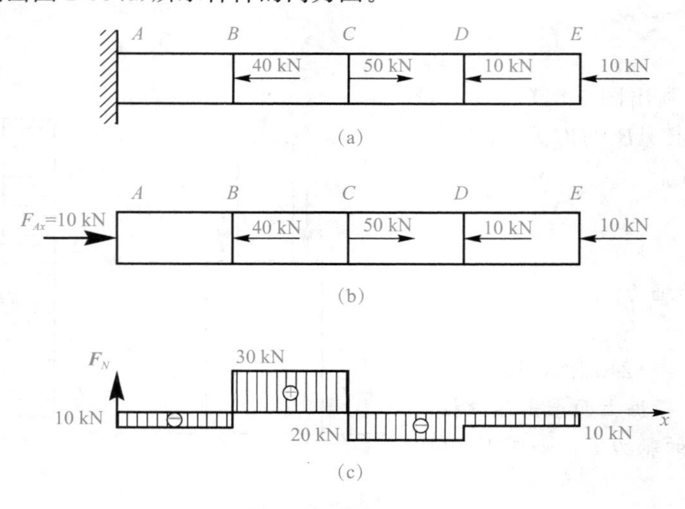

图 1-53　例 1-20 图

【解】

(1)分析该杆件属于轴向拉压杆，该杆只沿着轴线有外力的作用，A 点为固定端支座，需求出该固定端支座的反力 $F_{Ax}=10$ kN，作出该轴向拉压杆的受力图，如图 1-53(b)所示。

(2)取 A 点为坐标原点，建立坐标系，以平行于杆轴的 x 轴为横坐标，垂直于杆轴的 $\boldsymbol{F}_N$ 轴为纵坐标。

(3)从起点 A 的杆轴开始，首先遇到水平向右的力 10 kN，因此往下画 10 kN(按比例)，AB 段无荷载沿杆轴画(水平画)，到 B 点遇到水平向左的力 40 kN，往上画力的大小 40 kN，值为正的 30 kN，BC 段无荷载沿杆轴画(水平画)，到 C 点遇到水平向右的力 50 kN，往下画力的大小 50 kN，值为负的 20 kN，CD 段无荷载沿杆轴画(水平画)，到 D 点遇到水平向左的力 10 kN，往上画力的大小 10 kN，值为负的 10 kN，DE 段同样水平画，最后在 E 点遇到水平向左的力 10 kN，往上画力的大小 10 kN，刚好回到终点 E 的杆轴，表明轴力图(N 图)绘制正确。轴力图如图 1-53(c)所示。

任务 1.5　单跨静定梁的内力和内力图绘制

如前所述，当杆件受到垂直于杆轴的外力作用或在纵向平面内受到力偶作用[图 1-54(a)]时，杆轴由直线弯成曲线，这种变形称为弯曲。以弯曲变形为主的杆件称为梁。例如，房屋建筑中的楼面梁和阳台挑梁，受到楼面荷载和梁自重的作用，将发生弯曲变形，如图 1-54(b)所示。

工程中常见的梁，其横截面往往有一根对称轴，这根对称轴与梁轴线所组成的平面，称为纵向对称平面[图 1-54(c)]。如果作用在梁上的外力(包括荷载和支座反力)和外力偶都位于纵向对称平面内，梁变形后，轴线将在此纵向对称平面内弯曲。这种梁的弯曲平面与外力作用平面相重合的弯曲，称为平面弯曲。平面弯曲是一种最简单，也是最常见的弯曲变形，本节将主要讨论等截面单跨直梁内力的求解。

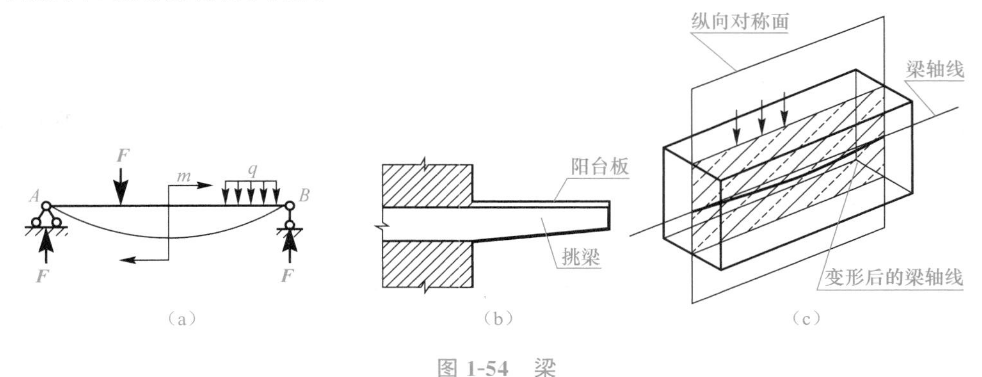

图 1-54　梁

知识导航

1.5.1　单跨静定梁的基本形式与内力

1. 单跨静定梁的基本形式

(1)悬臂梁——梁的一端为固定端，另一端为自由端，如图 1-55(a)所示。

(2)简支梁——梁的一端为固定铰支座，另一端为可动铰支座，如图 1-55(b)所示。

(3)外伸梁——梁的一端或两端伸出支座的简支梁，如图 1-55(c)所示。

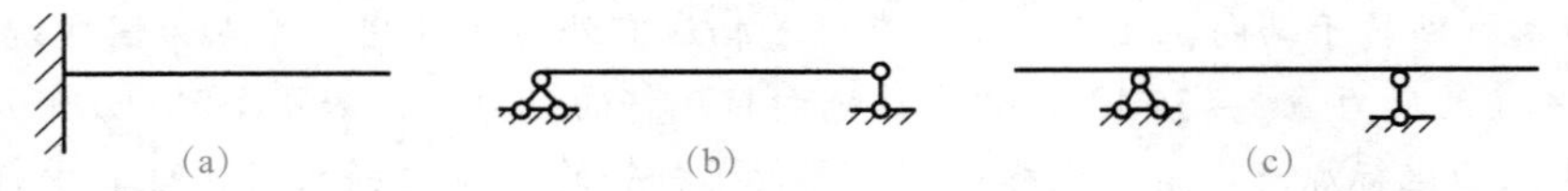

图 1-55　单跨静定梁的基本形式

2. 剪力和弯矩

图 1-56(a)所示为一简支梁，荷载 $\boldsymbol{F}$ 和支座反力 $\boldsymbol{F}_{Ay}$、$\boldsymbol{F}_{B}$ 是作用在梁的纵向对称平面内的平衡力系。现用截面法分析任一截面 m—m 上的内力。假想将梁沿截面 m—m 分为两部分，取左段为研究对象，从图 1-56(b)中可以看出，因有支座反力 $\boldsymbol{F}_{Ay}$ 作用，为使左段满足 $\sum Y=0$，截面 m—m 上必然有与 $\boldsymbol{F}_{Ay}$ 等值、平行且反向的内力 $\boldsymbol{F}_{Q}$ 存在，这个内力 $\boldsymbol{F}_{Q}$ 称为剪力；同时，因 $\boldsymbol{F}_{Ay}$ 对截面 m—m 的形心点有一个力矩 $F_{Ay}\cdot a$ 的作用，为满足矩的平衡，截面 m—m 上也必然有一个与力矩 $F_{Ay}\cdot a$ 大小相等且转动相反的内力偶矩 M 存在，这个内力偶矩 M 称为弯矩。由此可知，梁发生弯曲时，横截面上同时存在着两个内力，即剪力 $\boldsymbol{F}_{Q}$ 和弯矩 M。

图 1-56　梁的剪力和弯矩

剪力的常用单位为 N 或 kN，弯矩的常用单位为 N·m 或 kN·m。剪力和弯矩的大小，可由左段梁的静力平衡方程求得，即

$$\sum Y=0,\text{可得 } F_{Ay}-F_{Q}=0,F_{Q}=F_{Ay}$$

$$\sum M_{m-m}=0,\text{可得 }-F_{Ay}\cdot a+M=0,M=F_{Ay}\cdot a$$

如取右段梁作为研究对象，同样可求得截面 m—m 上的 $\boldsymbol{F}_{Q}$ 和 M，根据作用与反作用力的关系，它们与从左段梁求出截面 m—m 上的 $\boldsymbol{F}_{Q}$ 和 M 大小相等，方向相反，如图 1-56(c)所示。

3. 剪力和弯矩的正、负号规定

(1)剪力的正负号：使梁段有顺时针转动趋势的剪力为正；反之为负，如图 1-57(a)、(b)所示。

(2)使梁段产生下侧受拉的弯矩为正；反之为负，如图 1-57(c)、(d)所示。

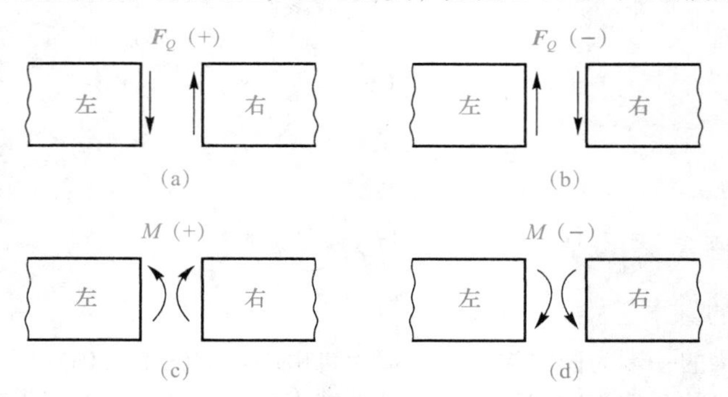

图 1-57　剪力和弯矩的正、负号规定

能力导航

1.5.2 利用截面法求单跨静定梁上指定截面的剪力和弯矩

用截面法求指定截面上的剪力和弯矩的步骤如下：

(1)计算支座反力。

(2)用假想的截面在需求内力处将梁截成两段，取其中任一段为研究对象。

(3)画出研究对象的受力图(截面上的 F_Q 和 M 都先假设为正的方向)。

(4)建立平衡方程，解出内力。

> **特别提示**
>
> 求解悬臂梁截面内力时无须计算支座反力。

【例 1-21】 简支梁如图 1-58(a)所示。已知 $F_1=18$ kN，试求 1—1、2—2、3—3 截面上的剪力和弯矩。

【解】

(1)求支座反力，考虑梁的整体平衡，列平衡方程：

$$\sum M_A=0 \quad -F_1\times1-F_1\times4+F_B\times6=0$$

$$\sum M_B=0 \quad -F_{Ay}\times6+F_1\times5+F_1\times2=0$$

得
$$F_B=15\ \text{kN}(\uparrow)$$
$$F_{Ay}=21\ \text{kN}(\uparrow)$$

校核：$\sum Y=F_{Ay}+F_B-2F_1$

$=21+15-2\times18=0$

(2)求 1—1 截面内力。在 1—1 截面将 AB 梁切开，取左段分析，画受力图如图 1-58(b)所示，F_{Q1}、M_1 都先按正方向假设，列平衡方程：

$$\sum Y=0 \quad F_{Ay}-F_1-F_{Q1}=0$$

$$\sum M_1=0 \quad -F_{Ay}\times2+F_1\times1+M_1=0$$

得
$$F_{Q1}=3\ \text{kN}$$
$$M_1=24\ \text{kN}\cdot\text{m}$$

求得的均为正值，表示 1—1 截面上内力的实际方向与假设方向相同。

(3)求 2—2 截面内力。在 2—2 截面将 AB 梁切开，取左段分析，画受力图如图 1-58(c)所示，F_{Q2}、M_2 都先按正方向假设，列平衡方程：

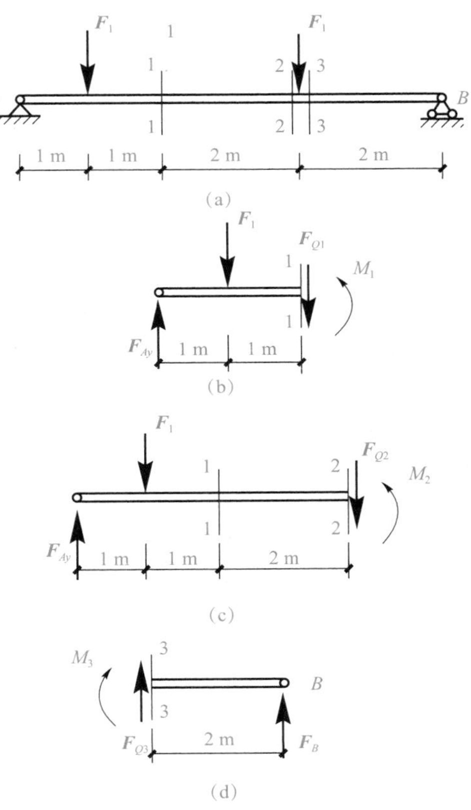

图 1-58 例 1-21 图

$$\sum Y=0 \quad F_{Ay}-F_1-F_{Q2}=0$$

$$\sum M_2=0 \quad -F_{Ay}\times4+F_1\times3+M_2=0$$

得
$$F_{Q2}=3\ \text{kN}$$
$$M_2=30\ \text{kN}\cdot\text{m}$$

求得的均为正值，表示 2—2 截面上内力的实际方向与假设方向相同。

(4)求3—3截面内力。在3—3截面将AB梁切开，取右段分析，画受力图如图1-58(d)所示，F_{Q3}、M_3都先按正方向假设，列平衡方程：

$$\sum Y=0 \quad F_B+F_{Q3}=0$$

$$\sum M_3=0 \quad F_B\times 2-M_3=0$$

得

$$F_{Q3}=-15\ \text{kN}$$

$$M_3=30\ \text{kN}\cdot\text{m}$$

求得的F_{Q3}为负值，表示3—3截面上剪力的实际方向与假设方向相反，M_3为正值，表示3—3截面上弯矩的实际方向与假设方向相同。

1.5.3 利用剪力方程和弯矩方程绘制剪力图和弯矩图

为了计算梁的强度和刚度问题，除要计算指定截面的剪力和弯矩外，还必须知道剪力和弯矩沿梁轴线的变化规律，从而找到梁内剪力和弯矩的最大值以及它们所在的截面位置。可用剪力方程和弯矩方程来解决此问题。

1. 剪力方程和弯矩方程

从例1-21可以看出，梁内各截面上的剪力和弯矩一般随截面的位置而变化。若横截面的位置用沿梁轴线的坐标x来表示，则各横截面上的剪力和弯矩都可以表示为坐标x的函数，即

$$F_Q=F_Q(x) \tag{1-20}$$

$$M=M(x) \tag{1-21}$$

式(1-20)和式(1-21)表示梁内剪力和弯矩沿梁轴线的变化规律，分别称为剪力方程和弯矩方程。

2. 剪力图和弯矩图

为了形象地表示剪力和弯矩沿梁轴线的变化规律，可以根据剪力方程和弯矩方程分别绘制剪力图和弯矩图。以沿梁轴线的横坐标x表示梁横截面的位置，以纵坐标表示相应横截面上的剪力或弯矩，在土建工程中，习惯上把正的剪力画在x轴上方，负剪力画在x轴下方，如图1-59(a)所示；而把弯矩图画在梁的受拉的一侧，即正弯矩画在x轴下方，负弯矩画在x轴上方，如图1-59(b)所示。

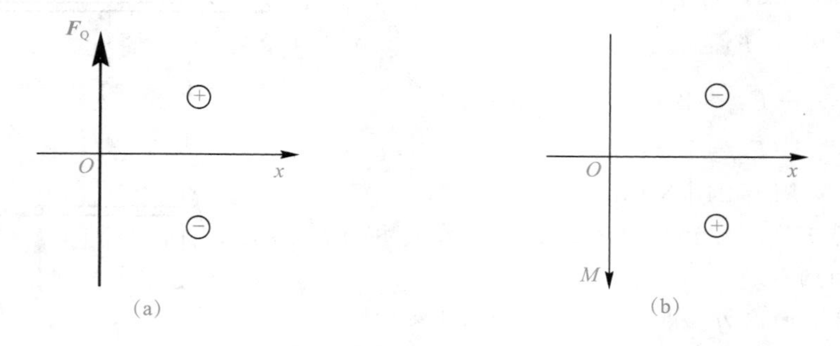

图1-59 剪力图和弯矩图的符号规定

【例1-22】 简支梁受集中力作用如图1-60所示，试画出梁的剪力图和弯矩图。

【解】

(1)根据整体平衡条件求支座反力

$$\sum X=0 \quad F_{Ax}=0 \tag{1}$$

$$\sum M_B=0 \quad F_{Ay}=\frac{Fb}{l}(\uparrow) \tag{2}$$

$$\sum M_A = 0 \quad F_B = \frac{Fa}{l}(\uparrow) \tag{3}$$

校核：$\sum Y = F_{Ay} + F_B - F = 0$ (4)

说明计算无误。

(2)列剪力方程和弯矩方程。梁在 C 处有集中力作用，故 AC 段和 CB 段的剪力方程和弯矩方程不相同，要分段列出。

AC 段：在距离 A 端为 x 的任意截面处将梁假想截开，并考虑左段梁平衡，则剪力方程和弯矩方程为

$$F_Q(x) = F_{Ay} = \frac{Fb}{l}(0 < x < a) \tag{5}$$

$$M(x) = F_{Ay}x = \frac{Fb}{l}x(0 \leqslant x \leqslant a) \tag{6}$$

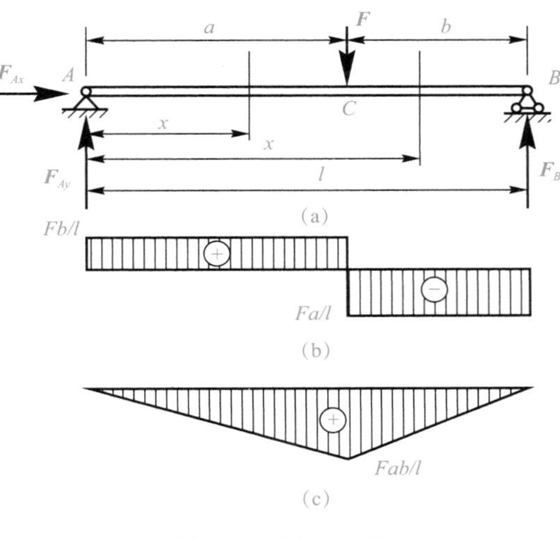

图 1-60　例 1-22 图

CB 段：在距离 A 端为 x 的任意截面处将梁假想截开，并考虑左段梁平衡，则剪力方程和弯矩方程为

$$F_Q(x) = F_{Ay} - F = \frac{Fb}{l} - F = -\frac{Fa}{l}(a < x < l) \tag{7}$$

$$M(x) = F_{Ay}x - F(x-a) = \frac{Fa}{l}(l-x)(a \leqslant x \leqslant l) \tag{8}$$

(3)画剪力图和弯矩图。根据剪力方程和弯矩方程画剪力图和弯矩图。

F_Q 图：AC 段剪力方程 $F_Q(x)$ 为常数，其剪力值为 Fb/l，剪力图是一条平行于 x 轴的直线，且在 x 轴上方。CB 段剪力方程 $F_Q(x)$ 也为常数，其剪力值为 $-Fa/l$，剪力图也是一条平行于 x 轴的直线，但在 x 轴下方。画出全梁的剪力图，如图 1-60(b)所示。

M 图：AC 段弯矩 $M(x)$ 是 x 的一次函数，弯矩图是一条斜直线，故只要计算两个端截面的弯矩值，就可以画出弯矩图。

当
$$x = a,\ M_C = \frac{Fab}{l}$$
$$x = 0,\ M_A = 0$$

两点连线可以画出 AC 段的弯矩图。

CB 段弯矩 $M(x)$ 仍是 x 的一次函数，弯矩图也是一条斜直线。

当
$$x = a,\ M_C = \frac{Fab}{l}$$
$$x = l,\ M_B = 0$$

两点连线可以画出 CB 段的弯矩图，整梁的弯矩图如图 1-60(c)所示。从剪力图和弯矩图中可得结论：在梁的无荷载段剪力图为平行线，弯矩图为斜直线。在集中力作用处，左右截面上的剪力图发生突变，其突变值等于该集中力的大小，突变方向与该集中力的方向一致；而弯矩图出现转折，即出现尖点，尖点方向与该集中力方向一致。

【例 1-23】 简支梁受均布荷载作用如图 1-61(a)所示。试画出梁的剪力图和弯矩图。

【解】

(1)求支座反力。

显然：
$$F_{Ax} = 0 \tag{1}$$

因对称关系，可得 $F_{Ay} = F_B = \frac{1}{2}ql(\uparrow)$ (2)

(2)列剪力方程和弯矩方程。在距离 A 端为 x 的任意截面处将梁假想截开，并考虑左段梁平衡，则剪力方程和弯矩方程为

$$F_Q(x)=F_{Ay}-qx=\frac{1}{2}ql-qx(0<x<l) \quad (3)$$

$$M(x)=F_{Ay}x-\frac{1}{2}qx^2$$

$$=\frac{1}{2}qlx-\frac{1}{2}qx^2(0\leqslant x\leqslant l) \quad (4)$$

(3)画剪力图和弯矩图。由式(3)可知 $F_Q(x)$ 是 x 的一次函数，剪力图是一条斜直线。

当 $x=0$，$F_Q(0)=\frac{1}{2}ql$

$x=l$，$F_Q(l)=-\frac{1}{2}ql$

根据这两个截面的剪力值，画出剪力图，如图 1-61(b)所示。

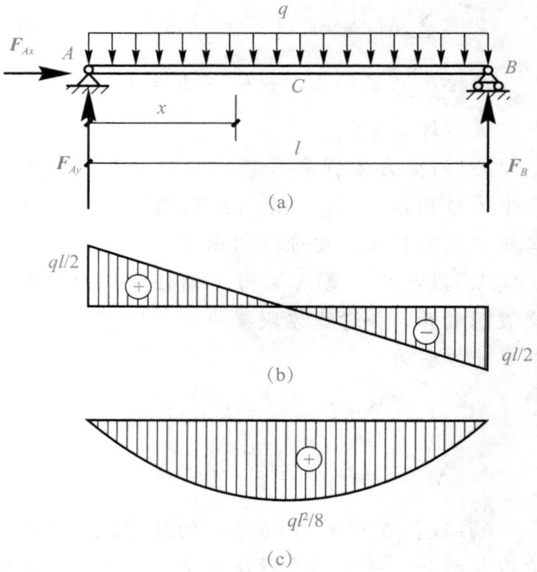

图 1-61 例 1-23 图

由式(4)知，$M(x)$ 是 x 的二次函数，说明弯矩图是一条二次抛物线，三点确定一条抛物线，应至少计算三个截面的弯矩值，才可描绘出曲线的大致形状。

当 $x=0$，$M_A=0$ $\quad$ $x=\frac{l}{2}$，$M_C=\frac{ql^2}{8}$ $\quad$ $x=l$，$M_B=0$

根据以上计算结果，画出弯矩图，如图 1-61(c)所示。

从剪力图和弯矩图中可得结论：在均布荷载作用的梁段，剪力图为斜直线，弯矩图为二次抛物线。在剪力等于零的截面上弯矩取到极值。

【例 1-24】 如图 1-62 所示，伸臂梁受集中力偶作用，试画出梁的剪力图和弯矩图。

【解】

(1)求支座反力，由整梁平衡得

$$\sum X=0 \quad F_{Ax}=0$$

$$\sum M_A=0 \quad F_B=\frac{m}{l}(\uparrow)$$

$$\sum M_B=0 \quad F_{Ay}=-\frac{m}{l}(\downarrow)$$

校核：$\sum Y=F_{Ay}+F_B=-\frac{m}{l}+\frac{m}{l}=0$

说明计算无误。

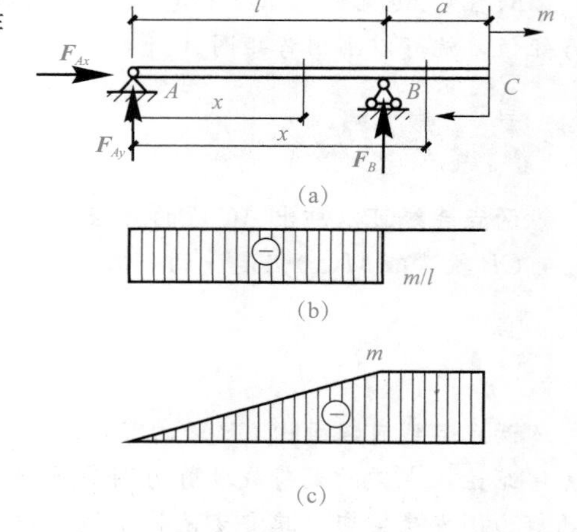

图 1-62 例 1-24 图

(2)列剪力方程和弯矩方程。梁在 B 截面有支座反力 $\boldsymbol{F}_B$，应分 AB、BC 两段列出剪力方程和弯矩方程。

AB 段：在距离 A 端为 x 的截面处假想将梁截开，考虑左段梁平衡，则剪力方程和弯矩方程为

$$F_Q(x)=F_{Ay}=-\frac{m}{l}(0<x<l) \quad (1)$$

$$M(x)=F_{Ay}x=-\frac{m}{l}x(0\leqslant x\leqslant l) \quad (2)$$

BC段：在距离A端为x的截面处假想将梁截开，考虑右段梁平衡，则剪力方程和弯矩方程为

$$F_Q(x)=0(l<x<l+a) \quad (3)$$

$$M(x)=-m(l\leqslant x\leqslant l+a) \quad (4)$$

(3)画剪力图和弯矩图。F_Q图：由式(1)、式(3)可知，梁在AB段和BC段的剪力都是常数，故剪力图是两段水平直线。画出剪力图，如图1-62(b)所示。

M图：由式(2)、式(4)可知，梁在AB段内弯矩是x的一次函数，BC段内弯矩是常数，故弯矩图是一段斜直线，一段水平直线。弯矩图如图1-62(c)所示。

由内力图可得结论：梁在集中力偶作用处，左右截面上的剪力无变化，而弯矩出现突变，其突变值等于该集中力偶矩。

3. 画弯矩和剪力图的注意事项

实际上，截面内的弯矩、剪力和分布荷载集度之间存在相互的关系。通过以上的几个例子可以总结出梁的剪力图和弯矩图的规律如下：(证明略)

(1)在无荷载作用的一段梁上，该梁段内各横截面上的剪力$F_Q(x)$为常数，则剪力图为一条水平直线；弯矩图为一斜直线，且斜直线的斜率等于该梁段上的剪力值。

(2)在均布荷载作用的一段梁上，$q(x)$为常数，且$q(x)\neq 0$。剪力图必然是一斜直线，弯矩图是二次抛物线。若某截面上的剪力$F_Q(x)=0$，则该截面上的弯矩取到极值。

(3)在集中力作用处的左、右两侧截面上，剪力图有突变，突变值等于集中力的值；两侧截面上的弯矩值相等，但由于两侧的剪力值不同，所以弯矩图在集中力作用处两侧的斜率不相同，弯矩图曲线发生转折，出现尖角，尖角的指向与集中力的指向相同。

(4)集中力偶作用的左、右两侧截面上，剪力相等；弯矩发生突变，突变值等于集中力偶的数值。

利用以上规律绘制梁的内力图的主要步骤如下：

(1)正确求解支座反力。

(2)根据荷载及约束力的作用位置，确定控制截面。

(3)应用截面法确定控制截面上的剪力和弯矩数值。

(4)依据规律判断剪力图和弯矩图的形状，进而画出剪力图与弯矩图。

项目小结

1. 静力学的基本知识包括力的基本概念、静力学公理、力的合成与分解、力矩、力偶、约束、约束反力、受力图。

2. 平面任意力系平衡的重要条件是：力系中所有各力在两个坐标轴上的投影的代数和等于零，力系中所有各力对于任意一点O的力矩代数和等于零。

3. 根据力系平衡原理及平衡方程，可以求解静定结构构件的支座反力。

4. 杆件在外力作用下产生变形，从而杆件内部各部分之间就产生相互作用力。

5. 截面法求内力的步骤。

(1)截：假想地沿待求内力所在截面将杆件截开成两部分。

(2)取：完整地取截开后的任一部分作为研究对象。

(3)代：画出保留部分的受力图，其中要把弃去部分对保留部分的作用以截面上的内力代替。

(4)平衡：列出研究对象的平衡方程，计算内力的大小和方向。

6. 结构构件在外力作用下，截面内力随截面位置的变化而变化。为了形象直观地表达内力沿截面位置变化的规律，通常给出内力随横截面位置变化的图形，即内力图，根据内力图可以找出构件内力最大值及其所在截面的位置。绘制静定梁内力图的方法有截面法、方程法。

习 题

一、填空题

项目1 习题答案

1. 力的三要素包含________、________、________。

2. 房屋的雨篷嵌入墙内，底层柱与基础整体浇筑在一起，形成________支座。

3. 结构计算简图是用简化了的图形代替实际的工程结构，包含________、________、________三要素。

4. 力矩的正负是根据其转动方向来确定，若力使物体绕矩心产生逆时针方向转动，力矩为________，若力使物体绕矩心产生顺时针方向转动，力矩为________。

5. 杆件变形的基本形式有________、________、________、________。

6. 将作用线与杆件轴线相重合的内力称为________。

7. 单跨静定梁按其支座情况分为三种形式，分别为________、________、________。

8. 单跨静定梁发生弯曲变形时，横截面上同时存在着两个内力，分别为________、________。

二、判断题

1. 力是物体之间的相互机械作用，属于标量。 （ ）

2. 力的投影和分力是同一个概念。 （ ）

3. 力矩的大小仅与力的大小有关。 （ ）

4. 若力偶使物体产生逆时针转动时，力偶矩为正。 （ ）

5. 使梁端产生下侧受拉的弯矩为负。 （ ）

三、简答题

1. 什么是刚体、平衡、等效力系、平衡力系？

2. 何谓力？力的三要素是什么？

3. 二力平衡中的两个力，作用与反作用公理中的两个力，构成力偶的两个力各有什么不同？

4. 如何理解平行四边形和三角形公理，首尾相连的力的闭合多边形的合力是多少？

5. 常见的约束类型有哪些？各种约束反力的方向如何确定？

6. 合力矩定理的内容是什么？它有什么用途？

7. 平面一般力系的平衡方程有哪几种形式？应用时有无限制条件？

8. 为什么说平面一般力系只有三个独立的平衡方程，为什么任何第四个方程只是前三个方程的线性组合？

9. 平面特殊力系有哪些？它们的平衡方程各有哪些形式？应用时有无限制条件？

10. 杆件变形的基本形式有哪几种？结合生产和生活实际，列举一些产生各种基本变形的实例。

11. 什么是轴力？简述用截面法求轴力的步骤。

12. 外力、内力、应力的区别是什么？

13. 在轴向拉压杆中，轴力最大的截面一定是最危险的截面吗？如何确定最危险截面。

14. 什么是剪力和弯矩？剪力和弯矩的正、负号是如何规定的？

15. 什么是剪力图和弯矩图？剪力图和弯矩图的正、负号是如何规定的？

四、计算题

1. 试画出图1-63所示各物体的受力图，假设各接触面都是光滑的，未标注者自重不计。

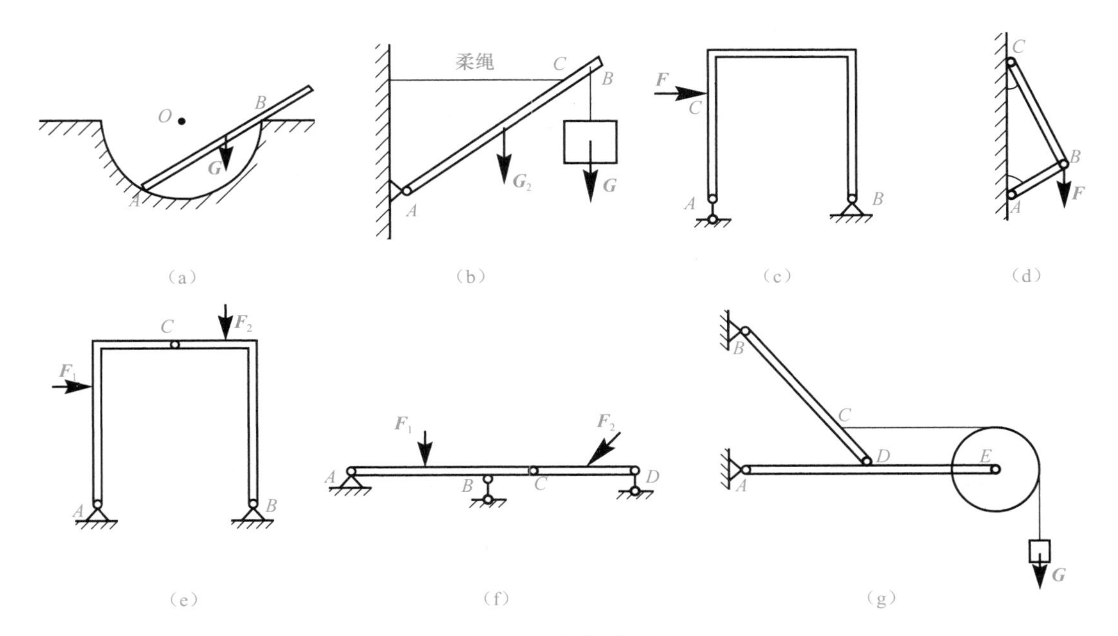

图 1-63 计算题 1 图

(a)杆 AB；(b)杆 AB；(c)刚架 AB；(d)销 B；(e)杆 AC；杆 BC；整体；
(f)杆 AC；杆 CD；整体；(g)杆 AE；杆 BD；轮 E

2. 如图 1-64 所示为一平面一般力系，已知 $F_1=100$ N，$F_2=200$ N，$M=100$ N·m，欲使力系的合力 F_R 通过 O 点，求作用于已知点的水平力 F。

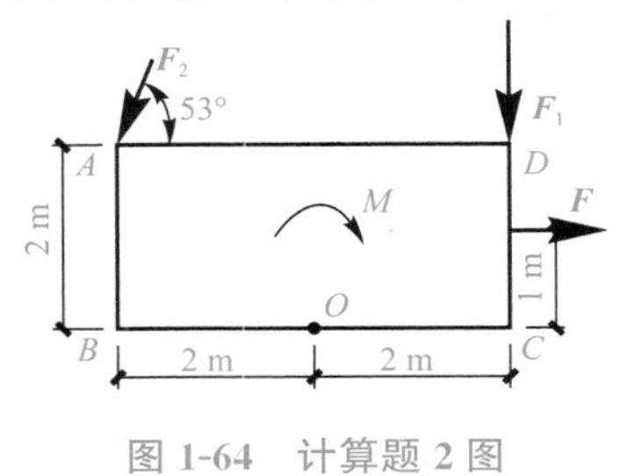

图 1-64 计算题 2 图

3. 钢筋混凝土构件如图 1-65 所示，已知各部分的重力 $G_1=1$ kN，$G_2=4$ kN，$G_3=6$ kN，$G_4=4$ kN，试求重力的合力。

4. 已知 $F_1=F_2=100$ N，$F_3=F_4=200$ N，方向如图 1-66 所示，试求各力在 x 轴和 y 轴上的投影。

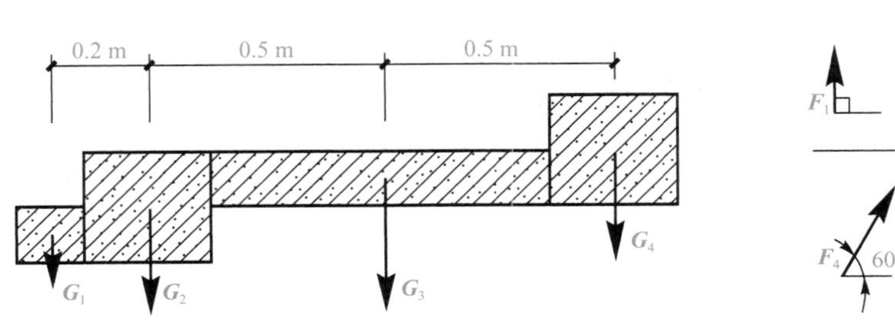

图 1-65 计算题 3 图

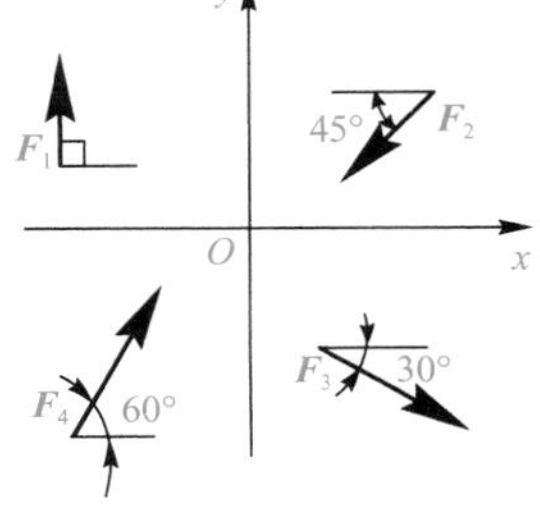

图 1-66 计算题 4 图

5. 试求图 1-67 力 $\boldsymbol{F}$ 对 O 点的矩。

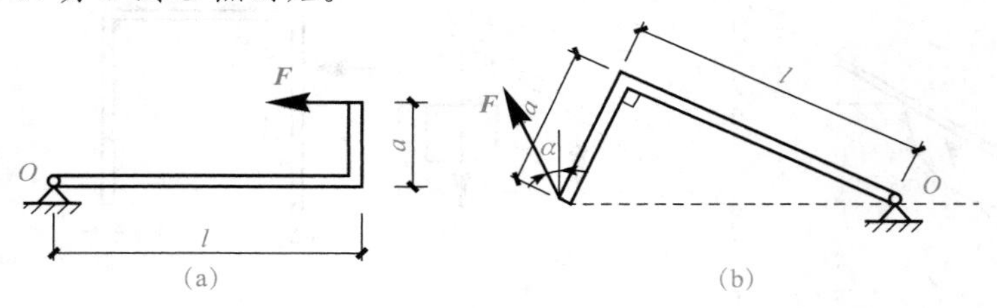

图 1-67 计算题 5 图

6. 试求图 1-68 所示梁、桁架、刚架的支座反力。

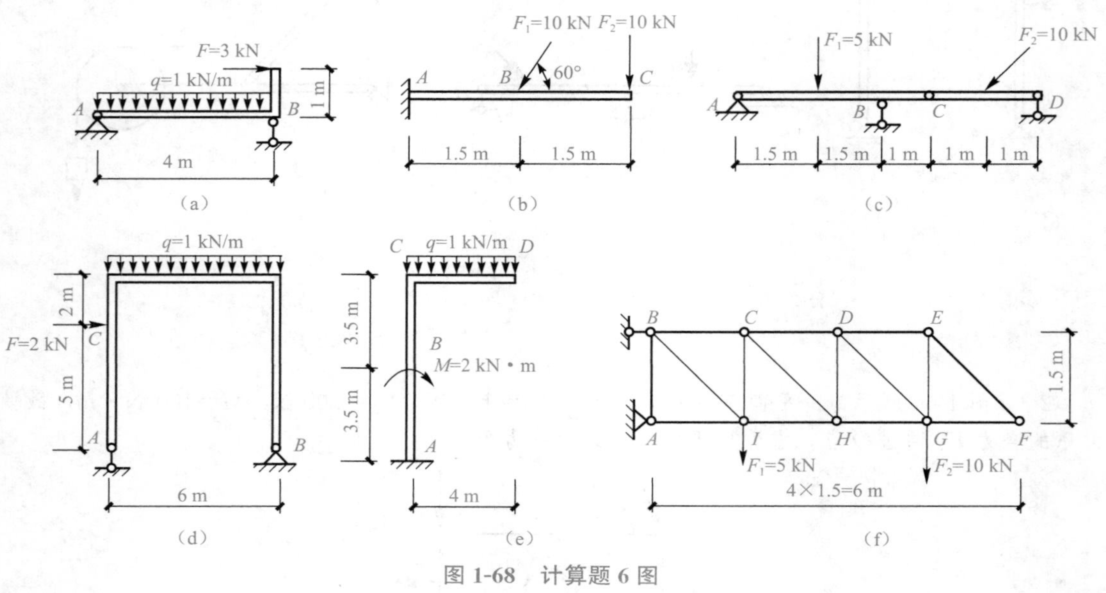

图 1-68 计算题 6 图

7. 试画出图 1-69 所示各杆的轴力图。

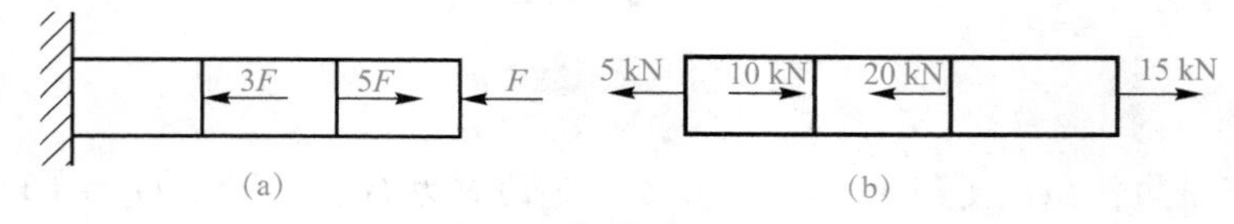

图 1-69 计算题 7 图

8. 试求图 1-70 所示各梁指定截面的内力。

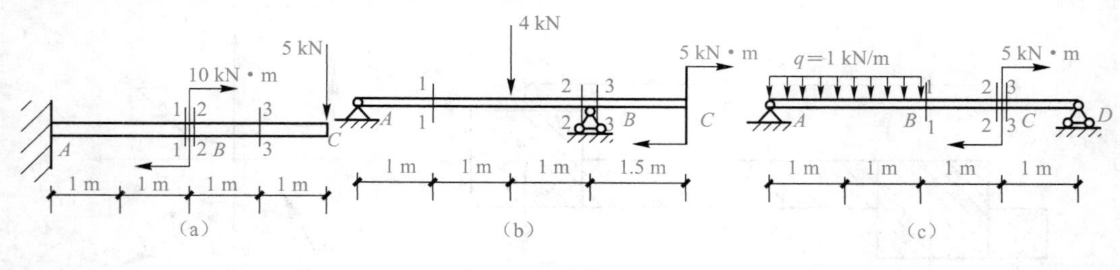

图 1-70 计算题 8 图

9. 试画出图 1-71 所示各梁的剪力图和弯矩图。

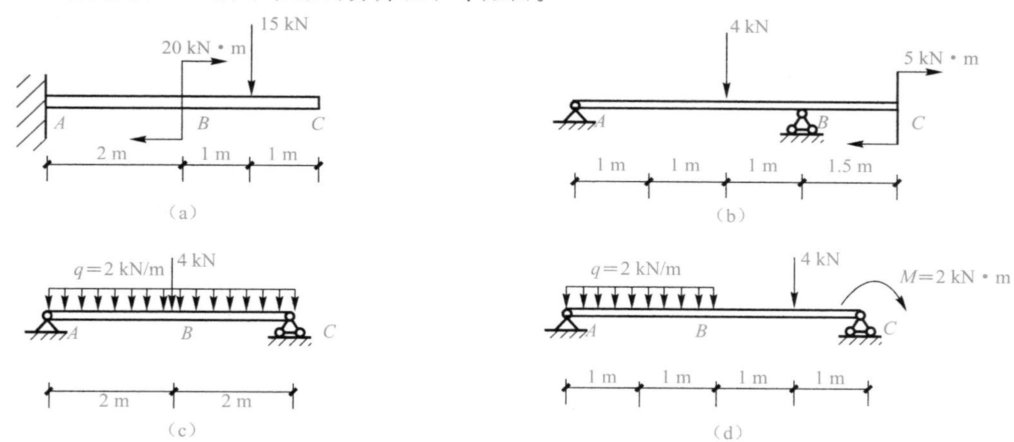

图 1-71　计算题 9 图

项目 2 建筑结构材料

教学目标

通过本项目的学习，理解钢筋混凝土结构对钢筋性能的要求；理解混凝土立方体抗压强度、轴心抗压强度和抗拉强度等的确定方法及混凝土强度等级的划分；理解钢筋和混凝土粘结的机理。帮助学生理解混凝土发展进程中的工匠精神，激发学生肩负起产业报国、实业强国的重任。

教学要求

学习目标	相关知识点	权重
能够为钢筋混凝土结构选用合理的结构材料	钢筋的种类、级别、形式，混凝土立方体抗压强度、轴心抗压强度、轴心抗拉强度，混凝土与钢筋的力学性能	70%
能采用合理的构造措施加强钢筋与混凝土之间的粘结力	影响粘结力的因素，加强粘结力的措施	30%

学习重点

钢筋的类别，混凝土的等级，混凝土与钢筋的粘结。

引　例

项目一中案例二现浇钢筋混凝土框架结构教学楼，所用的材料如下。

(1)混凝土：基础垫层采用 C15，其余采用 C30。

(2)钢筋：采用热轧 HPB300 和 HRB400 级钢筋。

任务 2.1　钢筋与混凝土结构材料

知识导航

2.1.1　结构材料的性质

钢筋混凝土结构是由钢筋和混凝土两种结构材料组成的，在建筑工程中应用非常广泛。混凝土是一种脆性材料，抗压强度较高而抗拉强度较低。钢筋是塑性材料，其抗压强度及抗拉强度均很高。因此，钢筋混凝土结构中，钢筋主要承受拉力，混凝土主要承受压力，钢筋与混凝土两种材料的性能均得到充分利用。

钢筋和混凝土性质不同，却能结合在一起共同工作，得益于以下特征：

(1)钢筋和混凝土之间有足够的粘结力，能形成一个整体，粘结力是保证钢筋和混凝土共同工作的基础；

(2)钢筋和混凝土有大致相同的线膨胀系数，使两者在温度变化时不会产生较大的相对变形而破坏；

(3)钢筋之外有一定厚度的混凝土保护层，且混凝土材料呈弱碱性，可防止钢筋锈蚀，保证了钢筋混凝土材料的耐久性。

钢筋混凝土结构的主要优点如下：

(1)取材容易，用材合理；

(2)耐久性和耐火性较钢结构好；

(3)可模性好，更容易满足设计要求；

(4)整体性强，更有利于抗震防爆。

钢筋混凝土结构的主要缺点如下：

(1)自重大；

(2)抗裂性能差；

(3)隔热、隔声性能较差；

(4)补强修复工作比较困难。

针对上述缺点，通常采用轻质高强混凝土及预应力混凝土以减轻自重，改善钢筋混凝土结构的抗裂性能等。

能力导航

2.1.2　混凝土

混凝土是由水泥、砂、石子和水、少量外加剂按照一定比例拌和在一起，经过凝结和硬化而形成的人造石材，是最常见的建筑材料。

1. 混凝土的强度

混凝土的强度与水泥强度等级、水胶比有很大关系，也与集料的性质、混凝土的级配、混凝土的成型方法、硬化时的环境条件及混凝土的龄期等众多因素有关。同时，试件的大小和形状、试验方法和加载速率也将影响混凝土强度的试验结果。例如，当试件上下表面不涂润滑剂，

试件尺寸小、加载速度快时测得的极限强度值就较高。因此，研究混凝土强度指标必须采用统一规定的标准试验方法。

(1)混凝土强度标准值。

1)混凝土的立方体抗压强度和强度等级。因为立方体试件的强度比较稳定，我国把立方体强度值作为混凝土强度的基本指标，并把立方体抗压强度作为评定混凝土强度等级的标准。我国规定以边长为 150 mm 的立方体为标准试件，在(20±2)℃的温度和相对湿度 95%以上的潮湿空气或不流动氢氧化钙饱和溶液中氧化，以每秒 0.3～1.0 N/mm^2 的速度加载，具有 95%保证率的抗压强度作为混凝土的立方体抗压强度标准值，用 $f_{cu,k}$ 表示，单位为 N/mm^2。《混凝土结构设计规范(2015 年版)》(GB 50010—2010)规定按立方体抗压强度标准值来划分混凝土的 14 个强度等级，即 C15、C20、C25、C30、C35、C40、C45、C50、C55、C60、C65、C70、C75 和 C80。例如，C30 表示立方体抗压强度标准值为 30 N/mm^2。其中，C50～C80 属高强度混凝土范畴。

《混凝土结构设计规范(2015 年版)》(GB 50010—2010)规定，钢筋混凝土结构的混凝土强度等级不应低于 C20；采用强度等级 400 MPa 及以上的钢筋时，混凝土强度等级不宜低于 C25；预应力混凝土结构的混凝土强度等级不宜低于 C40，且不应低于 C30；承受重复荷载的钢筋混凝土构件，混凝土强度等级不得低于 C30。

2)混凝土的轴心抗压强度。我国《混凝土物理力学性能试验方法标准》(GB/T 50081—2019)规定以 150 mm×150 mm×300 mm 的棱柱体作为混凝土轴心抗压强度试验的标准试件，《混凝土结构设计规范(2015 年版)》(GB 50010—2010)规定以上述棱柱体试件试验测得的具有 95%保证率的抗压强度作为混凝土轴心抗压强度标准值，用符号 f_{ck} 表示，单位为 N/mm^2。

根据试验分析及我国工程实践经验，《混凝土结构设计规范(2015 年版)》(GB 50010—2010)中给出轴心抗压强度标准值与立方体抗压强度标准值的关系为

$$f_{ck}=0.88\alpha_{c1}\alpha_{c2}f_{cu,k} \tag{2-1}$$

式中 α_{c1}——棱柱体强度与立方体强度之比，对 C50 及以下普通混凝土取 $\alpha_{c1}=0.76$，对高强度混凝土 C80 取 $\alpha_{c1}=0.82$，中间按线性插值；

α_{c2}——混凝土的脆性折减系数，对 C40 及以下混凝土取 $\alpha_{c2}=1.00$，对高强度混凝土 C80 取 $\alpha_{c2}=0.87$，中间按线性插值；

0.88——考虑实际构件与试件混凝土强度之间的差异而取用的折减系数；

$f_{cu,k}$——混凝土的立方体抗压强度标准值。

3)混凝土的轴心抗拉强度。混凝土的轴心抗拉强度也是混凝土的基本力学指标之一，也可用它间接地衡量混凝土的冲切强度等其他力学性能。国内外常用如图 2-1 所示的圆柱体或立方体的劈裂试验来间接测试混凝土的轴心抗拉强度。一般情况下，轴心抗拉强度只有立方体抗压强度的 1/17～1/8，混凝土强度等级越高，这个比值越小。考虑到构件与试件的差别、尺寸效应、加载速度等因素的影响，《混凝土结构设计规范(2015 年版)》(GB 50010—2010)考虑了从普通强度混凝土到高强度混凝土的变化规律，取轴心抗拉强度标准值 f_{tk} 与立方体抗压强度标准值 $f_{cu,k}$ 的关系为

$$f_{tk}=0.88\times0.395f_{cu,k}^{0.55}(1-1.645\delta)^{0.45}\times\alpha_{c2} \tag{2-2}$$

式中 δ——变异系数；

0.88——考虑实际构件与试件混凝土强度之间的差异而取用的折减系数。

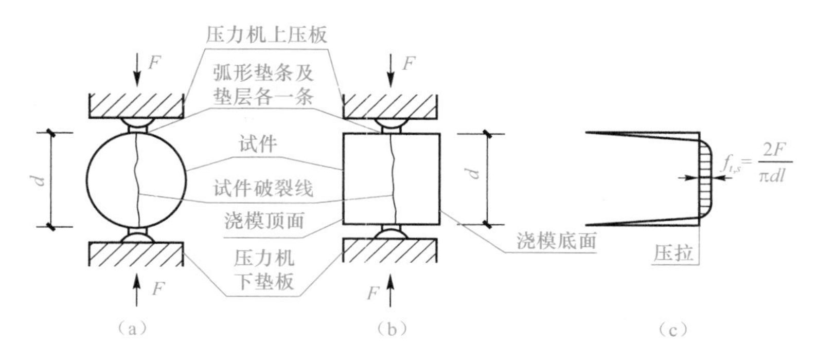

图 2-1　混凝土劈裂试验示意图

(a)用圆柱体劈裂试验；(b)用立方体劈裂试验；(c)劈裂面中水平应力分布

(2)混凝土强度设计值。混凝土强度标准值除以材料分项系数即混凝土强度设计值。《混凝土结构设计规范(2015 年版)》(GB 50010—2010)对混凝土的材料分项系数取 1.4。因此，混凝土强度设计值见式(2-3)和式(2-4)：

轴心抗压强度设计值
$$f_c=\frac{f_{ck}}{1.40} \tag{2-3}$$

轴心抗拉强度设计值
$$f_t=\frac{f_{tk}}{1.40} \tag{2-4}$$

按以上结果得到混凝土强度标准值和设计值的取值，见表 2-1。

表 2-1　混凝土强度标准值和设计值　　N · mm⁻²

强度种类	符号	混凝土强度等级													
		C15	C20	C25	C30	C35	C40	C45	C50	C55	C60	C65	C70	C75	C80
轴心抗压强度	f_{ck}	10.0	13.4	16.7	20.1	23.4	26.8	29.6	32.4	35.5	38.5	41.5	44.5	47.4	50.2
	f_c	7.2	9.6	11.9	14.3	16.7	19.1	21.1	23.1	25.3	27.5	29.7	31.8	33.8	35.9
轴心抗拉强度	f_{tk}	1.27	1.54	1.78	2.01	2.20	2.39	2.51	2.64	2.74	2.85	2.93	2.99	3.05	3.11
	f_t	0.91	1.10	1.27	1.43	1.57	1.71	1.80	1.89	1.96	2.04	2.09	2.14	2.18	2.22

2. 混凝土的变形性能

混凝土的变形可以分成两种：一种是由于荷载产生的受力变形；另一种是由于混凝土的收缩和温度改变等引起的体积变形。

(1)单轴受压时的应力-应变关系。混凝土单轴受压时的应力-应变关系是混凝土最基本的力学性能，是钢筋混凝土结构承载力计算、变形验算、超静定结构内力重分布分析、结构延性计算和有限元非线性分析等的理论分析基础。混凝土单轴受压时的应力-应变关系曲线常采用棱柱体试件来测定。典型的混凝土单轴受压应力-应变曲线如图 2-2 所示，从图中可知：当应力较小时($\sigma\leqslant0.3f_c$)，即曲线的 OA 段，混凝土中的集料和水泥处于弹性阶段，应力-应变曲线接近直线；当应力增大时($0.3f_c<\sigma\leqslant0.8f_c$)，即曲线的 AB 段，其应变增长加快，呈现材料的塑性性质，混凝土试件内的微裂缝有所发展，但较稳定；当应力处于 BC 段时($0.8f_c<\sigma\leqslant1.0f_c$)，裂缝不断扩展，裂缝数量及宽度急剧增加，达到最大压应力 C 点时，试件即将破坏，此时的最大应力值称为混凝土的轴心抗压强度 f_c，此时的应变 ε 在 0.002 附近；应力超过 f_c 后，CE 下降段裂缝快速地发展，最后达到极限压应变而被压坏。

影响混凝土应力-应变曲线的因素很多，如混凝土的强度、组成材料的性质、配合比、龄

期、试验方法以及箍筋约束等。试验表明，混凝土的强度对其应力-应变曲线有一定的影响。如图 2-3 所示，对于上升段，混凝土强度的影响较小；随着混凝土强度的增大，则应力峰值点处的应变也稍大些；对于下降段，混凝土强度有较大的影响，混凝土强度越高，下降段的坡度越陡，即应力下降相同幅度时变形越小，延性越差。另外，混凝土受压应力-应变曲线的形状与加载速度也有着密切的关系。

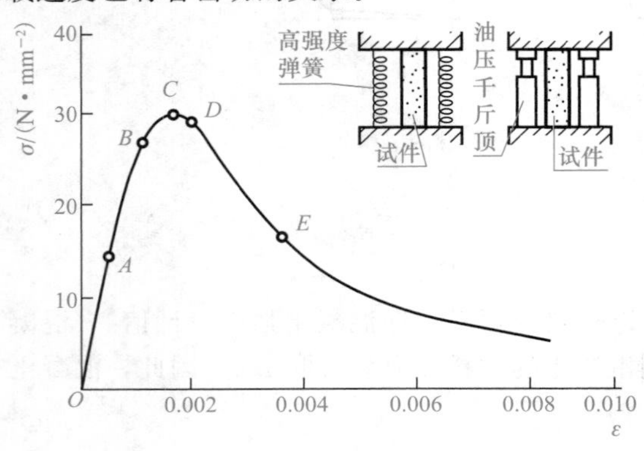

图 2-2　混凝土单轴受压应力-应变关系

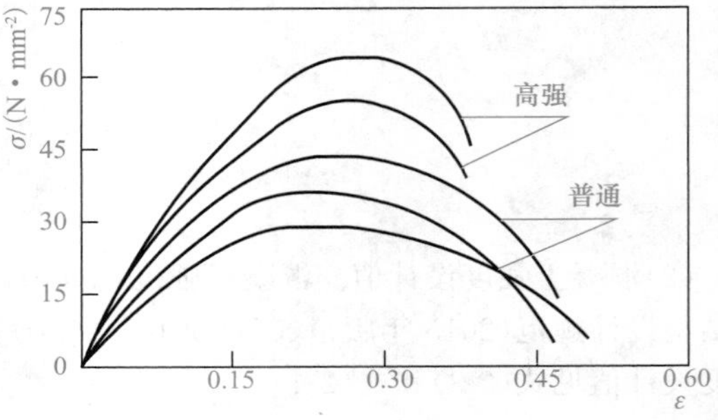

图 2-3　不同强度混凝土的受压应力-应变曲线

(2)混凝土的弹性模量。在分析混凝土构件的截面应力、构件变形以及预应力混凝土构件中的预应力和预应力损失等时，需要利用混凝土的弹性模量。由于混凝土的应力-应变关系为非线性，在不同的应力阶段，应力与应变之比的变形模量是一个变数，混凝土的变形模量有以下三种表示方法：

1)原点弹性模量。混凝土棱柱体受压时，在应力-应变曲线的原点(图中的 O 点)作切线，该切线的斜率即为混凝土的原点弹性模量，称为弹性模量，以 E_c 表示，如图 2-4 所示，即

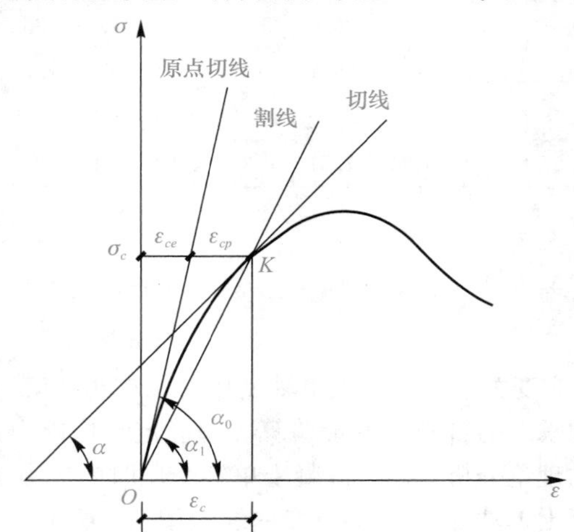

图 2-4　混凝土的弹性模量、变形模量和切线模量

$$E_c = \tan\alpha_0 = \frac{\sigma_c}{\varepsilon_{ce}} \tag{2-5}$$

式中　α_0——混凝土应力-应变曲线在原点处的切线与横坐标的夹角。

当混凝土进入塑性阶段后，初始的弹性模量已不能反映此时的应力-应变性质，因此，有时用变形模量或切线模量来表示此时的应力-应变关系。

2)变形模量。如图 2-4 所示，连接混凝土应力-应变曲线的原点 O 及曲线上任一点 K 作一割线，K 点的混凝土应力为 σ_c，应变为 ε_c，则该割线(OK)的斜率即为变形模量，也称为割线模量或弹塑性模量，以 E_c' 表示，即

$$E_c' = \tan\alpha_1 = \frac{\sigma_c}{\varepsilon_c} \tag{2-6}$$

从式(2-6)可以看出，混凝土的变形模量是个变值，它随应力的大小而不同。

3)切线模量。如图 2-4 所示，在混凝土应力-应变曲线上某一应力 σ_c 处作一切线，该切线的斜率即为相应于应力 σ_c 时的切线模量，以 E_c'' 表示，即

$$E_c'' = \tan\alpha = \frac{d\sigma_c}{d\varepsilon_c} \tag{2-7}$$

从式(2-7)可以看出，混凝土的切线模量是一个变值，它随着混凝土的应力增大而减小。

《混凝土结构设计规范(2015 年版)》(GB 50010—2010)规定的弹性模量确定方法是：对标准尺寸 150 mm×150 mm×300 mm 的棱柱体试件，先加载至 $\sigma_c = 0.5f_c$，然后卸载至零，再重复加载、卸载 5～10 次。由于混凝土不是弹性材料，每次卸载至应力为零时，存在残余变形，随着加载次数增加，应力-应变曲线渐趋稳定并基本上趋于直线。该直线的斜率即定为混凝土的弹性模量。

试验结果表明，按上述方法测得的弹性模量比按应力-应变曲线原点切线斜率确定的弹性模量要略低一些。根据试验结果，《混凝土结构设计规范(2015 年版)》(GB 50010—2010)规定，混凝土受压弹性模量按下式计算，也可见表 2-2。

$$E_c = \frac{10^5}{2.2 + \frac{34.7}{f_{cu,k}}} \tag{2-8}$$

式中，E_c 和 $f_{cu,k}$ 的单位为 N/mm²。

表 2-2 混凝土的弹性模量 ($\times 10^4$ N · mm^{-2})

混凝强度等级	C15	C20	C25	C30	C35	C40	C45	C50	C55	C60	C65	C70	C75	C80
E_c	2.20	2.55	2.80	3.00	3.15	3.25	3.35	3.45	3.55	3.60	3.65	3.70	3.75	3.80

(3)混凝土的徐变和收缩。

1)混凝土的徐变。如果在混凝土棱柱体试件上加载，并维持一定的压应力(例如，加载应力不小于 $0.5f_c$)不变时，经过若干时间后，发现其应变还在继续增加。这种混凝土在某一不变荷载的长期作用下，其应变随时间而增长的现象称为混凝土的徐变。

通常认为引起混凝土徐变有两个方面的原因：一方面是水泥、集料和水拌和成混凝土后，一部分水泥颗粒水化后形成一种结晶体化合物，它是一种弹性体，另一部分是被结晶体所包围尚未水化的水泥颗粒以及晶体之间存在着游离水分和空隙等形成的水泥凝胶体，它需要较长的时间来进行水化和内部水分的迁移。由于水泥凝胶体具有很大的塑性，其在变形过程中要将自身受到的压力逐步传给集料和水化后结晶体，二者形成应力重分布而造成徐变变形。另一方面是由于混凝土内部微裂缝在长期荷载作用下不断发展和增长，从而导致应变的增加。

2)混凝土的收缩。混凝土在空气中结硬时体积减小的现象称为收缩。如图 2-5 所示，混凝土的收缩变形随着时间而增长，初期收缩变形发展较快，一个月约可完成 50%，三个月后增长缓慢，一般两年后趋于稳定，最终收缩值为 $(2\sim5)\times10^{-4}$。

引起混凝土收缩的原因，在硬化初期主要是水与水泥的水化作用，形成一种比原材料体积小的水泥结晶体，从而引起混凝土体积的收缩，即所谓凝缩；后期主要是混凝土内自由水蒸发

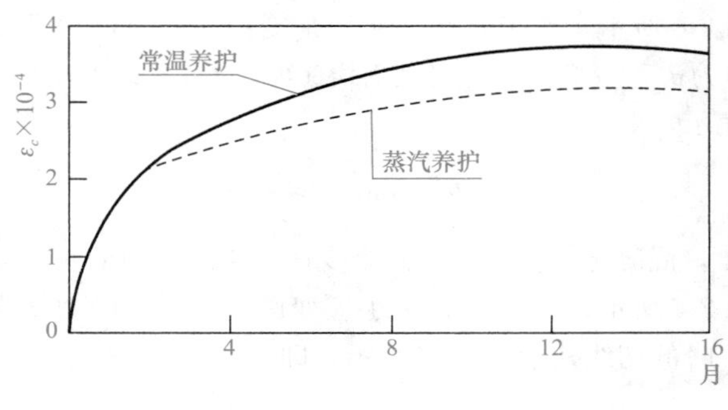

图 2-5　混凝土的收缩

而引起的干缩。混凝土收缩与众多因素有关：一般情况下，水泥强度高、水泥用量多、水胶比大，则收缩量大；集料粒径大、混凝土级配好、弹性模量大、混凝土密实，则收缩量小；混凝土构件的体积与其表面面积的比值越大，收缩量越小；在结硬和使用过程中，周围环境的湿度大，则收缩量小等。

当在较高的气温条件下浇筑混凝土时，其表面水分容易蒸发而出现过大的收缩变形和过早的开裂，因此，应注意对混凝土的早期养护。同时，在结构中设置温度缝，可以减少其收缩应力。在构件中设置构造钢筋，使收缩应力均匀，可避免发生集中的大裂缝。

2.1.3　钢筋

1. 钢筋的种类

我国在钢筋混凝土结构中目前通用的是普通钢筋，它可分为热轧碳素钢和普通低合金钢两种，二者的主要区别在于化学成分不同。

热轧碳素钢除含有铁元素外，还含有少量的碳、硅、锰、硫、磷等元素，其力学性能主要与含碳量有关：含碳量高，强度高，质地硬，但塑性低。在钢筋中目前常用的碳素钢主要是低碳钢，其含碳量低于 0.25%，如热轧光圆钢筋 HPB300(也称 3 号钢)即属此类。

普通低合金钢，除含有热轧碳素钢的元素外，还含有微量的合金元素，如硅锰、钒、钛、铌等，这些合金元素虽然含量不多，但能有效改善钢材的塑性性能。

依据《混凝土结构设计规范(2015 年版)》(GB 50010—2010)的规定，在钢筋混凝土结构中所用的国产普通钢筋有以下四种级别：

(1)HPB300：即热轧光圆钢筋 300 级。

(2)HRB335：即热轧带肋钢筋 335 级。

(3)HRB400、HRBF400、RRB400：即热轧带肋钢筋 400 级。

(4)HRB500、HRBF500：即热轧带肋钢筋 500 级。

在上述钢筋中，HRBF335、HRBF400、HRBF500 为细晶粒钢筋，RRB400 为余热处理钢筋。《钢筋混凝土用钢 第 2 部分：热轧带肋钢筋》(GB/T 1499.2—2018)已取消 335 MPa 级钢筋，新增了 600 MPa 级钢筋及带 E 符号的抗震钢筋，包括 HRB600、HRB400E、HRB500E、HRBF400E、HRBF500E。

(1)普通钢筋的性能和特点。

1)HPB300 级钢筋。HPB300 级钢筋是由碳素钢经热轧而成的光圆钢筋[图 2-6(a)]。它是一种低碳钢，其质量稳定、塑性好、易焊接、易加工成形，以直条或盘圆交货，大量用作钢筋混凝土板和小型构件的受力钢筋以及各种构件的构造钢筋。由于它的屈服强度较低，不宜用作各种大中型钢筋混凝土结构构件以及混凝土强度等级较高的结构构件的受力钢筋。

2）HRB335 级钢筋。HRB335 级钢筋主要是由 20MnSi 低合金钢经热轧而成的钢筋。为增加钢筋与混凝土之间的粘结力，表面轧有等高肋（螺纹）[图 2-6（b）]，一般为月牙肋[图 2-6（c）]。HRB335 级钢筋是目前我国钢筋混凝土结构构件用钢的最主要品种之一。为推进高强钢筋的应用，减少钢筋用量，节约钢材，提高钢筋的利用率、安全性和可靠性，实现钢筋质量的均质性及低成本目标，新实施的规范《钢筋混凝土用钢》（GB/T 1499）中已取消该等级钢筋。

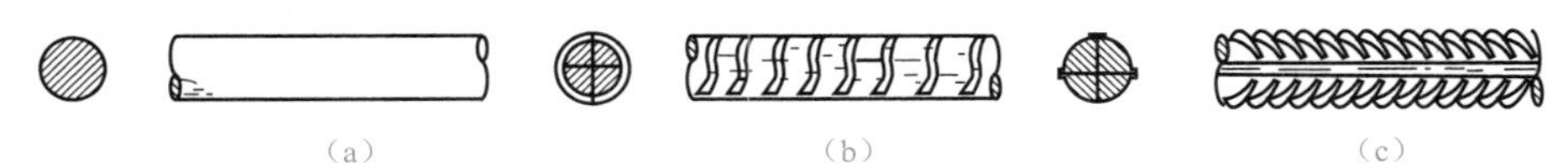

图 2-6　普通钢筋

（a）光圆钢筋；（b）等高肋钢筋；（c）月牙肋钢筋

3）HRB400 级钢筋。其除与 HRB335 级钢筋有相同的含碳量、微合金含量外，添加钒、铌、钛等元素，强度高于 HRB335 级钢筋，同时，具有足够的塑性和良好的焊接性能，主要用于大中型钢筋混凝土结构和高强度混凝土结构构件的受力钢筋，是今后我国钢筋混凝土结构构件受力钢筋用材最主要的品种之一。

4）RRB400 级钢筋。RRB400 级钢筋是在生产过程中，钢筋热轧后，穿过生产作业线上的高压水湍流管进行快速冷却，而后利用钢筋芯部的余热自行回火而成的。钢筋的强度和硬性较高，并且保持足够的塑性和韧性，但较 HRB400 级钢筋低，一般可用于对变形性能及加工性能要求不高的构件中，如墙体以及次要的中小结构构件等。

（2）预应力钢筋的性能和特点。用于预应力混凝土结构、构件的预应力钢筋有预应力钢绞线、预应力钢丝[图 2-7（b）、（c）、（d）]，中强度预应力钢丝、预应力螺纹钢筋。

1）钢绞线。由多根高强度钢丝扭结而成，常用的有三股形式（1×3）和七股形式（1×7）[图 2-7（c）]。《预应力混凝土用钢绞线》（GB/T 5224—2014）规定其抗拉强度为 1 470～1 960 MPa 不等，直径为 5～28.6 mm。值得注意的是，钢绞线的直径是指外接圆直径（轮廓直径），因此不能以圆面积公式计算其钢筋面积，而应按钢筋表查找相应的公称截面面积，以免犯错误。

2）预应力钢丝。具有强度高、柔性好、施工方便、不须冷拉等优点。《预应力混凝土用钢丝》（GB/T 5223—2014）规定，预应力钢丝按外形分有光面钢丝、螺旋肋钢丝、三面刻痕钢丝三种，按加工状态可分为冷拉钢丝和消除应力钢丝两类，其中冷拉钢丝仅用于压力管道。预应力钢丝直径范围为 4～12 mm，抗拉强度为 1 470～1 860 MPa。

3）中强度预应力钢丝。《预应力混凝土用中强度钢丝》（GB/T 30828—2014）规定，中强度钢丝分为螺旋肋钢丝和刻痕钢丝两类，公称直径为 4～14 mm，抗拉强度有 650 MPa、800 MPa、970 MPa、1 270 MPa、1 370 MPa 五个级别。

4）预应力螺纹钢筋。是一种热轧成带有不连续的外螺纹的直条钢筋，在任意截面处均可用带有匹配形状的内螺纹的连接器或锚具进行连接或锚固。《预应力混凝土用螺纹钢筋》（GB/T 20065—2016）规定，螺纹钢筋抗拉强度为 980～1 200 MPa，公称直径范围为 15～75 mm。

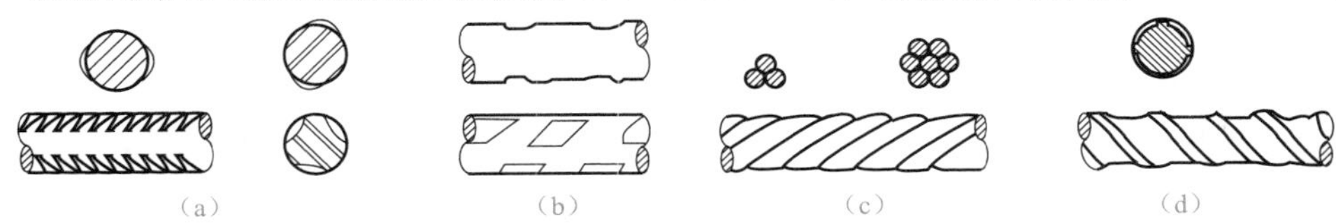

图 2-7　预应力钢筋

（a）热处理钢筋；（b）刻痕钢丝；（c）钢绞线；（d）螺旋肋钢丝

2. 钢筋的力学性能

(1)钢筋的应力-应变曲线。钢筋混凝土结构所用的钢筋按其单向受拉试验所得的应力-应变曲线的不同性质，可分为有明显屈服点钢筋和无明显屈服点钢筋两大类。

1)有明显屈服点钢筋(软钢)。如图 2-8 所示为有明显屈服点钢筋的应力-应变曲线。从图中可以看出，在 a 点以前应力-应变为直线关系，a 点的钢筋应力称为比例极限。过 a 点以后应变增长加快，达到 b 点后钢筋开始进入屈服阶段，其强度与加载速度、截面形式、试件表面光洁度等多种因素有关，很不稳定，b 点称为屈服上限。超过 b 点以后钢筋的应力下降到 c 点，此时应力基本不变，应变不断增长产生较大的塑性变形，c 点称为屈服下限或屈服点。与 c 点相对应的钢筋应力称为屈服强度，用 σ_s 表示；水平段 cd 称为屈服台阶或流幅。超过 d 点以后，钢筋的应力-应变表现为上升曲线；到达顶点 e 后钢筋产生颈缩现象，应力开始下降，但应变仍继续增长，直到 f 点钢筋在其某个较为薄弱部位被拉断。相应于 e 点的钢筋应力称为它的极限抗拉强度，用 σ_b 表示，通常曲线的 de 段称为强化阶段，ef 段称为颈缩阶段。

在钢筋混凝土构件计算中，一般取钢筋的屈服强度 σ_s 作为强度计算指标。这是因为当结构构件某个截面中的受拉或受压钢筋应力达到屈服、进入屈服台阶后，在应力基本不增长的情况下将产生较大的塑性变形，使构件最终产生不可闭合的裂缝而导致破坏，故取钢筋的屈服强度作为构件破坏时的强度计算指标。

2)无明显屈服点钢筋(硬钢)。冷轧钢筋、预应力所用的钢丝、钢绞线和热处理钢筋等为硬钢。如图 2-9 所示为无明显屈服点钢筋的应力-应变曲线。从图中可以看出，钢筋没有明显的流幅，塑性变形较小。通常取相应于残余应变为 0.2%的应力 $\sigma_{0.2}$ 作为其假定的屈服点，即条件屈服点。$\sigma_{0.2}$ 大致相当于极限抗拉强度的 0.86～0.90 倍。为了统一起见，《混凝土结构设计规范(2015 年版)》(GB 50010—2010)取 $\sigma_{0.2}$ 为极限抗拉强度 σ_b 的 0.85 倍。

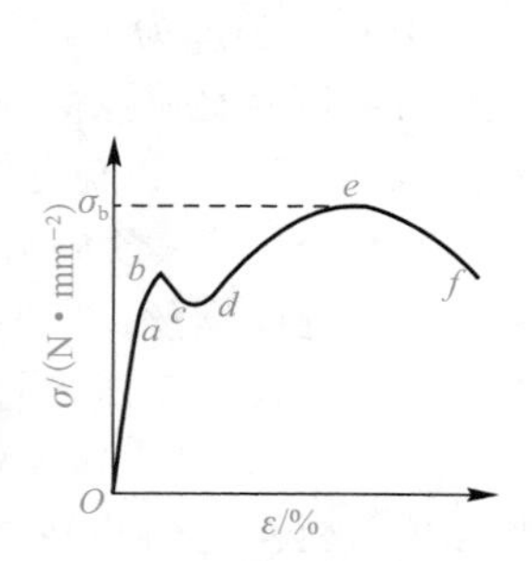

图 2-8　有明显屈服点钢筋的应力-应变曲线

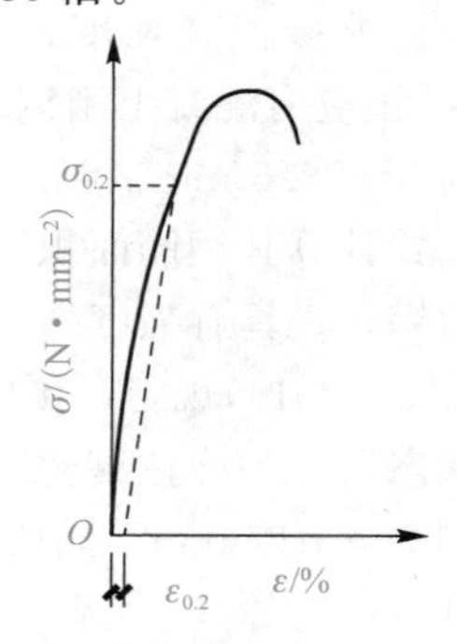

图 2-9　无明显屈服点钢筋的应力-应变曲线

当钢材的应力在比例极限范围以内时，其应力与应变关系可用式(2-9)表示：

$$E=\sigma/\varepsilon \tag{2-9}$$

式中　E——钢材的弹性模量(N/mm^2)；

σ——钢材的应力(N/mm^2)；

ε——钢材的应变。

《混凝土结构设计规范(2015 年版)》(GB 50010—2010)给出的钢筋弹性模量见表 2-3。

表 2-3　钢筋的弹性模量　　($\times 10^5\ N\cdot mm^{-2}$)

钢筋品种	弹性模量 E_s
HPB300 级钢筋	2.1

续表

钢筋品种	弹性模量 E_s
HRB335、HRB400、HRB500 HRBF400、HRBF500、RRB400 级钢筋 预应力螺纹钢筋	2.00
消除应力钢丝、中强度预应力钢丝	2.05
钢绞线	1.95

根据可靠度要求，取具有 95%保证率的屈服强度 σ_s 作为钢筋的强度标准值 f_{yk}。就热轧钢筋而言，各等级钢筋强度标准值用于正常使用极限状态的验算，而承载能力极限状态计算应采用强度设计值 f_y(抗拉强度)及 f'_y(抗压强度)。《混凝土结构设计规范(2015 年版)》(GB 50010—2010)给出的各强度值，见表 2-4。

表 2-4　普通钢筋强度的标准值和设计值　　N·mm^{-2}

牌号	符号	直径/mm	f_{yk}	f_y	f'_y
HPB300	Φ	6～14	300	270	270
HRB335	Φ	6～14	335	300	300
HRB400 HRBF400 RRB400	Φ Φ^{F} Φ^{R}	6～50	400	360	360
HRB500 HRBF500	Φ Φ^{F}	6～50	500	435	435

预应力钢丝、钢绞线的强度等级以其抗拉强度标准值来标志，即 f_{ptk} 取具有 95%保证率的抗拉强度值。《混凝土结构设计规范(2015 年版)》(GB 50010—2010)给出的强度标准值 f_{ptk}、抗拉强度设计值 f_{py} 及抗压强度设计值 f'_{py} 的取值见表 2-5。

表 2-5　预应力钢筋强度的标准值和设计值　　N·mm^{-2}

钢筋品种		公称直径 d/mm	符号	f_{ptk}	f_{py}	f'_{py}
中强度预应力钢丝	光面 螺旋肋	5、7、9	Φ^{PM} Φ^{HM}	800	510	410
				970	650	
				1 270	810	
预应力螺纹钢筋	螺纹	18、25、32、40、50	Φ^{T}	980	650	400
				1 080	770	
				1 230	900	
钢绞线	三股	8.6、10.8、12.9	Φ^{S}	1 570	1 110	390
				1 720	1 220	
	七股	9.5、12.7、15.2、17.8、21.6		1 860	1 320	
				1 960	1 390	
消除应力钢丝	光面 螺旋肋	5、7、9	Φ^{P} Φ^{H}	1 470	1 040	410
				1 570	1 110	
				1 860	1 320	

(2)塑性性能。钢筋的塑性是指应力超过钢筋的屈服点以后，钢筋可以拉得很长，或绕着很小的直径能够弯转很大的角度而不致断裂的性能。通常，钢筋的塑性通过钢筋的伸长率和弯曲试验来确定。

1)伸长率。钢筋的伸长率是指在标距范围内钢筋试件拉断后的残余变形与原标距之比，以 δ(%)表示。即

$$\delta=\frac{l-l_0}{l_0}\times100\% \tag{2-10}$$

式中 l_0——试件拉伸前的标距，目前国内采用两种试验标距：短试件取 $l_0=5d$，长试件取 $l_0=10d$，相应的伸长率分别用 δ_5 及 δ_{10} 表示；

d——钢筋的直径；

l——试件拉断后且重新在断口拼接起来量测得到的标距，即产生残余伸长量后的标距。

通过试验所得的伸长率，通常 $\delta_5>\delta_{10}$，这是因为残余变形主要集中在试件的颈缩区段内，标距越短，所得的平均残余应变就越大。由式(2-10)可知，钢筋的伸长率越大，塑性性能就越好。

2)弯曲试验。钢筋弯曲试验是检验钢筋在弯折加工及在使用中承受弯曲变形能力的一种方法。

如图 2-10 所示，在常温下将钢筋绕规定的直径 D 弯曲 α 角度而不出现裂纹、鳞落或断裂现象，即认为钢筋的弯曲性能符合要求。通常 D 值越小、α 值越大的钢筋弯曲性能越好。

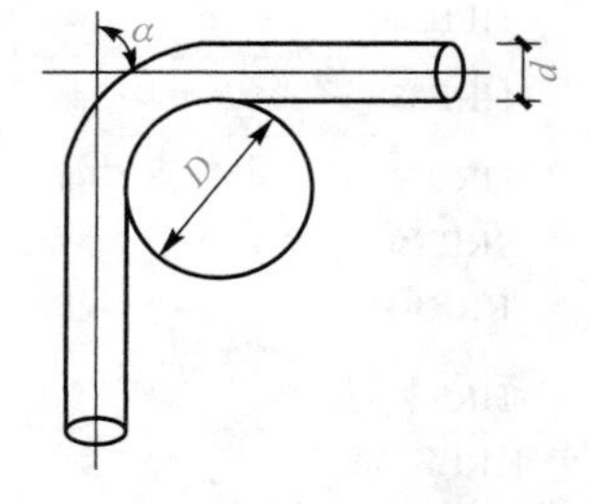

图 2-10 钢筋的弯曲试验

α—弯曲角度；D—弯心直径

总之，伸长率大，钢筋的塑性性能好，破坏时有明显的拉断预兆；钢筋的弯曲性能好，构件破坏时不至于发生脆断。因此，对钢筋品种的选择，应考虑强度和塑性两方面的要求。

3. 钢筋混凝土结构对钢筋性能的要求

(1)强度。强度包括钢筋的屈服强度和极限强度。通常强度高的钢筋，塑性及焊接性能较差。提高钢筋强度的根本途径不是单纯地增加钢材中碳的含量，而是改变钢材的化学成分，生产出新的钢种，使其既有良好的塑性和焊接性能，又具有较高的强度。对于预应力混凝土结构，可以采用高强度的钢丝和钢绞线，以节约材料。

(2)塑性。塑性指钢筋在断裂前具有足够的应变能力。如果钢筋的塑性好，在断裂之前会有足够的变形，给人足够的警示以采取措施补救或疏散；如果钢筋的塑性不好，就会发生事先毫无预兆的突然断裂。

(3)焊接性能。焊接性能是指在一定的工艺条件下，要求钢筋焊接后不产生裂纹或过大变形，保证焊接后接头有良好的受力性能。我国生产的热轧钢筋可焊，而高强度钢丝、钢绞线不可焊。

(4)粘结力。它包括水泥胶体和钢筋表面起化学作用的胶结力、混凝土收缩紧压(握裹)钢筋在滑移时产生的摩擦力，以及带肋钢筋表面与混凝土之间的机械咬合力。粘结力是保证钢筋和混凝土共同工作的基础。就钢筋来说，其表面的形状对粘结力有重要的影响；此外，钢筋的锚固和有关构造要求，也是保证两者之间具有良好粘结力的有效措施。

(5)质量稳定性。钢筋具有稳定的力学性能十分重要。规模生产的钢筋产品，其强度及延性稳定，匀质性好，性能有保证。对钢筋进行二次加工，如冷加工(冷拉、冷拔、冷轧、冷扭、冷镦)以后，离散度加大、质量变得不稳定。尤其是小规模作坊式的生产，由于母材普遍超粗，加工工艺粗糙，缺乏有效的技术管理及产品检验，不合格率较高，如用于工程，往往影响结构安全，形成隐患。

(6)经济性。衡量钢筋经济性的指标是强度价格比(MPa·t/元)即每元钱可购得的单位钢筋的强度，强度价格比越高的钢筋越经济。它不仅可以减少配筋率，方便施工，还可减少加工、运输、施工等一系列附加费用。

4. 混凝土结构用钢筋的选择

根据《混凝土结构设计规范(2015年版)》(GB 50010—2010)的规定，钢筋按下列规定采用：

(1)纵向受力普通钢筋可采用HRB400、HRB500、HRBF400、HRBF500、HPB300、HRB335、RRB400级钢筋。

(2)梁、柱和斜撑构件的纵向受力普通钢筋宜采用HRB400、HRB500、HRBF400、HRBF500级钢筋。

(3)箍筋宜采用HRB400、HRBF400、HPB300、HRB335、HRB500、HRBF500级钢筋。

(4)预应力筋宜采用预应力钢丝、钢绞线和预应力螺纹钢筋。

另外，构件中的钢筋可采用并筋的配置形式。直径28 mm及以下的钢筋并筋数量不应超过3根；直径32 mm的钢筋并筋数量宜为2根；直径36 mm及以上的钢筋不应采用并筋。并筋应按单根等效钢筋进行计算，等效钢筋的等效直径应按截面面积相等的原则换算确定。

任务2.2 钢筋与混凝土的粘结

知识导航

2.2.1 两类粘结应力

钢筋和混凝土这两种材料能够结合在一起共同工作，除二者具有相近的线膨胀系数外，更主要的是由于混凝土硬化后，在钢筋长度方向上钢筋与混凝土之间产生了良好的粘结。钢筋端部与混凝土的粘结称为锚固。为保证钢筋不被从混凝土中拔出或压出，要求钢筋有良好的锚固。粘结和锚固是钢筋和混凝土形成整体、共同工作的基础。

钢筋混凝土构件受力后会沿钢筋和混凝土接触面上产生剪应力，通常把这种剪应力称为粘结应力。若构件中的钢筋和混凝土之间既不粘结，钢筋端部也不加锚具，在荷载作用下，钢筋与混凝土就不能共同受力。钢筋端部加弯钩、弯折，或在锚固区贴焊短钢筋、贴焊角钢等，都可以提高锚固能力。光圆钢筋末端均需设置弯钩。

根据受力性质不同，钢筋与混凝土之间的粘结应力可分为裂缝间的局部粘结应力(局部粘结)和钢筋端部的锚固粘结应力(锚固粘结)两种，如图2-11所示。

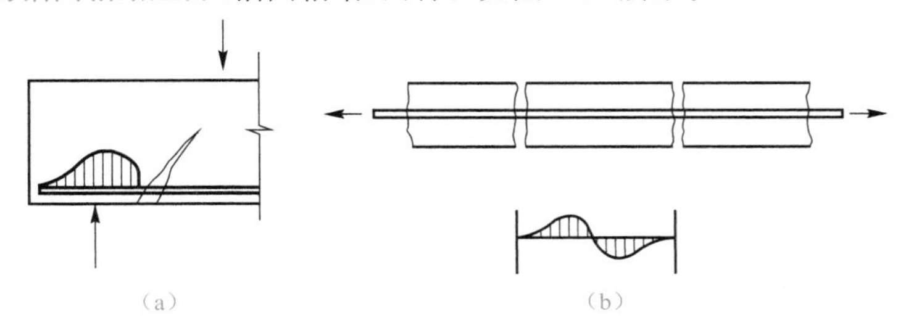

图2-11 钢筋和混凝土之间两种粘结示意图

(a)锚固粘结；(b)局部粘结

(1)裂缝间的局部粘结应力(局部粘结)。局部粘结是在相邻两个开裂截面之间产生的，钢筋应力的变化受到粘结应力的影响，粘结应力使相邻两个裂缝之间的混凝土参与受拉。局部粘结应力的丧失会影响构件刚度的降低和裂缝的开展。

(2)钢筋端部的锚固粘结应力(锚固粘结)。钢筋伸进支座或在连续梁中承担负弯矩的上部钢筋在跨中截断时需要延伸一定的长度，即锚固长度。要使钢筋承受拉力，就要求受拉钢筋有足够的锚固长度来累积足够的粘结力，否则，将发生锚固破坏。

2.2.2 粘结力的组成及其影响因素

1. 粘结力的组成

钢筋与混凝土的粘结作用主要由以下三部分组成：

(1)钢筋与混凝土接触面上的化学吸附作用力(胶结力)。

(2)混凝土收缩握裹钢筋而产生摩阻力。

(3)钢筋表面凹凸不平与混凝土之间产生的机械咬合作用力(咬合力)，这种咬合力来自表面的粗糙不平。

光圆钢筋与变形钢筋具有不同的粘结机理，其主要差别是，光圆钢筋的粘结力主要来自胶结力和摩阻力，而变形钢筋的粘结力主要来自机械咬合力作用。

2. 粘结力的影响因素

粘结力的影响因素有很多，主要有钢筋表面形状、混凝土强度、浇筑位置、保护层厚度、钢筋净间距、横向钢筋和横向压力等。

(1)相同条件下，变形钢筋的粘结力比光圆钢筋大。试验表明，变形钢筋的粘结力是光圆钢筋的 2～3 倍，因此，变形钢筋所需的锚固长度要比光圆钢筋短。

(2)浇筑混凝土时钢筋所处的位置对粘结力有明显的影响。对于混凝土浇筑深度超过 300 mm 以上的顶部水平钢筋，其下部的混凝土由于水分、气泡的逸出和泌水下沉，与钢筋之间形成了空隙层，从而削弱了钢筋与混凝土之间的粘结力。

(3)保护层厚度和钢筋净间距对粘结力也有重要的影响。对于高强度变形钢筋来说，混凝土保护层太薄易使外围混凝土发生径向劈裂而使粘结力下降；钢筋净间距太小易使整个保护层崩落，从而使粘结力显著下降。

(4)横向钢筋(如梁中箍筋)可以延缓径向劈裂裂缝的发展和限制裂缝的宽度，从而提高粘结力。因此，在较大直径钢筋的锚固或搭接长度范围内，以及当一层并列的钢筋根数较多时，均应设置一定数量的附加箍筋，以防止混凝土保护层的劈裂崩落。

能力导航

2.2.3 保证可靠粘结的构造措施

保证粘结的构造措施有：对不同等级的混凝土和钢筋，要保证最小搭接长度和锚固长度；必须满足钢筋最小间距和混凝土保护层最小厚度的要求；在钢筋的搭接接头范围内应加密箍筋；在钢筋端部应设置弯钩。另外，在浇筑较深混凝土构件时，为防止在钢筋底面出现沉淀收缩和泌水，形成疏松空隙层，削弱粘结力，应分层浇筑或二次浇捣；钢筋表面的粗糙程度会影响摩擦阻力，从而影响粘结强度。轻度锈蚀的钢筋，其粘结强度比新轧制的无锈钢筋要高，比除锈处理的钢筋更高，因此除重锈钢筋外，一般可不必除锈。

1. 锚固长度

为了保证钢筋与混凝土之间有可靠的粘结，钢筋必须有一定的锚固长度。钢筋的锚固长度

取决于钢筋强度及混凝土抗拉强度，并与钢筋的外形有关。为了充分利用钢筋的抗拉强度，《混凝土结构设计规范(2015 年版)》(GB 50010—2010)规定，以纵向受拉钢筋的锚固长度作为钢筋的基本锚固长度 l_a，它与钢筋强度、混凝土强度、钢筋直径及外形有关。

可按式(2-11)和(2-12)计算。

普通钢筋：
$$l_a=\alpha\frac{f_y}{f_t}d \tag{2-11}$$

预应力钢筋：
$$l_a=\alpha\frac{f_{py}}{f_t}d \tag{2-12}$$

式中 l_a——受拉钢筋的锚固长度；

f_y，f_{py}——普通钢筋、预应力钢筋的抗拉强度设计值；

f_t——混凝土轴心抗拉强度设计值；

d——钢筋的公称直径；

α——钢筋的外形系数，按照表 2-6 采用。

表 2-6 钢筋的外形系数

钢筋类型	光面钢筋	带肋钢筋	刻痕钢筋	螺旋肋钢丝	三股钢绞线	七股钢绞线
α	0.16	0.14	0.19	0.13	0.16	0.17

钢筋的锚固可采用机械锚固的形式(图 2-12)，主要有弯钩、焊锚板及贴焊锚筋等。采用机械锚固可以提高钢筋的锚固力，因此可以减少锚固长度。《混凝土结构设计规范(2015 年版)》(GB 50010—2010)规定的锚固长度修正系数(折减系数)为 0.6，同时，要有相应的配箍直径、间距及数量等构造措施。

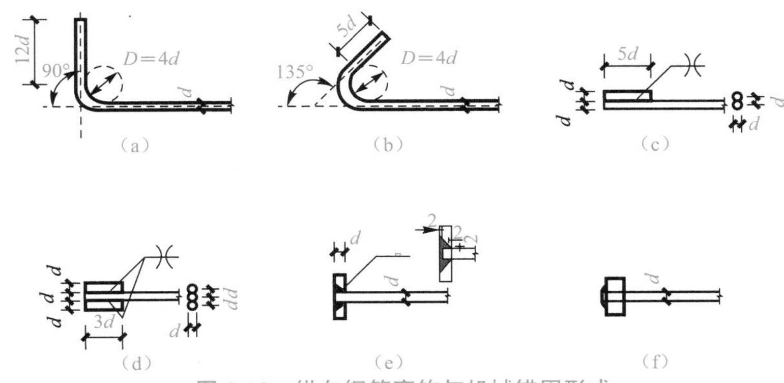

图 2-12 纵向钢筋弯钩与机械锚固形式

(a)90°弯钩；(b)135°弯钩；(c)一侧贴焊锚筋；

(d)两侧贴焊锚筋；(e)穿孔塞焊锚板；(f)螺栓锚头

2. 钢筋的搭接

钢筋长度不够或需要采用施工缝及后浇带等构造措施时，钢筋就需要搭接。搭接是指将两根钢筋的端头在一定长度内并放，并采用适当的连接将一根钢筋的力传递给另一根钢筋。力的传递可以通过各种连接接头实现。由于钢筋通过连接接头传力总不如整体钢筋，所以钢筋搭接的原则是接头应设置在受力较小处，同一根钢筋上应尽量少设接头，机械连接接头能产生较牢固的连接力，所以应优先采用机械连接。

轴心受拉及小偏心受拉杆件的纵向受力钢筋不得采用绑扎搭接。其他构件中的钢筋采用绑扎搭接时，受拉钢筋直径不宜大于 25 mm，受压钢筋直径不宜大于 28 mm。其连接区段的长度为 1.3 倍搭接长度 l_l，凡是搭接接头中点位于该连接区段长度内的搭接接头均属于同一连接区

段。同一连接区段内纵向钢筋搭接接头面积百分率是指该区段内有搭接接头的纵向受力钢筋截面面积与全部纵向受力钢筋截面面积之比，如图 2-13 所示。该图内同一连接区段内的搭接接头钢筋有两根，当钢筋的直径相同时，钢筋搭接接头面积百分率是 50%。《混凝土结构设计规范(2015 年版)》(GB 50010—2010)规定，对于梁、板、墙类构件，同一连接区段内纵向受拉钢筋搭接接头面积百分率不宜大于 **25%**；对于柱类不宜大于 **50%**。

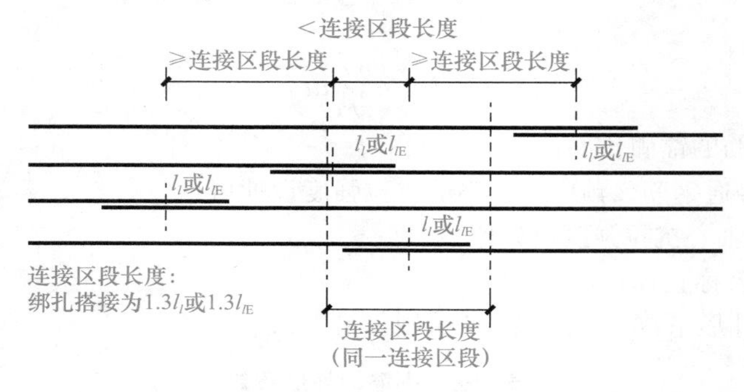

图 2-13　同一连接区段内纵向受拉钢筋绑扎搭接接头

受拉钢筋绑扎搭接接头的搭接长度 l_l 按下式计算：

$$l_l=\zeta_l l_a \tag{2-13}$$

式中　ζ_l——纵向受拉钢筋搭接长度修正系数，按表 2-7 取用，当纵向搭接钢接头面和百分率为表的中间值时，修正系数为按内插取值；

l_a——受拉钢筋的锚固长度；

l_l——纵向受拉钢筋的搭接长度。

对于受压钢筋的搭接接头及焊接骨架的搭接，也应满足相应的构造要求以保证力的传递。

表 2-7　纵向受拉钢筋搭接长度的修正系数

纵向搭接钢筋接头面积百分率/%	≤25	50	100
ζ_l	1.2	1.4	1.6

项目小结

1.《混凝土结构设计规范(2015 年版)》(GB 50010—2010)规定混凝土结构中采用的钢筋有热轧钢筋、热处理钢筋、钢丝、钢绞线，当采用其他钢筋时应符合专门规范的规定。钢筋的基本力学性能指标为抗拉强度、屈服强度和伸长率、冷弯性能。

2. 混凝土强度的基本指标有立方体抗压强度、轴心抗压强度和轴心抗拉强度。

3. 影响混凝土与钢筋粘结力的原因及提高粘结力的构造措施。

习　题

一、填空题

1. 混凝土是由________、________、________、________和少量外加剂按照一定比例拌和

在一起形成。

2. 混凝土按照________强度划分为14个等级，其中最低级别为________。

3. 混凝土轴心抗压强度试验标准试块的尺寸为________。

4. 钢筋强度等级为HPB300的符号是________，钢筋强度等级为HRB400的符号是________。

5. 钢筋与混凝土接触面上的化学吸附作用称为________。

项目2　习题答案

二、判断题

1. 粘结力是保证钢筋和混凝土共同工作的基础。（　　）
2. 预应力混凝土结构可以采用高强度钢丝和钢绞线以节约材料。（　　）
3. HPB300级钢筋可用作各种大、中型钢筋混凝土结构构件中的受力钢筋。（　　）
4. 钢筋的伸长率越大，塑性性能就越好。（　　）
5. 混凝土在某一不变荷载的长期作用下，其应变随时间延长不断增长的现象称为疲劳。（　　）

三、简答题

1. 钢筋混凝土结构对钢筋的性能有哪些要求？
2. 我国建筑结构用钢筋的品种有哪些？并说明各种钢筋的应用范围。
3. 什么是钢筋的塑性性能？
4. 混凝土立方体抗压强度 $f_{cu,k}$、轴心抗压强度 f_{ck} 和抗拉强度 f_{tk} 是如何确定的？
5. 混凝土的强度等级是根据什么确定的？我国《混凝土结构设计规范（2015年版）》（GB 50010—2010）规定的混凝土强度等级有哪些？
6. 混凝土的变形模量和弹性模量是怎样确定的？
7. 什么是钢筋和混凝土之间的粘结力？
8. 粘结力的组成有哪些？影响钢筋和混凝土粘结力的主要因素有哪些？
9. 为保证钢筋和混凝土之间有足够的粘结力要采取哪些措施？
10. 混凝土单轴受压时的应力-应变关系如何？试绘图并说明各阶段的特点。

项目 3

结构设计方法与设计指标

教学目标

通过本项目的学习，掌握荷载的分类及计算方法；要求学生能进行简单的荷载效应组合，熟悉结构抗震等级的划分，培养学生适者生存、安全第一、预防为主的观念。

教学要求

学习目标	相关知识点	权重
能计算结构所受的荷载	荷载的分类、荷载的代表值、荷载效应	30%
能进行简单的荷载效应组合	结构功能要求、承载能力极限状态、正常使用极限状态、荷载效应组合	40%
能够确定建筑物的抗震设防等级	震级、烈度、设防烈度、三水准设防标准、抗震设防分类标准、抗震设防等级	30%

学习重点

荷载的分类，结构的功能要求与极限状态，建筑的抗震设防等级。

引　例

项目1案例二中现浇钢筋混凝土框架结构教学楼，教室的楼盖由梁和板组成，其上有桌椅、人群等荷载由梁和板承受，并通过梁、板传递到柱子，再传递到基础。分析楼盖承受了哪些荷载，并且梁板上所承受的荷载是多少？怎样才能保证结构的可靠性？这些都是要解决的问题。

任务 3.1　建筑结构荷载与荷载效应

知识导航

3.1.1　结构上的作用

建筑结构在施工和使用期间，要承受其自身和外加的各种作用，这些作用在结构中产生不同的效应(内力和变形)。这些能使结构产生效应(结构或构件的内力、应力、位移、应变裂缝等)的各种原因统称为结构上的作用。

按出现的方式不同，可将结构上的作用分为直接作用和间接作用。

1. 直接作用

直接作用是指直接以力的不同集结形式(集中力或均匀分布力)施加在结构上的作用，通常也称为结构的荷载。如结构的自重、楼面人群及物品质量、土压力、风压力、雪压力、积灰、积水等。

2. 间接作用

间接作用是指能够引起结构外加变形、约束变形或振动的各种原因。间接作用并不是直接以力的形式施加在结构上，如地基的不均匀沉降、温度变化、地震作用、材料的收缩和膨胀变形等。

3.1.2　荷载的分类

在实际工程中，结构常见的作用多为直接作用，即通常所说的荷载。所以，本书介绍的内容以直接作用为主。按照不同的分类方法可将荷载进行不同的分类。

1. 按荷载随时间的变异性分类

(1)永久荷载。永久荷载是指结构在设计使用期间，其值不随时间变化，或其变化幅度与平均值相比可以忽略不计的荷载，如结构自重、土压力、预应力等，永久荷载也称为恒荷载。

(2)可变荷载。可变荷载是指结构在设计使用期间，其值随时间变化，且其变化幅度与平均值相比不可忽略的荷载，如楼面活荷载、积灰荷载、屋面活荷载、吊车荷载、风荷载、雪荷载等，可变荷载也称为活荷载。

(3)偶然荷载。偶然荷载是指结构在设计使用期间可能出现，但不一定出现，而一旦出现，其持续时间很短但量值很大的荷载，如地震力、爆炸力、撞击力等。

2. 按荷载的作用范围分类

(1)集中荷载。集中荷载是指荷载的作用面积与结构的尺寸相比很小，可将其简化为作用于一点的荷载，单位是 kN 或 N。如梁传递给柱子的力、次梁传递给主梁的力都可看作集中荷载。

(2)分布荷载。分布荷载是指荷载连续地分布在整个结构或结构某一部分上。其中，分布荷载又包括体荷载、面荷载、线荷载。体荷载是指分布在物体的体积内的荷载，单位是 N/mm^3 或 kN/m^3，常用 γ 表示；面荷载是指分布在物体表面的荷载，单位是 N/mm^2 或 kN/m^2，常用 p 表示。线荷载是指将面荷载、体荷载简化成连续分布在一段长度上的荷载，单位是 N/mm 或 kN/m，常用 q 表示。

能力导航

3.1.3 结构荷载的代表值

作用在结构上的荷载是随时间而变化的不确定的量，如风荷载的大小和方向，楼面活荷载的大小和作用位置均随时间而变化。即使是恒荷载，也随材料比重的变化以及实际尺寸与设计尺寸的偏差而变化。由于各种荷载都具有一定的变异性，在结构设计时，对荷载应赋予一个规定的量值，称为荷载代表值。

《建筑结构荷载规范》(GB 50009—2012)(以下简称《荷载规范》)给出了荷载的四种代表值，即标准值、组合值、频遇值、准永久值。荷载标准值是荷载的基本代表值，而其他代表值都可在标准值的基础上乘以相应的系数后得出。建筑结构设计时，对不同荷载应采用不同的代表值，对永久荷载应采用标准值作为代表值。对可变荷载应根据设计要求采用标准值、组合值、频遇值或准永久值作为代表值。对偶然荷载应按建筑结构使用的特点确定其代表值。

1. 荷载标准值

荷载标准值是指结构在正常使用情况下，在其设计基准期(50年)内可能出现的具有一定保证率的最大荷载值。

永久荷载标准值(G_k)，对结构自重，可按结构构件的设计尺寸与材料单位体积的自重计算确定。对常用材料和构件可按《荷载规范》附录A采用。表3-1列出部分常用材料和构件自重。

设计时可计算求得永久荷载标准值。例如，某矩形钢筋混凝土梁，$b\times h=300$ mm$\times$600 mm，计算跨度 $l_0=4.5$ mm。查表3-1取钢筋混凝土自重为25 kN/m^3，则该梁沿跨度方向均匀分布的自重标准值为：$g_k=0.3\times0.6\times25=4.5$(kN/m)。

表 3-1 部分常用材料和构件自重

序号	名称	单位	自重	备注
1	素混凝土	kN/m^3	22～24	振捣或不振捣
2	钢筋混凝土	kN/m^3	24～25	
3	水泥砂浆	kN/m^3	20	
4	石灰砂浆	kN/m^3	17	
5	混合砂浆	kN/m^3	17	
6	浆砌普通砖	kN/m^3	18	
7	浆砌机砖	kN/m^3	19	
8	水磨石地面	kN/m^2	0.65	10 mm面层，20 mm水泥砂浆打底
9	贴瓷砖墙面	kN/m^2	0.5	包括水泥浆打底，共厚25 mm
10	木框玻璃窗	kN/m^2	0.2～0.3	

可变荷载标准值(Q_k)是根据观测资料和实验数据，并考虑工程实践经验而确定，可由《荷载规范》各章中的规定确定。表3-2列出了部分民用建筑楼面均布活荷载标准值及其组合值、频遇值和准永久值系数。

表 3-2　部分民用建筑楼面均布活荷载标准值及其组合值、频遇值和准永久值系数

<table>
<tr><th>项次</th><th colspan="3">类别</th><th>标准值
/(kN·m⁻²)</th><th>组合值
系数 ψ_c</th><th>频遇值
系数 ψ_f</th><th>准永久值
系数 ψ_q</th></tr>
<tr><td rowspan="2">1</td><td colspan="3">(1)住宅、宿舍、旅馆、办公楼、医院病房、托儿所、幼儿园</td><td>2.0</td><td>0.7</td><td>0.5</td><td>0.4</td></tr>
<tr><td colspan="3">(2)实验室、阅览室、会议室、医院门诊室</td><td>2.0</td><td>0.7</td><td>0.6</td><td>0.5</td></tr>
<tr><td>2</td><td colspan="3">教室、食堂、餐厅、一般资料档案室</td><td>2.5</td><td>0.7</td><td>0.6</td><td>0.5</td></tr>
<tr><td rowspan="2">3</td><td colspan="3">(1)礼堂、剧场、影院、有固定座位的看台</td><td>2.5</td><td>0.7</td><td>0.6</td><td>0.5</td></tr>
<tr><td colspan="3">(2)公共洗衣房</td><td>3.0</td><td>0.7</td><td>0.6</td><td>0.5</td></tr>
<tr><td rowspan="2">4</td><td colspan="3">(1)商店、展览厅、车站、港口、机场大厅及其旅客等候室</td><td>3.5</td><td>0.7</td><td>0.6</td><td>0.5</td></tr>
<tr><td colspan="3">(2)无固定座位的看台</td><td>3.5</td><td>0.7</td><td>0.5</td><td>0.3</td></tr>
<tr><td rowspan="2">5</td><td colspan="3">(1)健身房、演出舞台</td><td>4.0</td><td>0.7</td><td>0.6</td><td>0.5</td></tr>
<tr><td colspan="3">(2)运动场、舞厅</td><td>4.0</td><td>0.7</td><td>0.6</td><td>0.3</td></tr>
<tr><td rowspan="2">6</td><td colspan="3">(1)书库、档案室、储藏室</td><td>5.0</td><td>0.9</td><td>0.9</td><td>0.8</td></tr>
<tr><td colspan="3">(2)密集柜书库</td><td>12.0</td><td>0.9</td><td>0.9</td><td>0.8</td></tr>
<tr><td>7</td><td colspan="3">通风机房、电梯机房</td><td>7.0</td><td>0.9</td><td>0.9</td><td>0.8</td></tr>
<tr><td rowspan="4">8</td><td rowspan="4">汽车通道及客车停车库</td><td rowspan="2">(1)单向板楼盖(板跨不小于 2 m)和双向板楼盖(板跨不小于 3 m×3 m)</td><td>客车</td><td>4.0</td><td>0.7</td><td>0.7</td><td>0.6</td></tr>
<tr><td>消防车</td><td>35.0</td><td>0.7</td><td>0.5</td><td>0.0</td></tr>
<tr><td rowspan="2">(2)双向板楼盖(板跨不小于 6 m×6 m)和无梁楼盖(柱网尺寸不小于 6 m×6 m)</td><td>客车</td><td>2.5</td><td>0.7</td><td>0.7</td><td>0.6</td></tr>
<tr><td>消防车</td><td>20.0</td><td>0.7</td><td>0.5</td><td>0.0</td></tr>
<tr><td rowspan="2">9</td><td rowspan="2">厨房</td><td colspan="2">(1)餐厅</td><td>4.0</td><td>0.7</td><td>0.7</td><td>0.7</td></tr>
<tr><td colspan="2">(2)其他</td><td>2.0</td><td>0.7</td><td>0.6</td><td>0.5</td></tr>
<tr><td>10</td><td colspan="3">浴室、厕所、盥洗室</td><td>2.5</td><td>0.7</td><td>0.6</td><td>0.5</td></tr>
<tr><td rowspan="3">11</td><td rowspan="3">走廊、门厅</td><td colspan="2">(1)宿舍、旅馆、医院病房、托儿所、幼儿园、住宅</td><td>2.0</td><td>0.7</td><td>0.5</td><td>0.4</td></tr>
<tr><td colspan="2">(2)办公楼、餐厅、医院门诊部</td><td>2.5</td><td>0.7</td><td>0.6</td><td>0.4</td></tr>
<tr><td colspan="2">(3)教学楼及其他能出现人员密集的情况</td><td>3.5</td><td>0.7</td><td>0.5</td><td>0.3</td></tr>
<tr><td rowspan="2">12</td><td rowspan="2">楼梯</td><td colspan="2">(1)多层住宅</td><td>2.0</td><td>0.7</td><td>0.5</td><td>0.4</td></tr>
<tr><td colspan="2">(2)其他</td><td>3.5</td><td>0.7</td><td>0.5</td><td>0.3</td></tr>
<tr><td rowspan="2">13</td><td rowspan="2">阳台</td><td colspan="2">(1)可能出现人员密集的情况</td><td>3.5</td><td>0.7</td><td>0.6</td><td>0.5</td></tr>
<tr><td colspan="2">(2)其他</td><td>2.5</td><td>0.7</td><td>0.6</td><td>0.5</td></tr>
</table>

2. 可变荷载组合值 $\psi_c Q_k$

当结构上同时作用两种或两种以上可变荷载时，可变荷载同时达到其标准值的可能性较小，因此，要考虑其组合值。除其中产生最大效应的荷载(主导荷载)仍取其标准值外，其他伴随的可变荷载均采用小于其标准值的组合值为代表值。这种经调整后的可变荷载代表值，称为可变荷载组合值。《荷载规范》规定，可变荷载组合值用可变荷载的组合系数 ψ_c($\psi_c \leqslant 1$)与相应的可变荷载标准值 Q_k 的乘积来确定，即 $\psi_c Q_k$，ψ_c 取值参见表 3-2。

3. 可变荷载频遇值$\psi_f Q_k$

可变荷载频遇值是指可变荷载在设计基准期内，其超越的总时间为规定的较小比率或超越频率为规定频率的荷载值。可变荷载频遇值是针对结构上偶尔出现的较大荷载，具有较短的总持续时间或较少的发生次数的特性。《荷载规范》规定，可变荷载频遇值应取可变荷载标准值Q_k乘以荷载频遇值系数ψ_f($\psi_f \leqslant 1$)，即$\psi_f Q_k$，ψ_f取值参见表3-2。

4. 可变荷载准永久值$\psi_q Q_k$

可变荷载准永久值是指可变荷载在设计基准期内，其超越的总时间约为设计基准期一半的荷载值。可变荷载准永久值是针对在结构上经常作用的可变荷载，即在规定的期限内，该部分可变荷载具有较长的总持续时间，对结构的影响类似于永久荷载。《荷载规范》规定，可变荷载准永久值应取可变荷载标准值Q_k乘以荷载准永久值系数ψ_q，即$\psi_q Q_k$，ψ_q取值参见表3-2。

特别提示

永久荷载应采用标准值作为代表值；可变荷载应根据设计要求采用标准值、组合值、频遇值或准永久值作为代表；偶然荷载应按建筑结构使用的特点确定其代表值。

3.1.4 结构的荷载效应

作用效应(S)是指各种作用在结构上的内力(弯矩、剪力、轴力、扭矩等)和变形(挠度、扭转、弯曲、拉伸、压缩、裂缝等)。当作用为荷载时，引起的效应称为荷载效应。

一般情况下，荷载效应(S)与荷载(Q)的关系式如下：

$$S=CQ \tag{3-1}$$

式中 S——与荷载Q相应的荷载效应；

C——荷载效应系数，由力学分析确定；

Q——某荷载代表值。

例如，某简支梁上作用有均布线荷载q，其计算跨度l，由结构力学方法计算可知，其跨中最大弯矩值为$M=\frac{1}{8}ql^2$，支座处剪力为$V(F_Q)=\frac{1}{2}ql$。q相当于荷载Q，弯矩M和剪力$V(F_Q)$都相当于荷载效应S，$\frac{1}{8}l^2$和$\frac{1}{2}l$则相当于荷载效应系数C。

【例3-1】 某钢筋混凝土楼板厚度为100 mm，板上铺水磨石地面，求地面构造层与板自重标准值。

【解】

(1)楼板的自重荷载常采用面荷载，单位为kN/m²，100 mm厚钢筋混凝土楼板的自重可以取为25×0.1=2.5(kN/m²)。

(2)查表3-1得出水磨石地面的自重标准值为0.65 kN/m²。

(3)故该地面构造层与板自重标准值=2.5+0.65=3.15(kN/m²)。

案例点评

注意各种荷载的单位，最后要保持单位的统一。

任务 3.2 建筑结构的设计方法

知识导航

3.2.1 结构的功能要求

建筑结构的设计目的是使结构在预定的使用年限内完成预期的各种功能要求，有较好的经济性且便于施工。建筑结构的功能要求包括安全性、适用性和耐久性。

1. 安全性

安全性是指结构在正常施工和正常使用条件下，能承受可能出现的各种作用，在偶然事件发生时和发生后，结构仍能保持必需的整体稳定性，即结构仅产生局部损坏而不发生倒塌。

2. 适用性

适用性是指结构在正常使用条件下，具有良好的工作性能。例如，不发生影响使用的过大变形、振幅和裂缝等。

3. 耐久性

耐久性是指结构在正常维护条件下，具有足够的耐久性，能够使用到预定的设计使用年限。例如，钢筋不发生严重锈蚀、混凝土不发生严重风化和腐蚀等。

结构的三大功能概括起来称为结构的可靠性，即在规定的时间内(设计使用年限)、规定的条件下(正常设计、正常施工、正常使用和维护)，完成结构预定功能(安全性、适用性和耐久性)的能力。结构满足其功能要求的概率称为可靠概率或可靠度。

设计使用年限是指按规定指标设计的建筑结构或构件，在正常施工、正常使用和维护下，不需要进行大修即可达到其预定功能要求的使用年限。《建筑结构可靠性设计统一标准》(GB 50068—2018)将设计使用年限分为四个类别，见表 3-3。

表 3-3 建筑结构的设计使用年限

类别	设计使用年限/年
临时性建筑结构	5
易于替换的结构构件	25
普通房屋和构筑物	50
标志性建筑和特别重要的建筑结构	100

3.2.2 结构的极限状态

结构能够满足设计规定的某一功能要求且能够良好地工作，我们称该功能处于可靠状态；反之，称该功能处于失效状态。这种“可靠”与“失效”之间必然存在某一特定的界限状态，此特定状态称为该功能的极限状态。

结构的极限状态可分为承载能力极限状态和正常使用极限状态两类。

1. 承载能力极限状态

承载能力极限状态对应于结构或结构构件达到最大承载能力或不适用于继续承载的变形。

超过这一极限状态，整个结构或构件便不能满足安全性的功能要求。

当结构或结构构件出现下列状态之一时，应认为超过了承载能力极限状态：

(1)结构构件或连接因超过材料强度而破坏，或因过度变形而不适于继续承载。

(2)整个结构或其一部分作为刚体失去平衡。

(3)结构转变为机动体系。

(4)结构或结构构件丧失稳定。

(5)结构因局部破坏而发生连续倒塌。

(6)地基丧失承载力而破坏。

(7)结构或结构构件的疲劳破坏。

2. 正常使用极限状态

正常使用极限状态对应于结构或结构构件达到正常使用或耐久性能的某项规定限值。超过这一极限状态，整个结构或构件便不能满足实用性或耐久性的功能要求。

当结构或结构构件出现下列状态之一时，应认为超过了正常使用极限状态：

(1)影响正常使用或外观的变形。

(2)影响正常使用的局部损坏。

(3)影响正常使用的振动。

(4)影响正常使用的其他特定状态。

能力导航

3.2.3 极限状态表达式在结构设计中的应用

1. 极限状态方程

结构和结构构件的工作状态可以用作用效应 S 和结构抗力 R 的关系式来描述：

$$Z=g(R,S)=R-S \tag{3-2}$$

式中 Z——结构极限状态功能函数；

R——结构抗力，指结构或结构构件承受作用效应的能力，如结构构件的承载力、刚度和裂缝度等；

S——作用效应，指作用引起的结构或结构构件的内力、变形和裂缝等。

如前所述，R 和 S 都是非确定性的随机变量，故 $Z=g(R,S)$是一个随机变量函数。按 Z 值的大小不同，可以用来描述结构所处的三种不同工作状态。具体如下：

(1)当 $Z>0$，即 $R>S$，结构能够完成预定功能，结构处于可靠状态。

(2)当 $Z<0$，即 $R<S$，结构不能完成预定功能，结构处于失效状态。

(3)当 $Z=0$，即 $R=S$，结构处于极限状态，称为极限状态方程。

2. 承载力极限状态实用设计表达式

用结构的失效率来度量结构的可靠性，已被国际上所公认。但计算失效率在数学上比较烦琐，且需要大量的统计数据。考虑到多年的设计习惯和使用上的简便，《建筑结构可靠性设计统一标准》(GB 50068—2018)采用以概率理论为基础的极限状态设计方法，引入分项系数的实用设计表达式进行计算。

(1)设计表达式。结构或结构构件按承载能力极限状态设计时，应符合下列规定：

1)结构或结构构件的破坏或过度变形的承载能力极限状态设计，应符合下式规定：

$$\gamma_0 S_d \leqslant R_d \tag{3-3}$$

式中　γ_0——结构重要性系数，见表3-4；

S_d——作用组合的效应设计值；

R_d——结构或结构构件的抗力设计值。

2)结构整体或其一部分作为刚体失去静力平衡的承载能力极限状态设计，应符合下式规定：

$$\gamma_0 S_{d,dst} \leqslant S_{d,stb} \tag{3-4}$$

式中　$S_{d,dst}$——不平衡作用效应的设计值；

$S_{d,stb}$——平衡作用效应的设计值。

3)地基的破坏或过度变形的承载能力极限状态设计，可采用分项系数法进行，但其分项系数的取值与式(3-3)中所包含的分项系数的取值可有区别；地基的破坏或过度变形的承载力设计，也可采用容许应力法等方法进行。

4)结构或结构构件的疲劳破坏的承载能力极限状态设计，可按现行有关标准的方法进行。

(2)结构构件的重要性系数γ_0。建筑结构的安全等级，在进行建筑结构设计时，根据结构破坏可能产生的后果严重与否，即危及人的生命、造成经济损失和生产社会影响等的严重程度，采用不同的安全等级进行设计。《建筑结构可靠度设计统一标准》(GB 50068—2001)将建筑结构划分为三个安全等级(表3-4)。设计时应根据具体情况，按表3-5的规定选用结构重要性系数。

表3-4　建筑结构的安全等级

安全等级	破坏后果
一级	很严重：对人的生命、经济、社会或环境影响很大
二级	严重：对人的生命、经济、社会或环境影响较大
三级	不严重：对人的生命、经济、社会或环境影响较小

表3-5　结构重要性系数γ_0

结构重要性系数	对持久设计状况和短暂设计状况			对偶然设计状况和地震设计状况
	安全等级			
	一级	二级	三级	
γ_0	1.1	1.0	0.9	1.0

(3)荷载效应组合设计值S_d。如果结构上同时作用有多种可变荷载，就要考虑荷载效应的组合问题。荷载效应组合是指在所有可能同时出现的各种荷载组合下，确定结构或构件内产生的总效应。荷载效应组合可分为基本组合与偶然组合两种情况。最不利组合是指所有可能产生的荷载组合中，对结构构件产生总效应最为不利的一组。

1)对持久设计状况和短暂设计状况，应采用作用的基本组合，并应符合下列规定：

①基本组合的效应设计值按下式中最不利值确定：

$$S_d = S\left(\sum_{i\geqslant 1}\gamma_{G_i}G_{ik} + \gamma_P P + \gamma_{Q_1}\gamma_{L_1}Q_{1k} + \sum_{j>1}\gamma_{Q_j}\psi_{c_j}\gamma_{L_j}Q_{jk}\right) \tag{3-5}$$

式中　$S(\cdot)$——作用组合的效应函数；

G_{ik}——第i个永久作用的标准值；

P——预应力作用的有关代表值；

Q_{1k}——第1个可变作用的标准值；

Q_{jk}——第j个可变作用的标准值；

γ_{G_i}——第i个永久作用的分项系数，应按表3-6的规定采用；

γ_P——预应力作用的分项系数，应按表3-6的有关规定采用；

γ_{Q_1}——第 1 个可变作用的分项系数，应按表 3-6 的有关规定采用；

γ_{Q_j}——第 j 个可变作用的分项系数，应按表 3-6 的有关规定采用；

γ_{L_1}、γ_{L_j}——第 1 个和第 j 个考虑结构设计使用年限的荷载调整系数，应按表 3-7 的有关规定采用；

ψ_{c_j}——第 j 个可变作用的组合值系数，应按现行有关标准的规定采用。

表 3-6　建筑结构的作用分项系数

作用分项系数	适用情况	
	当作用效应对承载力不利时	当作用效应对承载力有利时
γ_G	1.3	≤1.0
γ_P	1.3	≤1.0
γ_Q	1.5	0

表 3-7　建筑结构考虑结构设计使用年限的荷载调整系数 γ_L

结构的设计使用年限/年	γ_L
5	0.9
50	1.0
100	1.1
注：对设计使用年限为 25 年的结构构件，γ_L 应按各种材料结构设计标准的规定采用。	

②当作用与作用效应按线性关系考虑时，基本组合的效应设计值按下式中最不利值计算：

$$S_d = \sum_{i\geqslant 1}\gamma_{G_i}S_{G_{ik}} + \gamma_P S_P + \gamma_{Q_1}\gamma_{L_1}S_{Q_{1k}} + \sum_{j>1}\gamma_{Q_j}\psi_{c_j}\gamma_{L_j}S_{Q_{jk}} \tag{3-6}$$

式中　$S_{G_{ik}}$——第 i 个永久作用标准值的效应；

S_P——预应力作用有关代表值的效应；

$S_{Q_{1k}}$——第 1 个可变作用标准值的效应；

$S_{Q_{jk}}$——第 j 个可变作用标准值的效应。

2)对偶然设计状况，应采用作用的偶然组合，并应符合下列规定：

①偶然组合的效应设计值按下式确定：

$$S_d = S\left(\sum_{i\geqslant 1}G_{ik} + P + A_d + (\psi_{f1} \text{ 或 } \psi_{q1})Q_{1k} + \sum_{j>1}\psi_{Q_j}Q_{jk}\right) \tag{3-7}$$

式中　A_d——偶然作用的设计值；

ψ_{f1}——第 1 个可变作用的频遇值系数，应按有关标准的规定采用；

ψ_{q1}、ψ_{Q_j}——第 1 个和第 j 个可变作用的准永久值系数，应按有关标准的规定采用。

②当作用与作用效应按线性关系考虑时，偶然组合的效应设计值按下式计算：

$$S_d = \sum_{i\geqslant 1}S_{G_{ik}} + S_P + S_{A_d} + (\psi_{f1} \text{ 或 } \psi_{q1})S_{Q_{1k}} + \sum_{j>1}\psi_{Q_j}S_{Q_{jk}} \tag{3-8}$$

式中　S_{A_d}——偶然作用设计值的效应。

3. 正常使用极限状态实用设计表达式

正常使用极限状态主要验算结构构件的变形、抗裂度或裂缝宽度等，以便来满足结构适用性和耐久性的要求。由于其危害程度不及承载力破坏结果造成的损失大，对其可靠度的要求可适当降低。在对正常使用状态计算时，荷载及材料强度均取标准值，不再考虑荷载和材料的分项系数，也不考虑结构的重要性系数 γ_0。

(1)设计表达式。正常使用极限状态按下列设计表达式进行设计：

$$S_d \leqslant C \tag{3-9}$$

式中　S_d——正常使用极限状态的荷载效应组合值；

C——结构或结构构件达到正常使用要求的规定限值(如变形、裂缝、应力等限值)，按有关规定采用。

(2)荷载效应组合设计值 S_d。对正常使用状态的荷载效应组合时，应根据不同设计目的，分别按荷载效应的标准组合、频遇组合和准永久组合进行设计。

1)标准组合应符合下列规定：

①标准组合的效应设计值按下式确定：

$$S_d = S(\sum_{i\geqslant 1} G_{ik} + P + Q_{1k} + \sum_{j>1} \psi_{cj} Q_{jk}) \tag{3-10}$$

②当作用与作用效应按线性关系考虑时，标准组合的效应设计值按下式计算：

$$S_d = \sum_{i\geqslant 1} S_{G_{ik}} + S_P + S_{Q_{1k}} + \sum_{j>1} \psi_{cj} S_{Q_{jk}} \tag{3-11}$$

2)频遇组合应符合下列规定：

①频遇组合的效应设计值按下式确定：

$$S_d = S(\sum_{i\geqslant 1} G_{ik} + P + \psi_{f1} Q_{1k} + \sum_{j>1} \psi_{Q_j} Q_{jk}) \tag{3-12}$$

②当作用与作用效应按线性关系考虑时，频遇组合的效应设计值按下式计算：

$$S_d = \sum_{i\geqslant 1} S_{G_{ik}} + S_P + \psi_{f1} S_{Q_{1k}} + \sum_{j>1} \psi_{Q_j} S_{Q_{jk}} \tag{3-13}$$

3)准永久组合应符合下列规定：

①准永久组合的效应设计值按下式确定：

$$S_d = S(\sum_{i\geqslant 1} G_{ik} + P + \sum_{j\geqslant 1} \psi_{Q_j} Q_{jk})$$

②当作用与作用效应按线性关系考虑时，准永久组合的效应设计值按下式计算：

$$S_d = \sum_{i\geqslant 1} S_{G_{ik}} + S_P + \sum_{j\geqslant 1} \psi_{Q_j} S_{Q_{jk}}$$

(3)对正常使用极限状态，材料性能的分项系数 γ_M，除各种材料的结构设计标准有专门规定外，应取为1.0。

【例3-2】 某钢筋混凝土办公楼矩形截面简支梁，计算跨度 $L_0=6$ m，梁上的永久荷载(包含自重)标准值 $G_K=12$ kN/m，可变荷载标准值 $Q_K=5$ kN/m，安全等级为二级，分别按承载力极限状态和正常使用极限状态设计时的各项组合计算梁跨中弯矩设计值。

【解】

(1)均布荷载标准值 G_K 和 Q_K 作用下的跨中弯矩标准值：

永久荷载作用下　$M_{G_K}=\frac{1}{8}G_K L_0^2=\frac{1}{8}\times 12\times 6^2=54(\text{kN}\cdot\text{m})$

可变荷载作用下　$M_{Q_K}=\frac{1}{8}Q_K L_0^2=\frac{1}{8}\times 5\times 6^2=22.5(\text{kN}\cdot\text{m})$

(2)承载力极限状态设计时的跨中弯矩设计值：

安全等级为二级，查表3-5，取 $\gamma_0=1.0$；查表3-6，取 $\gamma_G=1.3$，$\gamma_Q=1.5$；查表3-7，取 $\gamma_L=1.0$；查表3-2，取 $\psi_c=0.7$。

$M=\gamma_0(\gamma_G M_{G_K}+\gamma_Q\psi_c\gamma_L M_{Q_K})=1.0\times(1.3\times 54+1.5\times 0.7\times 1.0\times 22.5)=93.825(\text{kN}\cdot\text{m})$

该梁按承载力极限状态设计时，跨中弯矩设计值取 $M=93.825$ kN·m。

(3)正常使用极限状态设计时的跨中弯矩设计值：

查表3-2，取 $\psi_c=0.5$，$\psi_f=0.5$，$\psi_Q=0.4$。

按标准组合时

$$M=M_{G_K}+M_{Q_K}=54+22.5=76.5(\text{kN}\cdot\text{m})$$

按频遇组合时

$$M=M_{G_K}+\psi_f M_{Q_K}=54+0.5\times22.5=65.25(\text{kN}\cdot\text{m})$$

按准永久组合时

$$M=M_{G_K}+\psi_Q M_{Q_K}=54+0.4\times22.5=63(\text{kN}\cdot\text{m})$$

案例点评

注意结合建筑结构荷载组合公式，理解荷载分项系数的含义。

任务 3.3　建筑结构抗震设防简介

知识导航

3.3.1　地震的基本概念

1. 地震的定义

地震是一种自然现象。据统计，地球每年平均发生 500 万次左右的地震，其中，5 级以上的强烈地震为 1 000 次左右。如果强烈地震发生在人类聚居区，就可能造成地震灾害。为了抵御与减轻地震灾害，有必要进行工程结构的抗震分析与抗震设计。

2. 地震的类型

地震可以划分为诱发地震和天然地震两大类。诱发地震主要是由于人工爆破、矿山开采及重大工程活动(如兴建水库)所引发的地震，诱发地震一般不太强烈，仅有个别情况(如水库地震)会造成较严重的地震灾害；天然地震包括构造地震与火山地震。前者由地壳构造运动产生，后者则由火山爆发引起。比较而言，构造地震发生数量多(约占地震发生总数的 90%)、影响范围广，是地震工程的主要研究对象。

对于构造地震，可以从宏观背景和局部机制两个层次上解释其成因。从宏观背景上考察，地球内部由地壳、地幔与地核三个圈层构成。通常认为，地球最外层是由一些巨大的板块所组成的，板块向下延伸的深度为 70～100 km。由于地幔物质的对流，这些板块一直在缓慢地相互运动。板块的构造运动，是构造地震产生的根本原因。从局部机制上分析，地球板块在运动过程中，板块之间的相互作用力会使地壳中的岩层发生变形。当这种变形积聚到超过岩石所能承受的程度时，该处岩体就会发生突然断裂或错动，从而引起地震。

地球内部断层错动并引起周围介质振动的部位称为震源。震源正上方的地面位置叫作震中；地面某处至震中的水平距离叫作震中距。通常将震源深度小于 70 km 的叫作浅源地震；深度为 70～300 km 的叫作中源地震；深度大于 300 km 的叫作深源地震。对于同样大小的地震，由于震源深度不一样，对地面造成的破坏程度也不一样。震源越浅，破坏越大，但波及范围也越小；反之亦然。

地震时，地下岩体断裂、错动并产生振动。振动以波的形式从震源向外传播，就形成了地震波，其中在地球内部传播的波称为体波，而沿地球表面传播的波叫作面波。体波有纵波和横波两种形式。纵波是由震源向外传递的压缩波，其介质质点的运动方向与波的前进方向一致。

纵波一般周期较短、振幅较小，在地面引起上下颠簸运动；横波是由震源向外传递的剪切波，其质点的运动方向与波的前进方向相垂直。横波一般周期较长，振幅较大，引起地面水平方向的运动。面波主要有瑞雷波和乐夫波两种形式。瑞雷波传播时，质点在波的前进方向与地表法向组成的平面内做逆向的椭圆运动。这种运动形式被认为是形成地面晃动的主要原因。乐夫波传播时，质点在与波的前进方向相垂直的水平方向运动，在地面上表现为蛇形运动。面波周期长，振幅大。由于面波比体波衰减慢，故能传播到很远的地方。地震波的传播速度，以纵波最快、横波次之、面波最慢。所以，在地震发生的中心地区人们的感觉是，先上下颠簸，后左右摇晃。当横波或面波到达时，地面振动最为猛烈，产生的破坏作用也较大。在离震中较远的地方，由于地震波在传播过程中能量逐渐衰减，地面振动减弱，破坏作用也逐渐减轻。

3. 地震的震级

地震的震级是表示地震大小的一种度量，与震源释放的能量大小有关，其数值是根据地震仪记录到的地震波图确定的，国际上通用的是里氏震级，用符号 M 表示。大于 2.5 级的浅震，在震中附近地区的人就有感觉，叫作有感地震；5 级以上的地震，会造成明显的破坏，叫作破坏性地震。世界上已记录到的最大地震的震级为 8.9 级。

4. 地震烈度

地震烈度是指某一区域内的地表和各类建筑物遭受一次地震影响的平均强弱程度。一次地震，表示地震大小的震级只有一个。然而，由于同一次地震对不同地点的影响不一样，随着距离震中的远近变化，会出现多种不同的地震烈度。一般来说，距离震中近，地震烈度就高；距离震中越远，地震烈度也越低。为评定地震烈度而建立起来的标准叫作地震烈度。不同国家所规定的地震烈度表往往是不同的，我国规定的地震烈度表是 12 度烈度表。

5. 抗震设防烈度

抗震设防烈度是一个地区抗震设防依据的地震烈度，是指国务院地震行政主管部门对建设工程制定的必须达到的抵御地震破坏的准则和技术指标。其是在综合考虑地容、环境、工程的重要程度、要达到的安全目标和国家经济承受能力等因素的基础上确定的。抗震设防烈度为 6 度及以上地区的建筑，必须进行抗震设计。

3.3.2 建筑抗震设防的目的与设防标准

一般来说，建筑抗震设计包括三个层次的内容与要求，即概念设计、抗震计算与构造措施。概念设计在总体上把握抗震设计的基本原则；抗震计算为建筑抗震设计提供定量手段；构造措施则可以在保证结构整体性、加强局部薄弱环节等意义上保证抗震计算结果的有效性。抗震设计上述三个层次的内容是一个不可割裂的整体，忽略任何一部分，都可能造成抗震设计的失败。

1. 抗震设防的目的和要求

工程抗震设防的基本目的是在一定的经济条件下，最大限度地限制和减轻建筑物的地震破坏，保障人民生命财产的安全。为了实现这一目的，近年来，许多国家的抗震设计规范都趋向于以“小震不坏、中震可修、大震不倒”作为建筑抗震设计的基本准则。

《建筑抗震设计规范(2016 年版)》(GB 50011—2010)明确提出了三个水准的抗震设防要求。

第一水准：当遭受低于本地区设防烈度的多遇地震影响时，建筑物一般不受损坏或不需修理仍可继续使用；

第二水准：当遭受相当于本地区设防烈度的地震影响时，建筑物可能损坏，但经一般修理

即可恢复正常使用；

第三水准：当遭受高于本地区设防烈度的罕遇地震影响时，建筑物不致倒塌或发生危及生命安全的严重破坏。

在进行建筑抗震设计时，原则上应满足上述三水准的抗震设防要求。在具体做法上，《建筑抗震设计规范(2016 年版)》(GB 50011—2010)采用了简化的两阶段设计方法。

第一阶段设计：按多遇地震烈度对应的地震作用效应和其他荷载效应的组合验算结构构件的承载能力和结构的弹性变形。

第二阶段设计：按罕遇地震烈度对应的地震作用效应验算结构的弹塑性变形。

第一阶段的设计，保证了第一水准的强度要求和变形要求。第二阶段的设计，则旨在保证结构满足第三水准的抗震设防要求，如何保证第二水准的抗震设防要求，还在研究之中。目前一般认为，良好的抗震构造措施有助于第二水准要求的实现。

2. 建筑物重要性的分类与设防标准

对于不同使用性质的建筑物，地震破坏所造成后果的严重性是不一样的。因此，对于不同用途建筑物的抗震设防，不宜采用同一标准，而应根据其破坏后果加以区别对待。为此，《建筑抗震设计规范(2016 年版)》(GB 50011—2010)将建筑物按其用途的重要性分为以下四类：

(1)甲类建筑。甲类建筑是指重大建筑工程和地震时可能发生严重次生灾害的建筑。这类建筑的破坏会导致严重的后果，其确定须经国家规定的批准权限予以批准。

(2)乙类建筑。乙类建筑是指地震时使用功能不能中断或需尽快恢复的建筑。例如，抗震城市中生命线工程的核心建筑。城市生命线工程一般包括供水、供气、供电、交通、通信、消防、医疗救护等系统。

(3)丙类建筑。丙类建筑是指一般建筑，包括除甲、乙、丁类建筑以外的一般工业与民用建筑，如普通工业厂房、居民住宅、商业建筑等。

(4)丁类建筑。丁类建筑是指次要建筑，包括一般的仓库，人员较少的辅助建筑物等。

对各类建筑抗震设防标准的具体规定为：甲类建筑，地震作用应高于本地区抗震设防烈度的要求，其值应按批准的地震安全性评价结果确定；抗震措施，当抗震设防烈度为 6～8 度时，应符合本地区抗震设防烈度提高一度的要求，当为 9 度时，应符合比 9 度抗震设防更高的要求。乙类建筑，地震作用应符合本地区抗震设防烈度的要求；抗震措施，一般情况下，当抗震设防烈度为 6～8 度时，应符合本地区抗震设防烈度提高一度的要求，当为 9 度时，应符合比 9 度抗震设防更高的要求；地基基础的抗震措施，应符合有关规定。对较小的乙类建筑，当其结构改用抗震性能较好的结构类型时，应允许仍按本地区抗震设防烈度的要求采取抗震措施。丙类建筑，地震作用和抗震措施均应符合本地区抗震设防烈度的要求。丁类建筑，一般情况下，地震作用仍应符合本地区抗震设防烈度的要求；抗震措施应允许比本地区抗震设防烈度的要求适当降低，但抗震设防烈度为 6 度时不应降低。

能力导航

3.3.3 建筑抗震设防等级

抗震等级是结构构件抗震设防的标准。钢筋混凝土房屋应根据烈度、结构类型和房屋高度采用不同的抗震等级，并应符合相应的计算和构造措施要求。抗震等级体现了不同的抗震要求，共分为四级，其中一级抗震要求最高。丙类建筑的抗震等级应按表 3-8 确定。

表 3-8　现浇钢筋混凝土房屋的抗震等级表

<table>
<tr><td colspan="3" rowspan="2">结构类型</td><td colspan="12">烈度</td></tr>
<tr><td colspan="2">6</td><td colspan="4">7</td><td colspan="4">8</td><td colspan="2">9</td></tr>
<tr><td rowspan="3">框架结构</td><td colspan="2">高度/m</td><td>≤24</td><td>>24</td><td colspan="2">≤24</td><td colspan="2">>24</td><td colspan="2">≤24</td><td colspan="2">>24</td><td colspan="2">≤24</td></tr>
<tr><td colspan="2">框架</td><td>四</td><td>三</td><td colspan="2">三</td><td colspan="2">二</td><td colspan="2">二</td><td colspan="2">一</td><td colspan="2">一</td></tr>
<tr><td colspan="2">大跨度框架</td><td colspan="2">三</td><td colspan="4">二</td><td colspan="4">一</td><td colspan="2">一</td></tr>
<tr><td rowspan="3">框架-抗震墙结构</td><td colspan="2">高度/m</td><td>≤60</td><td>>60</td><td>≤24</td><td colspan="2">25～60</td><td>>60</td><td>≤24</td><td colspan="2">25～60</td><td>>60</td><td>≤24</td><td>25～50</td></tr>
<tr><td colspan="2">框架</td><td>四</td><td>三</td><td>四</td><td colspan="2">三</td><td>二</td><td>三</td><td colspan="2">二</td><td>一</td><td>二</td><td>一</td></tr>
<tr><td colspan="2">抗震墙</td><td colspan="2">三</td><td>三</td><td colspan="3">二</td><td>二</td><td colspan="3">一</td><td colspan="2">一</td></tr>
<tr><td rowspan="2">抗震墙结构</td><td colspan="2">高度/m</td><td>≤80</td><td>>80</td><td>≤24</td><td colspan="2">25～80</td><td>>80</td><td>≤24</td><td colspan="2">25～80</td><td>>80</td><td>≤24</td><td>25～60</td></tr>
<tr><td colspan="2">剪力墙</td><td>四</td><td>三</td><td>四</td><td colspan="2">三</td><td>二</td><td>三</td><td colspan="2">二</td><td>一</td><td>二</td><td>一</td></tr>
<tr><td rowspan="4">部分框支抗震墙结构</td><td colspan="2">高度/m</td><td>≤80</td><td>>80</td><td>≤24</td><td colspan="2">25～80</td><td>>80</td><td>≤24</td><td colspan="2">25～80</td><td rowspan="4"></td><td colspan="2" rowspan="4"></td></tr>
<tr><td rowspan="2">抗震墙</td><td>一般部位</td><td>四</td><td>三</td><td>四</td><td colspan="2">三</td><td>二</td><td>三</td><td colspan="2">二</td></tr>
<tr><td>加强部位</td><td>三</td><td>二</td><td>三</td><td colspan="2">二</td><td>一</td><td>二</td><td colspan="2">一</td></tr>
<tr><td colspan="2">框支层框架</td><td colspan="2">二</td><td colspan="3">二</td><td>一</td><td colspan="3">一</td></tr>
<tr><td rowspan="2">框架-核心筒结构</td><td colspan="2">框架</td><td colspan="2">三</td><td colspan="4">二</td><td colspan="4">一</td><td colspan="2">一</td></tr>
<tr><td colspan="2">核心筒</td><td colspan="2">二</td><td colspan="4">二</td><td colspan="4">一</td><td colspan="2">一</td></tr>
<tr><td rowspan="2">筒中筒结构</td><td colspan="2">外筒</td><td colspan="2">三</td><td colspan="4">二</td><td colspan="4">一</td><td colspan="2">一</td></tr>
<tr><td colspan="2">内筒</td><td colspan="2">三</td><td colspan="4">二</td><td colspan="4">一</td><td colspan="2">一</td></tr>
<tr><td rowspan="3">板柱-抗震墙结构</td><td colspan="2">高度/m</td><td>≤35</td><td>>35</td><td colspan="2">≤35</td><td colspan="2">>35</td><td colspan="2">≤35</td><td colspan="2">>35</td><td colspan="2" rowspan="3"></td></tr>
<tr><td colspan="2">板柱的柱</td><td>三</td><td>二</td><td colspan="2">二</td><td colspan="2">二</td><td colspan="4">一</td></tr>
<tr><td colspan="2">抗震墙</td><td>二</td><td>二</td><td colspan="2">二</td><td colspan="2">一</td><td colspan="2">二</td><td colspan="2">一</td></tr>
</table>

注：1. 接近或等于高度分界时，应允许结合房屋不规则程度及场地、地基条件确定抗震等级；
2. 建筑场地为Ⅰ类时，除 6 度外可按表内降低一度所对应的抗震等级采取抗震构造措施，但相应的计算要求不应降低；
3. 部分框支抗震墙结构中，抗震墙加强部位以上的一般部位，应允许按抗震墙结构确定其抗震等级。

项目小结

1. 建筑结构的功能要求、极限状态、荷载效应、结构抗力的概念。

2. 结构构件承载力极限状态和正常使用极限状态的实用设计表达式以及表达式中各符号所代表的含义。

3. 建筑抗震分类标准及抗震等级的确定。

习 题

一、填空题

1. 按出现的方式不同，可将结构上的作用分为__________作用和________作用。

项目 3 习题答案

2. 分布荷载包括________、________、________。

3. 建筑结构的功能要求包括________、________、________。

4. 建筑结构按设计使用年限分为四个类别，分别为__________、________、________、________年。

5. 结构的极限状态分为________、________两类。

二、判断题

1. 地基的不均匀沉降和温度变化是对结构的直接作用。 （ ）

2. 结构自重与土压力属于永久荷载。 （ ）

3. 荷载的标准值是荷载的基本代表值。 （ ）

4. 住宅餐厅的活荷载标准值为 2.0 kN/m^2。 （ ）

5. 普通房屋和构筑物的结构设计使用年限为 50 年。 （ ）

三、简答题

1. 什么是结构上的作用？什么是直接和间接作用？

2. 荷载是怎样进行分类的？

3. 什么是荷载的代表值？荷载的代表值有哪些？

4. 什么是荷载的组合值？常见的荷载组合值有哪些？

5. 建筑结构的三大功能要求是什么？

6. 什么是荷载分项系数？它的数值为多少？

7. 什么是地震震级、地震烈度和设防烈度？

8. 抗震设防的目标是什么？

四、计算题

1. 某教学楼楼面构造层分别为：20 mm 厚水泥砂浆抹面；50 mm 厚钢筋混凝土垫层；120 mm 厚现浇混凝土楼板；16 mm 厚底板抹灰。楼面均布活荷载为 2.5 kN/m^2，求该楼板的荷载设计值。

2. 某办公楼楼面采用预应力混凝土七孔板，安全等级为二级。板长 3.3 m，计算跨度为 3.18 m，板宽 0.9 m，板自重 2.04 kN/m^2，后浇混凝土保护层厚度为 40 mm，板底抹灰层厚 20 mm，可变荷载取 2.0 kN/m^2，准永久值系数为 0.4，试计算按承载能力极限状态和正常使用极限状态设计时的跨中截面弯矩设计值。

项目4

钢筋混凝土结构基本构件

教学目标

通过本项目的学习，掌握钢筋混凝土结构基本构件的构造要求与详图表达，理解钢筋混凝土结构基本构件的受力特点以及基本结构设计原理；了解预应力混凝土构件的基本概念与主要构造要求，培养学生务实笃行的态度，高度重视建筑产品的安全性和可靠性。

教学要求

学习目标	相关知识点	权重
对钢筋混凝土结构基本构件进行基本结构构造设计	钢筋混凝土结构基本构件的结构构造要求	20%
能够识读与绘制钢筋混凝土结构基本构件结构详图	钢筋混凝土结构基本构件结构详图的制图规则与表达方法	60%
能对单筋矩形截面梁进行截面设计和截面复核	受弯构件的正截面承载力计算	20%

学习重点

钢筋混凝土柱、梁、板的构造要求。

引　　例

钢筋混凝土的发明出现在近代，1868年一个法国园丁获得了钢筋混凝土花盆和用于公路护栏的钢筋混凝土梁、柱的发明专利；1872年世界第一座钢筋混凝土结构在美国纽约建成，代表了人类建筑历史上一个崭新的纪元从此开始；1900年以后钢筋混凝土结构在世界得到大规模的应用；1928年一种新型的混凝土结构形式，预应力混凝土问世，并在二次世界大战后广泛用于工程实践。我国钢筋混凝土的发展起源于20世纪60年代，随后制定了大量的钢筋混凝土设计规范，目前在我国钢筋混凝土是应用最多的一种结构形式，占总数的绝大多数。钢筋混凝土建筑主要由柱、梁、板等基本构件组成，用于承受各类荷载，它们的意义重大，这些基本构件的

设计对保证建筑的安全性和可靠性等方面具有举足轻重的作用。试问：

(1)这些混凝土结构基本构件是否产生变形，若产生变形以什么变形为主？

(2)在结构基本构造设计中如何进行混凝土结构基本构件常规取值？

(3)梁、板、柱中是否需要配置钢筋与混凝土共同抵抗变形？需要配置哪些钢筋？

(4)如何进行梁、板、柱等钢筋详图的表达？

任务 4.1　钢筋混凝土受弯构件

知识导航

4.1.1　受弯构件的受力特点

承受弯矩和剪力作用的构件称为受弯构件。钢筋混凝土梁和板是房屋建筑工程中典型的受弯构件。

受弯构件的破坏有两种可能(图 4-1)：一是正截面破坏，即由弯矩引起，破坏截面与构件的纵轴线垂直。它有延性破坏(适筋破坏)、受压脆性破坏(超筋破坏)和受拉脆性破坏(少筋破坏)三种形态。二是斜截面破坏，即由弯矩和剪力共同作用引起，破坏截面不与构件的纵轴线垂直，而是倾斜的，这种破坏有剪压破坏、斜压破坏和斜拉破坏三种形态。

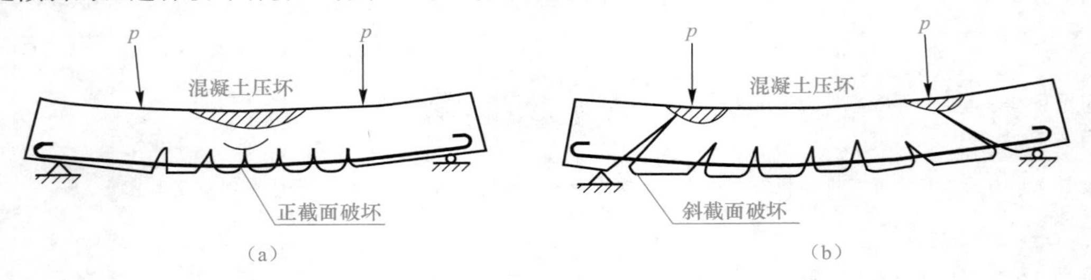

图 4-1　受弯构件破坏情况

受弯构件的设计一般包括正截面受弯承载力计算、斜截面受剪承载力计算、构件的变形和裂缝宽度验算，同时必须满足各种构造要求。

特别提示

《混凝土结构设计规范(2015 年版)》(GB 50010—2010)对钢筋混凝土结构基本构件作出了各种构造规定，其中便包含对受弯构件梁、板的各种构造要求。

能力导航

4.1.2　梁、板的一般构造要求

1. 梁的构造

(1)梁的截面形式及尺寸。梁最常用的截面形式有矩形和 T 形。另外，根据需要还可做成花

篮形、十字形、倒 T 形、倒 L 形、工字形等截面，如图 4-2 所示。从刚度条件看，可按表 4-1 初选梁的截面高度，再根据强度条件、裂缝要求及其他设计要求经过计算确定。

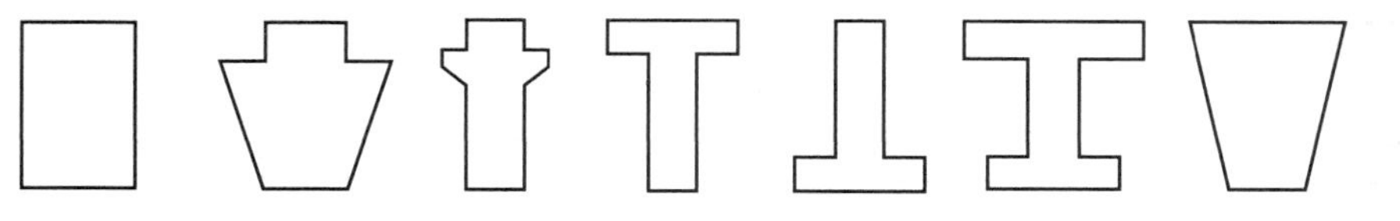

梁的形态认知

图 4-2　梁的截面形式

表 4-1　钢筋混凝土梁最小截面高度

项次	构件种类		简支梁	两端连续梁	悬臂梁
1	整体肋形梁	次梁	$l_0/15$	$l_0/20$	$l_0/8$
		主梁	$l_0/12$	$l_0/15$	$l_0/6$
2	独立梁		$l_0/12$	$l_0/15$	$l_0/6$
注：表格中 l_0 为梁的计算跨度。					

为了方便施工，利于模板的制作与重复利用，梁的高度一般满足模数要求，梁的高度可采用 h=250 mm、300 mm、…、750 mm、800 mm、900 mm、1 000 mm 等尺寸。梁高 800 mm 以下的级差为 50 mm；800 mm 以上的级差为 100 mm。

矩形截面梁的宽度常根据高宽比进行取值，高宽比 h/b 一般取 2.0～3.5；T 形截面梁的 h/b 一般取 2.5～4.0(此处 b 为梁肋宽)。矩形截面的宽度或 T 形截面的肋宽 b 一般取 100 mm、(120 mm)、150 mm、(180 mm)、200 mm、(220 mm)、250 mm 和 300 mm，250 mm 以上的级差为 50 mm；括号中的数值仅用于木模板。

(2)梁的配筋。普通简支梁中的钢筋通常有纵向受力钢筋、弯起钢筋、箍筋、架立钢筋和梁侧构造钢筋等，如图 4-3 所示。

普通框架梁中的钢筋通常有下部通长筋、上部通长筋、支座负筋、腰筋、箍筋和拉结筋等，如图 4-4 所示。

特别提示

在普通框架结构中，梁的高度包含楼板的厚度。

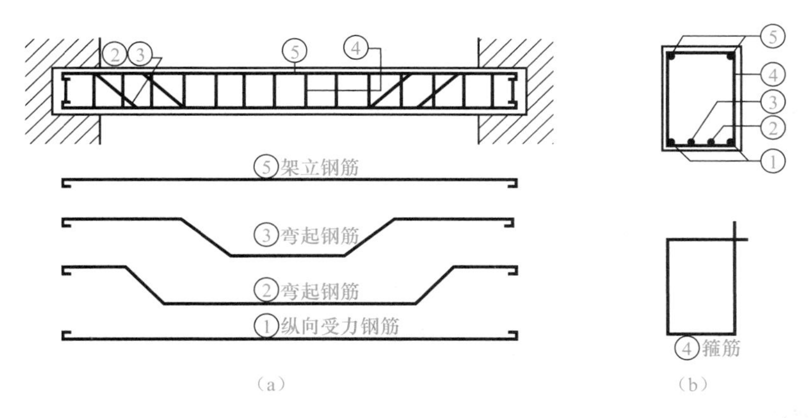

图 4-3　简支梁配筋详图

(a)立面图；(b)截面图

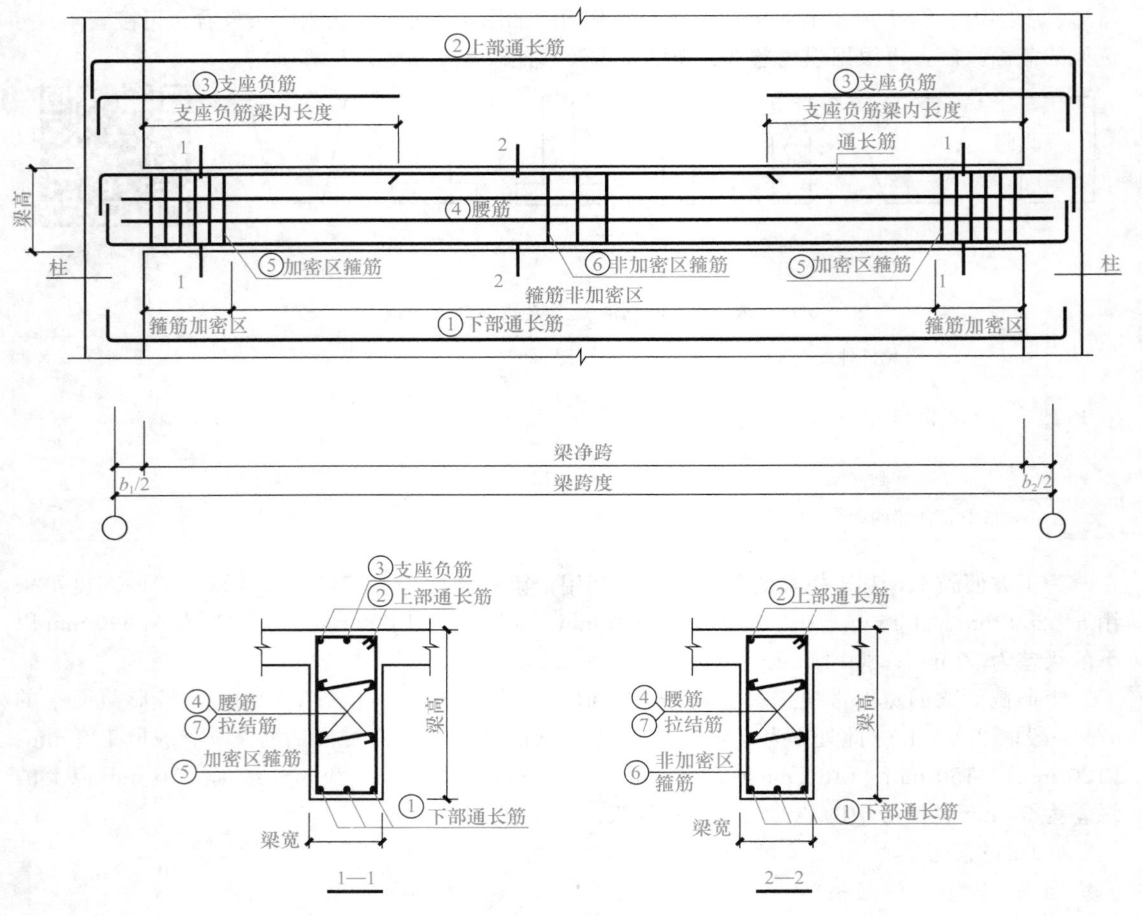

图 **4-4** 框架梁配筋详图

1)纵向受力钢筋。梁中纵向受力钢筋的作用主要是承受弯矩在梁内产生的拉力，应设置在梁截面内的受拉一侧，其数量通过计算确定，但不得少于 2 根。梁中纵向受力钢筋分为下部通长筋、上部通长筋和支座负筋，宜采用 HRB335 级和 HRB400 级或 RRB400 级。常用直径为 12 mm、14 mm、16 mm、18 mm、20 mm、22 mm 和 25 mm。直径的选择应适中，太粗不易加工且与混凝土的粘结力较差；太细则根数增加，在截面内不好布置，甚至降低受弯承载力。在同一构件中采用不同直径的钢筋时，其种类一般不宜过多，钢筋直径差应不小于 2 mm，以方便施工。

特别提示

简支梁常应用于砖混结构直接搁置在砖墙之上，在力学中，常将简支梁的梁端当作固定铰支座考虑，故只在梁下部存在正弯矩而上部无负弯矩，所以，简支梁上部通常只配置架立筋；框架梁两端与柱浇筑在一起，在计算中不能当成固定铰支座，框架梁上部有负弯矩的存在，所以，框架梁的上部需要配置支座负筋。

为便于混凝土的浇捣，梁纵向受力钢筋净间距(钢筋外边缘之间的最小距离)应满足图 4-5 所示的要求：上部钢筋不应小于 30 mm 和 1.5d(d 为纵向受力钢筋的最大直径)；下部钢筋不应小于 25 mm 和 d，下部钢筋配置若多于 2 层，从第 3 层起钢筋水平中距应比下面两层增大 1 倍。各层钢筋之间的净间距不应小于 25 mm和 d。

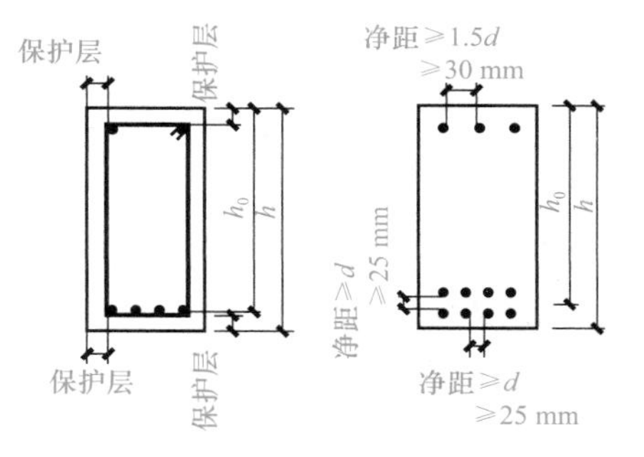

图 4-5　钢筋的净距和混凝土的保护层

梁内纵向受力筋除需要满足根数、间距等要求外，还需要锚固于支座内，当计算中充分利用钢筋的抗拉强度时，受拉钢筋的锚固长度应按下列公式计算：

$$l_{ab}=\alpha\frac{f_y}{f_t}d \tag{4-1}$$

式中　l_{ab}——受拉钢筋的基本锚固长度，按表 4-2 取用；

f_y——钢筋的抗拉强度设计值；

f_t——混凝土轴心抗拉强度设计值，当混凝土强度等级高于 C60 时，按 C60 取值；

d——锚固钢筋的直径；

α——锚固钢筋的外形系数，按表 4-3 取用。

表 4-2　受拉钢筋基本锚固长度 l_{ab}、l_{abE}

钢筋种类	抗震等级	混凝土强度等级								
		C20	C25	C30	C35	C40	C45	C50	C55	≥C60
HPB300	一、二级(l_{abE})	45d	39d	35d	32d	29d	28d	26d	25d	24d
	三级(l_{abE})	41d	36d	32d	29d	26d	25d	24d	23d	22d
	四级(l_{abE}) 非抗震(l_{ab})	39d	34d	30d	28d	25d	24d	23d	22d	21d
HRB335 HRBF335	一、二级(l_{abE})	44d	38d	33d	31d	29d	26d	25d	24d	24d
	三级(l_{abE})	40d	35d	31d	28d	26d	24d	23d	22d	22d
	四级(l_{abE}) 非抗震(l_{ab})	38d	33d	29d	27d	25d	23d	22d	21d	21d
HRB400 HRBF400 RRB400	一、二级(l_{abE})	—	46d	40d	37d	33d	32d	31d	30d	29d
	三级(l_{abE})	—	42d	37d	34d	30d	29d	28d	27d	26d
	四级(l_{abE}) 非抗震(l_{ab})	—	40d	35d	32d	29d	28d	27d	26d	25d
HRB500 HRBF500	一、二级(l_{abE})	—	55d	49d	45d	41d	39d	37d	36d	35d
	三级(l_{abE})	—	50d	45d	41d	38d	36d	34d	33d	32d
	四级(l_{abE}) 非抗震(l_{ab})	—	48d	43d	39d	36d	34d	32d	31d	30d

表 4-3　锚固钢筋的外形系数

钢筋类型	光圆钢筋	带肋钢筋	螺纹肋钢丝	三股钢绞线	七股钢绞线
α	0.16	0.14	0.13	0.16	0.17

2)弯起钢筋。在跨中下侧承受正弯矩产生的拉力，在靠近支座的位置利用弯起段承受弯矩和剪力共同产生的主拉应力的钢筋称作弯起钢筋，由于施工困难，现在较少采用。当梁高$h \leqslant$ 800 mm时，弯起角度采用45°；当梁高$h>$800 mm时，弯起角度采用60°。

3)箍筋。箍筋的作用是承受剪力，固定纵筋，并且与其他钢筋一起形成钢筋骨架。梁的箍筋宜采用HPB300级、HRB335级和HRB400级钢筋，常用直径是8 mm和10 mm。

箍筋通常沿着梁跨全长布置，箍筋的间距常取100～200 mm。框架梁在两边支座处离开柱边50 mm处开始设置加密区，中间部分为非加密区。对框架梁，箍筋的最大间距、最小直径和加密区长度见表4-4。

表4-4　梁端箍筋最大间距、最小直径和加密区长度

抗震等级	箍筋最大间距/mm (取三者中最小值)	箍筋最小直径/mm	箍筋加密区长度/mm (取两者中最大值)
一	$h_b/4$，$6d$，100	10	$2h_b$，500
二	$h_b/4$，$8d$，100	8	$1.5h_b$，500
三	$h_b/4$，$8d$，150	8	$1.5h_b$，500
四	$h_b/4$，$8d$，150	8	$1.5h_b$，500

4)架立钢筋。架立钢筋的作用是固定箍筋的位置，与纵向受力钢筋形成骨架，并承受温度变化及混凝土收缩而产生的拉应力，以防止裂缝的发生。当梁跨$l_0<4$ m时，直径不宜小于8 mm；当梁跨$l_0=4 \sim 6$ m时，直径不宜小于10 mm；当梁跨$l_0>6$ m时，直径不宜小于12 mm。架立钢筋一般需配置两根，设置在梁的受压区外缘的两侧，如在受压区已配置受压钢筋时，受压纵筋可兼作架立钢筋。架立钢筋的最小直径可参考表4-5选用。

表4-5　架立钢筋的最小直径

梁的跨度l_0/m	最小直径/mm
$l_0<4$	≥8
$4 \leqslant l_0 \leqslant 6$	≥10
$l_0>6$	≥12

5)腰筋和拉结筋。梁内腰筋可分为梁侧构造腰筋和抗扭腰筋。当截面腹板高度$h_w \geqslant 450$ mm时，需在梁侧面对称设置纵向构造钢筋，以抵抗温度应力及混凝土收缩产生的裂缝。同时，与箍筋构成钢筋骨架。每侧纵向钢筋的截面面积不应小于腹板截面面积(bh_w)的1‰，其间距不宜大于200 mm，如图4-6所示。梁两侧的纵向构造钢筋宜用拉结筋连系，拉结筋的间距一般为箍筋间距的两倍。当梁需要抵抗扭转变形时，常在梁两侧对称配置抗扭腰筋。

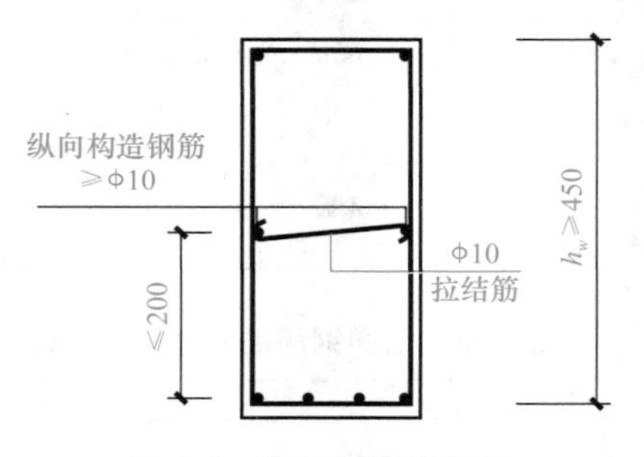

图4-6　梁侧构造筋布置

梁侧构造纵筋和拉筋

(3)梁的配筋详图表达。梁的配筋详图主要包括梁的立面图和截面图，如图 4-4 框架梁配筋详图所示，立面图与截面图中将混凝土当成透明，主要表达清楚梁的截面尺寸与配筋，配筋详图根据工程制图规则主要注明梁的跨度、净跨、梁高以及各类钢筋的位置、根数、直径、级别等内容。

【例 4-1】 若某单跨次梁的跨度为 6.4 m，净跨 6 m，楼板的厚度为 120 mm，该梁上的荷载、设计年限、环境类别均按一般条件考虑，假设该梁内下部通长筋为 3⌀22，架立筋为 2⌀14，箍筋为 Φ8@150，试根据已知条件选定该次梁的截面尺寸，再根据已知的钢筋数量、级别和直径作出该次梁的配筋详图。

【解】

(1)定梁高，在力学计算中，常将结构中的单跨次梁简化为独立简支梁，根据表 4-1 钢筋混凝土梁最小截面高度选定该梁的截面高度为 6 400/12＝533.33(mm)，为满足梁高度模数要求，梁高 h 可取为 550 mm。

(2)定梁宽，矩形截面梁的宽度常根据高宽比进行取值，高宽比 h/b 一般为 2.0～3.5，b 可以取 250 mm。

(3)作详图，根据题目已知条件作该次梁的配筋详图，如图 4-7 所示。

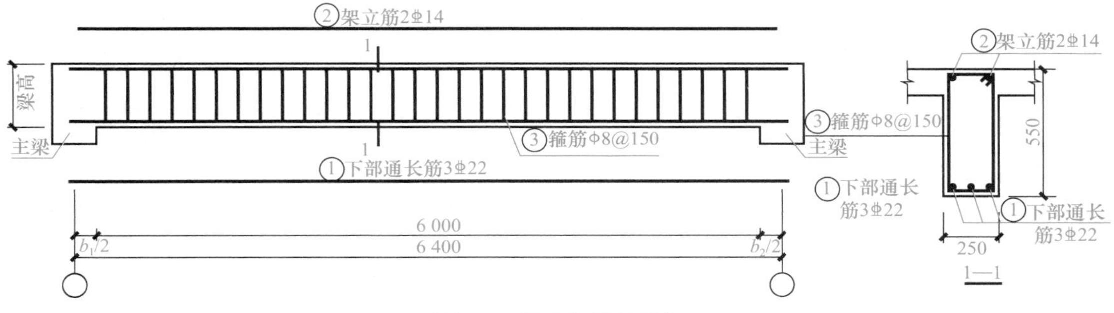

图 4-7 某次梁配筋详图

2. 板的构造

(1)板的截面形式及厚度。板的常见截面形式有实心板、槽形板、空心板等。板的截面厚度除应满足承载力、刚度和抗裂的要求外，还要考虑使用、施工等因素。工程中，现浇板的常用厚度为 60～120 mm，板厚以 10 mm 为模数。表 4-6 为按刚度要求规定的最小板的厚度。

表 4-6 现浇钢筋混凝土板的最小厚度

板的类型		厚度/mm
单向板	屋面板	60
	民用建筑楼板	60
	工业建筑楼板	70
	行车道下的楼板	80
双向板		80
密肋楼盖	面板	50
	肋高	250
悬臂板(根部)	悬臂长度不大于 500 mm	60
	悬臂长度 1 200 mm	100
无梁楼板		150
现浇空心楼盖		200

现浇板的宽度一般较大，设计时可取单位宽度(b=1 000 mm)进行计算。

楼板厚度除需要满足最小厚度要求与模数要求外，板截面厚度可根据楼板的高跨比 h/l_0 确定，现浇钢筋混凝土板截面高跨比见表 4-7。

表 4-7　现浇钢筋混凝土板截面高跨比参考值

板类型		高跨比 h/l_0
单向板		1/35～1/40
双向板		1/40～1/50
悬臂板		1/10～1/12
无梁楼板	有柱帽	1/32～1/40
	无柱帽	1/30～1/35

(2)板的配筋。

1)板的受力钢筋。板中受力钢筋的作用主要是承受弯矩在板内产生的拉力，应设置在板的受拉的一侧，其数量通过计算确定。常用直径为 8～12 mm 的 HPB300 级钢筋，大跨度板常采用 HRB335 级和 HRB400 级钢筋。为防止施工时钢筋被踩下，现浇板的板面钢筋直径不宜小于 8 mm。为保证钢筋周围混凝土的密实性，板中钢筋间距不宜太密；为了正常地分担内力，也不宜过稀，一般板中受力钢筋的间距为 70～200 mm，为使板内钢筋受力均匀，配置时应尽量采用直径小的钢筋。在同一板块中采用不同直径的钢筋时，其种类一般不宜多于两种，且钢筋直径差应不小于 2 mm，以方便施工。

2)板的分布钢筋。当按单向板(只在一个方向受弯的板)设计时，除沿受力方向布置受力钢筋外，还应在受力钢筋的内侧布置与其垂直的分布钢筋，如图 4-8 所示。分布钢筋宜采用 HPB300 级和 HRB335 级钢筋，常用直径为 8 mm 和 10 mm。板中分布钢筋的作用是将板承受的荷载均匀地传递给受力钢筋；承受温度变化及混凝土收缩在垂直板跨方向所产生的拉应力；在施工中固定受力钢筋的位置。

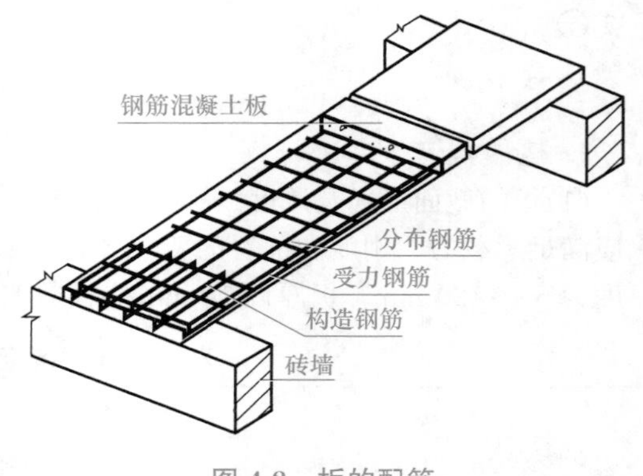

图 4-8　板的配筋

《混凝土结构设计规范(2015 年版)》(GB 50010—2010)规定，单位长度上分布钢筋的截面面积不宜小于单位宽度上受力钢筋截面面积的 15%，且配筋率不宜小于该方向板截面面积的 0.15%，分布钢筋的间距不宜大于 250 mm，直径不宜小于 6 mm。对于集中荷载较大的情况，分布钢筋的截面面积应适当加大，其间距不宜大于 200 mm。

(3)板的配筋详图表达。板的配筋详图主要包括板的平面图和截面图，平面图为俯视图，在平面图中表达清楚板的长度与宽度尺寸以及各个方向钢筋的配置情况，在平面图中底筋的弯钩朝上或朝左，上部钢筋的弯钩朝下或朝右，每个部位仅画出一个代表。截面图中将混凝土当成透明的，截面图根据工程制图规则主要注明板的长度或宽度、厚度以及各类钢筋的位置、根数、直径、级别等内容。如图 4-9 所示为单向板的配筋详图。

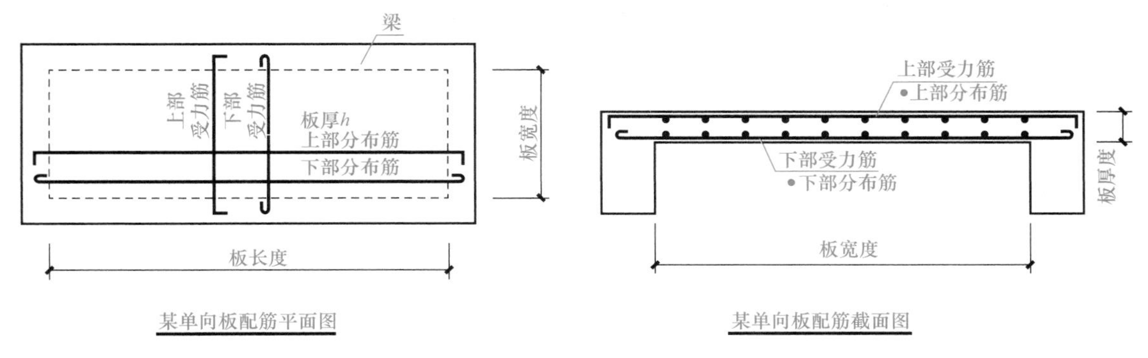

图 4-9　单向板配筋详图

【例 4-2】 若某楼板的长边尺寸为 6.3 m，短边尺寸为 2 m，该楼板上的荷载、设计年限、环境类别均按一般条件考虑，假设该梁内下部受力筋为 Φ10@150，下部分布筋为 Φ8@200，该楼板的上表面不需配筋，试根据已知条件选定该楼板的厚度，再根据已知的钢筋数量、级别和直径作出该楼板的配筋详图。

【解】

(1)定板厚，根据该板的长短边之比该板为单向板，由表 4-7 楼板的高跨比 h/l_0 经验值可知，选定该楼板的截面厚度为 2 000/35＝57.14(mm)，为满足楼板厚度模数要求与刚度最小值要求，板厚 h 可取为 100 mm。

(2)作详图，根据题目已知条件作该单向板的配筋详图，如图 4-10 某楼板配筋详图所示。

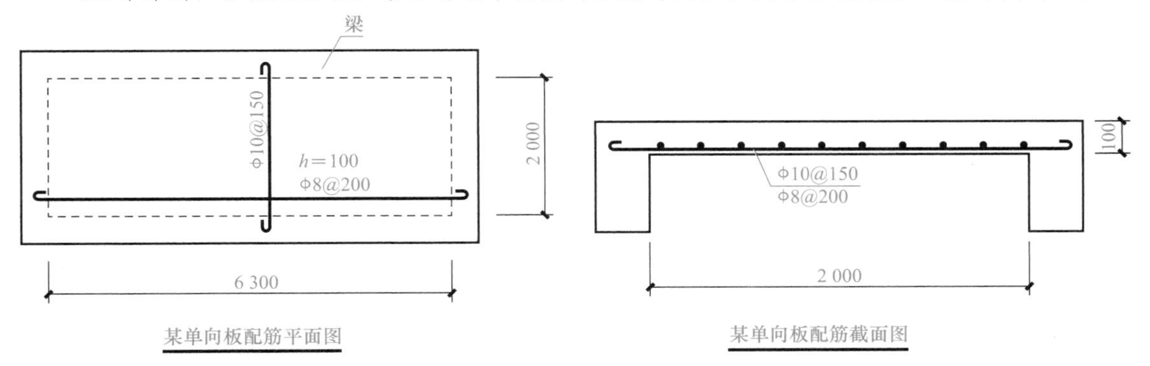

图 4-10　某楼板配筋详图

特别提示

悬臂板由于上部受拉下部受压，受力筋应放置在受拉一侧即板的上部，在施工现场注意钢筋放置位置以免引起事故。

3. 混凝土的保护层厚度和截面的有效高度

为防止钢筋锈蚀，保证混凝土与钢筋之间的足够粘结，梁、板的钢筋表面必须有足够的混凝土保护层厚度 c。其是指最外层钢筋的外边缘至混凝土的外边缘的距离，纵向受力钢筋的混凝土保护层最小厚度应符合表 4-8 的规定，且不小于受力钢筋的直径。

表 4-8　混凝土最小保护层厚度

环境类别	板、墙、壳	梁、柱、杆
一	15	20
二 a	20	25
二 b	25	35
三 a	30	40
三 b	40	50

注：1. 混凝土强度等级不大于 C25 时，表中保护层厚度数值应增加 5 mm。
2. 钢筋混凝土基础宜设置混凝土垫层，基础中钢筋的混凝土保护层厚度应从垫层顶面算起，且不应小于 40 mm。

在进行受弯构件配筋计算时，要确定梁、板的有效高度 h_0，所谓有效高度是指受拉钢筋的截面重心至截面受压边缘的垂直距离，它与受拉钢筋的直径和排数有关，截面的有效高度可表示为

$$h_0=h-a_s \tag{4-2}$$

式中　h_0——截面有效高度；

h——截面高度；

a_s——受拉钢筋的截面重心至截面受拉边缘的距离。对于室内正常环境下的梁，当混凝土的强度等级≥C25 时，a_s 取 35 mm(单层钢筋)或 a_s 取 60 mm(双层钢筋)；板的 a_s 取 20 mm。

纵向受拉钢筋的配筋百分率是指纵向受拉钢筋总截面面积 $\mathbf{A_s}$ 与正截面的有效面积 $\mathbf{bh_0}$ 的比值，用 ρ 表示，或简称配筋率，用百分数来计量，即

$$\rho=\frac{A_s}{bh_0} \tag{4-3}$$

纵向受拉钢筋的配筋百分率 ρ 在一定程度上标志了正截面上纵向受拉钢筋与混凝土之间的面积比率，它是对梁的受力性能有很大影响的一个重要指标。根据我国的经验，板的经济配筋率为 0.3%～0.8%；单筋矩形梁的经济配筋率为 0.6%～1.5%。

4.1.3　受弯构件的正截面承载力

1. 正截面的破坏形态

(1)延性破坏(适筋破坏)。配筋合适的构件，具有一定的承载力，同时破坏时具有一定的延性，如适筋梁 $\rho_{min}\leqslant\rho\leqslant\rho_b$($\rho_{min}$，$\rho_b$ 分别为纵向受拉钢筋的最小配筋率和界限配筋率)，破坏形态如图 4-11(a)所示。其特点是首先纵向受拉钢筋屈服，最终受压区混凝土达到极限压应变，构件被压坏。破坏时，钢筋的抗拉强度和混凝土的抗压强度都得到了充分发挥。

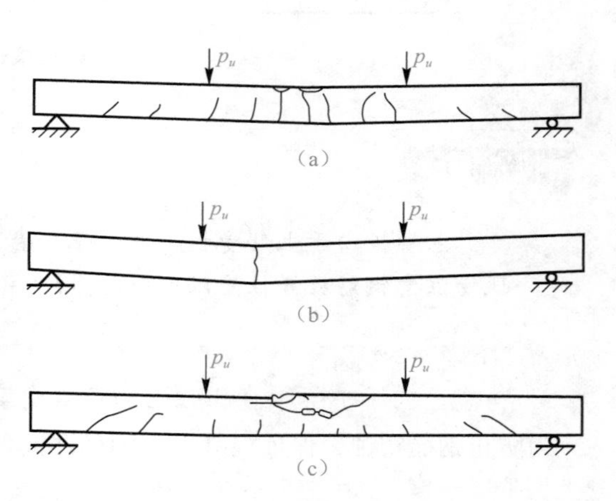

图 4-11　梁的三种破坏形态

(a)适筋梁；(b)少筋梁；(c)超筋梁

(2)受拉脆性破坏(少筋破坏)。配筋过少的构件，承载力很小且取决于混凝土的抗拉强度，

破坏特征与素混凝土构件类似。这种破坏在混凝土一开裂时就产生了，没有预兆，受拉混凝土一旦开裂，钢筋应力急剧增大并迅速屈服进入强化至构件被拉断，如少筋梁 $\rho<\rho_{min}$，破坏形态如图 4-11(b)所示。发生此种破坏时，混凝土的抗压强度未得到发挥。

(3)受压脆性破坏(超筋破坏)。配筋过多的构件具有较大的承载力，取决于混凝土的抗压强度，延性能力较差，如超筋梁 $\rho>\rho_b$，破坏形态如图 4-11(c)所示。由于钢筋过多，使得钢筋应力还小于屈服强度时，受压边缘混凝土已达到极限压应变而被压碎，发生此种破坏时，钢筋的抗拉强度没有发挥。

上面三种不同类型的破坏形态中，受拉脆性破坏和受压脆性破坏的变形性能都很差且破坏没有明显征兆，在实际工程中应避免此现象产生。

现就发生延性破坏的适筋梁展开讨论。

2. 基本公式及适用条件

单筋矩形截面适筋梁的正截面承载力计算时，应采用以下简化：

(1)截面应变保持平面。

(2)不考虑混凝土的抗拉强度。

(3)受压区混凝土用等效矩形应力图形代替曲线应力图形[图 4-12(a)]，等效代换的原则是与压应力的合力 C 大小相等，合力 C 的作用点位置不变，如图 4-12(b)所示。

(4)钢筋的应力-应变关系满足：$\sigma_s=E\cdot\varepsilon_s\leqslant f_y$，受拉钢筋的极限拉应变取 0.01。

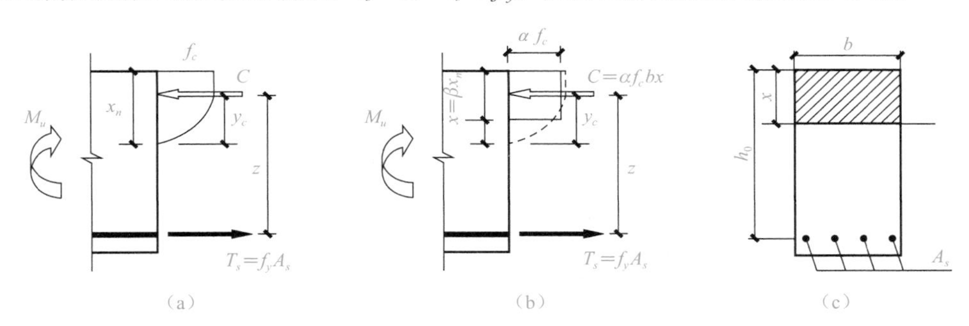

图 4-12 受弯构件正截面计算应力图

(a)实际应力图形；(b)等效应力图形；(c)计算横截面

图中 α——矩形应力图与轴心抗压强度设计值的比值，按表 4-9 取用；

β——计算高度与实际受压高度比值，按表 4-9 取用。

表 4-9 混凝土受压区等效矩形应力图系数

强度等级	≤C50	C55	C60	C65	C70	C75	C80
α	1.0	0.99	0.98	0.97	0.96	0.95	0.94
β	0.8	0.79	0.78	0.77	0.76	0.75	0.74

根据静力平衡条件(力和力矩的平衡条件)并满足极限状态的要求，单筋矩形截面梁正截面承载力计算的基本公式为

$$\alpha f_c bx=f_y A_s \tag{4-4}$$

$$M\leqslant M_u=\alpha f_c bx\left(h_0-\frac{x}{2}\right)=f_y A_s\left(h_0-\frac{x}{2}\right) \tag{4-5}$$

式中　f_c——混凝土轴心抗压强度设计值；

b——截面宽度；

x——混凝土的计算受压区高度；

f_y——钢筋抗拉强度设计值；

A_s——纵向受拉钢筋截面面积；

h_0——截面的有效高度，$h_0=h-a_s$；

M——作用在截面上的弯矩设计值；

M_u——截面破坏时的极限弯矩。

为保证不发生超筋和少筋破坏，上述公式的适用条件如下：

1)防止超筋脆性破坏

$$x\leqslant\xi_b h_0 \tag{4-6a}$$

或

$$\xi\leqslant\xi_b \tag{4-6b}$$

或

$$\rho=\frac{A_s}{bh_0}\leqslant\rho_b \tag{4-6c}$$

2)防止少筋脆性破坏

$$A_s\geqslant\rho_{min}bh \tag{4-7}$$

式中　ξ——相对受压区高度，$\xi=\frac{x}{h_0}$；

ξ_b——界限相对受压区高度，对于混凝土等级≤C50时HPB300级钢筋ξ_b取0.614，HRB335级钢筋ξ_b取0.550，HRB400及RRB400级钢筋ξ_b取0.518；

ρ——配筋率；

ρ_b，ρ_{min}——界限，最小配筋率，$\rho_b=\xi_b\frac{\alpha f_c}{f_y}$，$\rho_{min}=0.45\frac{f_t}{f_y}$且$\geqslant0.20\%$；

f_t——混凝土抗拉强度设计值。

3. 截面设计与承载力计算

单筋矩形截面设计与承载力计算包括截面设计、截面复核两类问题。

(1)截面设计。已知：弯矩设计值M、截面尺寸(b，h)、材料强度设计值(α，f_c，f_y)，求纵向钢筋的截面面积A_s。其计算步骤如下：

1)确定截面的有效高度h_0。

2)计算混凝土受压区高度，并判断是否超筋破坏。

由式(4-5)得

$$x=h_0-\sqrt{h_0^2-\frac{2M}{\alpha f_c b}} \tag{4-8}$$

如$x\leqslant\xi_b h_0$，则不属超筋梁；反之，加大截面尺寸或提高混凝土强度等级或改用双筋截面。

3)计算选筋。根据式(4-4)计算得A_s，即

$$A_s=\frac{\alpha f_c bx}{f_y} \tag{4-9}$$

查表4-10选择钢筋的根数和直径，并复核一排是否能放下。如纵筋需两排放置，应改变截面的有效高度h_0，重新计算并再次选筋。

4)验算最小配筋率ρ_{min}。用实际的钢筋面积验算最小配筋率ρ_{min}。如$A_s\geqslant\rho_{min}bh$，则不属于少筋梁，满足要求；如$A_s<\rho_{min}bh$，应适当减小截面尺寸，或按最小配筋率$A_s=\rho_{min}bh$配筋。

(2)截面复核。已知：梁的截面尺寸(b，h)、材料强度设计值(α，f_c，f_y)、钢筋的截面面积

A_s，验算在给定的弯矩设计值 M 的情况下截面是否安全，或计算梁所能承担的弯矩设计值 M_u。

其计算步骤如下：

1)根据实际配筋情况，确定截面的有效高度 h_0。

2)计算截面受压区高度 x。由式(4-4)得

$$x=\frac{f_y A_s}{\alpha f_c b} \tag{4-10}$$

3)验算适用条件：$A_s \geqslant \rho_{\min} bh$。

4)判断截面承载力安全与否。如 $x \leqslant \xi_b h_0$，则为适筋梁，将 x 代入式(4-5)中得 $M_u=\alpha f_c bx \cdot \left(h_0-\frac{x}{2}\right)$；如 $x>\xi_b h_0$，则为超筋梁，取 $M_u=\alpha f_c bx_b\left(h_0-\frac{x_b}{2}\right)$，将求出的 M_u 与弯矩设计值 M 比较，确定正截面承载力是否安全。如 $M_u \geqslant M$ 表示截面承载力安全；反之，表示截面承载力不安全。

表 4-10　钢筋的公称直径、公称截面面积及理论质量表

公称直径/mm	不同根数钢筋的公称截面面积/mm^2									单根钢筋理论质量/$(kg \cdot m^{-1})$
	1	2	3	4	5	6	7	8	9	
6	28.3	57	85	113	142	170	198	226	255	0.222
8	50.3	101	151	201	252	302	352	402	453	0.395
10	78.5	157	236	314	393	471	550	628	707	0.617
12	113.1	226	339	452	565	678	791	904	1 017	0.888
14	153.9	308	461	615	769	923	1 077	1 231	1 385	1.21
16	201.1	402	603	804	1 005	1 206	1 407	1 608	1 809	1.58
18	254.5	509	763	1 017	1 272	1 527	1 781	2 036	2 290	2.00(2.11)
20	314.2	628	942	1 256	1 570	1 884	2 199	2 513	2 827	2.47
22	380.1	760	1 140	1 520	1 900	2 281	2 661	3 041	3 421	2.98
25	490.9	982	1 473	1 964	2 454	2 945	3 436	3 927	4 418	3.85(4.10)
28	615.8	1 232	1 847	2 463	3 079	3 695	4 310	4 926	5 542	4.83
32	804.2	1 609	2 413	3 217	4 021	4 826	5 630	6 434	7 238	6.31(6.65)
36	1 017.9	2 036	3 054	4 072	5 089	6 107	7 125	8 143	9 161	7.99
40	1 256.6	2 513	3 770	5 027	6 283	7 540	8 796	10 053	11 310	9.87(10.34)
50	1 963.5	3 928	5 892	7 856	9 820	11 784	13 748	15 712	17 676	15.42(16.28)
注：括号内为预应力螺纹钢筋的数值。										

【例 4-3】 某钢筋混凝土简支梁截面尺寸 $b \times h=250\ mm \times 550\ mm$，采用强度等级为 C30 混凝土及 HRB335 级钢筋，由荷载设计值产生的弯矩 $M=200\ kN \cdot m$，试进行截面配筋。

【解】

(1)查表得出有关设计计算数据。

$f_c=14.3\ N/mm^2$，$f_t=1.43\ N/mm^2$，$f_y=300\ N/mm^2$，$\xi_b=0.550$，$\alpha=1.0$

(2)确定截面的有效高度 h_0。

先按一排钢筋考虑，则 $h_0=h-a_s=550-35=515(mm)$

(3)计算受压区高度，并判断是否超筋破坏。

$$x=h_0-\sqrt{h_0^2-\frac{2M}{\alpha f_c b}}=515-\sqrt{515^2-\frac{2\times 200\times 10^6}{1.0\times 14.3\times 250}}=123.42(mm)$$

$$<\xi_b h_0=0.550\times 515=283.25(\text{mm})$$

不属于超筋梁。

(4)计算钢筋的面积A_s。

$$A_s=\frac{\alpha f_c bx}{f_y}=\frac{1.0\times 14.3\times 250\times 123.42}{300}=1\ 470.76(\text{mm}^2)$$

(5)选筋：选用4Φ22($A_s=1\ 520\ \text{mm}^2$)

(6)判断是否属于少筋梁

$$0.45\frac{f_t}{f_y}=0.45\times\frac{1.43}{300}=0.21\%>0.20\%，取\ \rho_{\min}=0.21\%$$

$$A_{s,\min}=\rho_{\min}bh=0.21\%\times 250\times 550=288.75(\text{mm}^2)<A_s=1\ 520\ \text{mm}^2$$

不属于少筋梁，符合要求。

【例4-4】 如图4-13所示，某钢筋混凝土梁截面尺寸$b\times h=$250 mm×500 mm，采用强度等级为C30混凝土及HRB335级钢筋，受拉钢筋为4Φ20($A_s=1\ 256\ \text{mm}^2$)，弯矩设计值$M=120$ kN·m，验算该梁是否安全。

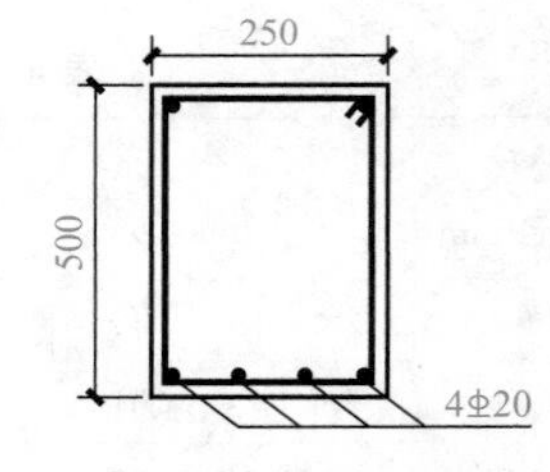

图4-13 例4-4图

【解】

(1)查表得出有关设计计算数据：

$f_c=14.3\ \text{N/mm}^2$，$f_t=1.43\ \text{N/mm}^2$，$f_y=300\ \text{N/mm}^2$，$\xi_b=0.550$，$\alpha=1.0$

梁的有效高度$h_0=h-35=500-35=465(\text{mm})$

(2)计算截面受压区高度x。

$$x=\frac{f_y A_s}{\alpha f_c b}=\frac{300\times 1\ 256}{1.0\times 14.3\times 250}=105.40(\text{mm})$$

(3)验算适用条件。

$$0.45\frac{f_t}{f_y}=0.45\times\frac{1.43}{300}=0.21\%>0.20\%，取\ \rho_{\min}=0.21\%$$

$$A_s=1\ 256\ \text{mm}^2\geqslant\rho_{\min}bh=0.21\%\times 250\times 500=262.5(\text{mm}^2)$$

(4)求M_u并判断安全与否。

$$M_u=\alpha f_c bx\left(h_0-\frac{x}{2}\right)=1.0\times 14.3\times 250\times 105.40\times\left(465-\frac{105.40}{2}\right)/10^6$$
$$=155.36(\text{kN}\cdot\text{m})>M=120\ \text{kN}\cdot\text{m}$$

故正截面承载力满足要求。

4. 双筋矩形截面和矩形截面特点

(1)双筋矩形截面梁。双筋截面是指同时配置受拉和受压钢筋的情况，如图4-14所示。其中受拉筋面积用A_s表示，受压筋面积用A_s'表示。一般来说，在正截面受弯构件中，采用纵向受压钢筋协助混凝土承受压力是不经济的，工程中从承载力计算角度出发通常仅在以下情况下采用：

> **特别提示**
>
> 在配筋计算中，理论上实际配筋与计算钢筋面积的误差在±5%范围内。

1)弯矩很大，按单筋矩形截面计算所得的ξ大于ξ_b，而梁截面尺寸受到限制，混凝土强度等级又不能提高时，即在受压区配置钢筋以补充混凝土受压能力的不足。

2)在不同荷载组合情况下，其中一种组合情况下截面承受正弯矩，另一种组合情况下承受负弯矩，即梁截面承受异号弯矩，这时也应设双筋截面。

另外，由于受压钢筋可以提高截面的延性，因此，在抗震结构中要求框架梁必须配置一定比例的受压钢筋。

(2)T 形截面。**T 形截面由翼缘和腹板组成**，如图 4-15 所示。由于翼缘宽度较大，使得混凝土有足够的受压区，因此很少设置受压钢筋，一般按单筋截面考虑。T 形截面在工程中应用十分广泛，如屋面梁、吊车梁，整体现浇肋形楼盖中的主、次梁等常采用 T 形截面布置。

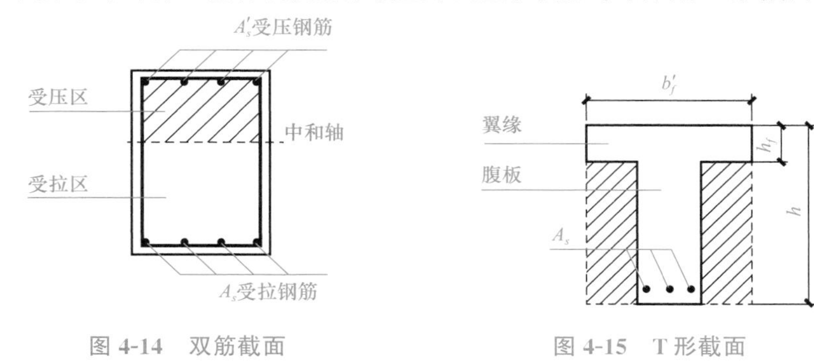

图 4-14　双筋截面　　图 4-15　T 形截面

T 形截面梁根据受压区高度的大小，可分为两类 T 形截面：

1)第一类 T 形截面：中和轴在翼缘内，即 $x \leqslant h_f'$，受压区的面积为矩形，如图 4-16(a)所示。

2)第二类 T 形截面：中和轴在梁肋内，即 $x > h_f'$，受压区的面积为 T 形，如图 4-16(b)所示。

T 形截面的设计计算原理基本与单筋矩形截面相同。

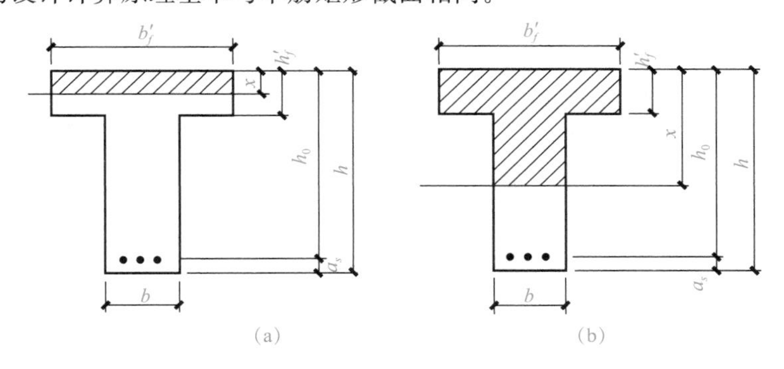

图 4-16　T 形截面

(a)第一类 T 形截面；(b)第二类 T 形截面

4.1.4　受弯构件的斜截面承载力

受弯构件在弯矩和剪力的共同作用下，截面上既有正应力又有剪应力，梁内中和轴附近的主拉应力方向大致和梁轴成 45°。当主拉应力超过混凝土的抗拉极限时，会出现垂直于主应力方向的斜裂缝，进而发生斜截面破坏。为了防止这种破坏发生，应保证构件具有足够的截面尺寸，并配置足够的箍筋及弯起钢筋。其中，**箍筋和弯起钢筋统称为腹筋**。

1. 斜截面的破坏形态

(1)剪跨比。剪跨比 λ 为集中荷载到临近支座的距离 a 与梁截面有效高度 h_0 的比值，即 $\lambda = a/h_0$；某截面的广义剪跨比为该截面上弯矩 M 与剪力 V 和截面有效高度 h_0 乘积的比值，即 $\lambda = M/(Vh_0)$。剪跨比反映了梁中正应力与剪应力的比值。

1)承受集中荷载时，

$$\lambda=\frac{M}{Vh_0}=\frac{a}{h_0} \tag{4-11}$$

2）承受均布荷载时，设 βl 为计算截面离支座的距离，则

$$\lambda=\frac{M}{Vh_0}=\frac{\beta-\beta^2}{1-2\beta}\cdot\frac{l}{h_0} \tag{4-12}$$

（2）斜截面受剪破坏形态。无腹筋梁的斜截面受剪承载力很低，且破坏时呈现脆性。故《混凝土结构设计规范（2015 年版）》（GB 50010—2010）规定，除截面高度小于 150 mm 的梁可不设置腹筋外，一般的梁都需设置腹筋。配置腹筋是提高梁斜截面受剪承载力的有效方法。为了施工方便，一般采用垂直箍筋。而弯起钢筋的方向大致与主拉应力方向一致，与梁轴线交角一般为 45°（当梁高为 800 mm 时弯起角取为 60°）。弯起钢筋大多由跨中的纵向钢筋直接弯起，当弯起钢筋直径较粗和根数较少时，受力不很均匀，传力较为集中，有可能引起弯起处混凝土发生劈裂现象。所以在配置腹筋时，一般首先配置一定数量的箍筋。当箍筋用量较大时，则可同时配置部分弯起钢筋。

根据剪跨比 λ 及箍筋的配置情况，梁中可能出现三种形式的斜截面破坏，即斜拉破坏、斜压破坏、剪压破坏，如图 4-17 所示。

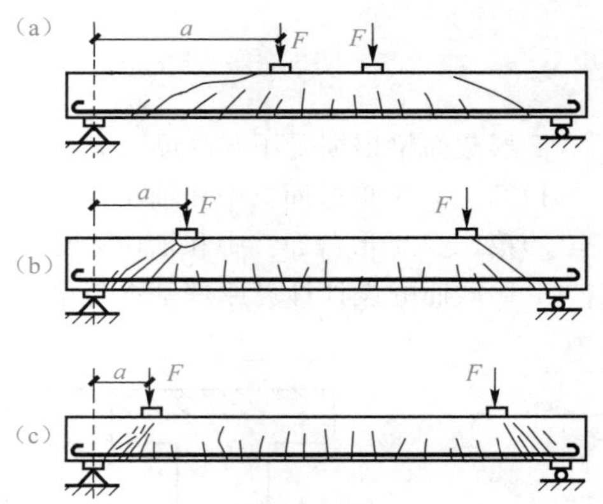

图 4-17　斜截面的破坏形态

（a）斜拉破坏；（b）剪压破坏；（c）斜压破坏

1）斜拉破坏。剪跨比较大（$\lambda>3$）时，或箍筋配置不足时出现。破坏由梁中主拉应力引起，其特点是斜裂缝一出现梁即破坏，破坏呈明显脆性，类似于正截面承载力中的少筋破坏。

2）斜压破坏。当剪跨比较小（$\lambda<1$）时，或箍筋配置过多时易出现。斜压破坏由梁中主压应力引起，类似于正截面承载力中的超筋破坏，表现为混凝土压碎，呈明显脆性，但不如斜拉破坏明显。这种破坏多发生在剪力大而弯矩小的区段以及梁腹板很薄的 T 形截面或工字形截面梁内。破坏时，混凝土被腹剪斜裂缝分割成若干个斜向短柱而被压坏，破坏相当突然。

3）剪压破坏。当剪跨比一般（$1\leqslant\lambda\leqslant3$）时，或箍筋配置适中时出现。梁中剪压区压应力和剪应力的联合作用导致此种破坏，类似于正截面承载力中的适筋破坏。其破坏的特征通常是，在弯剪区段的受拉区边缘先出现一些竖向裂缝，它们沿竖向延伸一小段长度后，就斜向延伸形成一些斜裂缝，而后又产生一条贯穿的较宽的主要斜裂缝（该裂缝称为临界斜裂缝），临界斜裂缝出现后迅速延伸，使斜截面剪压区的高度缩小，最后导致剪压区的混凝土破坏，使斜截面丧失承载力。

设计中，斜压破坏和斜拉破坏主要靠构造要求来避免，而剪压破坏则通过配箍计算来防止。对有腹筋梁来说，只要截面尺寸合适，箍筋数量适当，剪压破坏是斜截面受剪破坏中最常见的一种破坏形式。下面就剪压破坏的受力特点进行介绍。

2. 基本公式及适用条件

（1）基本假定：

1）假定梁的斜截面受剪承载力 V_u 由斜裂缝上剪压区混凝土的抗剪能力 V_c，与斜裂缝相交的箍筋的抗剪能力 V_{sv} 和与斜裂缝相交的弯起钢筋的抗剪能力 V_{sb} 三部分组成，如图 4-18 所示。由平衡条件 $\sum Y=0$ 可得

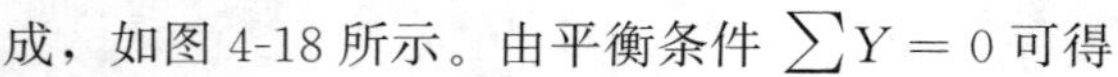

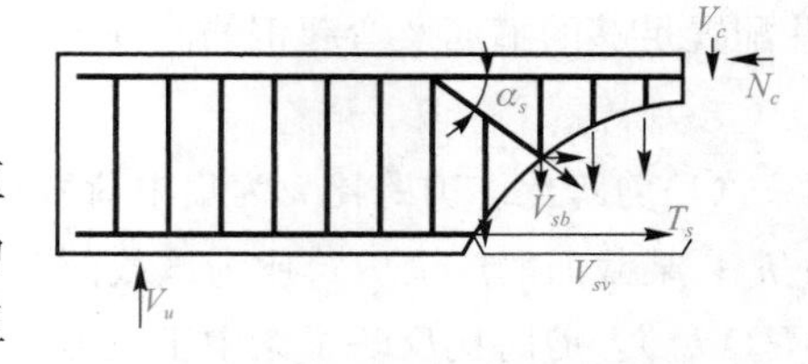

图 4-18　斜截面受剪承载力计算简图

$$V_u = V_{cs} + V_{sb} \tag{4-13}$$

其中

$$V_{cs} = V_c + V_{sv} \tag{4-14}$$

式中　V_{cs}——混凝土和箍筋共同的抗剪承载力。

2)梁剪压破坏时，与斜裂缝相交的箍筋和弯起钢筋的拉应力都达到其屈服强度，但要考虑拉应力可能不均匀，特别是靠近剪压区的箍筋有可能达不到屈服强度。

3)斜裂缝处的集料咬合力和纵筋的销栓力，在无腹筋梁中的作用还较显著，两者承受的剪力可达总剪力的50%～90%，但试验表明在有腹筋梁中，它们所承受的剪力仅占总剪力的20%左右。

4)截面尺寸的影响主要针对无腹筋的受弯构件而言，故仅在不配箍筋和弯起钢筋的厚板计算时才予以考虑。

5)剪跨比是影响斜截面承载力的重要因素之一，但为了计算公式应用简便，仅在计算受集中荷载为主的梁时才考虑λ的影响。

(2)斜截面受剪承载力的计算公式。斜截面的计算公式有以下几种情况：

1)均布荷载作用下矩形、T形和I形截面的简支梁，当仅配箍筋时，斜截面受剪承载力的计算公式为

$$V \leqslant V_u = V_{cs} = 0.7 f_t b h_0 + 1.25 f_{yv} \frac{A_{sv}}{s} h_0 \tag{4-15}$$

2)对集中荷载作用下的矩形、T形和I形截面独立简支梁当仅配箍筋时，斜截面受剪承载力的计算公式为

$$V \leqslant V_u = V_{cs} = \frac{1.75}{\lambda + 1.0} f_t b h_0 + 1.0 f_{yv} \frac{A_{sv}}{s} h_0 \tag{4-16}$$

3)配有箍筋和弯起钢筋时梁的斜截面受剪承载力，其斜截面承载力设计表达式为

$$V \leqslant V_u = V_{cs} + 0.8 f_y A_{sb} \sin\alpha_s \tag{4-17}$$

式中　V——构件计算截面上的剪应力值；

f_t——混凝土轴心抗拉强度设计值；

b——截面宽度；

h_0——混凝土截面的有效高度；

f_{yv}——箍筋抗拉强度设计值；

A_{sv}——同一截面内箍筋的截面面积，$A_{sv} = nA_{sv1}$，其中n为同一截面内箍筋的肢数，A_{sv1}为单肢箍的截面面积；

s——箍筋间距；

λ——计算截面的剪跨比，当$\lambda < 1.5$时，取$\lambda = 1.5$；当$\lambda > 3$时，取$\lambda = 3$；

A_{sb}——同一截面内弯起钢筋的截面面积；

α_s——斜截面上弯起钢筋的切线与构件纵向轴线的夹角。

(3)计算公式的适用范围。

1)上限值——最小截面尺寸。

当$\frac{h_w}{b} \leqslant 4.0$时，属于一般的梁，应满足

$$V \leqslant 0.25 \beta_c f_c b h_0 \tag{4-18}$$

当$\frac{h_w}{b} > 6.0$时，属于薄腹梁，应满足

$$V \leqslant 0.2 \beta_c f_c b h_0 \tag{4-19}$$

当 $4.0<\frac{h_w}{b}<6.0$ 时，属于薄腹梁，按上两式内插取用。

式中 β_c——高强度混凝土的强度折减系数，当混凝土强度不超过 C50 时，取 $\beta_c=1.0$；当混凝土强度为 C80 时，取 $\beta_c=0.8$，其间按线性内插法取用；

h_w——截面的腹板高度，对矩形截面为有效高度，T 形截面为有效高度减去翼缘高度，工字形截面为腹板净高。

2)下限值——箍筋最小配筋率。为了避免发生斜拉破坏，《混凝土结构设计规范(2015 年版)》(GB 50010—2010)规定，抗剪箍筋配筋率应大于箍筋最小配筋率，即

$$\rho_{sv}=\frac{nA_{sv1}}{bs}\geqslant\rho_{sv,\min}=0.24\frac{f_t}{f_{yv}} \tag{4-20}$$

同时，箍筋还应满足最小直径和最大间距的要求，见表 4-11。

表 4-11　梁中箍筋的最大间距　　mm

梁高 h	$V>0.7f_tbh_0+0.05N_{P0}$	$V\leqslant0.7f_tbh_0+0.05N_{P0}$	梁高 h	$V>0.7f_tbh_0+0.05N_{P0}$	$V\leqslant0.7f_tbh_0+0.05N_{P0}$
$150<h\leqslant300$	150	200	$500<h\leqslant800$	250	350
$300<h\leqslant500$	200	300	$h>800$	300	400

(4)斜截面受剪承载力的计算方法和步骤。

1)确定计算截面位置，如图 4-19 所示的各截面需要进行承载力计算。

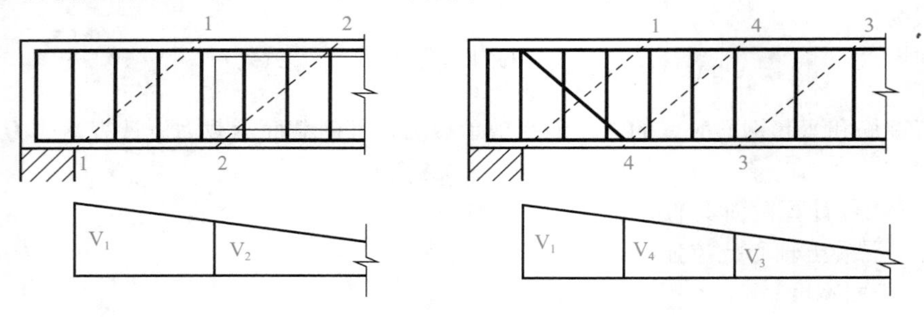

图 4-19　斜截面受剪计算截面的确定

①支座边缘的斜截面，如 1—1 截面。

②腹板宽度或截面高度改变处的斜截面，如 2—2 截面。

③箍筋直径或间距改变处的斜截面，如 3—3 截面。

④弯起钢筋弯起点处的斜截面，如 4—4 截面。

以上这些斜截面都是受剪承载力较薄弱之处，计算时应取这些斜截面范围内的最大剪力，即取斜截面起始端处的剪力作为计算的剪力。

2)斜截面受剪承载力的计算步骤如下：

①求内力，绘制构件的剪力图。

②验算是否满足截面限制条件，如不满足，则应加大截面尺寸或提高混凝土的强度等级。

③验算是否需要按计算配置腹筋。

④计算腹筋；对仅配置箍筋的梁，可按下式计算出 nA_{sv1}/s，根据构造要求选择箍筋的直径 d 和肢数 n，而后算出箍筋的间距 s，箍筋间距应满足 $s\leqslant s_{\max}$。

$$\frac{nA_{sv1}}{s}\geqslant\frac{V-0.7f_tbh_0}{1.25f_{yv}h_0} \tag{4-21}$$

【例 4-5】 如图 4-20 所示，某钢筋混凝土简支梁截面尺寸 $b\times h=250\ \text{mm}\times500\ \text{mm}$，净跨 $l_n=6\ \text{m}$，采用强度等级为 C30 混凝土，4Φ18 纵向受拉钢筋（$A_s=1\ 017\ \text{mm}^2$）及 HPB300 级箍筋，承受均布荷载设计值 $p=45\ \text{kN/m}$，根据斜截面抗剪承载力确定箍筋数量。

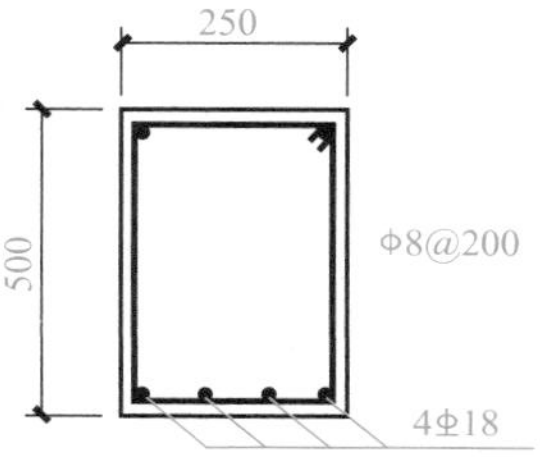

图 4-20 例 4-5 图

【解】

1）求支座截面的剪力设计值。

$$V=\frac{1}{2}pl_n=\frac{1}{2}\times45\times6=135(\text{kN})$$

2）验算截面尺寸。

底部配一排钢筋，故 $h_w=500-35=465(\text{mm})$

$$\frac{h_w}{b}=\frac{465}{250}=1.86<4$$

$$0.25\beta_c f_c bh_0=0.25\times1.0\times14.3\times250\times465=415.6\times10^3(\text{N})=415.6\ \text{kN}>135\ \text{kN}$$

截面条件满足要求。

3）验算是否需要按计算配置腹筋。

$0.7f_tbh_0=0.7\times1.43\times250\times465=116.4\times10^3(\text{N})=116.4\ \text{kN}<135\ \text{kN}$，应按照计算确定箍筋。

4）计算箍筋的用量，由式(4-21)得

$$\frac{nA_{sv1}}{s}\geqslant\frac{V-0.7f_tbh_0}{1.25f_{yv}h_0}=\frac{135\times10^3-0.7\times1.43\times250\times465}{1.25\times270\times465}=0.119(\text{mm})$$

选用双肢箍 Φ8（$A_{sv1}=50.3\ \text{mm}^2$），箍筋间距为：

$s\leqslant\dfrac{2\times50.3}{0.119}=845.4(\text{mm})$，按照构造要求，$s_{\max}=200\ \text{mm}$，取 $s=200\ \text{mm}$，实际配筋为双肢箍 Φ8@200。

5）验算配箍率。

$$\rho_{sv}=\frac{nA_{sv1}}{bs}=\frac{2\times50.3}{250\times200}=0.201\%$$

$$\rho_{\min}=0.24\frac{f_t}{f_{yv}}=0.24\times\frac{1.43}{270}\times100\%=0.127\%$$

由于 $\rho_{sv}>\rho_{\min}$，满足要求。

(5)保证斜截面受弯承载力的构造措施。

1)抵抗弯矩图的概念。抵抗弯矩图就是以各截面实际纵向受拉钢筋所能承受的弯矩为纵坐标，以相应的截面位置为横坐标，所作出的弯矩图(或称材料图)，简称 M_u 图。

当梁的截面尺寸、材料强度及钢筋截面面积确定后，其抵抗弯矩值可由下式确定：

$$M_u=A_sf_y\left(h_0-\frac{f_yA_s}{2\alpha f_cb}\right)\tag{4-22}$$

2)纵向钢筋的弯起。对梁纵向钢筋的弯起必须满足三个要求：满足斜截面受剪承载力的要求；满足正截面受弯承载力的要求，即设计时，必须使梁的抵抗弯矩图不小于相应的荷载计算弯矩图；满足斜截面受弯承载力的要求。亦即当纵向钢筋弯起时，其弯起点与充分利用点之间的距离不得小于 $0.5h_0$。同时，弯起钢筋与梁纵轴线的交点应位于按计算不需要该钢筋的截面以外。

3)纵向钢筋的截断。当一根钢筋由于弯矩图变化，将不考虑其抗力而切断时，从按正截面承载力计算“不需要该钢筋的截面”须外伸一定的长度 l_1，作为受力钢筋应有的构造措施。同时，

在设计时，为了避免发生斜截面受弯破坏，使每一根纵向受力钢筋在结构中发挥其承载力的作用，应从其“强度充分利用截面”外伸一定的长度 l_2，依靠这段长度与混凝土的粘结锚固作用维持钢筋有足够的抗力。在结构设计中，应从上述两个条件中确定的较长外伸长度作为纵向受力钢筋的实际延伸长度 l_d，作为其真正的切断点，如图 4-21 所示。

钢筋混凝土连续梁、框架梁支座截面的负弯矩纵向钢筋不宜在受拉区截断。如必须截断时，其延伸长度 l_d 可在 l_1 和 l_2 中取外伸长度较长者确定，按表 4-12 取值。其中，l_1 是从“按正截面承载力计算不需要该钢筋的截面”延伸出的长度；l_2 是从“充分利用该钢筋强度的截面”延伸出的长度。

表 4-12　负弯矩钢筋延伸长度 l_d 取 l_1 和 l_2 中的较大值

截面剪力条件	l_1	l_2
$V \leqslant 0.7f_tbh_0$	$\geqslant 20d$	$\geqslant 1.2l_a$
$V > 0.7f_tbh_0$	$\geqslant 20d$，且$\geqslant h_0$	$\geqslant 1.2l_a + h_0$
$V > 0.7f_tbh_0$，按上述规定的截断点仍位于负弯矩受拉区内	$\geqslant 20d$，且$\geqslant 1.3h_0$	$\geqslant 1.2l_a + 1.7h_0$
注：l_1 为从钢筋理论截断点伸出的长度，l_2 为从钢筋强度充分利用点伸出的长度。		

在钢筋混凝土悬臂梁中，应有不少于两根的上部钢筋伸至悬臂梁的端部并向下弯折不小于 $12d$；剩余钢筋不应在梁的上部截断，而应按规定的弯起点位置将部分纵向受拉钢筋向下弯折，同时，在弯终点外留有平行于轴线方向的锚固长度，受拉区不应小于 $20d$，受压区不应小于 $10d$，如图 4-22 所示。

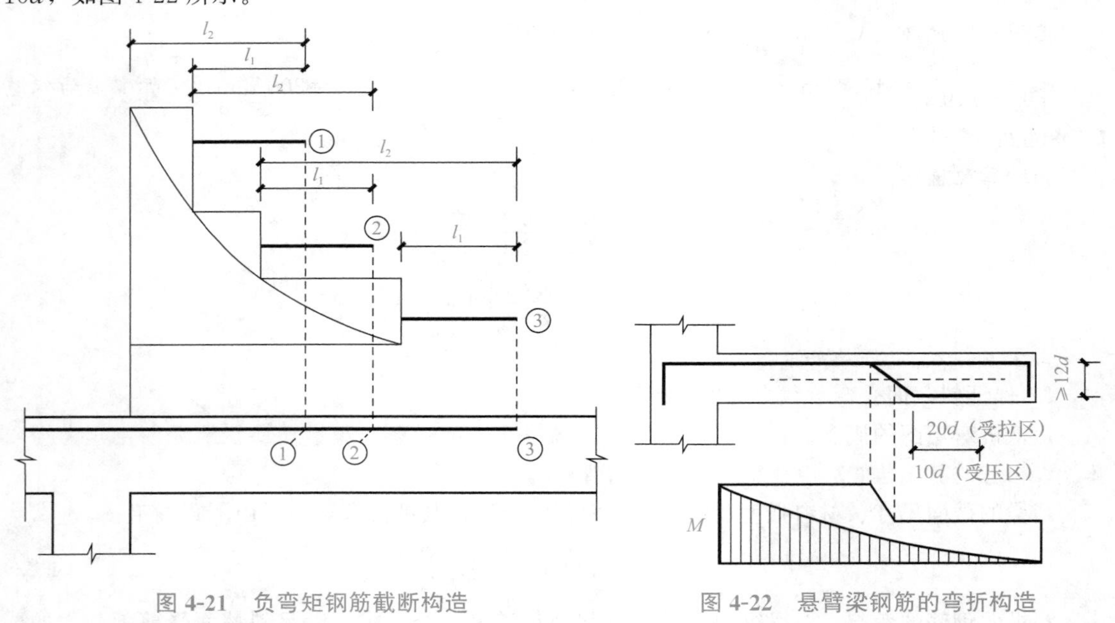

图 4-21　负弯矩钢筋截断构造　　　图 4-22　悬臂梁钢筋的弯折构造

4)纵向钢筋在支座处的锚固。为防止纵向受力钢筋在支座处被拔出导致构件沿斜截面的弯曲破坏，梁、板中的纵向受力钢筋在支座处的锚固长度 l_{as} 应满足以下要求：

对于简支梁和连续梁简支端的下部纵向受力钢筋而言，当 $V \leqslant 0.7f_tbh_0$ 时，$l_{as} \geqslant 5d$；当 $V > 0.7f_tbh_0$ 时，带肋钢筋 $l_{as} \geqslant 12d$，光圆钢筋 $l_{as} \geqslant 15d$，此处 d 为纵向受力筋的直径。

简支板和连续板简支端的下部纵向受力钢筋伸入支座的锚固长度 l_{as} 不应小于 $5d$(d 为纵向受力筋的直径)。

特别提示

腹筋包括弯起钢筋和箍筋，由于弯起钢筋施工比较麻烦，现在工程中已很少采用，实际工程中多用箍筋，国家平法图集 16G101-1 也没有对弯起钢筋进行构造规定。

任务 4.2　钢筋混凝土受压构件

在工程结构中，以承受纵向压力为主的构件称为受压构件。最常见的受压构件为钢筋混凝土柱，另外，屋架的受压弦杆、腹杆、桥梁中的桥墩，高层建筑中的剪力墙均属受压构件，如图 4-23 所示。

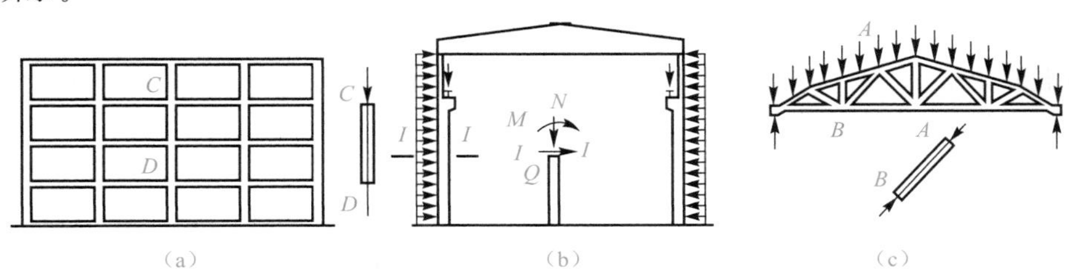

图 4-23　钢筋混凝土受压构件

(a)框架柱；(b)单层厂房柱；(c)屋架腹杆

知识导航

4.2.1　受压构件的分类

受压构件按照纵向压力作用位置的不同可分为轴心受压构件和偏心受压构件。当轴向压力与构件轴线重合时，称为轴心受压构件，此时构件截面上的内力只有轴力；当轴向压力与构件轴线不重合，称为偏心受压构件。其中，偏心受压构件又可分为单向偏心受压构件和双向偏心受压构件。如果纵向压力只在一个方向有偏心时，称为单向偏心受压构件；如果在两个方向都有偏心时，称为双向偏心受压构件。此时构件截面上的内力除轴力外还有弯矩，如图 4-24 所示。

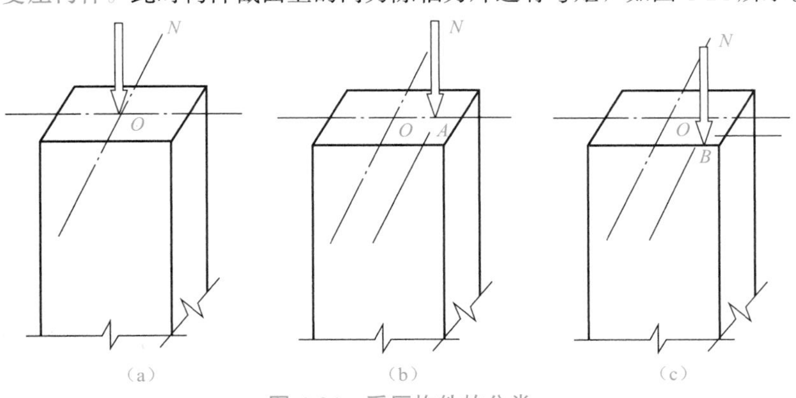

图 4-24　受压构件的分类

(a)轴心受压；(b)单向偏心受压；(c)双向偏心受压

特别提示

框架柱属偏心受压构件，一般采用对称配筋，在中间轴线上的框架柱按单向偏心受压考虑，边柱按双向偏心受压考虑。

能力导航

4.2.2 受压构件的构造要求

1. 材料强度等级

(1)混凝土。受压构件的承载力主要取决于混凝土的强度。受压构件一般应采用强度等级较高的混凝土，这样可减小构件截面尺寸并节约钢材。目前，我国一般结构中柱的混凝土强度等级常用C25～C40；在高层建筑中，C50～C60级混凝土也经常使用。

(2)钢筋。在受压构件中，受力筋通常采用HRB335级和HRB400级钢筋，不宜过高。这是因为高强度钢筋在与混凝土共同受压时，并不能充分发挥其高强作用。箍筋通常采用HPB300级钢筋。

2. 截面形状和尺寸

考虑制作模板方便，轴心受压柱通常采用正方形截面，也可采用矩形截面或圆形截面；偏心受压柱通常采用矩形截面。单层工业厂房的预制柱常采用工字形截面，以减轻自重。圆形截面主要用于桥墩、桩和公共建筑中的柱。柱的截面尺寸不宜过小，矩形柱截面边长，非抗震设计时不宜小于250 mm，圆形截面柱直径不宜小于350 mm，一般应控制构件的长细比满足$l_0/b\leqslant30$及$l_0/h\leqslant25$(l_0为柱的计算长度)。当柱截面的边长在800 mm以下时，一般以50 mm为模数；边长在800 mm以上时，以100 mm为模数。

3. 纵向受力钢筋

(1)纵向钢筋的最小配筋率。全部纵向钢筋的配筋率按$\rho=(A_s'+A_s)/A$计算，一侧受压钢筋的配筋率按$\rho'=A_s'/A$计算，其中A为构件全截面面积。《混凝土结构设计规范(2015年版)》(GB 50010—2010)规定，钢筋混凝土结构构件纵向受力钢筋的最小配筋率见表4-13。

表4-13 钢筋混凝土结构构件纵向受力钢筋的最小配筋率 %

受力类型			最小配筋百分率
受压构件	全部纵向钢筋	强度等级500 MPa	0.50
		强度等级400 MPa	0.55
		强度等级300 MPa、335 MPa	0.60
	一侧纵向钢筋		0.20
受弯构件，偏心受拉、轴心受拉构件一侧的受拉钢筋			0.20和$45f_t/f_y$中的较大值

特别提示

1. 受压构件全部纵向钢筋最小配筋百分率，当采用C60以上强度等级的混凝土时，应按表4-13中规定增加0.10。

2. 板类受弯构件(不包括悬臂板)的受拉钢筋，当采用强度等级 400 MPa、500 MPa 的钢筋时，其最小配筋百分率应允许采用 0.15 和 $45f_t/f_y$ 中的较大值。

3. 偏心受拉构件中的受压钢筋，应按受压构件一侧纵向钢筋考虑。

4. 受压构件的全部纵向钢筋和一侧纵向钢筋的配筋率以及轴心受拉构件和小偏心受拉构件一侧受拉钢筋的配筋率，均应按构件的全截面面积计算。

5. 受弯构件、大偏心受拉构件一侧受拉钢筋的配筋率应按全截面面积扣除受压翼缘面积$(b'_f-b)h'_f$后的截面面积计算。

6. 当钢筋沿截面周边布置时，“一侧纵向钢筋”是指沿受力方向两个对边中一边布置的纵向钢筋。

(2)纵向受力钢筋配筋构造。柱中纵向受力钢筋的直径 d 不宜小于 12 mm，且选配钢筋时宜根数少而粗，矩形截面纵筋根数不得少于 4 根，圆形截面纵筋根数宜沿周边均匀布置且不宜少于 8 根。

当柱为竖向浇筑混凝土时，纵筋的净距不小于 50 mm。对水平浇筑的预制柱，其纵筋的最小净距应按梁的规定取值。

截面各边纵筋的中距不应大于 300 mm。当 $h \geqslant 600$ mm 时，在柱侧面应设置直径为 10～16 mm 的纵向构造钢筋，并相应设置复合箍筋或拉筋。

(3)纵向钢筋的连接。在多层房屋中，通常将下层柱的纵筋伸出楼面一段距离与上层柱中钢筋相连接。常用的连接方式有焊接、机械连接和搭接连接。搭接连接时，其搭接长度要求：

1)纵向钢筋受压时，不应小于纵向受拉钢筋的搭接长度 l_l 的 0.7 倍，且在任何情况下都不应小于 200 mm。

2)纵向钢筋受拉时，不应小于纵向受拉钢筋的搭接长度 l_l，且在任何情况下都不应小于 300 mm。

4. 箍筋

受压构件中箍筋应采用封闭式；对圆柱中箍筋的搭接长度不应小于锚固长度，且末端应做 135°的弯钩，弯钩末端平直段长度不应小于 5 倍箍筋直径。箍筋直径不应小于 $d/4$，且不小于 6 mm，此处 d 为纵筋的最大直径。

箍筋间距对绑扎钢筋骨架不应大于 $15d$；对焊接钢筋骨架不应大于 $20d$(d 为纵筋的最小直径)且不应大于 400 mm，也不应大于截面短边尺寸。

当柱中全部纵筋的配筋率超过 3%，箍筋直径不宜小于 8 mm，且箍筋末端应做成 135°的弯钩，弯钩末端平直段长度不应小于 10 倍箍筋直径，或焊成封闭式；箍筋间距不应大于 10 倍纵筋最小直径，也不应大于 200 mm。

当柱截面短边大于 400 mm，且各边纵筋配置根数超过 3 根时，或当柱截面短边不大于 400 mm，但各边纵筋配置根数超过 4 根时，应设置复合箍筋。对截面形状复杂的柱，不得采用具有内折角的箍筋，以避免箍筋受拉时产生向外的拉力，使折角处混凝土破损，如图 4-25 所示。

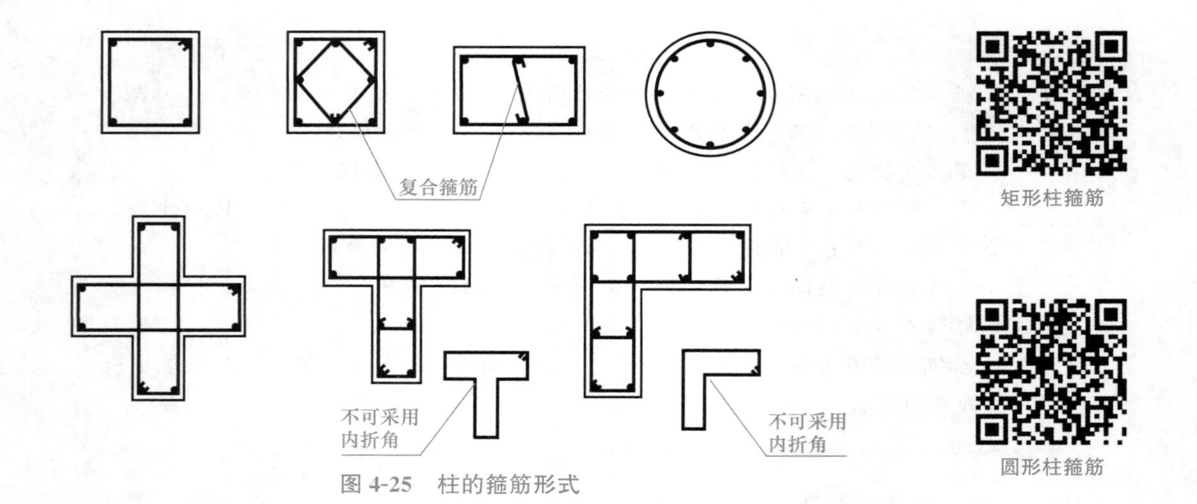

图 4-25　柱的箍筋形式

4.2.3　轴心受压构件的承载力计算

1. 轴心受压构件

在实际结构中，理想的轴心受压构件几乎是不存在的。由于施工误差、荷载作用位置的不确定性、混凝土质量不均匀等原因，往往存在一定的初始偏心距。但如以恒载为主的等跨多层房屋的内柱、桁架中的受压弦杆等，主要承受轴向压力，可近似按轴心受压构件计算。

普通钢箍柱中纵筋的作用主要有：协助混凝土受压、承担弯矩和减小持续压应力下混凝土收缩和徐变的影响。

普通钢箍轴心受压柱的承载力计算公式为

$$N \leqslant N_u = 0.9\varphi(f_c A + f_y' A_s') \tag{4-23}$$

式中　N——轴向压力的设计值；

N_u——轴向受压构件的受压承载力；

0.9——为保持与偏心受压构件正截面承载力具有相近可靠度而引入的系数；

φ——轴心受压构件的稳定性系数，按表 4-14 采用；

f_c——混凝土轴心抗压强度设计值；

A——构件截面面积，当纵筋配筋率大于 3%时，按$(A-A_s')$取用；

A_s'——全部纵筋的截面面积；

f_y'——钢筋抗压抗强度设计值。

查表 4-14 时，柱的计算长度 l_0 与柱两端的支撑情况有关，一般多层房屋梁柱为刚接的钢筋混凝土框架结构，计算长度可按表 4-15 取用。

表 4-14　钢筋混凝土轴心受压构件的稳定系数 φ

l_0/b	l_0/d	l_0/i	φ	l_0/b	l_0/d	l_0/i	φ
≤8	≤7	≤28	1.00	30	26	104	0.52
10	8.5	35	0.98	32	28	111	0.48
12	10.5	42	0.95	34	29.5	118	0.44
14	12	48	0.92	36	31	125	0.40
16	14	55	0.87	38	33	132	0.36
18	15.5	62	0.81	40	34.5	139	0.32
20	17	69	0.75	42	36.5	146	0.29

续表

l_0/b	l_0/d	l_0/i	φ	l_0/b	l_0/d	l_0/i	φ
22	19	76	0.70	44	38	153	0.26
24	21	83	0.65	46	40	160	0.23
26	22.5	90	0.60	48	41.5	167	0.21
28	24	97	0.56	50	43	174	0.19
注：表中 l_0 为构件的计算长度；b 为矩形截面短边尺寸；d 为圆形截面的直径；i 为截面最小的回转半径。							

表 4-15　框架结构各层柱的计算长度

楼盖类型	柱的类别	计算长度 l_0
现浇楼盖	底层柱	$1.0H$
	其余各层柱	$1.25H$
装配式楼盖	底层柱	$1.25H$
	其余各层柱	$1.5H$
注：表中 H 为底层柱从基础顶面到一层楼盖顶面的高度；对其余各层柱为上下两层楼盖顶面之间的高度。		

【例 4-6】 某多层现浇钢筋混凝土框架房屋，底层中柱承受轴心压力设计值 $N=750$ kN，底层的层高为 3.6 m，基础顶面标高为 -0.300 m，采用强度等级为 C30 混凝土，HRB335 级钢筋，试设计该柱截面(按规范规定如截面的边长小于 300 mm时，混凝土的强度设计值应乘以系数 0.8)。

> **特别提示**
>
> 对于首层柱，H 为基础顶面到首层楼盖顶面之间的距离；对于其余各层柱，H 为上下两楼层的层高。

【解】

根据表 4-15 可知 $l_0=1.0H=1.0\times(3.6+0.3)=3.9(\text{m})$，$f_c=14.3\ \text{N/mm}^2$，$f'_y=300\ \text{N/mm}^2$，$\rho'_{\min}=0.6\%$。

(1)确定截面的尺寸：先假设 $\varphi=1.0$，$\rho=0.01$，则 $A'_s=\rho A=0.01A$，代入式(4-23)，即

$$N\leqslant N_u=0.9\varphi(f_cA+f'_yA'_s)$$

$$750\times10^3\leqslant0.9\times1.0\times(14.3\times A+300\times0.01A)$$

得

$$A\geqslant48\ 170\ \text{mm}^2$$

采用正方形截面，$b=h=48\ 170^{1/2}=219.5(\text{mm})$，取 $b=h=250$ mm。

(2)确定稳定系数 φ：

由 $l_0/b=3\ 900/250=15.6$，查表 4-14 得 $\varphi=0.88$。

(3)求纵向钢筋的截面面积 A'_s：由于现浇受压柱截面边长小于 300 mm，故混凝土轴心抗压强度设计值 f_c 应乘系数 0.8，由式(4-23)得

$$A'_s=\frac{\dfrac{N}{0.9\varphi}-f_cA}{f'_y}=\frac{\dfrac{750\times10^3}{0.9\times0.88}-14.3\times0.8\times250^2}{300}=773.2(\text{mm}^2)$$

选择 4Φ16($A'_s=804\ \text{mm}^2$)，$\rho'=804/250^2=1.29\%$，在经济配筋率 $0.6\%\leqslant\rho'\leqslant3\%$范围内，满足要求。

2. 偏心受压构件

偏心距 $e_0=0$ 时，为轴心受压构件；当 $e_0\to\infty$时，即 $N=0$ 时，为受弯构件。偏心受压构件的受力性能和破坏形态介于轴心受压构件和受弯构件之间，其破坏形态与偏心距 e_0 和纵向钢筋配筋率有关。

偏心受压构件破坏形态按其破坏特征，可分为受拉破坏和受压破坏。

(1)受拉破坏(大偏心受压破坏)。当 M 较大，N 较小时，截面部分存在较大的受拉区或者当偏心距 e_0 较大时，会出现受拉破坏。其破坏特征为：截面受拉侧混凝土较早出现裂缝，A_s 的应力随荷载增加发展较快，首先达到屈服强度。此后，裂缝迅速开展，受压区高度减小。最后，受压侧钢筋 A_s'受压屈服，压区混凝土压碎而达到破坏。这种破坏具有明显预兆，变形能力较大，破坏特征与配有受压钢筋的适筋梁相似，承载力主要取决于受拉侧钢筋。形成这种破坏的条件是：偏心距 e_0 较大，且受拉侧纵向钢筋配筋率合适，通常称为大偏心受压。

(2)受压破坏(小偏心受压破坏)。当相对偏心距 e_0/h_0 较小时，截面全部受压或大部分受压或者虽然相对偏心距 e_0/h_0 较大，但受拉侧纵向钢筋配置较多时会出现受压破坏。其破坏特征为：截面受压侧混凝土和钢筋的受力较大，而受拉侧钢筋应力较小。当相对偏心距 e_0/h_0 很小时，受拉侧还可能出现“反向破坏”情况。截面最后是由于受压区混凝土首先压碎而达到破坏。承载力主要取决于受压区混凝土和受压侧钢筋，破坏时受压区高度较大，远侧钢筋可能受拉也可能受压，破坏具有脆性性质。第二种情况在设计中应予避免，因此受压破坏一般为偏心距较小的情况，故常称为小偏心受压。

大偏心受压破坏和小偏心受压破坏的界限：受拉钢筋屈服与受压区混凝土边缘极限压应变 ε_{cu} 同时达到，与适筋梁和超筋梁的界限情况类似，在此不再详述。

任务 4.3　钢筋混凝土受扭构件

扭转是结构构件受力的基本形式，只要在构件截面中有扭矩作用的构件都称为受扭构件。如图 4-26 所示的雨篷梁、吊车梁、现浇框架边梁等，均属于受扭构件。在实际工程中很少有纯扭构件，多数是弯、剪、扭复合受力状态。

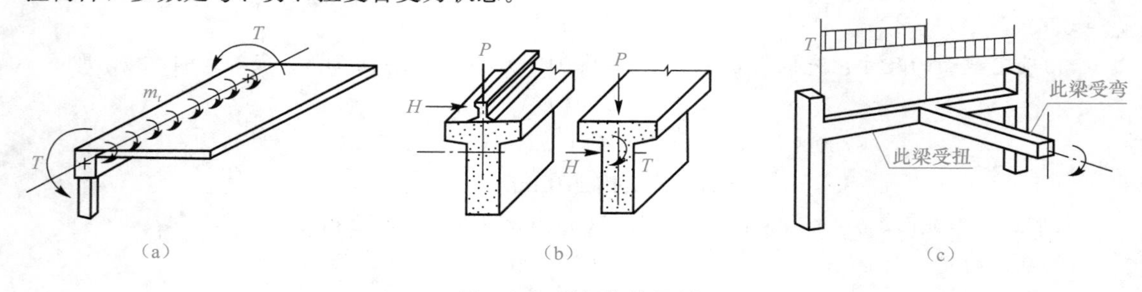

图 4-26　受扭构件示例

(a)雨篷梁；(b)吊车梁；(c)框架边梁

知识导航

4.3.1　受扭构件的受力特点

1. 纯扭构件

试验研究表明：在纯扭矩作用下，无筋矩形截面混凝土构件开裂前具有与匀质弹性材料类似的性质，截面长边中点剪应力最大，在截面四角点处剪应力为零。当截面长边中点附近最大主拉应变达到混凝土的极限拉应变时，构件就会开裂。随着扭矩的增加，裂缝与构件纵轴线成 45°角向相邻两个面延伸，最后构件三面开裂、一面受压，形成一空间扭曲斜裂面而破坏。自开

裂至构件破坏的过程短暂，破坏突然，属于脆性破坏，抗扭承载力很低，如图 4-27(a)所示。

钢筋混凝土矩形截面纯扭构件，当扭矩很小时，混凝土未开裂，钢筋拉应力也很低，构件受力性能类似于无筋混凝土截面。随着扭矩的增大，在某薄弱截面的长边中点首先出现斜裂缝，此时扭矩稍大于开裂扭矩 T_{cr}。斜裂缝出现后，混凝土卸载，裂缝处的主拉应力主要由钢筋承担，因而钢筋应力突然增大。当构件配筋适中时，荷载可继续增加，随之在构件表面形成连续或不连续的与纵轴线成 35°～55°的螺旋形裂缝。扭矩达到一定值时，某一条螺旋形裂缝形成主裂缝，与之相交的纵筋和箍筋达到屈服强度，截面三边受拉、一边受压，最后混凝土被压碎而破坏。破裂面为一空间曲面，如图 4-27(b)所示。

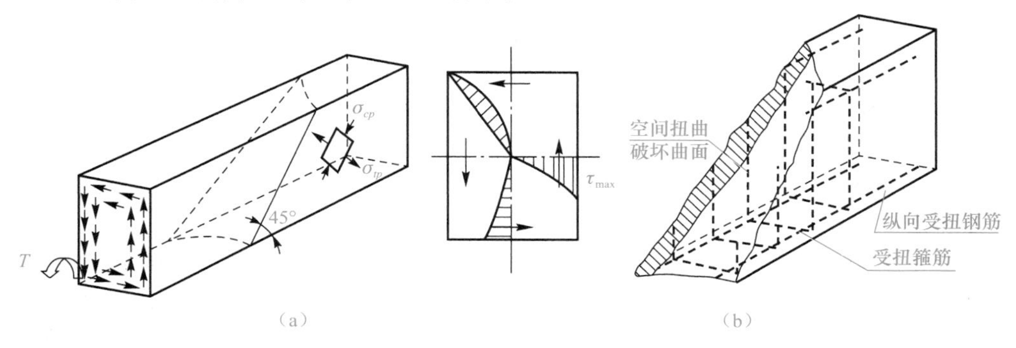

图 4-27　纯扭构件

(a)弹性应力分布；(b)钢筋混凝土纯扭的破坏

2. 复合受扭构件

在弯矩、剪力和扭矩共同作用下，钢筋混凝土构件的受力状态极为复杂，构件破坏特征及其承载力与所作用的外部荷载条件和内在因素有关。根据外部和内部条件的不同，构件可能出现弯型破坏、扭型破坏、剪扭型破坏等几种状态。

能力导航

4.3.2　受扭构件的构造要求

1. 受扭纵筋

应沿构件截面周边均匀对称布置。矩形截面的四角以及 T 形和工字形截面各分块矩形的四角，均必须设置受扭纵筋。受扭纵筋的间距不应大于 200 mm，也不应大于梁截面短边长度。受扭纵筋的接头和锚固要求均应按受拉钢筋的相应要求考虑。架立筋和梁侧构造纵筋也可用作受扭纵筋。

2. 受扭箍筋

在靠近受扭构件表面应均匀设置受扭箍筋。受扭箍筋必须为封闭式，受扭箍筋末端应做成 135°的弯钩，弯钩端头平直段长度不应小于 10*d*(*d* 为箍筋直径)。箍筋的间距还应符合表 4-4 的要求。

> **特别提示**
>
> 受扭钢筋在结构施工图很常见，常在钢筋前加字母“N”表示抵抗扭矩。受扭钢筋常设置在梁侧构造纵筋的位置，与梁侧构造纵筋并称为梁腰筋。

任务 4.4 预应力混凝土构件基本知识

知识导航

4.4.1 预应力混凝土的基本概念

钢筋混凝土受拉与受弯等构件，由于混凝土抗拉强度及极限拉应变值都很低，所以在使用荷载作用下，通常是带裂缝工作的。因而，对使用上不允许开裂的构件，不能充分利用受拉钢筋的强度。为了要满足变形和裂缝控制的要求，则需增大构件的截面尺寸和用钢量，这将导致自重过大，使钢筋混凝土结构用于大跨度或承受动力荷载的结构成为不可能或很不经济。同时，钢筋混凝土结构中采用高强度钢筋是不能发挥其作用的，而提高混凝土强度等级对提高构件的抗裂性能和控制裂缝宽度的作用也不大。

为了避免普通钢筋混凝土构件过早开裂，保证其抗裂性和刚度，充分利用高强度材料，让构件在承受外荷载之前，人为地预先通过张拉钢筋对结构使用阶段将产生拉应力的混凝土区域施加压力，构件承受外荷载后，此项预压应力将抵消一部分或全部由外荷载所引起的拉应力，从而推迟裂缝的出现和限制裂缝的开展，这种构件就称为“预应力混凝土构件”。

1. 预应力混凝土结构与普通混凝土结构的比较

与普通混凝土结构相比预应力混凝土结构的主要优点如下：

(1)提高构件的抗裂度，改善了构件的受力性能，因此其适用于对裂缝要求严格的结构。

(2)由于采用高强度混凝土和钢筋，从而节省了材料和减轻了结构自重，因此其适用于跨度大或承受重型荷载的构件。

(3)提高了构件的刚度，减少了构件的变形，因此其适用于对构件的刚度和变形控制要求较高的结构构件。

(4)提高了结构或构件的耐久性、耐疲劳性和抗震能力。

预应力混凝土结构的缺点是需要增设施加预应力的设备，制作技术要求较高，施工周期较长。

2. 预应力混凝土构件与钢筋混凝土构件的比较

(1)预应力混凝土构件与普通钢筋混凝土构件在施工阶段，二者钢筋和混凝土两种材料所处的应力状态不同，普通钢筋混凝土构件中，钢筋和混凝土均处于零应力状态；而预应力混凝土构件中，钢筋和混凝土均有初应力，其中钢筋处于拉应力状态，混凝土处于受压预应力混凝土状态，一旦预压应力被抵消，预应力混凝土和普通钢筋混凝土之间没有本质的不同。

(2)预应力混凝土构件出现裂缝比普通钢筋混凝土构件迟得多，但裂缝出现时的荷载与破坏荷载比较接近。

(3)预应力混凝土构件与条件相同的未加预应力的钢筋混凝土构件承载能力相同，故预加应力能推迟裂缝出现，但不能提高承载能力。

> **特别提示**
>
> 不能提高构件的承载能力。当截面和材料相同时，预应力混凝土与普通混凝土受弯构件的承载力相同，与受拉区钢筋是否施加预应力无关。

4.4.2 预应力的分类和施加预应力的方法

按照使用荷载对截面拉应力控制要求的不同，预应力混凝土结构构件可分为三种，即全预

应力混凝土，即指在各种荷载组合下构件截面上均不允许出现拉应力的预应力混凝土构件，大致相当于裂缝控制等级为一级的构件；有限预应力混凝土，即指在短期荷载作用下，容许混凝土承受某一规定拉应力值，但在长期荷载作用下，按混凝土不得受拉的要求设计，相当于裂缝控制等级为二级的构件；部分预应力混凝土，在使用荷载作用下容许出现裂缝，但按最大裂缝宽度不超过允许值的要求设计，相当于裂缝控制等级为三级的构件。

按照张拉钢筋与浇筑混凝土的前后关系，施加预应力的方法可分为先张法和后张法两种。

1. 先张法

先张法就是张拉钢筋先于混凝土构件浇筑成型的方法。先张法预应力混凝土构件的预应力是靠钢筋与混凝土之间的粘结力来传递的，但这种力的传递过程，需要经过一段传递长度才能完成。其主要操作工序如图 4-28 所示。

> **特别提示**
>
> 预应力混凝土施加预应力的方法是根据浇筑混凝土与张拉预应力钢筋的时间先后顺序而定。

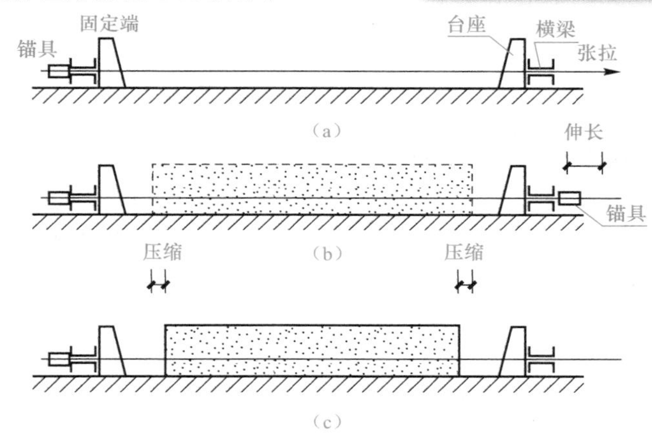

图 4-28　先张法操作工序

(a)张拉钢筋；(b)支模浇混凝土；(c)切断预应力钢筋

2. 后张法

后张法就是在构件浇筑成型后再张拉钢筋的施工方法。在后张法构件中，预应力主要靠钢筋端部的锚具来传递。图 4-29 所示为后张法的主要操作工序。

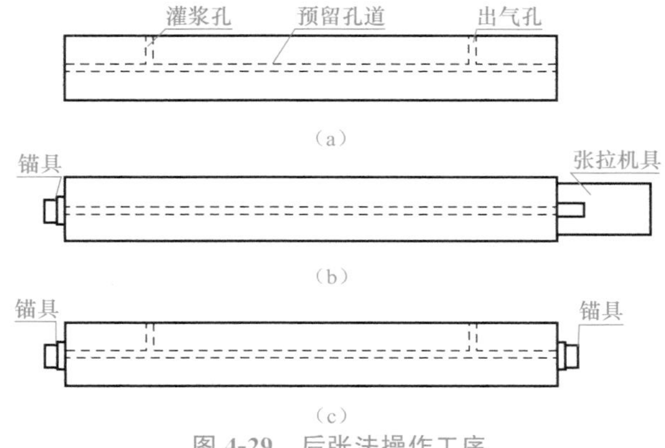

图 4-29　后张法操作工序

(a)制作构件并预留孔道；(b)穿预应力筋并张拉；
(c)锚固预应力筋并灌浆

4.4.3　预应力混凝土结构对材料(钢筋和混凝土)的要求

预应力钢筋在张拉时就受到较高的拉应力，在使用阶段，钢筋的拉应力会继续提高。同时，混凝土也受到高压应力的作用。

1. 预应力混凝土结构对钢筋的要求

(1)强度高。预应力混凝土构件在制作和使用过程中，由于种种原因，会出现各种预应力损失，为了在扣除预应力损失后，仍然能使混凝土建立起较高的预应力值，需采用较高的张拉应力，因此，预应力钢筋必须采用高强度钢筋(丝)。

(2)具有一定的塑性。为防止发生脆性破坏，要求预应力钢筋在拉断时，具有一定的伸长率。

(3)良好的加工性能。要求钢筋有良好的可焊性，以及钢筋“镦粗”后并不影响原来的物理性能。

(4)与混凝土有较好的粘结强度。先张法构件预应力的传递是靠钢筋和混凝土之间的粘结力实现的，因此需要两者之间有足够的粘结强度。

2. 预应力混凝土结构对混凝土的要求

(1)强度高。预应力混凝土只有采用较高强度的混凝土，才能建立起较高的预压应力，并可减少构件截面尺寸，减轻结构自重。对先张法构件，采用较高强度的混凝土可以提高粘结强度；对后张法构件，则可承受构件端部强大的预压力。《混凝土结构设计规范(2015年版)》(GB 50010—2010)规定，混凝土强度等级不应小于C30；采用钢丝、钢绞线、热处理钢筋作为预应力筋时，混凝土等级不宜低于C40。

(2)收缩、徐变小。可以减少由于收缩、徐变引起的预应力损失。

(3)快硬、早强。可以尽早施加预应力，加快台座、锚具、夹具的周转率，以利加快施工进度，降低间接费用。

能力导航

4.4.4　预应力混凝土构件的主要构造

预应力混凝土构件的构造要求，除应满足钢筋混凝土结构的有关规定外，还应根据预应力张拉工艺、锚固措施及预应力钢筋种类的不同，满足有关的构造要求。

1. 一般要求

(1)截面形式和尺寸。预应力轴心受拉构件通常采用正方形或矩形截面。预应力受弯构件可采用T形、I形及箱形等截面。

为了便于布置预应力钢筋以及预压区在施工阶段有足够的抗压能力，可设计成上、下翼缘不对称的I形截面，其下部受拉翼缘的宽度可比上翼缘狭窄些，但高度比上翼缘大。截面形式沿构件纵轴也可以变化，如跨中为I形，近支座处为了承受较大的剪力并能有足够位置布置锚具，在两端往往做成矩形。

由于预应力构件的抗裂度和刚度较大，其截面尺寸可比钢筋混凝土构件小些。对预应力混凝土受弯构件，其截面高度$h=\left(\frac{1}{20}\sim\frac{1}{14}\right)l$，最小可为$\frac{l}{35}$($l$为跨度)，大致可取为普通钢筋混凝土梁高的70%左右。翼缘宽度一般可取$\frac{h}{3}\sim\frac{h}{2}$，翼缘厚度一般可取$\frac{h}{10}\sim\frac{h}{6}$，腹板宽度尽可能小一些，可取$\frac{h}{15}\sim\frac{h}{8}$。

(2)预应力纵向钢筋。预应力纵向钢筋可采用直线布置、曲线布置、折线布置等形式。当荷载和跨度不大时，直线布置最为简单，如图 4-30(a)所示，施工时用先张法或后张法均可；当荷载和跨度较大时，可布置成曲线形[图 4-30(b)]或折线形[图 4-30(c)]，施工时一般用后张法，如预应力混凝土屋面梁、吊车梁等构件。为了承受支座附近区段的主拉应力及防止由于施加预应力而在预拉区产生裂缝和在构件端部产生沿截面中部的纵向水平裂缝，在靠近支座部位宜将一部分预应力钢筋弯起，弯起的预应力钢筋沿构件端部均匀布置。

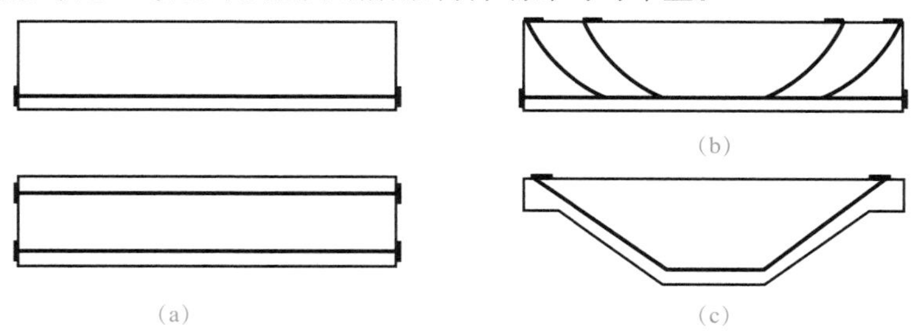

图 4-30 预应力钢筋的布置

(a)直线形；(b)曲线形；(c)折线形

(3)非预应力纵向钢筋的布置。在预应力构件中，除配置预应力钢筋外，为了防止施工阶段因混凝土收缩和温差与施加预应力过程中引起预拉区裂缝，以及防止构件在制作、堆放、运输、吊装时出现裂缝或减小裂缝宽度，可在构件截面(即预拉区)设置足够的非预应力钢筋。

在后张法预应力混凝土构件的预拉区和预压区，应设置纵向非预应力构造钢筋。在预应力钢筋弯折处，应加密箍筋或沿弯折处内侧布置非预应力钢筋网片，以加强在钢筋弯折区段的混凝土。

对预应力钢筋在构件端部全部弯起的受弯构件或直线配筋的先张法构件，当构件端部与下部支承结构焊接时，应考虑混凝土的收缩、徐变及温度变化所产生的不利影响。在构件端部可能产生裂缝的部位，应设置足够的非预应力纵向构造钢筋。

2. 先张法构件的构造要求

(1)钢筋、钢丝、钢绞线净间距。先张法预应力钢筋之间的净间距应根据浇筑混凝土、施加预应力及钢筋锚固要求确定。预应力钢筋之间的净距不应小于其公称直径或有效直径的 1.5 倍，且应符合下列规定：

1)对热处理钢筋和钢丝，不应小于 15 mm。

2)对三股钢绞线，不应小于 20 mm。

3)对七股钢绞线，不应小于 25 mm。

当先张法预应力钢丝按单根方式配筋困难时，可采用相同直径钢丝并筋的配筋方式，并筋的等效直径，双并筋时应取为单筋直径的 1.4 倍，三并筋时应取为单筋直径的 1.7 倍。

并筋的保护层厚度、锚固长度、预应力传递长度及正常使用极限状态验算均应按等效直径考虑。等效直径为与钢丝束截面面积相同的等效圆截面直径。

当预应力钢绞线、热处理钢筋采用并筋方式时，应有可靠的构造措施。

(2)构件端部加强措施。对先张法构件，在放松预应力钢筋时，端部有时会产生裂缝。为此，对端部预应力钢筋周围的混凝土应采取下列加强措施：

1)对单根配置的预应力钢筋，其端部宜设置长度不小于 150 mm 且不少于 4 圈的螺旋筋；当

有可靠经验时，也可利用支座垫板的插筋代替螺旋筋，但插筋数量不应少于4根，其长度不宜小于120 mm，如图4-31所示。

2)对分散配置的多根预应力钢筋，在构件端部$10d$(d为预应力钢筋的公称直径或等效直径)范围内应设置3～5片与预应力钢筋垂直的钢筋网。

3)对采用预应力钢丝配筋的薄板，在板端100 mm范围内应适当加密横向钢筋。

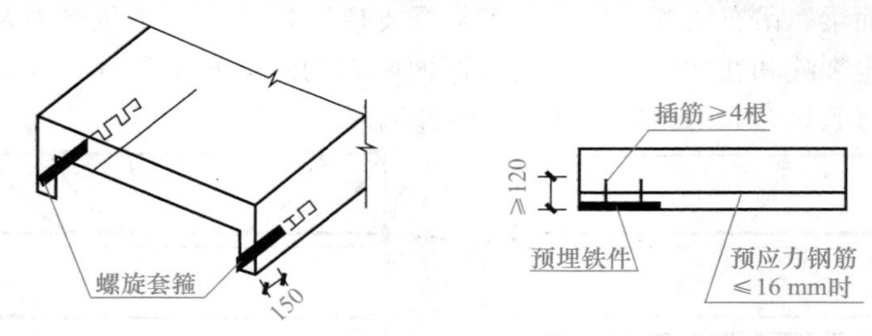

图4-31　端部附加钢筋的插筋

特别提示

《混凝土结构设计规范(2015年版)》(GB 50010—2010)规定，先张法预应力筋之间的净间距不宜小于其公称直径的2.5倍和混凝土粗集料最大粒径的1.25倍；预应力钢丝，不应小于15 mm；三股钢绞线，不应小于20 mm；七股钢绞线，不应小于25 mm；当混凝土振捣密实性具有可靠保证时，净间距可放宽为最大粗集料粒径的1.0倍。

3. 后张法构件的构造要求

(1)预留孔道。孔道的布置应考虑张拉设备和锚具的尺寸以及端部混凝土局部受压承载力等要求。后张法预应力钢丝束、钢绞线束的预留孔道应符合下列规定：

1)对预制构件，孔道之间的水平净间距不宜小于50 mm，孔道至构件边缘的净间距不宜小于30 mm，且不宜小于孔道直径的50%。

2)在框架梁中，预留孔道在竖直方向的净间距不应小于孔道外径，水平方向的净间距不应小于1.5倍孔道外径；从孔壁算起的混凝土保护层厚度，梁底不宜小于50 mm，梁侧不宜小于40 mm。

3)预留孔道的内径应比预应力束外径及需穿过孔道的连接器外径大6～15 mm。

4)在构件两端及跨中应设置灌浆孔或排气孔，其孔距不宜大于12 m。

5)凡制作时需要起拱的构件，预留孔道宜随构件同时起拱。

(2)构件端部加强措施。

1)端部附加竖向钢筋。当构件端部的预应力钢筋需集中布置在截面的下部或集中布置在上部和下部时，则应在构件端部$0.2h$(h为构件端部的截面高度)范围内设置附加竖向焊接钢筋网、封闭式箍筋或其他形式的构造钢筋。其中，附加竖向钢筋宜采用带肋钢筋，其截面面积应符合下列规定：

当$e<0.1h$时，
$$A_{sv}\geqslant 0.3\frac{N_p}{f_y} \tag{4-24}$$

当$0.1h\leqslant e\leqslant 0.2h$时，
$$A_{sv}\geqslant 0.15\frac{N_p}{f_y} \tag{4-25}$$

当 $e>0.2h$ 时，可根据实际情况适当配置构造钢筋。

式中　N_p——作用在构件端部截面中心线上部或下部预应力钢筋的合力，应乘以预应力分项系数 1.2，此时，仅考虑混凝土预压前的预应力损失值；

e——截面中心线上部或下部预应力钢筋的合力点至截面近边缘的距离；

f_y——竖向附加钢筋的抗拉强度设计值。

当端部截面上部和下部均有预应力钢筋时，附加竖向钢筋的总截面面积应按上部和下部的预应力合力 N_p 分别计算的面积叠加后采用。

当构件在端部有局部凹进时，为防止在预加应力过程中，端部转折处产生裂缝，应增设折线构造钢筋，如图 4-32 所示，或采用其他有效的构造钢筋。

2)端部混凝土的局部加强。构件端部尺寸，应考虑锚具的布置、张拉设备的尺寸和局部受压的要求，必要时应适当加大。

在预应力钢筋锚具下及张拉设备的支承处，应设置预埋垫板及构造横向钢筋网片或螺旋式钢筋等局部加强措施。

对外露金属锚具应采取可靠的防锈措施。

后张法预应力混凝土构件的曲线预应力钢丝束、钢绞线束的曲率半径不宜小于 4 m。

对折线配筋的构件，在预应力钢筋弯折处的曲率半径可适当减小。

在局部受压间接配筋配置区以外，在构件端部长度 l 不小于 $3e$(e 为截面中心线上部或下部预应力钢筋的合力点至邻近边缘的距离)，但不大于 $1.2h$(h 为构件端部截面高度)，高度为 $2e$ 的附加配筋区范围内，应均匀配置附加箍筋或网片，其体积配筋率不小于 0.5%，如图 4-33 所示。

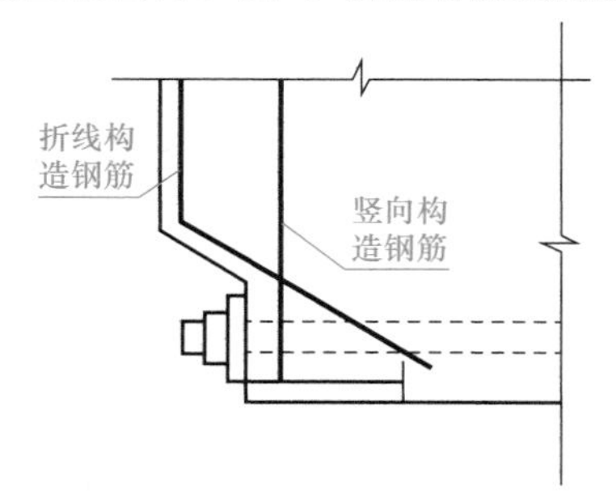

图 4-32　端部转折处构造

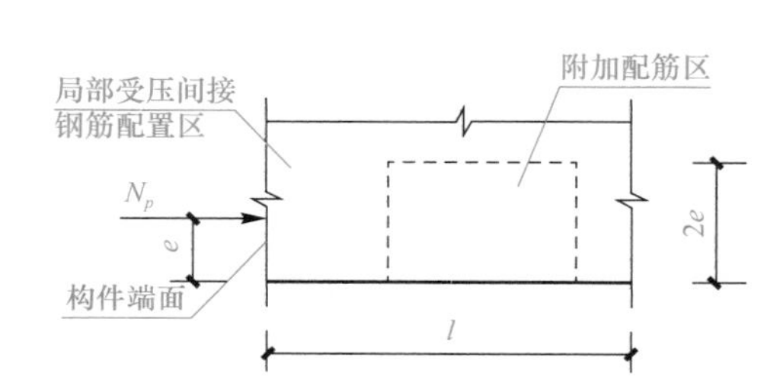

图 4-33　防止沿孔道劈裂的配筋范围

任务 4.5　钢筋混凝土结构构件施工图

知识导航

4.5.1　钢筋混凝土结构构件配筋图的表示方法

不同类型的结构，其结构施工图的具体内容与表达也各有不同，但一般包括结构设计说明、结构平面布置图和构件详图三部分内容。其中，构件详图包括梁、板、柱及基础结构详图，楼梯、电梯结构详图，屋架结构详图，支撑、预埋件、连接件等的详图。

钢筋混凝土结构构件配筋图的表示方法通常有以下三种：

(1)详图法。详图法通过平、立、剖面图将各构件(梁、柱、墙等)的结构尺寸、配筋规格等

"逼真"地表示出来。用详图法绘图的工作量非常大，但识图时简单、直观、易懂。

(2)梁柱表法。梁柱表法采用表格填写方法将结构构件的结构尺寸和配筋规格用数字符号表达。此法比"详图法"要简单、方便得多。其不足之处是：同类构件的许多数据需多次填写，容易出现错漏，图纸数量多，现在较少采用。

(3)结构施工图平面整体表示方法(以下简称"平法")。平法把结构构件的截面形式、尺寸以及所配钢筋规格在构件的平面位置用数字和符号直接表示，再与相应的"结构设计总说明"和梁、柱、墙等构件的"构造通用图及说明"配合使用。平法的优点是图面简洁、清楚、直观性强，图纸数量少，设计和施工人员都很欢迎，现在普遍采用该法。

本节就构件的详图法展开介绍，反映各构件的形状、大小、材料、构造及连接关系。对应平法的内容见本书项目10。

4.5.2 钢筋混凝土构件结构详图的内容和特点

钢筋混凝土构件结构详图是结施的重要组成部分，是钢筋翻样、制作、绑扎、现场支模、设预埋件和浇筑混凝土的主要依据。

1. 钢筋混凝土构件结构详图的主要内容

(1)构件的名称或代号、绘制比例。

(2)构件的定位轴线及其编号。

(3)构件的形状、尺寸及配筋和预埋件。

(4)钢筋的直径、尺寸和构件的结构标高。

(5)施工说明等。

绘制钢筋混凝土结构详图时，假想混凝土是透明体，能显示混凝土内部的钢筋配置，这样的投影图称为配筋图。配筋图通常包括平面图、立面图、断面图等。必要时，还可以将构件中的每根钢筋抽出绘制钢筋大样图，同时列出钢筋表。

2. 钢筋混凝土构件施工图的特点

结构图采用正面投影法绘制；图中钢筋用粗实线绘制，钢筋的横截面用涂黑小圆点表示。构件的外轮廓线、尺寸线、尺寸界线、引出线等用细实线绘制；构件的名称采用代号表示，后跟阿拉伯数字表示该构件的编号或型号；构件对称时，可一半表示模板图，一半表示钢筋；构件的轴线及编号等应与建筑施工图保持一致。

4.5.3 钢筋混凝土构件施工图中钢筋的表示

根据钢筋的种类及强度可分为不同的品种，具体的直径符号见表2-4和表2-5。

1. 钢筋的直径、根数及间距的表示

钢筋的直径、根数及相邻钢筋的中心距采用引出线的方式标注。为了便于识别，构件中的各种钢筋应进行编号，编号采用阿拉伯数字，写在引出线端部直径为6 mm的细实线圆中。在引出线端部，用代号标注钢筋的等级、种类、直径、根数或间距等。其标注方式如下：

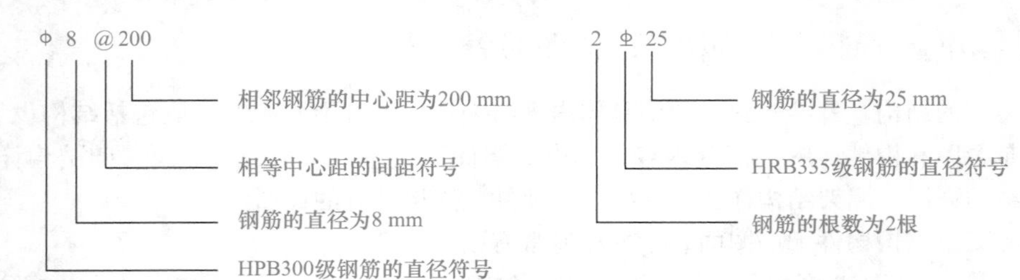

特别提示

在结构施工图中，在钢筋符号前面的数代表钢筋的根数，钢筋符号后面的数代表钢筋的直径，@符号后面的数据代表钢筋放置的间距。

2. 结构施工图中钢筋的常规表示法

为表示出钢筋的端部形状、钢筋的配置和搭接情况，钢筋在施工图中一般采用表 4-16 中的图例来表示。

表 4-16　一般钢筋常用图例

序号	名称	图例	说明
1	钢筋横断面	•	
2	无弯钩的钢筋端部		下图表示长、短钢筋投影重叠时，应在钢筋的端部用 45°短画线表示
3	带半圆形弯钩的钢筋端部		
4	带直钩的钢筋端部		
5	带丝扣的钢筋端部		
6	无弯钩的钢筋搭接		
7	带半圆形弯钩的钢筋搭接		
8	带直钩的钢筋搭接		
9	花篮螺丝钢筋接头		
10	机械连接的钢筋接头		

能力导航

4.5.4　钢筋混凝土梁的结构详图

某框架梁 KL2 的结构详图如图 4-34 所示，分析该框架梁的构造尺寸与钢筋设置。由图可知，该梁的跨度为 6.4 m，净跨为 6 m，该梁的截面宽度为 250 mm，截面高度为 600 mm。该梁左跨内设置的纵向底筋为 3Φ22，上部通长筋为 2Φ25，腰筋为 4Φ12，左支座负筋为 1Φ20，右支座负筋为 3Φ20，且分两排设置，箍筋采用双肢箍形式，加密区箍筋为 Φ8@100，非加密区箍筋

为 Φ8@200。

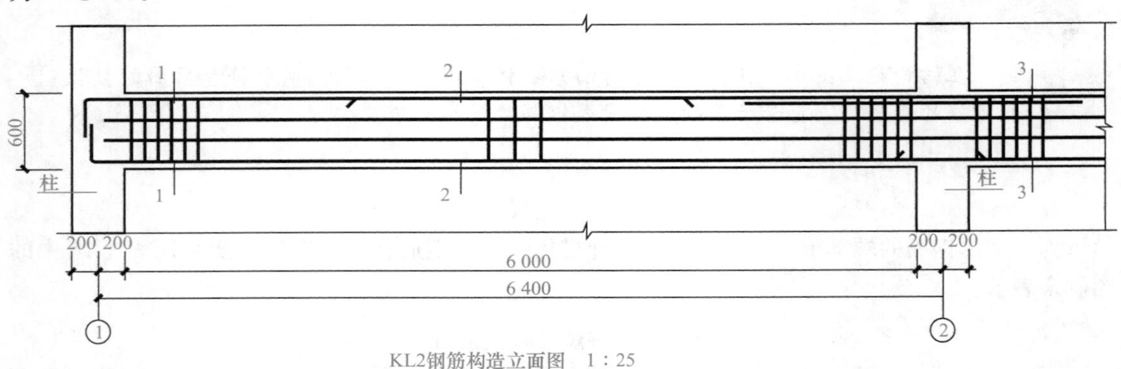

KL2钢筋构造立面图 1 : 25

1Φ20
2Φ25
4Φ12
600
Φ8@100
3Φ22
250

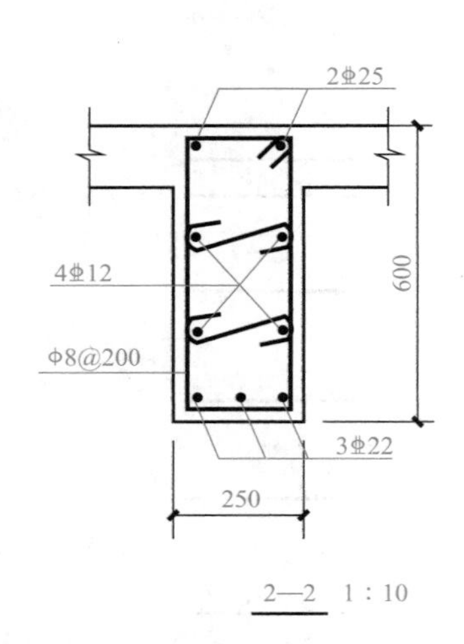

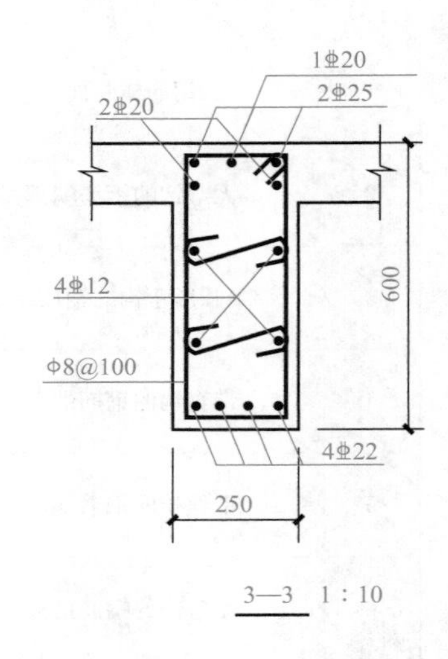

1—1 1 : 10　　2—2 1 : 10　　3—3 1 : 10

图 4-34　某框架梁结构详图

4.5.5　钢筋混凝土柱的结构详图

某框架柱 KZ1 的结构详图如图 4-35 所示，分析该框架柱的构造尺寸与钢筋设置可知，该柱的总高度为 6.6−(−1.2)=8.8(m)，首层高度为 4.8 m，首层净高为 4.2 m，二层高度为 3 m，二层净高为 2.4 m，该柱的截面边长为 600 mm×600 mm。

该柱首层高度范围内纵向角筋为 4Φ25，纵向中部筋采用双轴对称形式，其中一边的纵向中部筋为 2Φ20，另一边的纵向中部筋为 3Φ20；首层高度范围内箍筋采用复合箍形式，加密区箍筋为 Φ8@100，非加密区箍筋为 Φ8@200，箍筋的肢数为 4×5。该柱二层高度范围内纵向角筋为 4Φ25，纵向中部筋采用双轴对称形式，每边的纵向中部筋为 2Φ20；二层高度范围内箍筋采用复合箍形式，加密区箍筋为 Φ8@100，箍筋的肢数为 4×4。

特别提示

目前，我国表达梁配筋最常用的方法是梁平面整体表示方法，但学习梁传统详图法是学习梁平面整体表示方法的基础。

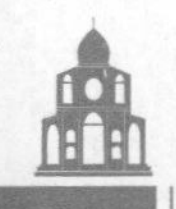

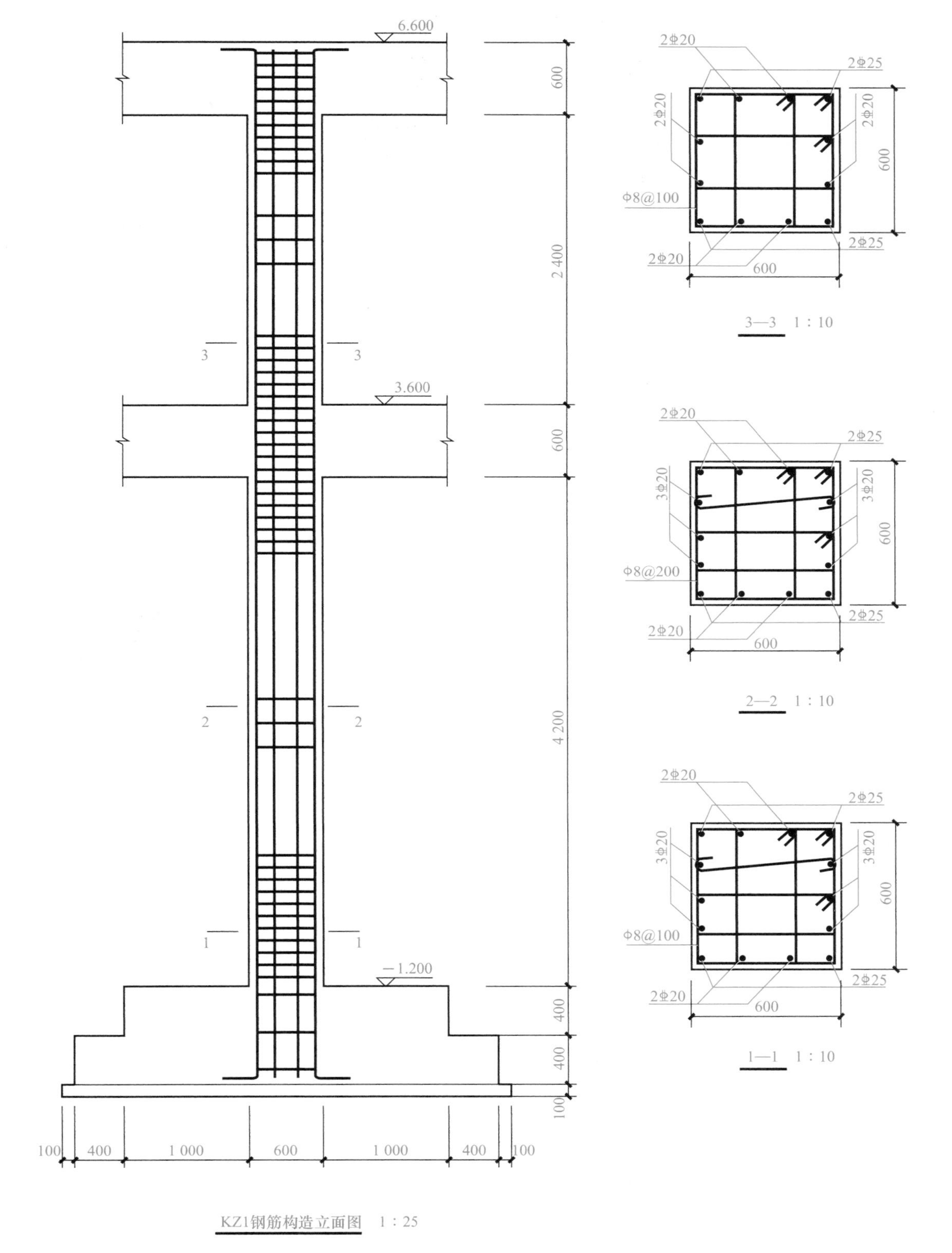

图 4-35 某框架柱结构详图

项目小结

1. 本项目对钢筋混凝土结构基本构件的设计过程及结构构造要求进行了较为详细的阐述，钢筋混凝土结构基本构件包括受弯构件、受压构件、受扭构件以及预应力混凝土构件，钢筋混凝土梁、板的变形以受弯为主，钢筋混凝土柱的变形以受压为主，预应力混凝土构件包括预应力梁和预应力板等。主要包括钢筋混凝土结构基本构件(受弯、受压、受扭构件)的受力特点、计算方法及构造要求，预应力混凝土的概念和施工方法，钢筋混凝土结构构件施工图等主要内容。

2. 钢筋混凝土基本构件的初步结构构造设计包括材料选择、初步尺寸确定、构造措施、详图表达、承载力计算等内容，学习者应在理解的基础上学会应用。混凝土结构基本构件的构造要求是本项目的学习重点，在学习的过程中可结合《混凝土结构设计规范(2015 年版)》(GB 50010—2010)相关条文。

习　题

一、填空题

项目 4　习题答案

1. 受弯构件通常是指________和________共同作用的构件。

2. 钢筋混凝土板厚的模数为________，梁与柱的模数一般为________。

3. 板中受力钢筋的间距一般在________至________。

4. 板中受力钢筋一般布置在板的________区，分布钢筋则放置于受力钢筋的________侧。

5. 板中单位长度上分布钢筋的配筋面积不小于受力钢筋截面面积的________，且不宜小于该方向板截面面积的________，其直径不宜小于________ mm，间距不宜大于________ mm。

6. 梁内纵向受力钢筋的净距，当为上纵筋时为不宜小于________及________，当为下纵筋时为不宜小于________及________。

7. 在钢筋混凝土梁中，通常配置有纵向受力钢筋、弯起钢筋、________及________钢筋构成钢筋骨架。

8. 在钢筋混凝土梁中，当截面腹板高度≥________ mm 时需在梁侧面设置纵向构造钢筋。

9. 斜截面破坏分为________、________、________。

10. 受扭纵筋的间距不应大于________和________。

11. 柱纵筋净距不应小于________，中距不宜大于________，全部纵筋的配筋率不宜大于________，箍筋直径不应小于________或________。

12. 预应力纵向钢筋的布置方式有________、________、________。

二、选择题

1. 框架梁的最小宽度不宜小于(　　)mm，最小高度不宜小于(　　)mm。

A. 150；300　　B. 150；400

C. 200；300　　D. 200；400

2. 钢筋混凝土梁内主要用来承受剪力的钢筋是(　　)。

A. 纵向受力钢筋和弯起钢筋　　B. 架立筋和箍筋

C. 弯起钢筋和箍筋　　D. 纵向受力钢筋和箍筋

3. 钢筋混凝土保护层的厚度是指(　　)。

A. 纵向受力钢筋外皮至混凝土边缘的距离

B. 纵向受力钢筋中心至混凝土边缘的距离

C. 箍筋外皮到混凝土边缘的距离

D. 箍筋中心至混凝土边缘的距离

4. 环境类别一类，当混凝土为 C25 时梁的混凝土保护层最小厚度为(　　)mm。

A. 15　　B. 25　　C. 30　　D. 20

5. 混凝土强度等级为 C20 时，板的有效高度近似值为(　　)。

A. $h-15$　　B. $h-20$　　C. $h-25$　　D. $h-35$

6. 下列破坏形式中属于脆性破坏的是(　　)。

A. 少筋破坏和适筋破坏　　B. 少筋破坏和超筋破坏

C. 适筋破坏和超筋破坏　　D. 适筋破坏和斜拉破坏

7. 以下属于偏心受压的构件有(　　)。

A. 恒荷载为主的多跨多层房屋的内柱　　B. 屋架受压腹杆

C. 多层框架柱　　D. 单层厂房柱

8. 下列选项中不属于框架边梁变形的基本形式的是(　　)。

A. 受扭　　B. 剪切　　C. 弯曲　　D. 受压

9. 下列(　　)构件是受扭构件。

A. 框架边梁　　B. 螺旋楼梯　　C. 门窗过梁　　D. 吊车梁

10. 先张法预应力钢筋的净间距对于三股钢绞线，不应小于(　　)mm。

A. 15　　B. 25　　C. 30　　D. 20

三、判断题

1. 当梁的高度大于 450 mm 时，在梁的两侧应设置纵向构造钢筋。(　　)

2. 适筋梁、少筋梁、超筋梁的三种破坏形式均属于脆性破坏。(　　)

3. 受拉区混凝土先出现裂缝，表示斜截面承载能力不足。(　　)

4. 单独设置的抗剪弯筋，一般应布置成浮筋形式，不允许采用锚固性能较差的鸭筋形式。(　　)

5. 斜拉破坏、斜压破坏、剪压破坏均属于脆性破坏。(　　)

6. 抗扭钢筋包括均匀布置的受扭纵筋及封闭箍筋。(　　)

7. 圆柱的直径不宜小于 300 mm。(　　)

8. 对于截面形状复杂的柱，不可采用具有内折角的箍筋，而应采用分离式箍筋。(　　)

9. 在混凝土构件受荷载之前预先对外荷载作用时的混凝土受压区施加压应力的构件称为“预应力混凝土构件”。(　　)

10. 后张法适用于批量生产的中小型预应力混凝土构件。(　　)

四、简答题

1. 钢筋混凝土板中有哪几种钢筋？钢筋混凝土梁中有哪几种钢筋？它们各自的作用是什么？

2. 混凝土的保护层厚度是什么？构件的保护层厚度如何取值？

3. 截面的有效高度是什么？如何取值？

4. 梁的正截面破坏形态有哪几种？它们的破坏特征是什么？

5. 进行梁的正截面承载力计算时引入了哪些基本假设？

6. 什么是受压区混凝土等效矩形应力图形？它是怎样从受压区混凝土的实际应力图形得来的？

7. 单筋矩形截面受弯构件受弯承载力计算公式是如何建立的？为什么要规定适用条件？

8. 单筋矩形截面设计与承载力计算包括哪两类问题？各自的计算步骤如何？

9. 什么是双筋截面梁、T形截面梁？第一类T形和第二类T形截面如何区分？

10. 无腹筋梁的斜截面受剪破坏形态有几种？破坏特征如何？

11. 钢筋混凝土柱中的纵向受力钢筋和箍筋的主要构造要求有哪些？

12. 在实际工程中哪些构件属于受扭构件？

13. 受扭构件中纵筋和箍筋的配置应注意哪些问题？

14. 什么是预应力混凝土构件？对构件施加预应力的主要目的是什么？预应力混凝土结构的优缺点是什么？

15. 在预应力混凝土构件中，对钢材和混凝土的性能有何要求？为什么？

16. 预应力混凝土构件主要的构造要求有哪些？

五、计算题

1. 已知梁截面弯矩设计值 M=90 kN·m，混凝土强度等级为C30，钢筋采用HRB335级，梁的高度为500 mm，宽度为200 mm，环境类别为一类。试求所需的纵向钢筋截面面积 A_s。

2. 已知梁的截面尺寸 $b\times h$=200 mm×450 mm，混凝土强度等级为C30，配有4根直径为16 mm的HRB335级钢筋，环境类别为一类。若承受弯矩设计值 M=60 kN·m，试验算此梁正截面承载力是否安全。

3. 钢筋混凝土矩形截面简支梁计算长度 l_0=4.86 m，截面尺寸 $b\times h$=250 mm×600 mm，混凝土强度等级为C30，纵向钢筋采用HRB400级，箍筋采用HPB300级，承受均布荷载设计值 q=86 kN/m(包括自重)根据正截面受弯承载力计算配置的纵筋为4Φ25。试根据斜截面受剪承载力要求确定箍筋量。

4. 某多层现浇钢筋混凝土框架结构，计算高度 l_0=6 m，其内柱承受轴向压力设计值 N=2 800 kN，截面尺寸400 mm×400 mm，强度等级采用C40混凝土，HRB400级钢筋，试计算纵筋截面面积。

5. 已知某圆形截面现浇钢筋混凝土柱，承受轴向压力设计值 N=2 500 kN，受使用条件限制直径不能超过400 mm，计算长度 l_0=3.9 m，混凝土强度等级采用C40，纵向钢筋采用HRB400级，箍筋采用HPB300级，试设计该柱。

项目5 钢筋混凝土楼(屋)盖、楼梯

教学目标

通过本项目的学习，了解钢筋混凝土楼盖的分类和构造特点；理解单向板和双向板的划分方法；掌握钢筋混凝土单向肋形楼盖与双向肋形楼盖的结构平面布置及构造规定；掌握钢筋混凝土板式楼梯的配筋构造；了解钢筋混凝土梁式楼梯的配筋构造；了解悬挑构件的组成、受力特点，掌握悬挑构件的构造要求。培养学生着重把握"结构"的主要矛盾，又不忽视次要矛盾，树立两者统筹兼顾的思想。

教学要求

学习目标	相关知识点	权重
进行钢筋混凝土楼(屋)盖类型初步选型	钢筋混凝土楼(屋)盖的类型	10%
掌握单向板肋形楼盖的配筋构造	现浇单向板肋形楼(屋)盖的受力特点、构造要求等	30%
掌握双向板肋形楼盖的配筋构造	现浇双向板肋形楼(屋)盖的受力特点、构造要求等	30%
掌握板式楼梯的配筋构造	现浇板式楼梯的受力特点、构造要求等	20%
掌握悬挑构件的配筋构造	现浇悬挑构件的受力特点、构造要求等	10%

学习重点

现浇肋形楼盖的构造要求，现浇板式楼梯的构造要求。

引　例

钢筋混凝土梁板结构是土木工程中应用最为广泛的一种结构，钢筋混凝土楼(屋)盖是建筑结构中的重要组成部分，在钢筋混凝土结构建筑中，楼(屋)盖的造价占房屋总造价的30%～40%，因此，楼盖结构造型和布置的合理性，以及结构计算和构造的正确性，对建筑的安全使用和技术经济指标有着非常重要的意义。试问：

(1)钢筋混凝土楼(屋)盖的类型有哪些？楼(屋)盖的初步选型依据是什么？

(2)钢筋混凝土楼(屋)盖的构造如何？如何进行图纸表达？

任务5.1　钢筋混凝土楼盖的类型

知识导航

5.1.1　钢筋混凝土楼盖类型的功能和分类

楼盖的主要功能有：将楼盖上的竖向力传递给竖向结构构件(柱、墙、基础等)；将水平力传递给竖向结构或分配给竖向结构；作为竖向结构构件的水平联系和支撑。

楼盖的结构类型可按以下方式进行分类：

(1)按结构的受力形式分类：单向板肋梁楼盖、双向板肋梁楼盖、井式楼盖、密肋楼盖、无梁楼盖。

(2)按是否施加预应力分类：钢筋混凝土楼盖、预应力混凝土楼盖(包括无粘结预应力混凝土楼盖)。

(3)按施工方法分类：现浇整体式楼盖、装配式楼盖、装配整体式楼盖。

5.1.2　现浇整体式楼盖

现浇整体式楼盖的全部构件均为现场浇筑，其整体性好、刚度大、抗震性较好，但模板用量多、工期长。现浇整体式楼盖主要有肋形楼盖、井字楼盖和无梁楼盖三种。

1. 肋形楼盖

肋形楼盖由板、次梁、主梁组成，三者整体相连，如图5-1所示。板的四周支承在次梁、主梁上。当板区格的长边与短边之比超过一定数值(≥3.0)时，板上的荷载主要沿短边的方向传递到支承梁上，而沿长边方向传递的荷载很小，可以忽略不计，这种板称为单向板，相应的肋形楼盖称为单向板肋形楼盖，如图5-1(a)所示；当板区格的长边与短边之比较小(≤2.0)时，板上的荷载将通过两个方向同时传递到相应的支承梁上，此时板沿两个方向受力，称为双向板，相应的肋形楼盖称为双向板肋形楼盖，如图5-1(b)所示；当板区格的长边与短边之比为2～3时，一般按双向板考虑，也可按沿短边方向的单向板计算，但长边方向应布置足够量的钢筋。

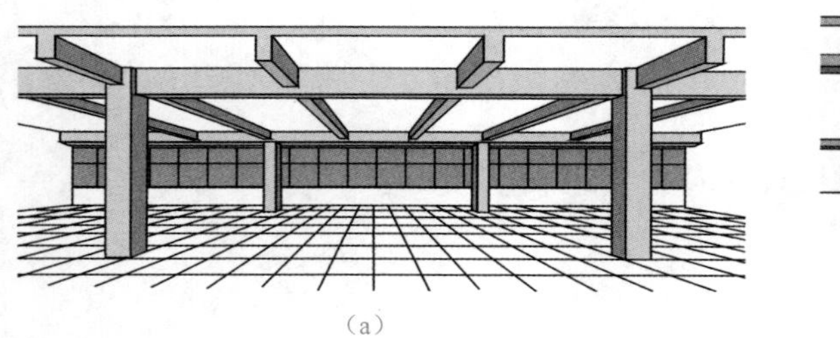
(a)

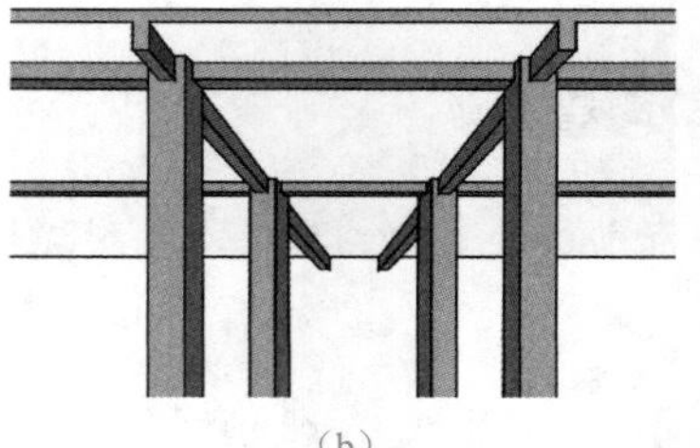
(b)

图5-1　肋形梁的梁板结构

(a)单向板；(b)双向板

2. 井字楼盖

井字楼盖是双向板的发展，由双向板与交叉梁系组成，如图5-2所示。在一般楼盖中双向板的跨度为3～6 m，板厚为100～150 mm；当建筑功能上需要大跨度时，板厚度大，很不经济。

为节省材料，可从板底受拉区挖去一部分混凝土而形成梁，使双向的受力都集中在等高并互相垂直的几根梁上，此时楼盖两个方向的梁，不分主次，互相交叉成井字状，称为井字梁，共同承受板上传来的荷载，交叉点不设柱，建筑效果较好，整个楼盖相当于一块大型双向受力的平板。井字楼盖在中小礼堂、餐厅、展览厅、会议室以及公共建筑的门厅或大厅中较为常见。

3. 无梁楼盖

无梁楼盖是一种板、柱结构体系。钢筋混凝土平面楼板直接支承在柱上，所以与肋梁楼盖相比，其板厚要大。为了改善板的受力条件，通常在每层柱的上部设置柱帽。无梁楼盖具有平整的天棚，较好的采光、通风和卫生条件，可节省模板并简化施工。当楼面活荷载标准值在 5 kN/m^2 以上，且柱距在 6 m 以内时，无梁楼盖比肋梁楼盖经济。无梁楼盖适用于多层厂房、商场、书库、冷藏库、仓库以及地下水池的顶盖等建筑，如图 5-3 所示。

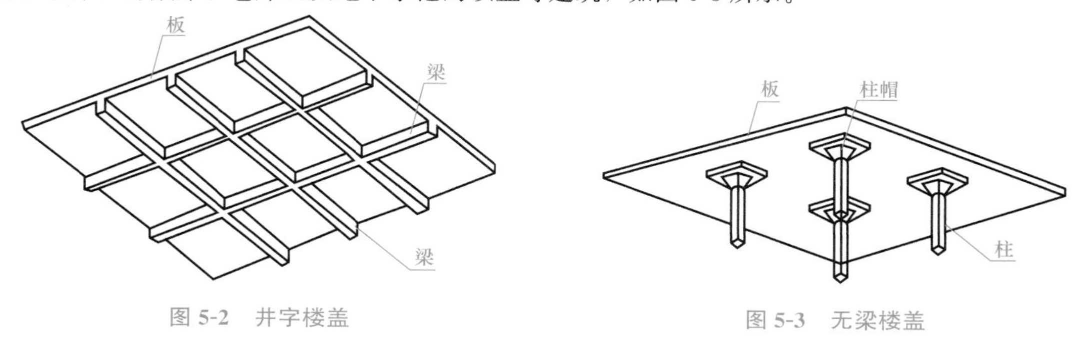

图 5-2　井字楼盖　　　　图 5-3　无梁楼盖

5.1.3　装配式楼盖

装配式楼盖一般采用预制板、现浇梁的结构形式，也可以是预制梁和预制板结合而成。装配式楼盖节省模板，且工期较短，有利于采用预应力，构件尺寸误差小，被广泛应用在多层住宅等建筑中；但整体性、抗震性、防水性较差，楼板不能开洞，施工时吊装条件要求高，故对于高层建筑、有抗震设防要求的建筑及要求防水和开洞的楼面，均不易采用。装配式楼盖主要有铺板式、密肋式和无梁式。现就铺板式进行简要介绍。

1. 铺板式楼盖的构件形式

(1)预制板。常用预制板有肋形槽形板、双 **T** 形板、实心板、空心板等，如图 5-4 所示。

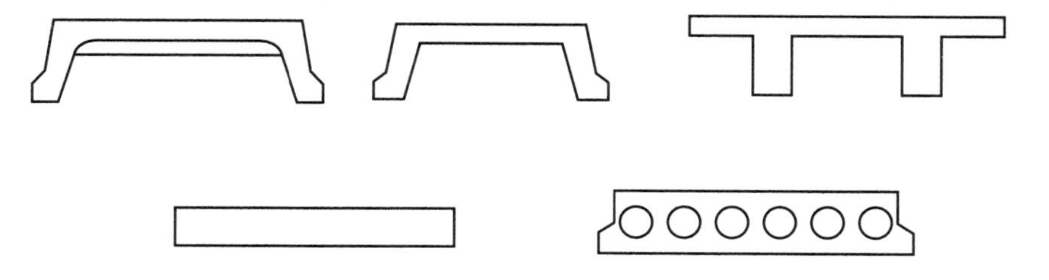

图 5-4　预制板的类型

实心板制作简单、板面平整、施工方便，常用于小跨度的走道板、架空搁板、地沟盖板等，跨度一般为 1.5～2.4 m，板厚为跨度的 1/30 左右，常用板厚为 50～100 mm，板宽为 400～1 200 mm。一般考虑到板与板之间的灌缝及板的安装，板的实际尺寸较设计尺寸要小一些，一般板底宽度要小 10 mm，板面宽度至少要小 20～30 mm。

空心板板面平整，用料少，刚度大，隔热、隔声效果好，但制作较复杂，广泛用于楼盖、

屋盖中，空洞可为圆形、正方形、椭圆形等，为避免端部被压坏，在板端孔洞内应塞混凝土堵头。非预应力空心板跨度一般在 4.8 m 以内，预应力空心板跨度在 7.5 m 以内，板的长度多数按 0.3 m 进级。常用板宽有 500 mm、600 mm、900 mm、1 200 mm、1 500 mm 等，板厚为跨度的 1/20～1/30(非预应力)和 1/30～1/35(预应力)，常用板厚有 120 mm 和 150 mm 两种。

槽形板由面板、纵肋、横肋组成。按照肋的位置可分为肋向下的正槽板和肋向上的倒槽板两种。正槽板受力合理，用料少，便于开洞，但隔声、隔热效果差，一般用于对天棚要求不高的建筑。倒槽板能提供平整的天棚，但受力性能较差，且施工比较麻烦，目前较少采用这种形式。槽形板由于开洞方便，在工业建筑中应用较多，也适于民用建筑中的厨房、卫生间楼板。板跨一般为 3～6 m(非预应力槽形板跨度一般在 4 m 以内，预应力槽形板跨度可达 6 m 以上)，板宽为 600～1 500 mm，板厚为 30～50 mm，肋高为 150～300 mm。

双 T 形板整体刚度大、承载力大但对吊装有较高要求，可用于跨度 12 m 以内的楼板、外墙板、屋面板。

(2)预制梁。梁的高跨比一般为 1/14～1/8，一般为单跨梁，主要是简支和伸臂梁。其截面形式有矩形、花篮形、**T** 形、倒 **T** 形、十字形等，如图 5-5 所示。

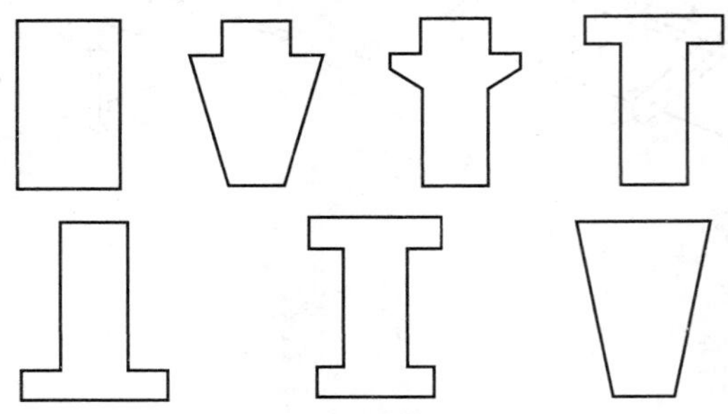

图 5-5　梁的截面形式

2. 铺板式楼盖的结构布置

铺板式楼盖的结构布置应视墙体布置和柱网尺寸而异，通常板有铺设在横墙、纵墙、梁上三种布置方案。在选择布置方案时，应根据房间的净尺寸和吊装能力，尽可能选择较宽的板，且型号不宜太多。通常会遇到下列几种情况：

(1)铺板布置时一般选用一种基本型号，再以其他型号板补充，排板时允许板间存在 10～20 mm 的空隙。应尽量避免将板边(沿板长度方向)嵌入墙内，如图 5-6(a)所示。当排板后的剩余宽度小于 120 mm，可采用挑砖办法处理，如图 5-6(b)所示；如剩余宽度较大，可处理成现浇板带，如图 5-6(c)所示。

(2)当遇到较大直径竖管穿越楼面时，可局部改用槽形板。

(3)当楼盖水平面内需敷设较粗的动力、照明管道时，可降低楼盖的结构标高，可采用加厚板面混凝土找平以便将管道埋设于找平层中，也可加宽预制板间隔的办法，待管道敷设后再浇灌混凝土，如图 5-6(d)所示。

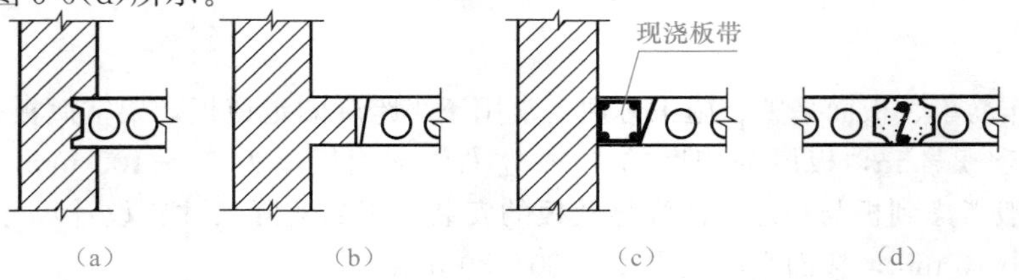

图 5-6　铺板式楼盖的结构布置

3. 铺板式楼盖的连接构造

对于有抗震设防区的多层砌体房屋，采用装配式楼盖时，在结构布置上尽量采用横墙承重或混合承重方案，使其有合理的刚度和强度分布。装配式楼盖的连接包括板与板、板与墙(梁)之间以及梁与墙的连接，现就非抗震设防区的连接进行简述。

(1)板与板的连接。板的实际宽度比标志尺寸小 10 mm，铺板后板与板之间下部留有 10～20 mm 的空隙，上部板缝稍大，不宜小于 30 mm。板缝应采用强度不低于预制板混凝土强度且不低于 C20 的细石混凝土，如图 5-7(a)、(b)所示。当板缝大于 40 mm 时，应在缝内按计算配置贯穿整个结构单元的钢筋，板缝顶面的钢筋搭接部位应设在跨中，其搭接长度为 $1.2l_a$，如图 5-7(c)所示。

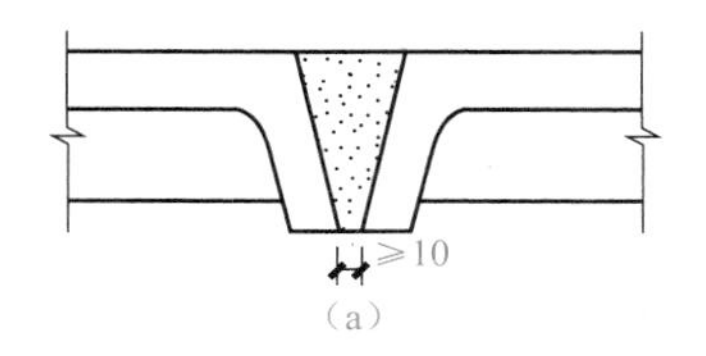

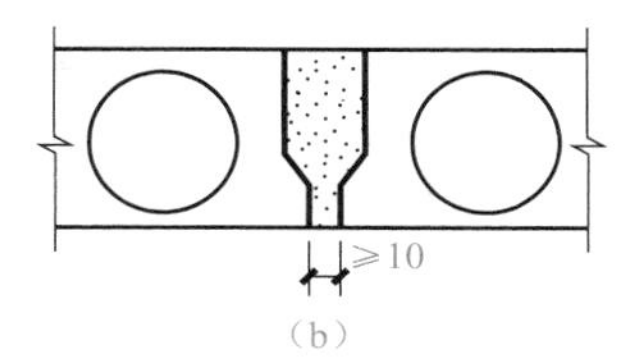

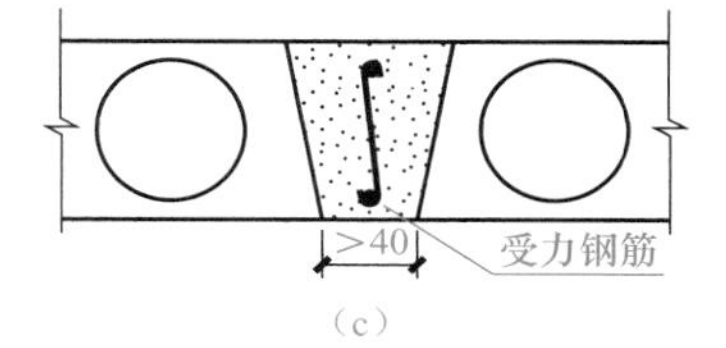

图 5-7 板与板的连接

(2)板与墙和板与梁的连接。板与墙和梁的连接，分支承与非支承两种情况。板与其支承墙和梁的连接，一般采用在支座上坐浆(厚度为 10～20 mm)。板在砖墙上的支撑长度在外墙上应≥120 mm，内墙上应≥100 mm；在钢筋混凝土梁上支撑长度应≥80 mm，方能保证可靠的连接，如图 5-8 所示。

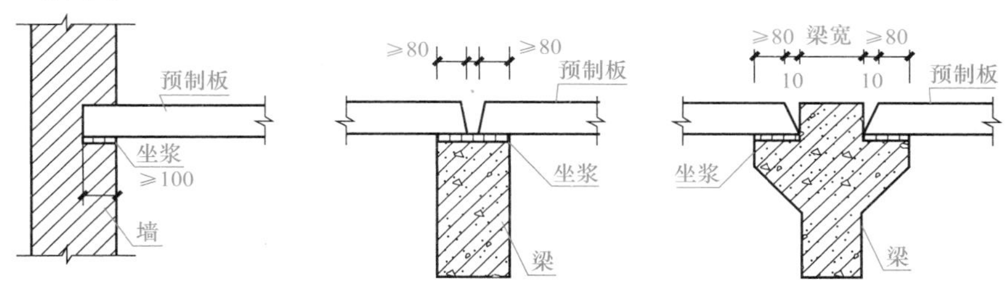

图 5-8 预制板的搁置长度

(3)板与非支撑墙和梁的连接。板与非支撑墙和梁的连接，一般采用细石混凝土灌缝[图 5-9(a)]。当板长≥4.8 m 时，应在板的跨中设置两根直径为 8 mm 的连系筋[图 5-9(b)]，或将钢筋混凝土圈梁设置于楼盖平面处[图 5-9(c)]，以增强其整体性。

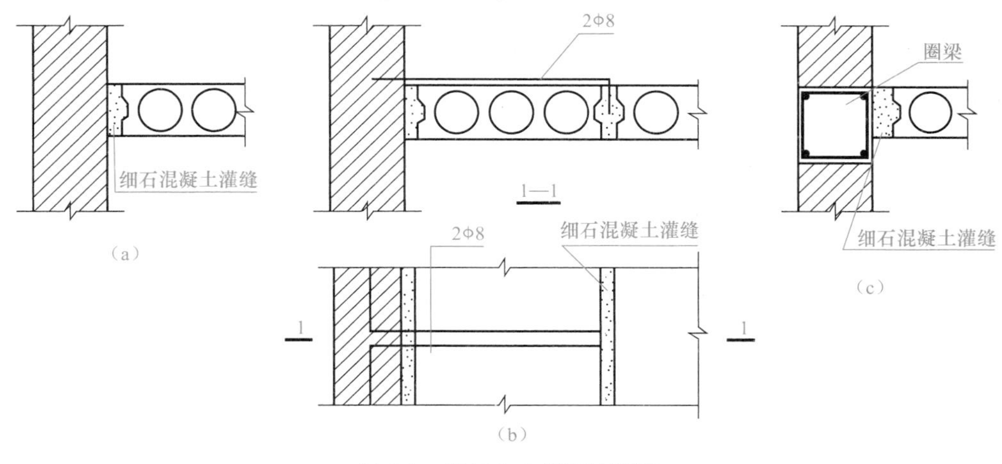

图 5-9 板与非支撑墙的连接

对于平屋顶、地下室等，预制板在支座上部应设锚固钢筋与墙或梁连接，如图 5-10 所示。

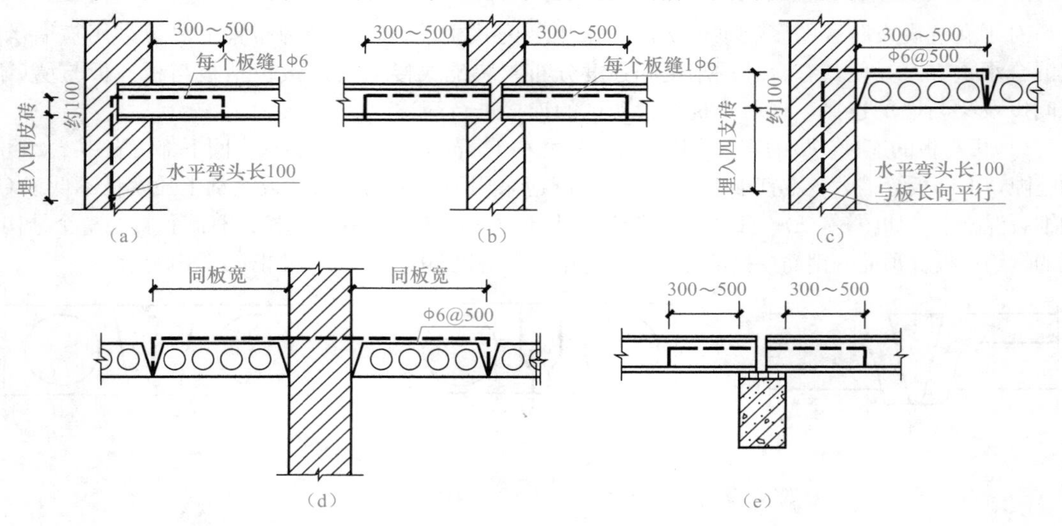

图 5-10　板与墙或梁的连接

(4)梁与墙的连接。梁在砖墙上的支承长度，应满足梁内受力钢筋在支座处的锚固要求和支座处砌体局部抗压承载力的要求。当砌体局部抗压承载力不足时，应按《砌体结构设计规范》(GB 50003—2011)设置梁下垫块。

通常，预制梁在墙上的支撑长度应≥180 mm，且应在支撑处坐浆 10～20 mm；必要时(如有抗震要求时)，在梁端设置拉结钢筋。

特别提示

现浇整体式楼盖、装配式楼盖、装配整体式楼盖这三种楼盖中，现浇整体式楼盖在实际工程中应用最为广泛。

5.1.4　装配整体式楼盖

装配整体式楼盖是在预制梁、板吊装就位后，再在板面现浇叠合层而形成整体，如图 5-11 所示。这种楼盖的整体性较装配式好，比现浇整体式差，需二次浇筑混凝土，费工费料，造价相对较高。

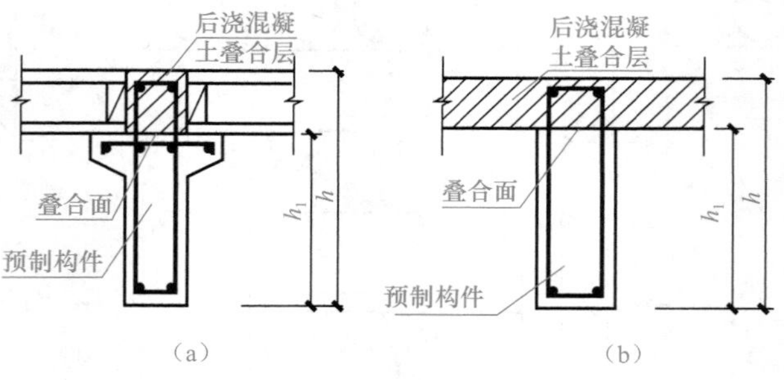

图 5-11　叠合式受弯构件的截面形式

(a)有预制板的叠合梁；(b)现浇板叠合梁

能力导航

5.1.5 钢筋混凝土楼盖的判断与初步选型

钢筋混凝土楼盖广泛应用于各类建筑中，如办公楼、宿舍、住宅、厂房、写字楼等。现浇混凝土楼盖的整体性好，布置灵活，但施工周期长且需要模板，可应用于所有钢筋混凝土结构的建筑；装配式楼盖的施工成本低，施工周期短，但抗震性和整体性较差，可应用于受成本限制的小型建筑；而装配整体式楼盖结合两者的优点，目前在结构设计中应用越来越广泛。在建筑的施工过程中主要根据楼盖的施工方法来判断各种楼盖的类型。现浇钢筋混凝土楼盖则可以在施工完成后根据观察楼盖中主次梁的布置进行判断，若楼盖中未布置梁则为无梁楼盖，若楼盖中主次梁之间形成的板全为单向板则为单向板肋形楼盖，若楼盖中主次梁之间形成的板全为双向板则为双向板肋形楼盖，若楼盖中主次梁之间形成的板既有单向板又有双向板则为混合式肋形楼盖。

【例 5-1】 某框架结构建筑肋形楼盖梁板布置平面如图 5-12 所示，试判断分析该楼盖的类型。

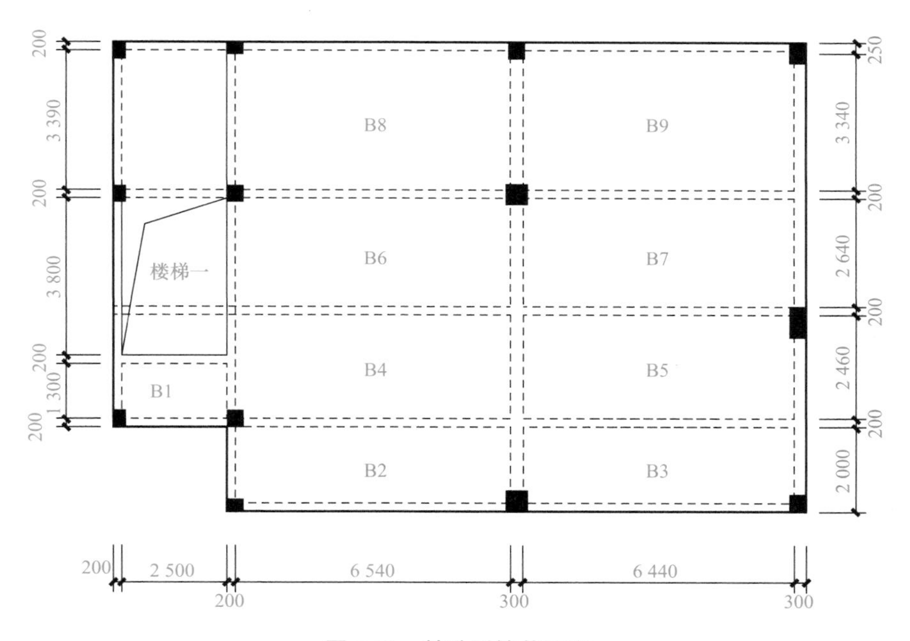

图 5-12 某肋形楼盖平面

【解】

由图以及规范对于肋形楼盖单向板与双向板的规定可知，该楼盖中 B1、B4、B5、B6、B7、B8、B9 为双向板，B2 和 B3 为单向板，同一楼盖中既设置了单向板也设置了双向板，故该楼盖为混合式肋形楼盖。

任务 5.2　现浇单向板肋形楼盖

知识导航

5.2.1　单向板楼盖的受力特点

由单向板及支撑梁组成的楼盖，称为单向板肋形楼盖。在单向板肋形楼盖中荷载的传力途径为：荷载$\xrightarrow{\text{均布荷载}}$板$\xrightarrow{\text{均布荷载}}$次梁$\xrightarrow{\text{集中荷载}}$主梁$\longrightarrow$柱(或墙)，也就是说，板的支座为次梁，次梁的支座为主梁，主梁的支座为柱或墙。在实际工程中，由于楼盖整体现浇，因此，楼盖中的板、梁往往形成多跨连续结构，与单跨简支板和梁有较大区别。单向板肋形楼盖的设计步骤一般可分以下几步进行：

(1)选择结构平面布置方案。

(2)确定结构计算简图并进行荷载计算。

(3)对板、次梁、主梁分别进行内力计算。

(4)对板、次梁、主梁分别进行截面配筋计算。

(5)根据计算和构造要求，绘制楼盖结构施工图。

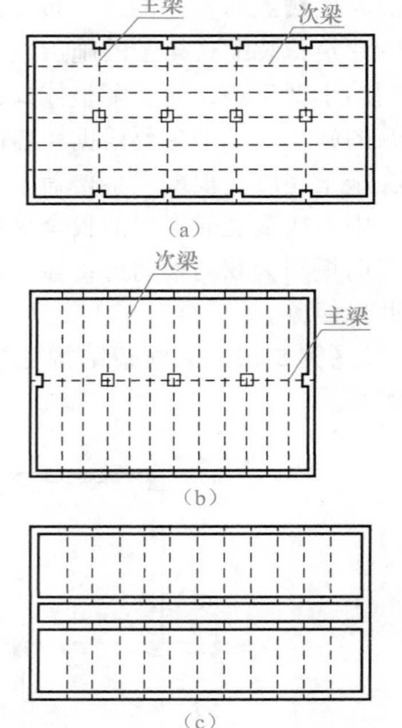

图 5-13　梁的布置

(a)主梁沿横向布置；

(b)主梁沿纵向布置；

(c)有中间走廊的梁布置

5.2.2　楼盖结构布置

常见的单向板肋形楼盖结构布置方案有主梁沿横向布置、主梁沿纵向布置和有中间走廊的梁布置三种，如图 5-13 所示。

(1)主梁沿横向布置，次梁沿纵向布置。其优点是横向刚度较大，各榀横向框架由纵向次梁相连，房屋整体性较好，同时可以开设较大的窗洞口，对室内采光有利。

(2)主梁沿纵向布置，次梁沿横向布置。该布置适用于横向柱距比纵向柱距大得较多的情况，因主梁纵向布置，可以减小主梁的截面高度，增大室内净高，但房屋的横向刚度较差。

(3)只布置次梁，不布置主梁。仅适用于有中间走廊的砖混房屋。

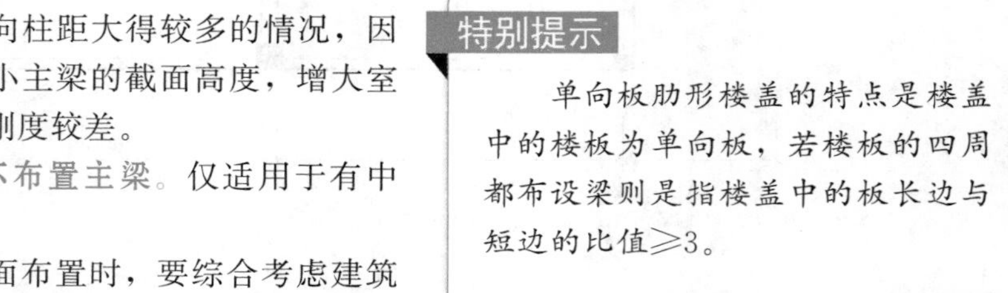

特别提示

单向板肋形楼盖的特点是楼盖中的楼板为单向板，若楼板的四周都布设梁则是指楼盖中的板长边与短边的比值≥3。

进行楼盖的结构平面布置时，要综合考虑建筑效果、其他专业工种的要求；主梁跨内最好不要只放置一根次梁，以减小主梁跨内弯矩；不封闭的阳台、厨房和卫生间的板面标高宜低于相邻板面30～50 mm；楼板上开有较大尺寸的洞口时，应在洞边设置小梁；合理地选择构件的跨度，通常单向板、次梁和主梁的经济跨度为：①单向板：1.8～2.7 m；②次梁：4～6 m；③主梁：5～8 m。

5.2.3　单向板楼盖的计算简图

楼盖结构布置完成后，就可确定结构的计算简图，以便对板、次梁、主梁分别进行内力计算。

1. 板的计算简图

板支撑在次梁或砖墙上，一般可将次梁或砖墙作为板的不动铰支座。

2. 梁的计算简图

次梁支撑在主梁(柱)或砖墙上，将主梁(柱)或砖墙作为次梁的不动铰支座；对于主梁，如支撑在砖墙、砖柱上时，将砖墙、砖柱作为主梁的不动铰支座，如与钢筋混凝土柱整浇，其支撑条件应根据梁柱抗弯刚度之比而定。分析表明，主梁与柱的线刚度比大于 3 时，将主梁视为铰支在柱上的连续梁计算，否则应按框架进行内力分析。

对于单跨及多跨连续板、梁在不同支撑下的计算跨度，按表 5-1 取用。对于各跨荷载相近，且跨数超过五跨的等跨等截面连续梁(板)，为简化计算，所有中间跨均以第三跨来代表。当实际跨数少于五跨时，按实际跨数计算。

表 5-1　连续梁、板的计算跨度 l_0

支撑情况		板	梁
两端与梁(柱)整体连接	按弹性计算	l_c	l_c
	按塑性计算	l_n	l_n
两端搁置在墙上		$a \leqslant 0.1l_c$ 时，l_n	$a \leqslant 0.05l_c$ 时，l_n
		$a > 0.1l_c$ 时，$1.1l_n$	$a > 0.05l_c$ 时，$1.05l_n$
一端与墙梁整体连接，一端搁置在墙上	按弹性计算	$l_n+(b+t)/2$	$1.025l_n+b/2 \leqslant l_c$
	按塑性计算	$l_n+t/2$	$1.025l_n \leqslant l_c+a/2$

注：l_c 为支座中心线间的距离，l_n 为净跨，t 为板的厚度，a 为板、梁在墙上的支撑长度，b 为板、梁在梁或柱上的支撑长度。

结构内力分析时，为减少计算工作量，一般不是对整个结构进行分析，而是从实际结构中选取有代表性的一部分作为计算的对象，称为计算单元。对于单向板，可取 1 m 宽度的板带作为其计算单元，在此范围内，如图 5-14(a)中用阴影线表示的楼面均布荷载便是该板带承受的荷载，这一负荷范围称为从属面积，即计算构件负荷的楼面面积。楼盖中部主、次梁截面形状都是两侧带翼缘(板)的 T 形截面，楼盖周边处的主、次梁则是一侧带翼缘的。每侧翼缘板的计算宽度取与相邻梁中心距的一半。次梁承受板传来的均布线荷载，主梁承受次梁传来的集中荷载，一根次梁的负荷范围以及次梁传给主梁的集中荷载范围如图 5-14(a)所示。

由于主梁的自重所占比例不大，为了计算方便，可将其换算成集中荷载加到次梁传来的集中荷载内。所以，从承受荷载的角度看，板和次梁主要承受均布线荷载，主梁主要承受集中荷载。板、次梁、主梁的计算简图分别如图 5-14(b)、(c)、(d)所示。

能力导航

5.2.4　单向楼盖的构造要求

1. 板的构造要求

(1)支撑长度。边跨板伸入墙内的支撑长度不应小于板厚，同时不得小于 120 mm。

(2)受力钢筋。

1)受力钢筋的直径通常采用 8 mm、10 mm 或 12 mm。为了便于施工架立，支座承受负弯矩的上部钢筋直径不宜小于 8 mm。同时在整个板内，选用不同直径的钢筋，不宜超过两种，且级差不小于 2 mm，以便于识别。

2)受力钢筋的间距不应小于 70 mm；当板厚 $h \leqslant 150$ mm 时，不应大于 200 mm；当板厚 $h > 150$ mm 时，不应大于 $1.5h$，且不应大于 250 mm。钢筋锚固长度不应小于 $5d$，钢筋末端应作弯钩。

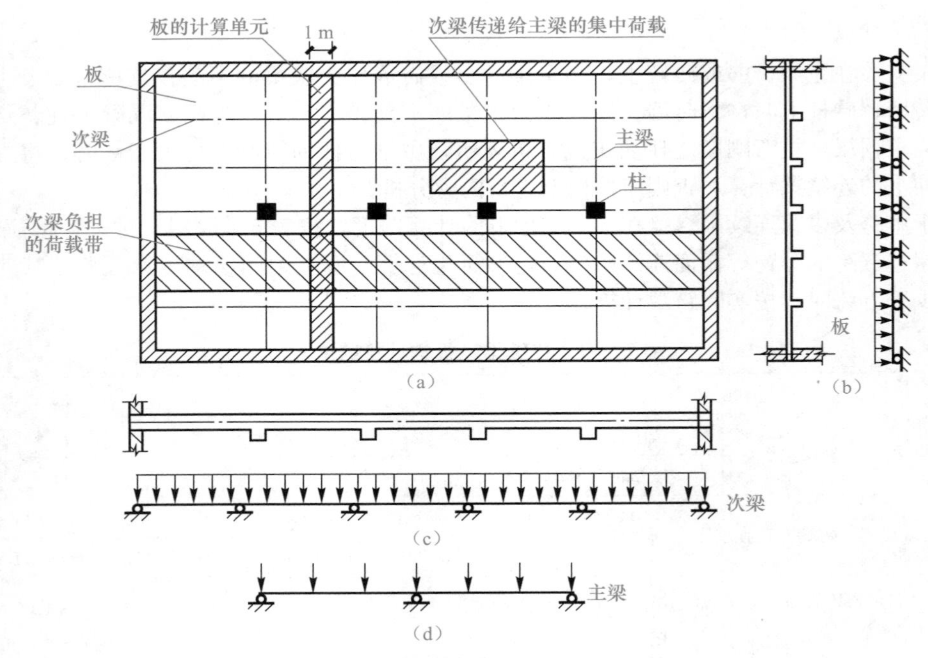

图 5-14 单向板楼盖计算简图

(a)荷载计算单元；(b)板计算简图；(c)次梁计算简图；(d)主梁计算简图

3)常采用分离式配筋，跨中正弯矩钢筋通常全部伸入支座，如图 5-15 所示。

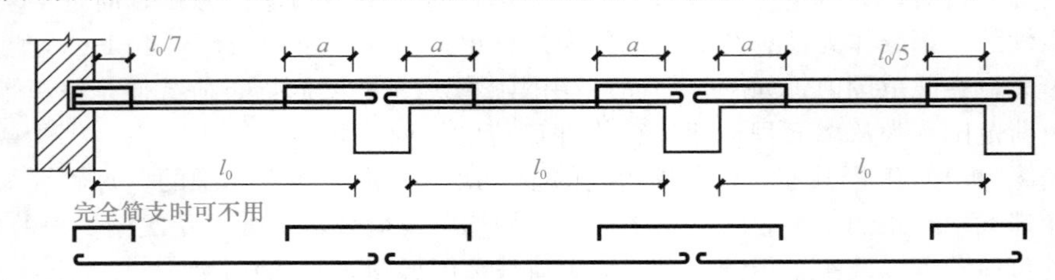

图 5-15 连续板分离式钢筋布置图

4)支座附近承受负弯矩的钢筋，可在距支座边不小于 a 的距离处切断，如图 5-15 所示。a 的取值如下：当$\frac{q}{g}\leqslant 3$ 时，$a=\frac{1}{4}l_0$；当$\frac{q}{g}>3$ 时，$a=\frac{1}{3}l_0$。其中 g、q 为板上作用的恒载及活载的设计值；l_0 为板的计算跨度。

板的支座处承受负弯矩的上部钢筋，为了保证施工时不至于改变其有效高度，多做成直钩以便撑在模板上。

对于等跨或相邻跨差不大于 20%的多跨连续板，这种布置满足要求。如果相邻跨度或载荷相差过大，则须画弯矩包络图及抵抗弯矩图来确定钢筋切断或弯起的位置。

(3)板面附加钢筋。

1)对嵌入墙体内的板，为抵抗墙体对板的约束作用产生的负弯矩以及抵抗温度收缩在板角产生的拉应力，应在沿墙长方向及板角部分的板面增设构造钢筋，其间距不应大于 200 mm，直径不应小于 8 mm，其伸出墙边的长度不应小于板短边跨度的 1/7，如图 5-16 所示。

2)对两边都嵌固在墙角的板角部分，应双向配置上部构造钢筋，其伸出墙边的长度不应小于板短边跨度的 1/4，如图 5-16 所示。

3)沿板的受力方向配置的上部构造钢筋，其截面面积不宜小于该方向跨中受力钢筋截面面积的 1/3。

4)现浇板的受力钢筋与主梁肋部平行时，应沿梁肋方向配置间距不大于 200 mm，直径不小于 8 mm 的与梁肋垂直的构造钢筋，且单位长度的总截面面积不应小于板中单位长度内受力钢筋截面面积的 1/3，伸入板中的长度从肋边算起不应小于板计算跨度的 1/4，如图 5-17 所示。

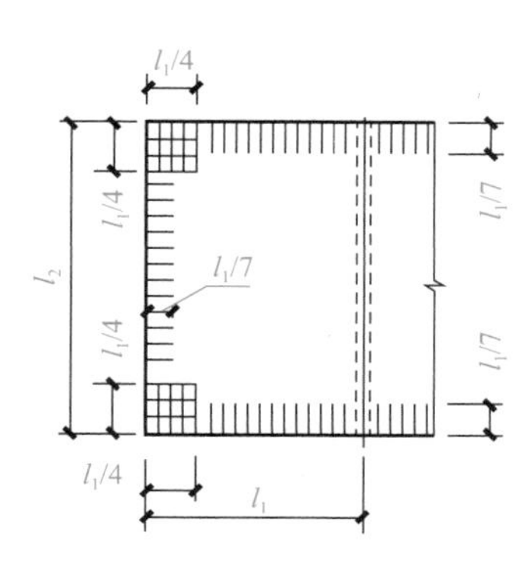

图 5-16　板嵌固在承重墙内时板边的上部构造钢筋配筋图

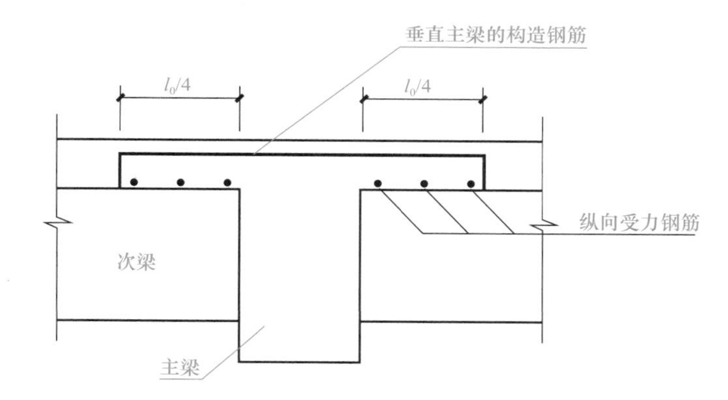

图 5-17　板中与梁肋垂直的构造钢筋

5)在温度、收缩应力较大的现浇板区域内，钢筋间距宜取 150～200 mm，并应在板的未配筋表面布置温度收缩钢筋。板的上、下表面沿纵横两个方向的配筋率均不宜小于 0.1%。温度收缩钢筋可利用原有钢筋贯通布置，也可另行设置钢筋网并与原有钢筋按受拉钢筋的要求搭接或在周边构件中锚固。

(4)分布钢筋。单向板除在受力方向布置受力筋外，还要在垂直于受力筋方向布置分布筋。分布筋的作用是：承担由于温度变化或收缩引起的内力；对四边支承的单向板，可以承担长边方向实际存在的一些弯矩；有助于将板上作用的集中荷载分散在较大的面积上，以使更多的受力筋参与工作；与受力筋组成钢筋网，便于在施工中固定受力筋的位置。

分布筋应放在受力筋的内侧，并与受力钢筋互相绑扎(或焊接)。单位长度上的分布筋，其截面面积不应小于单位长度上受力钢筋截面面积的 15%，且不宜小于板截面面积的 0.15%；其间距不应大于 250 mm，直径不宜小于 6 mm；当集中荷载较大时，分布钢筋间距不应大于 200 mm。分布筋末端可不设弯钩。

单向双层贯通配筋有梁楼盖单向板认知

上部部分贯通配筋有梁楼盖单向板认知

上部负筋均不贯通有梁楼盖单向板认知

2. 次梁的构造要求

次梁伸入墙内的支撑长度一般不应小于 240 mm。沿梁长的钢筋布置，应按弯矩及剪力包络图确定。但对于相邻跨跨度相差不大于 20%，均布活载和均布恒载之比 $q/g \leqslant 3$ 的次梁，可按图 5-18 所示布置配筋。

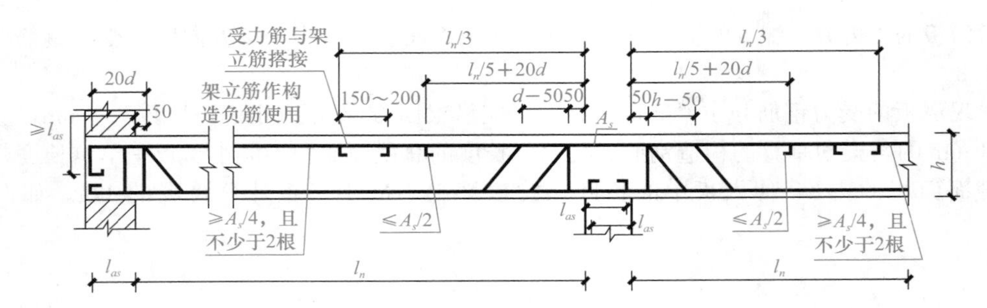

图 5-18　次梁的配筋构造要求

3. 主梁的构造要求

主梁纵向受力筋的弯起和截断，原则上应通过在弯矩包络图作抵抗弯矩图确定，并应满足有关的构造要求。

由于支座处板、次梁、主梁中的上部钢筋相互交叉重叠，主梁的纵筋必须位于次梁、板的纵筋下面，如图 5-19 所示。故截面有效高度在支座处有所减小。此时主梁截面的有效高度应取：当主梁受力筋为一排时 $h_0=h-(50\sim60)$mm；当主梁受力筋为两排时 $h_0=h-(80\sim90)$mm。

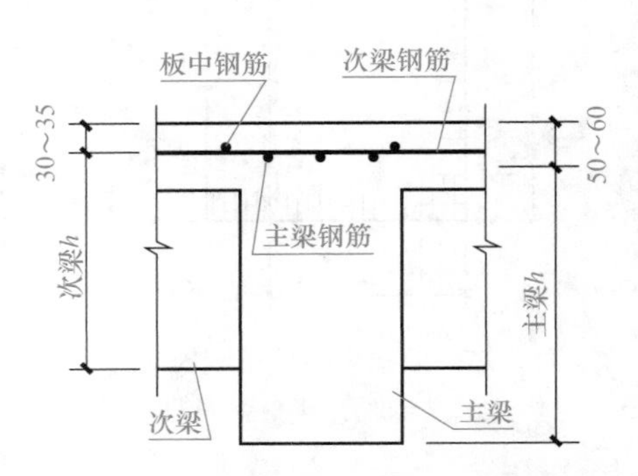

图 5-19　主梁支座处受力钢筋布置图

在主、次梁相交处，由于主梁承受由次梁传来的集中荷载，其腹部可能出现斜裂缝，并引起局部破坏。因此，应在集中荷载 F 附近，长度为 $s=3b+2h_1$ 的范围内设置附加的箍筋或吊筋，以便将全部集中荷载传至梁的上部。当按构造要求配置附加箍筋时，次梁每侧不得少于 2Φ6；如设附加吊筋，不得少于 2Φ12，如图 5-20 所示。

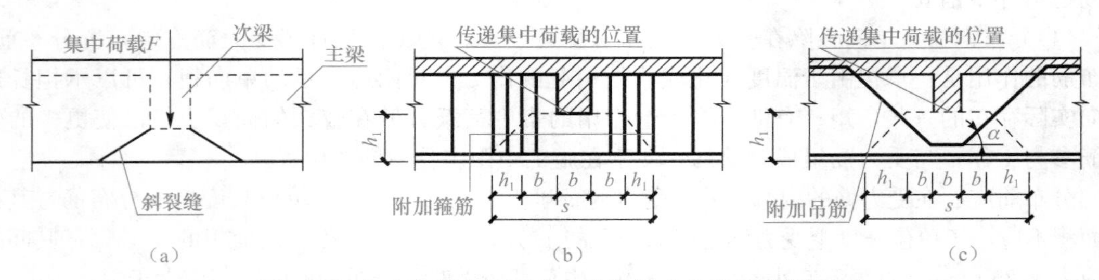

图 5-20　集中荷载作用下主、次梁相交处局部破坏情况

(a)斜裂缝情况；(b)附加箍筋设置；(c)吊筋设置

附加吊筋构造

附加箍筋范围

第一道附加箍筋距离次梁边 50 mm。如集中力全部由附加箍筋承受，则所需的附加箍筋截面的总面积为

$$A_{sv}=\frac{F}{f_{yv}} \tag{5-1}$$

当选定附加箍筋的直径和肢数后，由式(5-1)A_{sv}即可求出s范围内附加箍筋的根数。

当集中力F全部由吊筋承受，其总截面面积

$$A_{sb}\geqslant\frac{F}{2f_{y}\sin\alpha} \tag{5-2}$$

当吊筋的直径选定后，即可求得吊筋的根数。

如集中力同时由附近箍筋和吊筋承受，则应满足下列条件：

$$F\leqslant 2f_{yv}A_{sb}\sin\alpha+mnA_{sv1}f_{yv} \tag{5-3}$$

式中 A_{sb}——承受集中荷载所需的附加吊筋的总截面面积(mm^2)；

A_{sv1}——附加箍筋单肢的截面面积(mm^2)；

n——同一截面内附加箍筋的肢数；

m——在s范围内附加箍筋的根数；

F——作用在梁的下部或梁截面高度范围内的集中荷载设计值(N)；

f_{yv}——附加箍筋的抗拉强度设计值(N/mm^2)；

α——附加吊筋弯起部分与梁轴线间的夹角，一般取45°，如梁高h>800 mm，取60°。

【例5-2】 图5-21所示为某厂房的初步设计标准层建筑平面图，假设该建筑的荷载条件按普通建筑考虑即可，试将该厂房设计成钢筋混凝土单向肋形楼盖，按合适比例绘制标准层初步设计结构平面布置图，在结构平面布置图中标注清楚各结构构件的布置位置和截面尺寸。

> **特别提示**
>
> 钢筋混凝土楼盖中主次梁相交位置的钢筋构造可以参看国家平法图集16G101-1学习。

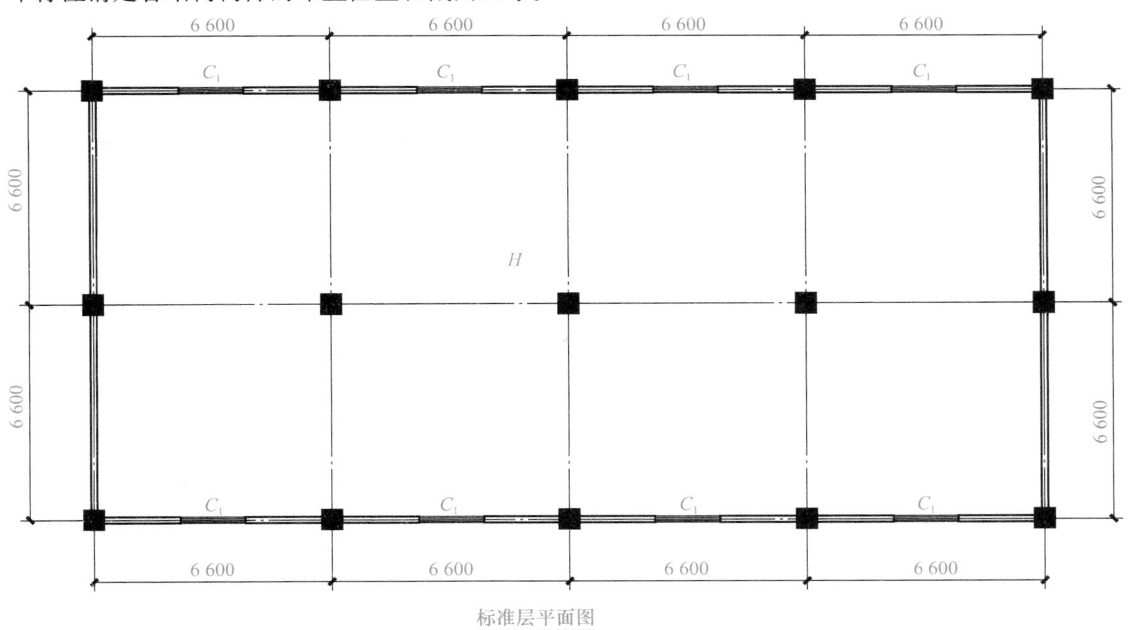

图5-21 某厂房标准层建筑平面图

【解】

(1)定主梁，该厂房建筑中柱的位置已经明确，直接在柱与柱之间按纵横两个方向设置主梁，主梁的跨度为6.6 m，然后根据主梁跨度的1/12～1/8初步设计主梁的截面高度，再根据主梁高度的1/3～1/2确定梁的宽度，同时，梁截面尺寸初步选定须满足建筑模数要求和最小截面

尺寸要求，这样即完成了主梁的初步设计，可取主梁尺寸为 250 mm×600 mm。

(2)定次梁，次梁设计是钢筋混凝土肋形楼盖结构初步设计的难点，次梁的初步设计包括两个方面：确定次梁的位置和确定次梁的截面尺寸。次梁的布置可采用纵向布置或横向布置，次梁位置可根据楼板的经济跨度 1.8～2.7 m 确定，即将次梁布置后该单向板的跨度尽量控制在 1.8～2.7 m，可在横向布置次梁，将 6 600 mm 分成三跨；次梁高度根据跨度的 1/18～1/15 初步选定，次梁宽度为高度的 1/3～1/2，故次梁尺寸可定为 200 mm×400 mm。

(3)定楼板，当设计完次梁该楼盖中楼板的位置已经自然确定，楼板的初步设计只需要选定楼板厚度，楼板的厚度必须满足结构基本构造要求，可初步定板厚为 100 mm。

(4)作楼盖初步结构设计平面图如图 5-22 所示，结构设计后续步骤如荷载计算、配筋计算等可不必掌握，也可利用软件进行计算，在此不再赘述。

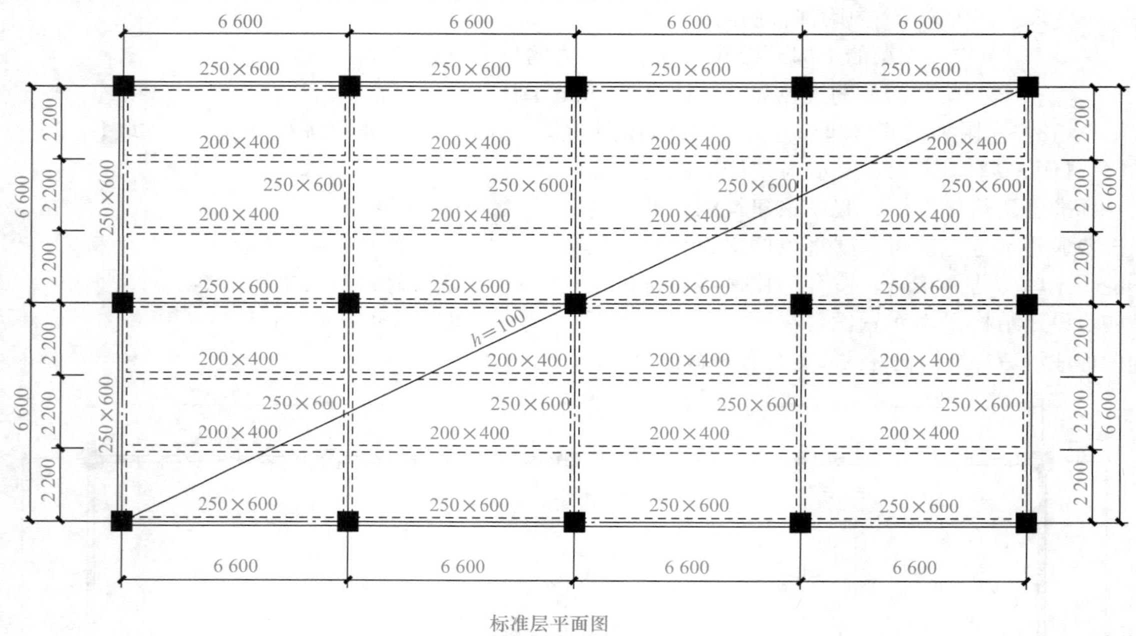

图 5-22　某厂房标准结构层初步设计结构平面布置图

(单向板肋形楼盖)

任务 5.3　现浇双向板肋形楼盖

知识导航

5.3.1　双向板的受力特点

1. 双向板的受力特点

根据实践经验，当楼面荷载较大，建筑平面接近正方形(跨度小于 5 m)，一般双向板楼盖比单向板肋梁楼盖经济。双向板与四边简支单向板的主要区别是双向板上的荷载沿两个方向传递，除传递给次梁外，还有一部分直接传递给主梁，板在两个方向产生弯曲和内力，板角上翘，故

双向板的受力钢筋应沿两个方向配置。双向板的受力性能比单向板好，刚度也较大，在相同跨度的条件下，双向板的厚度比单向板小。双向板的弯曲变形如图 5-23 所示。由双向板组成的楼盖称为双向板肋形楼盖。

四边简支双向板在均布荷载作用下的试验结果表明，随着荷载的增加，第一批裂缝出现在板底中间且平行于长边方向，随后沿着 45°方向伸向板的四角。当接近破坏时，板的四角受到墙体向下的约束不能自由上翘，因而板面角区产生环状裂缝，最终受力钢筋屈服而达到破坏，如图 5-24 所示。

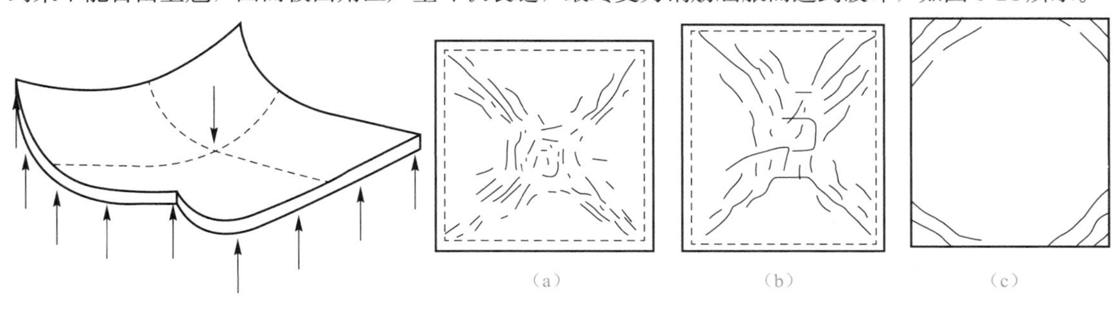

图 5-23　双向板的弯曲变形

图 5-24　均布荷载作用下四边简支双向板的破坏形态

(a)正方形板的板底裂缝；(b)矩形板的板底裂缝；(c)板面裂缝

2. 双向板的支承梁设计要点

在确定双向板传递给支承梁的荷载时，可根据荷载传递路线最短的原则确定：从每一区格的四角作 45°线与平行于长边的中线相交，把每块双向板整分为四小块面积，每块小板上的荷载就近传至其支撑梁上。因此，短跨支撑梁上的荷载为三角形分布，长跨支撑梁上的荷载为梯形分布如图 5-25 所示。支撑梁除承受板传来的荷载外，还应考虑梁的自重，支撑梁的配筋构造与单向板肋形楼盖中对梁的要求相同。

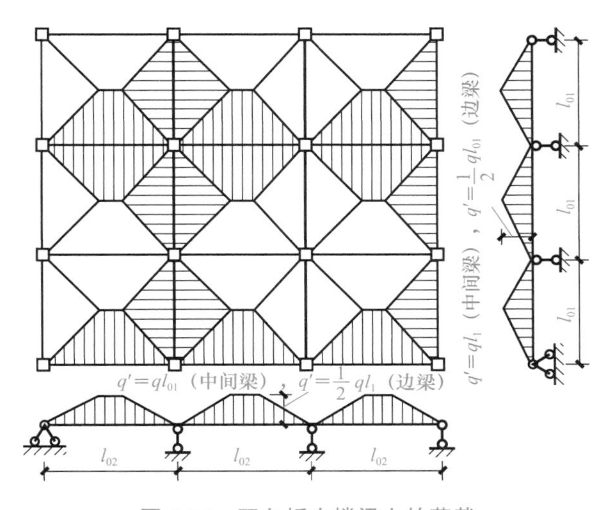

图 5-25　双向板支撑梁上的荷载

特别提示

现浇双向板肋形楼盖和现浇单向板肋形楼盖相比，受力复杂计算也相对复杂，但信息化技术用于结构计算之后，双向板肋形楼盖在实际工程中应用十分广泛。

能力导航

5.3.2　双向板的构造要求

1. 双向板的厚度

一般不宜小于 80 mm，也不大于 160 mm。为了保证板的刚度，板的厚度 h 还应符合：

简支板　　　　　　　　　　　　$h \geqslant l_x/45$

连续板　　　　　　　　　　　　$h \geqslant l_x/50$

式中　l_x——板的较小跨度。

2. 钢筋的配置

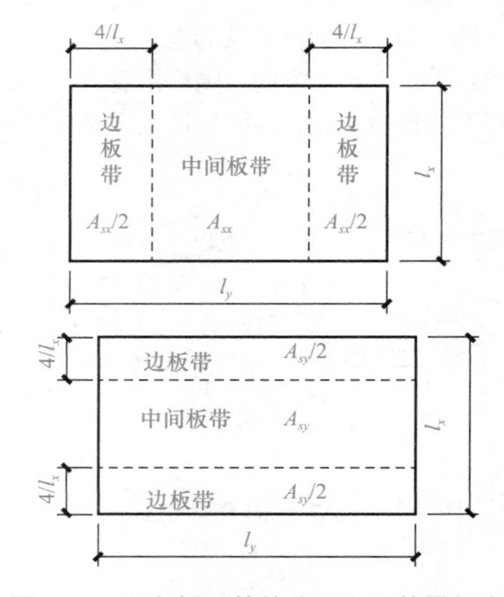

图 5-26　双向板配筋的分区和配筋量规定

受力钢筋沿纵横两个方向均匀设置，应将弯矩较大方向的钢筋(沿短向的受力钢筋)设置在外层，另一方向的钢筋设置在内层。板的配筋形式类似于单向板，有弯起式与分离式两种。为简化施工，目前在工程中多采用分离式配筋。沿墙边及墙角的板内构造钢筋与单向板楼盖相同。

当内力按弹性理论计算时，其跨中弯矩不仅沿板长变化，而且沿板宽向两边逐渐减小，而板底钢筋是按跨中最大弯矩求得的，故配筋应在两边予以减少。因此，通常将每个区格按纵横两个方向划分为两个宽均为 $l_x/4$(l_x 为短跨计算跨度)的边缘板带和一个中间板带，如图 5-26 所示。边缘板带单位宽度上的配筋量为中间板带单位宽度上配筋量的 50%。连续支座上的钢筋，应沿全支座均匀布置。受力钢筋的直径、间距、弯起点及截断点的位置等均可参照板配筋的有关规定。

特别提示

现浇双向板肋形楼盖的配筋与单向板肋形楼盖的配筋十分相似，双向板肋形楼盖板底部设置双向受力筋，板上部设置双向支座负筋。双向板肋形楼盖板短向为荷载主要传递方向，在施工时板短向底筋放在下侧，板长向底筋放在上侧。

双层双向配筋双向板认知

上部部分贯通双向板认知

上部负筋均不贯通双向板认知

【例 5-3】　本教材项目 5 任务 5.2 例 5-2 中图 5-21 所示为某厂房的初步设计标准层建筑平面图，假设该建筑的荷载条件按普通建筑考虑即可，试将该厂房设计成钢筋混凝土双向板肋形楼盖，按合适比例绘制标准层初步设计结构平面布置图，在结构平面布置图中标注清楚各结构构件的布置位置和截面尺寸。

【解】

(1)定主梁，方法同例 5-2，可取主梁尺寸为 250 mm×600 mm。

(2)定次梁，根据题意必须将楼盖中的楼板设计成双向板，次梁位置可根据楼板的经济跨度 2～3 m 确定，即将次梁布置后该肋形楼板的跨度尽量控制在 2～3 m 的范围，所以在纵横两个方向将 6 600 mm 跨度的大板分成三个小板；次梁高度根据跨度的 1/18～1/15 初步选定，次梁宽度为高度的 1/3～1/2，故次梁尺寸可定为 200 mm×400 mm。

(3)定楼板，当设计完次梁，该楼盖中楼板的位置已经自然确定，楼板的初步设计只需要选

定楼板厚度，楼板的厚度必须满足结构基本构造要求，可初步定板厚为 100 mm。

(4)作楼盖初步结构设计平面图如图 5-27 所示，结构设计后续步骤如荷载计算、配筋计算等可不必掌握，也可利用软件进行计算，在此不再赘述。

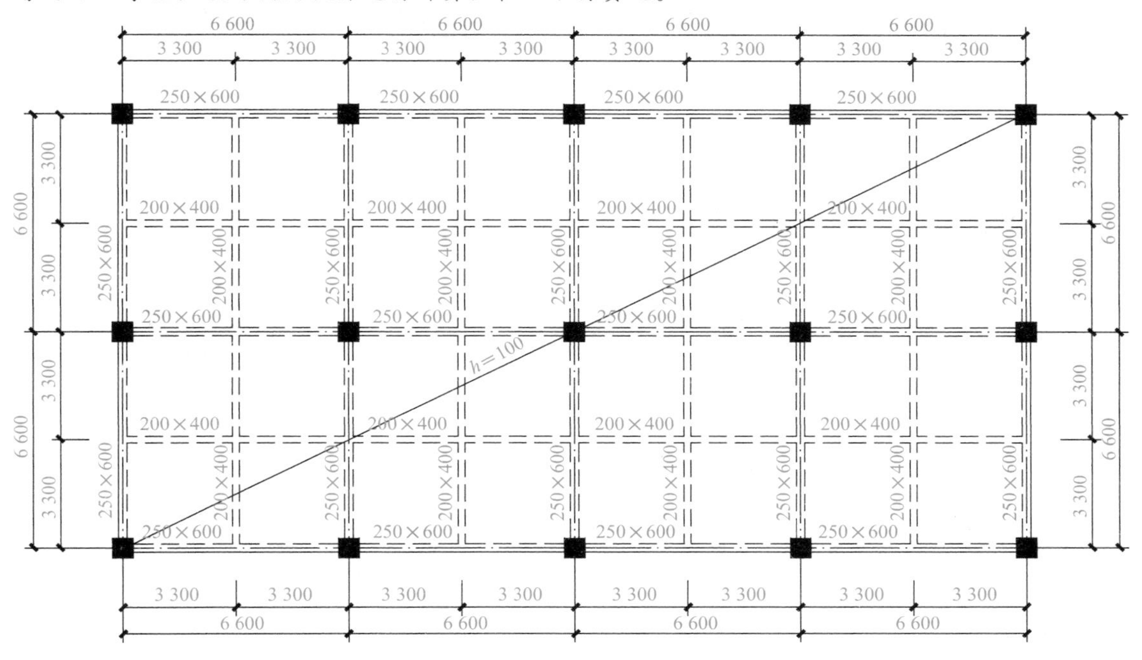

图 5-27　某厂房的初步设计标准层建筑平面布置图

（双向板肋形楼盖）

任务 5.4　钢筋混凝土楼梯

知识导航

5.4.1　楼梯的类型

楼梯是多层与高层房屋的竖向通道，是房屋的重要组成部分。为了满足承重和防火要求，钢筋混凝土楼梯被广泛应用于房屋建筑中。

目前，楼梯种类繁多。从建筑形式上分为单跑楼梯、双跑楼梯[图 5-28(a)]、螺旋式[图 5-28(b)]、鱼骨式；从使用功能上分为防火楼梯、爬梯等；按施工方法分为现浇楼梯、装配式楼梯；按结构形式及受力特点，梯段中有无斜梁将楼梯分为梁式楼梯和板式楼梯。本节主要介绍整体板式、梁式楼梯。

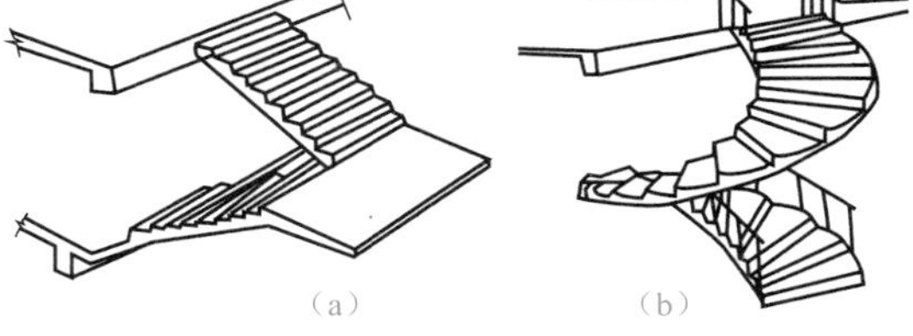

(a)　(b)

图 5-28　楼梯示意图

(a)双跑楼梯；(b)螺旋楼梯

AT 型楼梯示意图

BT 型楼梯示意图

CT 型楼梯示意图

GT 型楼梯示意图

5.4.2 楼梯的组成及荷载传递

1. 板式楼梯的组成及荷载传递

板式楼梯在大跨度(水平投影长度大于 3 m)时不太经济，但因施工方便、构造简单、外观轻巧而被广泛应用。

板式楼梯由梯段、斜板、平台板和平台梁组成，如图 5-29 所示。梯段斜板自带三角形踏步，两端分别支撑在上、下平台梁上，平台板两端分别支撑在平台梁或楼层梁上，而平台梁两端支撑在楼梯间侧墙或柱上。

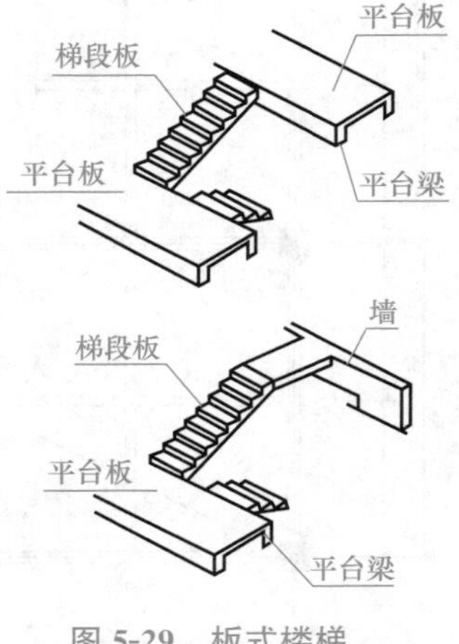

图 5-29 板式楼梯

板式楼梯的荷载传递途径可表示为

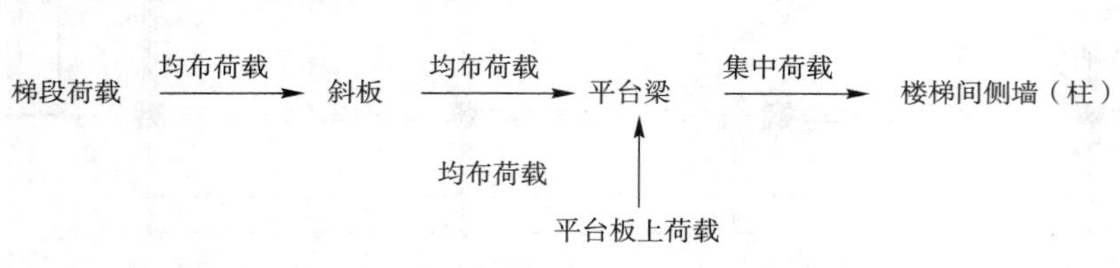

ATa 型楼梯示意图

ATb 型楼梯示意图

ATc 型楼梯示意图

CTa 型楼梯示意图

CTb 型楼梯示意图

2. 梁式楼梯的组成及荷载传递

梁式楼梯在大跨度(水平投影长度大于 3 m)时较经济，但构造复杂，且外观笨重。

梁式楼梯由踏步板、斜梁、平台板和平台梁组成，如图 5-30 所示。踏步板两端支撑在斜梁上，斜梁两端分别支撑在上、下平台梁(有时一端支撑在层间楼面梁)上，平台板支撑在平台梁或楼层梁上，而平台梁则支撑在楼梯间两侧的墙或柱上。每个梯段通常设置两根斜梁，但梯段较窄或有特殊要求时，可在中间设一根梁，称为单梁式楼梯(如鱼骨式楼梯)。梁式楼梯的荷载传递途径可表示为：

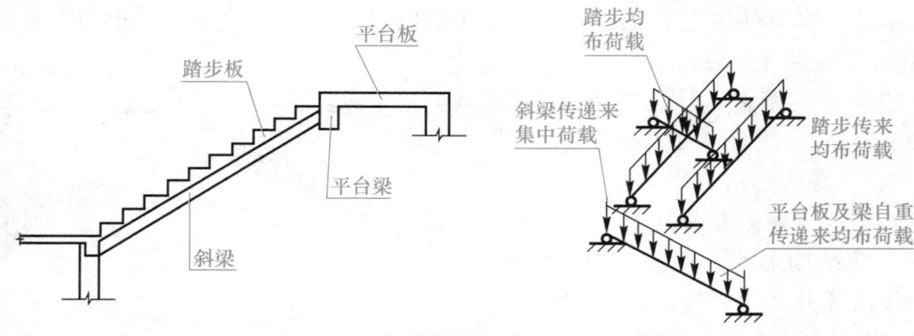

图 5-30 梁式楼梯构造及计算简图

梯段荷载 —均布荷载→ 踏步板 —均布荷载→ 斜梁 —集中荷载→ 平台梁 ——→ 楼梯间侧墙（柱）

平台板上荷载 —均布荷载→ 平台梁

能力导航

5.4.3 楼梯的构造要求

1. 板式楼梯的构造

(1)梯段斜板。斜板的厚度一般 $h=(1/25\sim1/30)l_0$，其中 l_0 为梯段板的计算跨度。斜板的受力钢筋沿斜向布置，支座附近板的上部应设置负钢筋，斜板的配筋方式可采用弯起式或分离式两种。为施工方便，工程中多用分离式配筋。采用弯起式时，跨中钢筋应在距离支座边缘 $l_0/6$ 处弯起，自平台伸入的上部直钢筋均应伸至距离支座边缘 $l_0/4$ 处。在垂直于受力钢筋的方向应按构造布置分布钢筋，分布筋位于受力钢筋的内侧，并要求每个踏步内至少放一根。

(2)平台板。平台板一般为单向板。由于板的四周受到平台梁(或墙)的约束，所以应配置一定数量的负弯矩钢筋。其配筋构造同一般受弯构件。

(3)平台梁。平台梁一般均支撑在楼梯两侧的横墙上，平台梁的截面高度 $h\geqslant l_0/12$，此处的 l_0 为平台梁的计算跨度，为使斜梁主筋能插到平台梁中，平台梁的最小高度一般为 350 mm。其他构造按一般简支梁的构造要求取用。

特别提示

在国家平法图集 16G101-2 中板式楼梯梯板根据构造不同分为 A、B、C、D、E、F、G 等类型，图 5-31 所示为 A 型梯板的配筋构造要求，其余类型梯板配筋构造可参照国家平法图集 16G101-2 中相关内容学习。

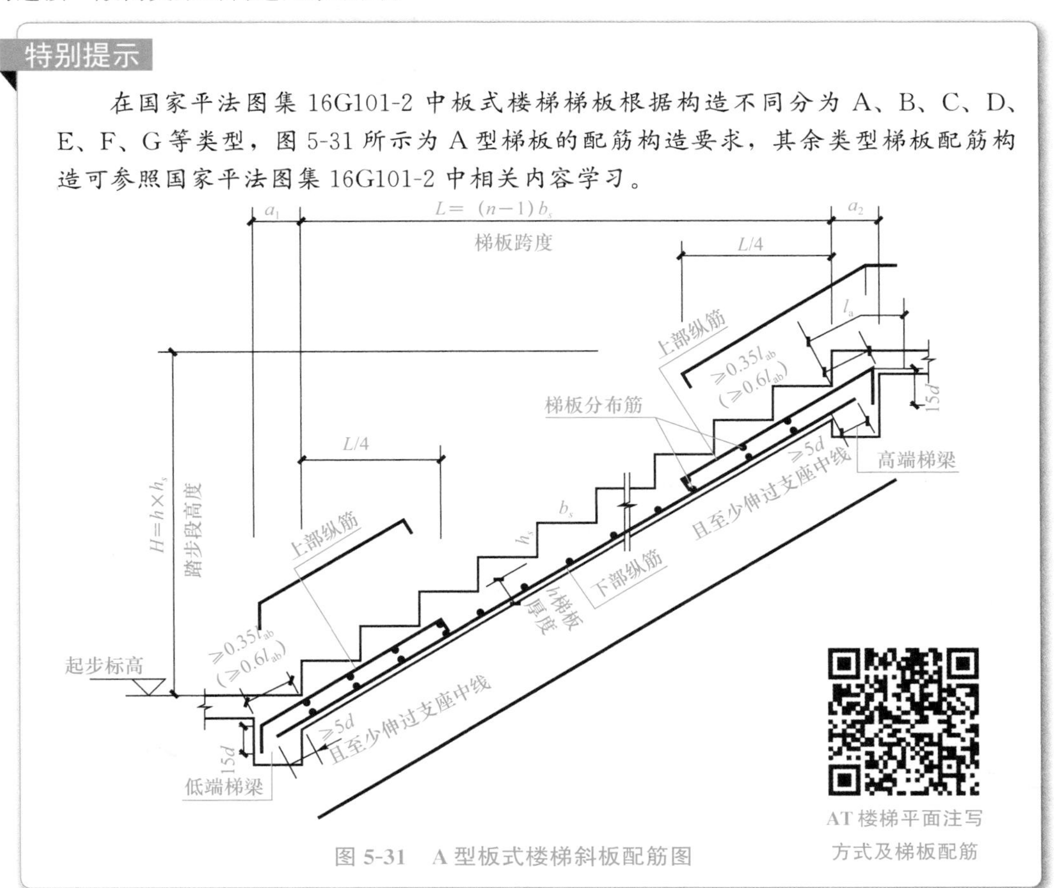

图 5-31 A 型板式楼梯斜板配筋图

2. 梁式楼梯的构造

(1)踏步板。踏步板的截面大多为梯形(由三角形踏步和其下的斜板组成)，现浇踏步板的斜板厚度一般取 30~40 mm，配筋按计算确定。每一级踏步下应配置不少于 2Φ8 的受力钢筋，布置在踏步下面的斜板中，并将每两根中的一根伸入支座后弯起作支座负筋。另外，沿整个梯段斜向布置间距不大于 250 mm 的分布钢筋，位于受力钢筋的内侧，如图 5-32 所示。

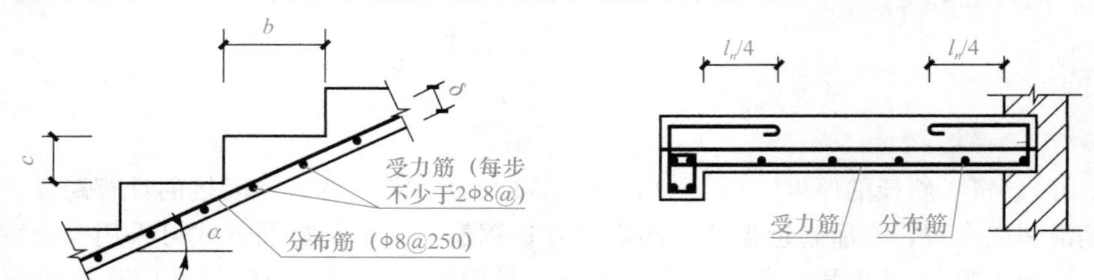

图 5-32　踏步板的配筋

(2)斜梁。梯段斜梁按倒 L 形截面或矩形截面计算，踏步板下斜梁为其受压翼缘，梯段斜梁的截面高度一般取 $h \geqslant l_0/20$，梁端部纵筋必须放在平台梁纵筋上面，梁端上部应设置负弯矩钢筋，斜梁纵筋在平台梁中的锚固长度应满足受拉钢筋锚固长度的要求，其他构造与一般梁相同。斜梁的配筋如图 5-33 所示。

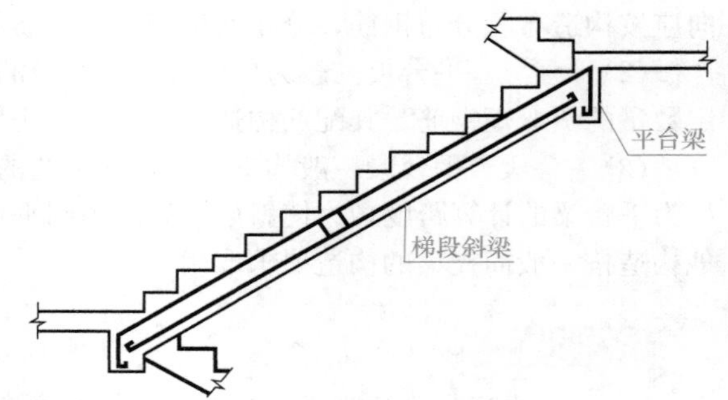

图 5-33　梯段斜梁配筋示意图

(3)平台板和平台梁。平台板的配筋构造同板式楼梯；平台梁由于要承受斜梁传来的集中荷载，因此，在平台梁与斜梁相交处，应在平台中斜梁两侧设置附加箍筋或吊筋，其要求与钢筋混凝土主梁内附加钢筋的要求相同。

特别提示

钢筋混凝土梁式楼梯常应用于梯段跨度较大的情况，梁式楼梯的梯板相当于一块普通的单向板楼板，梁式梯板的配筋构造和单向板大致相同。

3. 折线形楼梯的构造

为满足建筑的使用要求，在房屋中有时采用折线形楼梯，如图 5-34(a)所示。由于折线形楼梯在梁(板)曲折处形成内折角，如钢筋沿内折角连续设置，则此处受拉钢筋将产生较大的向外的合力，可能使该处混凝土保护层剥落，钢筋被拉出而失效，如图 5-34(b)所示。因此，在内折角处，配筋应采取将钢筋断开并分别予以锚固的措施，如图 5-34(c)所示，同时在梁的内折角处，箍筋应加密。

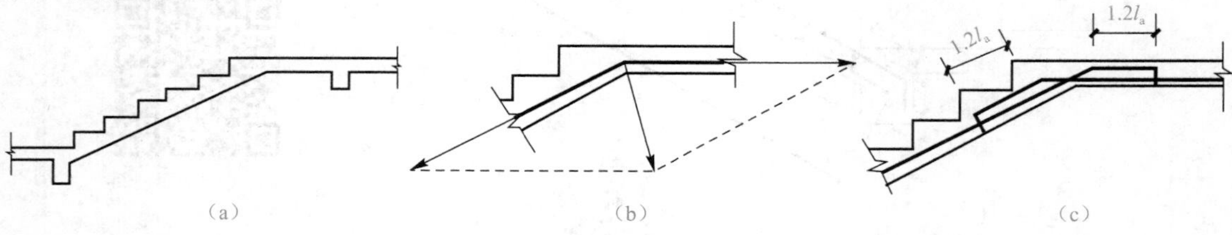

图 5-34　折线形楼梯内折角配筋图

【例 5-4】 图 5-35 所示为某宿舍楼内楼梯首层与二层楼梯平面建筑详图，试根据该楼梯的建筑构造尺寸进行该楼梯的结构初步设计，将该楼梯设计成板式楼梯的形式，完成楼梯初步设计并作结构平面图与结构剖面图，若梯板的下部纵筋和上部纵筋均为 Φ12@150，分布筋为 Φ8@200，在结构剖面图中画出钢筋并进行标注。

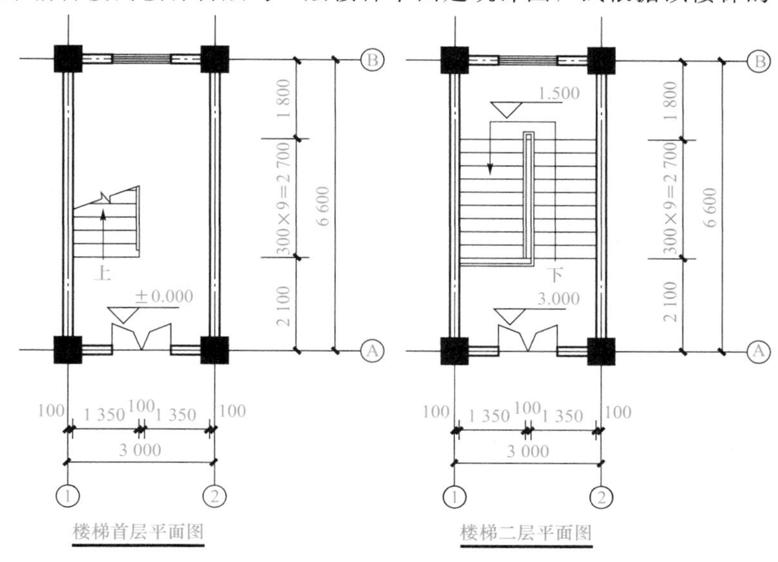

图 5-35 某宿舍楼内楼梯建筑平面详图

【解】

(1)设计斜板，斜板的厚度一般为(1/25～1/30)l_0，其中 l_0 为梯段板的计算跨度，在平台与梯段交接处设置梯梁，则计算跨度为 2 700 mm，同时考虑最小厚度与模数要求，取梯板厚度为 100 mm。

(2)设计休息平台板，平台板往往设计成两边支撑在平台梁与梯梁上的单向板，一般满足单向板的基本构造要求，同时考虑最小厚度与模数要求，取平台板厚度为 100 mm。

(3)设计梯梁与平台梁，梯梁一般承受斜板与平台板的荷载，平台梁一般只承受平台板的荷载，在建筑构造功能允许的情况下，梯梁往往设置在梯口的位置，故梯梁也称梯口梁，梯梁的截面高度 $h \geqslant l_0/12$，此处的 l_0 为平台计算跨度，为了使斜板内的主筋在梯梁中有足够的锚固长度，梯梁的最小度常取为 350 mm，此处取梯梁为 200 mm×400 mm。

(4)设计梯柱，梯柱一般作为梯梁的支撑而独立设置，设置高度仅为楼层至休息平台位置的高度，梯柱承受的荷载仅为一层楼梯，荷载比较小，所以楼梯一般按照构造要求设置在梯梁下面，梯柱的截面常取为墙厚×200 mm 以便于将梯柱隐含在楼梯间墙体中。

(5)定好相关数据之后即可完善图纸，按制图规则完成结构初步设计图，如图 5-36 所示。

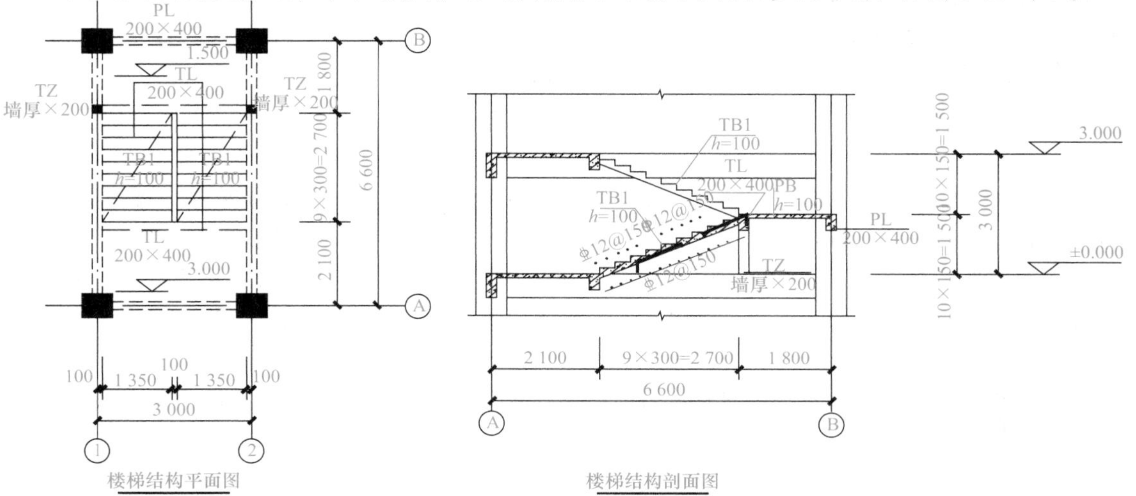

图 5-36 某宿舍楼梯结构详图

任务 5.5　悬挑构件

知识导航

在建筑工程中，常见的钢筋混凝土雨篷、阳台、挑檐、挑廊等均为具有代表性的悬挑构件。现以悬臂板式钢筋混凝土雨篷、挑檐为例，进行简要介绍。

5.5.1　雨篷的受力特点

雨篷由雨篷梁和雨篷板两部分组成。雨篷梁一方面支承雨篷板，另一方面又兼作门过梁，除承受自重及雨篷板传来的荷载外，还承受着上部墙体的重量以及楼面梁、板可能传来的荷载。雨篷可能发生的破坏有雨篷板根部受弯断裂、雨篷梁受弯、剪、扭破坏和雨篷整体倾覆破坏三种，如图 5-37 所示。

为防止雨篷可能发生的破坏，雨篷应进行雨篷板的受弯承载力计算、雨篷梁的弯剪扭计算、雨篷整体的抗倾覆验算，以及采取相应的构造措施。

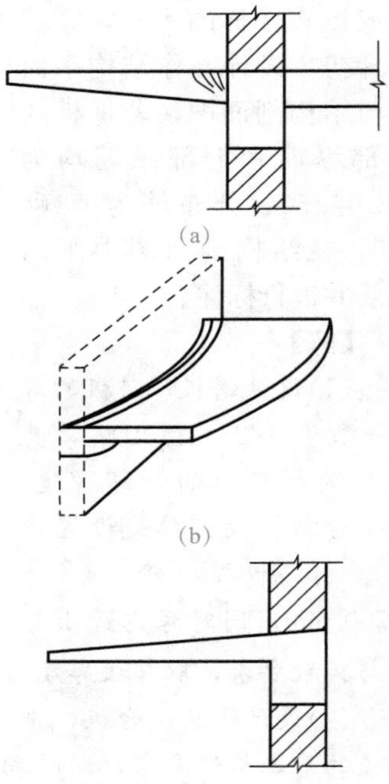

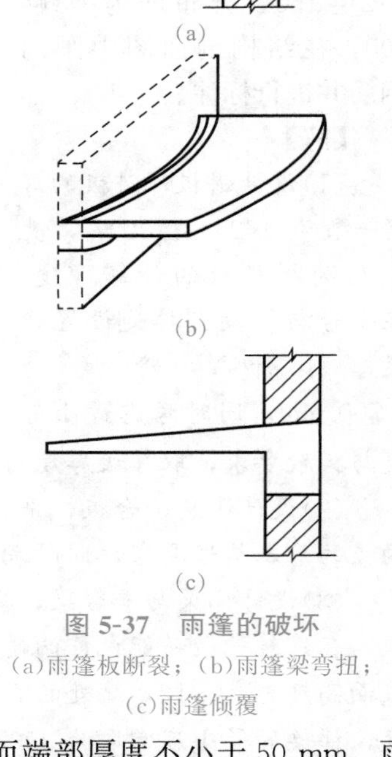

图 5-37　雨篷的破坏

(a)雨篷板断裂；(b)雨篷梁弯扭；(c)雨篷倾覆

能力导航

5.5.2　悬挑构件的构造措施

1. 雨篷板

雨篷板通常都做成变厚度板，根部厚度通常不小于 80 mm，而端部厚度不小于 50 mm。雨篷板按悬臂板计算配筋，计算截面在板的根部。

雨篷板的受力钢筋应布置在板的上部，一般不少于 Φ8@200，伸入雨篷梁的长度应满足受拉钢筋锚固长度 l_a 的要求。分布钢筋应布置在受力钢筋的内侧，一般不少于 Φ8@250，配筋构造如图 5-38 所示。

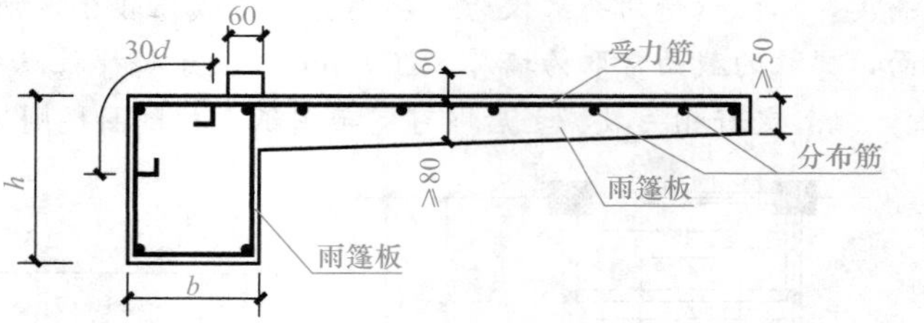

图 5-38　雨篷截面及配筋图

2. 雨篷梁

雨篷梁的宽度一般与墙厚相同，梁高应符合砖的模数。为防止雨水沿墙缝渗入墙内，通常，在梁顶设置高过板顶 60 mm 的凸块。雨篷梁嵌入墙内的支撑长度不应小于 370 mm。

雨篷梁的配筋按弯、剪、扭构件计算配置纵筋和箍筋，纵筋间距不应大于 200 mm 及梁截面的短边尺寸，伸入支座内的锚固长度为 l_a。雨篷梁的箍筋必须满足抗扭箍筋的要求，末端应做成 135°弯钩，弯钩平直段长度不应小于 10d。

为满足雨篷的抗倾覆要求，通常采用加大雨篷梁嵌入墙内的支撑长度或使雨篷梁与周围结构拉结等处理办法。

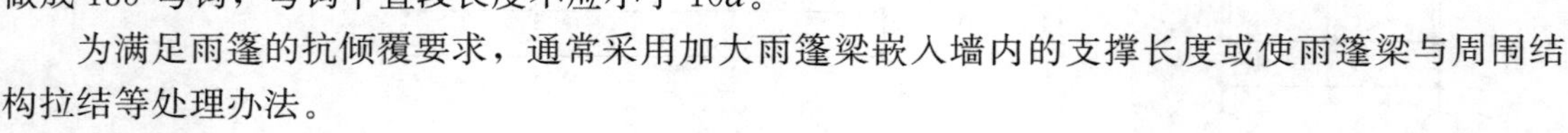

3. 钢筋混凝土现浇挑檐

钢筋混凝土现浇挑檐通常将挑檐板和圈梁整浇在一起，挑檐板的受力与现浇雨篷板相似。

圈梁内的配筋，除按构造要求设置外，还应满足抗扭钢筋的构造要求。另外，在挑檐板挑出部分转角处，须配置上下层加固钢筋或设置放射状附加构造负筋。

放射状构造负筋的直径与挑檐板钢筋直径相同，间距(按 $l/2$ 处计算)不大于 200 mm，锚固长度 $l_a \geqslant l$(l 为挑檐板挑出长度)。配筋根数为：当 $l \leqslant 300$ mm 时，配置 5 根；当 300 mm$<l\leqslant$500 mm 时，配置 7 根；当 500 mm$<l\leqslant$800 mm 时，配置 9 根。

悬臂雨篷(或挑檐)板有时带构造翻边，注意不能误认为是边梁，这时应考虑积水荷载对翻边的作用。当为竖直翻边时，积水将对其产生向外的推力，翻边的钢筋应置于靠近积水的内侧，在内折角处钢筋应有良好的锚固。但当为斜翻边时，由于斜翻边自身重量产生的力矩使其有向内倾倒的趋势，故翻边钢筋应置于外侧，且应弯入平板一定的长度。

悬挑板阳角放射筋构造(上)

悬挑板阳角放射筋构造(下)

板翻边上翻双层

4. 钢筋混凝土悬挑构件构造要求

钢筋混凝土悬挑构件包括悬挑梁和悬挑板，悬挑梁分为纯悬挑梁和梁延伸出悬挑梁，悬挑板分为纯悬挑板和楼板延伸出悬挑板，悬挑构件的受力筋设置在构件的上部，根据需要在下部设置构造钢筋。纯悬挑梁钢筋构造如图 5-39 所示，纯悬挑板钢筋构造如图 5-40 所示，其他悬挑构件钢筋构造可参照 16G101-1 的内容。

纯悬挑梁 XL 形态认知

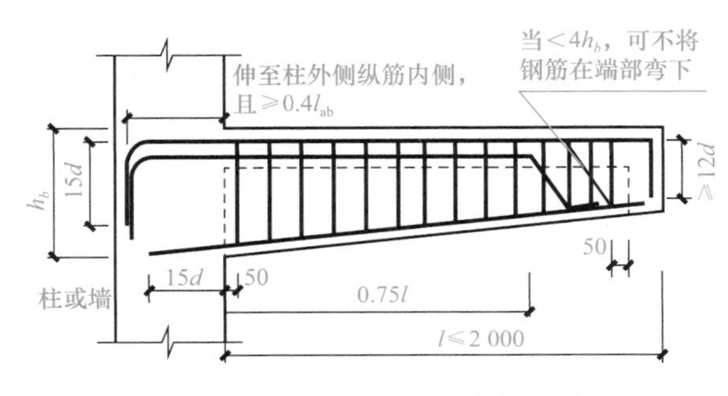

图 5-39 纯悬挑梁(XL)钢筋构造

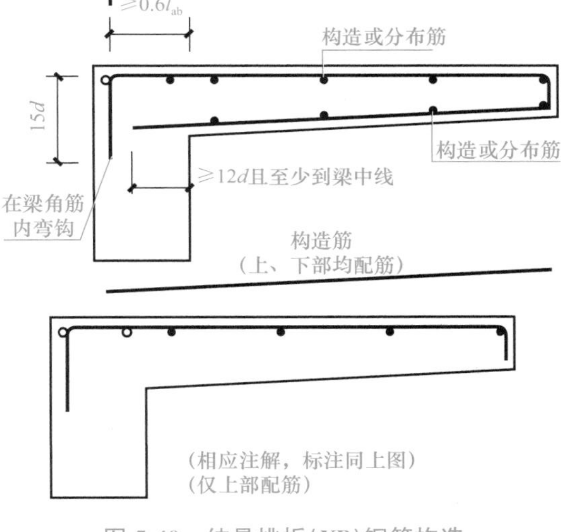

图 5-40 纯悬挑板(XB)钢筋构造

纯悬挑板配筋
构造(上下均配筋)

纯悬挑板配筋
构造(仅上部配筋)

外伸悬挑板配筋
构造(上下均配筋)

外伸悬挑板配筋
构造(仅上部配筋)

任务 5.6　钢筋混凝土梁板结构施工图

知识导航

5.6.1　钢筋混凝土楼盖结构施工图基本知识

钢筋混凝土楼(屋)盖施工图一般包括楼层结构平面图、屋盖结构平面图和钢筋混凝土构件详图。楼层结构平面图是假想用一个紧贴楼面的水平面剖切后的水平投影图，主要用于表示每层楼(屋)面中的梁、板、柱、墙等承重构件的平面布置情况，现浇板还应反映板的配筋情况，预制板则应反映出板的类型、排列、数量等。

1. 楼层结构平面图的特点

(1)轴线网及轴线间距尺寸与建筑平面图相一致。

(2)标注墙、柱、梁的轮廓线和编号、定位尺寸等。可见的墙体轮廓线用中实线，楼板下面不可见的墙体轮廓线用中虚线，剖切到的钢筋混凝土柱涂黑表示，并标注代号 Z1、Z2 等。由于钢筋混凝土梁位于板下方，一般用中虚线表示其轮廓，也可在其中心位置用一道粗实线表示，并标注梁的构件代号。

(3)钢筋混凝土楼板的轮廓线用细实线表示，板内钢筋用粗实线表示。

(4)楼层的标高为结构标高，其加上构件装饰面层后即为建筑标高。

(5)门窗过梁可用虚线表示其轮廓线或用粗点画线表示其中心位置，同时，在旁侧标注其代号。圈梁可在楼层结构平面图中相应位置涂黑或单独绘制小比例单线平面示意图，其断面形状、大小和配筋可通过断面图表示。

(6)楼层结构平面图的常用比例为 1∶100、1∶200 或 1∶50。

(7)当各层楼面结构布置情况相同时，只需用一个楼层结构平面图表示，但应注明合用各层的层数。

(8)预制楼板中，预制板的数量、代号和编号以及板的铺设方向、板缝的调整和钢筋配置情况等均通过结构平面图反映。

2. 楼层结构平面图中钢筋的表示

(1)现浇板的配筋图一般直接画在结构平面布置图上，必要时加画断面图。

(2)钢筋在结构平面图上的表达方式为：底层钢筋弯钩应向上或向左，若为无弯钩钢筋，则端部以 45°短画线符号向上或向左表示；顶层钢筋则弯钩向下或向右。

(3)相同直径和间距的钢筋，可以用粗实线画出其中的一根来表示，其余部分可不再表示。

(4)钢筋的直径、根数与间距采用标注直径和相邻钢筋中心距的方法标注，如 Φ8@150，并注写在平面配筋图中相应钢筋的上侧或左侧。对编号相同而设置方向或位置不同的钢筋，当钢筋间距相一致时，可只标注一处，其他钢筋只在其上注写钢筋编号即可。

(5)钢筋混凝土现浇板的配筋图包括平面图和断面图。通常板的配筋用平面图表示即可，必要时可加画断面图。断面图反映板的配筋形式、钢筋位置、板厚及其他细部尺寸。

能力导航

5.6.2 钢筋混凝土楼盖结构施工图

识读钢筋混凝土楼(屋)盖施工图时，先看结构平面布置图，再看构件详图；先看轴线网和轴线尺寸，再看各构件墙、梁、柱等与轴线的关系；先看构件截面形式、尺寸和标高，再看楼(屋)面板的布置和配筋。

1. 单向板肋形楼盖

图 5-41 所示为某现浇钢筋混凝土单向板肋梁楼盖结构平面图，包括板、次梁、主梁的配筋图。

图 5-41(a)所示为结构平面布置图。从图中可以看出，主梁有三跨且沿横向布置，跨度为 5.7 m；次梁有五跨且沿纵向布置，跨度为 5.7 m。墙厚为 370 mm，主梁尺寸为 250 mm×550 mm，次梁尺寸为 150 mm×400 mm，柱尺寸为 400 mm×400 mm。主梁的中间支座为柱，边支座为砌体墙，次梁的中间支座为主梁，边支座为砌体墙。整个楼盖为两个方向均对称的结构平面，共有 B1～B6 六种板型。

图 5-41(b)所示为单向板的配筋图，由于结构对称，只取 1/4 进行配筋即可，板内的钢筋均为 HPB300 级钢筋。板底的受力钢筋有①号、②号、③号、④号四种规格，均为 Φ8 的钢筋，只是在不同板中间距不同，B1 中间距为 150 mm，B2、B3 中间距为 170 mm，B4 中间距为 180 mm，B5、B6 中间距为 200 mm。

板面受力钢筋有⑤号、⑥号两种规格，是支座负筋，沿次梁长度方向设置，均为扣筋形式。⑤号筋直径为 8 mm，间距为 170 mm；⑥号筋直径为 8 mm，间距为 200 mm。两种钢筋从次梁边伸入板内的长度均为 450 mm，满足要求。

板面构造筋沿四周墙边、垂直于主梁方向设置。四周嵌入墙内的板面构造筋为⑦号扣筋，直径为 8 mm，间距为 200 mm，钢筋伸出墙边长度为 280 mm；板角部分双向设置⑧号扣筋，直径为 8 mm，间距为 200 mm，钢筋伸出墙边长度为 450 mm；垂直于主梁的板面构造筋为⑨号扣筋，直径为 8 mm，间距为 200 mm，钢筋伸出主梁两侧边的长度均为 450 mm。

板中分布钢筋为⑩号钢筋，沿板的纵向布置，位于板底受力筋的上方和板底受力筋绑扎成钢筋网片。钢筋直径为 8 mm，间距为 250 mm，从墙边开始设置，板中梁宽范围内不设分布筋。

图 5-41(c)所示为次梁的配筋详图。次梁中箍筋采用 HPB300 级钢筋，其余均采用 HRB335 级钢筋。①～②，⑤～⑥轴线间梁下部配有①号、②号两种规格的钢筋，①号筋为 2Φ16 的直钢筋，②号筋为 1Φ12 的弯起钢筋，跨中部分位于梁底，墙支座处弯上作支座负筋使用；②～⑤轴线间梁下部配有⑤号 2Φ14 的直钢筋；①～⑥轴线间梁上部配有通长的③号 2Φ12 的直钢筋；②、⑤轴线处梁上部中间有 1 根⑥号钢筋，直径为 12 mm，分别在距离②、⑤轴线左右两侧各 1 350 mm 处截断；③、④轴线处梁上部中间有 1 根⑦号钢筋，直径为 10 mm，分别在距离③、④轴线左右两侧各 1 350 mm 处截断。

图 5-41(d)所示为主梁的配筋详图。主梁中箍筋采用 HPB300 级钢筋，其余均采用 HRB335 级钢筋。从图中可以看出，在主梁和次梁相交处，分别在次梁两侧各设置 3 道附加箍筋，直径为 8 mm，间距为 100 mm，第一道附加箍筋距次梁边为 50 mm。在主梁截面侧边中部设置了 4 根 Φ12 mm的④号构造钢筋，并用⑧号 2Φ8 的拉筋拉结。其余的梁上部、下部钢筋配置叙述从略。

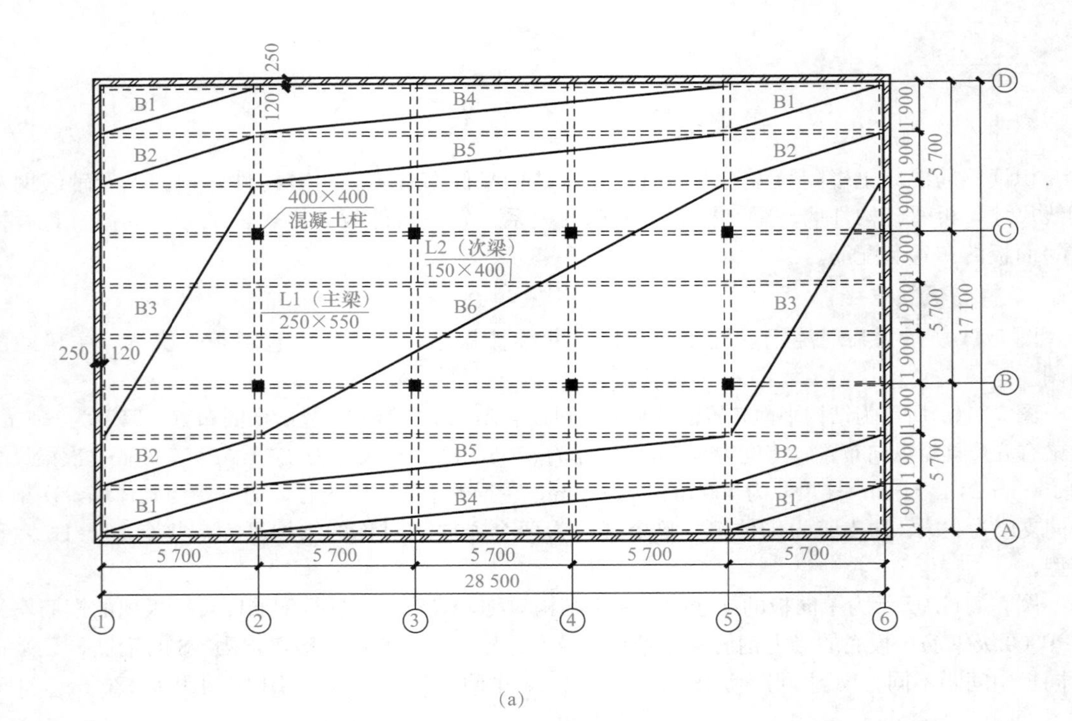

(a)

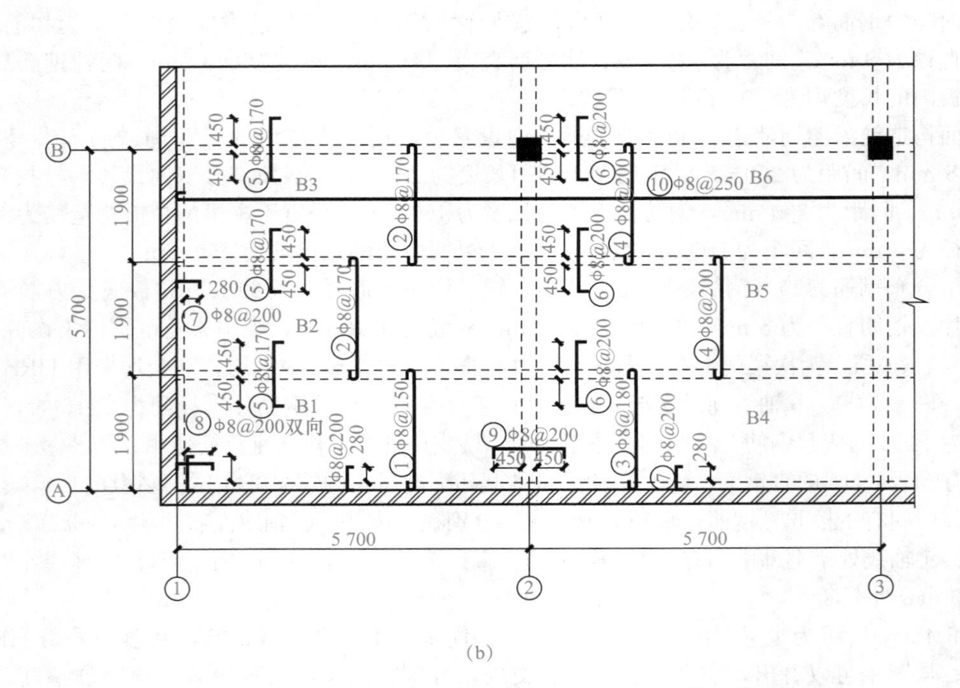

(b)

图 5-41　某现浇钢筋混凝土单向板肋梁楼盖结构平面图

(a)单向板肋梁楼盖平面布置图；(b)单向板配筋图

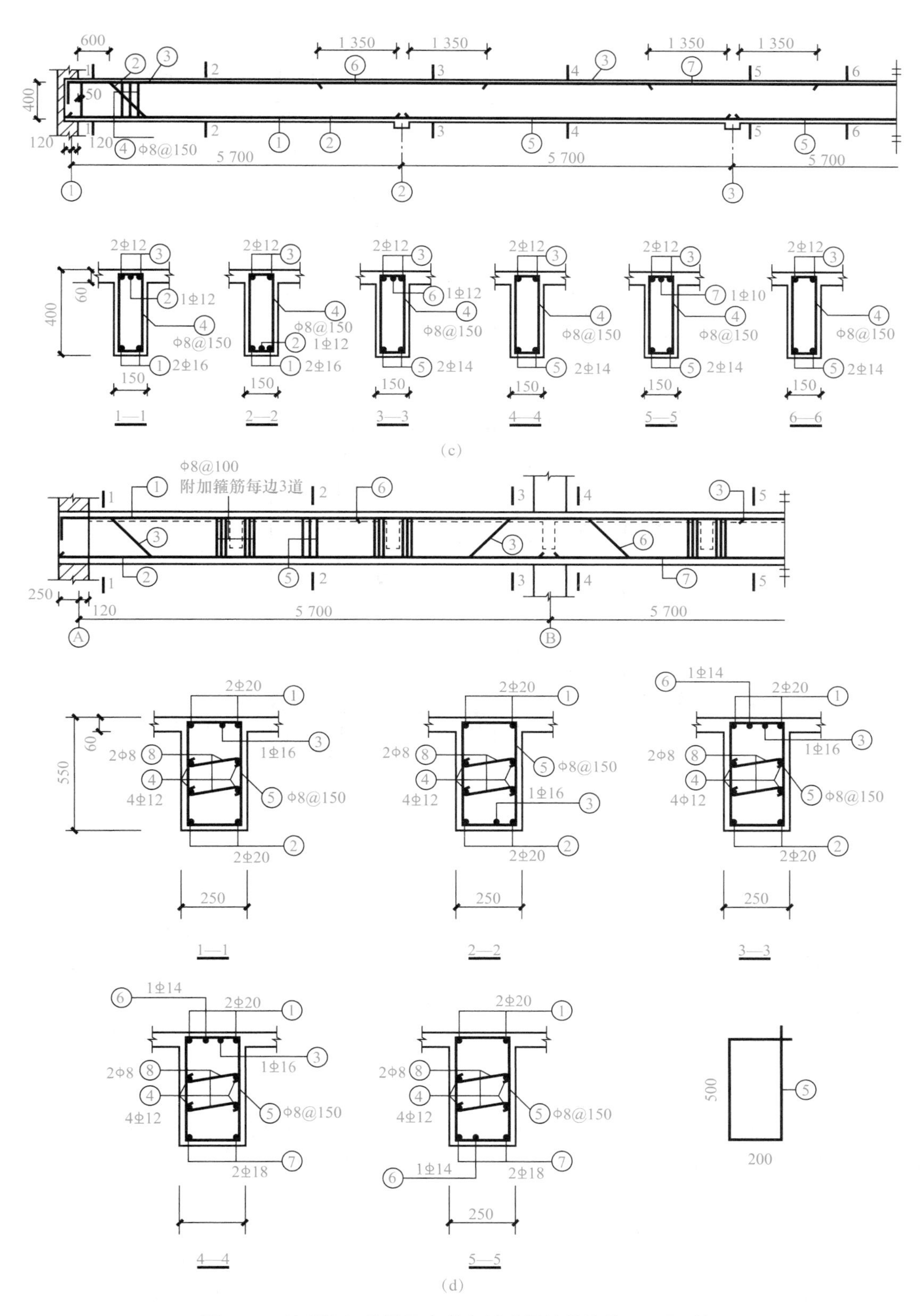

图 5-41　某现浇钢筋混凝土单向板肋梁楼盖结构平面图(续)

(c)次梁配筋详图；(d)主梁配筋详图

2. 双向板肋形楼盖

图 5-42 所示为某钢筋混凝土双向板楼盖的配筋图，其中 K10 表示 Φ10@200，叙述从略。

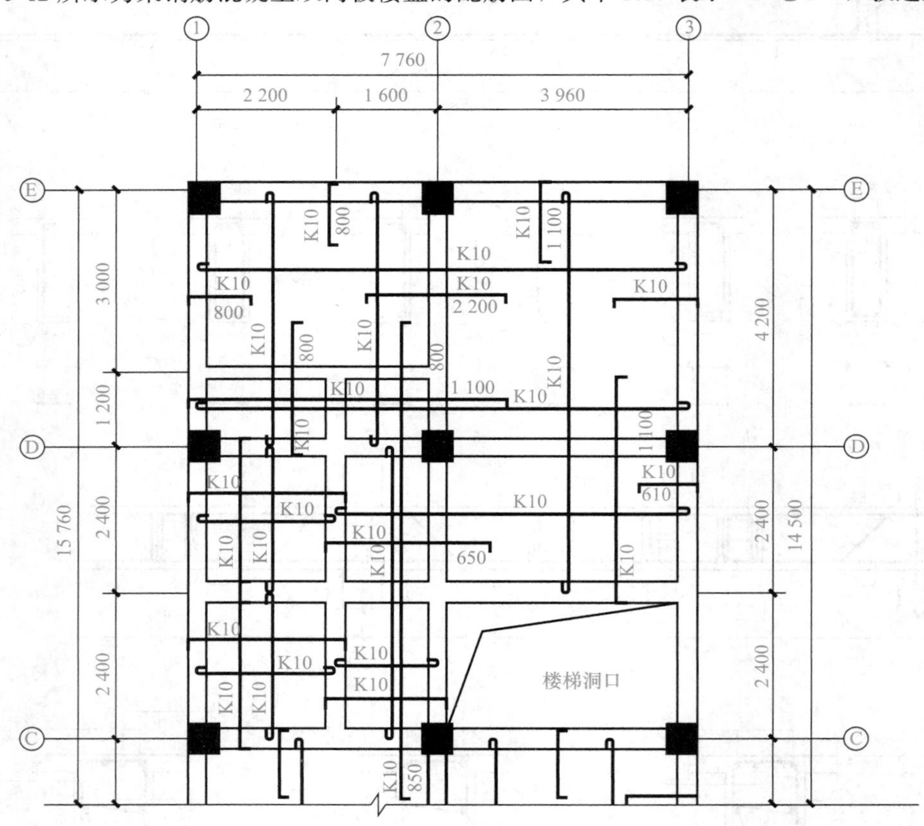

图 5-42　钢筋混凝土双向板配筋图

特别提示

上述内容钢筋混凝土楼(屋)盖结构施工图为楼(屋)盖配筋传统表达形式，目前我国楼(屋)盖结构施工图大量采用平面整体表示法，但学习楼(屋)盖配筋传统施工图是学习平面整体表示法的基础，板平法制图规则内容可参看本书项目 10。

5.6.3　钢筋混凝土楼梯结构施工图

图 5-43 所示的某办公楼的楼梯是钢筋混凝土双跑平行楼梯。所谓双跑平行楼梯是指从下一层的楼地面到上一层的楼地面需要经过两个梯段，梁梯段间设一楼梯平台。如前所述，板式楼梯是每一梯段是一块梯段板(梯段板中不设斜梁)，梯段板直接支撑在基础或楼梯梁上。楼梯结构施工图包括楼梯结构平面图和楼梯结构剖面图。

1. 楼梯结构平面图识读

楼层(首层)结构平面图中虽然也包括了楼梯间的平面位置，但因比例较小(如 1∶100)，不易将楼梯构件的平面布置和详细尺寸表达清楚。因此，楼梯间的结构平面图通常需要较大的比例(如 1∶50，1∶30 等)另行绘制。楼梯结构平面图的图示要求与楼层结构平面图基本相同，用

水平剖面的形式表示。为了表示楼梯梁、梯段板和平台板的平面布置，通常，将剖切位置放在中间平台的上方。如底层楼梯结构平面图的剖切位置在一、二层之间的中间平台上方，其他楼层楼梯平面图的剖切位置依次类推。这与建筑图中楼梯间详图的剖切位置明显不同，应注意其差异。

楼梯结构平面图应分层表示，包括底层楼梯结构平面图、中间层楼梯结构平面图(如中间几层的结构布置和构件类型完全相同时，可只用一个标准层楼梯结构平面图表示)、顶层楼梯结构平面图。在各楼梯结构平面图中主要反映楼梯梁、板的平面布置，轴线位置和尺寸，构件代号及编号，结构标高和细部尺寸等。如楼梯结构平面图比例较大时，还可以直接绘出平台板的配筋情况。

楼梯结构平面图中的轴号应与建筑施工图中保持一致，可见的轮廓线用细实线表示，不可见的轮廓线用细虚线表示，剖切到的钢筋混凝土柱涂黑表示，剖切到的砖墙轮廓用中实线表示，钢筋用粗实线表示。梯段板的折断线理应与踏步线方向一致，为避免混淆，按制图标准表示成倾斜方向。

2. 楼梯结构剖面图识读

楼梯结构剖面图主要反映楼梯间的承重构件如板、梁、柱的竖向布置，连接和构造等；中间休息平台、楼层休息平台的标高及构件的细部尺寸，如楼梯结构剖面图的比例较大时，还可直接绘出梯板的配筋。楼梯剖面图的常用比例为 1∶50，也可采用 1∶30、1∶25、1∶20 等比例。

3. 钢筋混凝土板式楼梯配筋实例

图 5-43(a)所示为某钢筋混凝土板式楼梯的结构布置图；图 5-43(b)所示为该楼梯的梯板配筋图；图 5-43(c)、(d)所示为该楼梯的梯柱、梯梁配筋图。

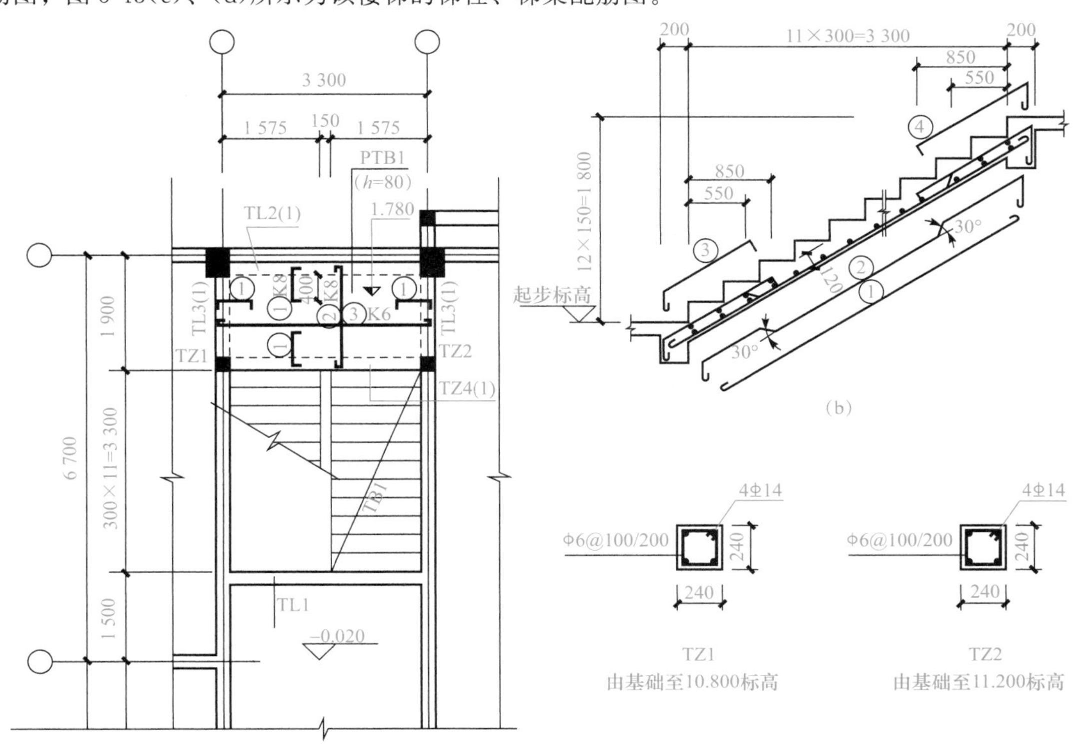

图 5-43　钢筋混凝土板式楼梯配筋图

(a)结构布置图；(b)梯板配筋图；(c)梯柱配筋图

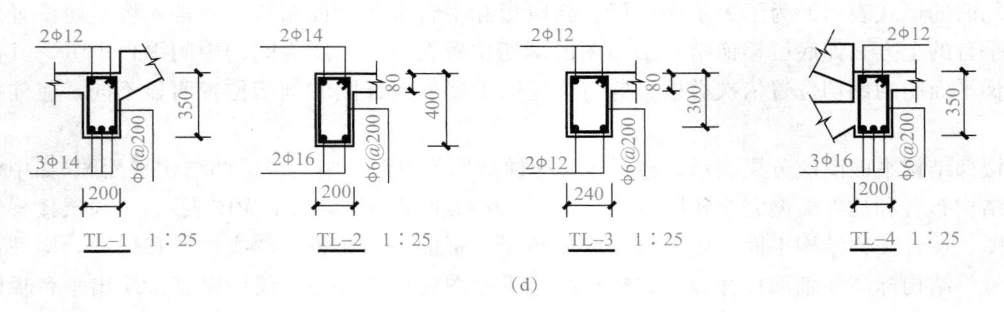

(d)

图 5-43　钢筋混凝土板式楼梯配筋图(续)

(d)梯梁配筋图

4. 钢筋混凝土梁式楼梯配筋实例

图 5-44(a)所示为某钢筋混凝土梁式楼梯的结构布置图；图 5-44(b)所示为该楼梯的 $A—A$ 剖面图；图 5-44(c)、(d)所示为该楼梯的折梁、梯柱梯梁配筋图。

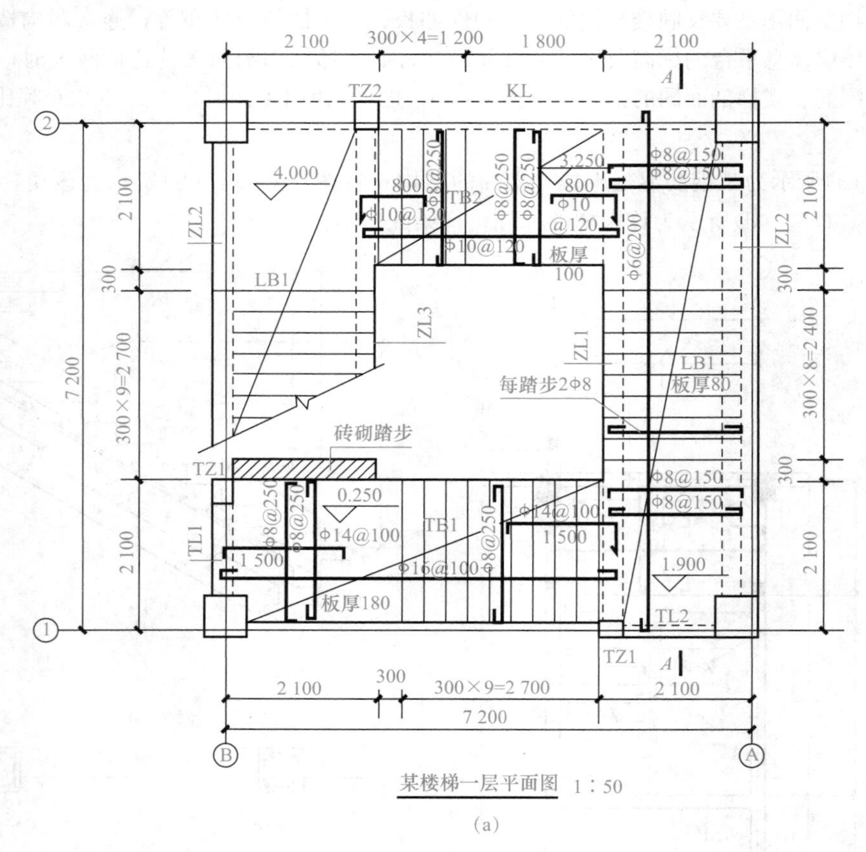

(a)

图 5-44　钢筋混凝土梁式楼梯配筋图

(a)一层平面结构布置图

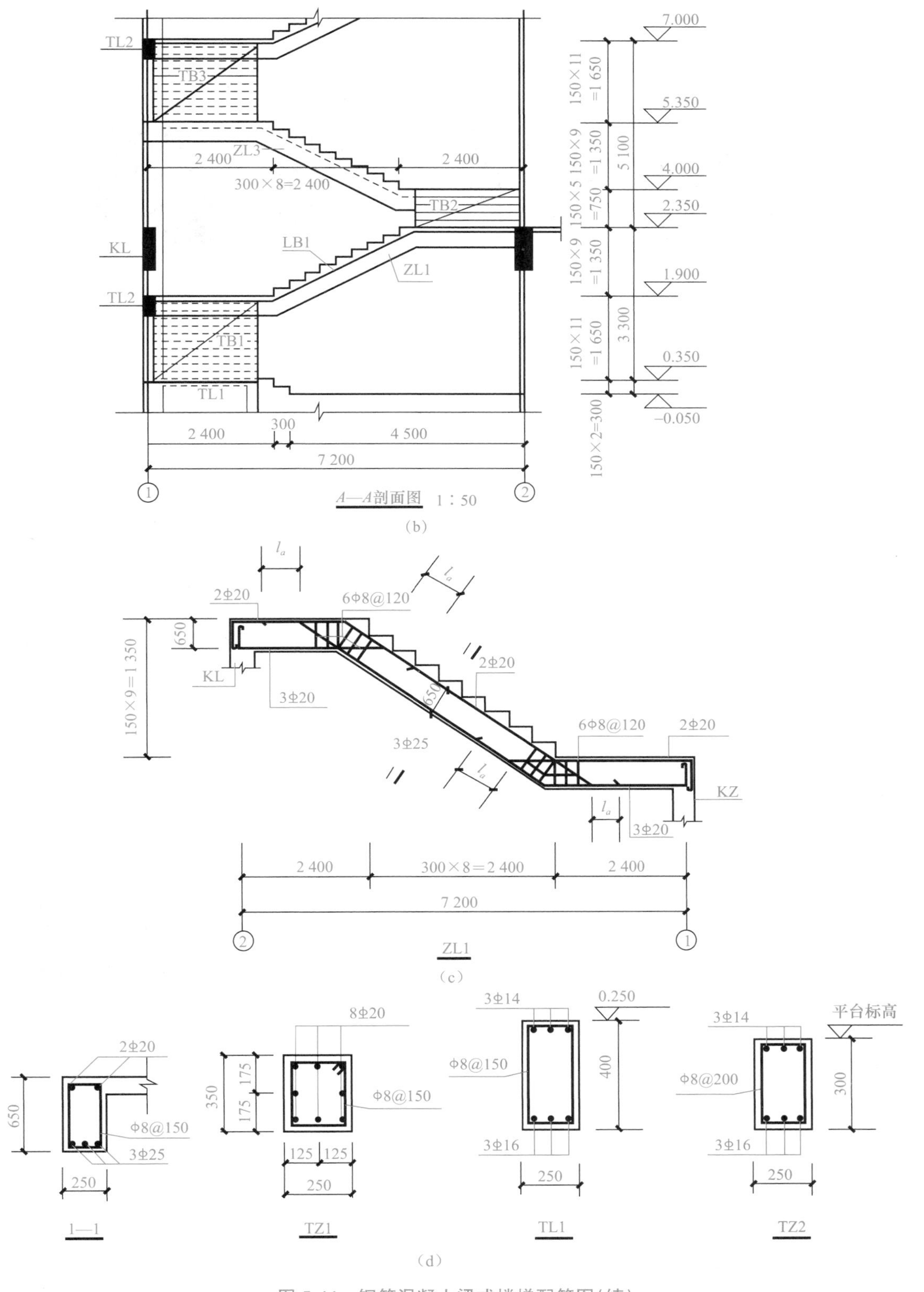

图 5-44 钢筋混凝土梁式楼梯配筋图(续)

(b)A—A 剖面图；(c)折梁配筋图；(d)梯柱、梯梁配筋图

特别提示

例题中楼梯结构施工图采用的是传统表达形式，现浇混凝土板式楼梯结构施工图也可采用平面整体表示法，内容可参看国家平法图集 16G101-2 的相关描述。

BT 楼梯平面注写方式及梯板配筋

CT 楼梯平面注写方式及梯板配筋

DT 楼梯平面注写方式及梯板配筋

ET 楼梯平面注写方式及梯板配筋

项目小结

1. 钢筋混凝土楼盖的类型包括现浇整体式楼盖、装配式楼盖、装配整体式楼盖，现浇整体式楼盖包括肋形楼盖、井字楼盖和无梁楼盖等。

2. 楼盖、屋盖、楼梯等梁板结构的设计步骤是：①结构选型、结构布置及构件截面尺寸确定；②结构计算，包括确定计算简图、计算荷载、内力分析、配筋计算等；③绘制结构施工图。单向板肋形楼盖与双向板肋形楼盖的设计均按照此步骤。

3. 钢筋混凝土楼梯按照其结构形式不同可以分为板式楼梯和梁式楼梯，二者的受力特点不同，结构构造也不同，板式梯的应用更为广泛。

4. 悬挑构件的受力特点是上部受拉，下部受压，故悬挑构件的主要受力筋配置在受拉一侧。

习　题

一、填空题

项目 5　习题答案

1. 钢筋混凝土楼盖按施工方法可分为________、________与________。

2. 常见单向板肋形楼盖结构布置方案有________、________和________三种。

3. 通常板、梁的经济跨度为：单向板为________、次梁为________、主梁为________。

4. 在楼盖中主次梁相交的位置通常在主梁中设置________、________抵抗集中力。

5. 按结构形式及受力特点，梯段中有无斜梁将楼梯分为________、________。

6. 钢筋混凝土悬挑构件包括________和________。

二、判断题

1. 当板区格的长边与短边之比为 2～3 时一般按单向板考虑。　(　　)

2. 在单向板肋形楼盖中，板的支座为次梁，次梁的支座为主梁。　(　　)

3. 板支撑在次梁和砖墙上，一般可将次梁和砖墙作为板的不动铰支座。　(　　)

4. 板内受力筋的间距一般为 70～200 mm。　(　　)

5. 双向板的厚度一般不宜小于 80 mm。 （　）

6. 双向板内跨中沿短跨方向的板底钢筋应配置在沿长跨方向板底钢筋的内侧。 （　）

7. 梁式楼梯在小跨度时较经济，板式楼梯在大跨度时较经济。 （　）

8. 雨篷可能发生根部受弯断裂、雨篷梁受弯剪扭和整体倾覆等破坏。 （　）

三、简答题

1. 现浇整体式楼盖有哪几种类型？它们各自的适用条件是什么？

2. 铺板式楼盖的连接构造有哪些？

3. 单向板和双向板的区别是什么？各自的受力特点和构造有哪些？

4. 常见的单向板肋形楼盖结构布置方案有哪几种？各自的适用范围如何？

5. 板中配有哪些种类的钢筋？板中分布钢筋有哪些作用？

6. 单向板的板面附加钢筋设置时应考虑哪些情况，如何设置？

7. 现浇双向板的受力特点是什么？

8. 板式楼梯和梁式楼梯有何区别？两种形式楼梯的踏步板中配筋有何不同？

9. 悬挑雨篷可能发生的三种破坏形态的各自特征是什么？

10. 悬挑构件的构造措施有哪些？

四、绘图题

1. 绘制单向板楼盖的计算简图。

2. 绘制双向板支撑梁的计算简图，并说明原因。

3. 绘制板式楼梯、梁式楼梯的传力路径。

项目 6

基 础

教学目标

通过本项目的学习，了解地基与基础的基本概念；掌握基础的类型以及基础的初步选型；了解基础的结构设计步骤，掌握各种基础的构造要求；掌握基础结构施工图的识读。让学生理解“基础不牢、地动山摇”的深远意义，培养其社会责任感和使命感。

教学要求

学习目标	相关知识点	权重
能够进行基础的初步选型	基础的基本概念以及基础的类型	20%
能够进行各种常见基础的结构构造设计	天然浅基础与深基础的构造要求	40%
能够识读各种基础的结构施工图	基础结构施工图的内容、识读步骤等	40%

学习重点

基础的类型，天然浅基础的构造要求，桩基础的构造要求。

引 例

2009 年 6 月 27 日清晨 5 时 30 分，上海闵行区莲花南路“莲花河畔景苑小区”7 号楼发生倒塌事故，整栋楼倒塌下来，盖楼采用的桩基础连根拔起，造成重大经济损失。事故的直接原因是：施工方在事故楼房前开挖基坑，土方紧贴建筑物堆积在 7 号楼北侧，在短时间内堆土过高，最高处达 10 m 左右，产生了 3 000 t 左右的侧向力，紧邻 7 号楼南侧的地下车库基坑开挖深度 4.6 m，大楼梁侧的压力差使土体产生水平位移，对 PHC 桩(预应力高强混凝土桩)产生很大的偏心弯矩，最终破坏桩基，引起整栋房屋倒覆。试问：

(1)事件中的 PHC 桩是一种什么基础?

(2)工程中还有哪些基础类型?

(3)各种基础的构造要求如何?

(4)如何识读各种基础的结构施工图?

任务 6.1 基础的类型与初步选型

知识导航

6.1.1 基础的类型

“万丈高楼平地起”，任何建筑物都是建造在地层上，因此，建筑物的全部荷载都应由它下部的地层来承担。受建筑物影响的那一部分地层称为地基，直接与地基接触并将上部结构荷载传递给地基的那部分结构称为基础。地基、基础及上部结构的关系如图 6-1 所示。

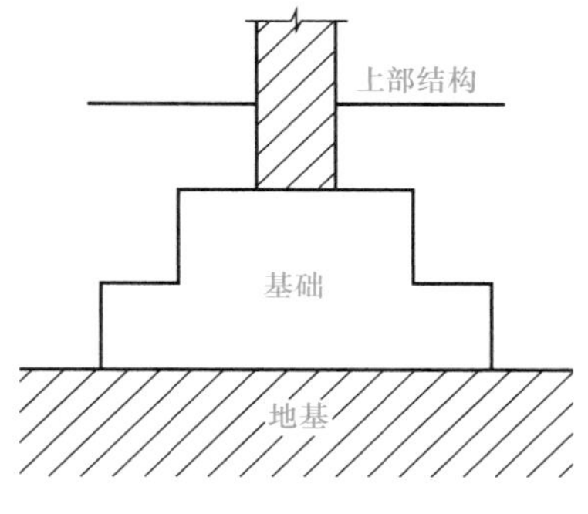

图 6-1 地基、基础及上部结构的关系示意图

一般来说，基础按其埋置深度的不同，可分为浅基础和深基础两大类。埋置深度小于等于 5 m 的基础属于浅基础；当浅层土质不良，需要埋置在较深的土层(大于 5 m)中并采用专门的施工机具和方法施工的基础则属于深基础。

一般来说，在天然地基上修筑浅基础时施工方便，不需要复杂的施工设备，因而工期短，造价低；而人工地基及深基础往往施工比较复杂，工期较长，造价较高。因此，如能保证建筑物的安全和正常使用，宜优先采用浅基础。

基础根据结构形式可分为扩展基础、柱下条形基础、柱下十字形基础、筏形基础、箱形基础、桩基础等。根据基础所用材料的性能又可分为刚性基础(无筋扩展基础)和柔性基础(钢筋混凝土基础)。

1. 扩展基础

墙下条形基础和柱下独立基础(单独基础)统称为扩展基础。扩展基础的作用是把墙或柱的荷载侧向扩展到土中，使之满足地基承载力和变形的要求。扩展基础包括无筋扩展基础和钢筋混凝土扩展基础。

(1)无筋扩展基础。无筋扩展基础是指由砖、毛石、混凝土或毛石混凝土、灰土和三合土等材料组成的无须配置钢筋的墙下条形基础或柱下独立基础，如图 6-2 所示。

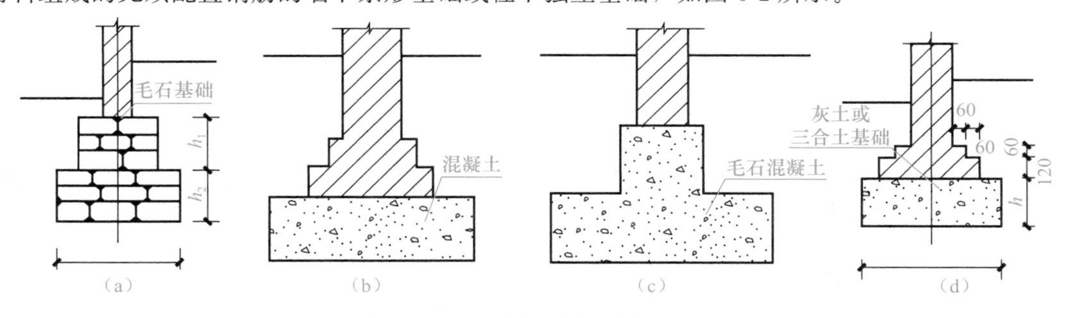

图 6-2 常见无筋扩展基础示意图

(a)毛石基础；(b)素混凝土基础；(c)毛石混凝土基础；(d)灰土或三合土基础

无筋基础的材料都具有较好的抗压性能，但抗拉、抗剪强度都不高，设计时，一般通过选

择合理的基础高度，来保证基础内产生的拉应力和剪应力不超过相应的材料强度设计值。这种基础几乎不发生挠曲变形，因此，无筋基础也称为刚性基础。无筋扩展基础适用于多层民用建筑和轻型厂房。

(2)钢筋混凝土扩展基础。钢筋混凝土扩展基础是指墙下钢筋混凝土条形基础和柱下钢筋混凝土独立基础。这类基础的抗弯和抗剪强度大，整体性、耐久性较好，与无筋基础相比，其基础高度较小，因此，适用于基础底面积大而埋置深度较小的情况。

1)墙下钢筋混凝土条形基础。墙下钢筋混凝土条形基础的构造如图 6-3 所示。一般情况下可采用无肋的墙下钢筋混凝土条形基础，当地基土的压缩性不均匀时，为了增加基础的整体性，减少不均匀沉降，可采用带肋的条形基础，肋部应配置足够的纵向钢筋和箍筋。

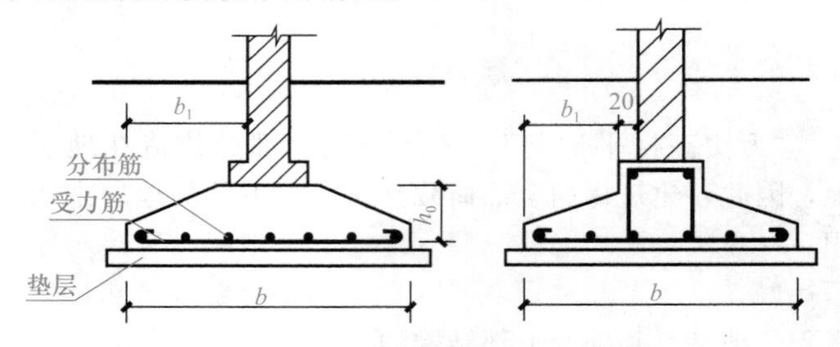

图 6-3 墙下钢筋混凝土条形基础的构造

2)柱下钢筋混凝土独立基础。现浇柱的独立基础可做成锥形或阶梯形；预制柱则采用杯口基础。杯口基础常用于装配式单层工业厂房。柱下钢筋混凝土独立基础的构造如图 6-4 所示。

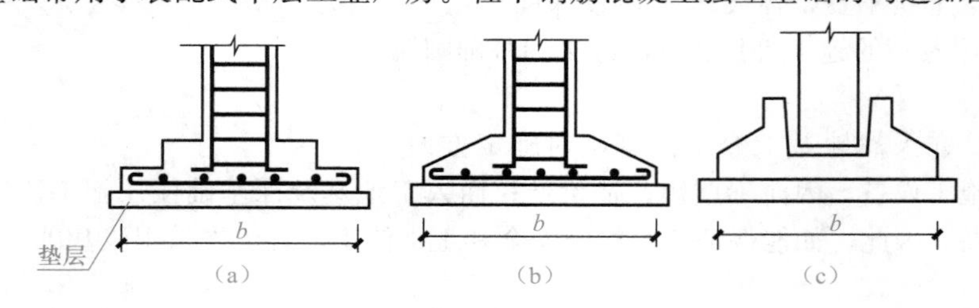

图 6-4 柱下钢筋混凝土独立基础的构造

2. 柱下条形基础

当地基较为软弱、柱荷载较大时，如果采用扩展基础可能产生较大的不均匀沉降，此时，常将同一方向(或同一轴线)上若干柱子的基础连成一体而形成柱下条形基础，如图 6-5 所示。柱下条形基础常在软弱地基上的框架结构或排架结构中采用，一般沿房屋的纵向设置。

> **特别提示**
>
> 在实际工程中，无筋扩展基础已很少采用，扩展基础应用比较广泛，尤其是阶梯形独立基础，其施工方便，应用最为广泛。

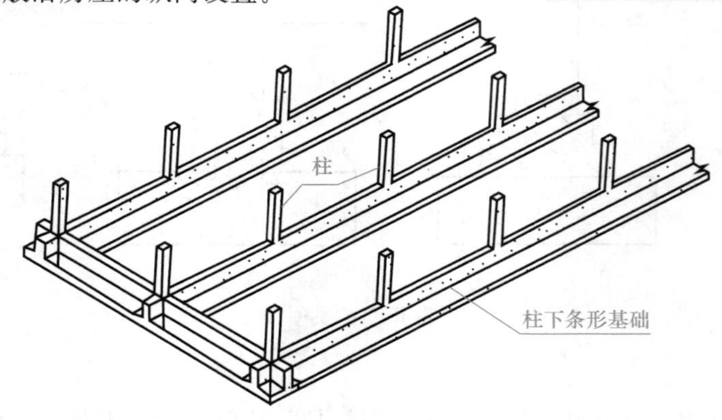

图 6-5 柱下条形基础

3. 筏形基础

当地基软弱而荷载较大，采用柱下条形基础宽度较大而相互较近时，可将基础底板连成一片而成为满堂基础，又称为筏形基础，如图 6-6 所示。筏形基础底面积大，在提高地基承载力的同时能更有效地增强基础的整体性，调整不均匀沉降。因此，它具有前述各类基础所不完全具备的良好受力功能。

> **特别提示**
>
> 注意区分柱下条形基础与墙下条形基础，二者上部的受力构件不同，柱下条形基础常应用于框架结构，墙下条形基础常用于砖混结构。

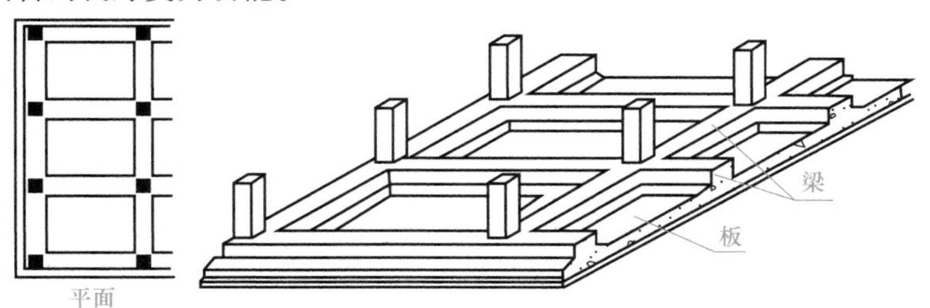

图 6-6　筏形基础

筏形基础可分为平板式和梁板式两种类型。平板式筏形基础是在地基上做一整块钢筋混凝土底板，柱子直接支立在底板上(柱下筏板)或在底板上直接砌墙(墙下筏板)；梁板式筏形基础如倒置的肋形楼盖，若梁在底板的上方称为上梁式，在底板的下方称为下梁式。

4. 箱形基础

箱形基础是由现浇钢筋混凝土的底板、顶板和若干纵横墙组成的中空箱体的整体结构，如图 6-7 所示。箱形基础整体性好，刚度大，能很好地抵抗地基的不均匀沉降。一般适用于在软弱地基上建造上部荷载较大的高层建筑。当基础的中空部分尺寸较大时，可用作人防、地下商场等。

5. 桩基础

所谓浅基础，是通过基础底面把所承受的荷载扩散分布于地基的浅层。但是，当建筑场地的浅层土质不能满足建筑物对地基承载力和变形的要求，而又不适宜采取地基处理措施时，就要考虑采用深基础方案。深基础是埋深较大、以下部坚实土层或岩层作为持力层的基础。桩基础就是一种承载性能很好，广泛适应的深基础形式。桩基础由承台和桩身两部分组成，如图 6-8 所示。承台的作用是把多根桩联结成整体，并通过承台把上部结构荷载传递到各根桩，再传至深层较坚实的土层中。桩基承台可分为柱下独立承台、柱下或墙下条形承台(梁式承台)，以及筏板承台和箱形承台等。

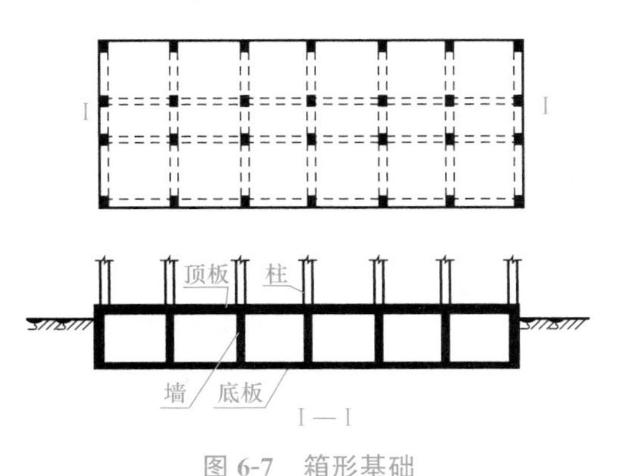

图 6-7　箱形基础

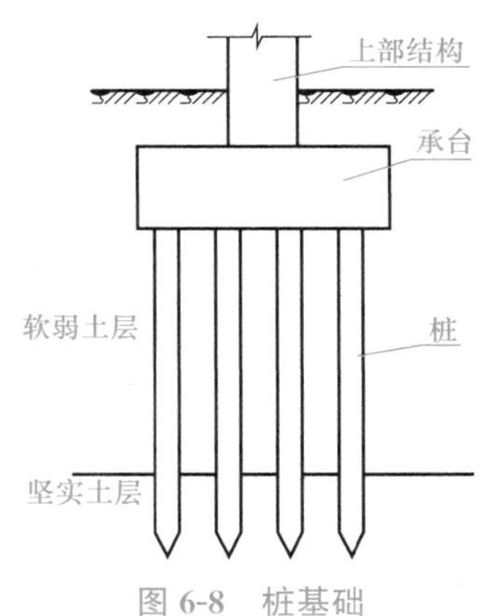

图 6-8　桩基础

能力导航

6.1.2 基础的初步选型

1. 基础设计等级

地基基础设计应根据地基复杂程度、建筑物规模和功能特征以及由于地基问题可能造成建筑物破坏或影响正常使用的程度，分为三个设计等级，设计时应根据具体情况，按表 6-1 选用。

表 6-1 地基基础设计等级

设计等级	建筑和地基类型
甲级	重要的工业与民用建筑物 30 层以上的高层建筑 体型复杂，层数相差超过 10 层的高低层连成一体的建筑物 大面积的多层地下建筑物(如地下车库、商场、运动场等) 对地基变形有特殊要求的建筑物 复杂地质条件下的坡上建筑物(包括高边坡) 对原有工程影响较大的新建建筑物 场地和地基条件复杂的一般建筑物 位于复杂地质条件及软土地区的二层及二层以上地下室的基坑工程 深度大于 15 m 的基坑工程 周边环境条件复杂、环境保护要求高的基坑工程
乙级	除甲级、丙级以外的工业与民用建筑物 除甲级、丙级以外的基坑工程
丙级	场地和地基条件简单、荷载分布均匀的七层及七层以下民用建筑及一般工业建筑物；次要的轻型建筑物 非软土地区且场地地质条件简单、基坑周边环境条件简单、环境保护要求不高且开挖深度不小于 5.0 m 的基坑工程

2. 基础选型的基本原则

(1)安全性。在结构设计中进行基础选型时，最先考虑的应该是基础的安全性，即地基承载力是否能够满足上部荷载与结构的需要。基础底面的压力，应符合下式要求：

当轴心荷载作用时：

$$p_k \leqslant f_a \tag{6-1}$$

当偏心荷载作用时，除符合式(6-1)要求外，还应符合下式要求：

$$p_{k\max} \leqslant 1.2 f_a \tag{6-2}$$

式中 p_k——相应于荷载效应标准组合时，基础底面处的平均压力值；

f_a——修正后的地基承载力特征值；

$p_{k\max}$——相应于荷载效应标准组合时，基础底面边缘的最大压力值。

(2)经济性。在能够基础满足地基承载力的情况下，宜优先选用天然基础，天然基础相对于桩基础在造价方面具有很大优势，天然基础类型按简单到复杂进行选择：独立基础、条形基础、十字交叉梁、筏形基础、箱形基础等，可根据建筑的具体情况进行考虑。

> **特别提示**
>
> 基础底面处的平均压力值计算可参看《建筑地基基础设计规范》(GB 50007—2011)相关描述。

(3)施工可行性。各种基础有不同的结构形式与施工要求，在结构设计中应充分考虑基础在将来的施工过程中是否可行，还要考虑地下水、下卧层等因素。

任务 6.2　天然地基浅埋基础

知识导航

6.2.1　影响基础埋深的因素

基础埋置深度(简称埋深)是指基础底面至天然地面的距离。确定基础的埋置深度是基础设计工作的重要一环，它直接关系到基础方案的优劣和造价的高低。一般来说，在满足地基稳定和变形的条件下，基础应尽量浅埋。

(1)建筑物的用途，有无地下室、设备基础和地下设施，基础的形式和构造。确定基础埋置深度时，建筑物的用途，有无地下室、设备基础和地下设施，基础的形式和构造等都是重要的影响因素。例如，高层建筑为了满足稳定性的要求，在抗震设防区，天然地基上的箱形和筏形基础其埋置深度不宜小于建筑物高度的1/15。

(2)作用在地基上的荷载大小和性质。在满足地基稳定和变形要求的前提下，基础宜浅埋，当上层地基的承载力大于下层土时，宜利用上层土作持力层。除岩石地基外，基础埋深不宜小于0.5 m。

(3)工程地质和水文地质条件。直接支承基础的土层称为持力层。为了满足地基承载力和变形的要求，基础应尽可能埋置在良好的持力层上。有地下水存在时，基础应尽量埋置在地下水水位以上，以避免地下水对基坑开挖、基础施工和使用期间的影响。若基础埋置在易风化的岩层上，施工时应在基坑开挖后立即铺筑垫层。

(4)相邻建筑物的基础埋深。当存在相邻建筑物时，新建建筑物的基础埋深不宜大于原有建筑基础。当埋深大于原有建筑基础时，两基础间应保持一定净距，其数值应根据原有建筑荷载大小、基础形式和土质情况确定。当上述要求不能满足时，应采取分段施工、设临时加固支撑、打板桩、地下连续墙等施工措施或加固原有建筑物地基。

(5)地基土冻胀和融陷的影响。确定基础埋深应考虑地基的冻胀性。在冻胀、强冻胀、特强冻胀地基上，对在地下水水位以上的基础，基础侧面应回填非冻胀性的中砂或粗砂，其厚度不应小于20 cm；对在地下水水位以下的基础，可采用桩基础、自锚式基础(冻土层下有扩大板或扩底短桩)或采取其他有效措施。对跨年度施工的建筑，入冬前应对地基采取相应的防护措施；按采暖设计的建筑物，若冬季不能正常采暖，也应对地基采取保温措施。

能力导航

6.2.2　天然浅基的构造要求

1. 无筋扩展基础

图6-9所示为无筋扩展基础构造示意图。

(1)基础高度，应符合下式要求：

$$H_0 \geqslant \frac{b-b_0}{2\tan\alpha} \tag{6-3}$$

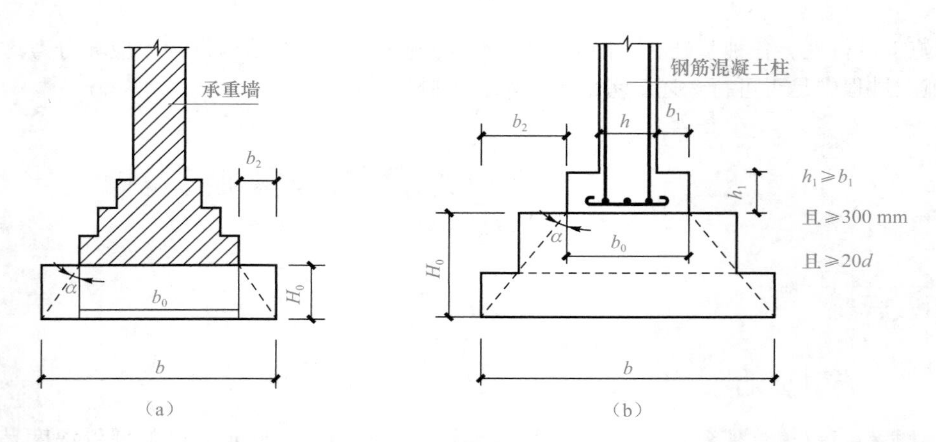

图 6-9　无筋扩展基础构造示意图

式中　b——基础底面宽度；

b_0——基础顶面的墙体宽度或柱脚宽度；

H_0——基础高度；

$\tan\alpha$——基础台阶宽高比 $b_2 : H_0$，其允许值见表 6-2；

b_2——基础台阶宽度。

表 6-2　刚性基础台阶宽高比允许值

基础材料	质量要求	台阶高宽比的允许值		
		$p_k \leqslant 100$	$100 < p_k \leqslant 200$	$200 < p_k \leqslant 300$
混凝土基础	C15 混凝土	1∶1.00	1∶1.00	1∶1.25
毛石混凝土基础	C15 混凝土	1∶1.00	1∶1.25	1∶1.50
砖基础	砖不低于 MU10，砂浆不低于 M5	1∶1.50	1∶1.50	1∶1.50
毛石基础	砂浆不低于 M5	1∶1.25	1∶1.50	—
灰土基础	体积比为 3∶7 或 2∶8 的灰土，其最小密度：粉土 1.55 t/m^3 粉质黏土 1.50 t/m^3 黏土 1.45 t/m^3	1∶1.25	1∶1.50	—
三合土基础	体积比 1∶2∶4～1∶3∶6(石灰∶砂∶集料)，每层约虚铺 220 mm，夯至 150 mm	1∶1.50	1∶2.00	—

注：1. p_k 为荷载效应标准组合基础底面处的平均压力值(kPa)；
2. 阶梯形毛石基础的每阶伸出宽度，不宜大于 200 mm；
3. 当基础由不同材料叠合组成时，应对接触部分作抗压验算；
4. 基础底面处的平均压力值超过 300 kPa 的混凝土基础，尚应进行抗剪验算。

(2)采用无筋扩展基础的钢筋混凝土柱，其柱脚高度 h_1 不得小于 b_1(图 6-9)，并不应小于 300 mm 且不小于 $20d$(d 为柱中的纵向受力钢筋的最大直径)。当柱纵向钢筋在柱脚内的竖向锚固长度不满足锚固要求时，可沿水平方向弯折，弯折后的水平锚固长度不应小于 $10d$ 也不应大于 $20d$。

(3)砖基础的剖面为阶梯形，如图 6-10 所示，称为大放脚。各部分的尺寸应符合砖的模数，其砌筑方式分为“两皮一收”和“二一间隔收”两种。两皮一收是指每砌两皮砖，收进 1/4 砖长(即 60 mm)；二一间隔收是指底层砌两皮砖，收进 1/4 砖长，再砌一皮砖，收进 1/4 砖长，如此反复。

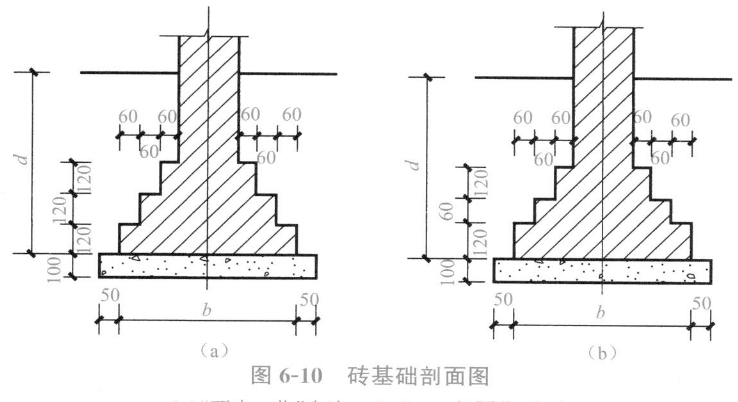

图 6-10　砖基础剖面图

(a)“两皮一收”砌法；(b)“二一间隔收”砌法

2. 扩展基础

(1)扩展基础的构造，应符合下列要求：

1)锥形基础的边缘高度不宜小于 200 mm，且两个方向的坡度不宜大于 1∶3；阶梯形基础的每阶高度宜为 300～500 mm。

2)基础垫层的厚度不宜小于 70 mm；垫层混凝土强度等级一般为 C15。

3)扩展基础受力钢筋最小配筋率不应小于 0.15%，底板受力钢筋的最小直径不应小于10 mm；间距不应大于 200 mm，也不宜小于 100 mm。墙下钢筋混凝土条形基础纵向分布钢筋的直径不应小于 8 mm；间距不应大于 300 mm；每延米分布钢筋的面积不应小于受力钢筋面积的 15%。当有垫层时钢筋保护层厚度不应小于 40 mm；无垫层时不应小于 70 mm。

4)混凝土强度等级不应低于 C20。

(2)墙下钢筋混凝土条形基础钢筋应满足下列要求：钢筋混凝条形基础底板在 T 形及十字形交接处，底板横向受力钢筋仅沿一个主要受力方向通长布置，另一方向的横向受力钢筋可布置到主要受力方向底板宽度 1/4 处；在拐角处底板横向受力钢筋应沿两个方向布置。墙下条形基础纵横交叉处底板受力筋如图 6-11 所示。

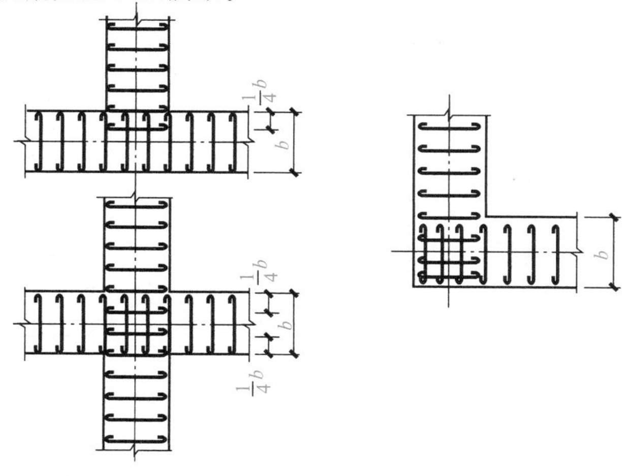

图 6-11　墙下条形基础纵横交叉处底板受力筋布置

(3)柱下钢筋混凝土独立基础钢筋应符合下列要求：

1)柱下钢筋混凝土独立基础沿着边长设置纵横两个方向的底筋，长边方向的底筋在下，短边方向的底筋在上，钢筋构造如图 6-12 所示。

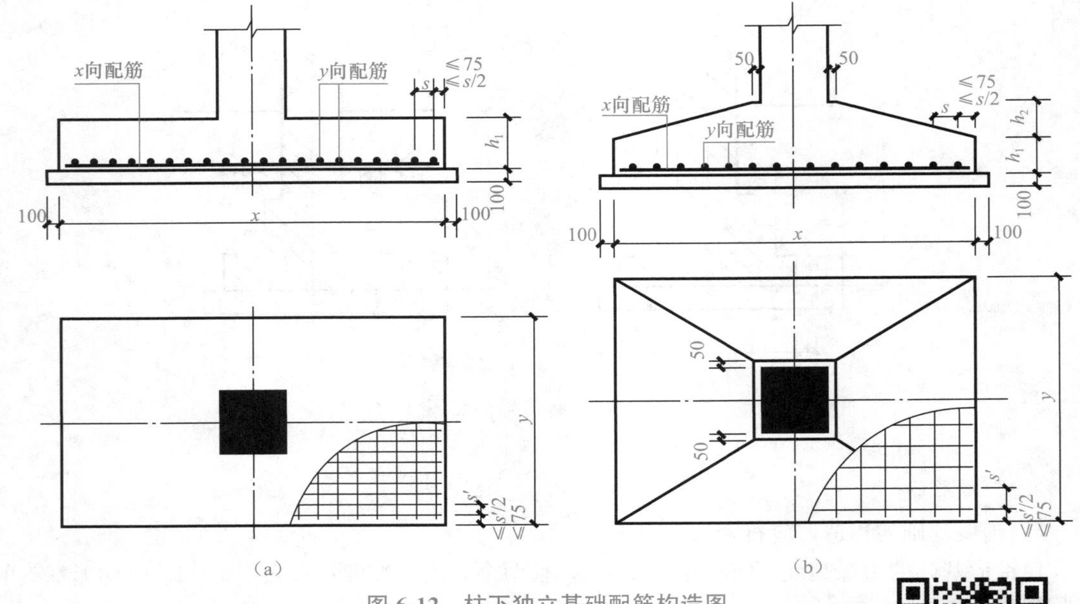

图 6-12 柱下独立基础配筋构造图

(a)阶形；(b)坡形

独立基础底板配筋长度减短 10%构造

2)当柱下钢筋混凝土独立基础边长和墙下钢筋混凝土条形基础宽度大于或等于 2.5 m 时，底板受力钢筋的长度可取边长的 0.9 倍，并宜交错布置，如图 6-13 所示。

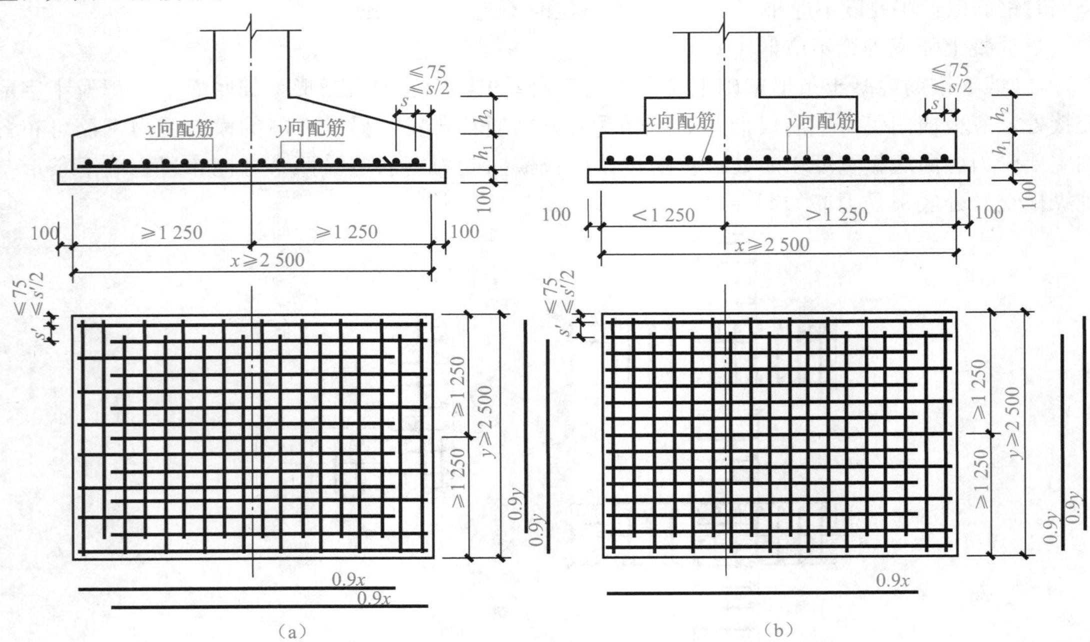

图 6-13 柱下独立基础底板配筋缩短 10%构造图

(a)对称独立基础；(b)非对称独立基础

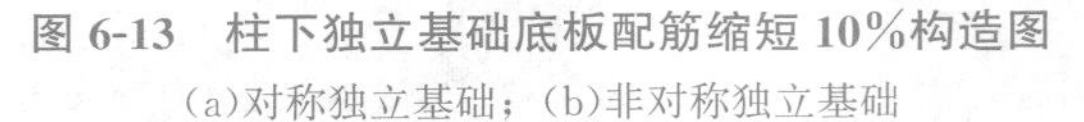

3)对于现浇柱基础，其插筋的数量、直径以及钢筋种类应与柱内纵向钢筋相同。插筋伸入基础内的锚固长度见《建筑地基基础设计规范》(GB 50007—2011)有关规定，一般伸至基础底板钢筋网上，端部弯直钩并上下至少应有二道箍筋固定。插筋与柱筋的接头位置、连接方式等应符合有关规定要求，如图 6-14 所示，图中 l_a、l_{aE} 为非抗震和抗震情况下国标规定最小锚固长度。

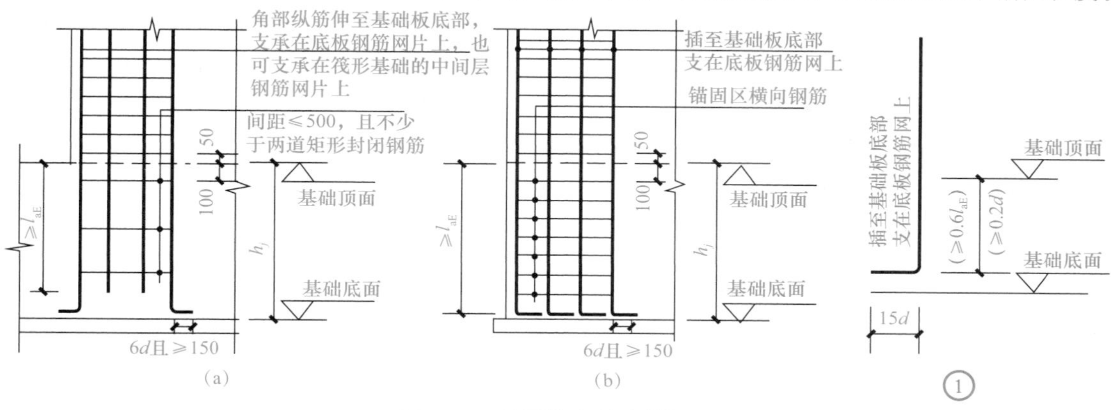

图 6-14　柱插筋在基础锚固图

3. 柱下条形基础

柱下条形基础是常用于软弱地基上框架或排架结构的一种基础类型。它具有刚度大、调整不均匀沉降能力强等优点，但造价较高。

柱下条形基础的构造除满足前述扩展基础的构造要求外，还应符合下列规定：

特别提示

国家平法图集 16G101-3 中标准构造详图内容部分详细介绍了独立基础配筋构造，读者可以参看学习。

(1)柱下条形基础梁的高度宜为柱距的 1/4～1/8。翼板厚度不应小于 200 mm。当翼板厚度大于 250 mm 时，宜采用变厚度翼板，其坡度小于或等于 1∶3。

(2)条形基础的端部宜向外伸出，其长度宜为第一跨距的 0.25 倍。

(3)现浇柱与条形基础梁的交接处，其平面尺寸不应小于图 6-15 的规定。

(4)当基础梁的腹板高度大于或等于 450 mm 时，在梁的两侧面应沿高度配置纵向构造钢筋，其构造要求见相关规定。

(5)箍筋应采用封闭式，其直径一般为 6～12 mm，箍筋间距按有关规定确定。当梁宽小于或等于 350 mm 时，采用双肢箍筋；梁宽为 350～800 mm 时，采用四肢箍筋；梁宽大于 800 mm 时，采用六肢箍筋。

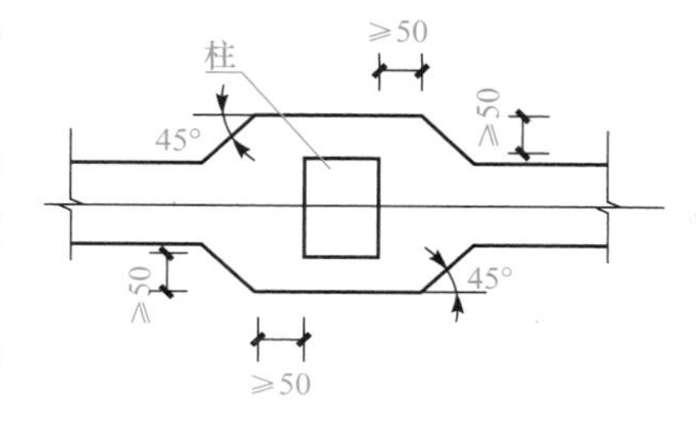

图 6-15　现浇柱与基础梁的连接

(6)柱下条形基础的混凝土强度等级，不应低于 C20。

特别提示

《建筑地基基础设计规范》(GB 50007—2011)规定：条形基础梁顶部和底部的纵向受力钢筋除应满足计算要求外，顶部钢筋应按计算配筋全部贯通，底部通长钢筋不应少于底部受力钢筋截面总面积的 1/3。

4. 筏形基础

筏形基础常用于高层建筑，其构造要求如下：

(1)平板式筏形基础的最小板厚不宜小于 400 mm，当柱荷载较大时，可将柱下筏板局部加厚或增设柱墩，也可采用设置抗冲切箍筋来提高受冲切承载能力。

(2)在一般情况下，筏形基础底板边缘应伸出边柱和角柱外侧包线或侧墙以外，伸出长度宜不大于伸出方向边跨柱距的 1/4，无外伸肋梁的底板，其伸出长度一般不宜大于 1.5 m。双向外伸部分的底板直角应削成钝角。

(3)梁板式筏形基础肋梁与地下室底层柱或剪力墙的连接构造应符合图 6-16 的要求。

(4)筏形基础的混凝土强度等级不应低于 C30，对于设置地下室的筏形基础，其所用混凝土的抗渗等级不应小于 0.6 MPa。

(5)筏板与地下室外墙的接缝、地下室外墙沿高度处的水平接缝应严格按施工缝要求采取措施，必要时可设通长止水带。

(6)高层建筑筏形基础与裙房之间的构造应符合下列要求：

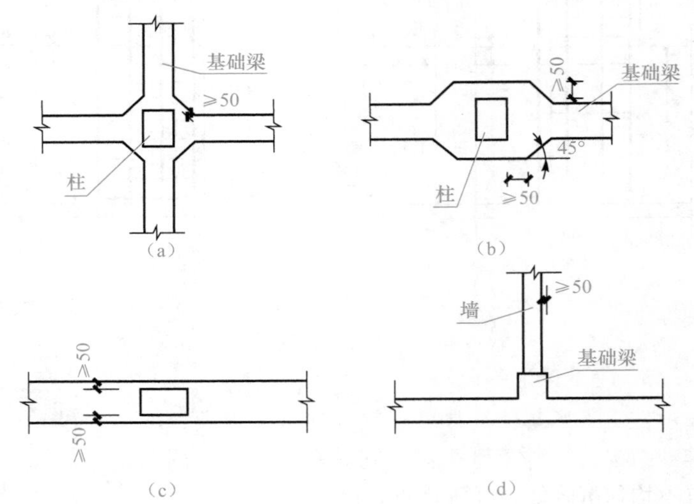

图 6-16　地下室底层柱或剪力墙与基础梁连接的构造

1)当高层建筑与相连的裙房之间设置沉降缝时，高层建筑的基础埋深应大于裙房基础的埋深至少 2 m。当不满足要求时必须采取有效措施，沉降缝地面以下的空间应用粗砂填实。

2)当高层建筑与相连的裙房之间不设置沉降缝时，宜在裙房一侧设置后浇带。后浇带的位置宜设在距主楼边柱的第二跨内。后浇带混凝土宜根据实测沉降值并计算后期沉降差能满足设计要求后方可进行浇筑。

3)当高层建筑与相连的裙房之间不允许设置沉降缝和后浇带时，应进行地基变形验算。验算时需考虑地基变形对结构的影响并采取相应的有效措施。

(7)筏形基础地下室施工完毕后，应及时进行基坑回填工作。回填基坑时，必须先清除基坑中的杂物，在相对的两侧或四周同时回填并分层夯实。

特别提示

平板式与梁板式筏形基础的选型应根据地基土质、上部结构体系、柱距、荷载大小、使用要求以及施工条件等因素确定，框架—核心筒结构与筒中筒结构宜采用平板式筏形基础。

5. 箱形基础

箱形基础的构造要求如下：

(1)箱形基础的混凝土强度等级不应低于 C20；筏形基础和桩箱、桩筏基础的混凝土强度等级不应低于 C30。当采用防水混凝土时，防水混凝土的抗渗等级应根据地下水的最大水头比值选

用，且其抗渗等级不应小于 0.6 MPa。对重要建筑宜采用自防水并设架空排水层方案。

(2)箱形基础的顶板、底板及墙体的厚度，应根据受力情况、整体刚度和防水要求确定。无人防设计要求的箱基，基础底板不应小于 300 mm，外墙厚度不应小于 250 mm，内墙的厚度不应小于 200 mm，顶板厚度不应小于 200 mm，可用合理的简化方法计算箱形基础的承载力。

(3)箱形基础的内、外墙应沿上部结构柱网和剪力墙纵横均匀布置，墙体水平截面总面积不宜小于箱形基础外墙外包尺寸的水平投影面积的 1/10。对基础平面长宽比大于 4 的箱形基础，其纵墙水平截面面积不得小于箱基外墙外包尺寸水平投影面积的 1/18。

(4)箱形基础的墙体内应设置双面钢筋，竖向和水平钢筋的直径不应小于 10 mm，间距不应大于 200 mm。除上部为剪力墙外，内、外墙的墙顶处宜配置两根直径不小于 20 mm 的通长构造钢筋。

任务 6.3 桩基础

知识导航

6.3.1 桩基础的类型

1. 低承台和高承台桩基

根据承台与地面相对位置的高低，桩基础可分为低承台桩基和高承台桩基两种。低承台桩基的承台底面位于地面以下；而高承台桩基的承台底面则高出地面以上，如图 6-17 所示。在工业与民用建筑中，几乎都使用低承台桩基，但在桥梁、港湾和海洋构筑物等工程中，则常常使用高承台桩基。

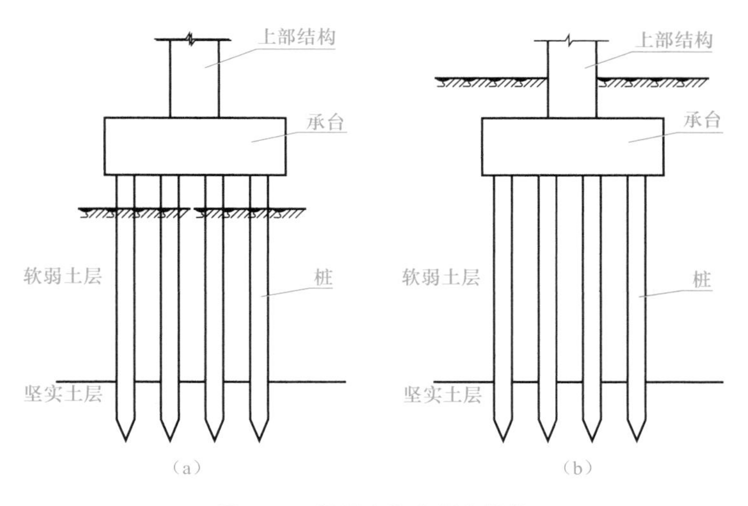

图 6-17　低承台和高承台桩基

(a)高承台桩基；(b)低承台桩基

2. 端承型桩和摩擦型桩

根据桩的承载性状，桩可分为端承型桩和摩擦型桩两大类。

(1)端承型桩。端承型桩是指桩顶竖向荷载由桩侧阻力和桩端阻力共同承受，但桩端阻力分担荷载较多的桩。根据桩侧和桩端承担竖向荷载大小的不同，又可分为端承桩和摩擦端承桩。

(2)摩擦型桩。摩擦型桩是指桩顶竖向荷载由桩侧阻力和桩端阻力共同承受，但桩侧阻力分担荷载较多的桩。根据桩侧和桩端承担竖向荷载大小的不同，又可分为摩擦桩和端承摩擦桩。

3. 预制桩和灌注桩

桩根据施工方法的不同，可分为预制桩和灌注桩两大类。

(1)预制桩是指在工厂制作成型，运到施工现场后，通过各种打桩机械把它打入至设计标高的桩。常见的沉桩方法有锤击法、振动法、静压法等。

(2)灌注桩是指直接在建筑工地现场成孔，然后在孔内安放钢筋再浇灌混凝土而成的桩。常见的成孔方法有沉管灌注桩、钻孔灌注桩、冲孔灌注桩、扩底灌注桩等。

6.3.2 桩基础的受力特点

1. 单桩竖向荷载的传递

单桩在竖向荷载作用下，桩身产生相对于土的向下位移，从而使桩侧表面受到土的向上摩阻力。随着荷载增加，桩侧摩阻力从桩身上段向下传递；桩底持力层也因受压产生桩端反力，当沿桩身全长的摩阻力都到达极限值之后，桩顶荷载增量就全归桩端阻力承担，直到桩底持力层破坏。

由此可见，单桩轴向荷载的传递过程就是桩侧阻力与桩端阻力的发挥过程。单桩竖向承载力可以通过现场静载荷试验或其他原位测试方法确定。

2. 群桩效应

由两根以上桩组成的桩基称为群桩基础。竖向荷载作用下，由于承台、桩、土相互作用，群桩基础中的一根桩单独受荷时的承载力和沉降性状，往往与相同条件的独立单桩有显著差别。一般来说，群桩基础的承载力小于单桩承载力与桩数的乘积，这种现象称为群桩效应。群桩基础竖向承载力与单桩竖向承载力之和的比值称为群桩效应系数。它体现了群桩平均承载力比单桩降低或提高的幅度。试验表明，群桩效应系数与桩距、桩数、桩径、桩的入土深度、桩的排列、承台宽度及桩间土的性质等因素有关，其中以桩距为主要因素。当桩距较小时，地基应力重叠现象严重，群桩效应系数降低；当桩距大于 6 倍桩径时，地基应力重叠现象较轻，群桩效应系数较高。对于端承桩，由于桩底持力层刚硬，桩与桩相互作用的影响很小，可以不考虑群桩效应(即群桩效应系数等于 1)，认为群桩竖向承载力为各单桩竖向承载力之和。

能力导航

6.3.3 桩基础的构造要求

(1)桩的平面布置可采用对称式、梅花式、行列式和环状排列。

在工程实践中，桩群的常用平面布置形式为：柱下桩基多采用对称多边形，墙下桩基采用梅花式或行列式，筏形或箱形基础下宜尽量沿柱网、肋梁或隔墙的轴线设置，如图 6-18 所示。

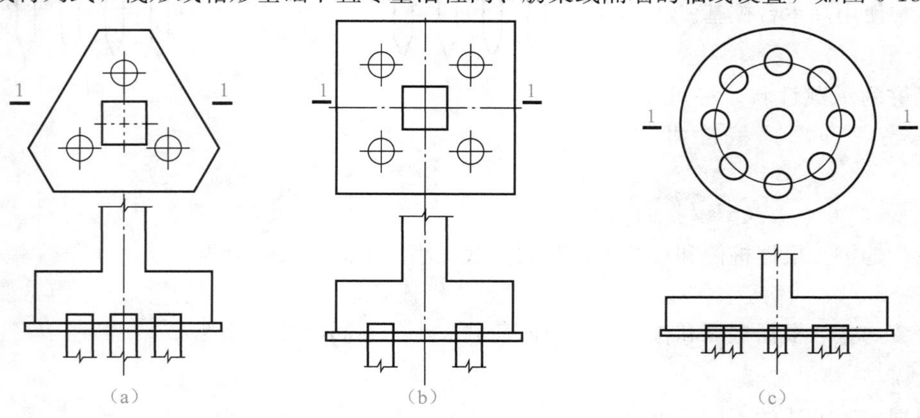

图 6-18 桩的常用布置形式

(a)柱下桩基(三桩承台)；(b)柱下桩基(矩形承台)；(c)环形桩基

为了使桩基中各桩受力比较均匀，群桩横截面的重心应与竖向永久荷载合力的作用点重合或接近。布置桩位时，桩的间距(中心距)一般采用3～4倍桩径。摩擦型桩(包括摩擦桩和端承摩擦桩)的中心距不宜小于桩身直径的3倍；扩底灌注桩的中心距不宜小于扩底直径的1.5倍，当扩底直径大于2 m时，桩端净距不宜小于1 m。在确定桩距时，还应考虑施工工艺中挤土等效应对邻近桩的影响。

(2)扩底灌注桩的扩底直径，不应大于桩身直径的3倍。

(3)桩底进入持力层的深度，根据地质条件、荷载及施工工艺确定，宜为桩身直径的1～3倍。在确定桩底进入持力层深度时，还应考虑特殊土、岩溶以及震陷液化等影响。嵌岩灌注桩周边嵌入完整和较完整的未风化、微风化、中风化硬质岩体的深度不宜小于0.5 m。

(4)布置桩位时宜使桩基承载力合力点与竖向永久荷载合力作用点重合。

(5)预制桩的混凝土强度等级不应低于C30；灌注桩不应低于C25；预应力桩不应低于C40。

(6)桩的主筋应经过计算确定。打入式预制桩的最小配筋率不宜小于0.8%；静压预制桩的最小配筋率不宜小于0.6%；灌注桩最小配筋率不宜小于0.2%～0.65%(小直径桩取大值)。

(7)配筋长度：受水平荷载和弯矩较大的桩，配筋长度应通过计算确定；桩基承台下存在淤泥、淤泥质土或液化土层时，配筋长度应穿过淤泥、淤泥质土层或液化土层；坡地岸边的桩、8度及8度以上地震区的桩、抗拔桩、嵌岩端承桩应通长配筋；桩径大于600 mm的钻孔灌注桩，构造钢筋的长度不宜小于桩长的2/3。

(8)桩顶嵌入承台内的长度不宜小于50 mm。主筋伸入承台内的锚固长度不宜小于钢筋直径的30倍(HPB300级钢筋)和35倍(HRB335、HRB400级钢筋)。对于大直径灌注桩，当采用一柱一桩时，应满足《建筑地基基础设计规范》(GB 50007—2011)的有关规定。

(9)在承台及地下室周围的回填中，应满足填土密实性的要求。

(10)桩基承台的构造要求见《建筑地基基础设计规范》(GB 50007—2011)。

任务6.4　基础结构施工图

知识导航

6.4.1　基础施工图的表示方法

基础是建筑物的主要组成部分，承受建筑物的全部荷载，并传递给基础。建筑物的上部结构形式以及受力状况相应的决定了基础形式的选择。

基础施工图表示建筑物室内地面以下基础部分的平面布置及详细构造。通常由基础平面布置图和基础详图组成，采用桩基础时还应包括桩位平面图，以及一些必要的设计说明。基础详图主要表明基础各组成部分的具体形状、大小、材料及基础埋深等。

1. 基础平面图

在建筑物底层室内地面(正负零)处一水平剖切面，即为基础平面图。基础平面图的主要内容如下：

(1)图名、比例。

(2)纵、横向定位轴线及其编号。

(3)基础梁、柱、基础底面的尺寸及其与轴线的关系。

(4)剖面图的剖切线及其编号。

2. 基础详图

基础详图通常用断面图表示，并与基础平面图中被剖切的相应代号及剖切符号一致。基础详图的主要内容如下：

(1)图名、比例。

(2)基础剖面图中轴线及其编号，通用剖面图，则轴线圆圈内可不编号。

(3)基础剖面的形状及细部尺寸。

(4)室内地面及基础底面的标高。

(5)基础底板及基础梁内受力钢筋及分布钢筋的直径、间距及钢筋编号。另外，现浇基础还应标注预留插筋、搭接长度与位置及箍筋加密等。对桩基础应表示出承台细部尺寸、配筋及桩的埋深等。

(6)垫层的材料及做法等。基础详图为了突出表示基础钢筋的配置，轮廓线全部用细实线表示，不画钢筋混凝土的材料图例，用粗实线表示钢筋。

3. 基础设计说明

设计说明一般是说明难以用图示表达的内容和易用文字表达的内容，如材料的质量要求、施工注意事项等。一般包括以下内容：

(1)对地基土质情况提出注意事项和有关要求，概述地基承载力、地下水位和持力层土质情况。

(2)地基处理措施，并说明注意事项和质量要求。

(3)对施工方面提出验槽、钎探等事项的设计要求。

(4)垫层、砌体、混凝土、钢筋等所用材料的质量要求。

能力导航

6.4.2 基础结构施工图

1. 基础结构施工图识读

基础结构施工图识读一般应注意以下问题：

(1)查阅建筑图，核对所有的轴线是否与基础一一对应，了解是否有的墙下无基础而用基础梁替代，基础的形式有无变化，有无设备基础。

(2)对照基础的平面和剖面，了解基底标高和基础顶面标高有无变化，有变化时是如何处理的。如果有设备基础时，还应了解设备基础与设备标高的相对关系，避免因标高有误造成严重的责任事故。

(3)了解基础中预留洞和预埋件的平面位置、标高、数量，必要时应与需要这些预留洞和预埋件的工种进行核对，落实其相互配合的操作方法。

(4)了解基础的形式和做法。

(5)了解各个部位的尺寸和配筋。

2. 基础施工图示例

图 6-19 所示为独立基础施工图；图 6-20 所示为条形基础施工图；图 6-21 所示为筏形基础施工图。

特别提示

教材图例基础结构施工图为传统施工图表达方式，国家平法图集详细介绍了各类基础平面整体表示法制图规则，学习者可参看 16G101-3 相关内容。

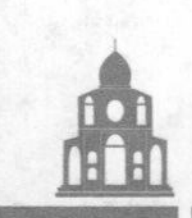

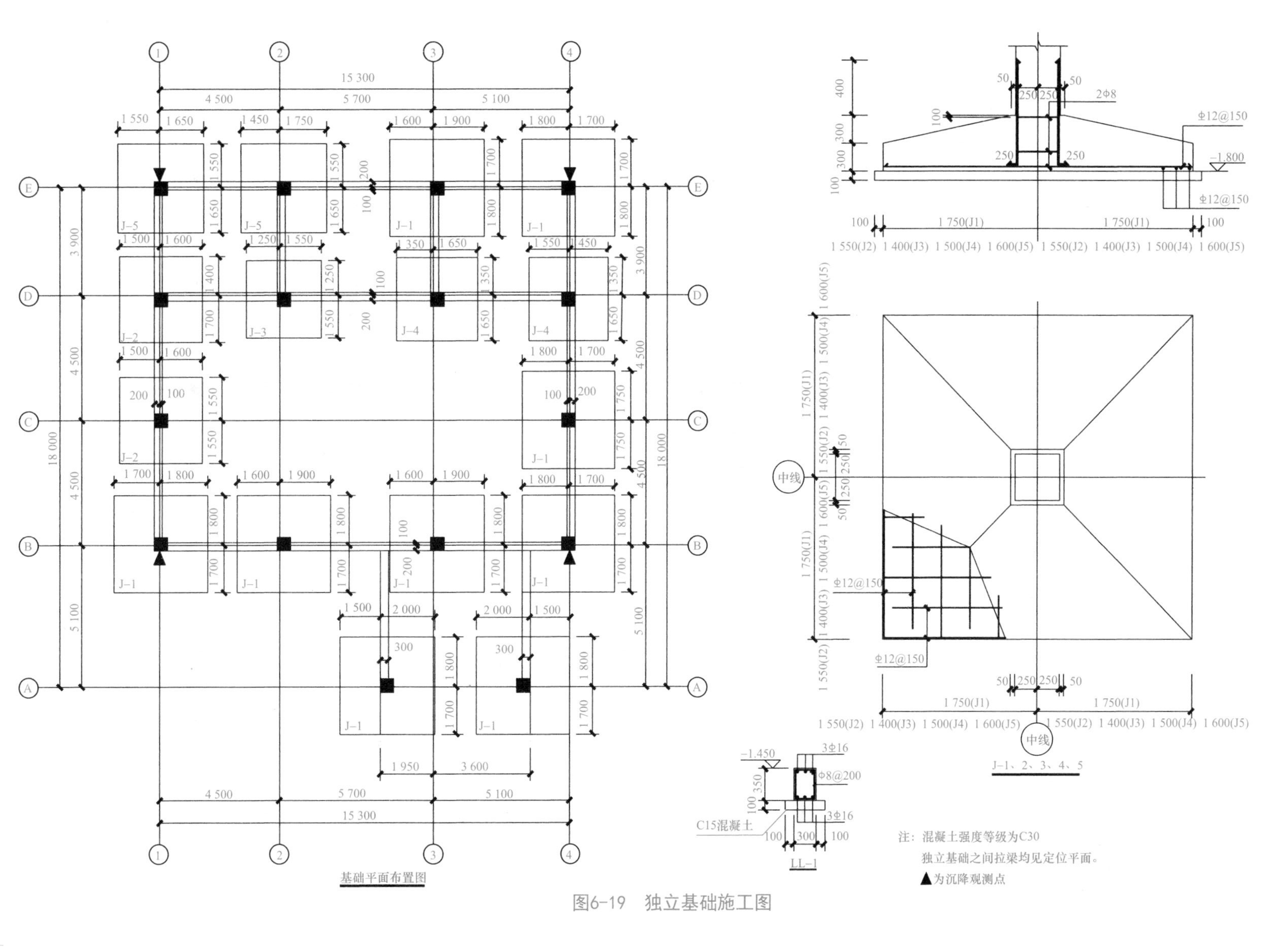

图6-19　独立基础施工图

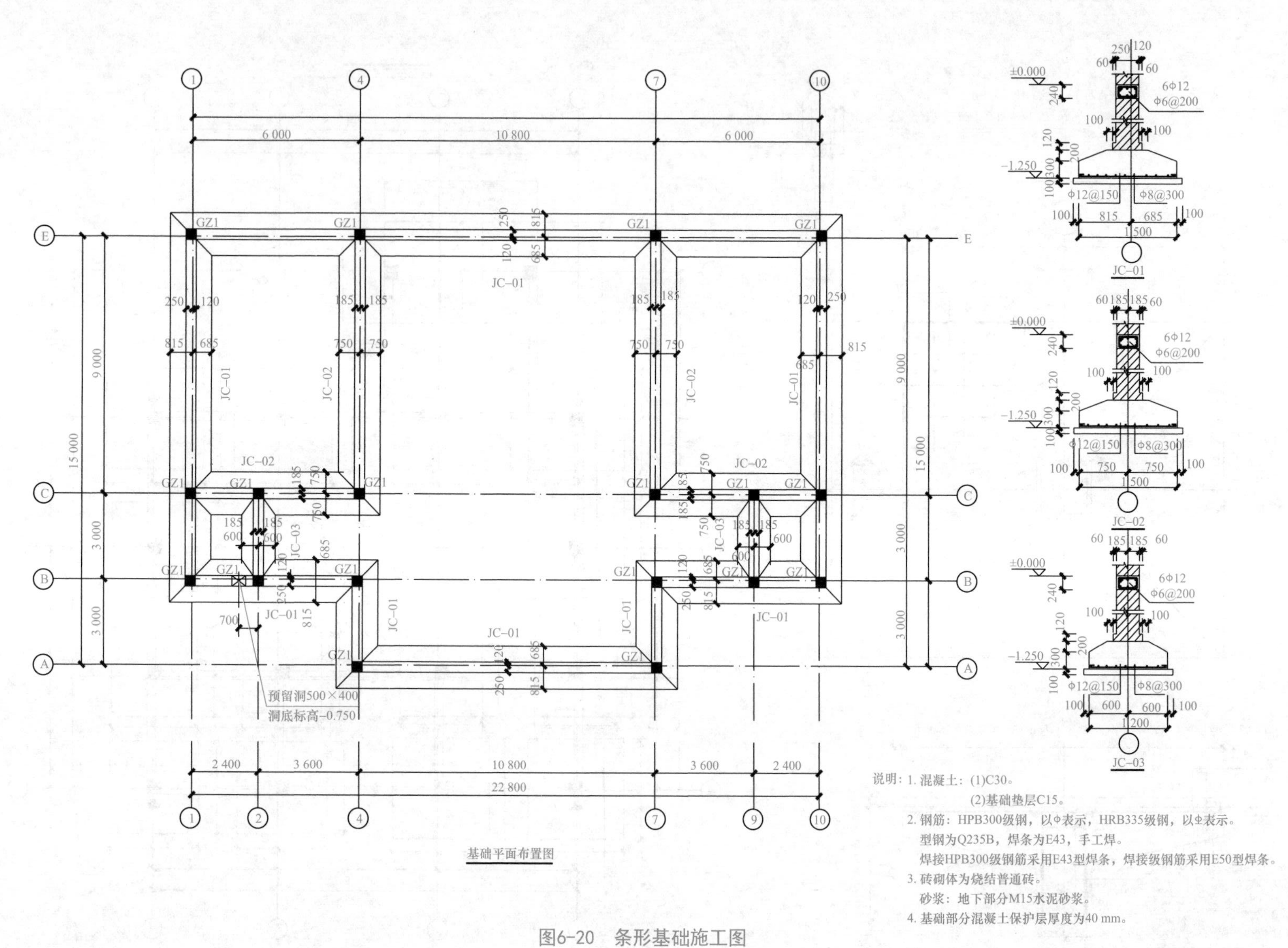
基础平面布置图
预留洞500×400
洞底标高-0.750
JC-01
JC-02
JC-03
GZ1
6Φ12
Φ6@200
Φ12@150
Φ8@300
±0.000
-1.250
说明：1. 混凝土：(1)C30。
(2)基础垫层C15。
2. 钢筋：HPB300级钢，以Φ表示，HRB335级钢，以Φ表示。
型钢为Q235B，焊条为E43，手工焊。
焊接HPB300级钢筋采用E43型焊条，焊接级钢筋采用E50型焊条。
3. 砖砌体为烧结普通砖。
砂浆：地下部分M15水泥砂浆。
4. 基础部分混凝土保护层厚度为40 mm。

图6-20　条形基础施工图

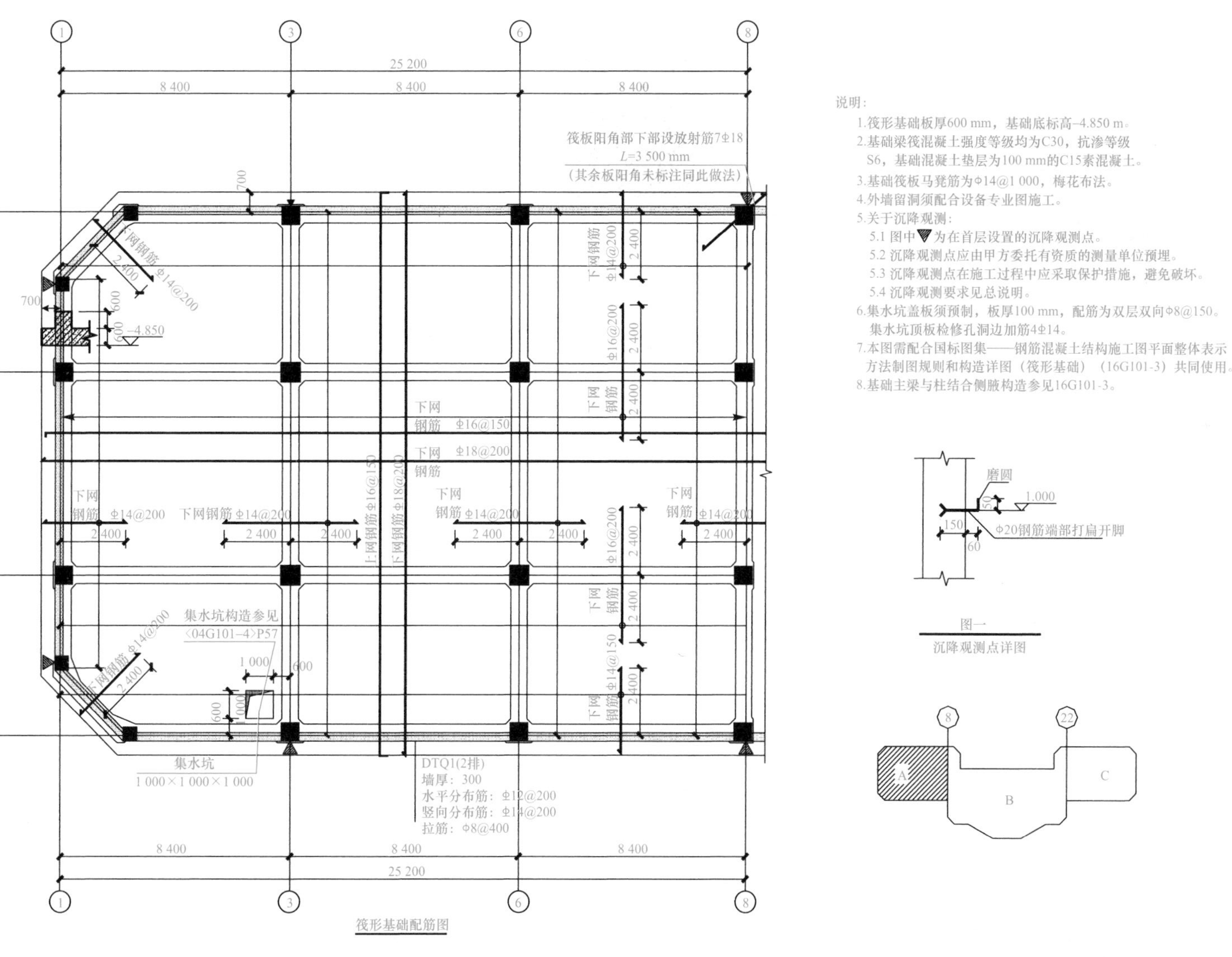

图6-21 筏形基础施工图

项目小结

1. 基础是建筑结构的重要受力构件，上部结构所承受的荷载都要通过基础传至地基。基础根据材料性质可以分为刚性基础与柔性基础，根据基础埋置深度可以分为深基础与浅基础，根据构造形式可以分为独立基础、条形基础、筏形基础、箱形基础、桩基础等。

2. 钢筋混凝土基础为基础采用的主要形式，各类基础的构造要求主要包括混凝土钢筋材料选择、基础截面尺寸、基础配筋等方面。独立基础、筏形基础、桩基础应用尤其广泛，应作为重要内容掌握。

3. 基础结构施工图包括基础平面布置图、基础详图、基础说明等内容，在阅读基础施工图时应结合各方面内容理解。

习　题

一、填空题

1. 基础按其埋置深度的不同可分为________与________。

2. 基础按所用材料性能的不同可分为________与________，钢筋混凝土基础属于________。

3. 柱下钢筋混凝土独立基础属于扩展基础，按照其构造做法形式的不同可分为________、________与________。

4. 筏形基础又称为满堂基础，筏形基础按其做法的不同可分为________与________。

5. 桩基础由________与________两部分组成。

6. 基础垫层的厚度不宜小于________ mm，垫层混凝土强度等级一般为________。

7. 筏形基础的混凝土强度等级不应低于________。

8. 根据桩的承载性状，桩可以分为________与________，根据桩的施工方法不同可以分为________与________。

项目 6　习题答案

二、选择题

1. 下列基础类型中不属于刚性基础的是(　　)。

A. 灰土基础　　B. 素混凝土基础　　C. 砖基础　　D. 钢筋混凝土基础

2. 通常情况下，桩基础与独立基础分别属于(　　)。

A. 浅基础，浅基础　　B. 浅基础，深基础

C. 深基础，深基础　　D. 深基础，浅基础

3. 基础埋置深度是指(　　)的距离。

A. 基础底面至室内设计地面　　B. 基础底面至室外设计地面

C. 基础顶面至室内设计地面　　D. 基础顶面至室外设计地面

4. 当柱下钢筋混凝土独立基础的边长大于或等于(　　)m 时，底板受力筋的长度可取边长的 0.9 倍。

A. 2　　B. 2.5　　C. 3　　D. 3.5

5. 平板式筏形基础的最小板厚不宜小于(　　)mm。

A. 300　　B. 400　　C. 500　　D. 600

6. 桩顶嵌入承台内的长度不宜小于(   )mm。

A. 30　　B. 40　　C. 50　　D. 60

7. 预应力混凝土桩的混凝土强度等级不应低于(   )。

A. C20　　B. C30　　C. C40　　D. C50

三、判断题

1. 扩展基础包括无筋扩展基础和钢筋混凝土扩展基础。(   )
2. 锥形独立基础的边缘高度不宜小于 300 mm。(   )
3. 筏形基础的埋置深度不宜小于建筑物高度的1/20～1/30。(   )
4. 端承桩是指桩顶竖向荷载全部由桩端阻力承受。(   )
5. 预制桩是指直接在建筑工地现场成孔，然后在孔内安放钢筋再浇灌混凝土而成的桩。(   )

四、简答题

1. 常见的浅基础有哪些？它们各自的特点是什么？
2. 钢筋混凝土条形基础底板在 T 形及十字形交接处，底板受力钢筋应如何布置？
3. 筏形基础分为哪两类？各自适用于什么情况？
4. 桩基础由哪几部分组成？桩的常见布置形式有哪些？
5. 桩按承载性状分为哪几类？端承型桩和摩擦型桩受力情况有什么不同？
6. 何谓群桩？何谓群桩效应？
7. 基础施工图识读时，一般应注意哪些问题？
8. 基础施工图识读的一般顺序如何？

项目 7
多层及高层钢筋混凝土房屋结构

教学目标

通过本项目的学习，了解多高层建筑结构的常用结构体系的类型、特点和适用条件；掌握框架结构、剪力墙结构及框架-剪力墙结构尤其是现浇框架结构配筋构造的规定。通过传播建筑之美，培养学生树立文化自信、弘扬工匠精神，展现大国风范。

教学要求

学习目标	相关知识点	权重
能够进行多层及高层钢筋混凝土房屋的结构类型的判断与初步选型	多高层房屋常见结构体系的结构类型及适用范围	20%
能够进行框架结构的初步结构设计	框架结构的形式、受力特点、现浇框架抗震与非抗震构造要求	60%
掌握剪力墙、框架-剪力墙结构体系配筋构造规定	剪力墙、框架-剪力墙的受力特点、构造要求	20%

学习重点

多高层钢筋混凝土房屋结构的类型特点，框架结构、剪力墙、框架-剪力墙结构的配筋构造。

引　例

2010 年上海世博会中国国家馆，建筑面积为 105 879 m^2，以城市发展中的中华智慧为主题，表现出了“东方之冠，鼎盛中华，天下粮仓，富庶百姓”的中国文化精神与气质。它采用钢框架-剪力墙结构体系，中间以四个混凝土核心筒作为主要的抗侧力及竖向承载体系，核心筒结构标高为 68 m。每个核心筒截面尺寸为 18.6 m×18.6 m，相邻核心筒外边距约为 70 m，内边距为 33 m；屋顶边长为 138 m×138 m。在 34 m 以下仅存在 16 根劲性钢柱，即每个核心筒的四个角部设置截面为箱形的劲性钢柱，劲性钢柱从底板起始达 60 m，与屋顶桁架顶高度相同。从

33.75 m起，采用20根巨型钢斜撑支撑起整个大悬挑的钢屋盖。巨型钢斜撑底部与核心筒内的劲性柱连接，中间通过层层楼层钢梁与核心筒连接，顶部通过钢桁架与核心筒连接，锚固于劲性钢柱上。

请思考：知名的高层建筑有哪些？它们有什么建筑特色？各是什么样的结构体系？

任务7.1　多层与高层结构体系

知识导航

7.1.1　多层与高层结构体系概述

随着社会的发展和人们需求水平的提高，出现了众多的高层建筑。广为人知的高层建筑有：纽约帝国大厦(1931年建成)，102层，高381 m；纽约世界贸易中心大厦(1972年建成)，110层，高412 m；上海环球金融中心(2008年建成)，101层，高492 m；台北101大厦(2004年建成)，101层，高508 m。关于多层与高层建筑的界限，各国的标准有所不同。我国《高层建筑混凝土结构技术规程》(JGJ 3—2010)(以下简称《高规》)以10层及10层以上或高度大于28 m的房屋为高层建筑，2～9层且高度不大于28 m为多层建筑。《民用建筑设计统一标准》(GB 50352—2019)均以10层及10层以上或高度大于24 m的房屋为高层建筑。

通常，多层房屋常采用混合结构、钢筋混凝土结构；高层房屋常采用钢筋混凝土结构、钢结构、钢—混凝土混合结构。本项目主要介绍钢筋混凝土多层与高层房屋，其常用的结构体系有框架体系、剪力墙体系、框架-剪力墙体系和筒体体系等。

能力导航

7.1.2　多层与高层结构体系的类型

1. 框架结构体系

由梁和柱为主要构件组成的承受竖向和水平作用的结构称为框架结构，如图7-1所示。

框架结构体系的特点是将承重结构和围护、分隔构件分开，墙只起围护及分隔作用。由于框架结构平面布置灵活，容易满足生产工艺和使用要求，构件易于标准化制作，同时，具有较高的承载力和整体性能，广泛用于多层工业厂房及多、高层办公楼、旅馆、教学楼、医院、住宅等。但在水平荷载作用下，其抗侧刚度小、水平位移大，因此使用高度受到限制。框架结构的适用高度地震区为6～15层，非地震区为15～20层。

2. 剪力墙结构体系

采用建筑物的墙体作为竖向承重和抵抗侧力的结构称为剪力墙结构体系，如图7-2所示。剪力墙实际就是固结在基础上的钢筋混凝土墙片，既承担竖向荷载，又承担水平荷载产生的剪力，故称作剪力墙；当建筑底部需较大空间时，可将底层或底部几层部分剪力墙取消，用框架来替代，就形成了框支剪力墙体系。

剪力墙体系具有抗侧刚度大，整体性好，整齐美观，抗震性能好，有利于承受水平荷载，并可使用滑模、大模板等先进施工方法施工等众多优点，但由于横墙较多、间距较密，使得建筑平面的空间较小。剪力墙体系的适用高度为15～50层，常用于住宅、旅馆等开间较小的高层

建筑。

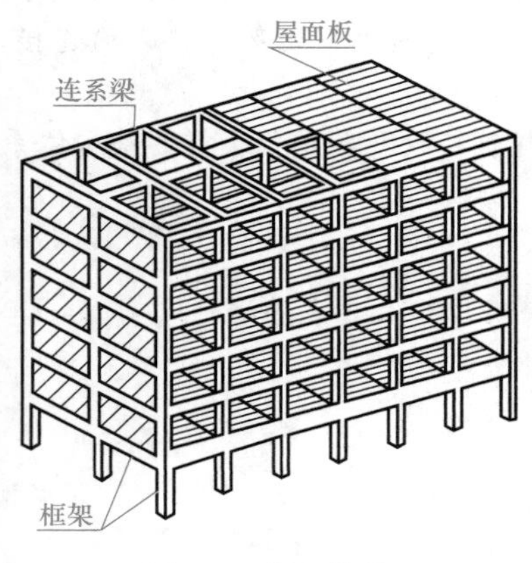

图 7-1 框架结构

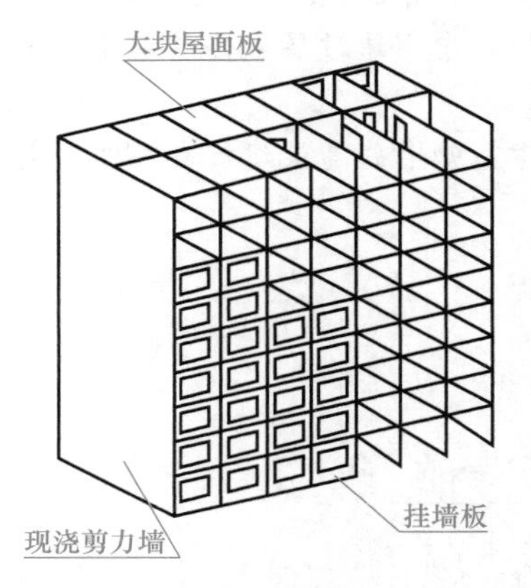

图 7-2 剪力墙结构

3. 框架-剪力墙结构体系

在框架体系中设置适当数量的剪力墙，即形成框架-剪力墙体系。该体系综合了框架结构和剪力墙结构的优点，其中竖向荷载主要由框架承担，水平荷载则主要由剪力墙承担，如图 7-3 所示。

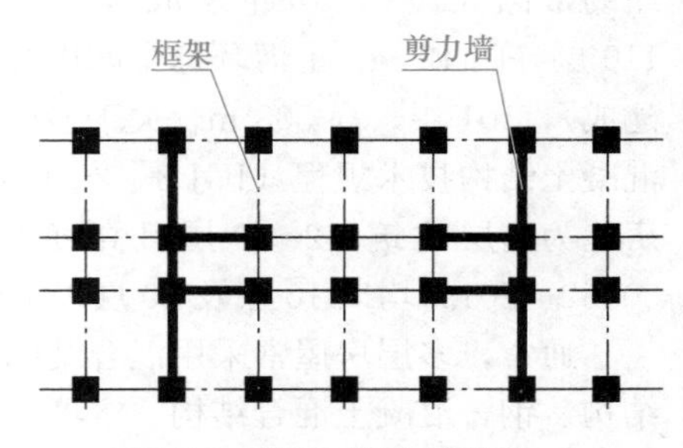

图 7-3 框架-剪力墙结构

框架-剪力墙结构的侧向刚度较大，抗震性较好，具有平面布置灵活、使用方便的特点，广泛应用于办公楼和宾馆等公共建筑中，框架-剪力墙体系的适用高度为 15～25 层，一般不宜超过 30 层。

4. 筒体结构体系

以筒体为主要的承受竖向和水平作用的结构称为筒体结构体系。它是在剪力墙体系和框架-剪力墙体系基础上发展而形成的，筒体是由若干片剪力墙或密柱框架围合而成的封闭井筒式结构(或框筒)。

根据开孔的多少，筒体有空腹筒和实腹筒之分，如图 7-4 所示。实腹筒一般由楼梯间、电梯井、管道井等形成，开孔少，常位于房屋中部，故又称核心筒[图 7-4(a)]。空腹筒又称框筒，由布置在房屋四周的密排立柱和截面高度很大的横梁组成[图 7-4(b)]，其中立柱柱距一般为 1.20～3.0 m，横梁的梁高一般为 0.6～1.20 m。

根据所受水平力及房屋高度的不同，筒体体系可以布置成筒中筒结构、框架-核心筒结构、成束筒结构和多重筒结构等形式，如图 7-5 所示。其中，筒中筒结构通常用框筒作外筒，实腹筒作内筒。筒体体系因为刚度大，可形成较大的内部空间且平面布置灵活，广泛应用于写字楼等超高层公共建筑。

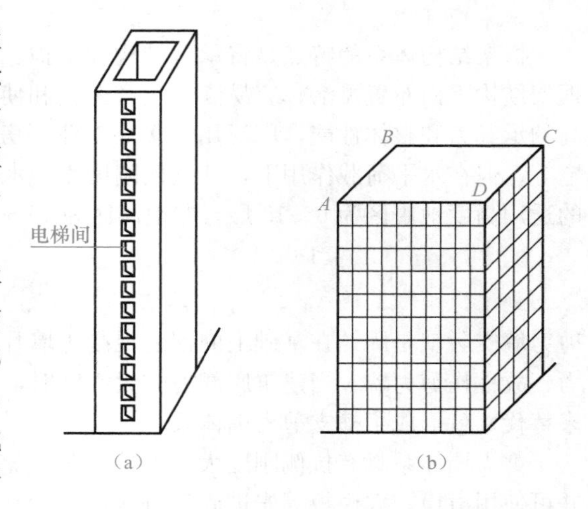

图 7-4 筒体结构(a)实腹筒；(b)空腹筒

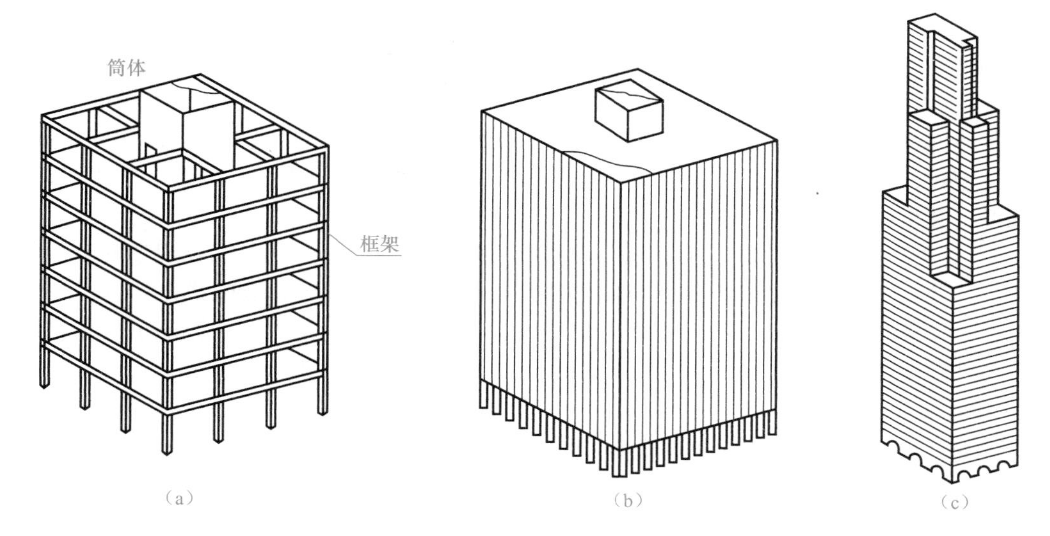

图 7-5　筒体结构

(a)框架-核心筒；(b)筒中筒；(c)成束筒

特别提示

《高规》中对高层建筑的结构体系作了如下要求：

(1)结构的竖向和水平布置宜具有合理的刚度和承载力分布，避免因局部突变和扭转效应而形成薄弱部位。

(2)宜设置多道抗震防线。

任务 7.2　框架结构

知识导航

7.2.1　框架结构的类型和布置

1. 框架结构的类型

框架结构按照施工方法的不同，可分为全现浇式框架、半现浇式框架、装配式框架和装配整体式框架四种形式。

(1)全现浇式框架。全现浇式框架的全部构件都在现场浇筑而成。它的优点是结构整体性及抗震性好，平面布置比较灵活，预埋件少，节省钢材等；缺点是需耗用大量模板，现场湿作业多，工期长，在北方寒冷地区冬期施工很困难。对功能复杂，使用要求高，抗震性要求较高的多、高层框架，宜采用全现浇框架。

(2)半现浇式框架。半现浇式框架是将房屋结构中的梁、板和柱部分现浇，部分预制装配而形成的结构形式。常见的做法有两种：一种是梁、柱现浇，板预制；另一种是柱现浇，梁、板

预制。它的优点是施工简单，整体性较全装配式好，由于楼板预制，又比全现浇式节约模板，避免现场支模。半现浇式框架是目前采用较多的框架形式之一。

(3)装配式框架。装配式框架的构件(板、梁、柱)全部预制，然后在施工现场进行安装就位，对预埋件焊接而成的框架形式。它的优点是节约模板，加快施工进度，可以做到构件的标准化和定型化，保证构件质量；缺点是预埋件多，总用钢量大，框架整体性差，施工时需要大型运输及吊装机械，在地震区不宜采用。

(4)装配整体式框架。装配整体式框架的构件(板、梁、柱)全部预制，在现场安装就位后，再在构件连接处局部现浇混凝土使之形成整体。它兼有现浇整体式和装配式框架的一些优点，并可以节约模板和缩短工期，节省众多的预埋铁件，节点用钢量减少，并保证了节点的刚度，结构整体性较好；缺点是增加了现场浇筑混凝土的工作量，施工相对复杂。

2. 框架结构的布置

在框架结构体系中，主要承受楼面和屋面荷载的梁称为框架梁，而另一方向的梁称为连系梁。楼盖的荷载可传递到纵、横两个方向的框架上，其中框架梁和柱组成主要承重框架，连系梁和柱组成非主要承重框架。若采用双向板，则纵、横框架都是承重框架。承重框架的布置方案有以下三种：

特别提示

框架结构布置的一般原则：满足使用要求；满足人防、消防要求，使水、暖、电各专业的布置能有效地进行；结构尽可能简单、规则、均匀、对称，构件类型少。

(1)横向布置方案。主要承重框架由横向主梁(框架梁)与柱构成，楼板沿纵向布置，支承在主梁上，而纵向连系梁则将横向框架连成一空间结构体系，如图7-6(a)所示。采用这种布置方案有利于增大房屋的横向刚度以抵抗横向的水平作用，由于纵梁尺寸小，有利于房间的采光和通风。其缺点是主梁尺寸较大，使房屋的净高受限。

(2)纵向布置方案。主要承重框架由纵向主梁(框架梁)与柱构成，楼板沿横向布置，支承在纵向主梁上，而横向连系梁则将纵向框架连成一空间结构体系，如图7-6(b)所示。采用该方案时，房间布置灵活，采光和通风好，有利于提高房屋净高；其缺点是横向刚度较差，故只适用于层数较少的房屋。

(3)纵横向混合布置方案。沿房屋纵、横两个方向都布置有承重框架，如图7-6(c)所示。采用这种方案时，使纵、横两个方向都获得较大的刚度，柱网尺寸为正方形或接近正方形，具有较好的整体工作性能，目前地震区的多层框架房屋及要求双向承重的工业厂房常采用该方案。

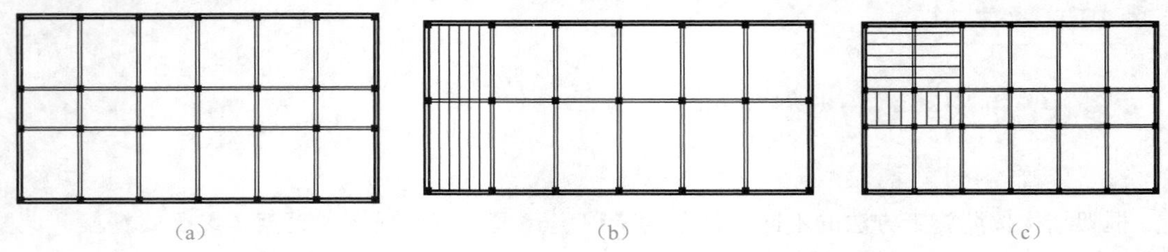

图7-6 框架结构布置方案

(a)横向布置方案；(b)纵向布置方案；(c)纵横向混合布置方案

7.2.2 框架结构的受力特点

1. 框架结构承受的荷载

框架结构承受的作用包括竖向荷载、水平荷载和地震作用。竖向荷载包括结构自重及楼

(屋)面活荷载，一般为分布荷载，有时有集中荷载；水平荷载为风荷载，沿建筑物高度按均匀分布荷载考虑，并将其折算成作用于楼层节点位置的水平集中力；地震作用主要是水平地震作用，在抗震设防烈度6度以上时需要考虑。对一般房屋结构而言，只需要考虑水平地震作用，而对8度以上的大跨结构、高耸结构中才考虑竖向地震作用。

2. 框架结构的计算简图

框架结构是由横向框架和纵向框架组成的一个空间结构体系。设计中为简化起见，常忽略结构的空间联系，将纵向、横向框架分别按平面框架进行分析和计算，如图7-7(a)所示，它们分别承受纵向和横向水平荷载，分别承受阴影范围内的水平荷载，如图7-7(b)所示。竖向荷载的传递方式则根据楼(屋)面布置方式而定。现浇平板楼(屋)面的荷载主要向距离较近的梁上传递，而预制板楼盖荷载则向支承板的梁上传递。

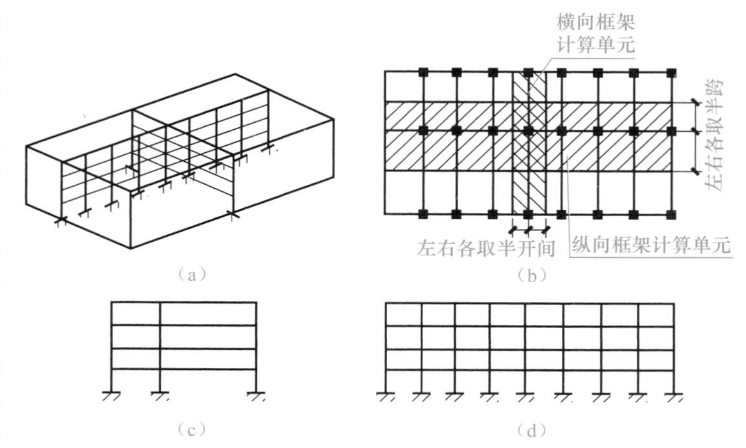

图7-7 框架结构计算单元

(a)纵向与横向框架；(b)框架计算单元；(c)横向框架；(d)纵向框架

框架结构的计算简图是通过梁、柱轴线来确定的。其中，梁、柱等各杆件均用轴线表示，杆件之间的连接用节点表示，杆件长度用节点间的距离表示。除装配式框架外，一般可将梁、柱节点看成刚性节点，认为柱固结于基础顶面，所以，框架结构多为高次超静定结构，如图7-7(c)、(d)所示。

特别提示

(1)计算简图中的层高为结构层高，底层柱长度从基础承台顶面算起。

(2)跨度差小于10%的不等跨框架，近似按照等跨框架计算。

(3)空间三向受力的框架节点简化为平面节点，当为现浇框架结构时视为刚接节点，当为装配式框架结构时视为铰接节点。

3. 框架结构在荷载作用下的内力

(1)竖向及水平荷载作用下的内力。图7-8(a)所示为某3层3跨框架，同时，在竖向均布荷载和水平集中力作用下的计算简图以及框架内力图，如图7-8(b)、(c)所示。

其中，图7-8(b)所示为框架在竖向荷载作用下的内力图(弯矩图、剪力图和轴力图)。从图中可以看出，在竖向荷载作用下，框架梁、柱截面上均产生弯矩，其中框架梁的弯矩呈抛物线形变化，跨中截面产生最大的正弯矩(梁截面下侧受拉)，框架梁的支座截面产生最大的负弯矩(梁截面上侧受拉)。柱的弯矩沿柱长线性变化，弯矩最大的位置位于柱的上、下端截面；剪力沿框架梁长度呈线性变化，最大剪力出现在梁的端部支座截面处；同时，在竖向荷载作用下框架柱截面上还产生轴力。

框架在水平风荷载作用下的内力图如图7-8(c)所示。图中表明：左侧来风时，在框架梁、柱截面上均产生线性变化的弯矩，在梁、柱支座端截面处分别产生最大的正弯矩和最大的负弯

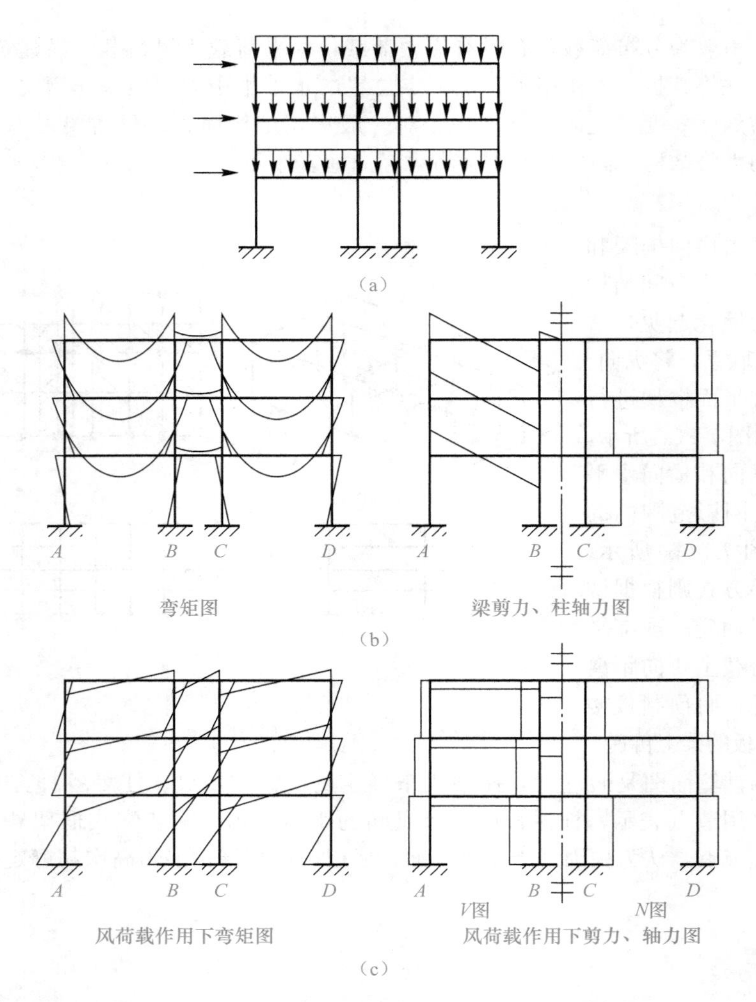

图 7-8　竖向及水平荷载下框架的计算简图和内力图

(a)计算简图；(b)竖向荷载下框架的内力图；(c)水平荷载下框架的内力图

矩，并且在同一根柱中柱端弯矩由下至上逐层减小。剪力图中反映出剪力在梁的各跨长度范围内呈均匀分布的。框架柱的轴力图在同一根柱中由下至上轴力逐层减小。由于水平荷载作用的方向是任意的，故水平集中力还可能是反方向作用。当水平集中力的方向改变时，相应的内力也随之发生变化。

(2)控制截面及内力组合。框架结构同时承受竖向荷载和水平荷载作用。为保证框架结构的安全可靠，需根据框架的内力进行框架梁、柱的配筋计算以及加强节点的连接构造。

控制截面就是杆件中需要按其内力进行设计计算的截面，内力组合的目的就是求出各构件在控制截面处对截面配筋起控制作用的最不利内力，以作为梁、柱配筋的依据。对于某一控制截面，最不利内力组合可能有多种。

1)框架梁。梁的内力主要为弯矩 M 和剪力 V。框架梁的控制截面是梁的跨中截面和梁端支座截面，跨中截面产生最大正弯矩($+M_{max}$)，有时也可能出现负弯矩；支座截面产生最大负弯矩($-M_{max}$)、最大正弯矩($+M_{max}$)和最大剪力(V_{max})。

需要按梁跨中的$+M_{max}$计算确定梁的下部纵向受力钢筋；按$-M_{max}$、$+M_{max}$计算确定梁端上部及下部的纵向受力钢筋；按V_{max}计算确定梁中的箍筋及弯起钢筋。同时必须符合相应的构造要求。

2)框架柱。框架柱的内力主要是弯矩 M 和轴力 N。框架柱的控制截面是柱的上、下端截面，其中弯矩最大值出现在柱的两端，而轴力最大值位于柱的下端。一般的柱都是偏心受压构件。根据柱的 M_{max} 和 N_{max}，确定出柱中纵向受力钢筋的数量，并配置相应的箍筋。

能力导航

7.2.3 现浇框架构造节点

1. 框架柱

框架柱纵向钢筋的接头可采用绑扎搭接、机械连接或焊接连接等方式，宜优先采用焊接或机械连接。柱相邻纵筋连接接头应相互错开，在同一截面内的钢筋接头面积百分率：对于绑扎搭接和机械连接不宜大于 50%；对于焊接连接不应大于 50%。

图 7-9 所示为纵筋连接构造。在绑扎搭接接头中，纵筋搭接长度不得小于 l_{lE}，且不应小于 300 mm；相邻接头间距：机械连接时为 $35d$，搭接时不得小于 $1.3l_{lE}$，焊接时不得小于 $35d$ 且不小于 500 mm。当上、下柱中纵筋的直径或根数不相同时，其连接构造如图 7-10 所示。

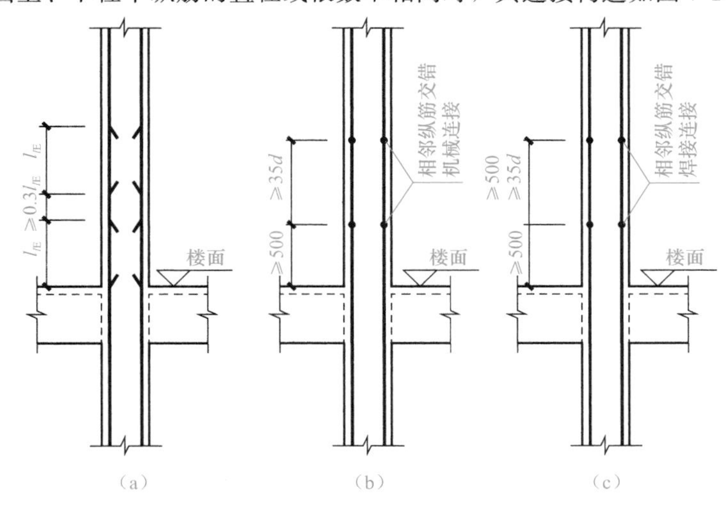

图 7-9 KZ 纵向钢筋连接构造

(a)绑扎搭接；(b)机械连接；(c)焊接连接

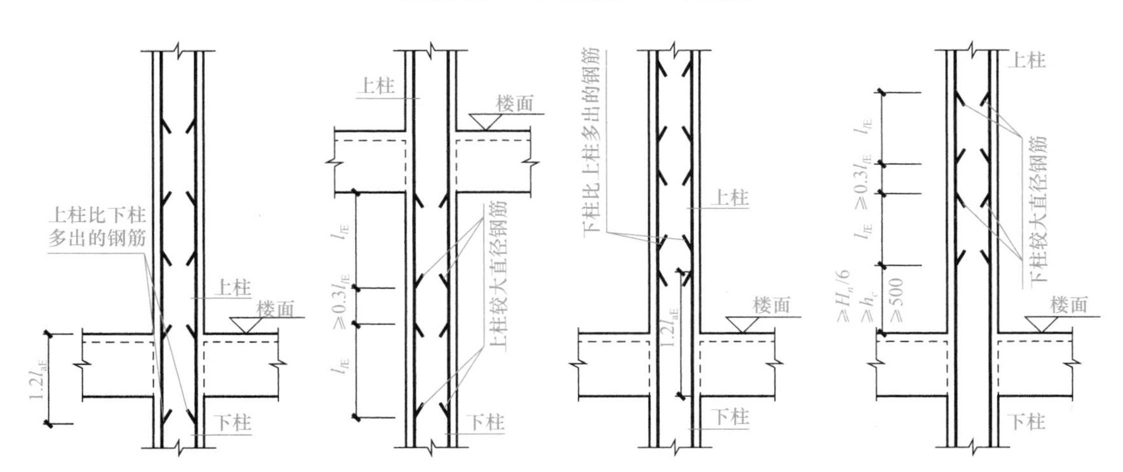

图 7-10 上、下柱中纵筋的直径或根数不相同时纵筋连接构造

当纵筋直径大于 28 mm 时不宜采用绑扎搭接接头。在柱的纵向钢筋搭接长度范围内，当纵筋受压时，箍筋间距不应大于 10d，且不应大于 200 mm；当纵筋受拉时，箍筋间距不应大于 5d，且不应大于 100 mm。箍筋弯钩要适当加长，以绕过搭接的两根纵筋。

2. 现浇框架节点构造

梁、柱节点构造是保证框架结构整体性的重要措施。现浇框架的梁、柱节点应做成刚性节点，节点区的混凝土强度等级，应不低于混凝土柱的强度等级。

(1)顶层中间节点。顶层中间节点的柱纵向钢筋可用直线方式锚固，其锚固长度从梁底标高算起不应小于 l_{aE}，且必须伸至柱顶，如图 7-11(a)所示。当节点处梁截面高度不足时，柱纵向钢筋应伸至柱顶并向节点内水平弯折，当充分利用柱纵向钢筋的抗拉强度时，弯折前必须伸至柱顶竖直投影长度不应小于 $0.5l_{abE}$，弯折后的水平投影长度不应小于 12d(d 为纵向钢筋的直径)，如图 7-11(b)所示；当柱顶有现浇板且板厚不小于 100 mm 时，柱纵向钢筋也可向外弯入框架梁和现浇板内，弯折后的水平投影长度不宜小于 12d，如图 7-11(c)所示；另外，在特殊情况下柱顶纵向钢筋还可采用加锚头(锚板)锚固方式，如图 7-11(d)所示。

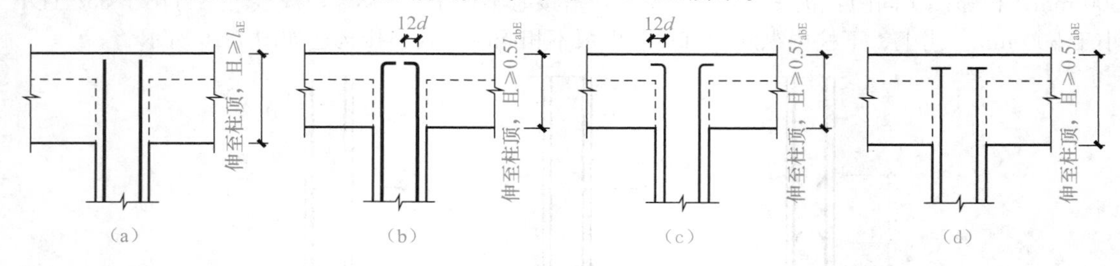

图 7-11　顶层中间节点柱的纵向钢筋锚固

(a)直线锚固；(b)向内弯折锚固；(c)向外弯折锚固；(d)加锚头(锚板)锚固

(2)顶层端节点。柱内侧纵向钢筋的锚固要求与顶层中间节点的纵向钢筋相同。该节点的梁、柱端均主要受负弯矩作用，相当于一段 90°的折梁。为了保证钢筋在节点区的搭接传力，应将柱外侧纵向钢筋的相应部分弯入梁内作梁上部纵向钢筋使用，或将梁上部纵向钢筋与柱外侧纵向钢筋在顶层端节点及其附近位置搭接，而不允许采用将柱筋伸至柱顶、将梁上部钢筋锚入节点的做法，如图 7-12 所示。

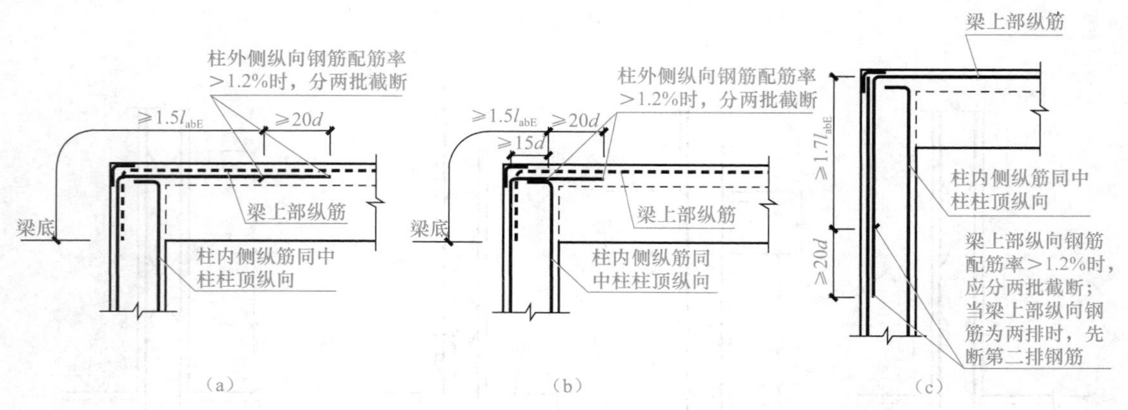

图 7-12　KZ 边柱和角柱柱顶纵向钢筋构造

(a)从梁底算起 $1.5l_{abE}$超过柱内侧边缘；(b)从梁底算起 $1.5l_{abE}$未超过柱内侧边缘；

(c)梁、柱纵向钢筋搭接接头沿节点外侧直线布置

1)搭接接头沿顶层端节点外侧及梁端顶部布置，如图 7-12(a)、(b)所示。此时，搭接长度不应小于 $1.5l_{abE}$，伸入梁内的外侧柱筋截面面积不宜小于外侧柱筋全部截面面积的 65%；梁宽范围以外的外侧柱筋宜沿节点顶部伸至柱内边，当柱纵筋位于柱顶第一层时，至柱内边后宜向下弯折不小于 $8d$ 后截断；当柱纵筋位于柱顶第二层时，可不向下弯折。当有现浇板且板厚不小于 100 mm 时，梁宽范围以外的外侧柱筋可伸入现浇板内，且伸入长度不宜小于 $15d$。当外侧柱筋配筋率大于 1.2%时，伸入梁内的柱筋除满足上述规定之外，且宜分两批截断，其截断点之间的距离不小于 $20d$。梁上部纵筋应伸至节点外侧并向下弯至梁下边缘高度后截断。此时，d 为柱的外侧纵筋直径。此方案的优点是梁的上部钢筋不伸入柱内，利于在梁底标高处设置混凝土施工缝。但如果梁上部和柱外侧筋数量过多，则不利于节点混凝土的浇筑。故此方案主要适于梁上部和柱外侧钢筋不太多的情况。

2)搭接接头沿柱顶外侧布置，如图 7-12(c)所示。此时，搭接长度竖直段不应小于 $1.7l_{abE}$。当梁上部纵筋配筋率大于 1.2%时，弯入柱外侧的梁上部纵筋除应满足搭接长度竖直段不应小于 $1.7l_{abE}$ 外，宜分两批截断，其截断点之间的距离不宜小于 $20d$(d 为梁上部纵筋的直径)，柱外侧纵筋伸至柱顶。此方案适用于梁上部和柱外侧钢筋较多的情况。

特别提示

(1)中柱：横向和纵向梁跨(不包括悬挑端)在以柱为支座形成"十"形相交的柱。
(2)边柱：横向和纵向梁跨(不包括悬挑端)在以柱为支座形成"T"形相交的柱。
(3)角柱：横向和纵向梁跨(不包括悬挑端)在以柱为支座形成"L"形相交的柱。

(3)**中间层中间节点**。框架中间层中间节点或连续梁中间支座，梁的上部纵向钢筋应贯穿节点或支座。梁的下部纵向钢筋宜贯穿节点或支座。当必须锚固时，应符合下列锚固要求：

1)当计算中不利用该钢筋的强度时，其伸入节点或支座的锚固长度对带肋钢筋不小于 $12d$，对光圆钢筋不小于 $15d$，d 为钢筋的最大直径。

2)当计算中充分利用钢筋的抗压强度时，钢筋应按受压钢筋锚固在中间节点或中间支座内，其直线锚固长度不应小于 $0.7l_{aE}$。

3)当计算中充分利用钢筋的抗拉强度时，钢筋可采用直线方式锚固在节点或支座内，锚固长度不应小于钢筋的受拉锚固长度 l_{aE}，如图 7-13(a)所示。

4)当柱截面尺寸不足时，宜按《混凝土结构设计规范(2015 年版)》(GB 50010—2010)规定采用钢筋端部加锚头的机械锚固措施，也可采用 90°弯折锚固的方式。

5)钢筋可在节点或支座外梁中弯矩较小处设置搭接接头，搭接长度的起始点至节点或支座边缘的距离不应小于 $1.5h_0$，如图 7-13(b)所示。

(4)**中间层端节点**。梁纵向钢筋在框架中间层端节点位置梁下部纵向钢筋伸入端节点范围内的锚固要求与中间层节点相同，梁上部纵向钢筋伸入节点的锚固：

1)当采用直线锚固形式时，锚固长度不应小于 l_{aE}，且应伸过柱中心线，伸过的长度不宜小于 $5d$，d 为梁上部纵向钢筋的直径。

2)当柱截面尺寸不满足直线锚固要求时，梁上部纵向钢筋可采用钢筋端部加机械锚头的锚固方式。梁上部纵向钢筋宜伸至柱外侧纵向钢筋内边，包括机械锚头在内的水平投影锚固长度不应小于 $0.4l_{abE}$，如图 7-14(a)所示。

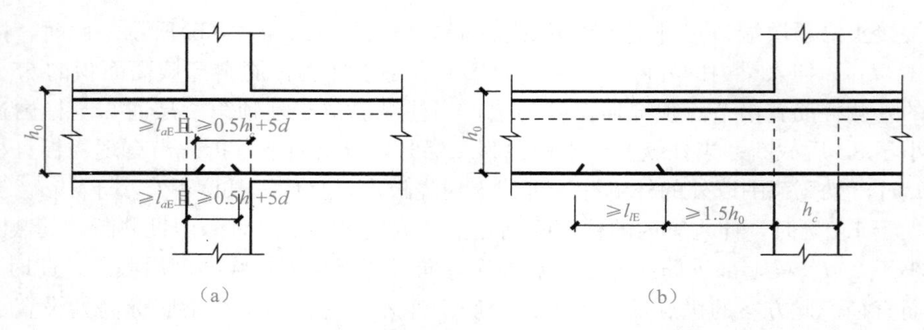

图 7-13　中间层中间节点梁下部钢筋的锚固

(a)直线锚固；(b)节点外锚固

3)梁上部纵向钢筋也可采用 90°弯折锚固的方式，此时梁上部纵向钢筋应伸至柱外侧纵向钢筋内边并向节点内弯折，其包含弯弧在内的水平投影长度不应小于 $0.4l_{abE}$，弯折钢筋在弯折平面内包含弯弧段的投影长度不应小于 $15d$，如图 7-14(b)所示。

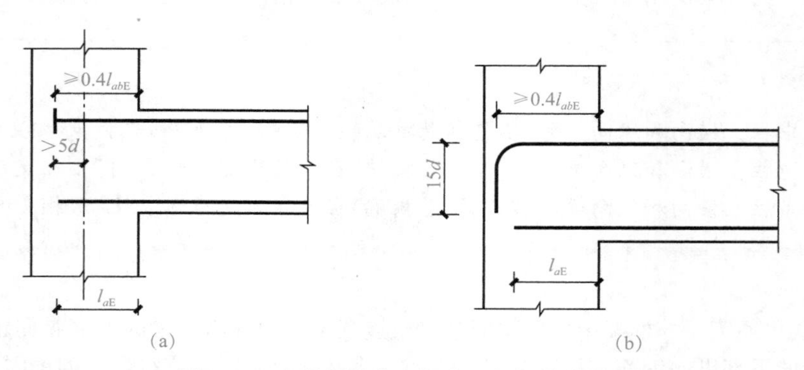

图 7-14　中间层端节点梁上下部钢筋的锚固

(5)节点处箍筋的设置。在框架节点内应设置水平箍筋用以约束柱的纵向钢筋和核芯区混凝土。对非抗震设防的框架节点箍筋的构造规定与柱中箍筋相同，但间距不宜大于 250 mm。对四边均与梁相连接的中间节点，由于只有位于四角的纵向钢筋存在压屈的危险，故节点内可只沿周边设置矩形箍筋，而不需要设置复合箍筋。当顶层端节点内设有梁上部纵向钢筋和柱外侧纵向钢筋的搭接接头时，节点内水平箍筋应按纵向受力钢筋搭接长度范围内箍筋的规定设置。高层框架内梁、柱纵向钢筋在框架节点区的搭接和锚固要求如图 7-15 所示。

3. 填充墙的构造要求

在框架结构中常采用砌体填充墙起分隔作用。砌体填充墙必须与框架牢固连接，其上部与框架梁底之间必须用块材填实；砌体填充墙与框架柱连接时，柱与墙之间应紧密接触。应在墙、柱交接处，沿高度每隔若干皮砖，用 2Φ6 的拉结筋拉结以提高整体性能。

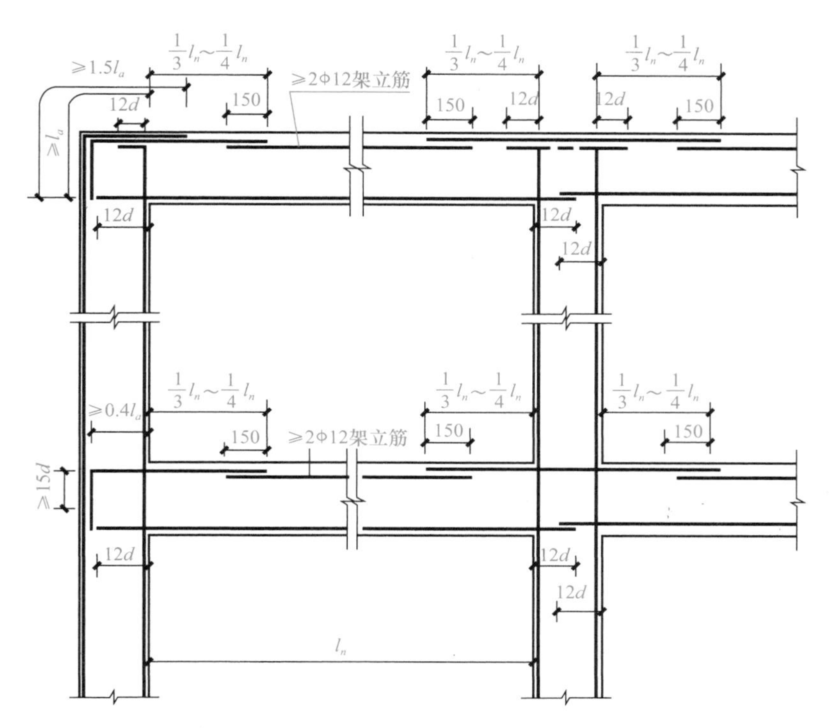

图 7-15 高层框架梁、柱纵向钢筋在框架节点区的锚固和搭接

7.2.4 现浇框架构造要求

1. 一般要求

(1)混凝土的强度等级。抗震等级为一级的框架梁、柱和节点核心区，混凝土强度等级不应低于 C30，其他各类构件不应低于 C20；在烈度 9 度时不宜超过 C60，8 度时不宜超过 C70。

(2)钢筋种类。框架梁、柱中的受力钢筋宜选用 HRB400 和 HRB335 级钢筋，箍筋宜选用 HPB300、HRB335 和 HRB400 级钢筋。

(3)钢筋锚固。纵向受力钢筋最小抗震锚固长度 l_{aE}的选用：

一、二级抗震等级时　　$l_{aE}=1.15l_a$

三级抗震等级时　　$l_{aE}=1.05l_a$

四级抗震等级时　　$l_{aE}=1.0l_a$

上式中 l_a 为纵向受拉钢筋的最小锚固长度，按《混凝土结构设计规范（2015 年版）》(GB 50010—2010)要求取用。

(4)钢筋的接头。柱纵向受力钢筋的接头宜优先采用焊接或机械连接。钢筋接头不宜设置在梁端和柱端箍筋加密区范围内。当柱每侧主筋超过 4 根时，应在两个或两个以上的水平面上搭接。

(5)箍筋。箍筋须做成封闭式，端部设 135°弯钩。弯钩端头平直段长度不应小于 10d(d 为箍筋直径)。箍筋应与纵向钢筋紧贴。设置附加拉结钢筋时，拉结钢筋必须同时钩住箍筋和纵筋。

2. 框架梁的抗震构造要求

(1)梁的截面尺寸。梁的截面宽度不宜小于 200 mm，截面高宽比不宜大于 4，净跨与截面高度之比不宜小于 4。

(2)梁的纵向钢筋。框架梁端截面的底面和顶面配筋量的比值，一级不应小于 0.5，二、三级不应小于 0.3；梁的顶面和底面至少应配置两根通长的纵向钢筋，一、二级框架不应少于 2Φ14，

且分别不应少于梁两端顶面和底面纵向配筋中较大截面面积的1/4。三、四级框架不应少于2Φ12；一、二级框架梁内贯通中柱的每根纵筋直径，不宜大于柱在该方向截面尺寸的1/20。

(3)梁的箍筋。梁端箍筋应加密。箍筋加密区的范围和构造要求应按表7-1选用。当梁端纵筋配筋率大于2%时，表中箍筋的最小直径应增大2 mm。

梁端加密区的箍筋肢距，一级不宜大于200 mm和20d(其中d为较大的箍筋直径)，二、三级不宜大于250 mm和20d，四级不宜大于300 mm。

表7-1　梁端箍筋最大间距、最小直径和加密区长度

抗震等级	箍筋最大间距/mm (取三者中最小值)	箍筋最小直径/mm	箍筋加密区长度/mm (取两者中较大值)
一	h_b/4，6d，100	10	2h_b，500
二	h_b/4，8d，100	8	1.5h_b，500
三	h_b/4，8d，150	8	
四	h_b/4，8d，150	6	
注：h_b为梁截面高度；d为纵向钢筋的直径。			

3. 框架柱的抗震构造要求

(1)柱截面尺寸。柱的截面宽度和高度均不宜小于300 mm，剪跨比λ宜大于2，截面的长边和短边之比不宜大于3。

(2)柱中纵向钢筋。柱中纵向钢筋宜对称配置；当截面尺寸大于400 mm时，纵向钢筋间距不宜大于200 mm；柱中全部纵向钢筋的最小配筋率应满足表7-2的规定，同时每一侧配筋率不应小于0.2%；柱的总配筋率不应大于5%，一级且剪跨比$\lambda \leqslant 2$的柱，每侧纵向钢筋不宜大于1.2%；边柱、角柱在地震作用组合下产生拉力时，柱内纵筋截面面积应相应增加25%。

(3)柱中箍筋。框架柱中箍筋一般采用复合箍。柱子的上、下端箍筋应加密。加密区的范围和构造要求应按表7-3取用。一、二级抗震的框架角柱、框支柱和剪跨比$\lambda \leqslant 2$的柱，应沿柱全高加密箍筋。另外，底层柱在距离柱底不小于1/3柱净高范围内应按加密区的要求配置箍筋。

柱箍筋加密区的箍筋肢距，一级不宜大于200 mm，二、三级不宜大于250 mm和20d(d为较大的箍筋直径)，四级不宜大于300 mm。至少每隔一根纵向钢筋宜在两个方向有箍筋或拉筋约束。采用拉筋复合箍时，拉筋宜紧靠纵筋并钩住封闭箍筋。

表7-2　框架柱的全部纵向钢筋的最小配筋百分率　　　　%

柱类型	抗震等级			
	一级	二级	三级	四级
中柱、边柱	0.9(1.0)	0.7(0.8)	0.6(0.7)	0.5(0.6)
角柱、框支柱	1.1	0.9	0.8	0.7

表7-3　柱箍筋最大间距、最小直径和加密区长度

抗震等级	箍筋最大间距/mm (取两者中较小值)	箍筋最小直径/mm	箍筋加密区长度/mm (取三者中较大值)
一	6d，100	10	h，H_n/6，500 (D，H_n/3，500)
二	8d，100	8	
三	8d，150(柱根100)	8	
四	8d，150(柱根100)	6(柱根8)	
注：d为纵筋的最小直径，h为矩形截面的长边尺寸，H_n为柱的净高，柱底指底层柱的嵌固部位。			

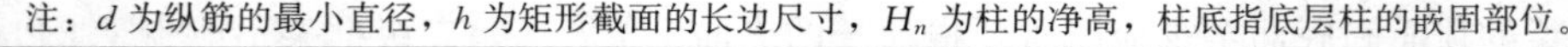

非加密区的柱箍筋间距，对于一、二级框架柱应不大于 $10d$；三、四级框架柱应不大于 $15d$，其中 d 为纵筋的直径。

4. 框架节点构造

框架节点内应设箍筋，箍筋的最大间距和最小直径与柱加密区相同。柱中的纵向受力钢筋不宜在节点区截断，框架梁上部纵向钢筋应贯穿中间节点。框架梁、柱中钢筋在节点的配筋构造参照非抗震设防要求的现浇框架，但钢筋的锚固长度应满足相应的纵向受拉钢筋抗震锚固长度 l_{aE}。

任务 7.3 剪力墙结构

知识导航

7.3.1 剪力墙结构的布置

如前所述，剪力墙是既承受竖向荷载，又承受水平荷载的钢筋混凝土实体墙，其中以承受水平荷载为主。剪力墙在平面内的刚度很大，但平面外的刚度很小，为保证剪力墙的侧向稳定性，需要各层楼盖对它起支撑作用。通常，剪力墙的下部固结于基础内，形成竖向的悬臂构件，在水平荷载作用下，墙体处于压、弯、剪的复合受力状态。在抗震设防区，水平荷载还包括水平地震作用，因此剪力墙常被称为抗震墙。

剪力墙宜沿结构的主轴方向布置成双向或者多向，使两个方向的刚度接近。剪力墙的墙肢截面应简单、规则，墙体宜沿建筑物高度方向对齐贯通、上下不错层以避免刚度的突变。较长的剪力墙可用楼板或连梁分成若干独立的墙段，各独立墙段的总高与长度之比不宜小于 2。剪力墙中的洞口宜上下对齐布置，以形成明显的墙肢和连梁，不宜采用错洞墙。墙肢截面长度与厚度之比不宜小于 3。

开洞剪力墙由墙肢和连梁两种构件组成；不开洞的剪力墙仅有墙肢。根据墙面的开洞情况，剪力墙可分为整截面剪力墙、整体小开口剪力墙、联肢剪力墙和壁式框架四类，如图 7-16 所示。

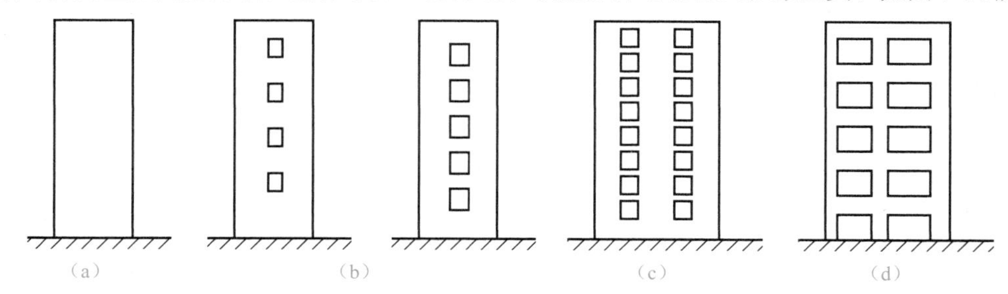

图 7-16　剪力墙的类型

(a)整截面剪力墙；(b)整体小开口剪力墙；(c)联肢剪力墙；(d)壁式框架

(1)整截面剪力墙。不开洞或所开洞口面积不大于 15%的剪力墙，称为整截面剪力墙。它在水平荷载作用下，如同一个整体的悬臂弯曲构件，在墙肢的整个高度上，弯矩图无突变也无反弯点，其变形以弯曲变形为主，结构上部的层间位移较大，越往下层间位移越小，如图 7-17(a)所示。

(2)整体小开口剪力墙。门窗洞口沿竖向成列布置、洞口总面积大于 15%，但相对仍较小，整体性较好的开洞剪力墙称为整体小开口剪力墙。在水平荷载下其弯矩图在连梁处发生突变，但在整个

墙肢高度上没有或仅仅在个别楼层中出现反弯点，变形仍以弯曲型为主，如图7-17(b)所示。

(3)联肢剪力墙。洞口成列布置且开口较大的剪力墙称为双肢及多肢剪力墙，其特点与整体小开口剪力墙相似，如图7-17(c)所示。

(4)壁式框架。剪力墙上有多列洞口且洞口尺寸大，连梁线刚度大于或接近墙肢线刚度的墙称为壁式框架。在水平荷载下，整个剪力墙的受力特点与框架类似，结构上部的层间位移较小，越往下层间位移越大。弯矩图在楼层位置有突变，并且在多数楼层出现反弯点，剪力墙的变形以剪切型为主，如图7-17(d)所示。

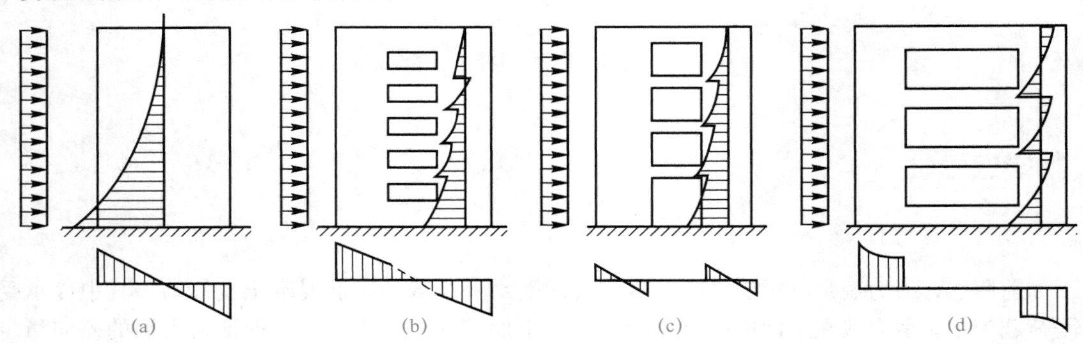

图7-17　剪力墙的截面应力及弯矩分布

(a)整截面剪力墙；(b)整体小开口剪力墙；(c)联肢剪力墙；(d)壁式框架

7.3.2　剪力墙结构构件的受力特点

1. 墙肢

在整截面剪力墙中，墙肢处于压、弯、剪的复合应力状态；开洞剪力墙的墙肢处于压(拉)、弯、剪的复合应力状态。在墙肢中，弯矩和剪力的最大值均出现在墙底部位，故墙底截面是剪力墙设计的控制截面。

墙肢的截面配筋计算与偏心受压柱和偏心受拉杆类似，但由于剪力墙截面高度很大，在墙肢内除在端部(正应力较大的位置)设置竖向钢筋外，还应在剪力墙腹板中设置分布钢筋。其中，截面端部的竖向钢筋与竖向分布钢筋共同抵抗压弯作用。而水平分布钢筋则承担剪力作用。竖向分布钢筋与水平分布钢筋构成网状以抵抗墙面混凝土的收缩及温度应力。

2. 连梁

剪力墙中的连梁承担弯矩、剪力、轴力的共同作用，是受弯构件。配筋时，应选择内力最大的连梁作为计算对象。通过正截面承载力计算确定连梁的纵向受力钢筋(上、下配筋)，通过斜截面承载力计算来确定箍筋的用量。一般情况下，连梁常采用对称配筋。

能力导航

7.3.3　剪力墙结构的构造要求

1. 材料选择

在钢筋混凝土剪力墙中，混凝土强度等级不宜低于C20。墙内分布钢筋和箍筋宜采用HPB300级钢筋，纵向钢筋可用HRB335级或HRB400级钢筋。

2. 剪力墙的最小厚度

一、二级剪力墙：底部加强部位不应小于200 mm，其他部位不应小于160 mm；无端柱或翼

墙的一字形独立剪力墙，底部加强部位不应小于 220 mm，其他部位不应小于 180 mm。三、四级剪力墙：不应小于 160 mm，一字形独立剪力墙的底部加强部位还不应小于 180 mm。非抗震设计时不应小于 160 mm。在剪力墙井筒中，分隔电梯井或管道井的墙肢截面厚度可适当减小，但不宜小于 160 mm。

特别提示

底部加强部位的范围：应从地下室顶板算起；其高度可取底部两层和墙体总高度的 1/10 二者的较大值；当结构计算嵌固部位端位于地下一层底板或以下时，底部加强部位宜延伸至计算嵌固端。

3. 墙肢配筋构造

(1)墙肢端部的钢筋。剪力墙两端和洞口两侧边缘应力较大的部位，应按规定设置由竖向钢筋和箍筋组成边缘构件。边缘构件可分为约束边缘构件(边缘压应力较大时采用)和构造边缘构件(边缘压应力较小时采用)。非抗震设计时应设置构造边缘构件，包括端柱和暗柱。

在墙肢两端应集中配置直径较大的竖向受力钢筋，与墙内的竖向分布钢筋共同承受正截面受弯承载力。端部竖筋应位于由箍筋或水平分布钢筋和拉筋约束的边缘构件内。

剪力墙端部需按构造要求配置不少于 4 根直径为 12 mm 的竖向受力钢筋或 2 根直径为 16 mm 的钢筋；沿竖向钢筋方向宜配置直径不小于 6 mm、间距为 250 mm 的拉筋。纵向钢筋宜采用 HRB335 级或 HRB400 级钢筋。暗柱或端柱应设置箍筋，箍筋直径，一、二、三级时不应小于 8 mm，四级及非抗震时不应小于 6 mm，且均不应小于纵向钢筋直径的 1/4；箍筋间距，一、二、三级时不应大于 150 mm，四级及非抗震时不应大于 200 mm。端柱和暗柱内纵筋的构造配筋率和箍筋的配置要求详见表 7-4。

表 7-4　剪力墙构造边缘构件的最小配筋率要求

抗震等级	底部加强部位		
	竖向钢筋最小量(取较大值)	箍筋	
		最小直径/mm	沿竖向最大间距/mm
一级	$0.010A_c$，6Φ16	8	100
二级	$0.008A_c$，6Φ14	8	150
三级	$0.006A_c$，6Φ12	6	150
四级	$0.005A_c$，6Φ12	6	200
抗震等级	其他部位		
	竖向钢筋最小量(取较大值)	箍筋	
		最小直径/mm	沿竖向最大间距/mm
一级	$0.008A_c$，6Φ14	8	150
二级	$0.006A_c$，6Φ12	8	200
三级	$0.005A_c$，6Φ12	6	200
四级	$0.004A_c$，6Φ12	6	250

注：A_c 为构造边缘构件的截面面积。

端柱及暗柱内纵向钢筋的连接和锚固要求宜与框架柱相同。在非抗震设计时，剪力墙纵向钢筋的最小锚固长度应取 l_a。端柱及暗柱内纵向钢筋在楼层与基础顶面高出 500 mm 的位置进行连接，相邻钢筋交错连接，绑扎连接的连接区段长度为 $1.3l_{lE}$，机械连接的连接区段长度为

35d，焊接连接的连接区段长度为 35d 且不小于 500 mm，如图 7-18 所示。

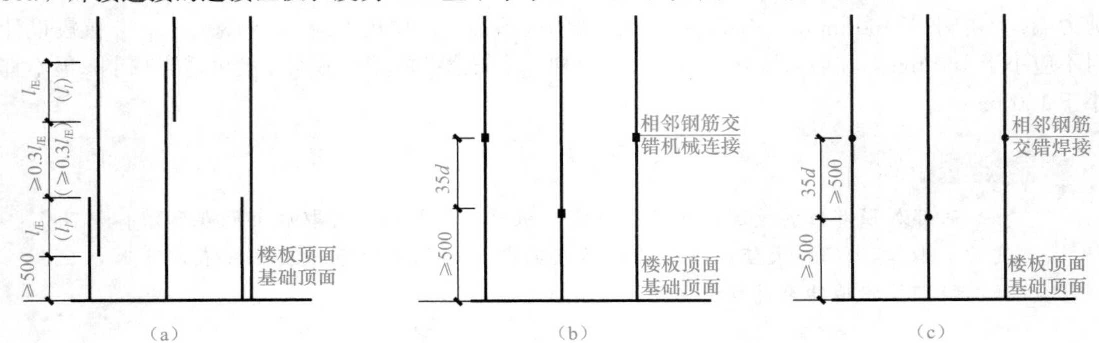

图 7-18　剪力墙边缘构件纵向钢筋连接构造

(a)绑扎搭接；(b)机械连接；(c)焊接连接

(2)墙身内分布钢筋。剪力墙墙身应配置水平和竖向分布钢筋，使剪力墙有一定的延性，减少和防止温度裂缝的产生及当剪力墙产生裂缝时控制裂缝的持续发展。剪力墙的配筋方式有单排及多排两种。其中单排配筋施工简单，但剪力墙厚度较大时不宜采用。

1)当剪力墙厚度不大于 400 mm 时，应布置双排分布钢筋网；结构中重要部位的剪力墙，当其厚度大于 400 mm，但不大于 700 mm 时，宜布置三排分布钢筋网；大于 700 mm 时，宜布置四排分布钢筋网。双排分布钢筋网应沿墙的两侧表面布置，且采用拉筋连系，同时，应保证拉筋与外皮钢筋钩牢。拉筋直径不应小于 6 mm，间距不宜大于 600 mm。

施工时，先立竖筋后绑水平分布筋。为方便起见，竖向钢筋宜在内侧，水平钢筋宜在外侧，且水平和竖向分布钢筋的直径、间距一般宜相同。

2)剪力墙竖向和水平分布钢筋的配筋率，一、二、三级时均不应小于 0.25%，四级和非抗震设计时均不应小于 0.20%。剪力墙的竖向和水平分布钢筋的间距均不宜大于 300 mm，直径不应小于 8 mm。剪力墙的竖向和水平分布钢筋的直径不宜大于墙厚的 1/10。

3)水平分布钢筋应伸至墙端并向内水平弯折 10d 后截断，其中，d 为水平分布钢筋的直径。当剪力墙端部有转角墙或翼墙时，内墙两侧的水平分布钢筋和外墙内侧的水平分布钢筋应伸至转角墙或翼墙的外边缘，并分别向两侧水平弯折 15d 后截断。在转角墙处，外墙外侧的水平分布钢筋应在墙端外角位置弯入翼墙，并与翼墙外侧水平分布钢筋相互搭接，其搭接长度 $l_l \geqslant 1.2l_a$。剪力墙水平分布钢筋的连接构造如图 7-19(a)、(b)所示。

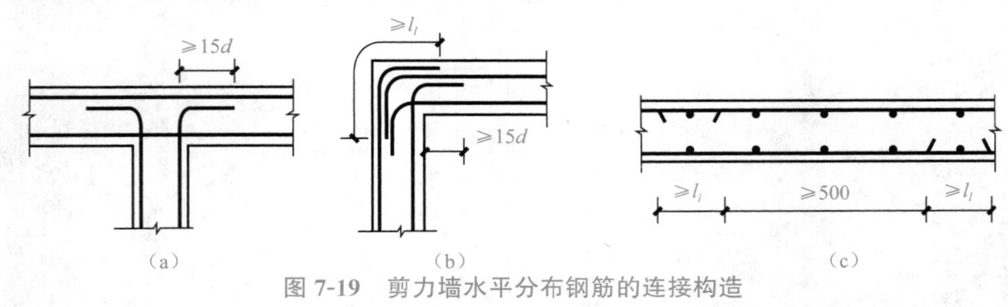

图 7-19　剪力墙水平分布钢筋的连接构造

(a)丁字形节点；(b)转角节点；(c)水平分布钢筋的搭接(沿高度每隔一根错开搭接)

4)剪力墙内水平分布钢筋的搭接长度 $l_l \geqslant 1.2l_a$。同排水平分布钢筋的搭接接头间及上、下相邻水平分布钢筋的搭接接头间，沿水平方向的净间距不宜小于 500 mm，如图 7-19(c)所示。

5)剪力墙中竖向分布钢筋可在同一高度位置搭接，搭接长度 $l_l \geqslant 1.2l_a$，且不应小于 300 mm。当分布钢筋的直径大于 28 mm 时，不宜采用搭接接头。

特别提示

(1)高层剪力墙结构的竖向和水平分布筋不应单排配置。

(2)在剪力墙底部加强部位，约束边缘构件以外的拉筋间距宜适当加密。

(3)房屋顶层剪力墙、长矩形平面房屋的楼梯间和电梯间剪力墙、端开间纵向剪力墙以及端山墙的水平和竖向分布筋的配筋率均不应小于0.25%，间距不应大于200 mm。

(3)连梁的配筋构造。连梁是一个受到反弯矩作用的梁，且通常跨高比较小，容易出现剪切斜裂缝，为防止斜裂缝出现后连梁发生脆性破坏，《高规》规定了连梁在构造上的一些特殊要求。

1)连梁顶面、底面纵向水平钢筋伸入墙肢的长度，抗震设计时不应小于 l_{aE}，非抗震设计时不应小于 l_a，且均不应小于600 mm。

2)抗震设计时，沿连梁全长箍筋的构造应符合框架梁梁端箍筋加密区的箍筋构造要求；非抗震设计时，沿连梁全长的箍筋直径不应小于6 mm，间距不应大于150 mm。

3)顶层连梁纵向水平钢筋伸入墙肢的长度范围内应配置箍筋，箍筋间距不宜大于150 mm，直径应与该连梁的箍筋直径相同。

4)连梁高度范围内的墙肢水平分布钢筋应在连梁内拉通作为连梁的腰筋。连梁截面高度大于700 mm时，其两侧面腰筋的直径不应小于8 mm，间距不应大于200 mm；跨高比不大于2.5的连梁，其两侧腰筋的总面积配筋率不应小于0.3%。采用现浇楼板时，连梁配筋构造如图7-20所示。

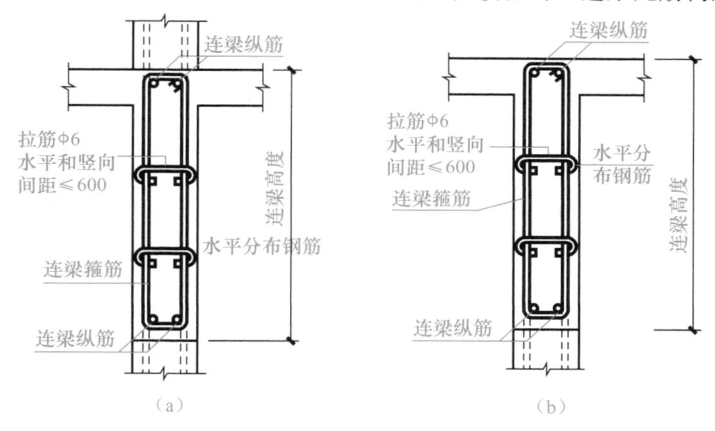

图7-20　采用现浇楼板时连梁配筋构造

(a)楼层剪力墙连梁；(b)顶层剪力墙连梁

(4)墙面和连梁开洞时的构造。剪力墙墙面开洞较小时，除要集中在洞口边缘补足切断的分布钢筋外，还要进一步加强以抵抗洞口的应力集中。连梁是剪力墙中的薄弱位置，同样应重视连梁开洞后的加强措施。

《高规》规定，当剪力墙墙面开有非连续小洞口(各边长度小于800 mm)时，应将洞口处被截断的分布筋量分别集中配置在洞口的上、下和左、右两侧，且钢筋直径不应小于12 mm，从洞口边伸入墙内的长度不应小于 l_a(抗震设计中取 l_{aE})，如图7-21(a)所示。剪力墙洞口上、下两侧的水平纵向钢筋除应满足洞口连梁的正截面受弯承载力外，其面积不宜小于洞口截断的水平分布钢筋总面积的一半，并不应少于2根。

穿过连梁的管道宜预埋套管，洞口上、下的有效高度不宜小于梁高的1/3，且不宜小于200 mm，并且洞口处应配置补强钢筋，如图7-21(b)所示。

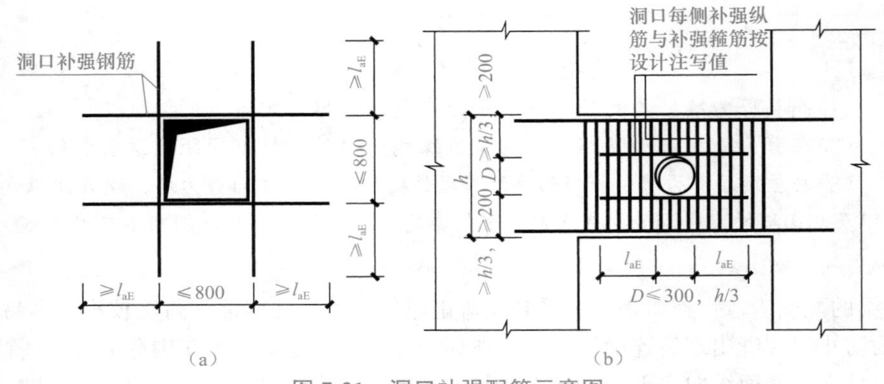

图 7-21　洞口补强配筋示意图

(a)剪力墙洞口补强；(b)连梁洞口补强

7.3.4　剪力墙结构的抗震构造措施

1. 混凝土的强度

剪力墙结构混凝土强度等级不应低于 C20；带有筒体及短肢剪力墙的剪力墙结构混凝土强度等级不应低于 C25。

2. 边缘构件

按《建筑抗震设计规范(2016 年版)》(GB 50011—2010)的规定，在抗震墙两端和洞口两侧应设置边缘构件。

(1)约束边缘构件。一、二级抗震剪力墙底部的加强部位和相邻的上一层的墙肢端部应设置约束边缘构件。在部分框支剪力墙结构中，一、二级落地剪力墙底部的加强部位和相邻的上一层的墙肢端部应设置翼墙或端柱，洞口两侧应设置约束边缘构件；不落地剪力墙应在底部的加强部位和相邻的上一层的墙肢两端设置约束边缘构件。图 7-22 所示为常见的几种约束边缘构件。

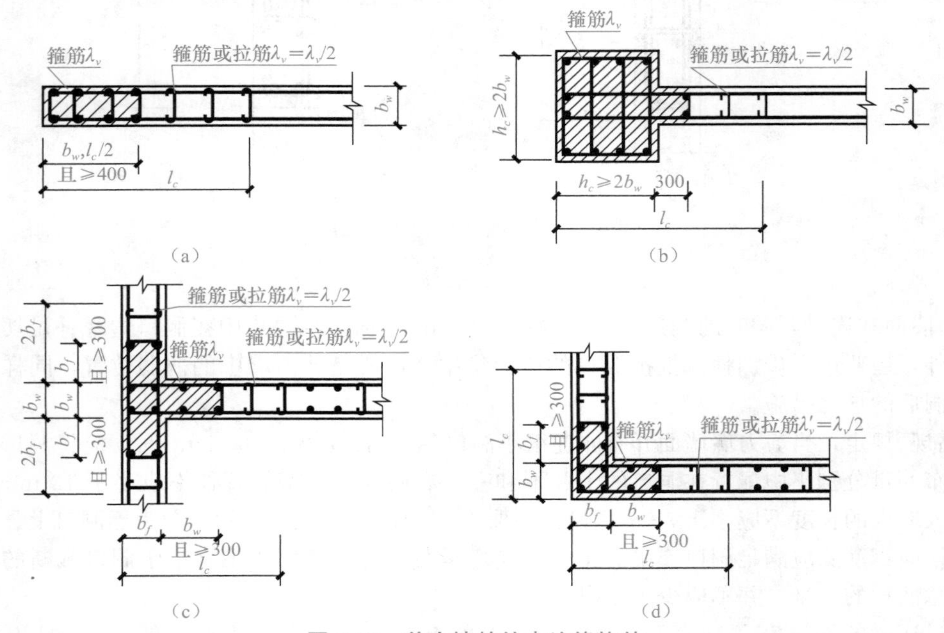

图 7-22　剪力墙的约束边缘构件

(a)暗柱；(b)端柱；(c)翼墙；(d)转角墙

(2)构造边缘构件。一、二级抗震剪力墙的其他部位及三、四级抗震剪力墙的墙肢端部，均应设置构造边缘构件，其设置范围如图 7-23 所示。

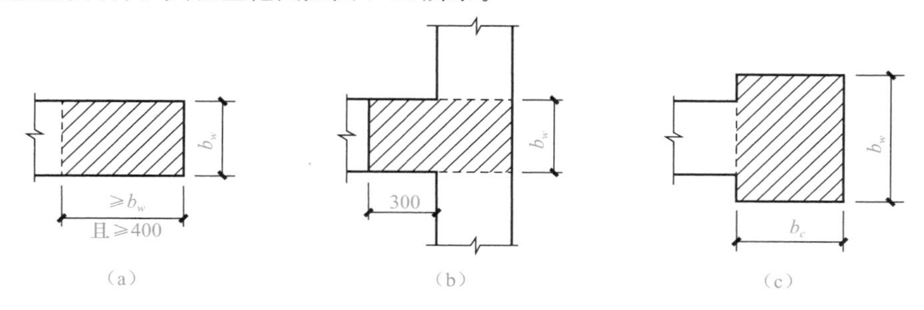

图 7-23　剪力墙的构造边缘构件范围

(a)暗柱；(b)翼墙；(c)端柱

3. 剪力墙的配筋构造

(1)墙肢端部纵向钢筋的构造要求。暗柱和端柱内纵向钢筋的连接和锚固要求宜与框架柱相同。抗震设计时，剪力墙纵向钢筋的最小锚固长度应取 l_{aE}。

(2)剪力墙中的分布钢筋。当剪力墙墙厚大于 140 mm 时，竖向和水平方向分布钢筋应双排布置；当墙厚大于 400 mm，但不大于 700 mm 时，宜采用三排布置钢筋；当墙厚大于 700 mm 时，宜采用四排布置钢筋。各排分布钢筋网之间宜采用拉筋连结。

抗震剪力墙中竖向和水平方向分布钢筋的直径不应小于 8 mm，且不宜大于墙厚的 1/10，最大间距不应大于 300 mm；拉筋直径不应小于 6 mm，间距不应大于 600 mm，在底部加强部位，约束边缘构件以外的拉筋间距应适当加密。

剪力墙水平分布钢筋应伸至墙端。当墙端部无翼墙时，分布钢筋应伸至墙端并向内弯折 $15d$(d 为水平分布钢筋直径)后截断，也可在墙端附近搭接，如图 7-24(a)、(b)所示；当墙端部有翼墙或转角墙时，内墙两侧的水平分布钢筋应伸至翼墙或转角墙外边，并分别向两侧水平弯折不小于 $15d$(d 为水平分布钢筋直径)后截断，如图 7-24(c)所示。

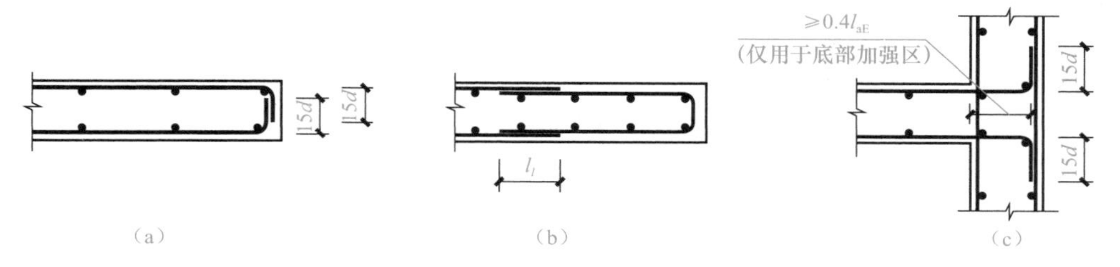

图 7-24　剪力墙端水平分布钢筋的锚固

(a)无翼墙时锚固；(b)无翼墙时搭接；(c)有翼墙时锚固

当剪力墙有端柱时，内墙两侧水平分布钢筋和外墙内侧水平分布钢筋应伸至端柱对边，锚固长度不小于 l_{aE}；如伸至端柱对边的长度不足 l_{aE}时，应伸至端柱对边后分别向两侧水平弯折不小于 $15d$，而弯折前长度不应小于 $0.4l_{aE}$。

在剪力墙转角处，沿剪力墙外侧的水平分布钢筋应沿外墙边在翼墙内连续通过转弯。如需在纵、横墙的转角处设置搭接接头时，沿外墙的水平分布钢筋应在墙端外角处弯入翼墙，并与翼墙外侧水平分布钢筋搭接，搭接长度不应小于 $1.2l_{aE}$。

剪力墙内水平分布钢筋的搭接长度不应小于 $1.2l_{aE}$。同排水平分布钢筋的搭接接头间及上、下相邻水平分布钢筋的搭接接头间沿水平方向的净间距不宜小于500 mm。

当剪力墙内竖向分布钢筋的直径不大于28 mm时，可采用搭接连接，其搭接长度不应小于$1.2l_{aE}$，采用HPB300级钢筋时端头应加$5d$长的直钩；一、二级抗震剪力墙中竖向分布钢筋的接头应分两批错开搭接，接头间隔距离应不小于0.3倍的搭接长度；三、四级抗震剪力墙中竖向分布钢筋的接头可在同一高度搭接。当剪力墙内竖向分布钢筋的直径大于28 mm时，应分两批采用机械连接，接头间隔距离应不小于$35d$。

(3)连梁的配筋构造。

1)剪力墙连梁顶面、底面的纵向受力钢筋伸入墙内的长度不应小于l_{aE}，且不应小于600 mm。当伸入墙端部的长度不足l_{aE}时，应伸至墙端部后分别向上、下弯折$15d$，并且保证弯折前的长度不应小于$0.4l_{aE}$。

2)箍筋应沿连梁全长配置。抗震设计时，箍筋的构造应按框架梁梁端加密区箍筋的构造采用。

3)顶层连梁中，纵向钢筋伸入墙体的长度范围内应配置间距不大于150 mm的构造箍筋，箍筋直径应与连梁跨内的箍筋直径一致。

4)墙体内水平分布钢筋的设置要求应与非抗震设计中相同。

任务7.4　框架-剪力墙结构

知识导航

7.4.1　框架-剪力墙结构概述

在框架-剪力墙结构中，剪力墙应沿平面的主轴方向布置，一般应遵循“均匀、对称、分散、周边”的布置原则。横向剪力墙宜均匀对称地设置在楼(电)梯间、建筑物的端部附近、平面形状变化处以及恒载较大的部位。横向剪力墙的间距应满足表7-5的规定，如剪力墙之间的楼盖开有比较大的洞口时，剪力墙的间距应适当减小。纵向剪力墙宜布置在单元的中间区段内，当房屋纵向较长时，纵向剪力墙不宜集中布置在房屋的两端。建筑物中各片剪力墙的刚度不宜差距过大，剪力墙宜贯穿建筑物全高，墙体厚度可随高度逐渐减薄以避免刚度沿高度方向发生突变。

表7-5　横向剪力墙的间距

楼盖的形式	非抗震设计	抗震设防烈度		
		6、7度	8度	9度
现浇式	$\leqslant 5B$且$\leqslant 60$ m	$\leqslant 4B$且$\leqslant 50$ m	$\leqslant 3B$且$\leqslant 40$ m	$\leqslant 2B$且$\leqslant 30$ m
装配式	$\leqslant 3.5B$且$\leqslant 50$ m	$\leqslant 3B$且$\leqslant 40$ m	$\leqslant 2.5B$且$\leqslant 30$ m	不允许

注：B为楼面宽度；现浇部分厚度大于60 mm的预应力或非预应力叠合楼板可看作现浇板。

框架-剪力墙结构中的楼盖结构是框架和剪力墙能够协同工作的基础，宜采用现浇楼盖。

特别提示

框架-剪力墙结构可采用的形式：①框架与剪力墙(单片墙、联肢墙或较小井筒)分开布置；②在框架结构的若干跨内嵌入剪力墙(带边框剪力墙)；③在单片抗侧力结构内连续分别布置框架和剪力墙；④以上两种或三种形式的混合。

7.4.2 框架-剪力墙结构的受力特点

框架-剪力墙结构是由框架和剪力墙两种不同的抗侧力单元组成的受力体系。其中，剪力墙的变形以弯曲型为主，如图 7-25(a)所示；框架的变形以剪切型为主，如图 7-25(b)所示；而由楼盖连接起来的框架-剪力墙结构将产生共同的变形，如图 7-25(c)所示，其协同变形曲线如图 7-25(d)所示。在水平荷载作用下，框架-剪力墙的变形及受力特点如下：

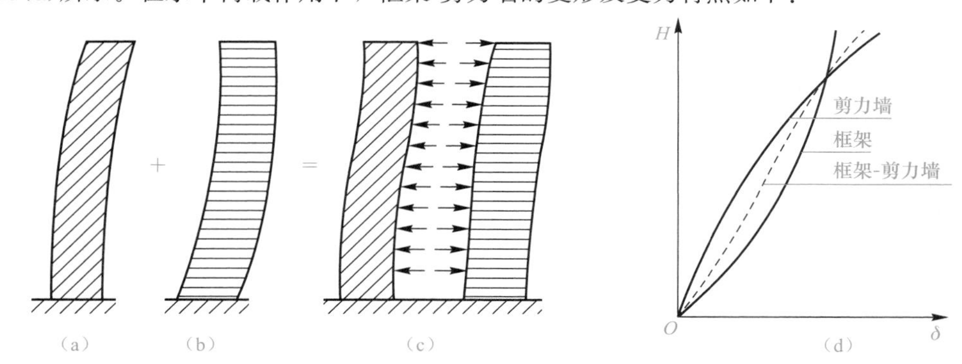

图 7-25　框架-剪力墙结构的变形特点

(a)剪力墙的弯曲变形；(b)框架的剪切变形；

(c)框架-剪力墙的共同变形；(d)框架-剪力墙的变形曲线

(1)剪力墙的变形特点是其层间相对水平位移越往上越大，如图 7-25(a)所示。而框架变形的特点是其层间相对水平位移越往上越小，如图 7-25(b)所示。从协同变形曲线可以看出，框架-剪力墙结构的层间变形在下部小于纯框架，在上部小于纯剪力墙，因此各层的层间变形也将趋于均匀化。

(2)框架-剪力墙结构共同工作时，由于剪力墙的刚度比框架大很多，因此剪力墙承担绝大部分水平剪力(占 70%～90%)，框架只承担小部分剪力。同时，框架和剪力墙承担水平剪力的比例，也随房屋高度的变化而变化。在房屋上部，剪力墙承担剪力较少，而框架承担剪力较大。而在房屋下部，剪力墙变形增大，框架变形减小，使得下部剪力墙承担更多剪力，而框架下部承担的剪力较少。

能力导航

7.4.3 框架-剪力墙结构的构造要求

在框架-剪力墙结构中，剪力墙是主要的抗侧力构件，承担着绝大部分剪力，因此构造上应加强。框架-剪力墙结构除应满足一般框架和剪力墙的相关构造要求外，框架-剪力墙结构中的框架、剪力墙和连梁的设计构造，还应符合以下构造要求：

(1)剪力墙的厚度不应小于 160 mm，且不应小于楼层净高的 1/20；底部加强部位的剪力墙墙厚不应小于 200 mm，且不应小于楼层高度的 1/16。

(2)剪力墙内竖向和水平方向分布钢筋的配筋率均不应小于 0.20%，直径不应小于 8 mm，间距不应大于 300 mm，至少应双排布置。各排分布钢筋间应设置直径不小于 6 mm，间距不大于 600 mm 的拉筋进行拉结。

(3)剪力墙周边应设置梁(或暗梁)和端柱围成边框。梁宽不宜小于 $2b_w$(b_w 为剪力墙厚度)，

梁高不宜小于 $3b_w$；柱截面宽度不宜小于 $2.5b_w$，截面高度不应小于截面宽度。边框梁或暗梁的上、下纵筋的配筋率均不应小于 0.2%，箍筋不应少于 Φ6@200。

(4)剪力墙的水平分布钢筋应全部锚入边框柱内，其锚固长度不应小于 l_a(或 l_{aE})。

(5)剪力墙端部的纵向受力筋应配置在边框柱截面内。剪力墙底部加强部位处，边框柱内箍筋宜沿全高加密；当带边框架-剪力墙上的洞口紧靠边框柱时，边框柱内箍筋宜沿全高加密。

项目小结

1. 根据《高规》规定，10 层及 10 层以上或高度大于 28 m 的房屋为高层建筑，2～9 层且高度不大于 28 m 为多层建筑。

2. 多高层房屋常用的结构体系有混合结构、框架体系、剪力墙体系、框架-剪力墙体系和筒体体系等。

3. 框架结构承受的作用包括竖向荷载、水平风荷载和地震作用。为保证框架结构的安全可靠，需根据框架的内力进行框架梁、柱的配筋计算以及加强节点的连接构造。

4. 剪力墙是既承受竖向荷载，又承受水平荷载的钢筋混凝土实体墙，其中以承受水平荷载为主。剪力墙墙身应配置水平和竖向分布钢筋，使剪力墙有一定的延性，减少和防止温度裂缝的产生及当剪力墙产生裂缝时控制裂缝的持续发展。

5. 在框架-剪力墙结构中，由框架和剪力墙两种不同的抗侧力单元组成受力体系。剪力墙应沿平面的主轴方向布置，一般应遵循“均匀、对称、分散、周边”的布置原则且宜贯穿建筑物全高，墙体厚度可随高度逐渐减薄以避免刚度沿高度方向发生突变。

习　题

一、填空题

1. 框架结构主要受力构件为________，适用高度地震区为________层，非地震区为________层。

2. 采用建筑物的墙体作为竖向承重和抵抗侧力的结构称为________。

3. 根据开孔的多少，筒体有________和________之分。

4. 对功能复杂，使用要求高，抗震性要求较高的多、高层框架，宜采用________。

项目 7　习题答案

5. 框架柱的控制截面是________。

6. 抗震框架柱纵向受力钢筋的接头宜优先采用________连接。钢筋接头不宜设置在梁端和柱端箍筋________范围内。

7. 开洞剪力墙由________和________两种构件组成，不开洞的剪力墙仅有________。

8. 框架-剪力墙结构竖向荷载主要由________承担，水平荷载则主要由________承担。

二、选择题

1. 框架结构按照施工方法的不同，可分为(　　)。

　A. 全现浇式框架　B. 半现浇式框架　C. 装配式框架　D. 装配整体式框架

2. 在竖向荷载作用下，框架梁最大正弯矩产生在(　　)，最大负弯矩产生在(　　)。

　A. 跨中，跨端　B. 跨端，跨中　C. 跨端，跨端 1/3　D. 跨端 1/3，跨中

3. 框架柱纵向钢筋的接头可采用的连接方式为(　　)。

A. 绑扎搭接　　B. 机械连接　　C. 焊接　　D. 铆接

4. 顶层中间节点的柱纵向钢筋可用的锚固方式为(　　)。

A. 直锚　　B. 向内弯锚　　C. 向外弯锚　　D. 加锚头(锚板)锚

5. 根据墙面的开洞情况，剪力墙可分为(　　)。

A. 整截面剪力墙　　B. 整体小开口剪力墙

C. 联肢剪力墙　　D. 壁式框架

6. 在框架-剪力墙结构中，剪力墙应沿平面的主轴方向布置，一般应遵循(　　)的布置原则。

A. 均匀　　B. 对称　　C. 分散　　D. 周边

三、判断题

1. 框架结构广泛用于多层工业厂房及多、高层办公楼、教学楼、医院、住宅等。(　　)

2. 筒体结构为主要的承受竖向和水平作用的结构。(　　)

3. 对一般房屋结构而言，只需考虑水平地震作用，而对8度以上的大跨结构、高耸结构才考虑竖向地震作用。(　　)

4. 目前地震区的多层框架房屋常采用承重框架纵向布置方案。(　　)

5. 框架梁的弯矩呈抛物线形变化，梁跨中截面上侧受拉，支座截面下侧受拉。(　　)

6. 框架柱节点内应设箍筋，箍筋的最大间距和最小直径与柱加密区相同。(　　)

7. 剪力墙宜沿结构的主轴方向布置成双向或者多向，使两个方向的刚度接近。(　　)

8. 框架-剪力墙结构中剪力墙的变形以剪切型为主，框架的变形以弯曲型为主。(　　)

四、简答题

1. 高层建筑混凝土结构的结构体系有哪些？各自的优缺点和适用范围是什么？

2. 高层建筑结构的定义是什么？

3. 对多层和高层建筑而言，竖向荷载与水平荷载在结构设计中起的作用如何变化？

4. 根据施工方法的不同，钢筋混凝土框架结构的形式有哪几种？其适用范围如何？

5. 如何确定框架柱的控制截面？

6. 如何确定框架梁的控制截面？

7. 剪力墙结构中分布筋的作用是什么？构造要求有哪些？

8. 框架-剪力墙结构的构造要求有哪些？

项目 8 砌体结构基础

教学目标

通过本项目的学习，了解组成砌体的块材和砂浆的种类与性质；了解砌体轴心受压破坏特征、砖砌体受压应力状态分析以及影响砌体抗压强度的主要因素；熟悉多层砌体结构墙和柱的一般构造要求及其抗震构造措施。通过了解建筑行业的发展，培养学生兼顾传承和创新，树立尊重自然、顺应自然、保护自然的生态文明理念。

教学要求

学习目标	相关知识点	权重
能在工程实际中正确使用砌体材料并对砌体结构进行初步选型	砌体的组成材料和砂浆的种类、力学性质；砌体的类型	30%
能分辨出砌体结构的破坏形式	砌体的抗压性能	20%
能够正确运用砌体结构的相关构造要求进行工程建设活动	多层砌体结构墙、柱的一般构造要求	50%
	多层砌体房屋抗震构造要求	

学习重点

组成砌体的材料性质、砌体的力学性质、多层砌体结构墙和柱的一般构造要求及其抗震构造措施。

引　例

2008 年 5 月 12 日汶川特大地震，是新中国成立以后破坏力最强、经济损失最严重、波及范围最广、救灾难度最大的一次灾害。这次地震造成了巨大的人员伤亡和财产损失，其中房屋倒塌和损毁数达 2 000 余万间，经济损失 8 451 亿元。事故发生后，人们对砌体结构抗震能力产生了怀疑。从世界范围讲，历次地震表明，砌体结构(主要指传统砌体结构)在地震中破坏和倒塌较多。调查表明，除危险地段山体滑坡造成的灾害外，总体上城镇倒塌和严重破坏需要拆除的房屋约为 10%。四川省建筑科学研究院对重灾区都江堰地区的震害调查表明，在 9 度地震烈度

下，凡是按照1989抗震规范或2001抗震规范的规定设计，按照施工规范施工的砌体结构房屋没有一幢倒塌，也没有砸死一人。

砌体结构在我国应用很广泛，不仅可以就地取材，具有很好的耐久性、耐火性及较好的化学稳定性和大气稳定性，而且施工简便，造价低廉，即使在科学技术突飞猛进发展的当今世界，砌体结构仍是一种主要的建筑体系。

请思考：生活中见到的砌体结构有哪些?

任务 8.1　砌体结构的类型及力学性质

知识导航

8.1.1　砌体结构的组成材料

1. 块材

块材是砌体的主要组成部分，目前在砌体结构中常用的块体有砖、砌块和石材三类。砖和块体通常是按块体的高度尺寸划分的，块体高度小于180 mm者称为砖，大于等于180 mm者称为砌块。

(1)砖。

1)烧结普通砖。烧结普通砖是以黏土、页岩、煤矸石或粉煤灰为主要原料，经过焙烧而成的实心或孔洞率不大于规定值且外形尺寸符合规定的砖，主要有普通烧结砖、烧结页岩砖、烧结煤矸石粉煤灰砖等。目前我国生产的烧结普通砖，其标准尺寸为240 mm×115 mm×53 mm。

2)烧结多孔砖。烧结多孔砖是以黏土、页岩、煤矸石或粉煤灰为主要原料，经过焙烧而成的多孔砖。其孔洞率不小于15%，烧结多孔砖主要用于承重部位。它的孔洞尺寸小而数量多，具有减轻结构自重、减少黏土用量及减少能源消耗等许多优点。

3)蒸压灰砂砖及蒸压粉煤灰砖。蒸压灰砂砖是以石灰和砂为原料，经过培料制备、压制成型、蒸压养护而成的实心砖；蒸压粉煤灰砖是以粉煤灰、石灰为主要原料，掺加适量石膏和集料，经坯料制备、压制成型、高压蒸汽养护而成的实心砖。

砖的强度等级是由其抗压强度和抗折强度综合确定的。烧结普通砖和烧结多孔砖的强度等级有MU30、MU25、MU20、MU15和MU10五个等级；蒸压灰砂砖及蒸压粉煤灰砖的强度等级有MU25、MU20和MU15共三个等级。

(2)砌块。我国当前采用砌块的主要类型有实心砌块、空心砌块和微孔砌块。砌块按尺寸大小可分为手工砌筑的小型砌块与采用机械施工的中型和大型砌块。通常把高度小于380 mm的砌块称为小型砌块；高度为380～900 mm的砌块称为中型砌块；高度大于900 mm的砌块称为大型砌块。空心小型混凝土砌块一般由普通混凝土或轻集料混凝土制成，规格尺寸为390 mm×190 mm×190 mm，空心率为25%～50%。

砌块的强度等级通过其3个砌块单块抗压强度的平均值划分为MU20、MU15、MU10、MU7.5、MU5共五个等级。

(3)石材。砌体中的石材应选用无明显风化的天然石材。常用的有重质天然石(花岗石、石灰石、砂岩等重力密度大于18 kN/m^{3}的石材)和轻质天然石。重质天然石强度高、耐久，但开采及加工困难，一般用于基础砌体或挡土墙中。在产石材地区，重质天然石也可用于砌筑承重

墙体，但由于其导热系数大，不宜作为采暖地区的房屋外墙。石材按其加工后的外形规则程度，可分为毛石和料石两种。

石材的强度等级用边长为 70 mm 的立方体试块的抗压强度表示，其强度等级有 MU100、MU80、MU60、MU50、MU40、MU30、MU20 共七个等级。

2. 砂浆

砂浆是由胶凝材料(水泥、石灰)、细集料(砂)、水以及根据需要掺入的掺合料和外加剂等，按照一定的比例混合后搅拌而成。砂浆的作用是将砌体中的块体粘结成整体而共同工作；同时，砂浆抹平块体表面能使砌体受力均匀；另外，砂浆填满块体间的缝隙，也提高了砌体的隔声、隔热、保温、防潮、抗冻等性能。

(1)砂浆的种类。砂浆按其配合成分可以分为以下几种：

1)水泥砂浆。水泥砂浆由砂与水泥加水拌和而成，不掺任何塑性掺合料，其强度高、耐久性好，但保水性和流动性较差。一般适用于潮湿环境和地下砌体。

2)混合砂浆。混合砂浆由水泥、石灰膏、砂和水拌和而成，其强度高，耐久性、保水性和流动性较好，便于施工，质量容易保证，是砌体结构中常用的砂浆。

3)石灰砂浆。石灰砂浆由石灰、砂和水拌和而成，其强度低，耐久性差，但砌筑方便，不能用于地面以下和潮湿环境的砌体，通常只能用于临时建筑或受力不大的简易建筑。

4)砌块专用砂浆。砌块专用砂浆水泥、砂、水以及根据需要掺入的掺合料和外加剂等组成，按一定比例，采用机械拌和制成，专门用于砌筑混凝土砌块。

(2)砂浆的性质。

1)强度。砂浆的强度等级按龄期为 28 d 的边长为 70.7 mm 的立方体试块所测得的抗压强度极限值来确定。一般砂浆的强度等级有 M15、M10、M7.5、M5 和 M2.5 共五个等级，砌块专用砂浆的强度等级有 Mb20、Mb15、Mb10、Mb7.5 和 Mb5 共五个等级。

2)流动性。在砌筑砌体的过程中，应使块体与块体之间有较好的密实度，这就要求砂浆容易而且能够均匀地铺开，也就是要有合适的稠度，以保证砂浆有一定的流动性。

3)保水性。砂浆在存放、运输和砌筑过程中保持水分的能力叫作保水性。砂浆的质量在很大程度上取决于其保水性。在砌筑时，块体将吸收一部分水分，如果砂浆的保水性很差，新铺在块体上的砂浆中的水分会很快被吸去，这将使砂浆难以铺平，同时，砂浆过多的失水会影响砂浆的硬化，导致砌筑质量和砌体强度下降。

4)其他特性。在砂浆中掺入适量的掺合料，可提高砂浆的流动性和保水性，从而既能节约水泥，又可提高砌筑质量。纯水泥砂浆的流动性和保水性均比混合砂浆差，因此，混合砂浆的砌体比同强度等级的水泥砂浆砌筑的砌体强度要高。

特别提示

采用混凝土砖(砌块)砌体以及蒸压硅酸盐砖砌体时，应采用与块体材料相适应且能提高砌筑工作性能的专用砌筑砂浆；尤其对于块体高度较高的普通混凝土砖空心砌块，普通砂浆很难保证竖向灰缝的砌筑质量。

8.1.2 砌体的抗压性能

1. 砌体轴心受压破坏特征

由于砌体内部块体的抗压强度不能被充分发挥，致使砌体的抗压强度总低于块体的抗压强度。为了正确地了解砌体的抗压性能，先研究砌体的受压破坏特征及单个块体的应力状态。

砖砌体受压试验表明，砌体轴心受压构件从开始加载直到破坏，大致经历了以下三个阶段，如图 8-1 所示。

第一阶段：达到破坏荷载的 50%～70%时，单个块体内产生细小裂缝，如不增加荷载，这些细小裂缝也不发展，如图 8-1(a)所示。

第二阶段：随着压力的增加，达到破坏荷载的 80%～90%时，单个块体内的裂缝连接起来而形成连续的裂缝，沿竖向贯通若干皮砌体，即使不增加荷载，这些裂缝仍会继续发展，砌体已接近破坏，如图 8-1(b)所示。

第三阶段：压力继续增加，接近破坏荷载时，砌体中裂缝发展很快，并连成几条贯通的裂缝，从而将砌体分成若干个小柱体(个别砖可能被压碎)，随着小柱体的受压失稳，砌体明显向外鼓出从而导致砌体试件的破坏，如图 8-1(c)所示。

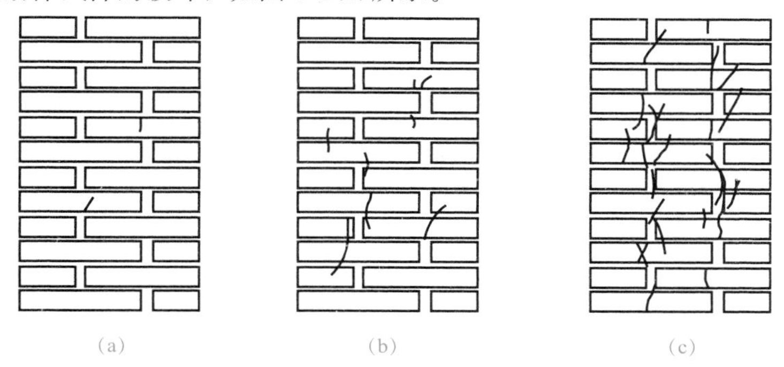

(a)　　(b)　　(c)

图 8-1　砖砌体轴心受压破坏特征

2. 砖砌体受压应力状态分析

图 8-1 所示的试验砌体，如果砖的抗压强度为 16 N/mm^2，砂浆强度为 1.3～6 N/mm^2，则实测砌体抗压强度为 4.5～5.4 N/mm^2。可见砌体抗压强度远低于它所用砖的抗压强度，其原因可以从砌体内单块砖的受压及变形特点对砌体强度的影响来说明。

(1)砌体是通过砂浆用人工砌成整体的。由于灰缝厚度及密实性不均匀，单个块体在砌体内并不是均匀受压的，而是受到上下不均匀压力的作用。另外，块体本身也不平整，受力后，块体处于受弯、受剪甚至受扭状态。由于块体的厚度小，又是脆性材料，抗弯、剪的能力差，故砌体中第一批裂缝出现是由于单个块体的受弯和受剪所引起的。

(2)由于块体和砂浆的弹性模量及横向变形系数的不同，砌体受压时要产生横向变形。当砂浆强度较低时，块体的横向变形比砂浆小，在砂浆黏着力与摩擦力的影响下，块体要约束砂浆的横向变形，使砂浆受到横向压力；反过来，块体就受到砂浆对它的附加拉力，加快了块体内裂缝的出现。

(3)砌体内的竖直灰缝往往不能很好地填满，不能保证块体粘结成整体，于是在位于竖直灰缝上的砖内，将发生横向拉力和剪应力的集中，加快了块体的开裂。

由于以上几点原因，砌体中的单个块体实际上是处于受弯、受剪和受拉等的复杂应力状态下，而块体的抗弯、抗剪、抗拉强度均低于其抗压强度，以致砌体在块体的抗压强度未得到充分发挥的情况下就由于剪切、弯曲等原因而破坏了，所以，砖砌体的抗压强度总是比砖的抗压强度小得多。

3. 影响砌体抗压强度的主要因素

(1)块材和砂浆的强度。块材和砂浆的强度是决定砌体抗压强度最主要的因素。单个块体的抗弯、抗拉、抗剪强度在某种程度上决定了砌体的抗压强度。一般来说，强度等级高的块体，其抗弯、抗拉、抗剪强度也较高，相应的砌体抗压强度也高；砂浆强度等级越高，砂浆的横向

变形越小，砌体的抗压强度也有所提高。

(2)砂浆的性能。除强度外，砂浆的流动性、保水性对砌体的抗压强度都有影响。砂浆的流动性和保水性好，容易使之铺成厚度和密实性都较均匀的水平灰缝。可以降低块体在砌体内的弯剪能力，提高砌体强度。试验表明，当采用水泥砂浆砌筑时，由于水泥砂浆的保水性、和易性都差，砌体抗压强度降低5%～15%。但是砂浆的流动性不能过大，否则硬化后变形率增大，会导致单块块体内受到的弯、剪应力和横向拉应力增大，砌体强度反而有所下降。

(3)块体的形状、尺寸及灰缝厚度。块材的外形对砌体抗压强度也有明显的影响，块材的外形比较平整、规则，块材在砌体中所受弯剪应力相对较小，从而使砌体强度得到相对提高。

砌体灰缝厚度对砌体抗压强度也有影响，灰缝越厚，越难保证均匀与密实，所以，当块材表面平整时，灰缝宜尽量减薄，对砖和小型砌块灰缝厚度应控制在8～12 mm。

(4)砌筑质量。影响砌筑质量的因素是多方面的，如砂浆饱满度、砌筑时块体的含水率、组砌方式、砂浆搅拌方式、工人的技术水平、现场质量管理水平等，因此，《砌体结构工程施工质量验收规范》(GB 50203—2011)规定了砌体施工质量控制等级及相关要求。

能力导航

8.1.3 砌体结构的类型

砌体是由块体和砂浆砌筑而成的整体。砌体中块体的组砌方式应能使砌体均匀地承受力的作用。为使砌体能构成一个整体及考虑建筑的保温、隔声等建筑物理的要求，应使砌体中的竖向灰缝错开并填实饱满。

砌体结构可分为无筋砌体、配筋砌体和预应力砌体三类。

(1)无筋砌体。无筋砌体不配置钢筋，仅由块材和砂浆组成，包括砖砌体、砌块砌体、石砌体。无筋砌体抗震性能和抵抗不均匀沉降的能力较差。

1)砖砌体。由砖和砂浆砌筑而成的砌体称为砖砌体。在房屋建筑中，砖砌体用作内外承重墙、柱、围护墙及隔墙。其厚度是根据承载力及高厚比的要求确定的，但外墙厚度往往还需要考虑到保温、隔热等建筑物理的要求。砖砌体一般多砌成实心的，有时也可砌成空斗墙，砖柱则应实砌。空斗墙的整体性和抗震性均差，所以不提倡使用。常见的实砌标准砖墙的厚度有120 mm(半砖)、240 mm(一砖)、370 mm(一砖半)、490 mm(两砖)等。

2)砌块砌体。由砌块和砂浆砌筑而成的砌体称为砌块砌体。目前采用较多的为混凝土小型空心砌块砌体，主要用于民用建筑和一般工业建筑的承重墙或围护墙，常用的墙厚为190 mm。

3)石砌体。由天然石材和砂浆或天然石材和混凝土砌筑而成的砌体称为石砌体，可分为料石砌体、毛石砌体和毛石混凝土砌体三类。料石砌体可用作一般民用建筑的承重墙、柱和基础，还可用于建造石拱桥、石坝和涵洞等；毛石砌体因块体只有一个面较平整，可用于外墙；毛石混凝土砌体是在模板内交替铺置混凝土及毛石层筑成的，常用于一般建筑物和构筑物的基础以及挡土墙等。

(2)配筋砌体。配筋砌体是指配置适量钢筋或钢筋混凝土的砌体，它可以提高砌体强度、减小截面尺寸、增加整体性。配筋砌体可分为网状配筋砖砌体、组合砖砌体、砖砌体和钢筋混凝土柱组合墙以及配筋砌块砌体。

1)网状配筋砖砌体。网状配筋砖砌体是在砌体的水平灰缝中每隔几皮砖放置一层钢筋网。钢筋网有方格网式和连弯式两种，如图8-2所示。方格网式一般采用直径为3～4 mm的钢筋；连弯式采用直径为5～8 mm的钢筋。

2)组合砖砌体。组合砖砌体是由砖砌体和钢筋混凝土面层或钢筋砂浆面层组合而成，如图8-3所示。其适用于荷载偏心距较大，超过核心范围，或进行增层，改造原有的墙、柱的场合。

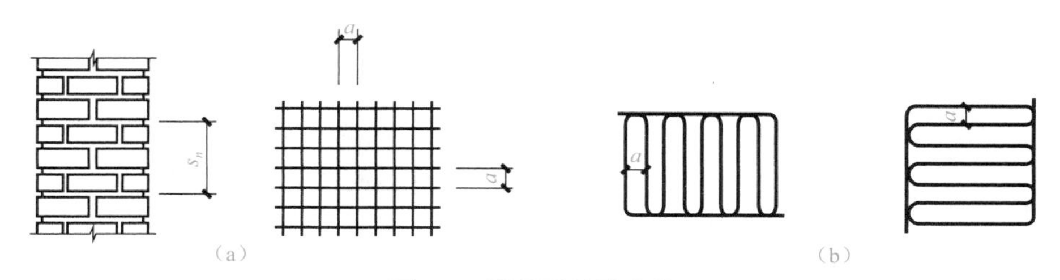

图 8-2　网状配筋砖砌体

(a)方格网式钢筋网；(b)连弯式钢筋网

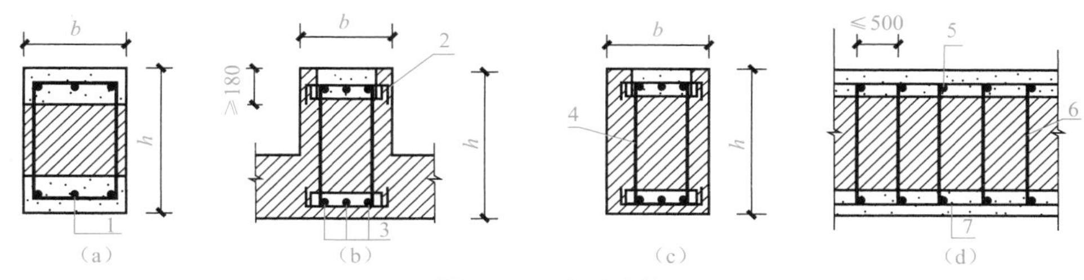

图 8-3　组合砖砌体

(a)、(b)、(c)组合砖砌体构件截面；(d)混凝土或砂浆面层组合墙

1—混凝土或砂浆；2—拉结钢筋；3—纵向钢筋；4—箍筋；5—竖向受力钢筋；6—拉结钢筋；7—水平分布钢筋

3)砖砌体和钢筋混凝土柱组合墙。砖砌体和钢筋混凝土柱组合墙由砖砌体和钢筋混凝土构造柱共同组成，如图 8-4 所示。工程实践表明，在砌体墙的纵横墙交接处及大洞口边缘，设置钢筋混凝土构造柱与房屋圈梁连接组成钢筋混凝土空间骨架，可以有效提高墙体的承载力，加强整体性。这种墙体施工时必须先砌墙，后浇筑钢筋混凝土构造柱。

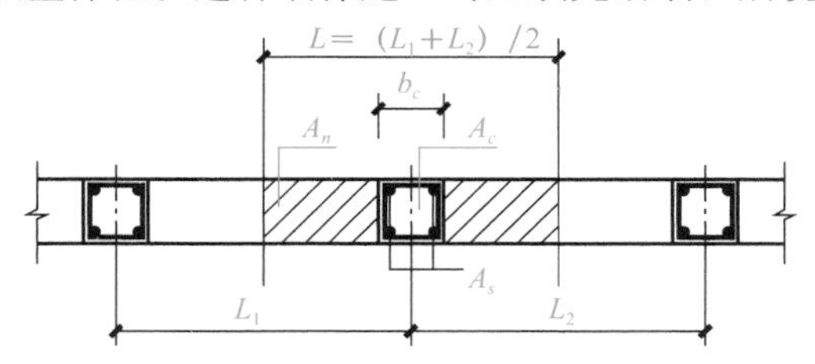

图 8-4　砖砌体和钢筋混凝土柱组合墙

特别提示

组合砖墙砂浆的强度等级不应低于 M5；构造柱的混凝土强度等级不宜低于 C20，截面尺寸不宜小于 240 mm×240 mm，其厚度不应小于墙厚，边柱、角柱的截面宽度宜适当加大，其竖向受力钢筋应在基础梁和楼层圈梁中锚固，并应符合受拉钢筋的锚固要求。

4)配筋砌块砌体。配筋砌块砌体是在混凝土小型空心砌块的竖向孔洞中配置钢筋，在砌块横肋凹槽中配置水平筋，然后浇筑混凝土，或在水平灰缝中配置水平钢筋，所形成的砌体，如图 8-5 所示。常用于中高层或高层房屋中，起剪力墙作用，所以又称配筋砌块剪力墙结构。这种砌体具有抗震性能好、造价较低、节能的特点。

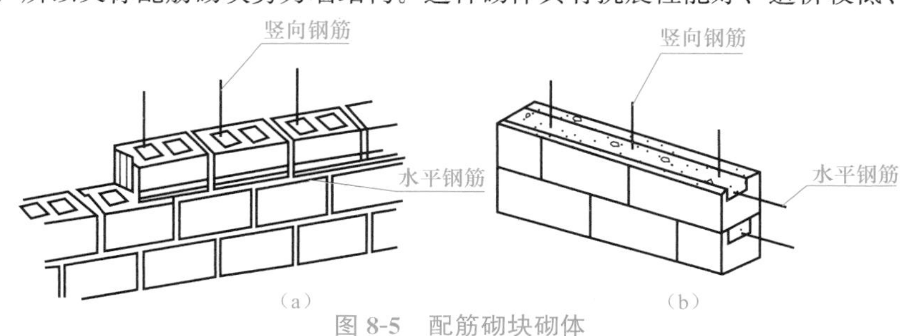

图 8-5　配筋砌块砌体

特别提示

配筋砌块砌体钢筋的直径不宜大于25 mm，当设置在灰缝中时，钢筋的直径不宜大于灰缝厚度的1/2，且不应小于4 mm，在其他部位不应小于10 mm。两平行的水平钢筋间的净距不应小于50 mm。

钢筋直径大于22 mm时，宜采用机械连接接头，其他直径的钢筋可采用搭接接头，接头的位置宜设置在受力较小处。

(3)预应力砌体。在砌体的孔洞或槽口内放置预应力钢筋，构成预应力砌体，国外已有这方面的应用。

任务8.2　多层砌体房屋的构造要求

知识导航

8.2.1　多层砌体结构墙、柱的一般构造要求

由于多层砌体房屋具有整体性差，抗拉、抗剪强度低，材料质脆、匀质性差等弱点，因此在满足承载力的基础上，还要采取必要的构造措施，以加强房屋的整体性，提高变形能力和抗倒塌能力。

1. 最低强度等级要求

砌体所使用的块材和砂浆，主要应依据承载力、耐久性以及隔热、保温等要求选择，同时结合当地材料供应情况，按技术经济指标较好、符合施工条件的原则确定。

《砌体结构设计规范》(GB 50003—2011)规定，5层及5层以上房屋的墙，以及受震动或层高大于6 m的墙、柱，所用材料的最低强度等级应符合：砖采用MU10，砌块采用MU7.5，石材采用MU30，砂浆采用M5。对安全等级为一级或设计使用年限大于50年的房屋，墙、柱所用材料的最低强度等级应至少提高一级。

对地面以下或防潮层以下的砌体、潮湿房间的墙所用材料应符合表8-1的规定。

表8-1　地面以下或防潮层以下的砌体、潮湿房间墙所用材料的最低强度等级

潮湿程度	烧结普通砖	混凝土普通砖、蒸压普通砖	混凝土砌块	石材	水泥砂浆
稍潮湿的	MU15	MU20	MU7.5	MU30	MU5
很潮湿的	MU20	MU20	MU10	MU30	MU7.5
含饱和水的	MU20	MU25	MU15	MU40	MU10

注：1. 在冻胀地区，地面以下或防潮层以下的砌体，不宜采用多孔砖，如采用时其孔洞应用水泥砂浆灌实，当采用混凝土砌块砌体时，其孔洞应采用强度等级不低于Cb20的混凝土灌实；
2. 对安全等级为一级或设计使用年限大于50年的房屋，表中材料强度等级应至少提高一级。

2. 截面尺寸要求

(1)承重的独立砖柱截面尺寸不应小于240 mm×370 mm。

(2)毛石墙的厚度不宜小于 350 mm。

(3)毛料石柱较小边长不宜小于 400 mm，当有振动荷载时，墙、柱不宜采用毛石砌体。

3. 设置垫块的条件

跨度大于 6 m 的屋架和跨度大于下列数值的梁，应在支承处砌体上设置混凝土或钢筋混凝土垫块；当墙中设有圈梁时，垫块与圈梁宜浇成整体：

(1)对砖砌体为 4.8 m。

(2)对砌块或料石砌体为 4.2 m。

(3)对毛石砌体为 3.9 m。

4. 设置壁柱或构造柱的条件

当梁跨度大于或等于下列数值时，其支承处宜加设壁柱，或采取其他加强措施：

(1)对 240 mm 厚砖墙为 6 m，对 180 mm 厚砖墙为 4.8 m。

(2)对砌块、料石墙为 4.8 m。

5. 预制钢筋混凝土板支承长度的要求

预制钢筋混凝土板的支承长度，在墙上不宜小于 100 mm；在钢筋混凝土圈梁上不宜小于 80 mm；当利用板端伸出钢筋拉结和混凝土灌缝隙时，其支承长度可为 40 mm，但板端缝宽不小于 80 mm，灌缝混凝土不宜低于 C20。

6. 连接锚固要求

(1)支承在墙、柱上的吊车梁、屋架及跨度大于或等于下列数值的预制梁的端部，应采用锚固件与墙、柱上的垫块锚固：

1)对砖砌体为 9 m。

2)对砌块和料石砌体为 7.2 m。

(2)填充墙、隔墙应分别采取措施与周边构件可靠连接。

(3)山墙处的壁柱宜砌至山墙顶部，屋面构件应与山墙可靠拉结。

7. 砌块砌体的构造

(1)砌块砌体应分皮错缝搭砌，上下皮搭砌长度不得小于 90 mm。当搭砌长度不满足上述要求时，应在水平灰缝内设置不少于 2Φ4、横筋间距不大于 200 mm 的焊接钢筋网片(横向钢筋的间距不宜大于 200 mm)，网片每端均应超过该垂直缝，其长度不得小于 300 mm。

(2)砌块墙与后砌隔墙交接处，应沿墙高每 400 mm 在水平灰缝内设置不少于 2Φ4、横筋间距不大于 200 mm 的焊接钢筋网片，如图 8-6 所示。

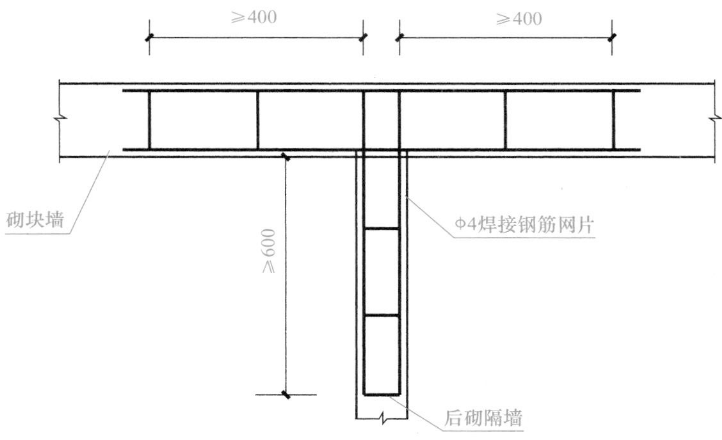

图 8-6　砌块墙与后砌隔墙交接处钢筋网片

(3)混凝土砌块墙体的下列部位，如未设圈梁或混凝土垫块，应采用不低于 Cb20 灌孔混凝土将孔洞灌实：

1)搁栅、檩条和钢筋混凝土楼板的支撑面下，高度不应小于 200 mm 的砌体。

2)屋架、梁等构件的支撑面下，高度不应小于 600 mm，长度不应小于 600 mm 的砌体。

3)挑梁支撑面下，距离墙

中心线每边不应小于 300 mm，高度不应小于 600 mm 的砌体。

8. 砌体中留槽洞及埋设管道的要求

(1)不应在截面长边小于 500 mm 的承重墙体、独立柱内埋设管线。

(2)不宜在墙体中穿行暗线或预留、开凿沟槽，无法避免时应采取必要的措施或按削弱后的截面验算墙体的承载力(对受力较小或未灌孔的砌块砌体，允许在墙体的竖向孔洞中设置管线)。

9. 防止或减轻墙体开裂的主要措施

(1)为了防止或减轻房屋在正常使用条件下，由温差和砌体干缩引起的墙体竖向裂缝，应在墙体中设置伸缩缝。伸缩缝应设在因温度和收缩变形可能引起应力集中、砌体产生裂缝可能性最大的地方。伸缩缝的间距可按表 8-2 采用。

表 8-2　砌体房屋伸缩缝的最大间距 m

屋盖或楼盖类别		间距
整体式或装配整体式钢筋混凝土结构	有保温层或隔热层的屋盖、楼盖	50
	无保温层或隔热层的屋盖	40
装配式无檩体系钢筋混凝土结构	有保温层或隔热层的屋盖、楼盖	60
	无保温层或隔热层的屋盖	50
装配式有檩体系钢筋混凝土结构	有保温层或隔热层的屋盖	75
	无保温层或隔热层的屋盖	60
瓦材屋盖、木屋盖或楼盖、轻钢屋盖		100

注：1. 对烧结普通砖、多孔砖、配筋砌块砌体房屋取表中数值；对石砌体、蒸压灰砂砖、蒸压粉煤灰砖和混凝土砌块房屋取表中数值乘以 0.8 的系数。当有实践经验并采取有效措施时，可不遵守本表规定。
2. 在钢筋混凝土屋面上挂瓦的屋盖应按钢筋混凝土屋盖采用。
3. 按本表设置的墙体伸缩缝，一般不能同时防止由于钢筋混凝土屋盖的温度变形和砌体干缩变形引起的墙体的局部裂缝。
4. 层高大于 5 m 的烧结普通砖、多孔砖、配筋砌块砌体结构单层房屋，其伸缩缝间距可按表中数值乘以 1.3。
5. 温差较大且变化频繁地区和严寒地区不采暖的房屋及构筑物墙体的伸缩缝的最大间距，应按表中数值予以适当减小。
6. 墙体的伸缩缝应与结构的其他变形缝相重合，在进行立面处理时，必须保证缝隙的伸缩作用。

(2)为了防止减轻房屋顶层墙体的裂缝，可根据情况采取下列措施：

1)屋面应设置保温、隔热层。

2)屋面保温(隔热)层或屋面刚性面层及砂浆找平层应设置分隔缝，分隔缝间距不宜大于 6 m，并与女儿墙隔开，其缝宽不小于 30 mm。

3)采用装配式有檩体系钢筋混凝土屋盖和瓦材屋盖。

4)在钢筋混凝土屋面板与墙体圈梁的接触面处设置水平滑动层，滑动层可采用两层油毡夹滑石粉或橡胶片等；对于长纵墙，可只在其两端的 2～3 个开间内设置，对于横墙可只在其两端各 $l/4$ 范围内设置(l 为横墙长度)。

5)顶层屋面板下设置现浇混凝土圈梁，并沿内外墙拉通，房屋两端圈梁下的墙体内宜适当设置水平钢筋。

6)顶层挑梁末端下墙体灰缝内设置 3 道焊接钢筋网片(纵向钢筋不宜少于 2Φ4，横筋间距不宜大于 200 mm)或 2Φ6 钢筋，钢筋网片或钢筋应自挑梁末端伸入两边墙体不小于 1 m。

7)顶层墙体有门窗等洞口时，在过梁上的水平灰缝内设置 2～3 道焊接钢筋网片或 2Φ6 钢筋，并应伸入过梁两端墙内不小于 600 mm。

8)顶层及女儿墙砂浆强度等级不低于 M5。

9)女儿墙应设置构造柱，构造柱间距不宜大于 4 m，构造柱应伸至女儿墙顶并与钢筋混凝土压顶整浇在一起。

10)房屋顶层端部墙体内适当增设构造柱。

(3)为防止或减轻房屋底层墙体裂缝，可根据情况采取下列措施：

1)增大基础圈梁的刚度。

2)在底层的窗台下墙体灰缝内设置 3 道焊接钢筋网片或 2Φ6 钢筋，并伸入两边窗间墙内不小于 600 mm。

3)采用钢筋混凝土窗台板，窗台板嵌入窗间墙内不小于 600 mm。

8.2.2　多层砌体房屋抗震的一般规定

1. 房屋层数和高度的限制

大量的地震灾害表明，砌体结构房屋的层数越多，高度越高，破坏的程度和概率越大，因此，《建筑抗震设计规范(2016 年版)》(GB 50011—2010)(以下简称《抗震规范》)规定，砌体房屋的层数和总高度应符合下列要求。

(1)一般情况下，房屋的层数和总高度不应超过表 8-3 的规定。

表 8-3　房屋的层数和总高度限值　　m

房屋类别		最小抗震墙厚度/mm	烈度和设计基本地震加速度											
			6		7				8				9	
			0.05g		0.10g		0.15g		0.20g		0.30g		0.40g	
			高度	层数	高度	层数	高度	层数	高度	层数	高度	层数	高度	层数
多层砌体房屋	普通砖	240	21	7	21	7	21	7	18	6	15	5	12	4
	多孔砖	240	21	7	21	7	18	6	18	6	15	5	9	3
	多孔砖	190	21	7	18	6	15	5	15	5	12	4	—	—
	小砌块	190	21	7	21	7	18	6	18	6	15	5	9	3
底层框架-抗震墙砌体房屋	普通砖 多孔砖	240	22	7	22	7	19	6	16	5	—	—	—	—
	多孔砖	190	22	7	19	6	16	5	13	4	—	—	—	—
	小砌块	190	22	7	22	7	19	6	16	5	—	—	—	—

注：1. 房屋的总高度指室外地面到主要屋面板板顶或檐口的高度，半地下室从地下室室内地面算起，全地下室和嵌固条件好的半地下室应允许从室外地面算起；对带阁楼的坡屋面应算到山尖墙的 1/2 高度处；

2. 室内外高差大于 0.6 m 时，房屋总高度应允许比表中的数据适当增加，但增加量应少于 1.0 m；

3. 乙类的多层砌体房屋仍按本地区设防烈度查表，其层数应减少一层且总高度应降低 3 m；不应采用底部框架-抗震墙砌体房屋；

4. 本表小砌块砌体房屋不包括配筋混凝土小型空心砌块砌体房屋。

(2)横墙较少的多层砌体房屋，总高度应比表 8-3 的规定降低 3 m，层数相应减少一层；各层横墙很少的多层砌体房屋，还应再减少一层。横墙较少是指同一楼层内开间大于 4.2 m 的房间占该层总面积的 40%以上；其中，开间不大于 4.2 m 的房间占该层总面积不到 20%且开间大于 4.8 m 的房间占该层总面积的 50%以上为横墙很少。

(3)抗震设防烈度 6、7 度时，横墙较少的丙类多层砌体房屋，当按规定采取加强措施并满

足抗震承载力要求时，其高度和层数应允许仍按表 8-3 的规定采用。

(4)采用蒸压灰砂砖和蒸压粉煤灰砖的砌体的房屋，当砌体的抗剪强度仅达到烧结普通砖砌体的 70%时，房屋的层数应比普通砖房减少一层，总高度应减少 3 m；当砌体的抗剪强度达到烧结普通砖砌体的取值时，房屋层数和总高度的要求同普通砖房屋。

(5)多层砌体承重房屋的层高，不应超过 3.6 m。底部框架-抗震墙砌体房屋的底部，层高不应超过 4.5 m；当底层采用约束砌体抗震墙时，底层的层高不应超过 4.2 m。当使用功能确有需要时，采用约束砌体等加强措施的普通砖房屋，层高不应超过 3.9 m。

2. 房屋的高宽比限制

为保证房屋有足够的稳定性和整体抗弯能力，要求房屋的总高度与总宽度的最大比值宜符合：6、7 度时不大于 2.5，8 度时不大于 2.0，9 度时不大于 1.5。在计算单面走廊房屋的总宽度时不把走廊宽度计在内；当建筑平面接近正方形时，高宽比宜适当减小。

3. 房屋抗震横墙的间距限制

为尽量减少纵墙的出平面破坏，《抗震规范》规定横墙最大间距应符合表 8-4 的要求。

表 8-4　房屋抗震横墙最大间距　　m

房屋类别		烈度			
		6	7	8	9
多层砌体房屋	现浇或装配整体式钢筋混凝土楼、屋盖	15	15	11	7
	装配式钢筋混凝土楼、屋盖	11	11	9	4
	木屋盖	9	9	4	—
底部框架-抗震墙砌体房屋	上部各层	同多层砌体房屋			—
	底层或底部两层	18	15	11	—

注：1. 多层砌体房屋的顶层，除木屋盖外的最大横墙间距应允许适当放宽，但应采取相应加强措施；
2. 多孔砖抗震横墙厚度为 190 mm 时，最大横墙间距应比表中数值减少 3 m。

4. 房屋局部尺寸限制

对房屋中砌体墙段的局部尺寸限值，宜符合表 8-5 的要求。

表 8-5　房屋的局部尺寸限值　　m

部位	6 度	7 度	8 度	9 度
承重窗间墙最小宽度	1.0	1.0	1.2	1.5
承重外墙尽端至门窗洞边的最小距离	1.0	1.0	1.2	1.5
非承重外墙尽端至门窗洞边的最小距离	1.0	1.0	1.0	1.0
内墙阳角至门窗洞边的最小距离	1.0	1.0	1.5	2.0
无锚固女儿墙(非出入口)的最大高度	0.5	0.5	0.5	0.0

注：1. 局部尺寸不足时，应采取局部加强措施弥补，且最小宽度不宜小于 1/4 层高和表列数据的 80%；
2. 出入口处的女儿墙应有锚固。

5. 房屋结构体系选择要合理

合理的抗震体系对于提高房屋整体抗震能力非常重要，选择多层砌体房屋的结构体系时，应符合下列要求：

(1)应优先采用横墙承重或纵横墙共同承重的结构体系。不应采用砌体墙和混凝土墙混合承重的结构体系。

(2)纵横向砌体抗震墙的布置应符合下列要求：

1)宜均匀对称，沿平面内宜对齐，沿竖向应上下连续；且纵横向墙体的数量不宜相差过大。

2)平面轮廓凹凸尺寸，不应超过典型尺寸的50%；当超过典型尺寸的25%时，房屋转角处应采取加强措施。

3)楼板局部大洞口的尺寸不宜超过楼板宽度的30%，且不应在墙体两侧同时开洞。

4)房屋错层的楼板高差超过500 mm时，应按两层计算；错层部位的墙体应采取加强措施。

5)同一轴线上的窗间墙宽度宜均匀；墙面洞口的面积，6、7度时不宜大于墙面总面积的55%，8、9度时不宜大于50%。

6)在房屋宽度方向的中部应设置内纵墙，其累计长度不宜小于房屋总长度的60%(高宽比大于4的墙段不计入)。

(3)房屋有下列情况之一时宜设置防震缝，缝两侧均应设置墙体，缝宽应根据烈度和房屋高度确定，可采用70～100 m：

1)房屋立面高差在6 m以上。

2)房屋有错层，且楼板高差大于层高的1/4。

3)各部分结构刚度、质量截然不同。

(4)楼梯间不宜设置在房屋的尽端或转角处。

(5)不应在房屋转角处设置转角窗。

(6)横墙较少、跨度较大的房屋，宜采用现浇钢筋混凝土楼、屋盖。

6. 底部框架-抗震墙房屋的结构布置要求

(1)上部的砌体墙体与底部的框架梁或抗震墙，除楼梯间附近的个别墙段外均应对齐。

(2)房屋的底部，应沿纵横两方向设置一定数量的抗震墙，并应均匀对称布置。6度且层数不超过四层的底层框架-抗震墙砌体房屋，应允许采用嵌砌于框架之间的约束普通砖砌体或小砌块砌体的砌体抗震墙，但应计入砌体墙对框架的附加轴力和附加剪力并进行底层的抗震验算，且同一方向不应同时采用钢筋混凝土抗震墙和约束砌体抗震墙；其余情况，8度时应采用钢筋混凝土抗震墙，6、7度时应采用钢筋混凝土抗震墙或配筋小砌块砌体抗震墙。

(3)底层框架-抗震墙砌体房屋的纵横两个方向，第二层计入构造柱影响的侧向刚度与底层侧向刚度的比值，6、7度时不应大于2.5，8度时不应大于2.0，且均不应小于1.0。

(4)底部两层框架，抗震墙砌体房屋纵横两个方向，底层与底部第二层侧向刚度应接近，第三层计入构造柱影响的侧向刚度与底部第二层侧向刚度的比值，6、7度时不应大于2.0，8度时不应大于1.5，且均不应小于1.0。

(5)底部框架-抗震墙砌体房屋的抗震墙应设置条形基础、筏形基础等整体性好的基础。

能力导航

8.2.3　多层砖砌体房屋抗震构造措施

1. 设置钢筋混凝土构造柱

(1)构造柱设置要求。

1)构造柱设置部位，应符合表8-6的要求。

表 8-6　砖房构造柱设置要求

<table>
<tr><th colspan="4">房屋层数</th><th colspan="2" rowspan="2">设置部位</th></tr>
<tr><th>6 度</th><th>7 度</th><th>8 度</th><th>9 度</th></tr>
<tr><td>四、五</td><td>三、四</td><td>二、三</td><td></td><td rowspan="3">楼、电梯间四角，楼梯斜梯段上下端对应的墙体处；
外墙四角和对应转角；
错层部位横墙与外纵墙交接处；
大房间内外墙交接处；
较大洞口两侧</td><td>隔 12 m 或单元横墙与外纵墙交接处；
楼梯间对应的另一侧内横墙与外纵墙交接处</td></tr>
<tr><td>六</td><td>五</td><td>四</td><td>二</td><td>隔形间横墙(轴线)与外墙交接处；
山墙与内纵墙交接处</td></tr>
<tr><td>七</td><td>≥六</td><td>≥五</td><td>≥三</td><td>内墙(轴线)与外墙交接处；
内墙的局部较小墙垛处；
内纵墙与横墙(轴线)交接处</td></tr>
<tr><td colspan="6">注：较大洞口，内墙指不小于 2.1 m 的洞口；外墙在内外墙交接处已设置构造柱时应允许适当放宽，但洞侧墙体应加强。</td></tr>
</table>

2)外廊式和单面走廊式的多层房屋，应根据房屋增加一层后的层数，按表 8-6 的要求设置构造柱且单面走廊两侧纵墙均应按外墙处理。

3)教学楼、医院等横墙较少的房屋，应根据房屋增加一层后的层数，按表 8-6 的要求设置构造柱；当该类横墙较少的房屋为外廊式或单面走廊式时，应按第 2)款要求设置构造柱，但 6 度不超过四层、7 度不超过三层和 8 度不超过二层时，应按二层后的层数对待。

(2)构造柱构造要求。

1)构造柱最小截面可采用 180 mm×240 mm(墙厚 190 mm 时为 180 mm×190 mm)，纵向钢筋宜采用 4Φ12，箍筋间距不宜大于 250 mm，且在柱上下端应适当加密；6、7 度时超过六层、8 度时超过五层和 9 度时，构造柱纵向钢筋宜采用 4Φ14，箍筋间距不应大于 200 mm；房屋四角的构造柱应适当加大截面及配筋。

2)构造柱与墙连接处应砌成马牙槎，沿墙高每隔 500 mm 设 2Φ6 水平钢筋和 Φ4 分布短筋平面内点焊组成的拉结网片或 Φ4 点焊钢筋网片，每边伸入墙内不宜小于 1 m。6、7 度时底部 1/3 楼层，8 度时底部 1/2 楼层，9 度时全部楼层，上述拉结钢筋网片应沿墙体水平通长设置。

3)构造柱与圈梁连接处，构造柱的纵筋应在圈梁纵筋内侧穿过，保证构造柱纵筋上下贯通。

4)构造柱可不单独设置基础，但应伸入室外地面下 500 mm，或与埋深小于 500 mm 的基础圈梁相连。

5)房屋高度和层数接近表 8-3 的限值时，纵、横墙内构造柱间距尚应符合下列要求：

①横墙内的构造柱间距不宜大于层高的 2 倍；下部 1/3 楼层的构造柱间距适当减小。

②当外纵墙开间大于 3.9 m 时，应另设加强措施。内纵墙的构造柱间距不宜大于 4.2 m。

2. 设置钢筋混凝土圈梁

(1)圈梁的设置要求。

1)装配式钢筋混凝土楼、屋盖或木楼、屋盖的砖房，横墙承重时应按表 8-7 的要求设置圈梁；纵墙承重时每层均应设置圈梁，且抗震横墙上的圈梁间距应比表内要求适当加密。

表 8-7　砖砌体房屋现浇钢筋混凝土圈梁设置要求

墙类	烈度		
	6、7	8	9
外墙和内纵墙	屋盖处及每层楼盖处	屋盖处及每层楼盖处	屋盖处及每层楼盖处

续表

墙类	烈度		
	6、7	8	9
内横墙	同上；屋盖处间距不应大于4.5 m；楼盖处间距不应大于7.2 m；构造柱对应部位	同上；各层所有横墙，且间距不应大于4.5 m；构造柱对应部位	同上；各层所有横墙

2)现浇或装配整体式钢筋混凝土楼、屋盖与墙体有可靠连接的房屋，应允许不另设圈梁，但楼板沿墙体周边应加强配筋并应与相应的构造柱钢筋可靠连接。

(2)圈梁的构造要求。

1)圈梁应闭合，遇有洞口圈梁应上下搭接。圈梁宜与预制板设在同一标高处或紧靠板底。

2)圈梁在表8-7要求的间距内无横墙时，应利用梁或板缝中配筋替代圈梁。

3)圈梁的截面高度不应小于120 mm，配筋应符合表8-8的要求。

表8-8　砖砌体房屋圈梁配筋要求

配筋	烈度		
	6、7	8	9
最小纵筋	4Φ10	4Φ12	4Φ14
箍筋最大间距/mm	250	200	150

特别提示

钢筋混凝土圈梁的宽度宜与墙厚相同，当墙厚≥240 mm时，其宽度不宜小于$2h/3$。圈梁兼作过梁时，过梁的部分钢筋应按计算用量另行增配；不得用圈梁的钢筋兼作过梁的钢筋。

3. 合理布置楼、屋盖

(1)现浇钢筋混凝土楼板或屋面板伸进纵、横墙内的长度，均不应小于120 mm。

(2)装配式钢筋混凝土楼板或屋面板，当圈梁未设在与板同一标高时，板端伸进外墙120 mm，伸进内墙的长度不应小于100 mm或采用硬架支模连接，在梁上不应小于80 mm或采用硬架支模连接。

(3)当板的跨度大于4.8 m并与外墙平行时，靠外墙的预制板侧边应与墙或圈梁拉结。

(4)房屋端部大房间的楼盖，抗震设防烈度6度时房屋的屋盖和7～9度时房屋的楼、屋盖，当圈梁设在板底时，钢筋混凝土预制板应相互拉结，并应与梁、墙或圈梁拉结。

(5)楼、屋盖的钢筋混凝土梁或屋架应与墙、柱(包括构造柱)或圈梁可靠连接；不得采用独立砖柱。跨度不小于6 m大梁的支承构件应采用组合砌体等加强措施，并满足承载力要求。

4. 合理布置楼梯间

(1)顶层楼梯间墙体应沿墙高每隔500 mm设2Φ6通长钢筋和Φ4分布短钢筋平面内点焊组成的拉结网片或Φ4点焊网片；7～9度时其他各层楼梯间墙体应在休息平台或楼层半高处设置60 mm厚、纵向钢筋不应少于2Φ10的钢筋混凝土带或配筋砖带，配筋砖带不少于3皮，每皮的配筋不少于2Φ6，砂浆强度等级不应低于M7.5且不低于同层墙体的砂浆强度等级。

(2)楼梯间及门厅内墙阳角处的大梁支承长度不应小于500 mm，并应与圈梁连接。

(3)装配式楼梯段应与平台板的梁可靠连接，8、9 度时不应采用装配式楼梯段；不应采用墙中悬挑式踏步或踏步竖肋插入墙体的楼梯，不应采用无筋砖砌栏板。

(4)突出屋顶的楼、电梯间，构造柱应伸到顶部，并与顶部圈梁连接，所有墙体应沿墙高每隔 500 mm 设 2Φ6 通长钢筋和 Φ4 分布短筋平面内点焊组成的拉结网片或 Φ4 点焊网片。

5. 其他构造要求

(1)门窗洞处不应采用无筋砖过梁；过梁支承长度，抗震设防烈度 6～8 度时不应小于 240 mm，9 度时不应小于 360 mm。

(2)抗震设防烈度 6、7 度时长度大于 7.2 m 的大房间，以及 8、9 度时外墙转角及内外墙交接处，应沿墙高每隔 500 mm 配置 2Φ6 的通长钢筋和 Φ4 分布短筋平面内点焊组成的拉结网片或 Φ4 点焊网片。

8.2.4　多层砌块房屋抗震构造措施

1. 设置钢筋混凝土芯柱

(1)芯柱的设置要求。多层小砌块房屋应按表 8-9 的要求设置钢筋混凝土芯柱。对外廊式和单面走廊式的多层房屋、横墙较少的房屋、各层横墙很少的房屋，应分别增加层数，按表 8-9 的要求设置芯柱。

表 8-9　小砌块房屋芯柱设置要求

<table>
<tr><th colspan="4">房屋层数</th><th rowspan="2">设置部位</th><th rowspan="2">设置数量</th></tr>
<tr><th>6 度</th><th>7 度</th><th>8 度</th><th>9 度</th></tr>
<tr><td>四、五</td><td>三、四</td><td>二、三</td><td></td><td>外墙转角，楼、电梯间四角，楼梯斜梯段上下端对应的墙角处；大房间内外墙交接处；错层部位横墙与外纵墙交接处；隔 12 m 或单元横墙与外纵墙交接处</td><td rowspan="2">外墙转角，灌实 3 个孔；内外墙交接处，灌实 4 个孔；楼梯斜梯段上下端对应的墙角处，灌实 2 个孔</td></tr>
<tr><td>六</td><td>五</td><td>四</td><td></td><td>同上；隔开间横墙(轴线)与外纵墙交接处</td></tr>
<tr><td>七</td><td>六</td><td>五</td><td>二</td><td>同上；各内墙(轴线)与外纵墙交接处；内纵墙与横墙(轴线)交接处和洞口两侧</td><td>外墙转角，灌实 5 个孔；内外墙交接处，灌实 4 个孔；内墙交接处，灌实 4～5 个孔；洞口两侧各灌实 1 个孔</td></tr>
<tr><td></td><td>七</td><td>≥六</td><td>≥三</td><td>同上；横墙内芯柱间距不大于 2 m</td><td>外墙转角，灌实 7 个孔；内外墙交接处，灌实 5 个孔；内墙交接处，灌实 4～5 个孔；洞口两侧各灌实 1 个孔</td></tr>
<tr><td colspan="6">注：外墙转角，楼、电梯间四角等部位，应允许采用钢筋混凝土构造柱替代部分芯柱。</td></tr>
</table>

(2)芯柱的构造要求。

1)小砌块房屋芯柱截面不宜小于 120 mm×120 mm。

2)芯柱混凝土强度等级，不应低于 C20。

3)芯柱的竖向插筋应贯通墙身且与圈梁连接；插筋不应小于 1Φ12，抗震设防烈度 6、7 度时超过五层、8 度时超过四层和 9 度时，插筋不应小于 1Φ14。

4)芯柱应伸入室外地面下 500 mm 或与埋深小于 500 mm 的基础圈梁相连。

5)为提高墙体抗震受剪承载力而设置的芯柱，宜在墙体内均匀布置，最大净距不宜大于

2.0 m。

6)多层小砌块房屋墙体交接处或芯柱与墙体连接处应设置拉结钢筋网片，网片可采用直径 4 mm 的钢筋点焊而成，沿墙高间距不大于 600 mm，并应沿墙体水平通长设置。6、7 度时底部 1/3 楼层，8 度时底部 1/2 楼层，9 度时全部楼层，上述拉结钢筋网片沿墙高间距不大于 400 mm。

特别提示

混凝土砌块砌体墙纵横墙交接处、墙段两端和较大洞口两侧宜设置不少于单孔的芯柱。有错层的多层房屋，错层部位应设置墙，墙中部的钢筋混凝土芯柱间距宜适当加密，在错层部位纵横墙交接处设置不少于 4 孔的芯柱；在错层部位的错层楼板位置尚应设置现浇钢筋混凝土圈梁。

(3)小砌块房屋中替代芯柱的钢筋混凝土构造柱；应符合下列构造要求：

1)构造柱截面不宜小于 190 mm×190 mm，纵向钢筋宜采用 4Φ12，箍筋间距不宜大于 250 mm，且在柱上下端应适当加密；抗震设防烈度 6、7 度时超过五层、8 度时超过四层和 9 度时，构造柱纵向钢筋宜采用 4Φ14，箍筋间距不应大于 200 mm；外墙转角的构造柱可适当加大截面及配筋。

2)构造柱与砌块墙连接处应砌成马牙槎，与构造柱相邻的砌块孔洞，抗震设防烈度 6 度时宜填实，7 度时应填实，8、9 度时应填实并插筋。构造柱与砌块墙之间沿墙高每隔 600 mm 设置 Φ4 点焊拉结钢筋网片，并应沿墙体水平通长设置。6、7 度时底部 1/3 楼层，8 度时底部 1/2 楼层，9 度全部楼层，上述拉结钢筋网片沿墙高间距不大于 400 mm。

3)构造柱与圈梁连接处，构造柱的纵筋应在圈梁纵筋内侧穿过，保证构造柱纵筋上下贯通。

4)构造柱可不单独设置基础，但应伸入室外地面下 500 mm，或与埋深小于 500 mm 的基础圈梁相连。

2. 设置小砌块房屋的现浇钢筋混凝土圈梁

小砌块房屋的现浇钢筋混凝土圈梁应按表 8-7 要求设置，圈梁宽度不应小于 190 mm，配筋不应少于 4Φ12，箍筋间距不应大于 200 mm。

3. 其他构造措施

(1)小砌块房屋墙体交接处或芯柱与墙体连接处应设置拉结钢筋网片，网片可采用直径 4 mm的钢筋电焊而成，沿墙高每隔 600 mm 设置，每边伸入墙内不宜小于 1 m。

(2)小砌块房屋的层数，6 度时七层、7 度时超过五层、8 度时超过四层，在底层和顶层的窗台标高处，沿纵横墙应设置通长的水平现浇钢筋混凝土带；其截面高度不小于 60 mm，纵筋不少于 2Φ10，并应有分布拉结钢筋；其混凝土强度等级不应低于 C20。

8.2.5 底部框架-抗震墙房屋抗震构造措施

1. 选择材料

(1)框架柱、抗震墙和托墙梁的混凝土强度等级不应低于 C30。

(2)过渡层墙体的砌筑砂浆强度等级不应低于 M7.5。

2. 设置构造柱

(1)钢筋混凝土构造柱的设置部位，应根据房屋的总层数按多层烧结普通砖房有关构造柱抗震构造措施的规定设置。过渡层还应在底部框架柱对应位置处设置构造柱。

(2)构造柱的截面，不宜小于 240 mm×240 mm(墙厚 190 mm 时为 240 mm×190 mm)。

(3)构造柱的纵向钢筋不宜少于4Φ14，箍筋间距不宜大于200 mm。

(4)过渡层构造柱的纵向钢筋，7度时不宜少于4Φ16，8度时不宜少于6Φ16。一般情况下，纵向钢筋应锚入下部的框架柱内；当纵向钢筋锚固在框架梁内时，框架梁的相应位置应加强。

3. 合理设置楼盖

(1)过渡层的底板应采用现浇钢筋混凝土板，板厚不应小于120 mm；并应少开洞、开小洞，当洞口尺寸大于800 mm时，洞口周边应设置边梁。

(2)其他楼层，采用装配式钢筋混凝土楼板时均应设现浇圈梁，采用现浇钢筋混凝土楼板时应允许不另设圈梁，但楼板沿墙体周边应加强配筋并应与相应的构造柱可靠连接。

4. 设置托墙梁

(1)梁的截面宽度不应小于300 mm，梁的截面高度不应小于跨度的1/10。

(2)箍筋的直径不应小于8 mm，间距不应大于200 mm；梁端在1.5倍梁高且不小于1/5梁净跨范围内，以及上部墙体的洞口处和洞口两侧各500 mm且不小于梁高的范围内，箍筋间距不应大于100 mm。

(3)沿梁高应设腰筋，数量不应少于2Φ14，间距不应大于200 mm。

(4)梁的主筋和腰筋应按受拉钢筋的要求锚固在柱内，且支座上部的纵向钢筋在柱内的锚固长度应符合钢筋混凝土框支梁的有关要求。

5. 设置抗震墙

(1)抗震墙周边应设置梁(或暗梁)和边框柱(或框架柱)组成的边框；边框梁的截面宽度不宜小于墙板厚度的1.5倍，截面高度不宜小于墙板厚度的2.5倍；边框柱截面高度不宜小于墙板厚度的2倍。

(2)抗震墙墙板的厚度不宜小于160 mm，且不应小于墙板净高的1/20；抗震墙宜开设洞口形成若干墙段，各墙段的宽度比不宜小于2。

(3)抗震墙的竖向和横向分布钢筋率均不应小于0.25%，并应采用双排布置；双排分布钢筋间拉筋的间距不应大于600 mm，直径不应小于6 mm。

(4)抗震墙的边缘构件可按《抗震规范》关于一般部位的规定设置。

6. 底层采用普通砖抗震墙

(1)墙厚不应小于240 mm，砌筑砂浆强度等级不应低于M10，应先砌墙、后浇筑框架。

(2)沿框架柱每隔300 mm配置2Φ8水平钢筋和Φ4分布钢筋平面内点焊组成的拉结网片，并沿砖墙全长设置；在墙体半高处还应设置与框架柱相连的钢筋混凝土水平系梁。

(3)墙长大于4 m时，应在墙内增设钢筋混凝土构造柱。

7. 其他构造措施

其他构造措施应符合多层烧结普通砖房抗震构造措施的规定。

实践教学课题

砌体结构工程施工现场参观

【目的与意义】 通过到施工现场参观学习，可加深对砌体结构的构造要求与加强措施的理解，为今后从事工程造价及施工、设计、监理等工作奠定基础。

【内容与要求】 在指导教师的指导下，结合现行规范、标准图集等，着重对一在建的砌体结构工程进行参观学习，全面了解砌体结构的构造要求，主要针对圈梁、构造柱展开实践。

项目小结

1. 块材是砌体的主要组成部分，目前在砌体结构中常用的块体有砖、砌块和石材三类。

2. 砖的强度等级是由其抗压强度和抗折强度综合确定的。

3. 我国当前采用砌块的主要类型有实心砌块、空心砌块和微孔砌块。

4. 砌体中的石材应选用无明显风化的天然石材。石材的强度等级用边长为 70 mm 的立方体试块的抗压强度表示，其强度等级有 MU100、MU80、MU60、MU50、MU40、MU30、MU20 七个等级。

5. 砌体是由块体和砂浆砌筑而成的整体。砌体中块体的组砌方式应能使砌体均匀地承受力的作用。砌体结构可分为无筋砌体、配筋砌体和预应力砌体三类。

6. 由于多层砌体房屋具有整体性差，抗拉、抗剪强度低，材料质脆、匀质性差等弱点，因此在满足承载力的基础上，还要采取必要的构造措施，以加强房屋的整体性，提高变形能力和抗倒塌能力。

习 题

一、填空题

项目 8 习题答案

1. 目前我国生产的烧结普通砖，其标准尺寸为________。

2. 蒸压灰砂砖及蒸压粉煤灰砖的强度等级有________、________、________三个等级。

3. 空心小型混凝土砌块一般由普通混凝土或轻集料混凝土制成，规格尺寸为________，空心率为________。

4. 砂浆按其配合成分可以分为________、________、________和________。

5. 砂浆的强度等级按龄期为________的边长为________立方体试块所测得的抗压强度极限值来确定。

6. 砌体结构可分为________、________和________三类。

7. 常见的实砌标准砖墙的厚度有________(半砖)、________(一砖)、________(一砖半)、________(两砖)等。

8. 目前采用较多的为混凝土小型空心砌块砌体，主要用于民用建筑和一般工业建筑的________，常用的墙厚为________ mm。

9. 石砌体可分为________砌体、________砌体和________砌体三类。

二、简答题

1. 组成砌体的块材的类型及其强度等级如何确定？

2. 砂浆的种类及其性质有哪些？

3. 砌体轴心受压构件从加载开始直到破坏经历了哪些阶段？

4. 影响砌体抗压强度的主要因素有哪些？

5. 多层砌体结构墙和柱的一般构造要求主要有哪些？

6. 防止墙体开裂的措施有哪些？

项目 9

钢结构基础

教学目标

通过本项目的学习，熟悉钢结构的连接方法、对接焊缝和角焊缝的构造；掌握普通及高强度螺栓连接的构造、受力特点；熟悉轴心受力构件、受弯构件的受力特点、类型和稳定性。培养学生树立绿色节能意识，践行精益求精的工匠精神。

教学要求

学习目标	相关知识点	权重
能够进行钢结构连接的基本结构设计	钢结构的连接方法，焊接方法、焊缝形式及构造；普通螺栓和高强度螺栓连接	40%
能够进行简单的钢结构构件结构设计，并识读简单的钢结构施工图	轴心受力构件的受力特点、轴心受压柱的构造；受弯构件的类型和应用，受弯构件(梁)的稳定性以及梁的拼接和连接	60%

学习重点

钢结构的连接方法；普通及高强度螺栓连接的构造；轴心受力构件、受弯构件的受力特点、类型和稳定性。

引　　例

广州塔建筑总高度为 600 m，其中主塔体高 450 m，天线桅杆高 150 m，具有结构超高、造型奇特、形体复杂、用钢量最多的特点，通过把一万多个倾斜并且大小规格全部不相同的钢构件进行精确安装，创造了一系列建筑上的“世界之最”。它的外框筒由 24 根钢柱和 46 个钢椭圆环交叉构成，形成镂空、开放的独特美体，拥有目前世界上腰身最细(最小处直径只有 30 多 m)的建筑物。

请思考：知名的钢结构建筑物有哪些？它们有什么建筑特色？

任务 9.1　钢结构的连接

知识导航

9.1.1　钢结构的连接方法

钢结构的连接方法有焊缝连接、螺栓连接和铆钉连接三种，如图 9-1 所示。

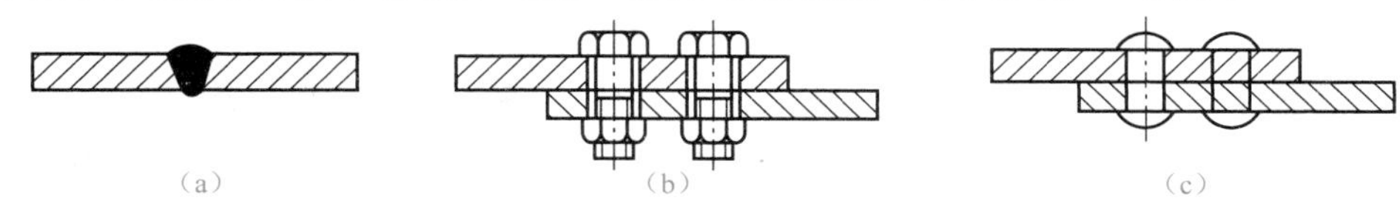

图 9-1　钢结构的连接方法

(a)焊缝连接；(b)螺栓连接；(c)铆钉连接

1. 焊缝连接

焊缝连接是通过电弧产生的热量使焊条和焊件局部熔化，经冷却凝结成焊缝，从而将焊件连接成为一体，是目前钢结构应用最广泛的连接方法。其优点是焊件一般均可不设连接板而直接连接，不削弱构件截面，节约钢材，构造简单，制造方便，连接刚度大，密封性能好，在一定条件下易于采用自动化作业，生产效率高；其缺点是焊缝附近钢材因焊接高温作用形成的热影响区可能使某些部位材质变脆；焊接过程中钢材受到分布不均匀的高温和冷却，使结构产生焊接残余应力和残余变形，对结构的承载力、刚度和使用性能有一定影响；焊接结构由于刚度大，局部裂纹一经发生很容易扩展到整体，尤其是在低温下易发生脆断；焊缝连接的塑性和韧性较差，施焊时可能产生缺陷，使疲劳强度降低。

2. 螺栓连接

螺栓连接是通过螺栓这种紧固件将连接件连接成为一体。螺栓连接分为普通螺栓连接和高强度螺栓连接两种。普通螺栓通常用 Q235 钢制成，分 A、B、C 三级，安装时用普通扳手拧紧。高强度螺栓则用高强度钢材制成并经热处理，用能控制螺栓杆的扭矩或拉力的特制扳手，拧紧到规定的预拉应力值，把被连接件高度夹紧。

螺栓连接的优点是施工工艺简单、安装方便，特别适用于工地安装连接，也便于拆卸，适用于需要装拆的结构和临时性连接；其缺点是需要在板件上开孔和拼装时对孔，增加制造工作量，且对制造的精度要求较高，螺栓孔还使构件截面削弱，且被连接件常需相互搭接或增设辅助连接板(或角钢)，因而构造较繁且多费钢材。但是螺栓连接的紧固工具和工艺均较简便，易于实施，进度和质量也容易保证，且不需要高级技工操作，加之装拆维护方便，故螺栓连接仍是钢结构连接的一种重要方法。

3. 铆钉连接

铆钉连接是将一端带有半圆形预制钉头的铆钉的钉杆烧红后迅速插入连接件的钉孔中，然后用铆钉枪将另一端也打铆成钉头，以使连接紧固。铆钉连接传力可靠，塑性、韧性均较好，质量易于检查和保证，可用于重型和直接承受动力荷载的结构。但由于铆钉连接工艺复杂、制造费工费料，且劳动强度高，故已基本被焊接和高强度螺栓连接所取代。

能力导航

9.1.2 焊缝连接

1. 焊接的方法

钢结构常用的焊接方法是电弧焊，包括手工电弧焊、自动或半自动电弧焊以及气体保护焊等。

(1)手工电弧焊是钢结构中最常用的焊接方法，其设备简单，操作灵活方便。但劳动条件差，生产效率比自动或半自动焊低，焊缝质量的变异性大，在一定程度上取决于焊工的技术水平。手工电弧焊常用的焊条有碳钢焊条和低合金钢焊条，其牌号有E43型、E50型和E55型等。其中E表示焊条，两位数字表示焊条熔敷金属的抗拉强度最小值(单位为kgf/mm^2)。在选用焊条时，应与主体金属的强度相适应。一般情况下，对Q235钢采用E43型焊条，对Q345钢采用E50型焊条，对Q390和Q420钢采用E55型焊条。当不同强度的钢材焊接时，宜采用与低强度钢材相适应的焊条。

(2)自动焊的焊缝质量稳定，焊缝内部缺陷较少，塑性好，冲击韧性好，适用于焊接较长的直线焊缝；半自动焊因人工操作，适用于焊曲线或任意形状的焊缝。自动和半自动焊应采用与主体金属相适应的焊丝和焊剂，焊丝应符合相关国家标准的规定，焊剂应根据焊接工艺要求确定。

(3)气体保护焊是用惰性气体(或CO_2)作为电弧的保护介质，使熔化金属与空气隔绝，以保持焊接过程稳定。气体保护焊电弧加热集中，焊接速度快，熔深大，故焊缝强度比手工焊的高；且塑性和抗腐蚀性好，适用于厚钢板的焊接。

2. 焊缝的形式

焊缝连接形式根据被连接构件之间的相互位置可分为对接、搭接、T形连接和角接四种形式。这些连接所用的焊缝有对接焊缝和角焊缝两种基本形式。在具体应用时，应根据连接的受力情况，结合制造、安装和焊接条件进行选择。图9-2所示为焊缝连接的形式。

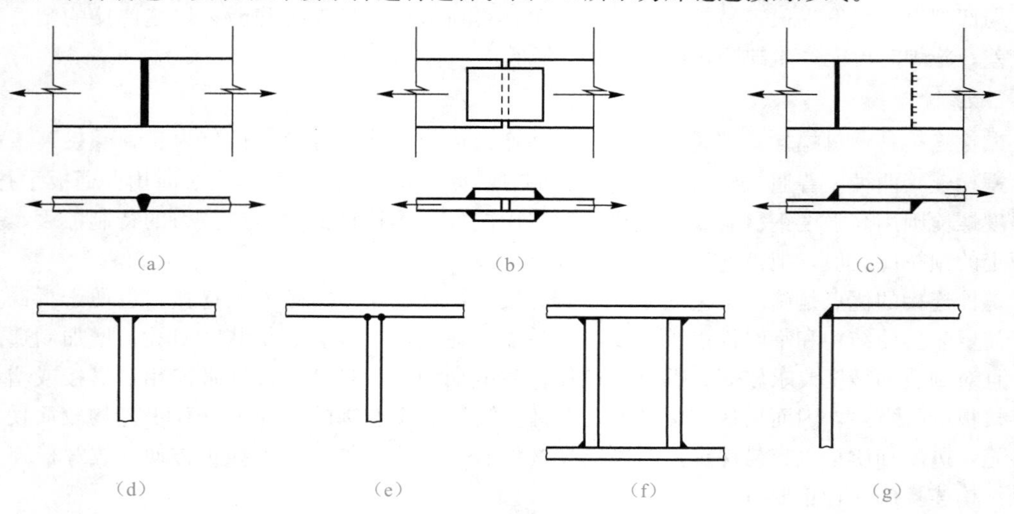

图9-2 焊缝连接的形式

(a)对接连接；(b)用拼接盖板的对接连接；(c)搭接连接；(d)、(e)T形连接；(f)、(g)角部连接

焊缝按其工作性质来分，有强度焊缝和密强焊缝两种。强度焊缝只作为传递内力之用；密强焊缝除传递内力外，还必须保证不使气体或液体渗漏。

焊缝按施焊位置分，有平焊、立焊、横焊和仰焊四种。平焊的施焊工作方便，质量好，效率高；立焊和横焊是在立面上施焊的竖向和水平焊缝，生产效率和焊接质量比平焊的差一些；仰焊是仰面向上施焊，操作条件最差，焊缝质量不易保证，因此应尽量避免采用。

根据焊缝截面、构造可分为对接焊缝和角焊缝两种基本形式。

3. 焊缝的构造

（1）对接焊缝。对接焊缝传力直接、平顺、没有显著的应力集中现象，因而受力性能良好，对于承受静、动荷载的构件连接都适用。但由于对接焊缝的质量要求较高，焊件之间施焊间隙要求较严，一般多用于工厂制造的连接中。

对接焊缝又称坡口焊缝，因为在施焊时应对板件边缘加工成适当形式和尺寸的坡口(图 9-3)，以便焊接时有焊条运转的必要空间，保证对接焊缝内部有足够的熔透深度。坡口基本形式可分为 I 形、单边 V 形、V 形、X 形、U 形和 K 形等。坡口形式随板厚和焊接方法而不同。采用手工焊时，当板厚 $t \leqslant 10$ mm 时，可采用不切坡口的 I 形缝，只需保持间隙 0.5～2 mm，$t \leqslant 5$ mm 时可单面焊；当板厚 $t=10$～20 mm 时，采用 V 形或半 V 形坡口；对于 $t \geqslant 20$ mm 的较厚板件，采用 X 形、U 形或 K 形。对于 V 形和 U 形缝的根部还需要清除焊根，并进行补焊。

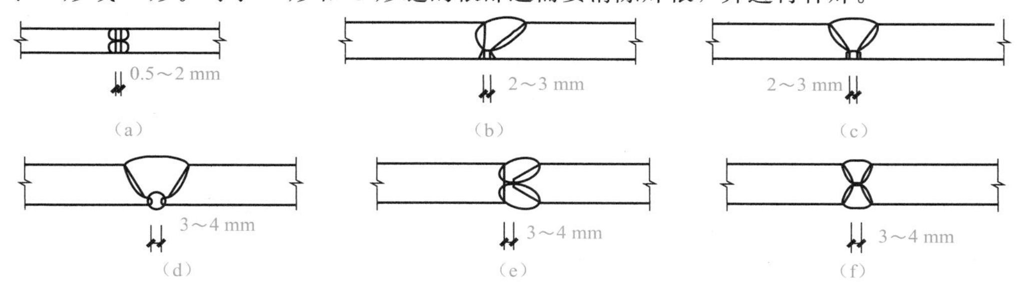

图 9-3　对接焊缝的坡口形式

(a)I 形缝；(b)单边 V 形坡口；(c)V 形坡口；(d)U 形坡口；(e)K 形坡口；(f)X 形坡口

没有条件清除焊根和补焊者，要事先加垫板。当采用自动焊时，因所用电流强，熔深大，只在 $t \geqslant 16$ mm 时，才采用 V 形坡口。

在焊件宽度或厚度有变化的连接中，为了减缓应力集中，应从板的一侧或两侧做成坡度不大于 1∶2.5 的斜坡，如图 9-4 所示，形成平缓过渡。如板厚相差不大于 4 mm，可不做斜坡。

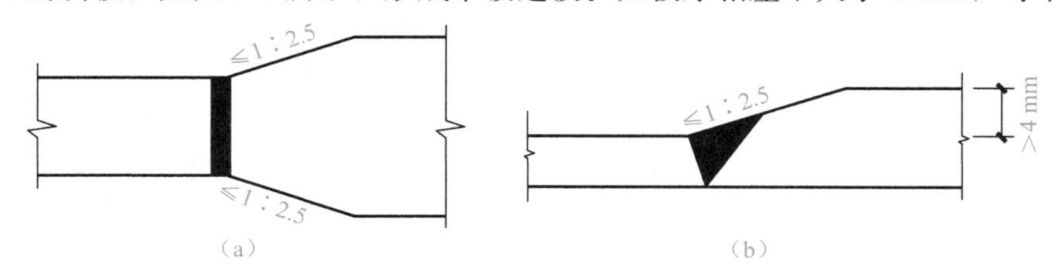

图 9-4　变截面板的拼接

(a)不同宽度；(b)不同厚度

一般在对接焊缝的起点和终点常出现弧坑等缺陷，这些缺陷统称为焊口，此处极易引起应力集中而产生裂纹，对承受动力荷载的结构更为不利。为避免焊口缺陷，施焊时应在焊缝两端设置引弧板，焊后将引弧板切除，并将板沿受力方向修磨平整，以消除焊口缺陷的影响，焊缝的计算长度即等于其实际长度。当受条件限制而无法采用引弧板施焊时，则每条焊缝的计算长度为实际长度减去 $2t$(此处，t 为较薄焊件厚度)。

(2)角焊缝。

1)角焊缝的形式。角焊缝按其长度方向和外力作用方向的不同，可分为平行于力作用方向的侧面角焊缝、垂直于力作用方向的正面角焊缝与力作用方向斜交的斜向角焊缝以及围焊缝。

角焊缝截面形式又分为普通式、平坡式和深熔式，如图 9-5 所示。图中 h_f 称为角焊缝的焊脚尺寸。普通式截面焊脚边比例为 1∶1，近似于等腰直角三角形，其传力线弯折较剧烈，故应力集中严重。对直接承受动力荷载的结构，为使传力平顺，正面角焊缝宜采用两焊角边尺寸比例 1∶1.5 的平坡式(长边顺内力方向)，侧面角焊缝宜采用比例为 1∶1 的深熔式。

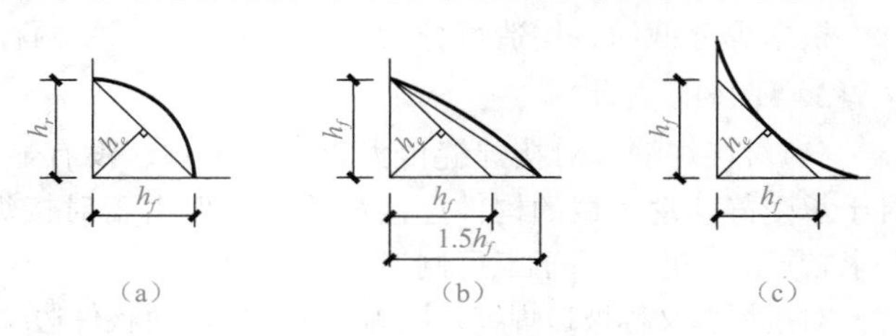

图 9-5　角焊缝截面形式

(a)普通式；(b)平坡式；(c)深熔式

2)角焊缝的构造要求。

①最小焊脚尺寸。角焊缝的焊脚尺寸与焊件的厚度有关，当焊件较厚而焊脚尺寸又过小时，焊缝内部将因冷却过快而产生淬硬组织，降低塑性，容易形成裂纹。因此，角焊缝的最小焊脚尺寸应满足 $h_{f\min}\geqslant 1.5\sqrt{t_{\max}}$，$t_{\max}$ 为较厚焊件厚度(单位 mm)。对自动焊，因热量集中，熔深较大，$h_{f\min}$ 可减小 1 mm；T 形连接的单面焊缝的性能较差，$h_{f\min}$ 应增加1 mm；当焊件厚度等于或小于 4 mm 时，$h_{f\min}$ 应与焊件厚度相同。

②最大焊脚尺寸。角焊缝的焊脚尺寸过大，易使焊件形成烧伤、烧穿等“过烧”现象，且使焊件产生较大的焊接残余应力和焊接变形。因此，角焊缝的最大焊脚尺寸 $h_{f\max}$ 应符合 $h_{f\max}\leqslant 1.2t_{\min}$ 的要求，$t_{\min}$ 为较薄焊件的厚度。对焊件边缘的角焊缝，为防止施焊时产生“咬边”，$h_{f\max}$ 还应符合下列要求：当 $t>6$ mm 时，$h_{f\max}\leqslant t-(1\sim 2)$mm；当 $t\leqslant 6$ mm 时，$h_{f\max}\leqslant t$。

③不等焊脚尺寸。当两焊件的厚度相差较大，且采用等焊脚尺寸无法满足最大和最小焊脚尺寸的要求时，可采用不等焊脚尺寸，即与较厚焊件接触的焊脚符合 $h_{f\min}\geqslant 1.5\sqrt{t_{\max}}$，与较薄焊件接触的焊脚满足 $h_{f\max}\leqslant 1.2t_{\min}$ 的要求。

④最小焊缝计算长度。当角焊缝焊脚尺寸大而长度过小时，将使焊件局部受热严重，且焊缝起灭弧的弧坑相距太近，加上可能出现的其他缺陷，也使焊缝不够可靠。因此，角焊缝的计算长度应满足 $l_w/8h_f$ 和 40 mm。

⑤侧面角焊缝最大计算长度。侧面角焊缝沿长度方向的剪应力分布很不均匀，两端大中间小，且随焊缝长度与其焊脚尺寸之比增大而差别越大。当此比值过大时，焊缝两端将会首先出现裂纹，而此时焊缝中部还未充分发挥其承载能力，在动力荷载作用下这种应力集中现象更为不利。因此，侧面角焊缝的计算长度不宜大于 $60h_f$(承受静载或间接承受动载时)或 $40h_f$(直接承受动载时)。当大于上述限制时，其超过部分在计算中不予考虑。若内力沿侧焊缝全长分布时，其计算长度不受此限制，如工字形截面梁或柱的翼缘与腹板连接焊缝等。

⑥当板件的端部仅有两侧面角焊缝连接时，如图 9-6 所示，为了避免应力传递过分弯折而使构件中应力过分不均，应使每条侧焊缝长度大于它们之间的距离，即 $l_w\geqslant b$。另外，为了避免焊缝收缩时引起板件的拱曲过大，还应使 $b\leqslant 16t$(当 $t>12$ mm)或 190 mm(当 $t\leqslant 12$ mm)。当不满足此规定时，则应加正面角焊缝。

⑦在搭接连接中，搭接长度不得小于焊件较小厚度的 5 倍并不得小于 25 mm，以减小因焊缝收缩而产生的残余应力及因传力偏心而产生的附加应力。

⑧在次要构件或次要焊缝连接中，若焊缝受力很小，采用连续焊缝其计算焊脚尺寸 h_f 小于最小容许值时，可采用间断角焊缝。间断角焊缝焊段的长度不得小于 $10h_f$ 或 500 mm。各段之

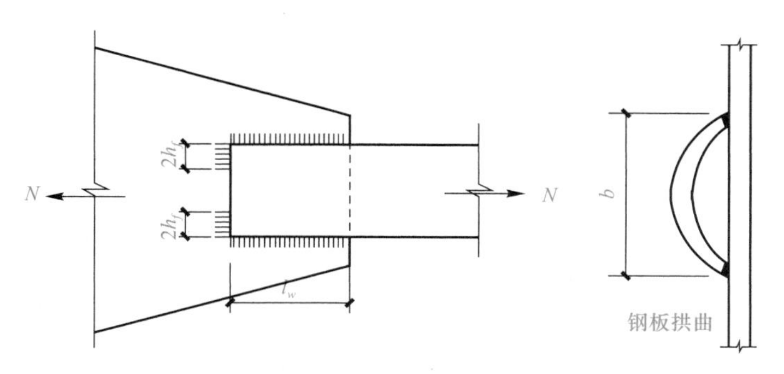

图 9-6 侧面角焊缝引起焊件拱曲

间净距 $e \leqslant 15t_{min}$（受压构件）或 $30t_{min}$（受拉构件），以防板件局部凸曲鼓起，而对受力不利或潮气侵入而引起锈蚀。

⑨当角焊缝的端部在构件转角处时，为避免起落弧的缺陷发生在此应力集中较大部位，宜作长度为 $2h_f$ 的绕角焊(图 9-6)，且转角处必须连续施焊，不能断弧。

4. 焊缝质量检验和焊缝质量级别

焊缝质量的好坏直接影响连接的强度，如质量优良的对接焊缝，试验证明其强度高于母材，受拉试件的破坏部位多位于焊缝附近热影响区的母材上。但是，当焊缝中存在气孔、夹渣、咬边等缺陷时，它们不但使焊缝受力面积削弱，而且还在缺陷处引起应力集中，易于形成裂纹。在受拉连接中，裂纹更易扩展延伸，从而使焊缝在低于母材强度的情况下破坏。同样，缺陷也降低连接的疲劳强度。因此，对焊缝质量应按其受力性质和所处部位进行分级。

根据结构类型和重要性，《钢结构工程施工质量验收标准》(GB 50205—2020)将焊缝质量检验级别分为三级。三级检验项目规定只对全部焊缝做外观检查，即检验焊缝实际尺寸是否符合要求和有无外观缺陷；一级、二级焊缝除对全部焊缝作相应等级的外观缺陷检查外，还应采用超声波探伤进行内部缺陷的检验，当超声波探伤不能对缺陷作出判断时，应采用射线探伤。一级焊缝超声波和射线探伤的比例均为 100%；二级焊缝超声波和射线探伤的比例均为 20%，且均不小于 200 mm。当焊缝长度小于 200 mm 时，应对整条焊缝探伤。

钢结构中一般采用三级焊缝即可满足强度要求，但对接焊缝的抗拉强度有较大的变异性，《钢结构设计标准》(GB 50017—2017)规定，其设计值仅为主体钢材的 85%左右。因而，对有较大拉应力的对接焊缝以及直接承受动力荷载构件的较重要的焊缝，可部分采用二级焊缝，对抗动力和疲劳性能有较高要求处可采用一级焊缝。焊缝质量等级必须在施工图中标注，但三级焊缝不需要标注。

> **特别提示**
>
> 碳素结构钢应在焊缝冷却到环境温度、低合金结构钢应在完成焊接 24 h 以后，进行焊缝探伤检验。焊缝施焊后应在工艺规定的焊缝及部位打上焊工钢印。

9.1.3 螺栓连接

1. 普通螺栓连接的构造

(1)普通螺栓的形式和规格。钢结构采用的螺栓普通形式为大六角头型，其代号用字母 M 与公称直径(mm)表示。工程中常用的有 M18、M20、M22、M24。按国际标准，螺栓统一用螺栓的性能等级来表示，如“4.6 级”“8.8 级”等。小数点前数字表示螺栓材料的最低抗拉强度，如

“4”表示 400 N/mm²，“8”表示 800 N/mm²。小数点后的数字(0.6、0.8)表示螺栓材料的屈强比，即屈服强度与抗拉强度的比值。

根据螺栓的加工精度，普通螺栓又分为 A、B、C 三级。

1)A、B 级螺栓(精制螺栓)采用 8.8 级钢材制作，经机床车削加工而成，表面光滑，尺寸准确，且配用Ⅰ类孔(即螺栓孔在装配好的构件上钻成或扩钻成，孔壁光滑，对孔准确)。由于其加工精度高，与孔壁接触紧密，其连接变形小，受力性能好，可用于承受较大剪力和拉力的连接。但制造和安装较费工，成本高，故在钢结构中较少采用。

2)C 级螺栓(粗制螺栓)用 4.6 或 4.8 级钢制作，加工粗糙，尺寸不够准确，只要求Ⅱ类孔(即螺栓孔在单个零件上一次冲成或不用钻模钻成。一般孔径比螺栓杆径大 1～2 mm)。在传递剪力时，连接变形大，但传递拉力的性能尚好，操作无须特殊设备，成本低。常用于承受拉力的螺栓连接和承受静力荷载或间接承受动力荷载结构中的次要受剪连接。

在钢结构施工图上应按《建筑结构制图标准》(GB/T 50105—2010)的要求用图形将螺栓及螺孔的施工要求表示清楚(表 9-1)，以免引起混淆。

表 9-1　螺栓及其孔眼图例

名称	永久螺栓	高强度螺栓	安装螺栓	圆形螺栓	长圆形螺栓孔
图例				φ	φ b

(2)普通螺栓连接的排列。螺栓的排列应简单、统一而紧凑，满足受力要求，构造合理又便于安装。排列方式有并列和错列两种排列，如图 9-7 所示。并列较简单，错列较紧凑。

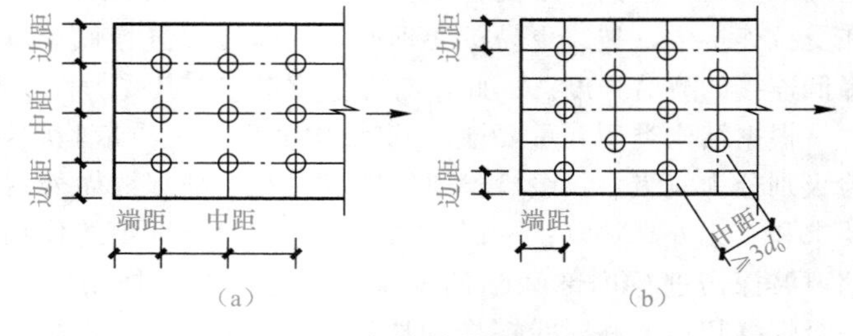

图 9-7　螺栓的排列及间距

(a)并列排列；(b)错列排列

1)受力要求。螺栓孔(d_0)的最小端距(沿受力方向)为 $2d_0$，以免板端被剪掉；螺栓孔的最小边距(垂直于受力方向)为 $1.5d_0$(切割边)或 $1.2d_0$(轧成边)。中间螺孔的最小间距(栓距和线距)为 $3d_0$，否则螺孔周围应力集中的相互影响较大，且对钢板的截面削弱过多，从而降低其承载力。

2)构造要求。螺栓的间距也不宜过大，尤其是受压板件当栓距过大时，容易发生凸曲现象。板和刚性构件(如槽钢、角钢等)连接时，栓距过大不易紧密接触，潮气易于侵入缝隙而锈蚀。栓孔中心最大间距，受压时为 $12d_0$ 或 $18t_{min}$(t_{min} 为外层较薄板件的厚度)，受拉时为 $16d_0$ 或 $24t_{min}$，中心至构件边缘最大距离为 $4d_0$ 或 $8t_{min}$。

3)施工要求。螺栓间应有足够距离，以便转动扳手，拧紧螺母。

根据上述螺栓的最大、最小容许距离，排列螺栓时宜按最小容许距离取用，且宜取 5 mm 的倍数，并按等距离布置，以缩小连接的尺寸。最大的容许距离一般只在起联系作用的构造连接中采用。

2. 普通螺栓连接的受力特点

普通螺栓连接，按螺栓传力方式可分为受剪螺栓连接、受拉螺栓连接和拉剪螺栓连接三种。受剪螺栓连接是靠栓杆受剪和孔壁承压传力；受拉螺栓连接是靠沿栓杆轴向受拉传力；拉剪螺栓连接则同时兼有上述两种传力方式。

(1)受剪螺栓连接。如图 9-8 所示为单个受剪螺栓的受力情况。在开始受力阶段，作用力主要靠钢板之间的摩擦力来传递。由于普通螺栓紧固的预拉力很小，即板件之间的摩擦力也很小，当外力逐渐增长到克服摩擦力后，板件发生相对滑移，而使栓杆和孔壁靠紧，此时栓杆受剪，而孔壁承受挤压。随着外力的不断增大，连接达到其极限承载力而发生破坏。

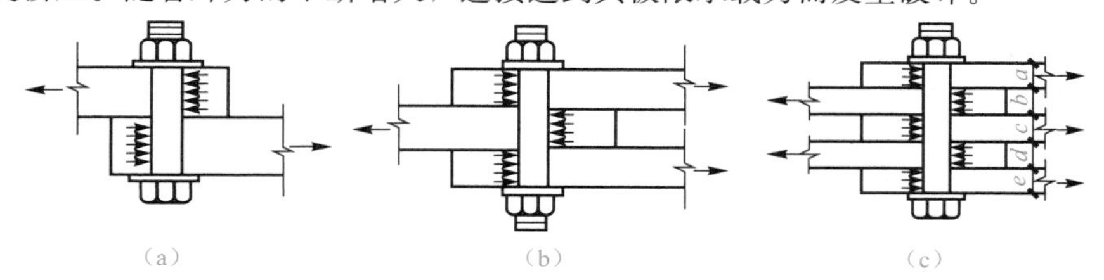

图 9-8　单个受剪螺栓的受力情况

(a)单剪；(b)双剪；(c)四剪

受剪螺栓连接在达到极限承载力时，可能出现以下五种破坏形式：

1)栓杆剪断。当螺栓直径较小钢板相对较厚时，可能发生栓杆剪断，如图 9-9(a)所示。

2)孔壁挤压破坏。当螺栓直径较大钢板相对较薄时，可能发生孔壁挤压破坏，如图 9-9(b)所示。

3)钢板拉断。当钢板因螺孔削弱过多时，可能发生钢板拉断，如图 9-9(c)所示。

4)端部钢板剪断。当受力方向的端距过小时，可能发生端部钢板剪断，如图 9-9(d)所示。

5)栓杆受剪破坏。当螺栓过于细长时，可能发生栓杆受剪破坏，如图 9-9(e)所示。

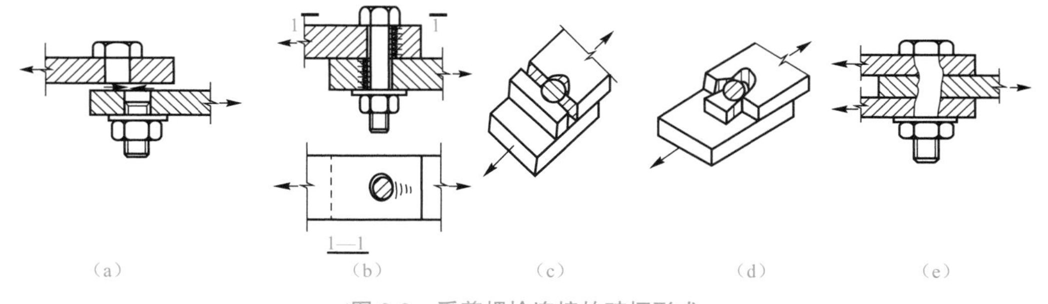

图 9-9　受剪螺栓连接的破坏形式

上述破坏形式中的后两种在选用最小容许端距 $2d_0$ 和使螺栓的夹紧长度不超过 $5d_0$ 的条件下，均不会发生。前三种形式的破坏，则需要通过计算来防止。

(2)受拉螺栓连接。如图 9-10 所示的受拉螺栓连接中，在外力 N 作用下，构件相互之间有分离趋势，从而使螺栓沿杆轴方向受拉。受拉螺栓的破坏形式是栓杆被拉断，其部位多在被螺纹削弱的截面处。

(3)拉剪螺栓连接。由于 C 级螺栓的抗剪能力差，故对重要连接一般均应在端板下设置支托，以承受剪力，如图 9-11 所示。对次要连接，若端板下不设支托，则螺栓将同时承受剪力和沿杆轴方向的拉力的作用。

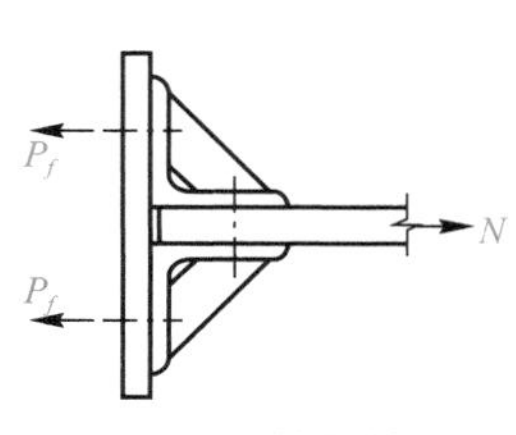

图 9-10　受拉螺栓连接

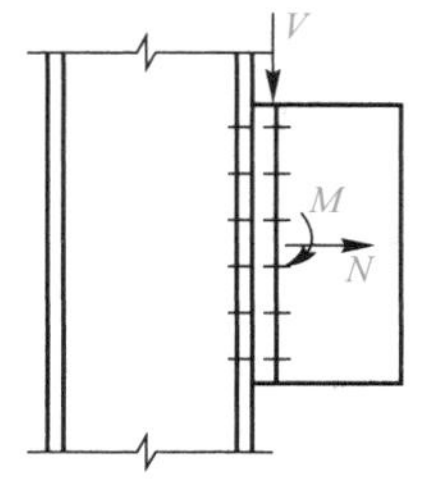

图 9-11　拉剪螺栓连接

3. 高强度螺栓的受力特点

高强度螺栓连接按设计和受力要求可分为摩擦型和承压型两种。摩擦型连接在承受剪切时，以外剪力达到板件之间可能发生的最大摩阻力为极限状态；当超过时板件之间发生相对滑移，即认为连接已失效而破坏。承压型连接在受剪时，则允许摩擦力被克服并发生板件间相对滑移，然后外力可以继续增加，并以此后发生的螺杆剪切或孔壁承压的最终破坏为极限状态。两种形式螺栓在受拉时没有区别。

高强度螺栓和普通螺栓连接受力的主要区别是：普通螺栓连接的螺母拧紧的预拉力很小，受力后全靠螺杆承压和抗剪来传递剪力；而高强度螺栓安装时靠拧紧螺母，对螺杆施加强大而受控制的预拉力，此预拉力将被连接的构件夹紧。靠构件夹紧而由接触面间的摩阻力来承受连接内力是高强度螺栓连接受力的特点。

特别提示

普通螺栓作为永久性连接螺栓时，当设计有要求或对其质量有疑义时，应进行螺栓实物最小拉力载荷复验。永久性普通螺栓紧固应牢固、可靠，外露丝扣不应少于两扣。

特别提示

在钢结构构件连接时，可单独采用焊接连接或螺栓连接，也可同时采用焊接连接和螺栓连接。一般情况下，翼缘采用焊缝连接，腹板采用螺栓连接。

任务 9.2　钢结构构件

知识导航

9.2.1　钢结构构件概述

轴心受力构件是指承受通过截面形心的轴向力作用的构件，分为轴心受拉构件和轴心受压构件。它们广泛应用于柱、桁架、网架、塔架和支撑等结构中。

1. 轴心受力构件的受力特点

(1)轴心受拉构件设计时，应满足强度和刚度的要求。按承载力极限状态的要求，轴心受拉构件净截面的平均应力不应超过钢材的屈服强度；按正常使用极限状态的要求，应具有必要的刚度，否则在制造、运输和安装过程中容易弯扭变形，在自重的作用下会产生较大挠度，在承受动力荷载时会引起较大的振动等。轴心受拉构件的刚度是以它的长细比来控制的。

(2)轴心受压构件的受力性能与受拉构件不同，除有些短粗或截面有较大削弱的构件其承载力由强度条件起控制作用外，一般情况下，轴心受压构件的承载能力是由稳定条件决定的。因此，设计时除满足强度和刚度的条件外，还应满足整体稳定性和局部稳定性的要求。

2. 受弯构件的类型和应用

承受横向荷载的实腹式受弯构件通常称为梁。它是组成钢结构的基本构件之一，应用广泛，例如房屋建筑中的楼盖梁、工作平台梁、屋面檩条和墙架横梁、吊车梁以及桥梁、水工闸门、起重机、海上采油平台中的梁等。

钢梁按截面的形式可分为型钢梁和组合梁两大类。型钢梁构造简单，制造省工，成本较低，

故应用较多。但在荷载较大或构件的跨度较大时，所需梁的截面尺寸较大时，由于轧制条件的限制，型钢的尺寸、规格不能满足梁承载力和刚度的要求，这时常采用组合梁。

(1)型钢梁的截面有热轧工字钢[图 9-12(a)]、热轧 **H** 型钢[图 9-12(b)]和槽钢[图 9-12(c)]三种。其中，以 H 型钢的截面分布最合理，翼缘内外边缘平行，与其他构件连接较方便，应予优先采用，用于梁的 H 型钢宜为窄翼缘型(HN 型)。槽钢因其截面扭转中心在腹板外侧，弯曲时将同时产生扭转，受荷不利，故只有在构造上使荷载作用线接近扭转中心，或能适当保证截面不发生扭转时才被采用。由于轧制条件的限制，热轧型钢腹板的厚度较大，用钢量较多。某些受弯构件(如檩条)采用冷弯薄壁型钢[图 9-12(d)～(f)]较经济，但防腐要求较高。

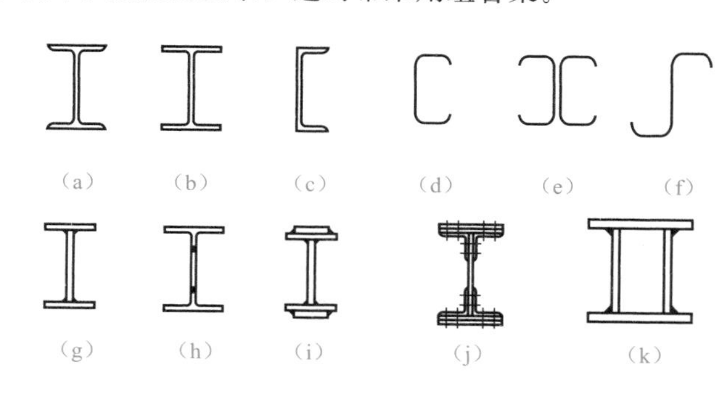

图 9-12　梁的截面类型

(2)组合梁一般为三块钢板焊接而成的工字形截面[图 9-12(g)]，或有 **T** 型钢(用 H 型钢剖分而成)中间加钢板的焊接截面[图 9-12(h)]。当焊接组合梁翼缘需要较厚时，可采用两层翼缘板的截面[图 9-12(i)]。受动力荷载的梁，如钢材质量不能满足焊接结构的要求时，可采用高强度螺栓和铆钉连接而成的工字形截面[图 9-12(j)]。荷载很大而高度受到限制或梁的抗扭要求较高时，可采用箱形截面[图 9-12(k)]。组合梁的截面组成比较灵活，可使材料在截面上的分布更为合理，节省钢材。

钢梁按支承情况可分为简支梁、连续梁、悬伸梁等。与连续梁相比，简支梁虽然其弯矩常常较大，但它不受温度变化和支座沉陷的影响，并且制造、安装、维修、拆换较方便，因而受到广泛的应用。

钢梁按荷载作用情况不同，还可分为仅在一个主平面内受弯的单向弯曲梁和在两个主平面内受弯的双向弯曲梁。

在土木工程中，除少数情况如吊车梁、起重机大梁或上承式铁路板梁桥等可单根梁或两根梁对称布置外，通常由若干梁平行或交叉排列而成梁格，图 9-13 所示即为工作平台梁布置示例。

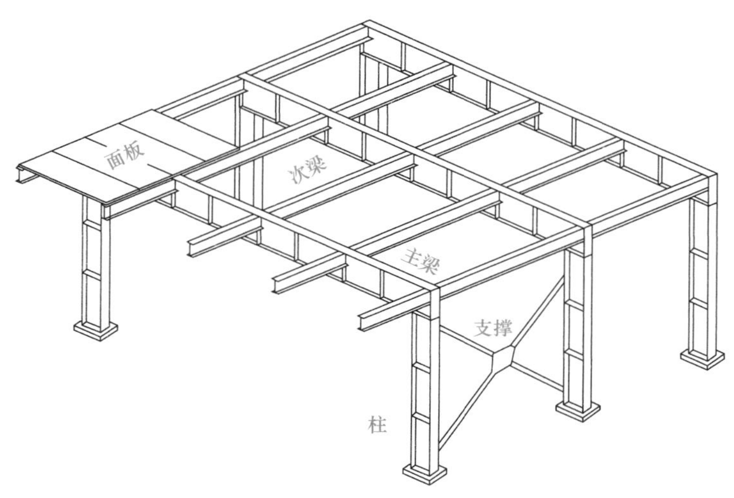

图 9-13　工作平台梁格布置示例

根据主梁和次梁的排列情况，梁格可分为以下三种类型：

(1)单向梁格，如图 9-14(a)所示。其只有主梁，适用于楼盖或平台结构的横向尺寸较小或面板跨度较大的情况。

(2)双向梁格，如图 9-14(b)所示。其有主梁及一个方向的次梁，次梁由主梁支承，是最为常用的梁格类型。

(3)复式梁格，如图 9-14(c)所示。其在主梁间设纵向次梁，纵向次梁间再设横向次梁。荷载传递层次多，梁格构造复杂，故应用较少，只适用于荷载重和主梁间距很大的情况。

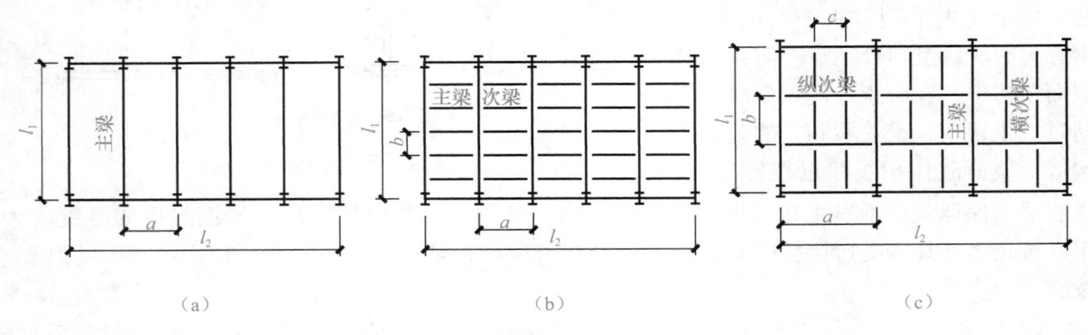

图 9-14　梁格类型

(a)单向梁格；(b)双向梁格；(c)复式梁格

能力导航

9.2.2　轴心受力构件

轴心受压柱由柱头、柱身、柱脚三部分组成。按柱身的构造形式可分为实腹式和格构式两类。

1. 实腹式轴心受压柱

(1)截面形式。实腹式轴心受压柱一般选用双轴对称的型钢截面或组合截面。在选择截面形式时，主要考虑等稳定性、肢宽壁薄、制造省工、构造简便等原则。

(2)设置加劲肋。为了提高构件的抗扭刚度，防止构件在施工和运输过程中发生变形，当$\frac{h_0}{t_w}>80$时，应在一定位置设置成对的横向加劲肋，如图 9-15 所示。横向加劲肋的间距不得大于 $3h_0$，其外伸宽度 b_s 不小于$\left(\frac{h_0}{30}+40\right)$mm，厚度 t_s 不得小于$\frac{b_s}{15}$。

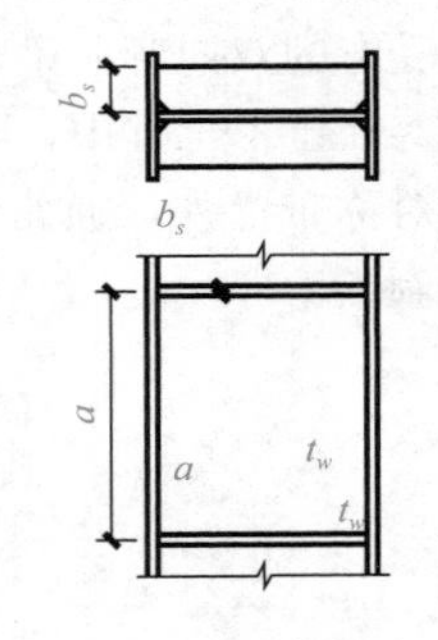

图 9-15　实腹柱的横向加劲肋加强

对大型实腹式柱，为了增加其抗扭刚度和传递集中力作用，在受有较大水平力处以及运输单元的端部，应设置横隔(即加宽的横向加劲肋)。横隔的间距一般不大于柱截面较大宽度的 9 倍或 8 m。另外，在受有较大水平力处亦应设置横隔，以防止柱局部弯曲变形。

轴心受压实腹柱板件之间(如工字形截面翼缘与腹板间)的纵向焊缝只承受柱初弯曲或因偶然横向力作用等产生的很小的剪力，因此不必计算，焊脚尺寸可按焊缝构造要求采用。

(3)柱头的构造。轴心受压柱主要承受与其相连的梁传来的荷载(梁的支承反力)，梁与柱的

连接构造与梁的端部构造有关。连接设计应传力可靠，便于制作、运输、安装和经济合理。轴心受压柱与梁为铰接，一般有两种构造方案，一种是将梁支承于柱顶，如图 9-16 所示；另一种是将梁支承于柱的侧面，如图 9-17 所示。

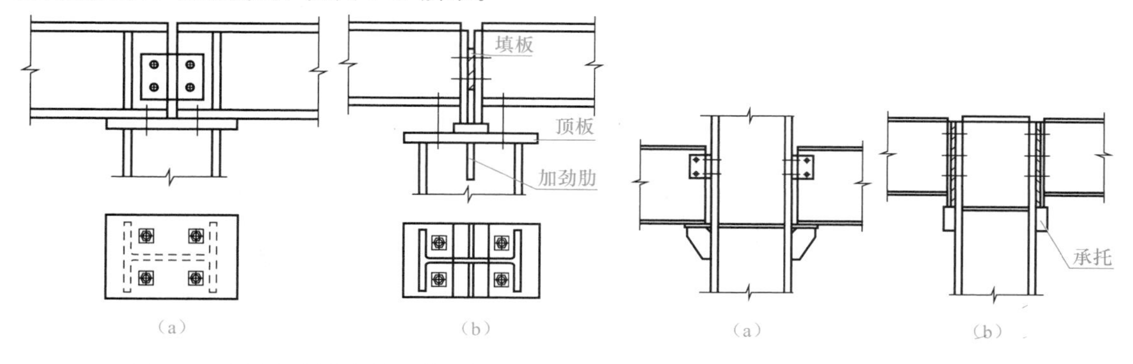

图 9-16　梁支承于柱顶的铰接连接

图 9-17　梁支承于柱侧的铰接连接

1)柱顶支承梁的构造。如图 9-16 所示，梁的反力通过柱的顶板传给柱；顶板一般取 16～20 mm 厚，与柱用焊缝相连；梁与顶板用普通螺栓相连，以便安装定位。

①图 9-16(a)中，梁支承加劲肋应对准柱的翼缘，使梁的支承反力通过支承加劲肋及垫板传递给柱的翼缘。为了便于安装，相邻梁之间留一空隙，最后用夹板和构造螺栓相连，以防止单个梁的倾斜。这种连接形式传力明确，构造简单，施工方便，但当两相邻反力不等时即引起柱的偏心受压，一侧梁传递的反力很大时，还可能引起柱翼缘的局部屈曲。

②图 9-16(b)中，梁通过端板连接于柱的轴线附近，这样即使相邻反力不等，柱仍接近轴心受压。突缘加劲肋底部应刨平顶紧于柱顶板；柱的腹板是主要受力部分，其厚度不能太薄，同时在柱顶板之下，腹板两侧应设置加劲肋，两相邻梁之间应留一定空隙便于安装时调节，最后嵌入合适的填板并用构造螺栓相连。

2)柱侧支承梁的构造。梁连接在柱的侧面，当梁的反力较小时，可采用如图 9-17(a)所示的连接，直接将梁搁置在柱的承托上，用普通螺栓连接，梁与柱侧之间留一空隙，用角钢和构造螺栓相连。这种连接形式比较简单，施工方便。当梁反力较大时，可采用如图 9-17(b)所示的方案，用厚钢板作承托，承托与柱侧面用焊缝相连，这种连接方式，制造与安装的精度要求较高，承托板的端面必须刨平顶紧以便直接传递压力。梁与柱侧仍留一定空隙，梁吊装就位后，用填板和构造螺栓将柱翼缘和梁端板连接起来。

(4)柱脚的构造。柱脚的作用是将柱身的压力均匀地传递给基础，并和基础牢固地连接起来。在整个柱中，柱脚是比较费钢、费工的部分。设计时应力求简明，并尽可能符合结构的计算简图，便于安装固定。

柱脚按其与基础的连接方式的不同可分为铰接和刚接两类，轴心受压柱、框架柱或压弯构件，这两种形式均有采用。其中，铰接主要承受轴心压力；刚接主要承受压力和弯矩。本节只讲铰接柱脚。

图 9-18 所示为常用的铰接柱脚的几种形式，主要用于轴心受压柱。当柱轴力很小时，可采用图 9-18(a)的形式，在柱的端部只焊一块不太厚的底板，柱身的压力经过焊缝传到底板，底板再将柱身的压力传到基础上。当柱轴力较大时，可采用图 9-18(b)、(c)的形式，柱端通过竖焊缝将力传给靴梁，靴梁通过底部焊缝将压力传给底板。靴梁不仅增加了传力焊缝的长度，同时也将底板分成较小的区格，减小了底板在反力作用下的最大弯矩值。当采用靴梁后，底板的弯矩值仍较大时，可再采用隔板和肋板，如图 9-18(c)所示。

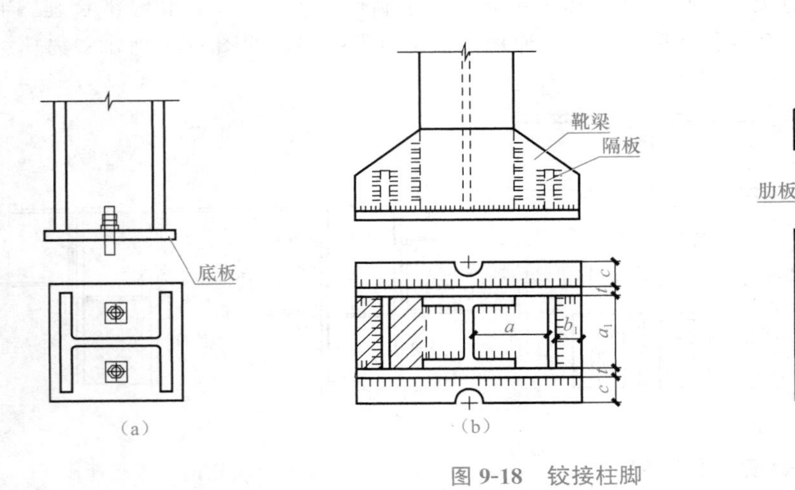

图 9-18　铰接柱脚

柱脚通过锚栓固定于基础。铰接柱脚只沿着一条轴线设置两个连接于底板上的锚栓，锚栓的直径一般为 20～25 mm。为了便于安装，底板上的锚栓孔径取为锚栓直径的 1.5～2 倍。待柱就位并调整到设计位置后，再用垫板套住锚栓并与底板焊牢。

2. 格构式轴心受压柱

图 9-19 所示为常用的轴心受压格构柱的截面形式。由于柱肢布置在与截面形心一定距离的位置上，通过调整肢间距离可以使两个方向具有相同的稳定性。与实腹柱相比，在用料相同的情况下可增大截面惯性矩，提高刚度和稳定性。

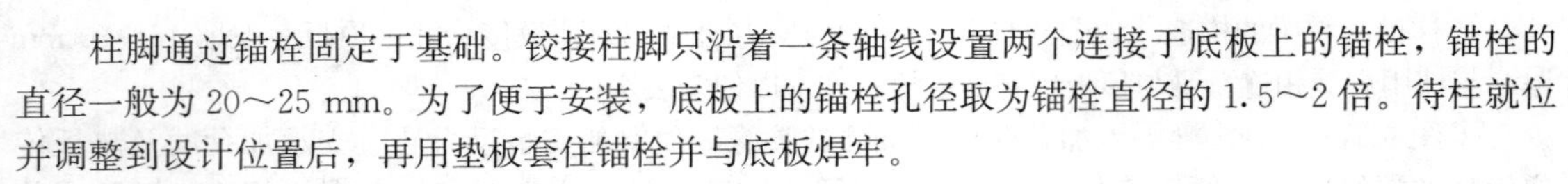

图 9-19　格构式轴心受压构件的截面形式

格构式轴心受压柱常由两槽钢组成，通常使翼缘朝内，这样缀材长度较小，外部平整。当荷载较大时，也常用两工字钢组成的双肢截面柱。对于轴向力较小但长度较大的杆件，也可以采用钢管或角钢组成的三肢或四肢截面形式。肢件通过缀材连成一体，根据缀材的不同可分为缀条柱和缀板柱两种。缀条常采用单角钢，一般与构件轴线成 $\alpha=40°\sim70°$ 夹角斜放，此称为斜缀条，如图 9-20(a)所示，也可同时增设与构件轴线垂直的横缀条。缀板用钢板制造，一律按等距离垂直于构件轴线横放，如图 9-20(b)所示。

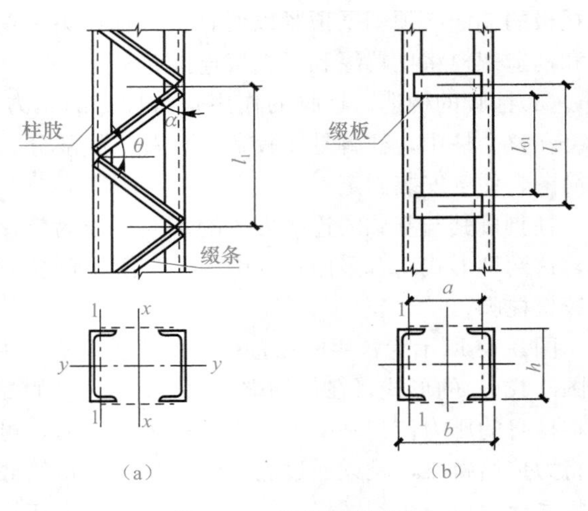

图 9-20　格构柱组成图

(a)缀条柱；(b)缀板柱

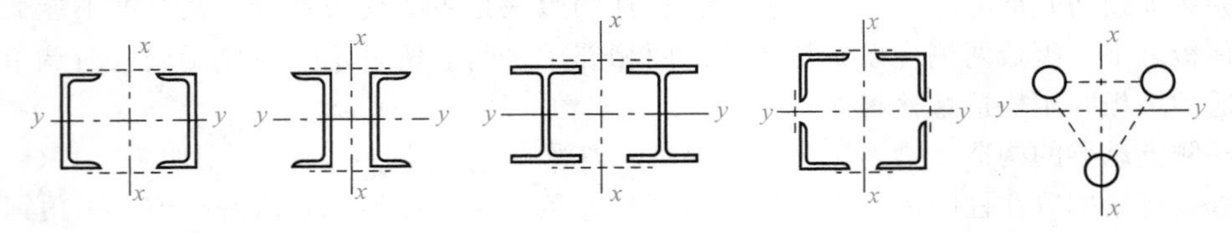

9.2.3 受弯构件

1. 受弯构件(梁)的稳定性

(1)梁整体稳定性。为了提高抗弯强度，节省钢材，钢梁截面一般做成高而窄的形式，受荷方向刚度大而侧向刚度较小，如果梁的侧向支撑较弱(比如仅在支座处有侧向支撑)，梁的弯曲会随荷载大小的不同而呈现两种截然不同的平衡状态。

如图 9-21 所示的工字形截面梁，荷载作用在其最大刚度平面内，当荷载较小时，梁的弯曲平衡状态是稳定的。虽然外界各种因素会使梁产生微小的侧向弯曲和扭转变形，但外界影响消失后，梁仍能恢复原来的弯曲平衡状态。然而，当荷载增大到某一数值后，梁在向下弯曲的同时，将突然发生侧向弯曲和扭转变形的破坏，这种现象称之为梁的整体失稳，为侧向弯扭屈曲。因此，钢梁设计时不仅要满足强度、刚度要求，还应保证梁的整体稳定性。

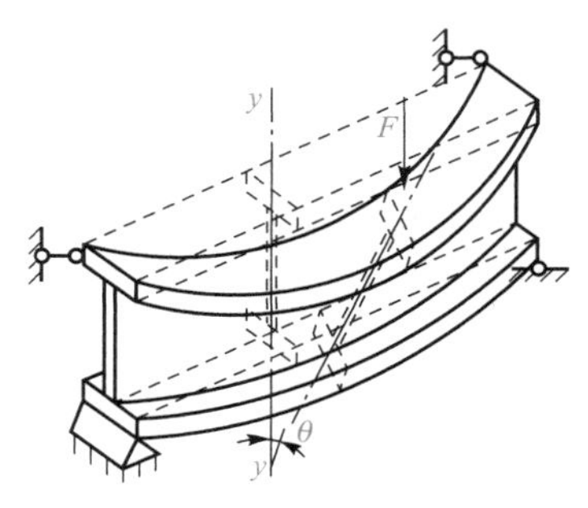

图 9-21 梁的整体失稳

钢梁整体失去稳定时，梁将发生较大的侧向弯曲和扭转变形，因此，为了提高梁的整体稳定承载力，任何钢梁在其端部支承处都应采取构造措施，以防止其端部截面的扭转。当有铺板密铺在梁的受压翼缘上并与其牢固相连，能阻止受压翼缘的侧向位移时，梁就不会丧失整体稳定，因此，也不必计算梁的整体稳定性。当梁上有密铺的刚性铺板(楼盖梁的楼面板和公路桥、人行天桥的面板等)时，应使之与梁的受压翼缘连牢；若无刚性铺板或铺板与梁受压翼缘连接不可靠，则应设置平面支撑。楼盖或工作平台梁格的平面支撑有横向平面支撑和纵向平面支撑两种，横向支撑使主梁受压翼缘的自由长度由其跨长减小为 l_1(次梁间距)；纵向支撑是为了保证整个楼面的横向刚度。无论有无连牢的刚性铺板，支承工作平台梁格的支柱间均应设置柱间支撑，除非柱列设计为上端铰接，下端嵌固于基础的排架。

《钢结构设计标准》(GB 50017—2017)规定，符合下列情形之一时，可不计算梁的整体稳定性：

1)当铺板密铺在梁的受压翼缘上并与其牢固相连，能阻止梁受压翼缘的侧向位移时。

2)当箱形截面简支梁符合上述第(1)条的要求或其截面尺寸(图 9-22)满足 $h/b_0<6$，$l_1/b_0<95\varepsilon_k^2$ 时。l_1 为受压翼缘侧向支承点间的距离(梁的支座处视为有侧向支承)；ε_k 为钢号修正系数，其值为 235 与钢材牌号中屈服点数值的比值的平方根。

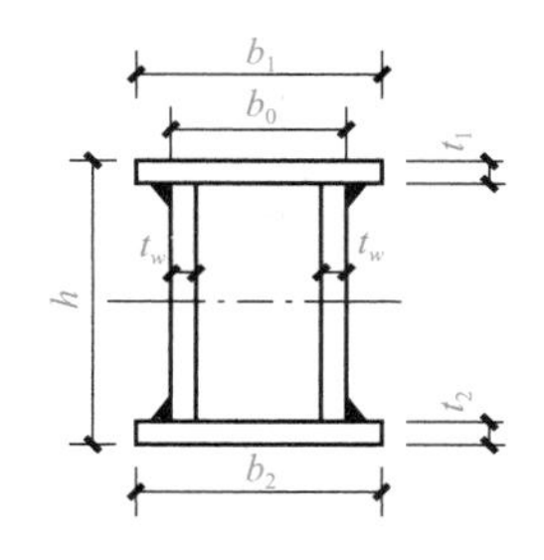

图 9-22 箱形截面

(2)梁局部稳定性。组合梁一般由翼缘和腹板等板件组成，如果将这些板件不适当地减薄加宽，板中压应力或剪应力达到某一数值后，腹板或受压翼缘有可能偏离其平面位置，出现波形鼓曲，如图 9-23 所示，这种现象称为局部失稳。

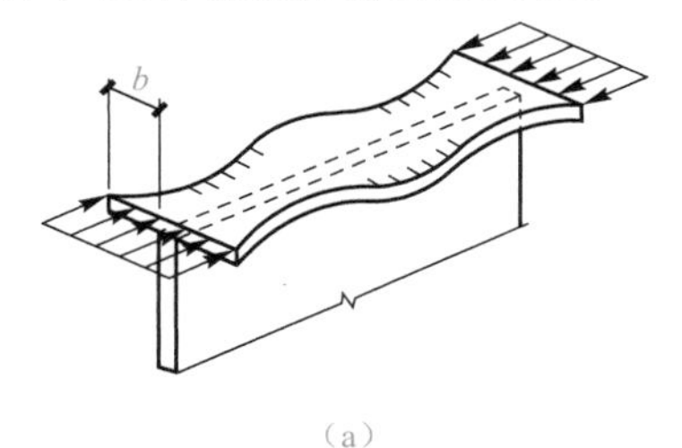

(a)

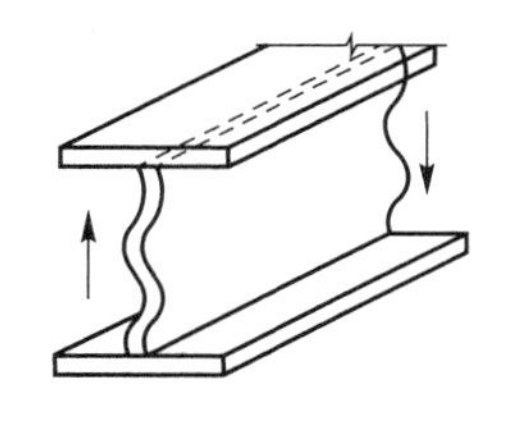
(b)

图 9-23 梁局部失稳

(a)翼缘；(b)腹板

热轧型钢由于轧制条件，其板件宽厚比较小，都能满足局部稳定要求，不需要计算。对冷弯薄壁型钢梁的受压或受弯板件，宽厚比不超过规定的限值时，认为板件全部有效；当超过此限值时，则只考虑一部分宽度有效(称为有效宽度)，应按《冷弯薄壁型钢结构技术规范》(GB 50018—2002)计算。

1)受压翼缘局部稳定。梁受压翼缘自由外伸宽度 b 与其厚度之比应满足 $\frac{b}{t}\leqslant 13\sqrt{\frac{235}{f_y}}$，当计算梁抗弯强度 $\gamma_x=1.0$ 时，可放宽至 $\frac{b}{t}\leqslant 15\sqrt{\frac{235}{f_y}}$。

2)腹板的局部稳定。腹板若采用限制高厚比的办法显然是不经济的，因此，常采用设置加劲肋的方法予以加强，如图 9-24 所示。通过在腹板两侧成对布置加劲肋，将腹板分隔成较小的区格来提高其抵抗局部屈曲的能力。加劲肋可以分为横向加劲肋、纵向加劲肋、短加劲肋和支承加劲肋等几种，设计时可按《钢结构设计标准》(GB 50017—2017)有关规定采用。

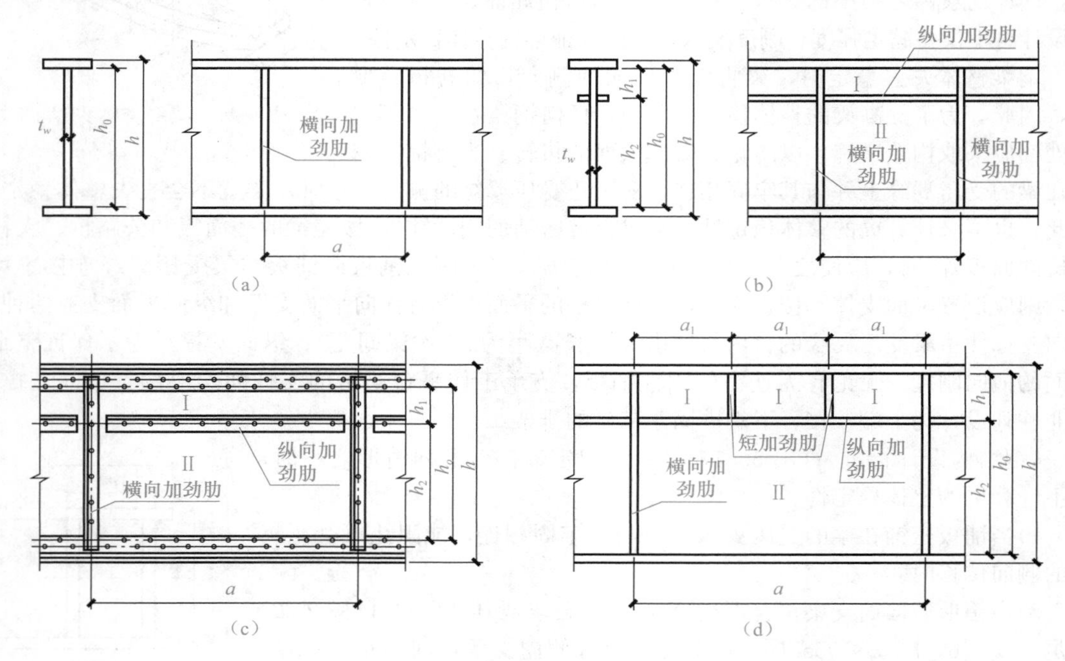

图 9-24 腹板加劲肋的布置形式

2. 梁的拼接和连接

(1)梁的拼接。梁的拼接有工厂拼接和工地拼接两种。如果梁的长度、高度大于钢材的尺寸，常需要先将腹板和翼缘用几段钢材板拼接起来，然后再焊接成梁，这种拼接一般在工厂中进行，称为工厂拼接。跨度大的梁，可能由于运输或安装条件的限制，需将梁分成几段运至工地或吊至高空就位后再拼接起来，由于这种拼接是在工地进行，因此称为工地拼接。

(2)次梁与主梁的连接。次梁和主梁的连接形式有叠接和平接两种。

1)叠接，如图 9-25 所示。叠接是将次梁直接搁在主梁上面，用螺栓或焊缝连接，构造简单，但需要的结构高度大，其使用常受到限制，且连接刚性差一些。图 9-25(a)所示为次梁为简支梁时与主梁连接的构造，而图 9-25(b)所示为次梁为连续梁时与主梁的连接的构造。如次梁截面较大时，应另采取构造措施防止支承处截面的扭转。

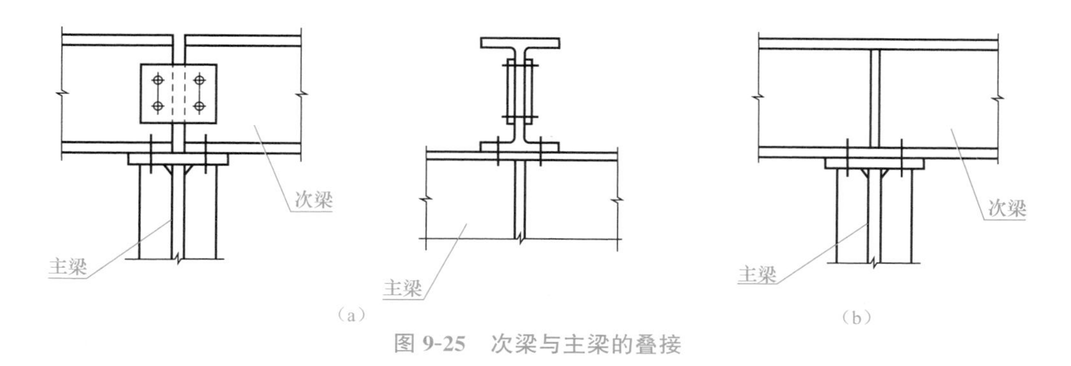

图 9-25　次梁与主梁的叠接

2)平接也称侧面连接，如图 9-26 所示。平接是使次梁顶面与主梁相平和略高、略低于主梁顶面，从侧面与主梁的加劲肋或腹板上设的短角钢或支托相连接。图 9-26(a)、(b)、(c)所示为次梁为简支梁时与主梁连接的构造，图 9-26(d)所示为次梁与主梁刚连接的构造。平接虽构造复杂，但可降低结构高度，故在实际工程中应用较广泛。

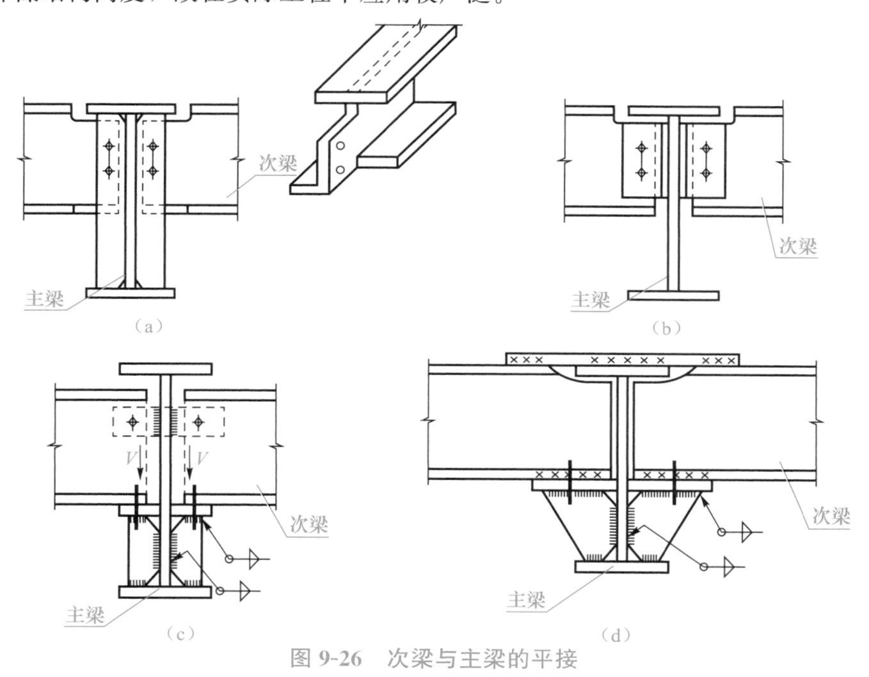

图 9-26　次梁与主梁的平接

实践教学课题

钢结构工程施工现场参观及识读简单钢结构施工图

【目的与意义】 通过到施工现场参观学习，可加深对钢结构的构造要求、连接方法、加工安装等内容的理解；通过对简单钢结构施工图的识读，掌握识图的基本内容，为今后从事工程造价及施工、设计、监理等工作奠定基础。

【内容与要求】 在指导教师的指导下，结合现行规范、标准图集、构造详图等，着重对一在建的钢结构工程进行参观学习，主要针对钢屋架、墙、柱、楼盖、节点等展开实践，全面了解钢结构的连接方式、加工及安装要求及节点构造等内容。同时，选择一简单的钢结构施工图进行识读，以加深理解。

项目小结

1. 钢结构的连接方法有焊缝连接、螺栓连接和铆钉连接三种。

2. 焊缝连接是通过电弧产生的热量使焊条和焊件局部熔化，经冷却凝结成焊缝，从而将焊件连接成为一体，是目前钢结构应用最广泛的连接方法。

3. 螺栓连接是通过螺栓这种紧固件把连接件连接成为一体。螺栓连接可分为普通螺栓连接和高强度螺栓连接两种。

4. 钢结构常用的焊接方法为电弧焊，包括手工电弧焊、自动或半自动电弧焊以及气体保护焊等。

5. 焊缝形式：根据焊缝截面、构造可分为对接焊缝和角焊缝两种基本形式。

6. 轴心受力构件包括轴心受拉和轴心受压构件。

7. 钢梁设计时不仅要满足强度、刚度要求，还应保证梁的整体稳定性。

8. 梁的拼接有工厂拼接和工地拼接两种，次梁和主梁的连接形式有叠接和平接两种。

习　题

一、填空题

1. 钢结构的连接方法有________、________、________。

2. 螺栓连接可分为________连接和________连接两种。

3. 铆接传力可靠，塑性、韧性均较好，质量易于检查和保证，可用于________结构。

4. 钢结构常用的焊接方法有________、________、________，其中最常用的焊接方法为________。

项目 9　习题答案

5. 焊缝连接形式根据被连接构件间的相互位置可分为________、________、T 形连接和________四种形式。

6. 焊缝按施焊位置分为________、________、________和仰焊四种。

7. 根据结构类型和重要性，《钢结构工程施工质量验收标准》将焊缝质量检验级别分为________级。

8. 按国际标准，螺栓统一用螺栓的性能等级来表示，如“4.6 级”的含义是________。

9. 轴心受压柱由________、________和柱脚三部分组成。按柱身的构造型式可分为________和________两类。

二、简答题

1. 焊缝连接的优缺点是什么？

2. 普通螺栓连接的排列的构造要求是什么？

3. 受剪螺栓连接在达到极限承载力时，可能出现的破坏形式有哪些？

4. 高强度螺栓和普通螺栓连接受力的主要区别是什么？

5. 轴心受力构件的特点是什么？

6. 在什么条件下可不计算梁的整体稳定？组合梁的翼缘和腹板各采取什么措施保证局部稳定？

7. 受弯构件的种类和应用有哪些？

8. 梁的拼接方式和连接方式有哪些？

项目 10 建筑结构施工图识读

教学目标

通过本项目的学习，熟悉结构施工图的内容，掌握混凝土结构施工图平面整体表示方法制图规则，掌握各种钢筋混凝土构件标准构造制图规则与构造要求。通过回顾建筑行业的现代化、工业化发展历程，引导学生合作探究、追求卓越，增强辩证思维，培养科学精神和岗位意识。

教学要求

学习目标	相关知识点	权重
能够识读一套完整的结构施工图	结构施工图的方法与步骤	30%
能够识读平法结构施工图	混凝土结构施工图平面整体表示方法的制图规则	40%
能够将平法结构施工图转化为标准构造详图	平法结构施工图转化为标准构造详图的方法	30%

学习重点

混凝土结构施工图平面整体表示方法制图规则与构造详图。

引　例

教材配套图集为某6层教师公寓建筑结构施工图，该建筑采用框架结构，试问：

(1)一套完整的结构施工图包含哪些内容？如何识读？

(2)梁平面整体表示法配筋图与传统梁施工图有何区别？二者如何转换？

(3)传统板配筋图能否也采用平面整体表示方法进行表达？

任务 10.1　结构施工图概述

知识导航

10.1.1　施工图的主要内容

一套完整的房屋施工图通常包括建筑施工图、结构施工图和建筑设备施工图。

(1)建筑施工图是表达建筑物的外部形状、内部布置、内外装修、构造及施工要求的工程图纸，简称建筑图。其包括的内容及一般排列顺序为：图纸目录、建筑设计说明、建筑总平面图、建筑平面图、建筑立面图、建筑剖面图、建筑详图。在整套房屋施工图中，建筑施工图是最具有全局地位的图纸，是其他专业进行设计、施工的技术依据和条件。

(2)结构施工图是表达建筑物的承重系统如何布局，各种承重构件如梁、板、柱、屋架、支撑、基础等的形状、尺寸、材料及构造的图纸，简称结构图。其一般包括：结构设计说明、结构布置图和构件详图三部分。

(3)在现代房屋建筑中，都要安装给水排水、采暖通风和建筑电气等工程设施。每项工程设施都必须经过专业的设计表达在图纸上，这些图纸分别称为给水排水工程图、采暖通风工程图、建筑电气工程图，它们统称为建筑设备施工图。

10.1.2　结构制图的一般要求

(1)图线宽度 b，应按《建筑结构制图标准》(GB/T 50105—2010)中“图线”的规定选用。每个图样应根据复杂程度与比例大小，先选用适当的基本线宽度 b，再选用相应的线宽组。在同一张图纸中，相同比例的各图样，应选用相同的线宽组。建筑结构专业制图，应选用表 10-1 所示的图线。

表 10-1　结构施工图中线型的使用

名称		线型	线宽	一般用途
实线	粗	————	b	螺栓、钢筋线、结构平面布置图中单线结构构件线，钢、木支撑及系杆线，图名下横线、剖切线
	中粗	————	$0.7b$	结构平面图及详图中剖到或可见的墙身轮廓线，基础轮廓线，钢、木结构轮廓线，钢筋线
	中	————	$0.5b$	结构平面图中及详图中剖到或可见墙身轮廓线、基础轮廓线、可见的钢筋混凝土构件轮廓线、钢筋线
	细	————	$0.25b$	标注引出线、标高符号线、索引符号线、尺寸线
虚线	粗	- - - - - -	b	不可见的钢筋线、螺栓线，结构平面图中不可见的单线结构构件线及钢、木支撑线
	中粗	- - - - - -	$0.7b$	结构平面图中的不可见构件、墙身轮廓线及不可见钢、木结构构件线，不可见的钢筋线
	中	- - - - - -	$0.5b$	结构平面图中不可见构件、墙身轮廓线及不可见钢、木结构构件线，不可见的钢筋线
	细	- - - - - -	$0.25b$	基础平面图中管沟轮廓线，不可见的钢筋混凝土构件轮廓线

续表

名称		线型	线宽	一般用途
单点长画线	粗	—— · —— · ——	b	柱间支撑、垂直支撑、设备基础轴线图中的中心线
	细	—— · —— · ——	0.25b	定位轴线、对称线、中心线、重心线
双点长画线	粗	—— ·· —— ·· ——	b	预定应力钢筋线
	细	—— ·· —— ·· ——	0.25b	原有结构轮廓线
折断线				0.25b	断开界线
波浪线		～～～	0.25b	断开界线

特别提示

《建筑结构制图标准》(GB/T 50105—2010)在旧规范(2001 年版)的基础上增加了中粗实线与中粗虚线。

(2)绘图时应根据图样的用途、被绘物体的复杂程度，选用表 10-2 中的常用比例，特殊情况下也可选用可用比例。

表 10-2　结构图的比例

图名	常用比例	可用比例
结构平面布置图及基础平面图	1∶50、1∶100、1∶150	1∶60、1∶200
圈梁平面图、总图中管沟、地下设施等	1∶200、1∶500	1∶300
详图	1∶10、1∶20、1∶50	1∶5、1∶30、1∶25

(3)当构件的纵、横向断面尺寸相差悬殊时，可在同一详图中的纵、横向选用不同的比例绘制。轴线尺寸与构件尺寸也可选用不同的比例绘制。

(4)构件的名称应用代号来表示，代号后应用阿拉伯数字标注该构件的型号或编号，也可为构件的顺序号。构件的顺序号采用不带角标的阿拉伯数字连续编排。常用的构件代号见表 10-3。

表 10-3　常用结构构件的代号

序号	名称	代号	序号	名称	代号	序号	名称	代号
1	板	B	12	天沟板	TGB	23	楼梯梁	TL
2	屋面板	WB	13	梁	L	24	框架梁	KL
3	空心板	KB	14	屋面梁	WL	25	框支梁	KZL
4	槽形板	CB	15	吊车梁	DL	26	屋面框架梁	WKL
5	折板	ZB	16	单轨吊车梁	DDL	27	檩条	LT
6	密肋板	MB	17	轨道连接	DGL	28	屋架	WJ
7	楼梯板	TB	18	车挡	CD	29	托架	TJ
8	盖板或沟盖板	GB	19	圈梁	QL	30	天窗架	CJ
9	挡雨板或檐口板	YB	20	过梁	GL	31	框架	KJ
10	吊车安全走道板	DB	21	连系梁	LL	32	刚架	GJ
11	墙板	QB	22	基础梁	JL	33	支架	ZJ

续表

序号	名称	代号	序号	名称	代号	序号	名称	代号
34	柱	Z	41	地沟	DG	48	梁垫	LD
35	框架柱	KZ	42	柱间支撑	ZC	49	预埋件	M—
36	构造柱	GZ	43	垂直支撑	CC	50	天窗端壁	TD
37	承台	CT	44	水平支撑	SC	51	钢筋网	W
38	设备基础	SJ	45	梯	T	52	钢筋骨架	G
39	桩	ZH	46	雨篷	YP	53	基础	J
40	挡土墙	DQ	47	阳台	YT	54	暗柱	AZ
注：预应力钢筋混凝土构件代号，应在构件代号前加注“Y—”，如 Y—WL 表示预应力钢筋混凝土屋面梁。								

(5)结构图应采用正投影法绘制，特殊情况下也可采用仰视投影绘制。

(6)钢筋的画法应符合表 10-4 的规定。

特别提示

常用结构构件的代号主要采用中文名称拼音首写字母表示，在实际结构施工图中存在一些个别差异。

表 10-4　一般钢筋的画法

序号	名称	图例
1	在平面图中配置双层钢筋时，底层钢筋弯钩应向上或向左，顶层钢筋则向下或向右	（底层）（顶层）
2	钢筋混凝土墙配双层钢筋的墙体，在配筋立面图中，远面钢筋的弯钩应向上或向左，而近面钢筋则向下或向右(JM：近面；YM：远面)	JM YM JM YM　JM YM JM YM
3	若在断面图中不能表示清楚钢筋布置，应在断面图外面增加钢筋大样图(如钢筋混凝土墙，楼梯等)	
4	图中所表示的箍筋、环筋等若布置复杂时，应加画钢筋大样及说明	
5	每组相同的钢筋、箍筋或环筋，可以用粗实线画出其中一根来表示，同时用一横穿的细线表示其余的钢筋、箍筋或环筋，横线的两端带斜短画，表示该号钢筋的起止范围	

特别提示

常用钢筋代号：Φ表示HPB300级钢筋；Φ表示HRB335级钢筋；Φ表示HRB400级钢筋。Φ8@200表示HPB300级钢筋，直径为8 mm，间距为200 mm，2Φ25表示2根直径为25 mm的HRB400级钢筋。

能力导航

10.1.3 结构施工图的识读

1. 结构施工图的识读方法

在识读结构施工图前，必须先阅读建筑施工图，建立起建筑物的轮廓概念，了解和明确建筑施工图平面、立面、剖面的情况以及构造连接和构造做法。在识读结构施工图期间，还应反复对照结构施工图与建筑施工图对同一部分的表示方法，这样，才能准确地理解结构施工图中所表示的内容。

识读结构施工图也是一个由浅入深、由粗到细的渐进过程，简单的结构施工图例外。与建筑施工图一样，结构施工图的表示方法遵循投影关系，其区别在于结构施工图用粗线条表示要突出的重点内容，为了使图面清晰，通常利用编号或代号表示构件的名称和做法。

在识读结构施工图时，要养成做记录的习惯，以便为以后的工作提供技术资料。由于各工种的分工不同，各工种的侧重点也不同，要学会总揽全局，这样，才能不断提高识读结构施工图的能力。

2. 结构施工图的识读步骤

结构施工图的识读步骤如图10-1所示。

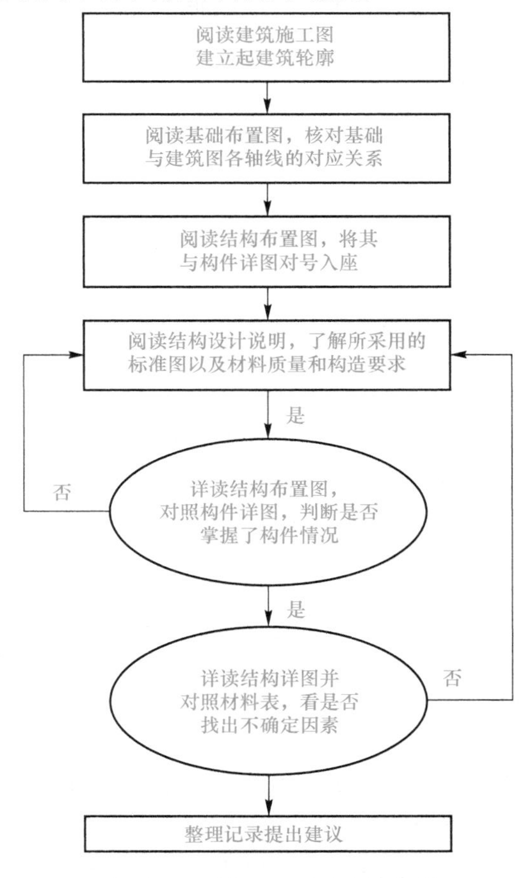

图10-1 结构施工图的识读步骤

(1)结构设计说明的阅读。了解对结构的特殊要求，了解说明中强调的内容，掌握材料、质量以及要采取的技术措施的内容，了解所采用的技术标准和构造，了解所采用的标准图。

(2)基础布置图的识读。要注意基础的标高和定位轴线的数值，了解基础的形式和区别，注意其他工种在基础上的预埋件和留洞情况。

1)查阅建筑图，核对所有的轴线是否和基础一一对应，了解是否有的墙下无基础而用基础梁替代，基础的形式有无变化，有无设备基础。

2)对照基础的平面和断面，了解基底标高和基础顶面标高有无变化，有变化时是如何处理的。

3)了解基础中预留洞和预埋件的平面位置、标高、数量。

4)了解基础的形式和做法。

5)了解各个部位的尺寸和配筋。

6)反复以上过程，解决没有看清楚的问题，对遗留问题整理好记录。

(3)结构布置图的识读。结构布置图由结构平面图和构件详图或标准图组成。

1)了解结构的类型，了解主要构件的平面位置与标高，并与建筑图结合了解各构件的位置和标高的对应情况。

2)结合结构平面图、标准图和详图对主要构件进行分类，了解它们的相同之处和不同点。

3)了解各构件节点构造与预埋件的相同之处和不同点。

4)了解整个平面内，洞口、预埋件的做法与相关专业的连接要求。

5)了解各主要构件的细部要求和做法，反复以上步骤，逐步深入了解，遇到不清楚的地方在记录中标出，进一步详细查找相关的图纸，并结合结构设计说明认定核实。

6)了解其他构件的细部要求和做法，反复以上步骤，消除记录中的疑问，确定存在的问题，整理、汇总、提出图纸中存在的遗漏和施工中存在的困难，为技术交底或图纸会审提供资料。

(4)结构详图的识读。

1)首先应将构件对号入座，即核对结构平面图上，构件的位置、标高、数量是否与详图相吻合，有无标高、位置和尺寸的矛盾。

2)了解构件与主要构件的连接方法，看能否保证其位置或标高，是否存在与其他构件相抵触的情况。

3)了解构件中配件或钢筋的细部情况，掌握其主要内容。

4)结合材料表核实以上内容。

(5)结构施工图汇总。整理记录，核对前面提出的问题，提出建议。

> **特别提示**
>
> 在识读结构施工图的过程中应注意和建筑施工图配合，尤其注意查阅结构平面布置图时注意查看各层建筑平面图。

3. 标准图集的阅读

(1)标准图集的分类。我国编制的标准图集，按其编制的单位和适用范围的情况可分为三类：

1)经国家批准的标准图集，供全国范围内使用。

2)经各省、市自治区等地方批准的通用标准图集，供本地区使用。

3)各设计单位编制的图集，供本单位设计的工程使用。

标准图集的使用，有利于提高质量、降低成本，加快设计、施工进度。全国通用的标准图集中，通常用“G”或“结”表示结构标准构件类图集，用“J”或“建”表示建筑标准构件类图集。

(2)标准图集的查阅方法。

1)根据施工图中注明的标准图集名称、编号及编制单位，查找相应的图集。

2)阅读标准图集的总说明，了解编制该图集的设计依据、使用范围、施工要求及注意事项等。

3)了解该图集编号和表示方法，一般标准图集都用代号表示，代号表明构件、配件的类别、规格及大小。

4)根据图集目录及构件、配件代号在该图集内查找所需详图。

> **特别提示**
>
> 结构施工图的图纸表达基本制图规定按照国家标准《建筑结构制图标准》(GB/T 50105—2010)，钢筋混凝土结构钢筋图表达按照国家标准图集《混凝土结构施工图平面整体表示方法制图规则和构造详图》(16G101 系列)。

任务 10.2　混凝土结构施工图平面整体表示方法

知识导航

10.2.1　平法施工图的发展概述

为了提高设计效率、简化绘图、缩减图纸量，使施工图看图、记忆和查找方便，我国推出了国家标准图集《混凝土结构施工图平面整体表示方法制图规则和构造详图》(96G101)。它是我国在钢筋混凝土施工图的设计表示方法的重大改革，被列为建设部 1996 年科技成果重点推广项目。

建筑结构施工图平面整体设计方法，简称平法。平法的表达形式就是把结构构件的尺寸和配筋等，按照平面整体表示方法制图规则，整体直接地表达在各类构件的结构平面布置图上，再与标准构造详图相配合，即构成一套完整的结构设计。平法由平法制图规则和标准构造详图两大部分组成。

平法经过二十多年的发展，已在设计、施工、造价和监理等诸多建筑领域中得到广泛应用。2004—2008 年《混凝土结构施工图平面整体表示方法制图规则和构造详图》(G101)系列平法国家建筑标准设计达到 6 册：《现浇混凝土框架、剪力墙、框架-剪力墙、框支剪力墙结构》(03G101-1)、《现浇混凝土板式楼梯》(03G101-2)、《筏形基础》(04G101-3)、《现浇混凝土楼面与屋面板》(04G101-4)、《箱形基础与地下室结构》(08G101-5)、《独立基础、条形基础、桩基承台》(06G101-6)。2011 年《混凝土结构施工图平面整体表示方法制图规则和构造详图》(11G101)系列平法国家建筑标准设计修订为 3 册：《现浇混凝土框架、剪力墙、梁、板》(11G101-1)、《现浇混凝土板式楼梯》(11G101-2)、《独立基础、条形基础、筏形基础及桩基承台》(11G101-3)。

2016 年《混凝土结构施工图平面整体表示方法制图规则和构造详图》再次修订为：16G101-1、16G101-2、16G101-3 替代之前的版本。下面对常用的柱、梁、楼盖平法如何识读进行介绍，其他构件的表示方法请参见相应图集学习掌握。

> **特别提示**
>
> 国家新标准图集是在旧标准图集的基础上进行的修改与深化，在结构图的绘制过程中必须按照新标准执行。

能力导航

10.2.2　柱平法结构施工图

柱平法施工图是在柱平面布置图上采用列表注写方式或截面注写方式表达。柱平法施工图中要按规定注明各结构层的楼面标高、结构层高及相应的结构层号。

1. 柱列表注写方式

列表注写方式，是在柱平面布置图上(一般只需采用适当比例绘制一张柱平面布置图，包括框架柱、框支柱、梁上柱和剪力墙上柱)，分别在同一编号的柱中选择一个(有时需要选择几个)截面标注几何参数代号；在柱表中注写柱编号、柱段起止标高、几何尺寸(含柱截面对称轴线的

偏心情况）与配筋的具体数值，并配以各种柱截面形状及其箍筋类型图的方式，来表达柱平法施工图，如图 10-2 所示。

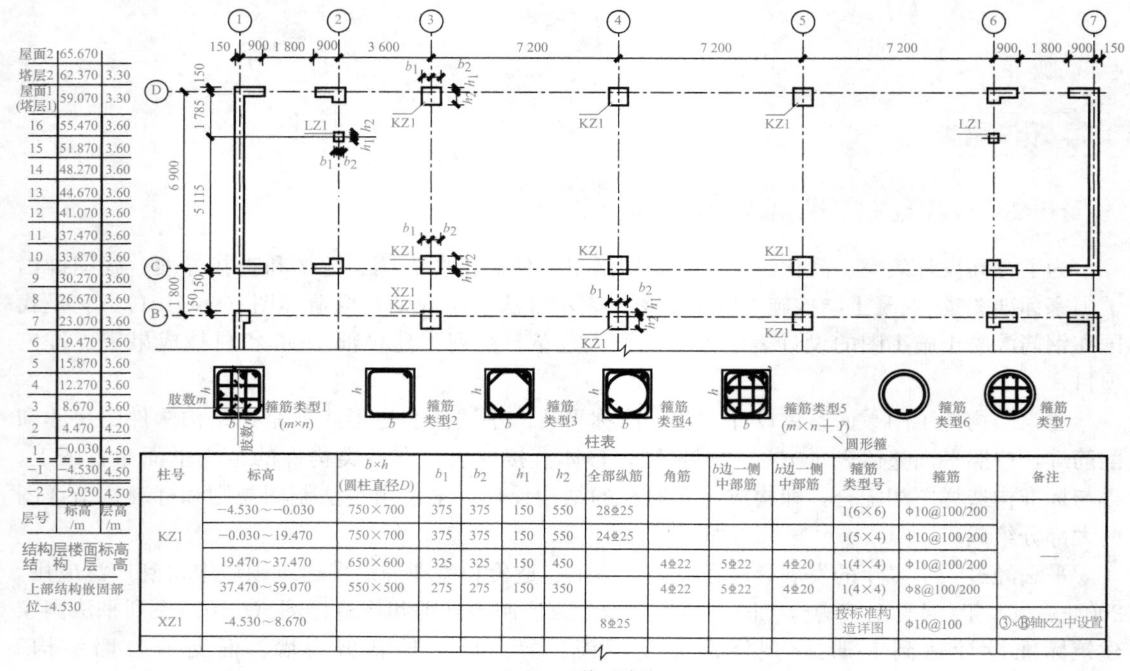

层号	标高/m	层高/m
屋面2	65.670	
塔层2	62.370	3.30
屋面1（塔层1）	59.070	3.30
16	55.470	3.60
15	51.870	3.60
14	48.270	3.60
13	44.670	3.60
12	41.070	3.60
11	37.470	3.60
10	33.870	3.60
9	30.270	3.60
8	26.670	3.60
7	23.070	3.60
6	19.470	3.60
5	15.870	3.60
4	12.270	3.60
3	8.670	3.60
2	4.470	4.20
1	−0.030	4.50
−1	−4.530	4.50
−2	−9.030	4.50

柱表

柱号	标高	b×h（圆柱直径D）	b_1	b_2	h_1	h_2	全部纵筋	角筋	b边一侧中部筋	h边一侧中部筋	箍筋类型号	箍筋	备注
KZ1	−4.530～−0.030	750×700	375	375	150	550	28⌀25				1(6×6)	Φ10@100/200	—
	−0.030～19.470	750×700	375	375	150	550	24⌀25				1(5×4)	Φ10@100/200	
	19.470～37.470	650×600	325	325	150	450		4⌀22	5⌀22	4⌀20	1(4×4)	Φ10@100/200	
	37.470～59.070	550×500	275	275	150	350		4⌀22	5⌀22	4⌀20	1(4×4)	Φ8@100/200	
XZ1	-4.530～8.670						8⌀25				按标准构造详图	Φ10@100	③×Ⓑ轴KZ1中设置

−4.530～59.070柱平法施工图（局部）

图 10-2　柱列表注写方式示例

柱表注写内容规定如下：

（1）柱编号。柱编号由类型代号和序号组成，应符合表 10-5 的规定。

表 10-5　平法柱编号

柱类型	代号	序号	柱类型	代号	序号
框架柱	KZ	××	梁上柱	LZ	××
转换柱	ZHZ	××	剪力墙上柱	QZ	××
芯　柱	XZ	××			

注：编号时，当柱的总高、分段截面尺寸和配筋均对应相同，仅分段截面与轴线的关系不同时，仍可将其编为同一柱号，但应在图中注明截面与轴线的关系。

（2）各段柱的起止标高。自柱根部往上以变截面位置或截面未变但配筋改变处为界分段注写。框架柱和转换柱的根部标高是指基础顶面标高；芯柱的根部标高是指根据结构实际需要而定的起始位置标高；梁上柱的根部标高是指梁顶面标高；剪力墙上柱的根部标高分两种：当柱纵筋锚固在墙顶部时，其根部标高为墙顶面标高；当柱与剪力墙重叠一层时，其根部标高为墙顶面往下一层的结构层楼面标高，设计人员应注明选用哪种做法。

（3）柱几何参数。对于矩形柱，注写柱截面尺寸 $b\times h$ 及与轴线关系的几何参数代号 b_1、b_2 和 h_1、h_2 的具体数值，须对应于各段柱分别注写。其中 $b=b_1+b_2$，$h=h_1+h_2$。当截面的某一边收缩变化至与轴线重合或偏到轴线的另一侧时，b_1、b_2、h_1、h_2 中的某项为零或为负值。对于圆柱，表中 $b\times h$ 一栏改用在圆柱直径数字前加 d 表示。为表达简单，圆柱截面与轴线的关系也用 b_1、b_2 和 h_1、h_2 表示，并使 $d=b_1+b_2=h_1+h_2$。

(4)柱纵筋。当柱纵筋直径相同，各边根数也相同时(包括矩形柱、圆柱和芯柱)，将纵筋注写在“全部纵筋”一栏中；除此之外，柱纵筋分角筋、截面 b 边中部筋和 h 边中部筋三项分别注写(对于采用对称配筋的矩形截面柱，可仅注写一侧中部筋，对称边省略不注)。

(5)箍筋类型号及箍筋肢数。在箍筋类型栏内注写绘制柱截面形状及其箍筋类型号。各种箍筋类型图以及箍筋复合的具体方式，须画在表的上部或图中的适当位置，并在其上标注与表中相对应的 b、h 和编上相应的类型号。

(6)柱箍筋。柱箍筋包括钢筋级别、直径与间距。当为抗震设计时，用斜线“/”区分柱端箍筋加密区与柱身非加密区长度范围内箍筋的不同间距。施工人员须根据标准构造详图的规定，在规定的几种长度值中取其大者作为加密区长度。当圆柱采用螺旋箍筋时，需在箍筋前加“L”。例 Φ10@100/250，表示箍筋为 HPB300 级钢筋，直径 Φ10，加密区间距为 100，非加密区为 250；Φ8@100，表示箍筋为 HPB300 级钢筋，直径 Φ8，间距沿柱全高为 100；LΦ10@100/200，表示采用螺旋箍筋，为 HPB300 级钢筋，直径 Φ10，加密区间距为 100，非加密区为 200。对抗震 KZ、QZ、LZ 箍筋加密区范围参照标准构造详图，如图 10-19 所示。

2. 柱截面注写方式

截面注写方式，是在分标准层绘制的柱平面布置图的柱截面上，分别在同一编号的柱中选择一个截面，按另一种比例原位放大绘制截面配筋图，并在各个配筋图上注写截面尺寸 $b\times h$、角筋或全部纵筋(当纵筋采用一种直径且图示清楚时)、箍筋的具体数值，以及在柱截面配筋图上标注柱截面与轴线关系 b_1、b_2、h_1、h_2 的具体数值的方式来表达柱平法施工图。当纵筋采用两种直径时，须注写截面各边中部筋的具体数值(对于采用对称配筋的矩形截面柱，可仅在一侧注写中部筋)。

当在某些框架柱的一定高度范围内，在其内部的中心位设置芯柱时，首先按照列表法的要求进行编号，继其编号之后注写芯柱的起止标高、全部纵筋及箍筋的具体数值(箍筋的注写方式同列表法)，芯柱截面尺寸按构造确定，并按标准构造详图施工。芯柱定位随框架柱，不需要注写其与轴线的几何关系。

在截面注写方式中，如柱的分段截面尺寸和配筋均相同，仅截面与轴线的关系不同时，可将其编为同一柱号。但此时应在未画配筋的柱截面上注写该柱截面与轴线关系的具体尺寸。采用截面注写方式表达的柱平法施工图示例如图 10-3 所示。

特别提示

柱列表注写方式与柱截面注写方式在实际工程中应用都很广泛，一般来说，当建筑层数多且建筑各层柱配筋差异大，若采用截面法需要图纸数量多时，采用列表注写可节约图纸数量；当建筑层数少或虽然层数多但各层配筋相同时宜采用截面法，截面注写更直观。

【例 10-1】 某框架柱 KZ1 的传统配筋详图如图 10-4 所示，该柱两层层高分别为 4.8 m 和 3.0 m，试按柱平法截面法制图规则分别作出首层和二层的平法截面图。

【解】

(1)识读柱配筋详图，分析柱结构构造：1—1 剖面图为首层中柱配筋截面详图，由图可知 KZ1 首层标高为－1.200～3.600 m，截面尺寸为 600 mm×600 mm，角筋为 4Φ25，一侧中部筋为 3Φ20，另一侧中部筋为 2Φ20，加密区箍筋为 Φ8@100，非加密区箍筋为 Φ8@200；2—2 剖面图为二层中柱配筋截面详图，二层标高为 3.600～6.600 m，截面尺寸为 600 mm×600 mm，角筋为 4Φ25，四侧中部筋均为 2Φ20，加密区箍筋为 Φ8@100，非加密区箍筋为 Φ8@200。

层号	标高/m	层高/m
屋面2	65.670	
塔层2	62.370	3.30
屋面1(塔层1)	59.070	3.30
16	55.470	3.60
15	51.870	3.60
14	48.270	3.60
13	44.670	3.60
12	41.070	3.60
11	37.470	3.60
10	33.870	3.60
9	30.270	3.60
8	26.670	3.60
7	23.070	3.60
6	19.470	3.60
5	15.870	3.60
4	12.270	3.60
3	8.670	3.60
2	4.470	4.20
1	−0.030	4.50
−1	−4.530	4.50
−2	−9.030	4.50

结构层楼面标高
结构层高

上部结构嵌固部位：
−4.530

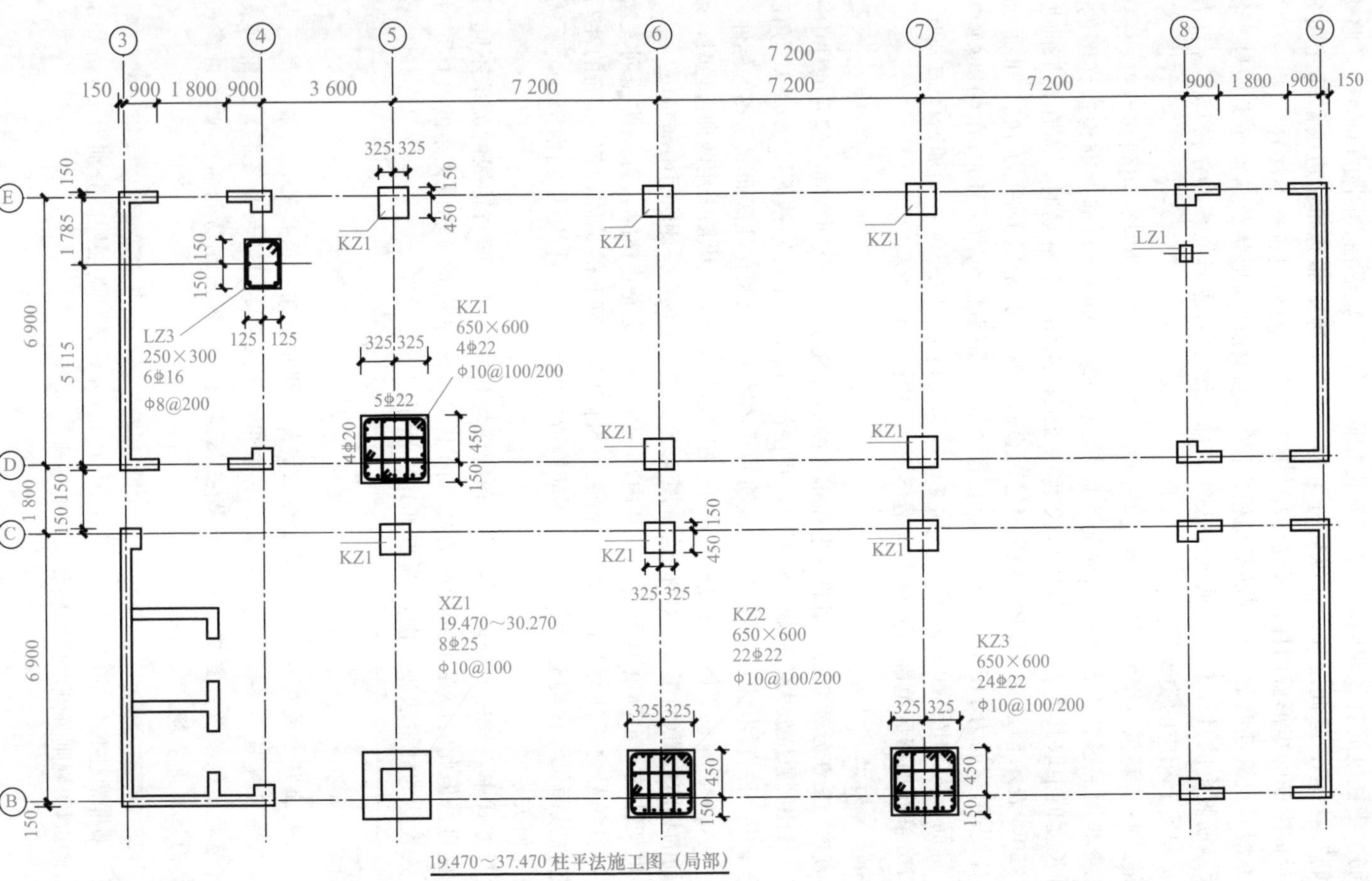

图10-3　柱截面注写方式示例

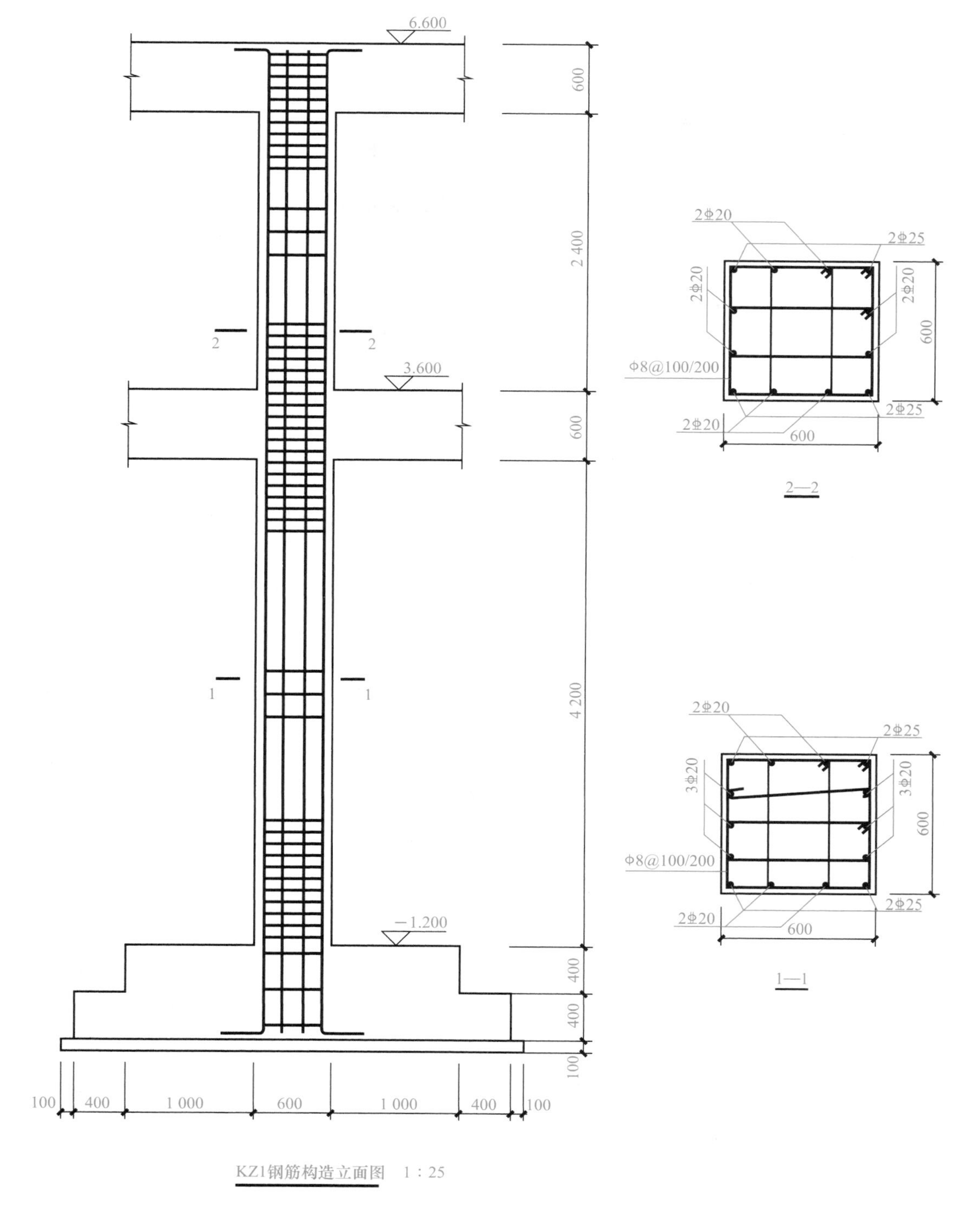

图 10-4 KZ1 配筋详图

(2)作平法截面法施工图，按照平法截面法标注要求进行集中标注与原位标注，并进行截面尺寸、标高标注，完成图如图10-5所示。

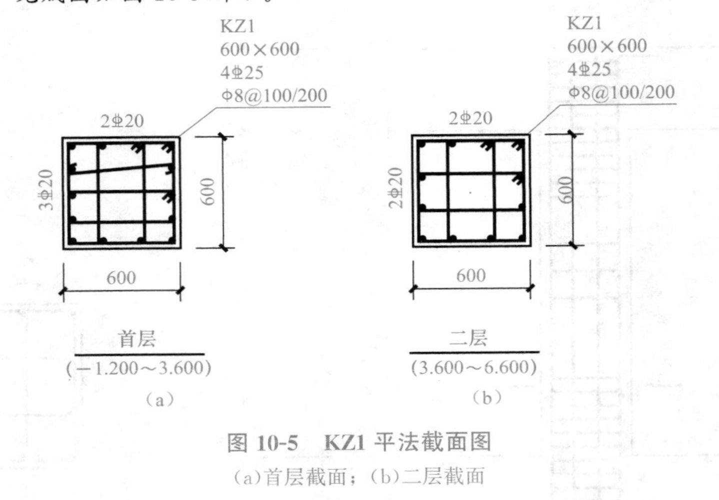

图10-5　KZ1平法截面图

(a)首层截面；(b)二层截面

10.2.3　梁平法结构施工图

梁的平法施工图是在梁的平面布置上采用平面标注方式或截面标注方式表达。梁平面布置图，应分别按梁的不同结构层(标准层)，将全部梁与其相关联的柱、墙、板一起采用适当比例绘制，并注明各结构层的顶面标高、相应的结构层号。对于轴线未居中的梁，除梁边与柱边平齐外，应标注其偏心定位尺寸。

1. 梁平面注写方式

平面标注方式是指在梁的平面布置图上分别在不同编号的梁中各选一根梁，在其上标注截面尺寸和配筋的具体数值。

平面标注方式包括集中标注与原位标注，如图10-6所示。集中标注表达梁的通用数值，原位标注表达梁的特殊数值。当集中标注中的某项数值不适用于梁的某部位时，则将该项数值原位标注。施工时，原位标注取值优先。

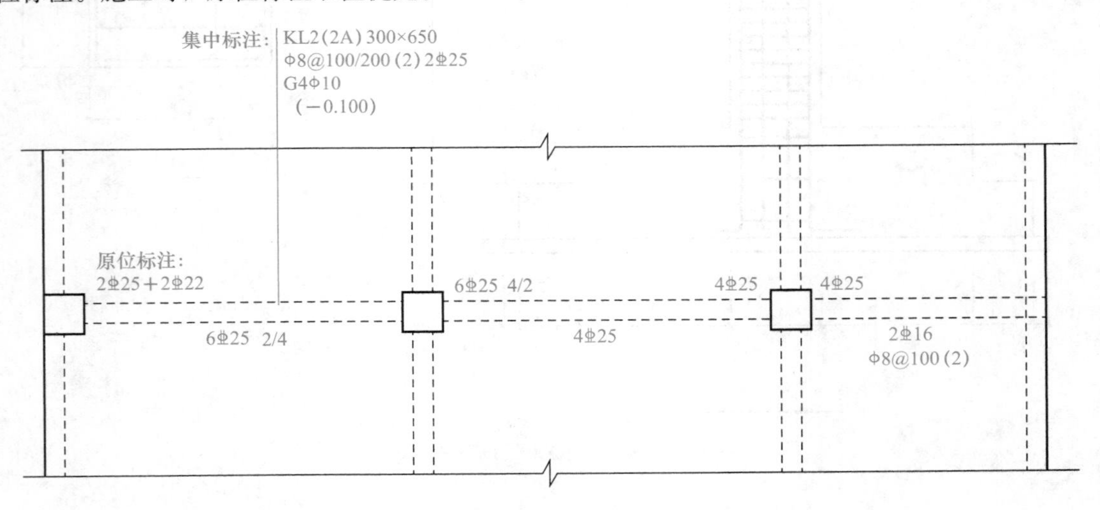

图10-6　平面注写示意图

(1)梁集中标注。梁集中标注可以从梁的任意一跨引出，标注内容有五项必注值及一项选注值，规定如下：

1)梁编号。梁的编号由梁类型代号、序号、跨数及有无悬挑代号几项组成，应符合表 10-6 的规定。

表 10-6　平法梁编号

梁类型	代号	序号	跨数及是否带有悬挑	备注
楼层框架梁	KL	××	(××)、(××A)或(××B)	(××A)为一端有悬挑，(××B)为两端有悬挑，悬挑不计入跨数
楼层框架扁梁	KBL	××	(××)、(××A)或(××B)	
屋面框架梁	WKL	××	(××)、(××A)或(××B)	
框支梁	KZL	××	(××)、(××A)或(××B)	
托柱转换梁	TZL	××	(××)、(××A)或(××B)	
非框架梁	L	××	(××)、(××A)或(××B)	
悬挑梁	XL	××	(××)、(××A)或(××B)	
井字梁	JZL	××	(××)、(××A)或(××B)	

2)梁截面尺寸。等截面梁用 $b\times h$ 表示，如图 10-6 中的 KL2(2A)所示 300×650 表示：梁宽为 300 mm，梁高为 650 mm；竖向加腋梁用 $b\times h$　Y$c_1\times c_2$ 表示(c_1 表示腋长，c_2 表示腋高)，如图 10-7(a)所示，水平一侧加腋梁用 $b\times h$　PY$c_1\times c_2$ 表示(c_1 表示腋长，c_2 表示腋宽)，如图 10-7(b)所示；悬挑梁且根部和端部的高度不同时，用斜线分隔根部与端部的高度值，即为 $b\times h_1/h_2$，如图 10-7(c)所示。

3)梁箍筋。包括钢筋级别、直径、加密区与非加密区间距及肢数。箍筋加密区与非加密区的不同间距及肢数需用“/”分隔；箍筋肢数应写在括号内。箍筋加密区范围根据抗震等级参照标注构造详图取用。图 10-6 中 KL2(2A)的 Φ8@100/200(2)表示：箍筋为 HPB300 级钢筋，直径为 8 mm，加密区间距为 100 mm，非加密区间距为 200 mm，均为双肢箍。

当抗震设计中的非框架梁、悬挑梁、井字梁，以及非抗震设计中的各类梁采用不同的箍筋间距及肢数时，也用斜线“/”将其分隔开来。注写时，先注写梁支座端部的箍筋，包括箍筋的箍数、钢筋级别、直径、间距与肢数，在斜线后注写梁跨中部分的箍筋间距及肢数。例如 18Φ12@150(4)/200(2)表示：箍筋为 HPB300 级钢筋，直径为 12 mm；梁的两端各有 18 个四肢箍筋，间距为 150 mm，梁跨中部分，间距为 200 mm，双肢箍。

4)梁上部通长筋或架立筋配置(通长筋可为相同或不同直径采用搭接连接、机械连接或焊接的钢筋)，该项为必注值。图 10-6 中 KL2(2A)的 2Φ25 表示：上部通长筋为 2 根直径为 25 mm 的 HRB400 级钢筋，用于双肢箍。所注规格与根数应根据结构受力要求及箍筋肢数等构造要求而定。当同排纵筋中既有通长筋又有架立筋时，应用加号“+”将通长筋和架立筋相连，且须将各角部纵筋写在加号前面，架立筋写在加号后面的括号内。例如 2Φ22+(4Φ12)用于六肢箍，其中 2Φ22 为通长筋，4Φ12 为架立筋。

当梁的上部纵筋和下部纵筋均为全跨相同通长设置，且多数跨配筋相同时，此项可加注下部纵筋的配筋值，用“;”将上部与下部纵筋的配筋值分隔开。如某梁集中标注处写“3Φ22；3Φ20”表示：梁的上部通长筋为 3Φ22，梁下部的通长筋为 3Φ20。

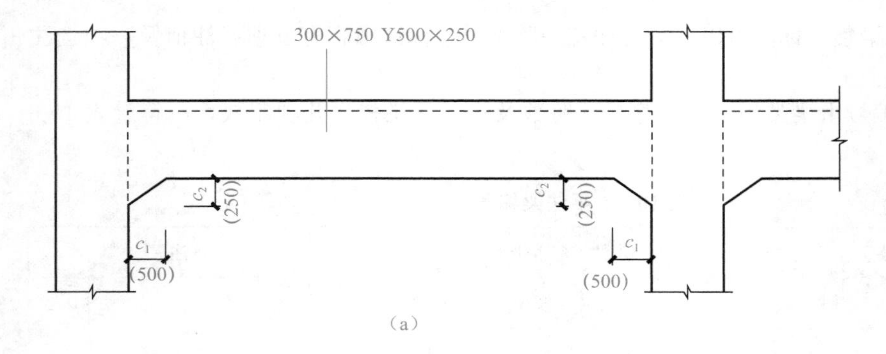

(a)

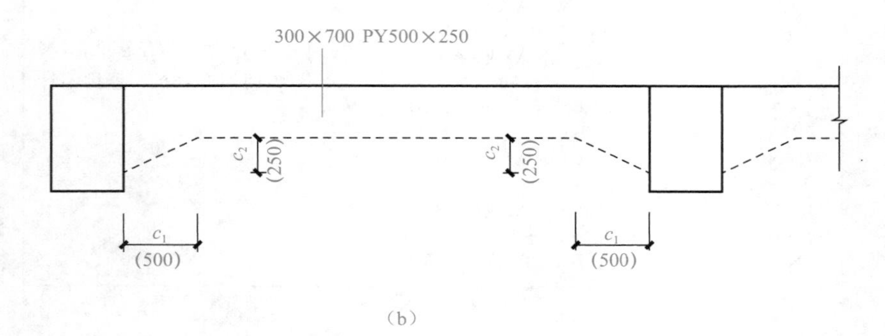

(b)

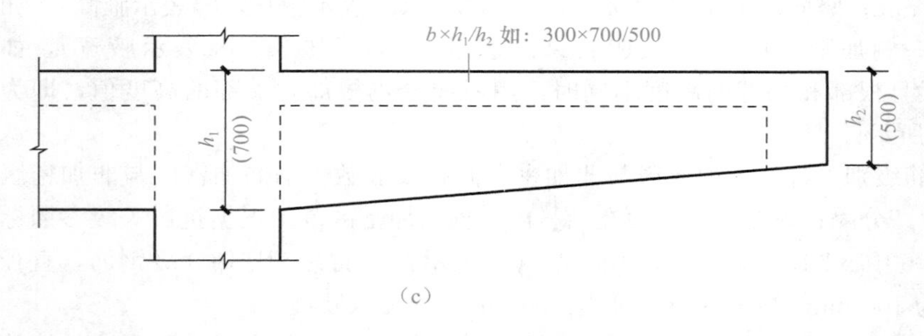

(c)

加腋梁形态认知

图 10-7　加腋梁与变截面梁尺寸示意

(a)竖向加腋梁；(b)水平加腋梁；(c)悬挑不等高截面梁

5)梁侧面纵向构造钢筋或受扭钢筋，该项为必注值。当梁腹板高度 $h_w \geqslant 450$ mm 时，须配置纵向构造腰筋，注写值以大写字母 G 打头，接续注写设置在梁两个侧面的总配筋值，且对称配置。所注规格与根数应符合构造详图的要求。图 10-6 中 KL2(2A)的 G4Φ10 表示：梁的两个侧面共配置 4Φ10 的纵向构造腰筋，每侧各配置 2Φ10。

梁侧面需配置受扭纵向钢筋时，注写值以大写字母 N 打头，接续注写设置在梁两个侧面的总配筋值，且对称配置。例如 N6Φ22 表示：梁的两个侧面共配置 6Φ22 受扭纵筋，每侧各配置 3Φ22。

6)梁顶面标高高差，该项为选注值。梁顶面标高高差是指相对于结构层楼面标高的高差值，对位于结构夹层的梁，则指相对于结构夹层楼面标高的高差。有高差时，须将其写入括号内，无高差时不标注。图 10-6 中 KL2(2A)的(－0.100)表示：该梁顶面标高低于其结构层的楼面标高 0.100 m。

(2)梁原位标注。

1)梁支座上部纵筋。该部位包含通长筋在内的所有纵筋。当上部纵筋多于一排时，用“/”将各排纵筋自上而下分开，如图 10-6 中 KL2(2A)的 6⌀25 4/2 表示：上一排纵筋为 4⌀25，下一排纵筋为 2⌀25；当同排纵筋有两种直径时，用“＋”将两种直径纵筋相连，且角部纵筋写在前面，如图 10-6 中 KL2(2A)的 2⌀25＋2⌀22 表示：梁支座上部有四根纵筋，2⌀25 放在角部，2⌀22 放在中部；当梁中间支座两边的上部纵筋相同时，可仅标注一边，但不相同时，应在支座两边分别标注。

2)梁下部纵筋。下部纵筋多于一排时，同样用“/”将各排纵筋自上而下分开。同排纵筋有两种直径时，同样用“＋”将两种异径纵筋相连，且角部纵筋写在前面。梁下部纵筋不全伸入支座时，将梁支座下部纵筋减少的数量写在括号里，如 6⌀25 2(－2)/4 表示：上排纵筋为 2⌀25，且不伸入支座，下一排纵筋为 4⌀25，且全部伸入支座。

当梁的集中标注中已经按规定分别注写了梁上部和下部均为通长的纵筋值时，则不需在梁下部重复做原位标注。

当梁设置竖向加腋时，加腋部位下部斜纵筋应在支座下部以 Y 打头注写在括号内，当梁设置水平加腋时，水平加腋内上、下部斜纵筋应在加腋支座上部以 Y 打头注写在括号内，上下部斜纵筋之间用“/”分隔，如图 10-8 所示。

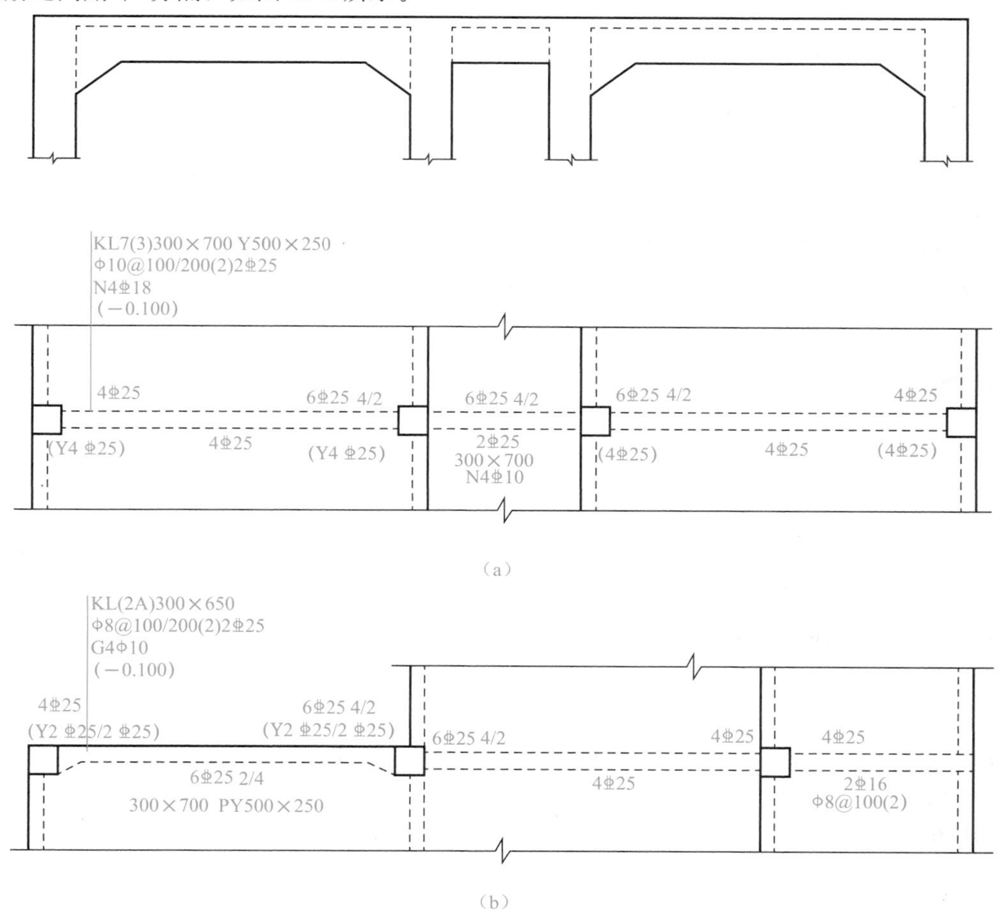

图 10-8 加腋梁平面注写实例

(a)竖向加腋梁；(b)水平加腋梁

3)附加箍筋或吊筋。将其直接画在平面图中的主梁上，用引线注明总配筋值；当多数附加箍筋或吊筋相同时，可在梁平法施工图上统一注明，少数与统一注明值不同时，再引用原位引注，如图 10-9 所示。

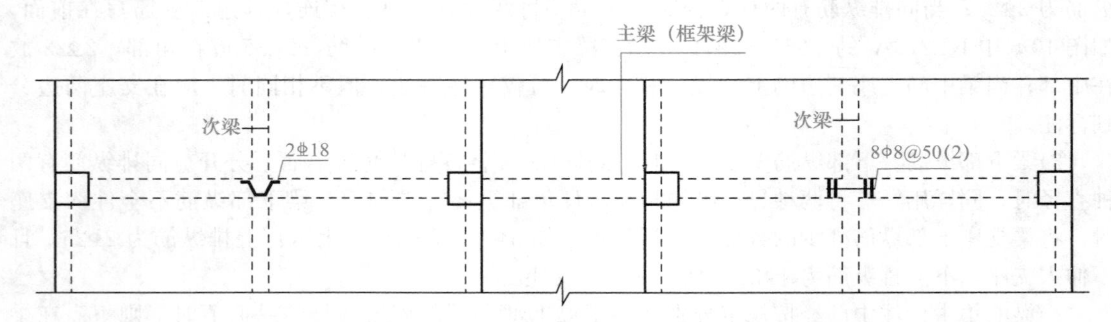

图 10-9　附加箍筋与吊筋注写示例

4)当在梁上集中标注的内容，不适用于某跨或某悬挑部分时，则将其不同数值原位标注在该跨或该悬挑部位，施工时应按原位标注数值取用。在梁平法施工图中，当局部梁的布置过密时，可将过密区用虚线框出，适当放大比例后再用平面注写方式表示。

2. 梁截面注写方式

梁截面标注方式是指在分标准层绘制的梁平面布置图上，分别在不同编号的梁中各选一根梁用剖面号引出配筋图，并在其上标注截面尺寸和配筋具体数值的方式来表达梁平法施工图。对所有梁按平面注写方式的规则进行编号，从相同编号的梁中选择一根梁，先将“单边截面号”画在该梁上，再将截面配筋详图画在本图或其他图上。当某梁的顶面标高与结构层的楼面标高不同时，还应继其梁编号后注写梁顶面标高高差(注写规定与平面注写方式相同)。

特别提示

与梁截面注写方式相比，梁平面注写方式应用更加广泛。

截面标注方式既可以单独使用也可以与平面标注方式结合使用。在梁平法施工图中，当局部梁的布置过密时，除采用截面注写方式表达外，也可将过密区用虚线框出，适当放大比例后再用平面注写方式表示。应用截面注写方式表达的梁平法施工图示例如图 10-11 所示。

3. 梁平法施工图注写方式示例

梁平法施工图平面注写方式示例如图 10-10 所示。梁平法施工图截面注写方式示例如图 10-11所示。

【例 10-2】 某框架梁 KL2 的传统配筋详图如图 10-12 所示，该梁共两跨且每跨除下部纵筋外其余配筋相同，该梁的标高比所在楼层低 50 mm，试按梁平法制图规则转化为梁平法施工图。

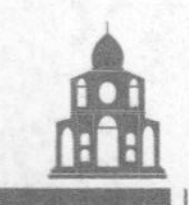

层号	标高/m	层高/m
屋面 2	65.670	
塔层 2	62.370	3.30
屋面 1（塔层 1）	59.070	3.30
16	55.470	3.60
15	51.870	3.60
14	48.270	3.60
13	44.670	3.60
12	41.070	3.60
11	37.470	3.60
10	33.870	3.60
9	30.270	3.60
8	26.670	3.60
7	23.070	3.60
6	19.470	3.60
5	15.870	3.60
4	12.270	3.60
3	8.670	3.60
2	4.470	4.20
1	-0.030	4.50
-1	-4.530	4.50
-2	-9.030	4.50

结构层楼面标高
结构层高

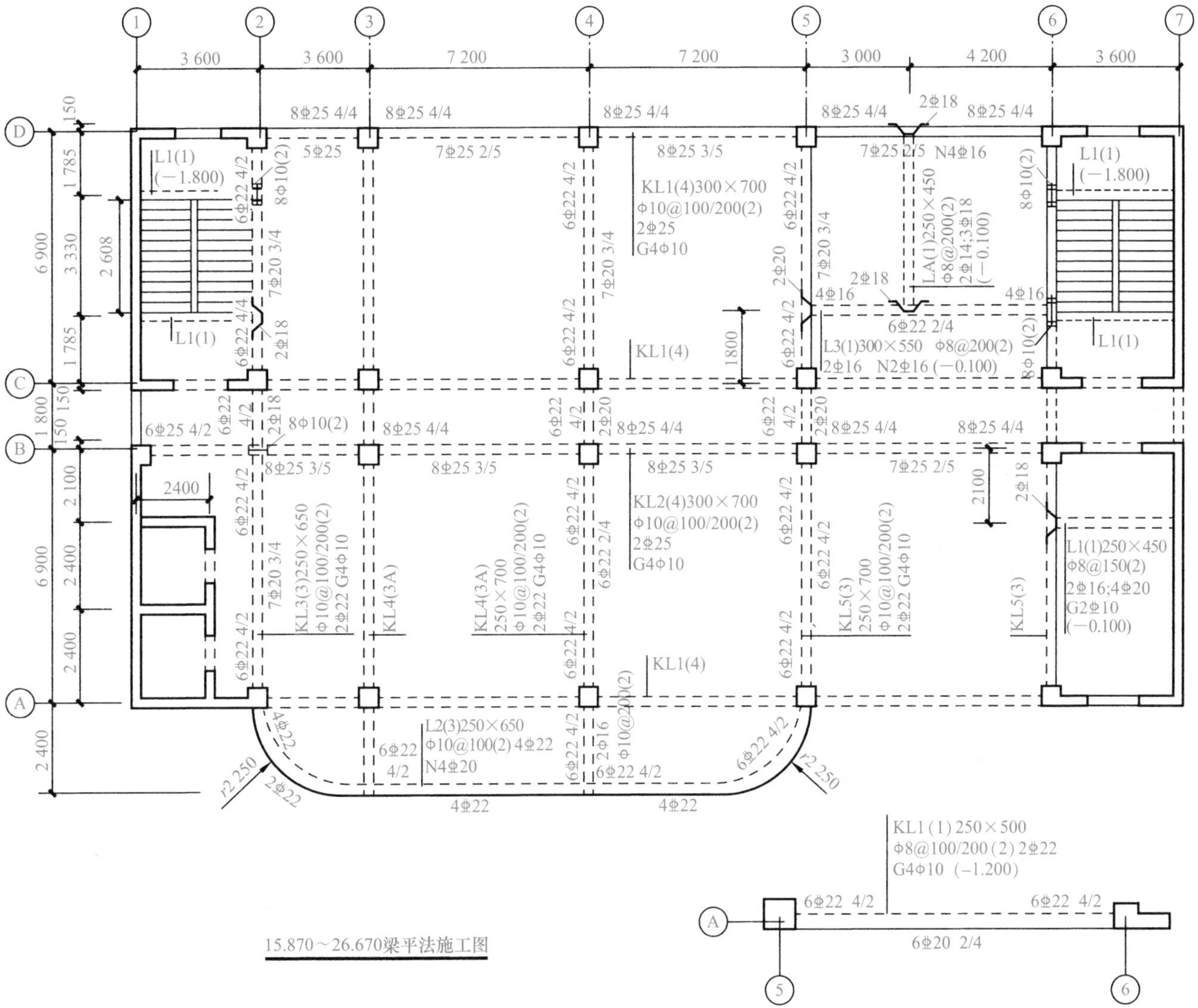

15.870～26.670梁平法施工图

图10-10　梁平法施工图平面注写方式示例

层号	标高/m	层高/m
屋面2	65.670	
塔层2	62.370	3.30
屋面1（塔层1）	59.070	
16	55.470	3.60
15	51.870	3.60
14	48.270	3.60
13	44.670	3.60
12	41.070	3.60
11	37.470	3.60
10	33.870	3.60
9	30.270	3.60
8	26.670	3.60
7	23.070	3.60
6	19.470	3.60
5	15.870	3.60
4	12.270	3.60
3	8.670	3.60
2	4.470	4.20
1	−0.030	4.50
−1	−4.530	4.50
−2	−9.030	4.50

结构层楼面标高
结 构 层 高

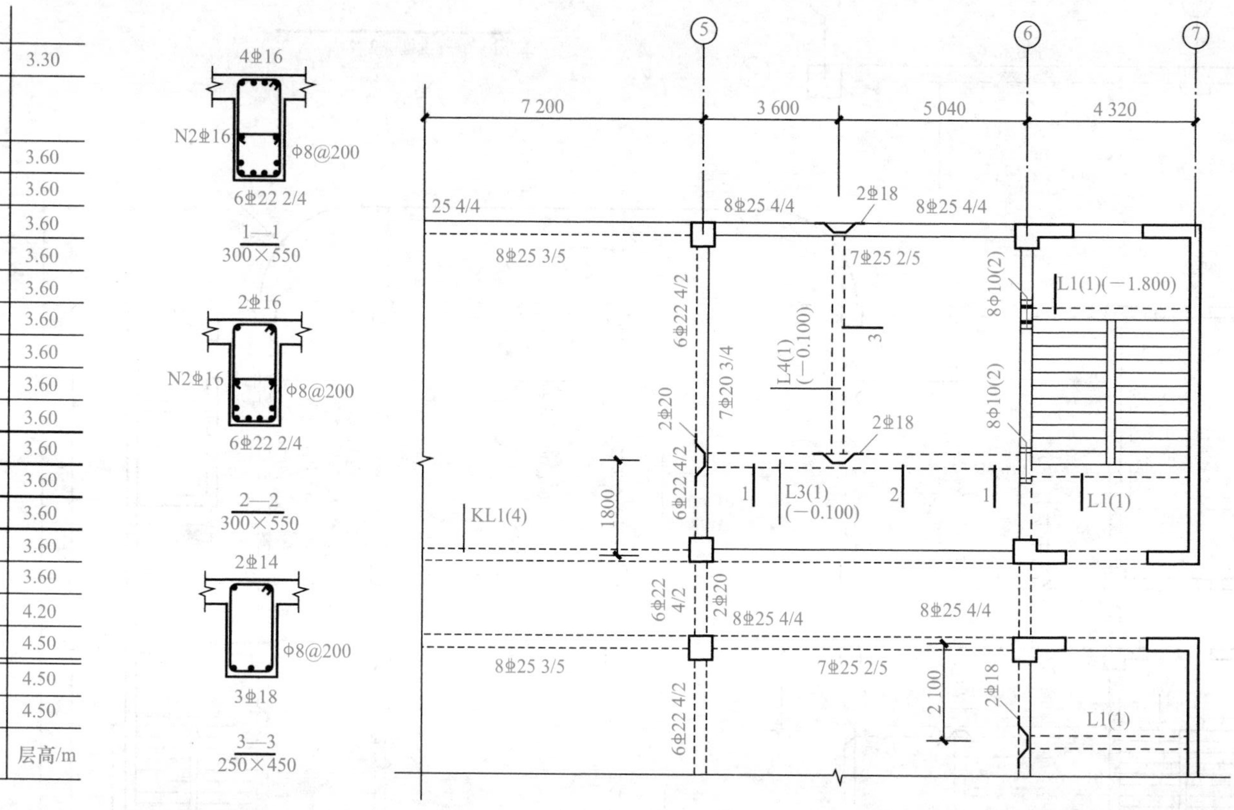

15.870～26.670梁平法施工图（局部）

图10-11　梁平法施工图截面注写方式示例

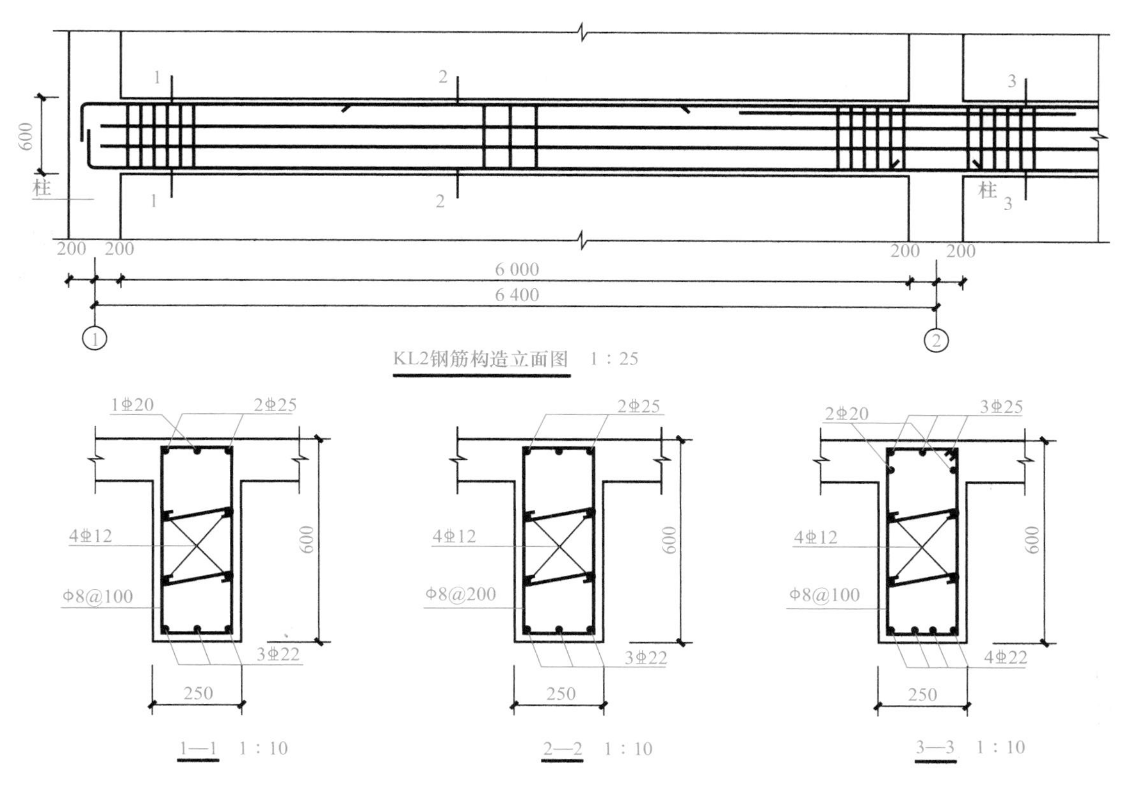

图 10-12 某框架梁 KL2 配筋详图

【解】

(1)识读该梁配筋详图，分析梁结构构造：该梁的编号为 KL2(2)，截面尺寸为 250 mm×600 mm，加密区箍筋为 Φ8@100，非加密区箍筋为 Φ8@200，上部通长筋为 2Φ25，端支座附加筋为 1Φ20，中间支座处上排附加筋为 1Φ25，中间支座处下排附加筋为 2Φ20，第一跨下部纵筋为 3Φ22，第二跨下部纵筋为 4Φ22，两跨的构造腰筋均为 4Φ12。

(2)作梁平法施工图，按照平法截面法标注要求进行集中标注与原位标注，完成图如图 10-13 所示。

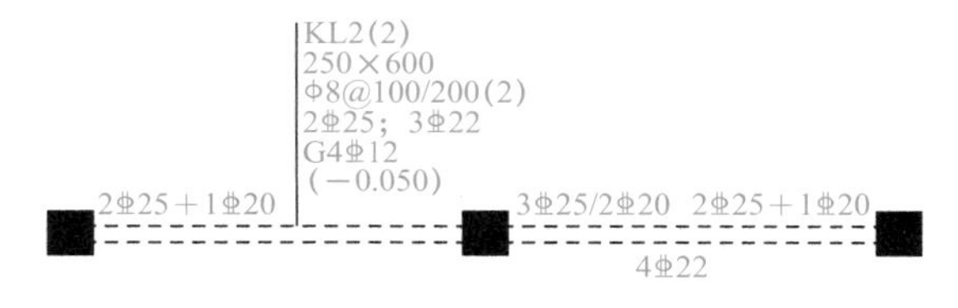

图 10-13 某框架梁 KL2 平法标注图

10.2.4 有梁楼盖平法结构施工图

有梁楼盖板平法施工图，是在楼面板和屋面板布置图上，采用平面注写的表达方式。板平面注写主要包括板块集中标注和板支座原位标注。为方便设计表达和施工识图，规定结构平面的坐标方向为：当两向轴网正交布置时，图面从左至右为 X 向，从下至上为 Y 向；当轴网转折时，局部坐标方向顺轴网转折角度做相应转折；当轴网向心布置时，切向为 X 向，径向为 Y

向；另外，对于平面布置比较复杂的区域，如轴网转折交界区域、向心布置的核心区域等，其平面坐标方向应由设计者另行规定并在图上明确表示。

1. 板块集中标注

板块集中标注的内容为：板块编号，板厚，贯通纵筋，以及当板面标高不同时的标高高差。

(1)板块编号。对于普通楼面，两向均以一跨为一板块；对于密肋楼盖，两向主梁(框架梁)均以一跨为一板块(非主梁密肋不计)。所有板块应逐一编号，相同编号的板块可择其一做集中标注，其他仅注写置于圆圈内的板编号，以及当板面标高不同时的标高高差。板块编号应符合表10-7的规定。

表10-7　板块编号

板类型	代号	序号
楼面板	LB	××
屋面板	WB	××
悬挑板	XB	××

(2)板厚。板厚注写为h=×××(为垂直于板面的厚度)；当悬挑板的端部改变截面厚度时，用斜线分隔根部与端部的高度值，注写为h=×××/×××；当设计已在图注中统一注明板厚时，此项可不注。

(3)贯通纵筋。贯通纵筋按板块的下部和上部分别注写(当板块上部不设贯通纵筋时则不注)，并以B代表下部，以T代表上部，B&T代表下部与上部；X向贯通纵筋以X打头，Y向贯通纵筋以Y打头，两向贯通纵筋配置相同时则以X&Y打头。

当为单向板时，分布筋可不必注写，而在图中统一注明。

当在某些板内(例如在悬挑板XB的下部)配置有构造钢筋时，则X向以Xc打头，Y向贯通纵筋以Yc打头注写。

当贯通筋采用两种规格钢筋“隔一布一”方式时，表达为ϕxx/yy@×××，表示直径为xx的钢筋和直径为yy的钢筋二者之间间距为×××，直径xx的钢筋的间距为×××的2倍，直径yy的钢筋的间距为×××的2倍。

(4)板面标高高差。板面标高高差是指相对于结构层楼面标高的高差，应将其注写在括号内，且有高差则注，无高差不注。

例如，有一楼面板块注写为　LB5　h=110

B：X⌀12@120；Y⌀10@110

表示5号楼面板，板厚110 mm，板下部配置的贯通纵筋X向为⌀12@120，Y向为⌀10@110；板上部未配置贯通纵筋。

例如，有一楼面板块注写为　LB5　h=110

B：X⌀10/12@100；Y⌀10@110

表示5号楼面板，板厚110 mm，板下部配置的贯通纵筋X向为⌀10、⌀12，⌀10与⌀12之间间距为100 mm；Y向为⌀10@110；板上部未配置贯通纵筋。

例如，有一楼面板块注写为　XB2　h=150/100

B：Xc&Yc⌀8@200

表示2号楼面悬挑板，板厚根部厚150 mm，端部厚100 mm，板下部配置构造钢筋双向均为⌀8@200。

2. 板支座原位标注

板支座原位标注的内容为：板支座上部非贯通纵筋和悬挑板上部受力钢筋。板支座原位标注的钢筋，应在配置相同跨的第一跨表达(当在梁悬挑部位单独配置时则在原位表达)。在配置相同跨的第一跨(或梁悬挑部位)，垂直于板支座(梁或墙)绘制一段适宜长度的中粗实线(当该筋通长设置在悬挑板或短跨板上部时，实线段应画至对边或贯通短跨)，以该线段代表支座上部非贯通纵筋，并在线段上方注写钢筋编号(如①、②等)、配筋值、横向连续布置的跨数(注写在括号内，且当为一跨时可不注)，以及是否横向布置到梁的悬挑端。

【例】 (××)为横向布置的跨数，(××A)为横向布置的跨数及一端的悬挑梁部位，(××B)为横向布置的跨数及两端的悬挑梁部位。

板支座上部非贯通筋自支座中线向跨内的伸出长度，注写在线段的下方位置。当中间支座上部非贯通纵筋向支座两侧对称伸出时，仅在支座一侧线段下方标注伸出长度，另一侧不注，当向支座两侧非对称伸出时，在支座两侧线段下方注写伸出长度，如图 10-14 所示。

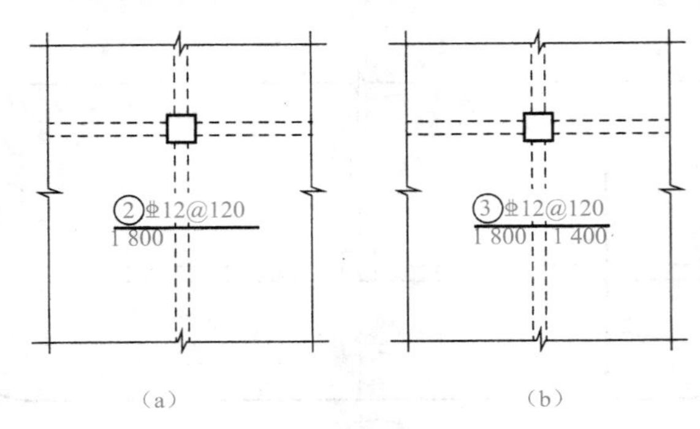

图 10-14　板支座上部非贯通筋标注

(a)对称伸出；(b)非对称伸出

对线段画至对边贯通全跨或贯通全悬挑长度的上部通长纵筋，贯通全跨或伸出至全悬挑一侧的长度值不注，只注明非贯通筋另一侧的伸出长度值，如图 10-15 所示。

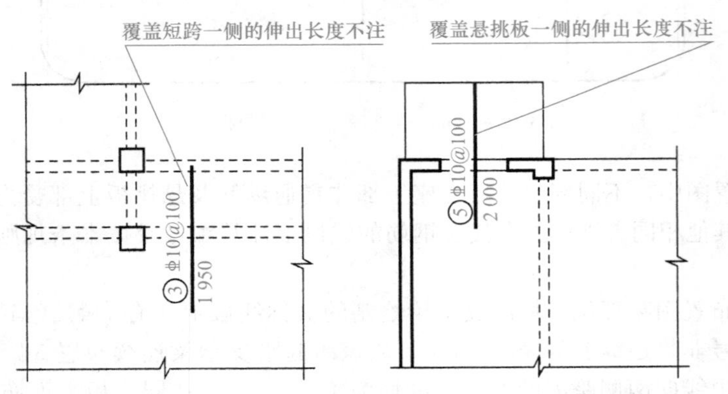

图 10-15　板支座非贯通筋贯通全跨或伸出至悬挑端

当板支座为弧形，支座上部非贯通纵筋呈放射状分布时，应注明配筋间距的度量位置并加注“放射分布”四字，必要时补绘平面配筋图，如图 10-16 所示。关于悬挑板的注写方式如图 10-17 所示。

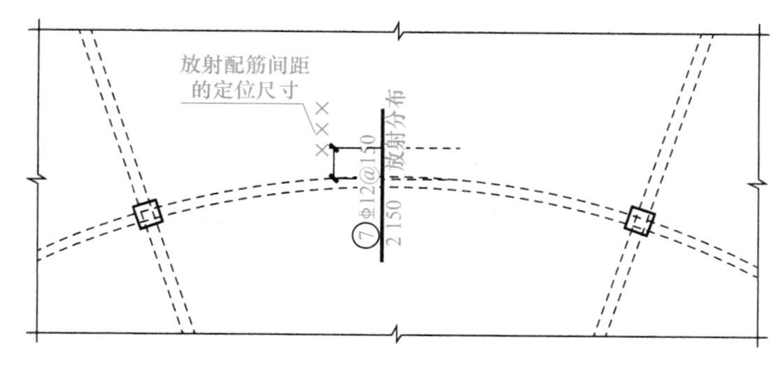

图 10-16　弧形支座处放射配筋

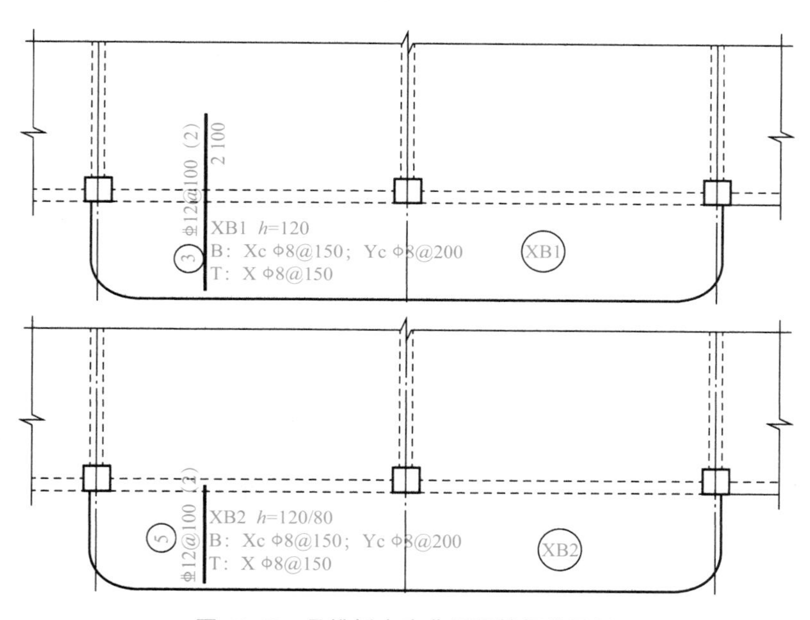

图 10-17　悬挑板支座非贯通筋标注示例

在板平面布置图中，不同部位的板支座上部非贯通纵筋及悬挑板上部受力钢筋，可仅在一个部位注写，对其他相同者则仅需在代表钢筋的线段上注写编号及按本条规则注写横向连续布置的跨数即可。

如在板平面布置图某部位，横跨支承梁绘制的对称线段上注有⑦Φ12@100(5A)和 1 500，表示支座上部⑦号非贯通纵筋为Φ12@100，从该跨起沿支承梁连续布置 5 跨加梁一端的悬挑端，该筋自支座中线向两侧跨内的伸出长度均为 1 500 mm，在同一板平面布置图的另一部位横跨梁支座绘制的对称线段上注有⑦(2)者，是表示该筋同⑦号纵筋，沿支承梁连续布置2 跨，且无梁悬挑端布置。另外，与板支座上部非贯通纵筋垂直且绑扎在一起的构造钢筋或分布钢筋，一般由设计者在图中注明。采用平面注写方式表达的楼面板平法施工图示例，如图 10-18 所示。

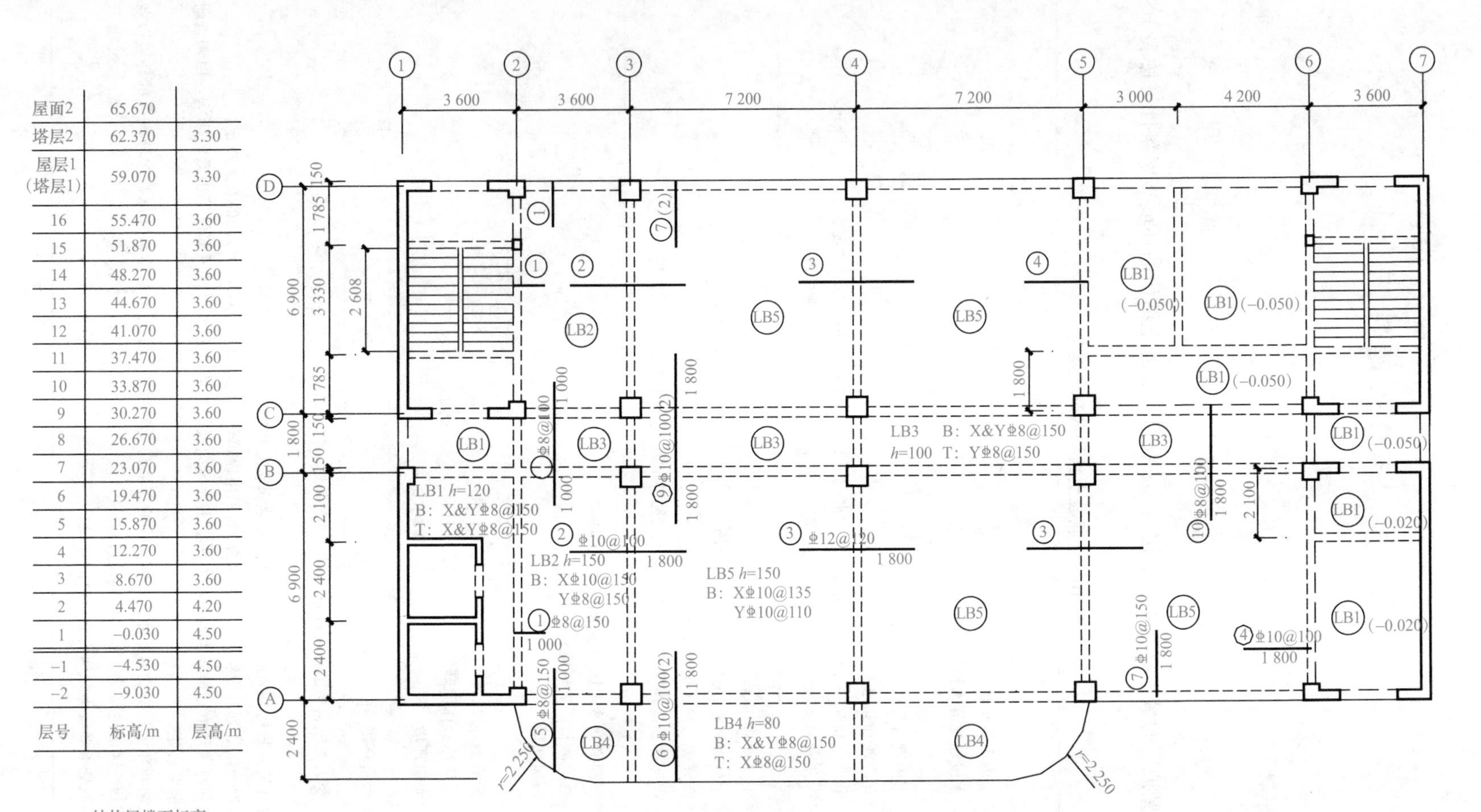

层号	标高/m	层高/m
屋面2	65.670	
塔层2	62.370	3.30
屋层1（塔层1）	59.070	3.30
16	55.470	3.60
15	51.870	3.60
14	48.270	3.60
13	44.670	3.60
12	41.070	3.60
11	37.470	3.60
10	33.870	3.60
9	30.270	3.60
8	26.670	3.60
7	23.070	3.60
6	19.470	3.60
5	15.870	3.60
4	12.270	3.60
3	8.670	3.60
2	4.470	4.20
1	−0.030	4.50
−1	−4.530	4.50
−2	−9.030	4.50

图10-18　有梁楼盖平法施工图示例

任务 10.3　标准构造详图

知识导航

10.3.1　混凝土保护层与钢筋锚固要求

(1)混凝土保护层的最小厚度要求应按表 4-8 取用。混凝土结构的环境类别条件可按表 10-8 取用。

表 10-8　混凝土结构的环境类别

环境类别	条件
一	室内干燥环境； 无侵蚀性静水浸没环境
二 a	室内潮湿环境； 非严寒和非寒冷地区的露天环境； 非严寒和非寒冷地区与无侵蚀性的水或土壤直接接触的环境； 严寒和寒冷地区的冰冻线以下与无侵蚀性的水或土壤直接接触的环境
二 b	干湿交替环境； 水位频繁变动环境； 严寒和寒冷地区的露天环境； 严寒和寒冷地区冰冻线以上与无侵蚀性的水或土壤直接接触的环境
三 a	严寒和寒冷地区冬季水位变动区环境； 受除冰盐影响环境； 海风环境
三 b	盐渍土环境； 受除冰盐作用环境； 海岸环境
四	海水环境
五	受人为或自然的侵蚀性物质影响的环境

注：1. 室内潮湿环境是指构件表面经常处于结露或湿润状态的环境。

2. 严寒和寒冷地区的划分应符合现行国家标准《民用建筑热工设计规范》(GB 50176)的有关规定。

3. 海岸环境和海风环境宜根据当地情况，考虑主导风向及结构所处迎风、背风部位等因素的影响，由调查研究和工程经验确定。

4. 受除冰盐影响环境是指受到除冰盐盐雾影响的环境；受除冰盐作用环境是指被除冰盐溶液溅射的环境以及使用除冰盐地区的洗车房、停车楼等建筑。

5. 暴露的环境是指混凝土结构表面所处的环境。

(2)受拉钢筋基本锚固长度 l_{ab}、l_{abE} 按表 4-2 取用，受拉钢筋锚固长度 l_a、受拉钢筋抗震锚固长度 l_{aE} 可分别按表 10-9 和表 10-10 取用。

表 10-9　受拉钢筋锚固长度 l_a

钢筋种类	混凝土强度等级																
	C20	C25		C30		C35		C40		C45		C50		C55		≥C60	
	d≤25	d≤25	d>25	d≤25	d>25	d≤25	d>25	d≤25	d>25	d≤25	d>25	d≤25	d>25	d≤25	d>25	d≤25	d>25
HPB300	39d	34d	—	30d	—	28d	—	25d	—	24d	—	23d	—	22d	—	21d	—
HRB335	38d	33d	—	29d	—	27d	—	25d	—	23d	—	22d	—	21d	—	21d	—
HRB400 HRBF400 RRB400	—	40d	44d	35d	39d	32d	35d	29d	32d	28d	31d	27d	30d	26d	29d	25d	28d
HRB500 HRBF500	—	48d	53d	43d	47d	39d	43d	36d	40d	34d	37d	32d	35d	31d	34d	30d	33d

表 10-10　受拉钢筋抗震锚固长度 l_{aE}

钢筋种类及抗震等级		混凝土强度等级																
		C20	C25		C30		C35		C40		C45		C50		C55		≥C60	
		d≤25	d≤25	d>25	d≤25	d>25	d≤25	d>25	d≤25	d>25	d≤25	d>25	d≤25	d>25	d≤25	d>25	d≤25	d>25
HPB300	一、二级	45d	39d	—	35d	—	32d	—	29d	—	28d	—	26d	—	25d	—	24d	—
	三级	41d	36d	—	32d	—	29d	—	26d	—	25d	—	24d	—	23d	—	22d	—
HRB335	一、二级	44d	38d	—	33d	—	31d	—	29d	—	26d	—	25d	—	24d	—	24d	—
	三级	40d	35d	—	30d	—	28d	—	26d	—	24d	—	23d	—	22d	—	22d	—
HRB400 HRBF400	一、二级	—	46d	51d	40d	45d	37d	40d	33d	37d	32d	36d	31d	35d	30d	33d	29d	32d
	三级	—	42d	46d	37d	41d	34d	37d	30d	34d	29d	33d	28d	32d	27d	30d	26d	29d
HRB500 HRBF500	一、二级	—	55d	61d	49d	54d	45d	49d	41d	46d	39d	43d	37d	40d	36d	39d	35d	38d
	三级	—	50d	56d	45d	49d	41d	45d	38d	42d	36d	39d	34d	37d	33d	36d	32d	35d

能力导航

10.3.2 标准构造详图

掌握平法的平面制图规则以后，就可对结构图进行读识。但运用规则读出的数值实际只是构件控制截面处的特征值，因为读者必须进一步配合规范构造详图继续识读，才能够真正理解设计者意图，读懂结构施工图。

16G101 系列规范的构造详图内容较多，本书节选了部分详图，柱构造详图如图 10-19 所示，梁构造详图如图 10-20、图 10-21 所示，有梁楼盖构造详图如图 10-22 所示。读者可参看 16G101 系列的规范图集继续深入学习。

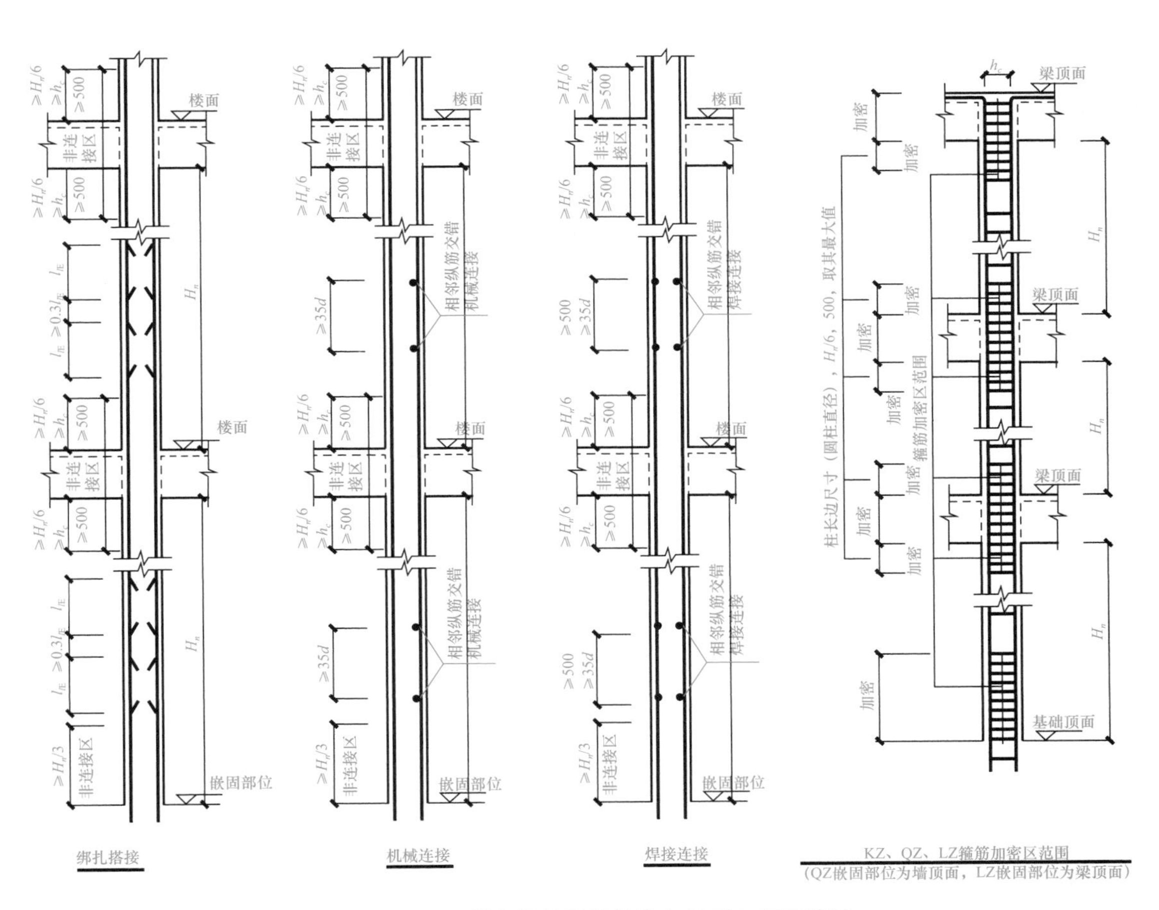

图 10-19　KZ 纵向钢筋连接构造与箍筋加密区范围

（h_c 为柱截面长边尺寸）

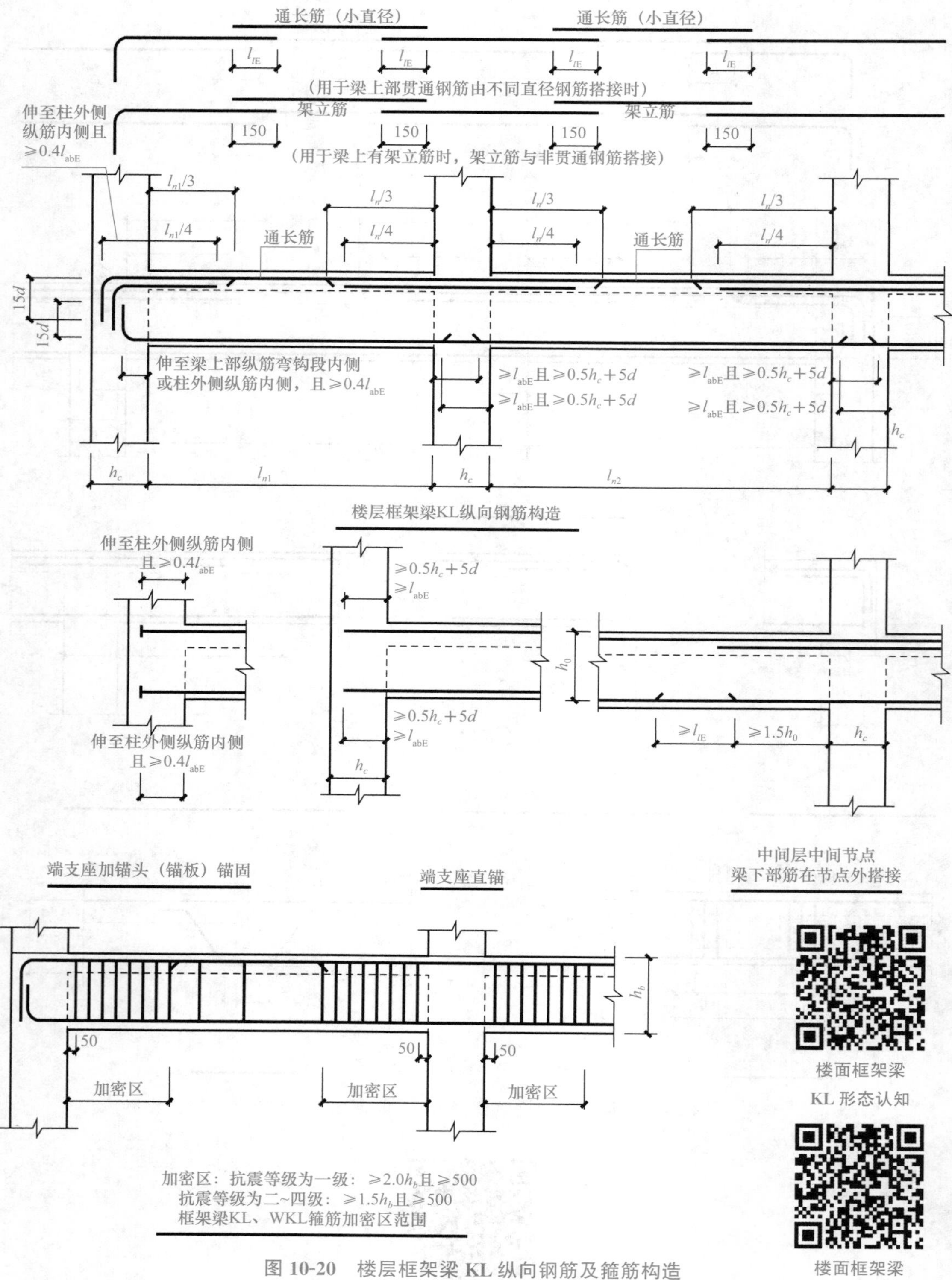

图 10-20　楼层框架梁 KL 纵向钢筋及箍筋构造

楼面框架梁
KL 形态认知

楼面框架梁
KL 纵向钢筋构造

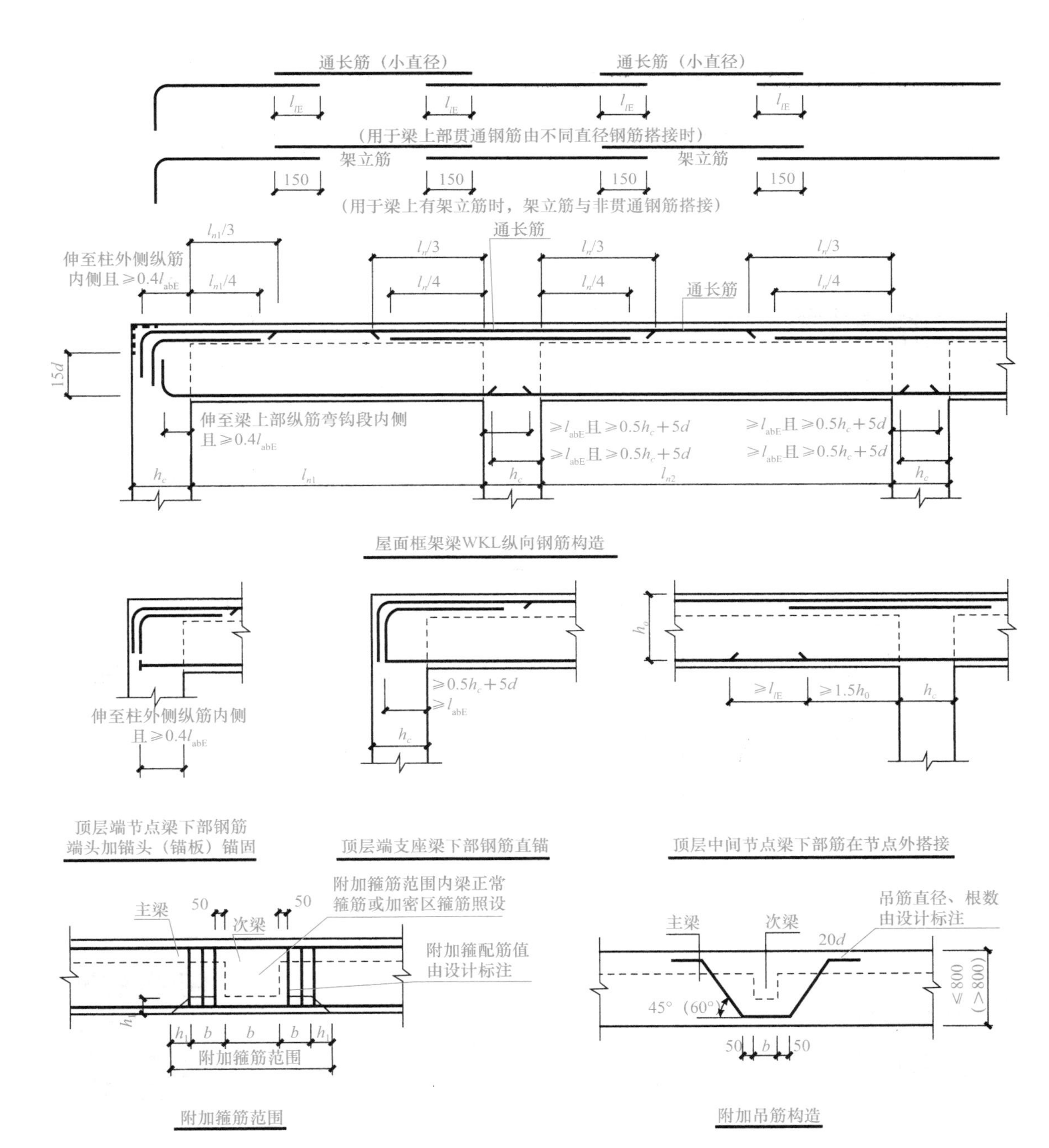

图 10-21　屋面框架梁 WKL 纵向钢筋及附加钢筋构造

附加吊筋构造

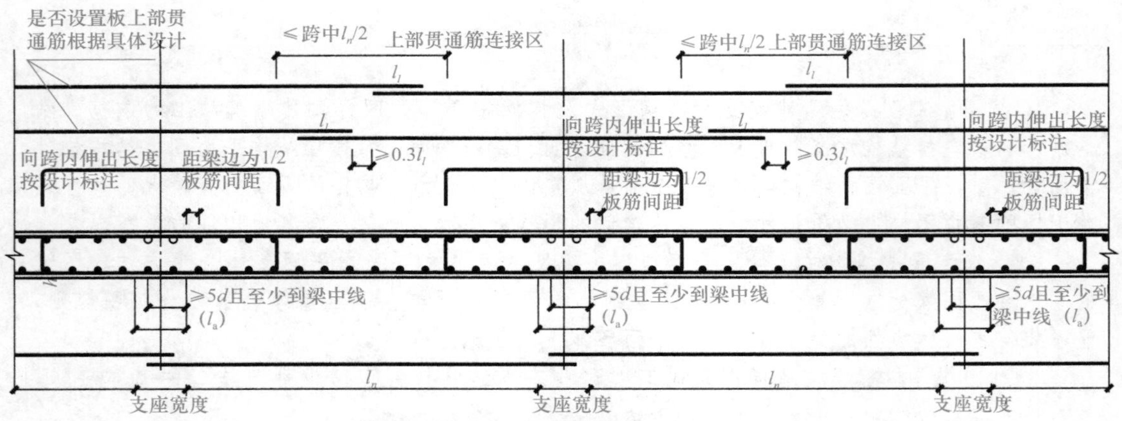

有梁楼盖楼面板LB和屋面板WB钢筋构造

（括号内的锚固长度l_a用于梁板式转换层的板）

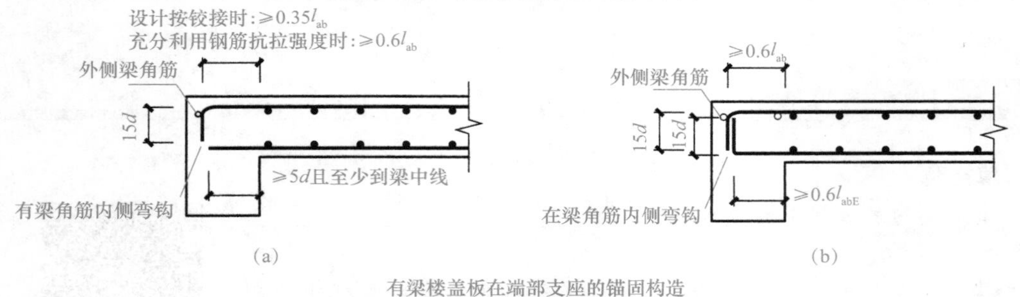

有梁楼盖板在端部支座的锚固构造

（括号内的锚固长度l_a用于梁板式转换层的板）

图 10-22　有梁楼盖楼(屋)面板配筋构造

板中间开圆洞洞边加强筋构造直径不大于 300

板中间开矩形洞洞边加强筋构造洞边不大于 300

梁边开圆洞洞边加强筋构造直径不大于 300

梁边开矩形洞洞边加强筋构造洞边不大于 300

梁角开圆洞洞边加强筋构造直径不大于 300

梁角开矩形洞洞边加强筋构造洞边不大于 300

板中间开矩形洞洞边加强筋构造洞边 300～1000

板中间开圆洞洞边加强筋构造直径 300～1000

梁边圆洞洞边加强筋构造直径 300～1000

双层双向板角开方洞洞边加强筋构造洞边 300～1000

项目小结

1. 结构施工图是表达建筑物的结构形式及构件布置等的图样，是建筑施工的依据。结构施工一般包括结构施工图目录、结构设计说明、基础平面图、楼层结构平面图、结构构件详图等。基础平面图、结构楼层平面图都是从整体上反映承重构件的平面布置情况，是结构施工图的基本图样，结构构件详图表达构件的形状、尺寸、配筋及与其他构件的关系。

2. 钢筋混凝土结构柱、梁、板等结构施工图的表达主要采用平面整体表示方法，图纸的表达参照国家标准图集 16G101-1 的规则，学习者必须学习平面整体表示方法制图规则，能够将传统表达方法的施工图转换成平面整体表示法施工图。

3. 柱、梁、板标准构造详图是国家对这些基本结构构件钢筋设计与施工的基本要求，是对柱、梁、板构件钢筋配置的详细表达。

习　题

一、填空题

1. 一套完整的房屋施工图通常包括：________、________、________三个方面。

2. 结构施工图是表达建筑物的________系统如何布局，各种构件如梁、板、柱等。

3. 结构构件种类比较多，在结构施工图中常用代号表示，如板采用代号________，梁采用代号________，构造柱采用代号________，基础采用代号________，楼梯板采用代号________。

项目 10　习题答案

4. 在平面图中配置双层钢筋时，底层钢筋弯钩应朝________，顶层钢筋弯钩应朝________。

5. 配双层钢筋的墙体，在配筋立面中，远面钢筋的弯钩应朝________，近面钢筋的弯钩应朝________。

6. 柱编号由类型代号、序号组成，框架柱的代号为________，梁上柱的代号为________，芯柱的代号为________。

7. 梁编号由类型代号和序号、跨数及是否悬挑组成，框架梁的代号为________，屋面框架梁的代号为________，悬挑梁的代号为________；若编号中出现字母 A 则代表该梁________，若编号中出现字母 B 则代表该梁________。

8. 某楼面标准层的结构标高为 45.000 m，当某梁的梁顶面标高高差注写为(+0.100)时，则该梁顶面标高为________；当某梁的梁顶面标高高差注写为(−0.050)时，则该梁顶面标高为________；若无梁顶面标高高差这项内容时，则该梁顶面标高为________。

9. 有梁楼盖平法施工图中采用正交轴网时，图面从左至右为________向，从下至上为________向。

10. 框架梁的箍筋加密区长度取值与梁的高度以及抗震等级有关，抗震等级为一级时，加密区长度取为________；抗震等级为三级时，加密区长度取为________。

二、选择题

1. 在结构施工图中若粗实线采用的线宽为 b，则中实线采用(　　)。

A. $0.25b$　　B. $0.5b$　　C. $0.7b$　　D. b

2. 建筑施工图的图号代号为(　　)，结构施工图的图号代号为(　　)。

A. J，J　　B. J，G　　C. G，G　　D. G，J

3. 下列选项中柱类型与代号不符的是(　　)。

A. KZ；框架柱　　B. KZZ；框架柱　　C. LZ；梁上柱　　D. XZ；芯柱

4. 在柱平法施工图中必须注明各柱的根部标高，其中梁上柱的根部标高为(　　)。

A. 梁底面标高　　B. 梁中标高　　C. 梁顶面标高　　D. 板顶标高

5. 在柱平法施工图中必须注明各柱的根部标高，框架柱的根部标高为(　　)。

A. 基础底面标高　　B. 基础顶面标高　　C. 首层建筑标高　　D. 首层结构标高

6. 当圆柱采用螺旋箍筋时，需在箍筋前加字母(　　)。

A. LX　　B. L　　C. X　　D. LW

7. 梁集中标注共包括六项内容，其中五项为必注值，只一项为选注值的是(　　)。

A. 编号　　B. 箍筋　　C. 上部纵筋　　D. 标高高差

8. 梁侧构造筋在钢筋前加字母(　　)，其搭接与锚固长度取为(　　)。

A. G，12d　　B. G，15d　　C. N，12d　　D. N，15d

9. 板集中标注贯通筋以字母(　　)代表上部，以字母(　　)代表下部。

A. B，T　　B. T，B　　C. S，X　　D. X，S

10. 框架柱中柱内纵筋伸至柱顶后弯折(　　)。

A. 10d　　B. 12d　　C. 15d　　D. 20d

三、判断题

1. 在结构施工图中若粗实线采用的线宽为 b，则细实线采用 0.25b。(　　)

2. 标注圆柱的截面尺寸是在圆柱直径前加字母 R。(　　)

3. 构造腰筋的代号为“G”，受扭腰筋的代号为“N”。(　　)

4. 若柱箍筋为Φ10@100/200表示为HPB300级钢筋，直径为Φ10，加密区间距为100 mm，非加密区间距为200 mm。(　　)

5. 梁平面注写包括集中标注与原位标注，施工时集中标注优先取值。(　　)

6. 若梁箍筋为Φ10@100/200(2)表示为HPB300级钢筋，直径为Φ10，加密区间距为100 mm，非加密区间距为200 mm，箍筋均为4肢箍。(　　)

7. 有梁楼盖平法施工图中常在集中标注中表示板贯通筋。(　　)

8. 梁上部架立筋与支座负筋的搭接长度取150 mm。(　　)

9. 梁端部纵筋的锚固主要采用弯折锚固。(　　)

10. 板端部支座为梁时，板端支座负筋伸至梁端再弯折15d。(　　)

四、简答题

1. 一套完整的房屋施工图包括哪些内容？

2. 阅读一般的结构施工图步骤是什么？

3. 什么是平法？

4. 柱平法的表示方法有哪两种？试说说它们的不同。

5. 梁平法的表示方法有哪两种？梁集中标注的内容有哪些？

五、作图题

1. 在图10-2或图10-3中选择一根柱子，试用传统的构件表示方法将其表示出来。

2. 在图10-10或图10-11中选择一根框架梁，试用传统的构件表示方法将其表示出来。

3. 在图10-18中选择一块楼板，试用传统的构件表示方法将其表示出来。

参 考 文 献

[1] 葛若东．建筑力学[M]. 北京：中国建筑工业出版社，2004.

[2] 袁海庆．材料力学[M]. 武汉：武汉工业大学出版社，2000.

[3] 杨晓光，张颂娟．混凝土结构与砌体结构[M]. 北京：清华大学出版社，2006.

[4] 段春花．混凝土结构与砌体结构[M]. 北京：中国电力出版社，2008.

[5] 李永光，牛少儒．建筑力学与结构[M]. 北京：机械工业出版社，2007.

[6] 郭继武，龚伟．建筑结构(上、下册)[M]. 北京：中国建筑工业出版社，1995.

[7] 慎铁刚．建筑力学与结构[M]. 北京：中国建筑工业出版社，2000.

[8] 杨太生．建筑结构基础与识图[M]. 北京：中国建筑工业出版社，2008.

[9] 东南大学，同济大学，天津大学．混凝土结构(中册)[M]. 北京：中国建筑工业出版社，2008.

[10] 陈书申，陈晓平．土力学与地基基础[M]. 武汉：武汉工业大学出版社，1997.

[11] 陈希哲．土力学地基基础[M]. 北京：清华大学出版社，2000.

[12] 张明义．基础工程[M]. 北京：中国建材工业出版社，2003.

[13] 王桂梅．土木建筑工程设计制图[M]. 天津：天津大学出版社，2001.

[14] 陈绍蕃．钢结构[M]. 2 版．北京：中国建材工业出版社，2001.

[15] 王军丽．建筑结构基础与识图[M]. 北京：中国建筑工业出版社，2014.

[16] 中华人民共和国住房和城乡建设部．GB 50010—2010 混凝土结构设计规范(2015 年版)[S]. 北京：中国建筑工业出版社，2016.

[17] 中华人民共和国住房和城乡建设部．GB 50003—2011 砌体结构设计规范[S]. 北京：中国计划出版社，2012.

[18] 中华人民共和国住房和城乡建设部．GB 50009—2012 建筑结构荷载规范[S]. 北京：中国建筑工业出版社，2012.

[19] 中华人民共和国住房和城乡建设部，中华人民共和国国家质量监督检验检疫总局．GB 50011—2010 建筑抗震设计规范(2016 年版)[S]. 北京：中国建筑工业出版社，2016.

[20] 中华人民共和国住房和城乡建设部．GB 50007—2011 建筑地基基础设计规范[S]. 北京：中国建筑工业出版社，2012.

[21] 中华人民共和国住房和城乡建设部．16G101 混凝土结构施工图平面整体表示方法制图规则和构造详图[S]. 北京：中国计划出版社，2016.

《建筑结构与识图（第2版）》
配套图集

主　编　周　晖

副主编　刘赛红

参　编　李　勇　刘国强　蔡丹阳

北京理工大学出版社

BEIJING INSTITUTE OF TECHNOLOGY PRESS

建施图目录

序号	图纸名称	图号	规格	文件名	备注
001	总平面图	J-01	A3		
002	建筑设计说明	J-02	A3		
003	建筑装修做法表	J-03	A3		
004	首层平面图	J-04	A3		
005	二层平面图	J-05	A3		
006	三～五层平面图	J-06	A3		
007	六层平面图	J-07	A3		
008	屋顶平面图　梯屋面平面图	J-08	A3		
009	①～⑪轴立面图	J-09	A3		
010	⑪～①轴立面图	J-10	A3		
011	Ⓐ～Ⓓ轴立面图	J-11	A3		
012	1—1剖面图	J-12	A3		
013	T-1楼梯平面详图	J-13	A3		
014	T-1楼梯剖面详图	J-14	A3		
015	节点大样图（一）	J-15	A3		
016	节点大样图（二）	J-16	A3		
017	门窗表　门窗大样	J-17	A3		

x x市勘察设计院				工程名称	x x学院教师公寓JB型	设计阶段	建施图
设　计		专业负责人		图纸名称	图纸目录	图　号	J-00
制　图		项目负责人				比　例	
校　对		审　核				第　张	共　张

结施图目录

序号	图纸名称	图号	规格	文件名	备注
001	结构设计总说明	G-01	A3		
002	构造配筋做法	G-02	A3		
003	钢筋混凝土结构平面表示法	G-03	A3		
004	梁柱通用做法	G-04	A3		
005	预应力混凝土管桩设计说明	G-05	A3		
006	预应力混凝土管桩大样	G-06	A3		
007	桩基承台表	G-07	A3		
008	桩基承台大样	G-08	A3		
009	柱定位图	G-09	A3		
010	基础平面图	G-10	A3		
011	柱表	G-11	A3		
012	柱截面形式	G-12	A3		
013	基础梁配筋图	G-13	A3		
014	二层梁配筋图	G-14	A3		
015	三～五层梁配筋图	G-15	A3		
016	六层梁配筋图	G-16	A3		
017	天面层梁配筋图	G-17	A3		
018	二层板配筋图	G-18	A3		
019	三～五层板配筋图	G-19	A3		
020	六层板配筋图	G-20	A3		
021	天面层板配筋图	G-21	A3		
022	楼梯配筋图	G-22	A3		

x x市勘察设计院				工程名称	x x学院教师公寓JB型	设计阶段	结施图
设　计		专业负责人		图纸名称	图纸目录	图　号	G-00
制　图		项目负责人				比　例	
校　对		审　核				第　张	共　张

用地指标

总用地面积	7759.5 m²	绿地总面积		2896.9 m²
总建筑面积	7711.1 m²	其中	绿地面积	2734.9 m²
建筑基底占地面积	1318.9 m²		硬地绿化	162.0 m²
建筑密度	17.0%	绿地率		37.3%
容积率	0.99	机动车停车位		20 个

建筑单体说明表

序号	建筑单体用途	建筑占地/m²	建筑面积/m²	建筑高度/m	建筑层数	备注
①~②	JA型职工宿舍	445.4×2=890.8	2824.2×2=5648.4	20	6	首层架空
③~④	JB型职工宿舍	167.7×2=335.4	985.0×2=1970	20	6	
⑤	电　房	92.7	92.7			

总占地面积：1318.9 m²　　总建筑面积：7711.1 m²

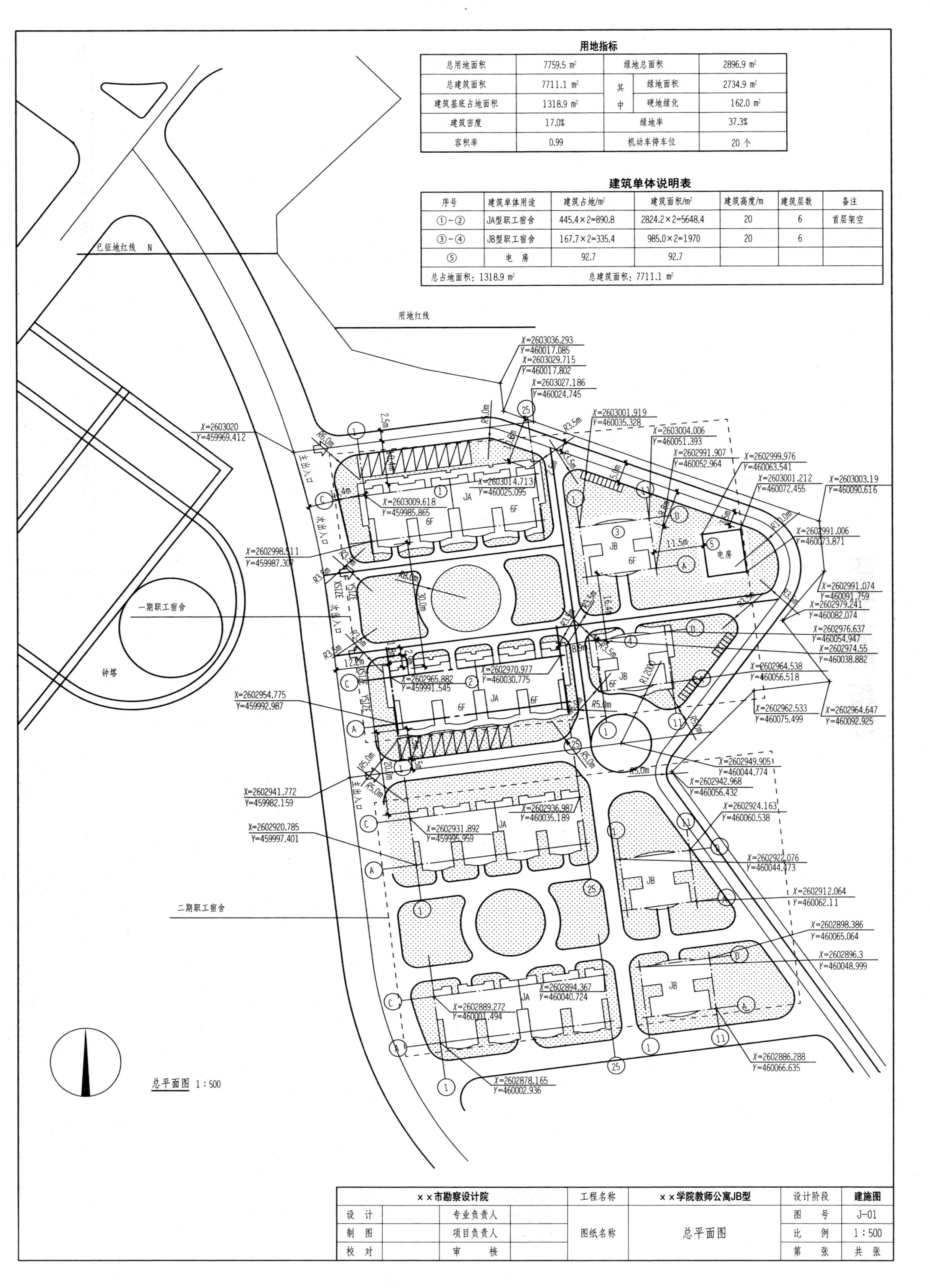

总平面图　1：500

××市勘察设计院			工程名称	××学院教师公寓JB型	设计阶段	建施图
设　计		专业负责人	图纸名称	总平面图	图　号	J-01
制　图		项目负责人			比　例	1：500
校　对		审　核			第　张	共　张

建筑设计说明

一、除本工程图纸内特别注明者外，均按本建筑设计说明执行。

二、本工程设计标高±0.000为绝对标高，现场定。

三、本工程施工图所注尺寸，除总平面及标高以米（m）为单位外，其余均以毫米（mm）为单位。建筑图所注的标高为建筑完成面标高。

四、小型钢筋混凝土及混凝土结构用强度等级为C20混凝土，HPB300级钢筋。

五、墙体

1. 钢筋混凝土墙柱与墙体连接处的构造，详结构统一说明。

2. 墙体的做法另详结构统一说明。

3. 本工程所选用的经政府部门确认的新型墙体材料（□烧结空心砖、□蒸压加气混凝土块、☑灰砂砖、□免烧砖、□煤矸石砌块、□油页岩渣砌块、□陶粒混凝土砌块、□泡沫混凝土砌块、□混凝土空心砌块、□埃墨板、□泰柏板、□石膏板、□________________），其砌筑用料及锚固方法应严格按产品说明及有关技术规程规定执行。

六、墙身防潮层：无须防潮层。

七、外墙装修

1. 外墙粉刷及贴面材料按立面所示分格，外墙粉刷分格凹缝宽10、深5。

2. □轻质砖外墙抹灰，在砌体与梁柱结合处和门窗洞边框处，需加挂钢丝网，钢丝规格Φ1孔格10×10或Φ2孔格20×20，宽度不小于200（用射钉中距600×600锚固），钢丝网固定牢固后再抹灰。

3. □采用轻质砖外墙或外墙高度超过30m实墙面粉刷，可加挂钢丝网，钢丝规格Φ1孔格10×10或Φ2孔格20×20（用射钉中距600×600锚固），1∶2.5水泥砂浆分层大面找平。严禁在砌块墙体上吊挂石材饰面。

4. 外墙门窗洞口之门窗框外侧面的做法与外墙身同。所有经受风雨的构造（如飘板、梁、檐门、雨篷、阳台底、外走廊底等）均应设滴水线，用1∶2.5水泥砂浆批30×10滴水线。

八、室内装修

1. 室内墙、柱面及门窗口的阳角应用1∶2水泥砂浆做护角，高2000，每侧宽不小于50。

2. 所有埋入墙、柱内的木制构件，均须刷耐腐蚀涂料。

3. 墙面油漆须待抹灰基层干燥后方可进行。

4. 门隔头的宽度除图中特别注明者外，均为120宽。

5. 受雨水飘入的外走廊、阳台、梯平台及橱、厕、浴、卫生间等房间，其楼面标高均比同层楼面标高低20mm，并应设向排水地漏方向的排水坡、坡度不小于1%。

6. 图中所示的排水管及地漏位置仅为示意，具体位置及做法详给水排水专业图。所有排水坡度均应尽量由结构标高解决。

7. 内墙与梁、板、柱结合处的抹灰层中，宜沿缝长方向加贴不少于200宽纤维网布做防裂处理。

8. 厨房、卫生间的内墙应采用防水砂浆抹灰，采用轻质砌块时，当有较多的吊挂设备时，应加设钢网水泥砂浆抹灰防裂防渗漏。

九、屋面

1. 凡女儿墙与坐砌面砖交接处，均应做柔性嵌缝，缝宽30，高度平面砖，嵌缝油膏可选用聚氯乙烯胶泥或建筑防水油膏，其技术指标应符合规范的规定。

2. 基层与凸出屋面结构（女儿墙、墙、天窗侧壁、变形缝、烟囱、管道等）的连接处，以及在基层的转角处（檐口、天沟、水落口、屋脊等）水泥砂浆粉刷应做成圆弧或钝角，柔性防水应向上翻起200高。

3. 屋面水泥砂浆粉刷及刚性防水层应设温度分割缝，缝宽10，加填防水嵌缝油膏，分割缝位置按约6000×6000进行设置。

十、门窗

1. 铝合金门窗应按立面图或门窗分位示意图及有关技术规范，按中南地区通用建筑标准设计图集98ZJ641《铝合金门》、98ZJ721《铝合金窗》，由生产厂家按该厂铝型材实际情况绘制加工图纸经我院设计人会同使用单位认可后方能施工。

2. 7层以上（含7层）所有外向窗，单块大于1m²的玻璃及幕墙玻璃应采用不小于5厚的安全玻璃。

3. 铝合金门窗框与墙体相接处应按规范要求做防腐处理，接触处用密闭胶嵌缝。

4. 钢门窗应按立面图或门窗分位图，按全国通用标准图集J647（一）《平开实腹钢门》，J736（一）、（二）《实腹钢侧窗》或中南标88ZJ631《实腹钢门》、88ZJ711《实腹钢侧窗》，并配合J736（三）《实腹钢侧窗五金零件》图集制作及安装。

5. 立樘位置

（1）铝合金门窗、钢门窗位置除图中注明者外，均居墙中安装。

（2）木制门、塑料门，除图中注明者外，均平开启方向的墙体粉刷面立框，木制窗及塑料窗应平室内墙体粉刷面立樘，木制弹簧居墙中设置。

（3）☑木制门窗均设40×10斜角形盖缝贴面。

6. 油漆

（1）□胶合板门窗刮腻子打底，涂__________色调和漆，底油一道，面油二道，

（2）☑硬木门、胶合板门按指定颜色先刷底色粉料，再用漆片打底，硝基清漆罩面。

（3）☑金属装饰构件先用防锈漆打底，油白色调和漆二道罩面。

（4）☑门窗预埋件应做防腐（木）防锈（铁）处理。

7. 门窗小五金：凡选用标准门窗均应按标准图配置齐全，非标准门窗按设计指定品种规格配置（铝合金门窗由生产厂配套，并经设计人认可）。

8. 卷闸门、防火门、防盗门、人防门等的做法及预埋件，按厂家要求进行预埋，图中仅示洞口尺寸。

9. 突出墙面的腰线、檐板、窗台上部应做不小于3%的向外排水坡，下部应做滴水，与墙面交角处应做成直径100mm的圆角（窗台的外面应比内面低10）。

十一、其他

1. 本工程所有铸铁雨水管、排污管接头处，均须用油麻填塞，然后用麻丝水泥密封，安装完毕后必须做灌水试验。如果采用PVC管，应按有关技术规定施工。

2. 室外雨水管的油漆颜色若设计图中没有注明时，则由施工单位选用与建筑物外墙一致的颜色，涂一道底二道面调和漆。

3. 所有外罩铁面（包括铸铁管）均刷防锈底漆一道，调和漆两道罩面。

4. 本工程所有装饰材料的颜色及墙身、楼地面粉刷、油漆等均应先取样板（或色板）会同设计人员、使用单位商定后方可订货。

5. 凡贴墙、柱面的大理石、花岗石的颜色及纹理须经试排确定后方可铺贴。

6. 散水与墙身交接处设10宽伸缩缝，散水整体面层纵向距离每6000~10000长做10宽伸缩缝，用沥青麻刀灌面。

7. 凡大面积的混凝土地面工程，纵、横向每6000~12000须设10宽伸缩缝，用沥青麻刀填缝。

8. 工程中所有橱窗、货架、货柜、家具及橱具等一律由建设单位自理，图中仅做位置示意。

9. 凡食用水池内壁所有的防水材料及屋面材料必须经检验鉴定认为无毒方可施工，并须经蓄水化验水质符合卫生标准后方能使用。

10. 阳台、露台、通长窗台、外走廊栏板、女儿墙栏板（除注明外）转角和＜3000处设120×180构造柱，C20混凝土浇筑，4Φ6@200，压顶C20混凝土100高，内配2Φ10，箍筋Φ6@200。

11. 未详尽之处，均应严格按照国家现行施工操作规程、施工规范及质量验收规范执行。

十二、住宅部分的特殊说明

1. ☑厅、房、餐厅的中央部分设[14风扇吊钩。

2. □住宅的窗洞均设防护铁窗花。

3. ☑每梯间入口设铁制信报箱（每户一个）。

4. ☑每梯间入口设防盗钢门（带对讲器）。

5. □阳台加设方钢10×10防盗网。

6. □高级木制防盗门。

7. □夹板门。

8. □厨房、卫生间采用防潮夹板门。

××市勘察设计院				工程名称	××学院教师公寓JB型	设计阶段	建施图
设计		专业负责人		图纸名称	建筑设计说明	图号	J-02
制图		项目负责人				比例	1∶100
校对		审核				第 张	共 张

项目	各部分构造做法	使用部位
屋面	结构层: ☑ 现浇钢筋混凝土板。	
	防水层: 各种做法均需将混凝土板面清洗干净，纵横各扫水泥浆一道。 ☐(1)25厚1:2水泥砂浆找平，随加水泥粉抹光。 ☐(2)现浇水泥珍珠岩最薄处4cm 。 ☐(3)20厚1:2水泥砂浆找平（加 5%防水粉）。 ☐(4)上述（　）项上做乳化沥青。 ☑(5)上述(3)项上做防水材料(2)厚聚合物防水材料四周返高200 。 ☑(6)上述(3)(5)项上用80厚（黏土陶粒混凝土）找坡保温层 1:3水泥砂浆找平，上做柔性防水材料（　）。 ☐(7)上述(3)(5)项上做20厚1:2水泥砂浆保护层。	所有屋面
	覆盖层: ☐(1)15厚M6水泥砂浆坐砌（珍珠岩隔热砖），1:2.5水泥砂浆灌缝，纯水泥浆抹缝。 ☐(2)M2.5水泥石灰砂浆砌120×120×180砖墩（成五点支承），上铺寸半方大阶砖（或C20细石混凝土预制块），1:2.5水泥砂浆填缝，纯水泥浆抹平缝。 ☐(3)20厚1:2水泥砂浆坐砌（　）色防滑砖，纯水泥浆抹平缝（每2000×2000设10宽分隔凹缝）并用玻璃胶填缝。 ☑(4)干铺30厚聚苯乙烯泡沫塑料板，面捣40厚C30 UEA细石混凝土Φ4钢筋双向中距150，3m×3m分缝，缝宽20，改性沥青填缝。 ☐(5)100厚陶粒隔水层，尼龙网布过滤层（搭接宽度不小于200），300厚种植土（耕土、砂土、林区腐质土、泥炭土、蛭石、珍珠岩、锯木、灰渣混合物）。 ☐(6)1:2水泥砂浆坐砌浅灰色防水型隔热板。 ☐(7)25厚（最薄处）1:1:4水泥砂浆坐铺西班牙瓦。	
勒脚	☐(1)15厚1:3水泥砂浆底，5厚1:2.5 水泥砂浆面，高__________。 ☐(2)水刷石勒脚做法与外墙同，高__________。	
楼梯	顶板粉刷做法在天花栏内标注。 ☐(1)10厚1:2.5水泥砂浆抹底，5厚1:2.5水泥砂浆面，步级铺砌水泥砂浆级嘴砖。 ☑(2)10厚1:2.5水泥砂浆底，面铺防滑砖，消防梯步级用水泥砂浆铺砌级嘴砖。 ☐(3)15厚1:2.5水泥砂浆底，3厚1:1水泥细砂浆贴________色防滑砖，纯水泥浆填缝，边贴50宽________色级嘴瓦。水泥砂浆铺砌级嘴砖。	
楼地	基层: ☑ 素土分层淋水夯实，每层夯实厚度不大于200。	
	垫层: ☐(1)C10素混凝土120 厚。 ☑(2)C20素混凝土120厚。	
	结构层: ☐(1)C20素混凝土____厚。 ☐(2)现浇钢筋混凝土板。 ☑(3)按结构图。	
	覆盖层: ☐(1)素水泥浆结合层一道。 ☐(2)20厚1:2.水泥砂浆找平，下做1.5厚合成高分子防水涂料。墙角处翻起200。 ☐(3)20厚1:2.5水泥砂浆面，随加水泥粉抹光。 ☑(4)15厚1:2.5水泥砂浆找平，3厚1:1水泥细砂浆贴块料面层，白水泥浆抹平缝。 1)蓝色防滑耐磨砖300×300。 2)待定色耐磨砖500×500。 3)____色玻化砖。 4)待定色防滑砖300×300。 ☐(5)15厚1:2.5水泥砂浆找平，10 厚1:1.5 水泥石子浆色水磨石，用____厚玻璃（铜条）分格缝，方格尺寸____×____。 ☐(6)20厚1:2.5水泥砂浆找平，随铺 25厚，____色花岗岩块，缝密。 ☐(7)上述（　）项面贴 1)____色地毯。 2)____色____木地板。	其余地面 卫生间，厨房

项目	各部分构造做法	使用部位
外墙面	☐(1)7厚聚合物水泥砂浆打底防水层。 ☐(2)15厚1:1:6水泥石灰砂浆底，5厚1:1:4水泥石灰砂浆面，扫进口涂料。 ☐(3)15厚1:1:4水泥石灰砂浆底，10厚1:1.5 水泥石子浆（加15%福粉）水刷石，分隔凹缝10×10，颜色与分缝详立面图。 ☑(4)15厚1:3水泥砂浆打底扫毛，3厚1:1水泥砂浆加水泥质量20%的108建筑胶。 1)25×25 玻璃马赛克，白色水泥浆填缝。 2)45×95 色条形面砖，纯水泥浆勾缝。 ☐(5)砖墙面（15厚1:1:6水泥石灰砂浆面抹平），混凝土墙柱外面做玻璃幕墙（做法另详装修设计）。 ☐(6)25厚1:2.5水泥砂浆挂贴 黄砂岩 墙面。 ☐(7)不锈钢扣件吊挂______色花岗岩墙面（做法另详装修设计）。 ☐(8)不锈钢扣件吊挂______色组合外墙面铝扣板（做法另详装修设计）。 ☐(9)装饰线做法见产品厂家说明。	走廊，梯间内墙所有外墙及首层柱面颜色见立面
内墙面	基层: ☑(1)15厚1:1:6水泥石灰砂浆底，5厚1:0.5:3水泥石灰砂浆面。 ☐(2)10厚1:1:6水泥石灰砂浆底，5厚1:0.5:3水泥石灰砂浆面。 ☐(3)15厚1:2.5水泥砂浆底，5厚1:2.5水泥砂浆找平，5厚1:0.5:3水泥石灰砂浆面。 ☑(4)15厚1:2水泥砂浆加5%防水剂打底。	其余部分 厨房、卫生间
	面层: ☐(1)批______双飞粉两遍。 ☐(2)扫______色内墙涂料两道。 ☑(3)刮______色乳胶腻子，扫______色乳胶漆两道。 ☐(4)刮______色乳胶腻子，______色多彩喷涂面。 ☐(5)刮______色______厚"双飞粉"面。 ☐(6)面贴______色墙纸。 ☑(7)15厚1:1:6水泥石灰砂浆底，3厚纯水泥砂浆结合层贴 米白 色瓷片全高，规格为300×300。白水泥浆擦缝。 ☐(8)20厚1:2.5水泥砂浆挂贴20厚______色镜面花岗岩（大理石）板，密缝。	其余部分 厨房、卫生间
墙裙	☐(1)10厚1:2.5水泥石灰砂浆底，5厚1:2.5水泥砂浆面。贴___白___色瓷片到顶。 ☐(2)15厚1:2.5水泥砂浆两次粉刷，1:1水泥细砂浆贴____色瓷片____高。 ☐(3)20厚1:2.5水泥砂浆挂贴20厚____色镜面花岗岩（大理石）板，密缝，高____。 ☐(4)木龙骨，面钉9 厚木夹板，面扫____色漆，高____。 ☐(5)10厚1:2.5水泥砂浆底，10厚1:1.5____水泥石子浆水磨石，高____。	
踢脚线	☑(1)15厚1:1:6水泥石灰砂浆底，3 厚纯水泥浆结合层贴与同室内地面同色耐磨砖100高，白水泥砂浆抹缝。 ☐(2)10厚1:2.5水泥砂浆底，水泥细砂浆贴 待定 色彩釉砖，高 150 。白水泥浆抹平缝。 ☐(3)10厚1:2.5水泥砂浆底，1:1水泥细砂浆贴____厚色镜面花岗岩（大理石）板，密缝，高______。 ☐(4)15厚1:2.5水泥砂浆底，5厚1:2水泥砂浆面，高______。	除厨房、卫生间外所有墙面
天花	☐(1)9厚1:1:6水泥石灰砂浆打底扫毛，6厚1:2水泥砂浆抹面压光。面扫白色内墙涂料两遍。 ☑(2)10厚1:1:4水泥石灰砂浆底， 1)3厚木质纤维灰浆罩面， 2)3厚纸筋石灰浆。面涂（白）色内墙乳胶漆。 ☐(3)钢筋混凝土板脱模后，去"鸡钉"，用1:1:4水泥石灰砂浆抹平扫白灰水两遍。 ☐(4)钢筋混凝土板脱模后，去"鸡钉"，下吊天花（铝角矿棉板，铝角石膏纸板）。 ☐(5)钢筋混凝土板脱模后，去"鸡钉"，下吊"艺术"天花（做法另详装修设计）。 ☐(6)轻钢龙骨天花用石膏板吊顶。	

4. 统一图例。

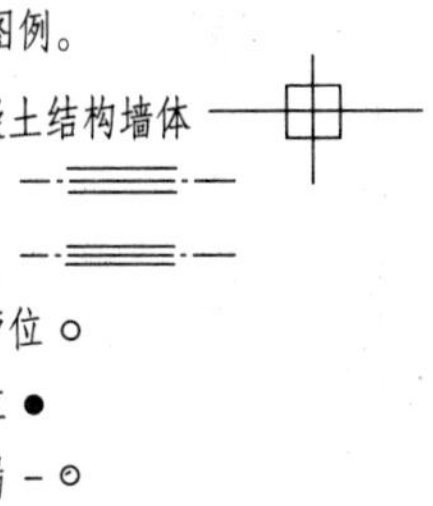

钢筋混凝土结构墙体

180厚墙

120厚墙

排水立管位 ○

粪立管位 ●

排水地漏 -○

工程概况说明

1. 建筑耐久年限：50年
2. 建筑物类别：居住建筑
3. 建筑物抗震设防等级：6度四级
4. 建筑物高度：19.5m
5. 建筑占地面积：167.7m²
6. 建筑面积：985m²
7. 建筑层数：6
8. 屋面防水等级：Ⅲ级
9. 设计依据：
   (1)设计合同；
   (2)建设单位提供的规划部门用地红线图和使用要求；
   (3)政府职能部门审批的初步设计文件；
   (4)有关规范、标准。

××市勘察设计院				工程名称	××学院教师公寓JB型	设计阶段	建施图
设　计		专业负责人		图纸名称	建筑装修做法表	图　号	J-03
制　图		项目负责人				比　例	1:100
校　对		审　　核				第　张	共　张

注:
1. 在图中小方框内打"√"，为本设计所选用的做法。
2. 本设计提供的是普通装修标准，最终的装修标准由甲方确定。
3. 本工程所选用的建筑材料及装饰材料必须符合《民用建筑室内环境控制规范》（GB 50325—2010）的要求。

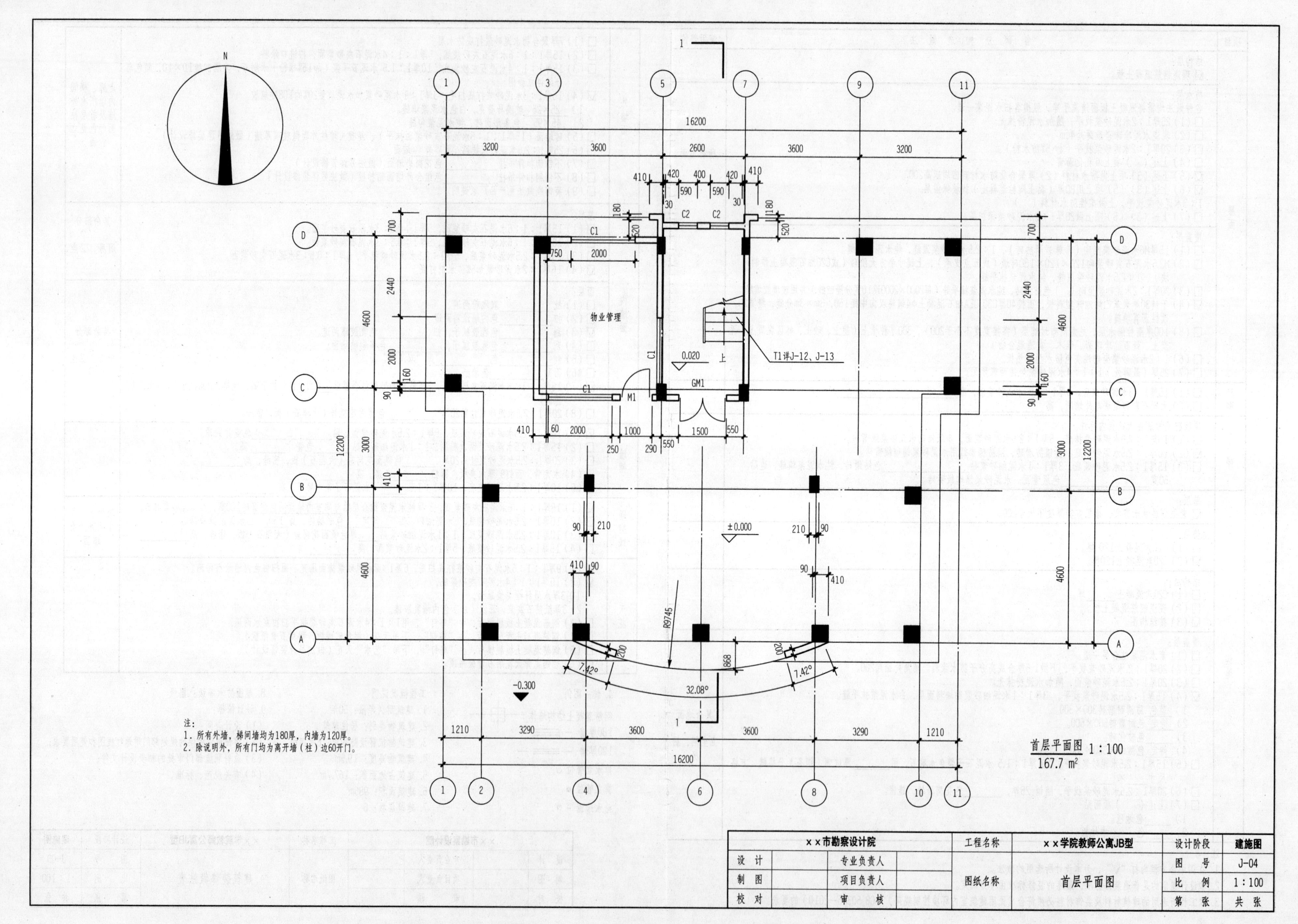

注：
1. 所有外墙，梯间墙均为180厚，内墙为120厚。
2. 除说明外，所有门均为离开墙（柱）边60开门。

××市勘察设计院			工程名称	××学院教师公寓JB型	设计阶段	建施图
设计		专业负责人			图号	J-04
制图		项目负责人	图纸名称	首层平面图	比例	1:100
校对		审核			第 张	共 张

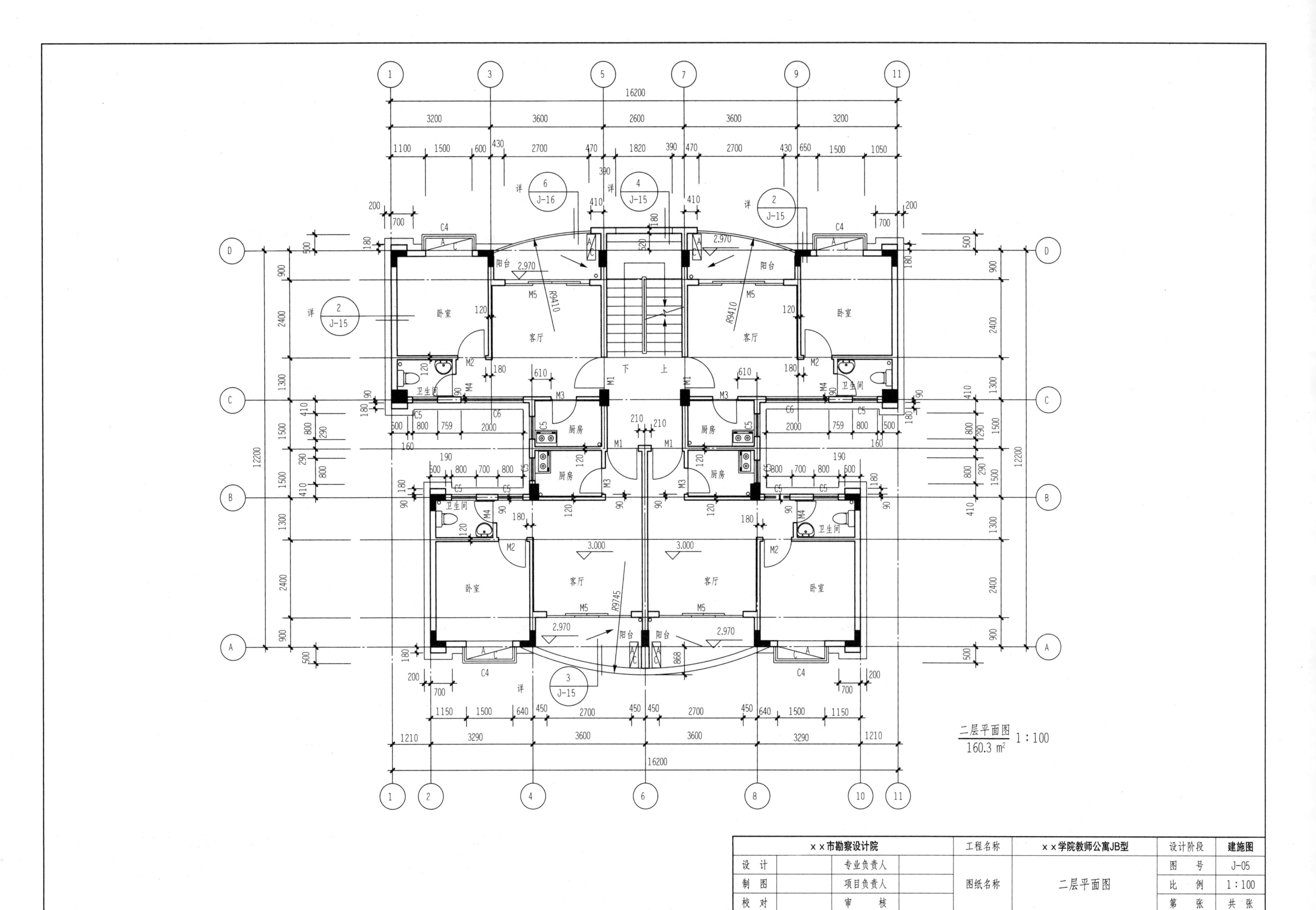

二层平面图
160.3 m²
1:100
××市勘察设计院
工程名称
××学院教师公寓JB型
设计阶段
建施图
设 计
专业负责人
图 号
J-05
制 图
项目负责人
图纸名称
二层平面图
比 例
1:100
校 对
审 核
第 张
共 张

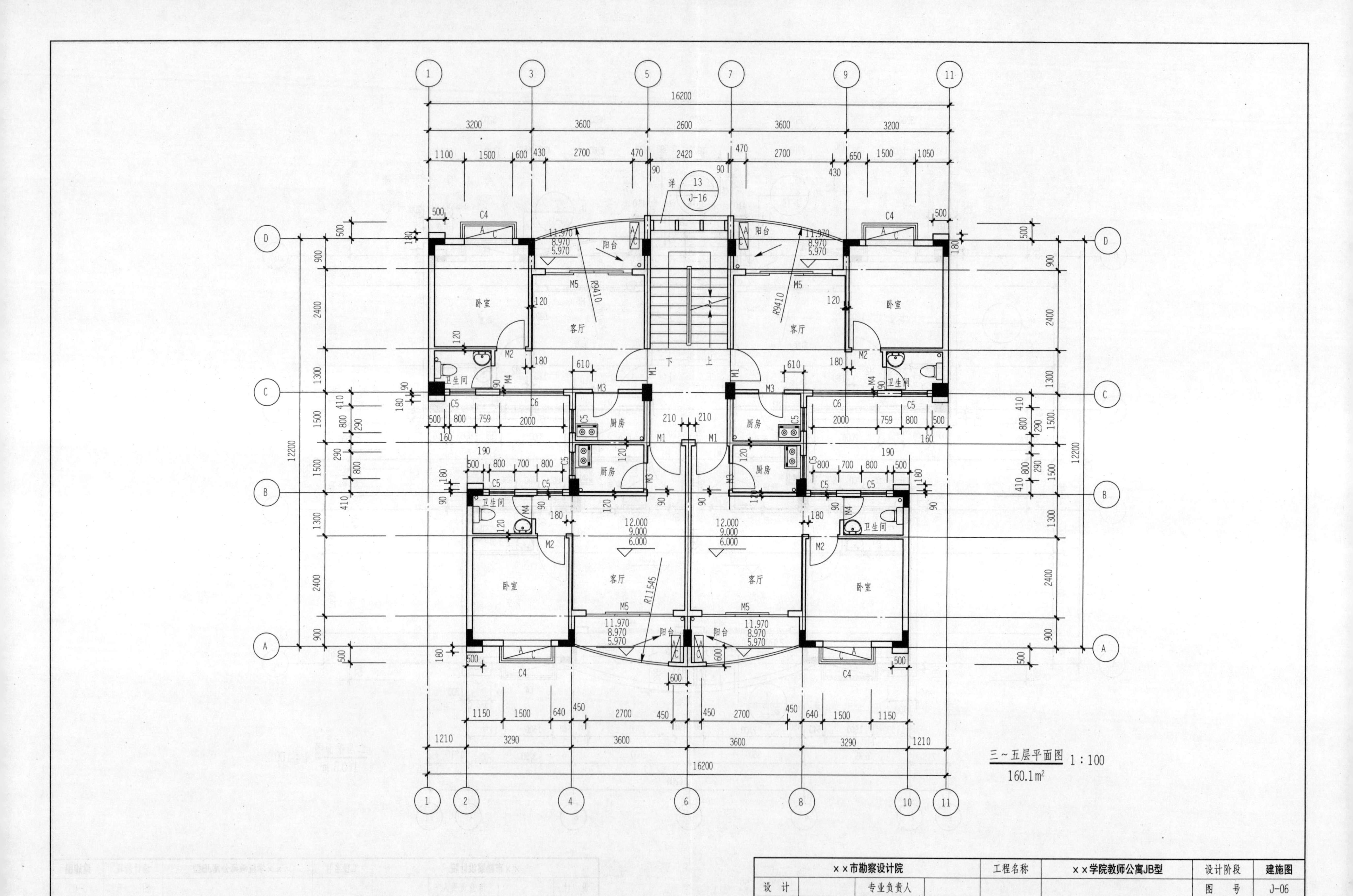

××市勘察设计院				工程名称	××学院教师公寓JB型	设计阶段	建施图
设 计		专业负责人		图纸名称	三~五层平面图	图 号	J-06
制 图		项目负责人				比 例	1:100
校 对		审 核				第 张	共 张

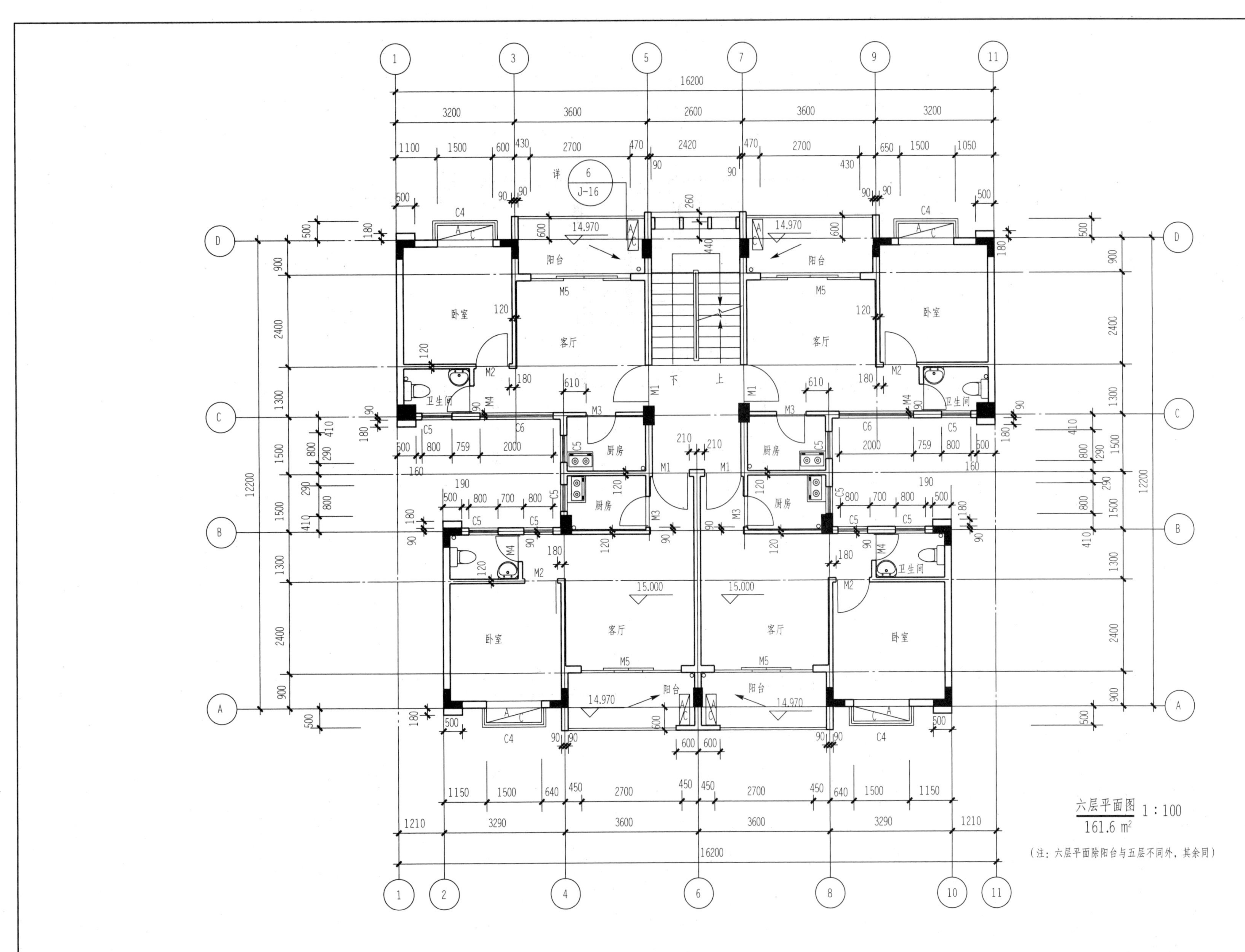

××市勘察设计院		工程名称	××学院教师公寓JB型	设计阶段	建施图
设 计	专业负责人	图纸名称	六层平面图	图 号	J-07
制 图	项目负责人			比 例	1:100
校 对	审 核			第 张	共 张

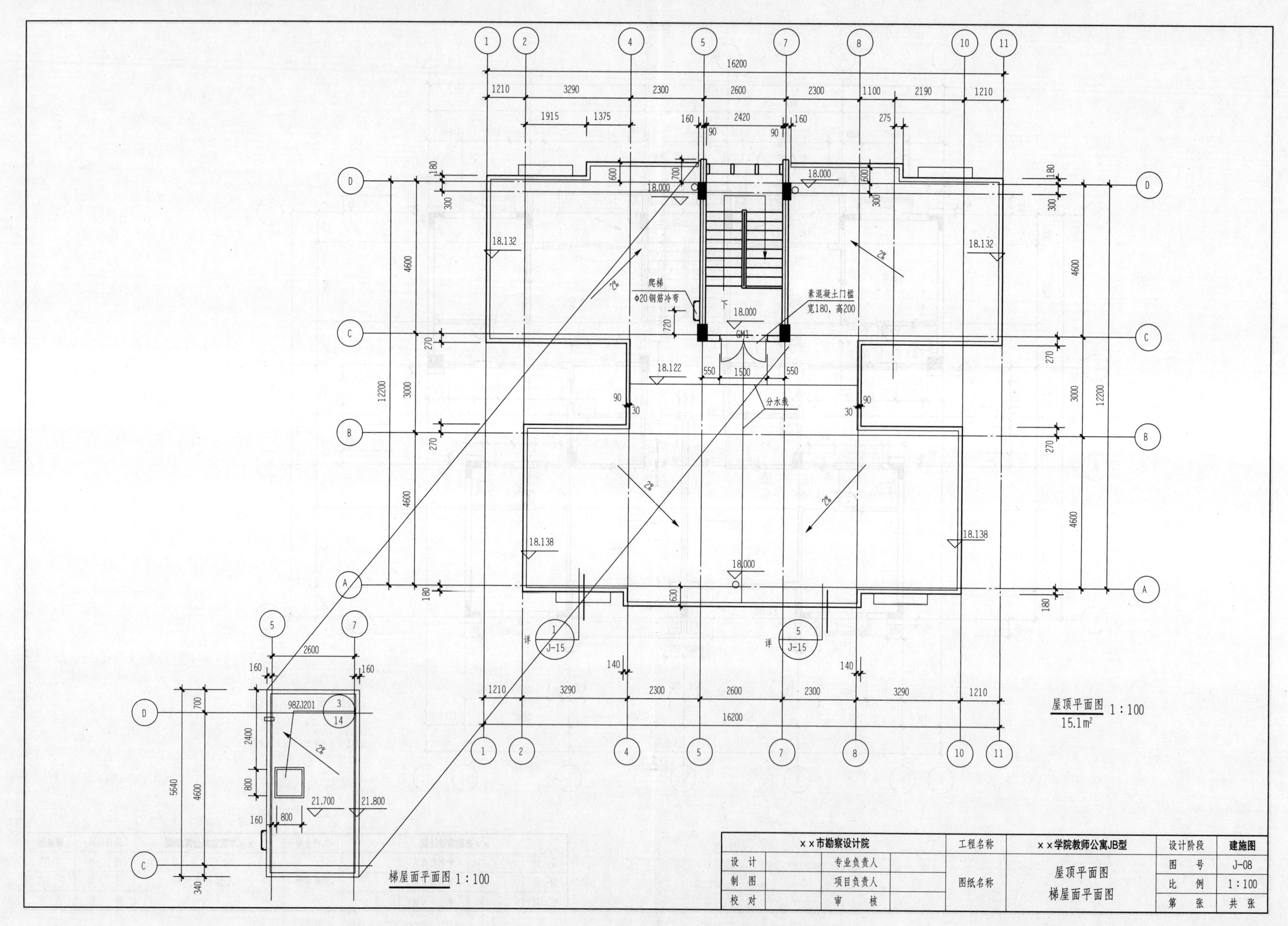

××市勘察设计院				工程名称	××学院教师公寓JB型	设计阶段	建施图
设计		专业负责人		图纸名称	屋顶平面图 梯屋面平面图	图号	J-08
制图		项目负责人				比例	1:100
校对		审核				第张	共张

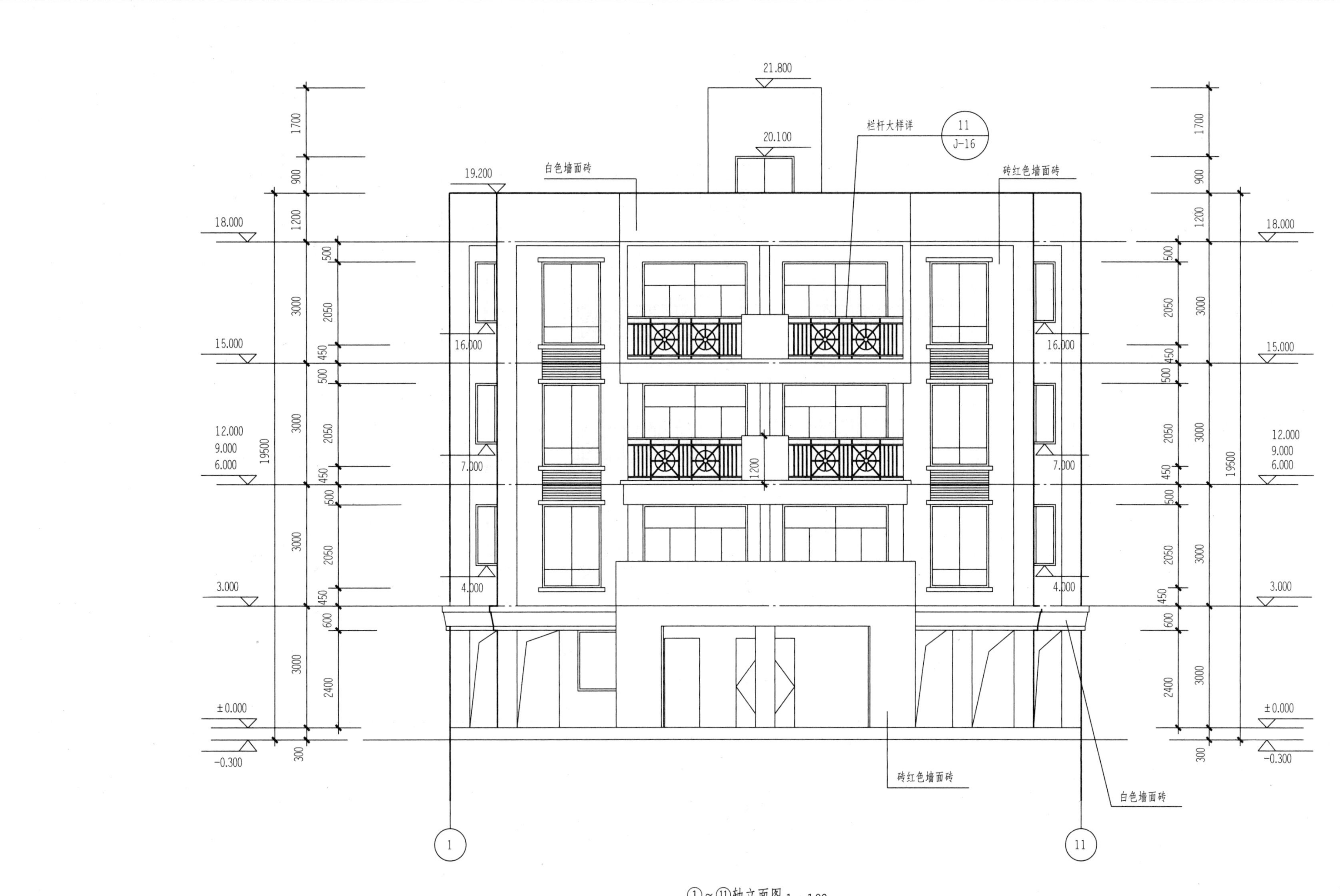

①~⑪轴立面图 1:100

x x市勘察设计院				工程名称	x x学院教师公寓JB型	设计阶段	建施图
设 计		专业负责人		图纸名称	①~⑪轴立面图	图 号	J-09
制 图		项目负责人				比 例	1:100
校 对		审 核				第 张	共 张

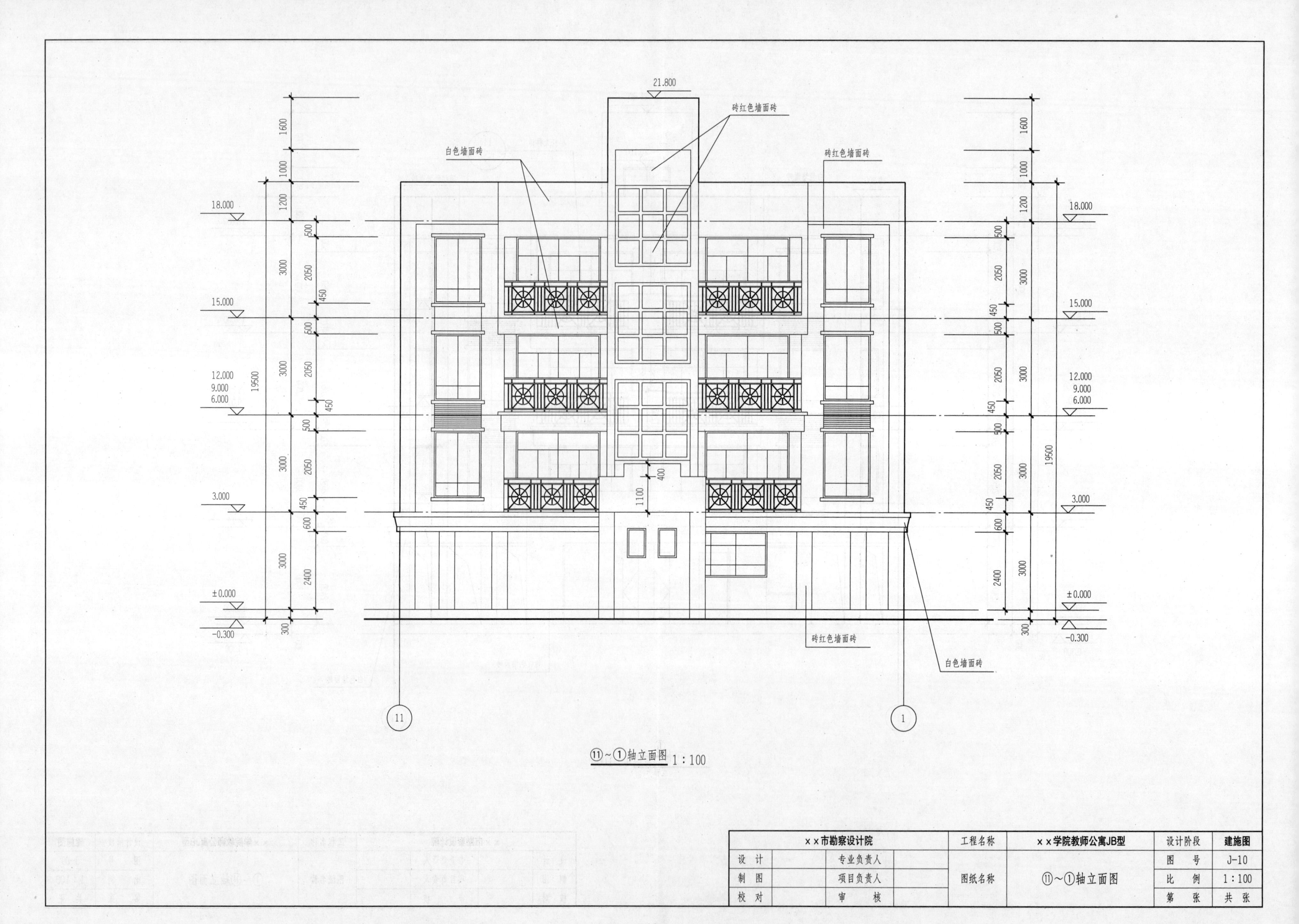
21.800
砖红色墙面砖
白色墙面砖
砖红色墙面砖
18.000
15.000
12.000
9.000
6.000
3.000
±0.000
-0.300
19500
400
1100
砖红色墙面砖
白色墙面砖
11
1
⑪~①轴立面图 1:100
××市勘察设计院
设 计
制 图
校 对
专业负责人
项目负责人
审 核
工程名称
××学院教师公寓JB型
图纸名称
⑪~①轴立面图
设计阶段
建施图
图 号
J-10
比 例
1:100
第 张
共 张

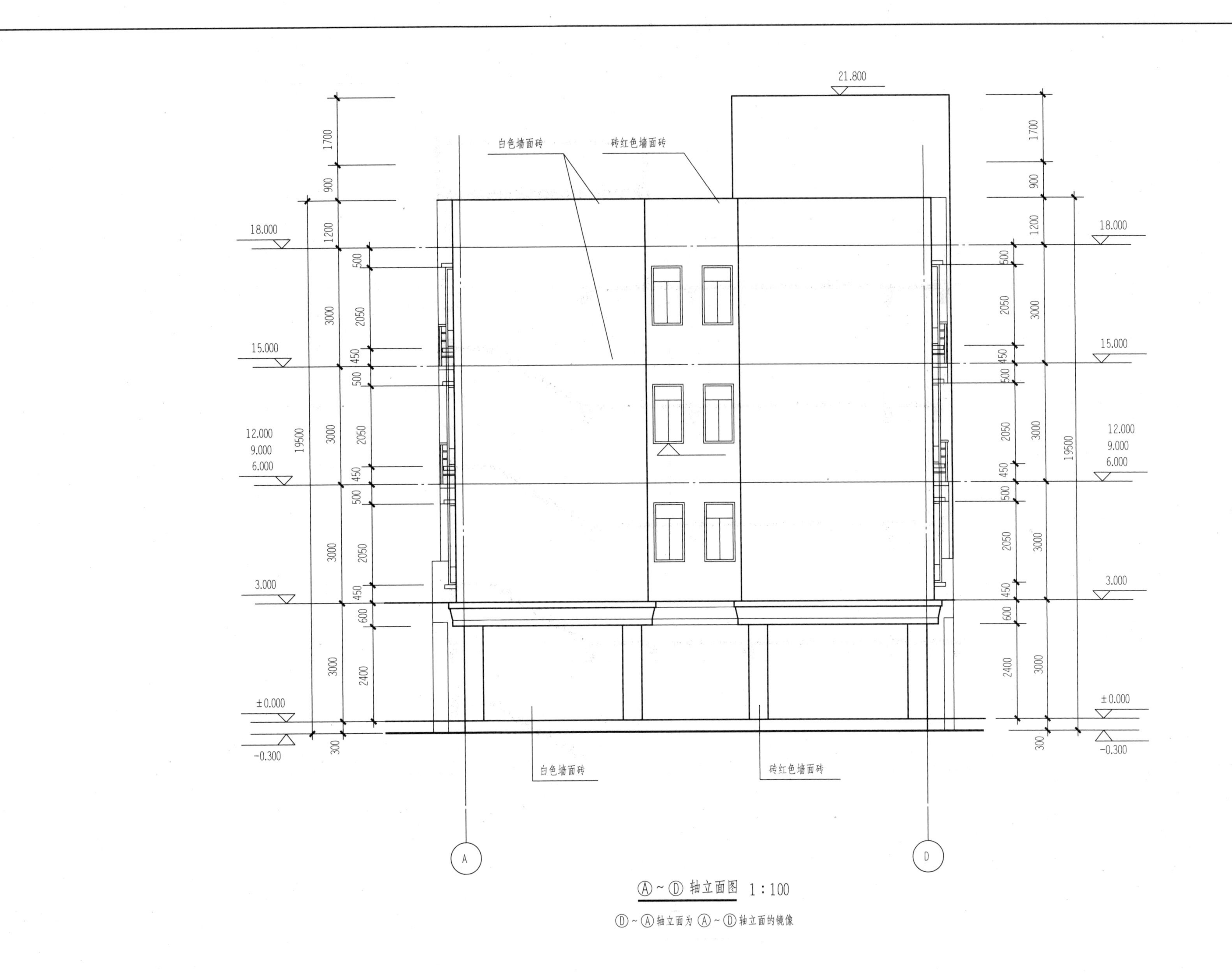

Ⓐ~Ⓓ轴立面图 1∶100

Ⓓ~Ⓐ轴立面为Ⓐ~Ⓓ轴立面的镜像

××市勘察设计院				工程名称	××学院教师公寓JB型	设计阶段	建施图
设计		专业负责人		图纸名称	Ⓐ~Ⓓ轴立面图	图号	J-11
制图		项目负责人				比例	1∶100
校对		审核				第 张	共 张

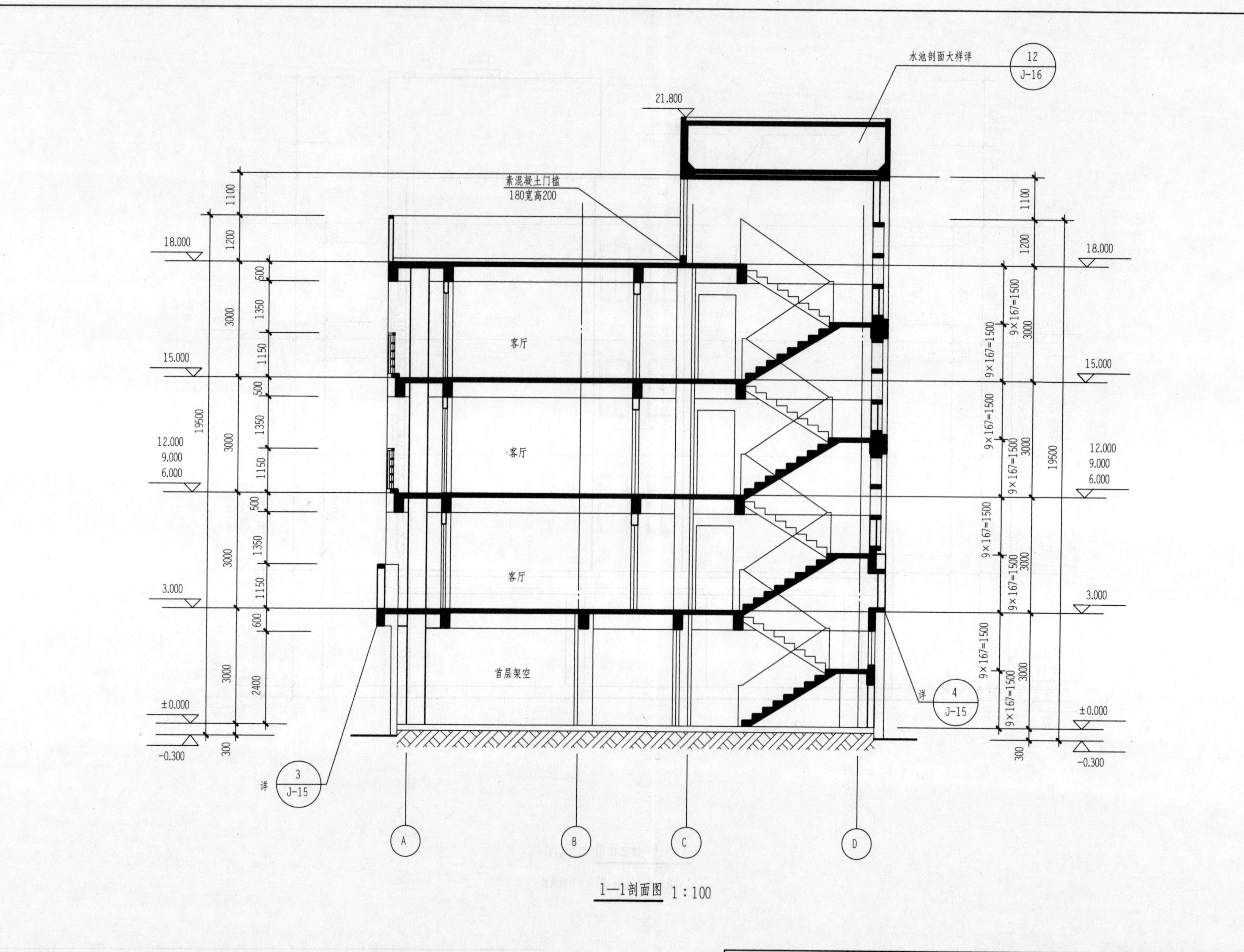

1—1剖面图 1：100

××市勘察设计院				工程名称	××学院教师公寓JB型	设计阶段	建施图
设 计		专业负责人				图 号	J-12
制 图		项目负责人		图纸名称	1—1剖面图	比 例	1:100
校 对		审 核				第 张	共 张

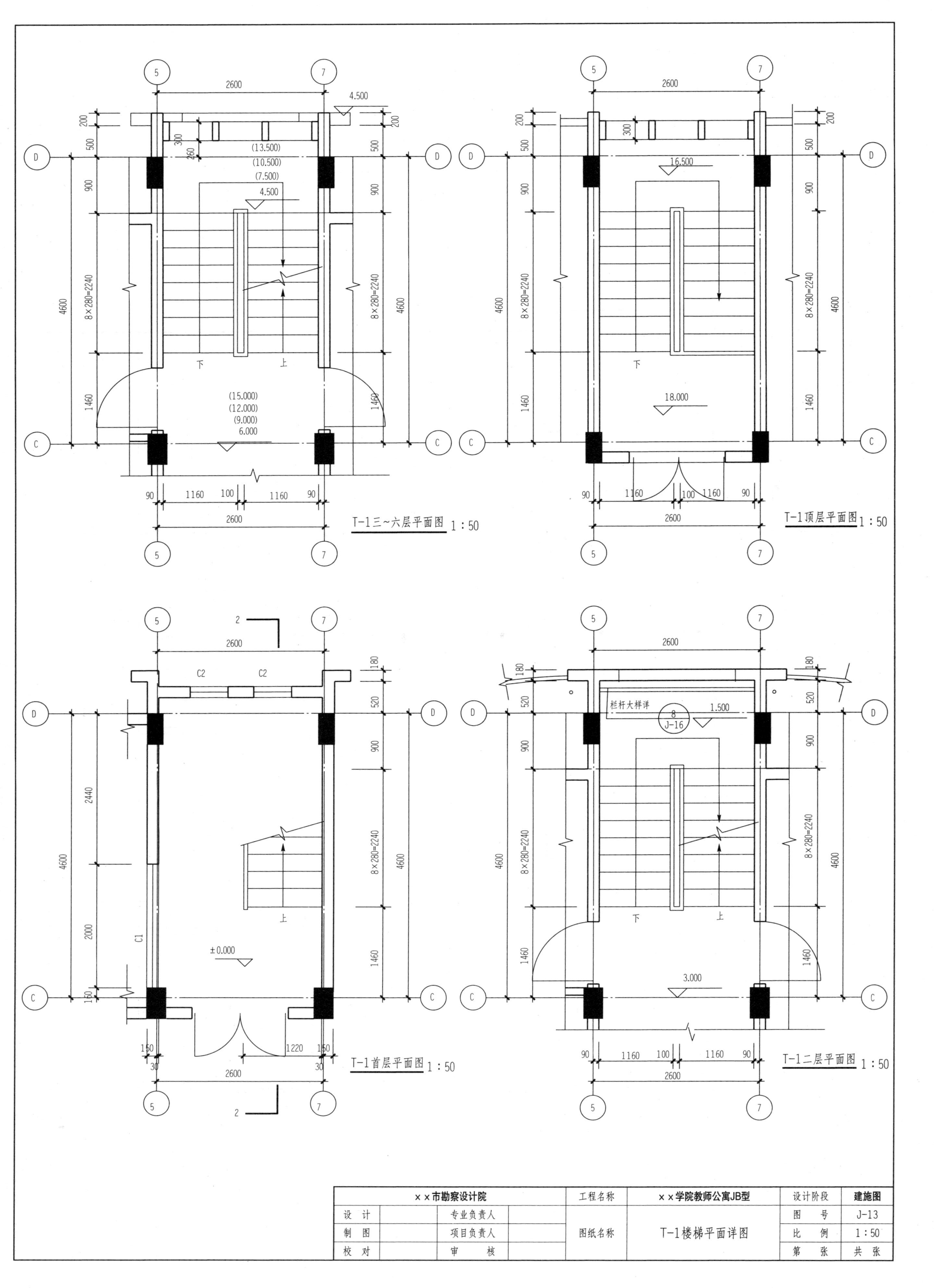
T-1三~六层平面图 1:50
T-1顶层平面图 1:50
T-1首层平面图 1:50
T-1二层平面图 1:50
(13.500)
(10.500)
(7.500)
4.500
(15.000)
(12.000)
(9.000)
6.000
16.500
18.000
±0.000
1.500
3.000
栏杆大样详
8
J-16
C1
C2
上
下
2600
4600
8×280=2240
1460
900
500
200
300
260
520
180
2440
2000
160
150
30
1220
90
1160
100
××市勘察设计院
设 计
专业负责人
制 图
项目负责人
校 对
审 核
工程名称
××学院教师公寓JB型
图纸名称
T-1楼梯平面详图
设计阶段
建施图
图 号
J-13
比 例
1:50
第 张
共 张

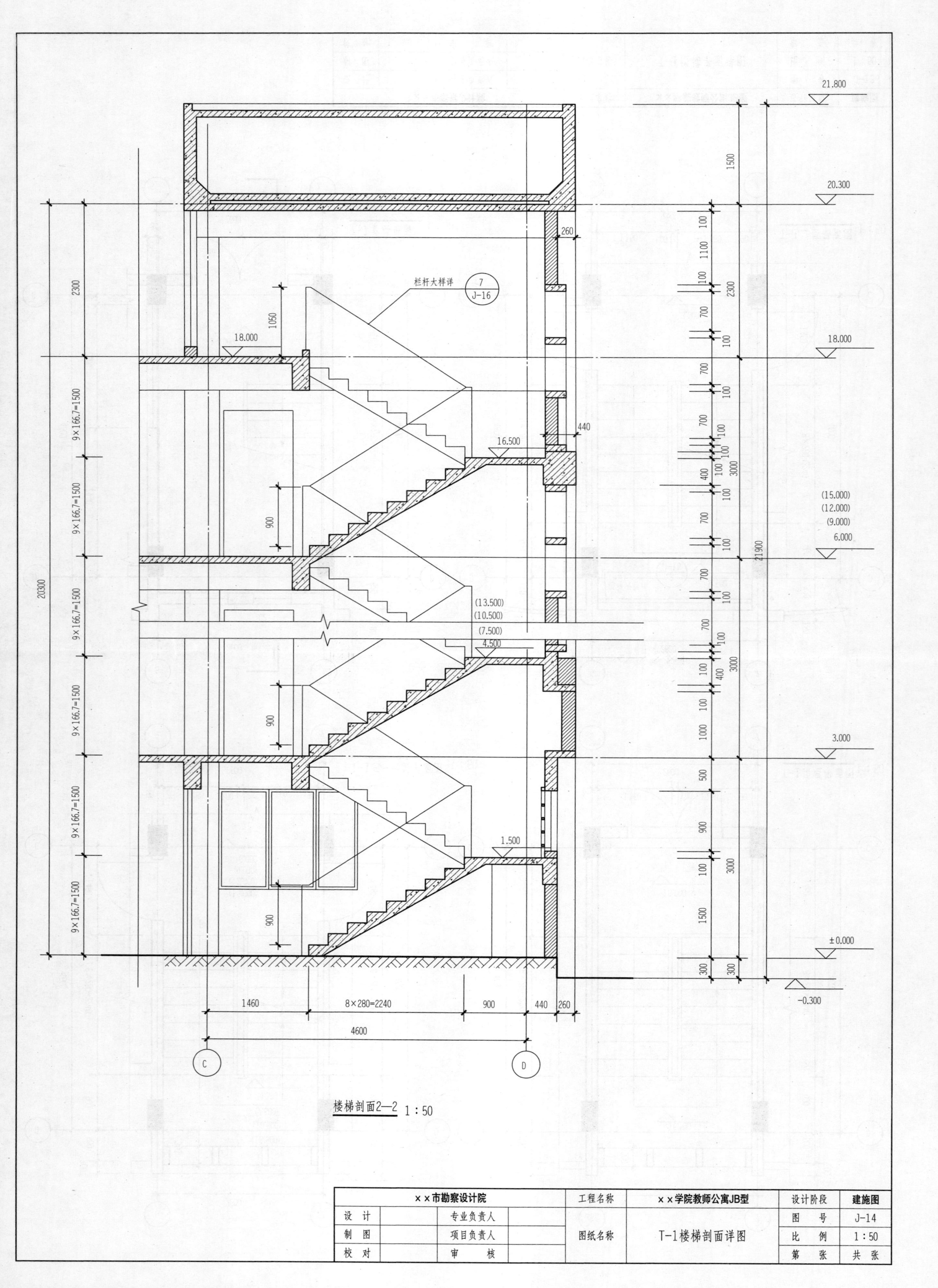
21.800
20.300
18.000
(15.000)
(12.000)
(9.000)
6.000
3.000
±0.000
-0.300
16.500
(13.500)
(10.500)
(7.500)
4.500
1.500
18.000
栏杆大样详
7
J-16
1500
2300
3000
3000
3000
300
21900
20300
9×166.7=1500
1050
900
1460
8×280=2240
440
260
4600
C
D
楼梯剖面2—2 1∶50
××市勘察设计院
设 计
专业负责人
制 图
项目负责人
校 对
审 核
工程名称
××学院教师公寓JB型
图纸名称
T-1楼梯剖面详图
设计阶段
建施图
图 号
J-14
比 例
1∶50
第 张
共 张

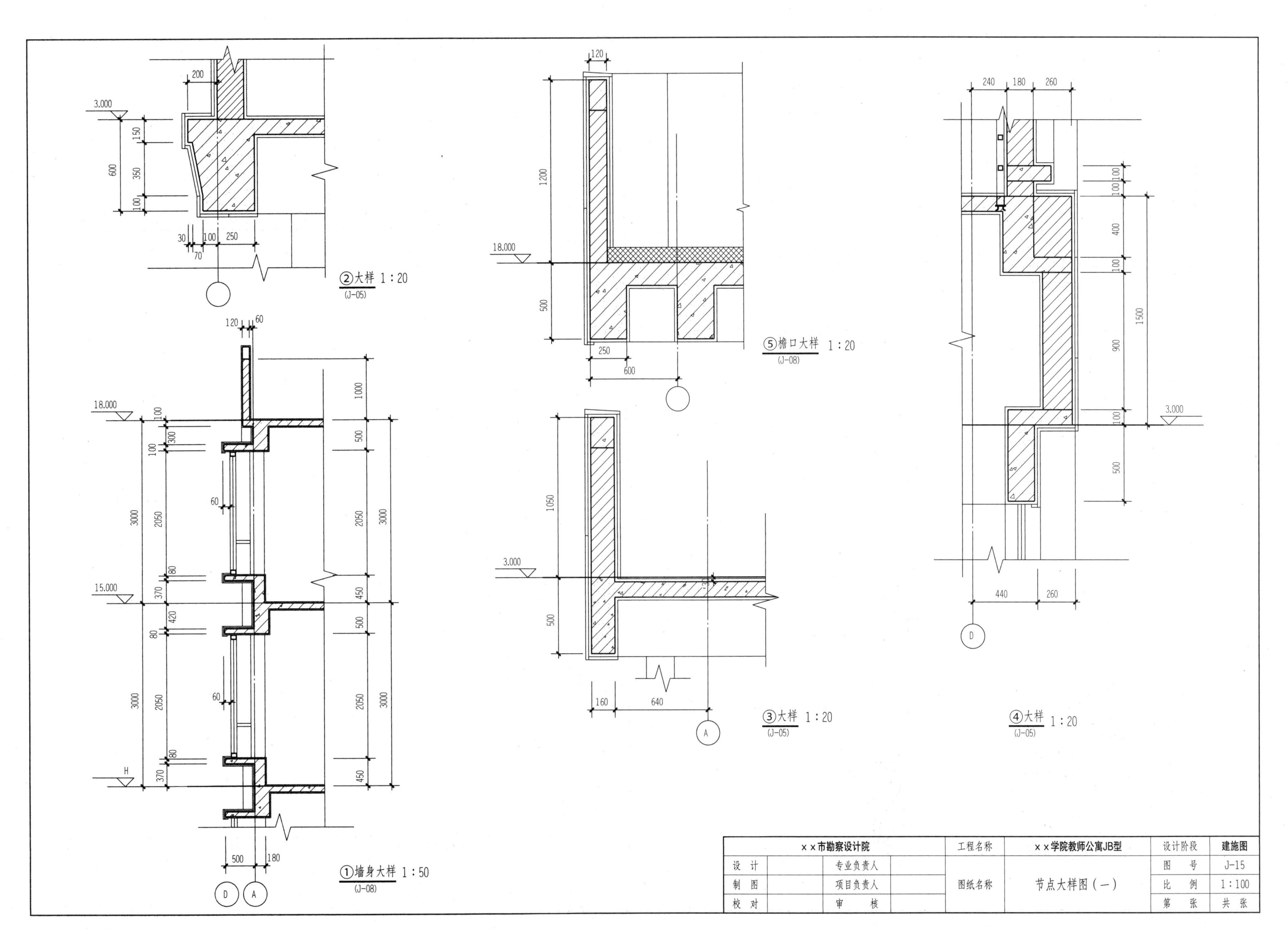

××市勘察设计院				工程名称	××学院教师公寓JB型	设计阶段	建施图
设 计		专业负责人		图纸名称	节点大样图（一）	图 号	J-15
制 图		项目负责人				比 例	1:100
校 对		审 核				第 张	共 张

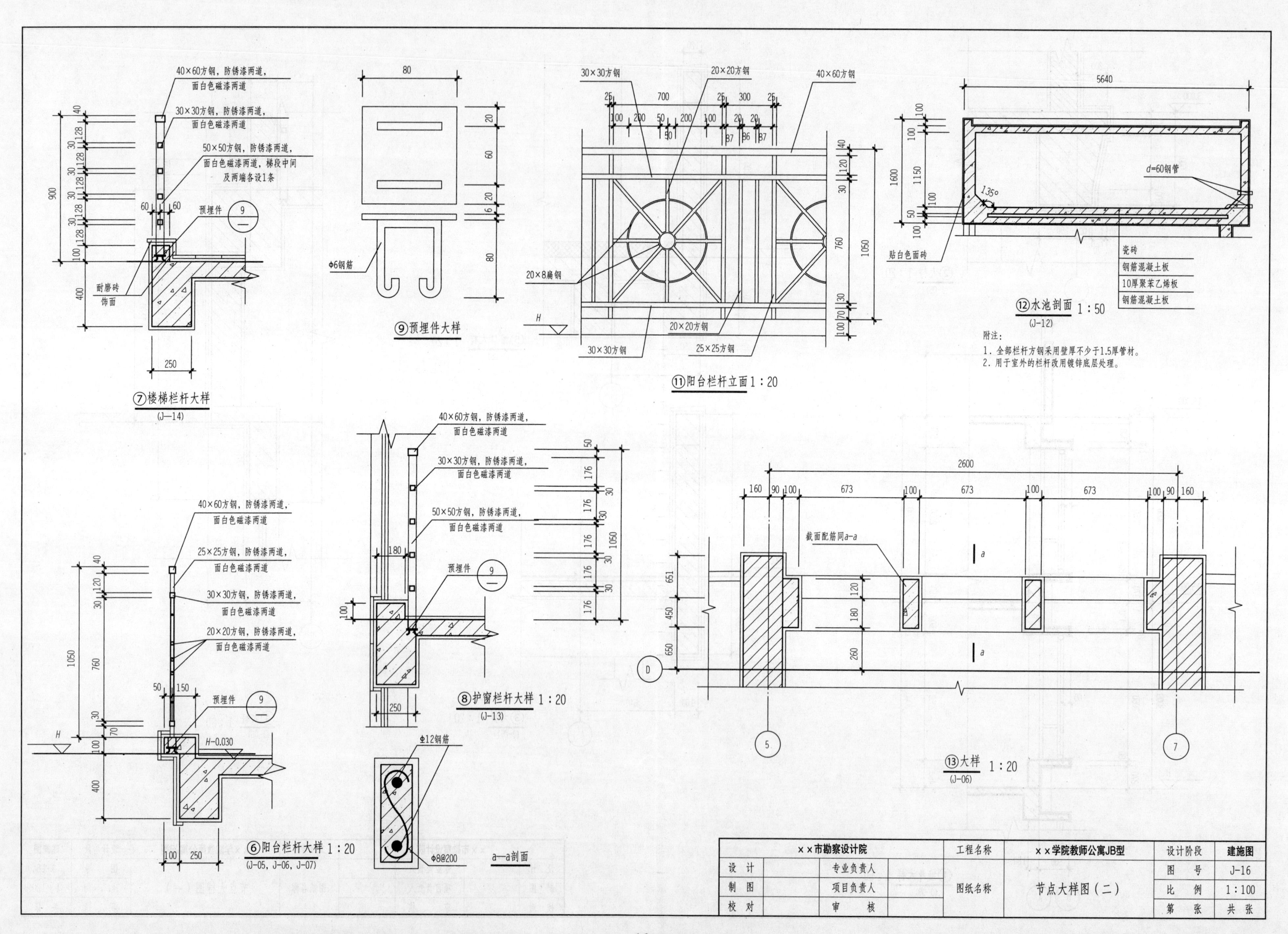

40×60方钢，防锈漆两道，面白色磁漆两道
30×30方钢，防锈漆两道，面白色磁漆两道
50×50方钢，防锈漆两道，面白色磁漆两道，梯段中间及两端各设1条
预埋件
耐磨砖饰面
⑦楼梯栏杆大样
(J—14)
⑨预埋件大样
Φ6钢筋
30×30方钢
20×20方钢
40×60方钢
20×8扁钢
25×25方钢
⑪阳台栏杆立面 1：20
⑫水池剖面 1：50
(J-12)
d=60钢管
贴白色面砖
瓷砖
钢筋混凝土板
10厚聚苯乙烯板
钢筋混凝土板
附注：
1. 全部栏杆方钢采用壁厚不少于1.5厚管材。
2. 用于室外的栏杆改用镀锌底层处理。
25×25方钢，防锈漆两道，面白色磁漆两道
20×20方钢，防锈漆两道，面白色磁漆两道
H-0.030
⑥阳台栏杆大样 1：20
(J-05，J-06，J-07)
Φ12钢筋
Φ8@200
a—a剖面
⑧护窗栏杆大样 1：20
(J-13)
截面配筋同a-a
⑬大样 1：20
(J-06)
××市勘察设计院
工程名称
××学院教师公寓JB型
设计阶段
建施图
设计
专业负责人
图号
J-16
制图
项目负责人
图纸名称
节点大样图（二）
比例
1：100
校对
审核
第张
共张

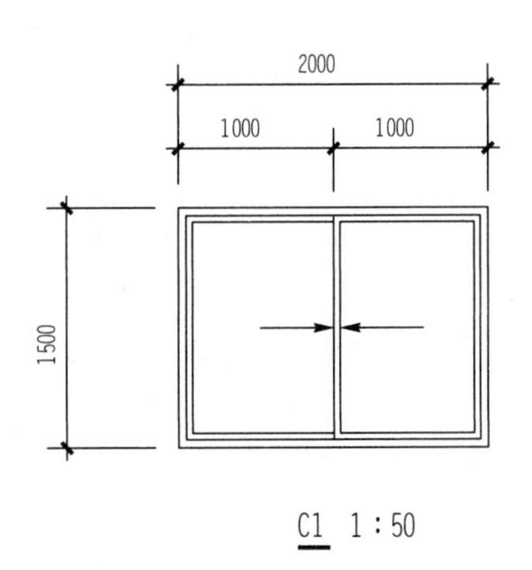

C1 1:50

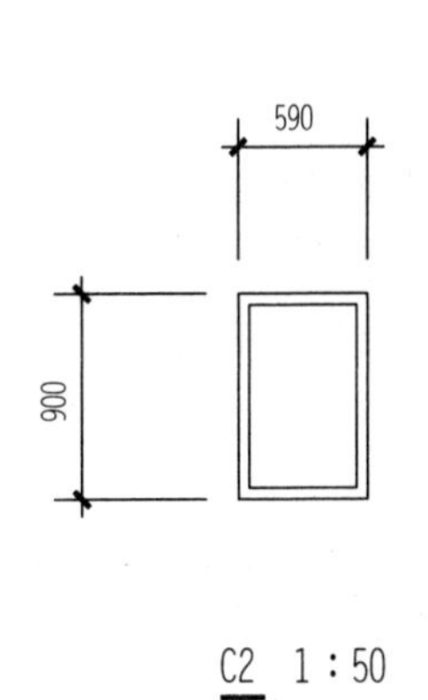

C2 1:50

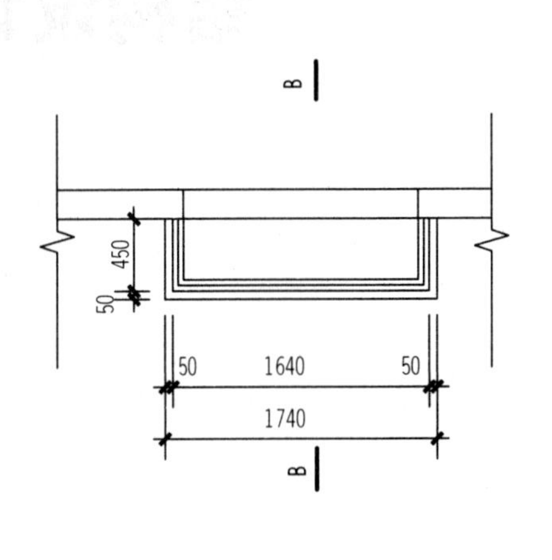

C4平面大样 1:50

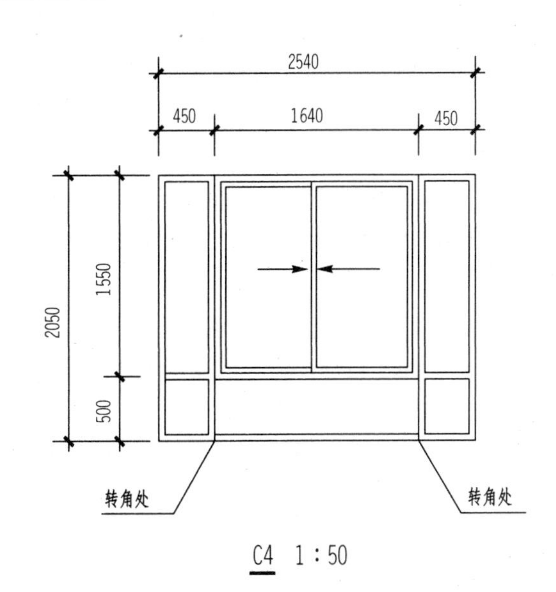

C4 1:50

编号	门窗名称	洞口尺寸(宽×高)/mm×mm	数量					备注
			首层	二层	三~六层	天面	小计	
C1	铝合金玻璃推拉窗	2000×1500	2				2	90系列
C2	铝合金玻璃窗	590×900	2				2	70系列
C4	铝合金玻璃窗	2540×2050		4	4×4		20	70系列
C5	铝合金玻璃窗	800×1500		10	10×4		50	70系列
C6	铝合金玻璃推拉窗	2000×1600		2	2×4		10	70系列
M1	实心木门	1000×2200	1	4	4×4		21	
M2	实心木门	900×2200		4	4×4		20	
M3	铝合金玻璃门	800×2200		4	4×4		20	
M4	铝合金玻璃门	700×2200		4	4×4		20	
M5	铝合金玻璃推拉门	2700×2500		4	4×4		20	
GM1	不锈钢防盗门	1500×2200	1			1	2	

说明:

1. 表中尺寸为设计洞口尺寸。
2. 所有窗均为铝合金玻璃窗，做法参见建筑材料说明中关于门窗一节的说明。
3. 本图只表示门窗立面分格，同一编号的门分格相同，其门扇开启方向详平面图，节点做法详供货厂家图纸，WW并由本设计单位认可。
4. 图中尺寸标注中的(EQ×)表示总尺寸等分分格。
5. 夹板门作饰面板装饰。
6. 图中尺寸标注中的H表示各层楼面结构标高。
7. 卫生间门选用需看样订货。

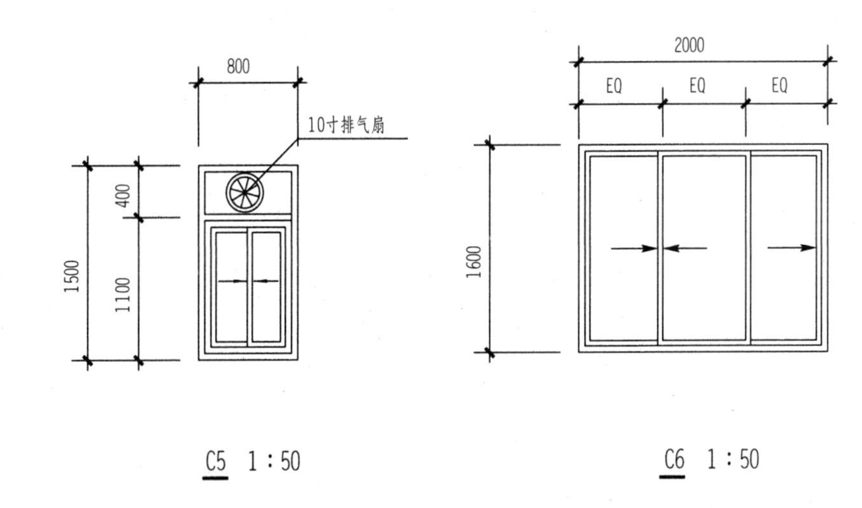

C5 1:50

C6 1:50

××市勘察设计院				工程名称	××学院教师公寓JB型	设计阶段	建施图
设计		专业负责人		图纸名称	门窗表 门窗大样	图号	J-17
制图		项目负责人				比例	1:100
校对		审核				第 张	共 张

结构设计总说明

1　总则

1.1　本工程按现行国家设计标准进行设计，施工单位应遵守本说明及各设计图纸详图外，还应执行现行国家施工规范、规程和工程所在地区主管部门颁布的有关规程及规定，且应在设计图纸通过施工图审查，取得施工许可证后施工，不得违规违章施工，确保各阶段施工安全。

1.2　本工程位于广东省××市，地上6层，地下0层，±0.000为室内地面标高，相当于黄海高程标高为30.85 m。

1.3　全部尺寸单位除注明外，均以毫米（mm）为单位，平面角以度（°）分（′）秒（″）表示，标高则以米（m）为单位。

2　建筑结构安全等级及设计使用年限

本工程建筑结构的安全等级为2级，结构设计使用年限为50年，地基基础设计等级为丙级，建筑耐火等级为二级。

3　设计依据

3.1　采用本行业现行的设计规范、规程、统一标准及工程建设标准强制性条文，"建设部公告"作为不能违反的法规，同时，考虑当地实际情况采用地区性规范。

3.2　本工程结构设计采用的计算程序及辅助计算软件名称为SATWE，软件序列号为2147，编制单位为中国建筑科学研究院。

4　结构抗震设计荷载及耐久性要求

4.1　本工程为抗震设防工程，工程所在地区的抗震设防烈度为6度，设计基本地震加速度为0.05 g；主楼抗震等级为四级。

4.2　本工程均布活荷载标准值除图纸特别注明外，均按《建筑结构荷载规范》（GB 50009—2012）执行。

4.3　本工程未经技术鉴定及设计许可，不得改变结构的用途和使用环境。

4.4　风、雪荷载：基本风压W= 0.5 kN/m^2，地面粗糙度为B类，基本雪压S= 0 kN/m^2。

4.5　本工程所有构件耐久性的环境类别为二b类环境，其结构混凝土耐久性的基本要求见16G101系列图集。

4.6　纵向受力钢筋的混凝土保护层，其厚度不应小于钢筋的公称直径。混凝土保护层最小厚度值见16G101图集。

5　场地地基及基础部分

5.1　本建筑场地类别为Ⅱ类。本工程采用桩基础，建筑物桩基设计等级为丙级。

5.2　本工程岩土工程勘察报告由××勘察院提供，基础施工时若发现地质实际情况与岩土工程勘察报告和设计要求不符时，须通知设计人员及岩土工程勘察单位技术人员共同研究处理。

6　现浇钢筋混凝土结构部分

6.1　普通钢筋强度设计值（抗拉强度设计值f_y，抗压强度设计值f_y'）见《混凝土结构设计规范（2015年版）》（GB 50010—2010）。

6.2　钢筋的锚固与连接（锚固长度及搭接长度）见16G101图集。

6.3　现浇结构混凝土强度等级及抗渗等级。

（1）构件混凝土强度等级：柱为C30，其余均为C25；基础（桩承台）详基础或桩承台结构图。

（2）构件混凝土抗渗等级：天面水池为S6。

6.4　楼板、屋面板。

（1）单向板底筋的分布钢筋及单向板、双向板支座负筋的分布钢筋，除平面图中另有注明者外，应同时满足大于受力主筋的15%，且分布钢筋的最大间距为250。

（2）双向板（或异形板）钢筋的放置：短向钢筋置于外层，长向钢筋置于内层。当板底与梁底平时，板的下层钢筋应置于梁内底筋之上。

（3）结构图中的钢筋规格代号分别表示：K6=Φ6@200、G6=Φ6@180、N6=Φ6@150。

7　钢筋混凝土预埋件

7.1　预埋件的锚固应用HPB300、HRB335级钢筋，吊环埋入混凝土的锚固深度不应小于30d，并应绑扎在钢筋骨架上。

7.2　所有外露铁件均应涂刷防锈底漆、面漆，材料及颜色按建筑要求施工。

8　砌体部分

8.1　砌体部分（本设计所用的混合砂浆均为水泥石灰混合砂浆）。

（1）砌体结构施工质量控制等级为二级。

（2）建筑总层数大于12层的非承重墙，不得使用每立方米质量超过140kg的墙体材料，广州地区禁止使用黏土类烧结砖。

（3）骨架结构中的填充墙砌体均不作承重用。

（4）当砌体墙的水平长度大于5m和需要加强的丁字墙、转角墙，或非丁字墙端部没有钢筋混凝土墙柱时，应在墙中间或墙端部加设构造柱GZ（图五）。

（5）钢筋混凝土柱与砌体用2Φ6钢筋连接，该钢筋沿钢筋混凝土柱高度每隔500预埋，锚入混凝土柱内200，伸入砌体内的长度不小于500。

（6）填充砌体砌至接近梁或板底时，应留一定留隙，待填充砌体砌筑完成并至少间隔7天后，再将其补砌挤紧。不到板底或梁底的砌体必须加设压顶梁。

（7）门窗过梁：轻质砌块隔墙砌体上门窗洞口应设置钢筋混凝土过梁；当洞顶与结构梁（板）底的距离小于150时，过梁需与结构梁（板）浇成整体，详见图八。

（8）底层内隔墙（高度<4000mm）可直接砌置在混凝土地骨（垫层）上，按图九所示施工。

8.2　全部砌体未经结构同意，不得任意更改墙体材料及厚度和砌体位置。

9　施工缝

9.1　水平施工缝：板施工缝及分块施工缝大样详见图十四A。地下室底板、楼板、顶板与外侧墙交接的施工缝设在墙上，其位置及止水带的位置详见图十五。

9.2　当柱的混凝土强度等级高于梁板一个等级及以上时（5 N/mm^{2}为一级），按图十四B施工；不超过一个等级时，可随梁板同时浇筑。

10　其他

水池混凝土强度达到100%后应通过试水进行抗渗漏检测，第一次半池水深观察3天，接着加满水再观察4天。如渗漏应进行处理，确认可靠后方可进行面层施工。

11　沉降观测

11.1　本工程要求建筑物在施工及使用过程进行沉降观测，并符合《建筑变形测量规范》（JGJ 8—2016）的有关规定。

11.2　施工期内观测工作由基础施工完成后即应开始，建筑物每升高___层观测1次，结构封顶后___月观测1次，施工过程如暂时停工，在停工时及新开工时应各观测1次，停工期间每隔2~3个月观测1次。使用期内第一年观测3~4次，第二年观测2~3次，第三年后每年1次，直至稳定为止。

××市勘察设计院				工程名称	××学院教师公寓JB型	设计阶段	结施图
设计		专业负责人		图纸名称	结构设计总说明	图号	G-01
制图		项目负责人				比例	1:100
校对		审核				第　张	共　张

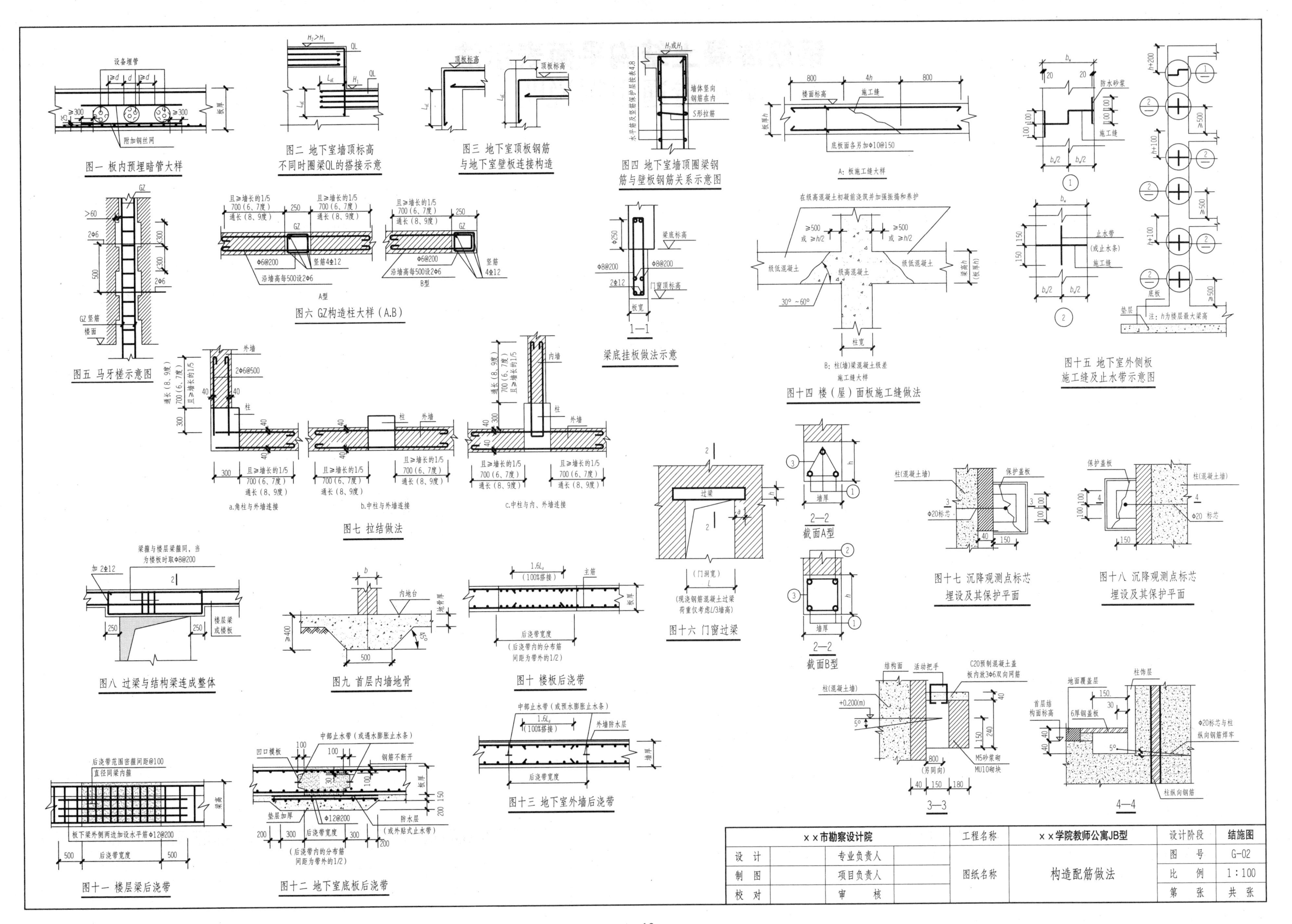

图一 板内预埋暗管大样
设备埋管
附加钢丝网
板厚
图二 地下室墙顶标高不同时圈梁QL的搭接示意
图三 地下室顶板钢筋与地下室壁板连接构造
顶板标高
图四 地下室墙顶圈梁钢筋与壁板钢筋关系示意图
墙体竖向钢筋在内
S形拉筋
A: 板施工缝大样
楼面标高
施工缝
底板面各另加Φ10@150
图五 马牙槎示意图
图六 GZ构造柱大样（A.B）
且≥墙长的1/5
700（6、7度）
通长（8、9度）
Φ6@200
竖筋4Φ12
沿墙高每500设2Φ6
A型
B型
梁底挂板做法示意
梁底标高
门窗顶标高
板宽
1—1
图十四 楼（屋）面板施工缝做法
在级高混凝土初凝前浇筑并加强振捣和养护
级低混凝土
级高混凝土
柱宽
B：柱(墙)梁混凝土级差施工缝大样
图十五 地下室外侧板施工缝及止水带示意图
防水砂浆
施工缝
止水带
（或止水条）
底板
垫层
注：h为楼层最大梁高
图七 拉结做法
a.角柱与外墙连接
b.中柱与外墙连接
c.中柱与内、外墙连接
图十六 门窗过梁
过梁
（门洞宽）
（现浇钢筋混凝土过梁荷重仅考虑L/3墙高）
截面A型
截面B型
2—2
墙厚
图十七 沉降观测点标芯埋设及其保护平面
图十八 沉降观测点标芯埋设及其保护平面
柱(混凝土墙)
保护盖板
Φ20标芯
图八 过梁与结构梁连成整体
梁箍与楼层梁箍同，当为楼板时取Φ8@200
加2Φ12
楼层梁或楼板
图九 首层内墙地骨
内地台
图十 楼板后浇带
（100%搭接）
主筋
后浇带宽度
（后浇带内的分布筋间距为带外的1/2）
3—3
结构面
活动把手
C20预制混凝土盖板内放3Φ6双向网筋
M5砂浆砌MU10砌块
4—4
地面覆盖层
柱饰层
首层结构面标高
6厚钢盖板
Φ20标芯与柱纵向钢筋焊牢
柱纵向钢筋
图十一 楼层梁后浇带
后浇带范围密箍间距@100
直径同梁内箍
板下梁外侧两边加设水平筋Φ12@200
图十二 地下室底板后浇带
中部止水带（或遇水膨胀止水条）
凹口模板
钢筋不断开
垫层加厚
防水层
（或外贴式止水带）
图十三 地下室外墙后浇带
外墙防水层
××市勘察设计院
工程名称
××学院教师公寓JB型
设计阶段
结施图
设计
专业负责人
图号
G-02
制图
项目负责人
图纸名称
构造配筋做法
比例
1:100
校对
审核
第张
共张

钢筋混凝土结构平面表示法

梁构造通用图说明

1．采用本制图规则时，除按本图有关规定外，还应符合现行国家有关规范、规程和标准。

2．本说明中“钢筋混凝土结构整体表示法”简称“平法”，如有其余节点构造不详者请参照《混凝土结构施工图平面整体表示方法制图规则和构造详图》（16G101-1）。

一、总则

（1）本图与“梁平面配筋图”配套使用。

（2）本图未包括的特殊构造和特殊节点构造，应由设计者自行设计绘制。

二、“平法”梁平面配筋图绘制说明

梁编号规则：梁编号由梁类型代号、序号、跨数及有无悬挑代号几项组成，如下表：

梁类型	代号	序号	跨数及是否带有悬挑
框架梁	KL	××	（××）或（××A）或（××B）
非框架梁	LL	××	（××）或（××A）或（××B）
剪力墙连梁	JLL	××	

注：（××A）为一端悬挑；（××B）为两端悬挑。

关于梁的截面尺寸和配筋：多跨通用的$b\times h$、箍筋、梁跨中面筋基本值采用集中注写；梁底筋和支座面筋以及某跨特殊的$b\times h$、箍筋、梁跨中面筋、腰筋均采用原位注写；梁编号及集中注写的$b\times h$、梁配筋等代表许多跨，原位注写的要素仅代表本跨。

1．KL、WKL、L的标注方法

（1）与梁编号写在一起的为$b\times h$、箍筋、梁跨中面筋基本值（用小括号括起来的为架立筋，反之为贯通筋）。

在集中标注中的梁跨中面筋基本值后以“；”分隔或换行标注的钢筋为底筋基本值，从梁的任意一跨引出集中注写。个别跨的$b\times h$、箍筋、梁跨中面筋（架立筋或贯通筋）以及腰筋与基本值不同时，则将其特殊值原位标注。

（2）若无标注支座钢筋，则以梁跨中面筋基本值（架立筋或贯通筋）直入支座。

（3）抗扭腰筋和非框架梁的抗扭箍筋值前面需加“N”，如为构造腰筋则在前面加“G”。

（4）原位注写的梁面筋及梁底筋，当底筋或面筋多于一排时，则将各排筋按从上往下的顺序用斜线分开；当同一排筋为两种直径时，则用加号将其连接；当梁的中间支座两边的面筋相同时，则可将其配筋仅注在支座某一边的梁上边位置处。

2．PL、KL、WKL、L的悬挑端的标注方法（除下列三条外，与二、1条的规定相同）

（1）悬挑梁的梁根部与梁端截面高度不同时，用斜线“/”将其分开，即$b\times h_1/h_2$，h_1为梁根高度。

（2）悬挑梁钢筋用小括号括起来表示在悬挑长度$0.6L_0$处截断。

例：10Φ25，4/2+（2）/（2），表明梁面筋第一排为4Φ25直筋，第二排有2Φ25直筋和2Φ25在$0.6L_0$处截断，第三排有2Φ25在$0.6L_0$处截断。

（3）当悬挑梁长度$l\geq2$m且<3m时，加2Φ20压筋；当$l\geq3$m时，加2Φ25压筋。

3．箍筋肢数用括号括住的数字表示。箍筋加密与非加密区间距用斜线“/”分开。

例如：Φ8@100/200（4）表示箍筋加密区间距为100，非加密区间距为200，四肢箍。

4．附加箍筋（加密箍）和附加吊筋绘在梁集中力位置，配筋值原位标注。

5．当梁平面布置过密，全标注有困难时，可按纵横梁分开画在两张图上。

6．多数相同的梁顶面标高在图面说明中统一注明为H，个别特殊的标高原位加注该梁与楼层标高H的相对标高。

7．梁上起柱（LZ）的设计规定与构造详见下图大样。

三、各类梁的构造做法

1．详下图图示和附注。

2．当抗震时，本图中L_a均为L_{aE}及相应搭接长度。

3．带*号的（抗扭）纵筋全跨通长，搭接长度均为L_a（若双面焊，则焊缝长为$6d$）。

4．梁的架立筋与支座负筋搭接长度，框架梁应不少于$35d$；次梁当$d\geq12$时为$30d$，当$d\leq10$时为250。次梁架立筋伸入支座长200。

5．框架梁的纵向钢筋在节点范围内的锚固按图所示，钢筋锚固长度L_{aE}及搭接长度L_{lE}按前述《结构设计总说明》。

6．次梁底筋锚入支座长度为$15d$，水平段不足时向上做90°弯折。

7．梁腰筋的搭接长度均为$35d$（若双面焊，则焊缝长为$6d$），梁腰筋的拉筋（“∽”形）均为Φ6，间距为非加密区箍筋间距的两倍。

8．当设计图纸无说明时，架立筋按下表采用。

梁跨度	$L<4$m	4m$\geq L<6$m	$L\geq6$m
架立筋直径	Φ10	Φ12	Φ14

四、大样Ⓐ~Ⓚ用于平面图中索引，索引号侧注明有关大样尺寸及配筋。

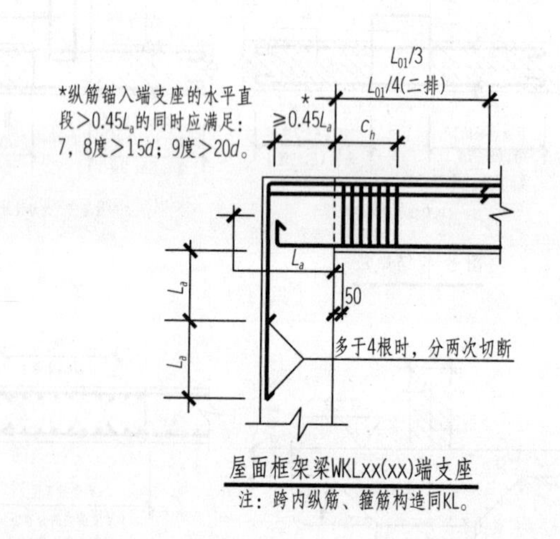

屋面框架梁WKLxx(xx)端支座

注：跨内纵筋、箍筋构造同KL。

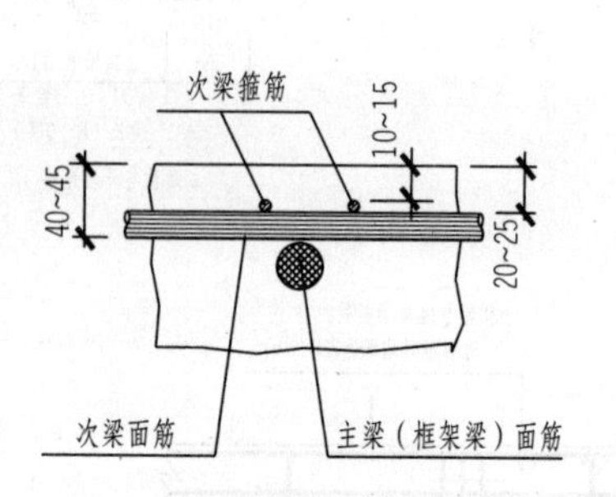

主次梁相交处梁面钢筋

××市勘察设计院		工程名称	××学院教师公寓JB型	设计阶段	结施图
设 计	专业负责人	图纸名称	钢筋混凝土结构平面表示法	图 号	G-03
制 图	项目负责人			比 例	1∶100
校 对	审 核			第 张	共 张

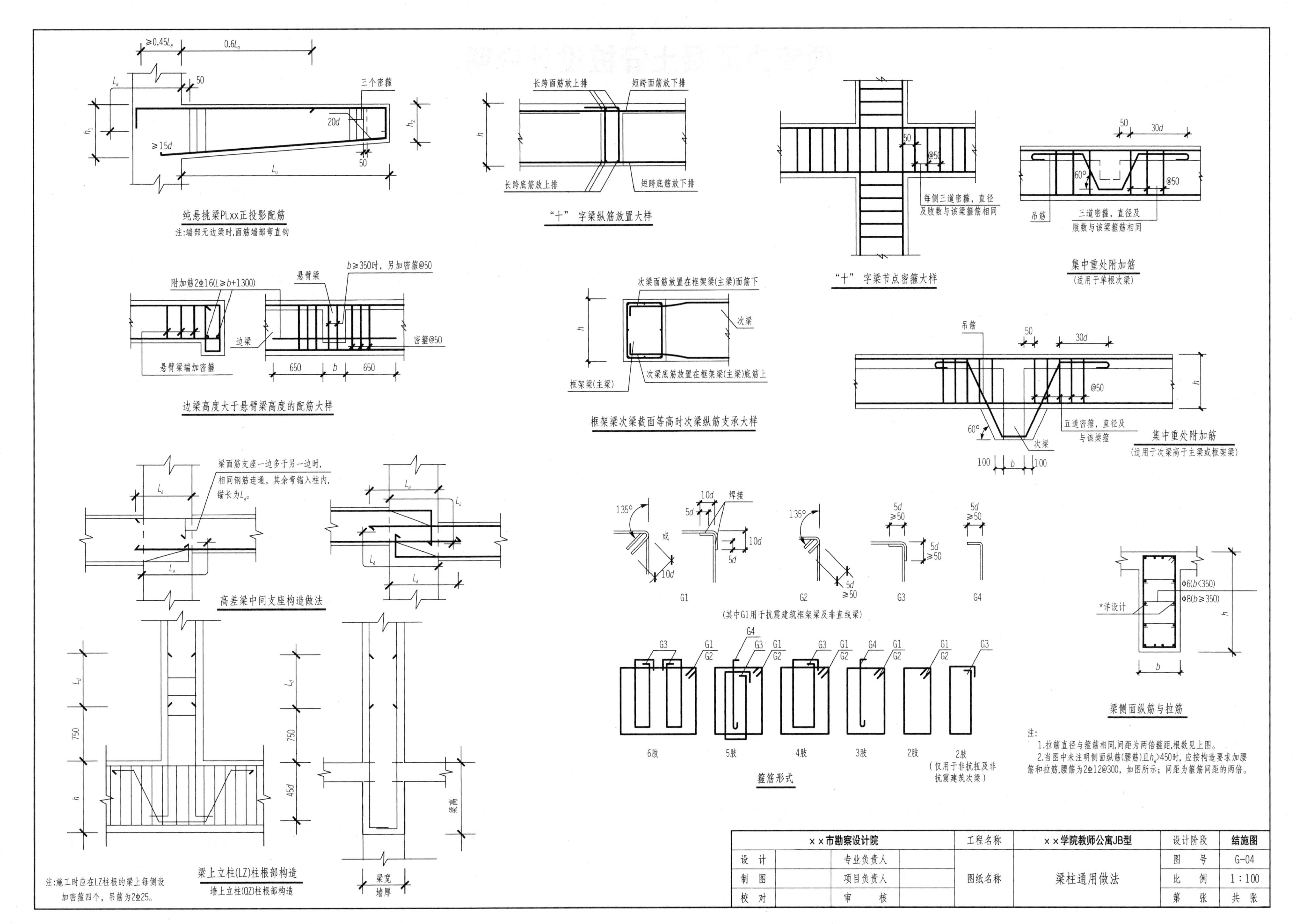
纯悬挑梁PLxx正投影配筋
注:端部无边梁时,面筋端部弯直钩
"十" 字梁纵筋放置大样
长跨面筋放上排
短跨面筋放下排
长跨底筋放上排
短跨底筋放下排
"十" 字梁节点密箍大样
每侧三道密箍，直径
及肢数与该梁箍筋相同
集中重处附加筋
(适用于单根次梁)
吊筋
三道密箍，直径及
肢数与该梁箍筋相同
边梁高度大于悬臂梁高度的配筋大样
附加筋2Φ16(L≥b+1300)
悬臂梁
b≥350时，另加密箍@50
边梁
密箍@50
悬臂梁端加密箍
框架梁次梁截面等高时次梁纵筋支承大样
次梁面筋放置在框架梁(主梁)面筋下
次梁
框架梁(主梁)
次梁底筋放置在框架梁(主梁)底筋上
集中重处附加筋
(适用于次梁高于主梁或框架梁)
五道密箍，直径及
与该梁箍
次梁
高差梁中间支座构造做法
梁面筋支座一边多于另一边时,
相同钢筋连通，其余弯锚入柱内,
锚长为La。
(其中G1用于抗震建筑框架梁及非直线梁)
焊接
箍筋形式
6肢
5肢
4肢
3肢
2肢
2肢
(仅用于非抗扭及非
抗震建筑次梁)
梁侧面纵筋与拉筋
Φ6(b<350)
Φ8(b≥350)
*详设计
注:
1.拉筋直径与箍筋相同,间距为两倍箍距,根数见上图。
2.当图中未注明侧面纵筋(腰筋)且hw>450时, 应按构造要求加腰筋和拉筋,腰筋为2Φ12@300, 如图所示; 间距为箍筋间距的两倍。
梁上立柱(LZ)柱根部构造
墙上立柱(QZ)柱根部构造
注:施工时应在LZ柱根的梁上每侧设
加密箍四个，吊筋为2Φ25。
梁宽
墙厚
梁高
××市勘察设计院
工程名称
××学院教师公寓JB型
设计阶段
结施图
设 计
专业负责人
图 号
G-04
制 图
项目负责人
图纸名称
梁柱通用做法
比 例
1:100
校 对
审 核
第 张
共 张

预应力混凝土管桩设计说明

一、一般说明

1. 全部尺寸除说明外，均以毫米（mm）为单位。标高和桩长（H）以米（m）为单位。

2. 本工程±0.000为室内地面标高，相当于 黄海 高程标高 30.85 m。

二、管桩类型

1. 本工程采用的管桩桩径详见 桩表 。

2. 根据工程地质勘察资料，本工程采用的管桩为端承型桩，桩端持力层为强风化岩层。桩端持力层端阻力特征值q_{pa}= 3500 kPa（标贯击数为 50 击），持力层入岩（土）层不小于 1m 。

三、施工方式及终桩控制标准

1. 本工程管桩采用静压力压桩方式施工，终压力值为单桩竖向承载力特征值的 3 倍。详见桩表及其附注。

2. 本工程采用的管桩为端承型桩，停打以桩端到达或进入持力层（对照地质资料）、最后贯入度（见桩表）和最后 1m 沉桩锤击数为主要控制收锤标准。

3. 本工程采用的管桩为端承型桩，终压控制标准为终压力值达到设计要求，并按本图桩表要求进行复压，复压时每次稳压时间不超过10s。

四、施工要求

1. 接桩：下节桩施打后露出地面0.5~1.0m（机械接头为1.0~1.5m）时即可接桩。任一单桩的接头数量不超过4个，应避免桩尖接近硬持力层或桩尖处于硬持力层时接桩。每根桩须对照地质钻探资料预计总长，选用合理的桩节组合，尽可能减少接桩次数。

接桩采用焊接接桩法：管桩的接长可采用桩端头板沿圆周坡口槽焊接，下节桩头须设导向箍，上下节桩段偏差不宜大于2mm。焊接前应先确认管桩接头是否合格，上下端板应清理干净。坡口处应刷至露出金属光泽，油污铁锈清除干净。焊接前先在坡口圆周对称点焊4~6点，焊接接头的焊缝宜为三层，每层焊缝的接头应错开，焊缝厚度 6mm （抗拔桩焊缝厚度8mm），焊缝须饱满，不得出现夹渣或气孔等缺陷，焊条选用 压弧焊 焊条。施焊完毕须自然冷却8min后方可继续施打（压）。严禁用水冷却或焊好后立即沉桩。

2. 送桩或复打（压）：本工程采用的管桩允许送桩，送桩须使用专用的送桩器，送桩深度不超过 2m 。当需要送桩或复打时，应先检查桩内是否充满水，若充满水，应抽去部分水后才能施打（压）。

3. 截桩头：最后一节桩的桩顶须高出设计桩顶标高 1.5 倍桩径长度以供截桩之用，截桩须用专用截桩机，严禁采用大锤横向敲击截桩或强行扳拉截桩；抗拔桩的桩头则须用手工凿去其中的混凝土，留下的预应力钢筋锚入承台，桩顶与承台的连接详见桩顶构造大样。

4. 每一根桩应一次性连续打（压）到底，接桩、送桩应连续进行，尽量减少中间停歇时间。

5. 引孔：当设计要求或施工需要用引孔法打（压）桩时，应在打（压）桩施工前于该桩位处预先钻孔，钻孔孔径不大于（D-50）mm，采用螺旋钻机成孔，孔深不得超过桩端所处深度。

6. 桩端底部填灌混凝土：桩端持力层为易受地下水浸湿软化土层或非饱和状态的强风化岩层时，在第一节桩施打填灌微膨胀混凝土，混凝土强度等级为C30，灌注高度不小于2m。

7. 基坑开挖：基坑开挖需在全部工程桩完成并相隔若干天后进行，严禁边打桩边开挖基坑，挖土需分层均匀进行，挖土过程中桩周土体高差不宜大于 1m ，严禁集中一处开挖。饱和黏性土、粉土地区的基坑，开挖宜在打桩全部完成15d后进行。

8. 桩顶内填芯混凝土浇筑前，应先将管内壁浮浆清除干净；可根据设计要求，采用内壁涂刷水泥净浆、混凝土界面剂或采用微膨胀混凝土等措施，以提高填芯混凝土与管桩桩身混凝土的整体性。

五、施工允许偏差及质量检查

1. 桩位允许偏差值：柱下桩数≤3根，允许偏差为100mm；柱下桩数4~16根，允许偏差为1/2桩径或边长；桩数多于16根，最外边桩的允许偏差为1/3桩径或边长，中间桩的允许偏差为1/2桩径或边长。

2. 截桩后的桩顶标高允许偏差为±10mm。

3. 施工单位必须对每根桩做好一切施工记录，记录内容包括桩的节数、每节长度、总锤击数、最后1m锤击数、最后三阵每阵（10锤）的贯入度，或静压终压值、复压次数、每次时间等，并将有关资料整理成册，提交有关部门检查及验收。

4. 静载试验具体操作按国家相关部门标准和现行规范执行；高应变动测法应符合行业标准的有关规定。

六、注意事项

预应力管桩的桩身质量应符合国家标准《混凝土质量控制标准》《先张法预应力混凝土管桩》《先张法预应力混凝土薄壁管桩》的规定，并应按上述标准进行检验。施工质量应按《建筑基桩检测技术规范》及《建筑地基基础工程施工质量验收规范》执行。

××市勘察设计院		工程名称	××学院教师公寓JB型	设计阶段	结施图
设 计	专业负责人	图纸名称	预应力混凝土管桩设计说明	图 号	G-05
制 图	项目负责人			比 例	1:100
校 对	审 核			第 张	共 张

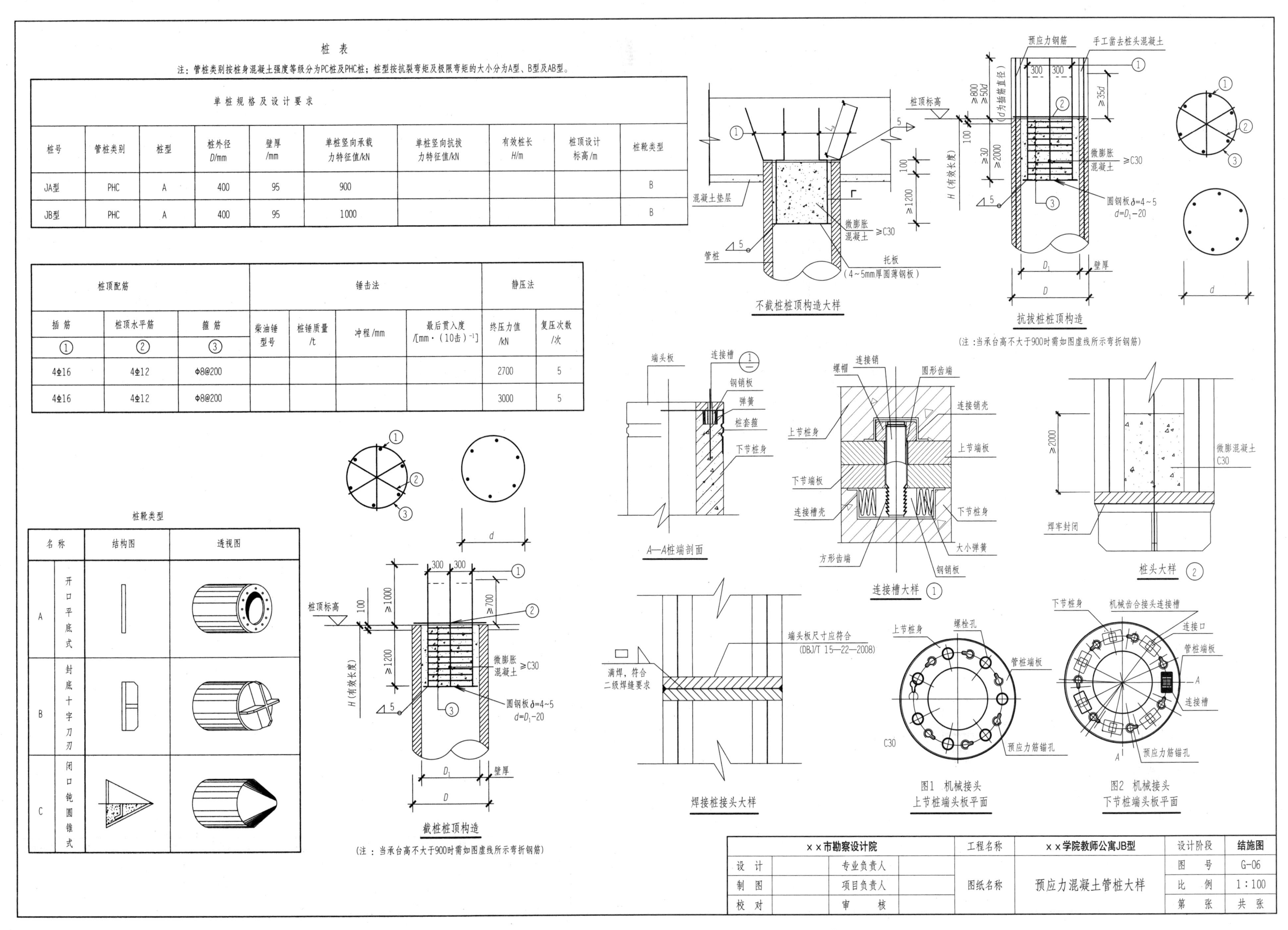

桩 表

注：管桩类别按桩身混凝土强度等级分为PC桩及PHC桩；桩型按抗裂弯矩及极限弯矩的大小分为A型、B型及AB型。

单桩规格及设计要求									
桩号	管桩类别	桩型	桩外径 D/mm	壁厚 /mm	单桩竖向承载力特征值/kN	单桩竖向抗拔力特征值/kN	有效桩长 H/m	桩顶设计标高/m	桩靴类型
JA型	PHC	A	400	95	900				B
JB型	PHC	A	400	95	1000				B

桩顶配筋			锤击法				静压法	
插筋 ①	桩顶水平筋 ②	箍筋 ③	柴油锤型号	桩锤质量/t	冲程/mm	最后贯入度/[mm·(10击)$^{-1}$]	终压力值/kN	复压次数/次
4Φ16	4Φ12	Φ8@200					2700	5
4Φ16	4Φ12	Φ8@200					3000	5

桩靴类型

名称		结构图	透视图
A	开口平底式		
B	封底十字刀刃		
C	闭口钝圆锥式		

××市勘察设计院				工程名称	××学院教师公寓JB型	设计阶段	结施图
设计		专业负责人		图纸名称	预应力混凝土管桩大样	图号	G-06
制图		项目负责人				比例	1∶100
校对		审核				第 张	共 张

桩基承台表

基础编号	类型	柱编号	桩径/mm	承台面标高/m	承台尺寸/mm													承台底筋			承台面筋		侧筋	备注
					A	a_1	a_2	a_3	B	b_1	b_2	b_3	b_4	b_5	H	h_1	h_2	①	②	②a	③	④	⑤	
ZJ1-400	A		400	详平面图	1000	500			1000	500					900			Φ12@200	Φ12@200					
ZJ2-400	B		400	详平面图	2200	500	600		1000	500					1300			7Φ18	Φ10@200					
ZJ3-400	C		400	详平面图	2355	289	600		2039	500	346	693			1200			7Φ18	7Φ18					

说明:

1. 本图尺寸以毫米（mm）为单位，标高以米（m）为单位。
2. 本图表适用于混凝土灌注桩及预应力混凝土管桩两类桩型的低桩承台。
3. 桩承台混凝土强度等级为C30，垫层混凝土强度等级为C10，垫层厚为100mm，周边各伸出100mm。
4. Φ(HPB300)，f_y=270N/mm²钢筋的混凝土保护层厚度：承台为40mm；柱为30mm
Φ(HRB335)，f_y=300N/mm²。
5. 桩顶嵌入承台内100mm，桩内钢筋锚入承台的长度另详见预应力管桩施工说明。
6. 柱箍筋在桩台内可上中下三道设置。
7. 除本图注明外，柱截面类型、尺寸、柱插筋同底层柱，详见柱施工图大样。柱插筋锚入承台的长度应大于L_a（本工程L_a=42d），端脚直钩长大于8d且大于150。
8. 当承台面低于基础梁底时，其间采用素混凝土填充。
9. 除注明外，承台中心与柱中心重合。
10. 本表仅适用于单桩承载力特征值为Ra(400)=900kN/1000kN的预应力管桩基础。

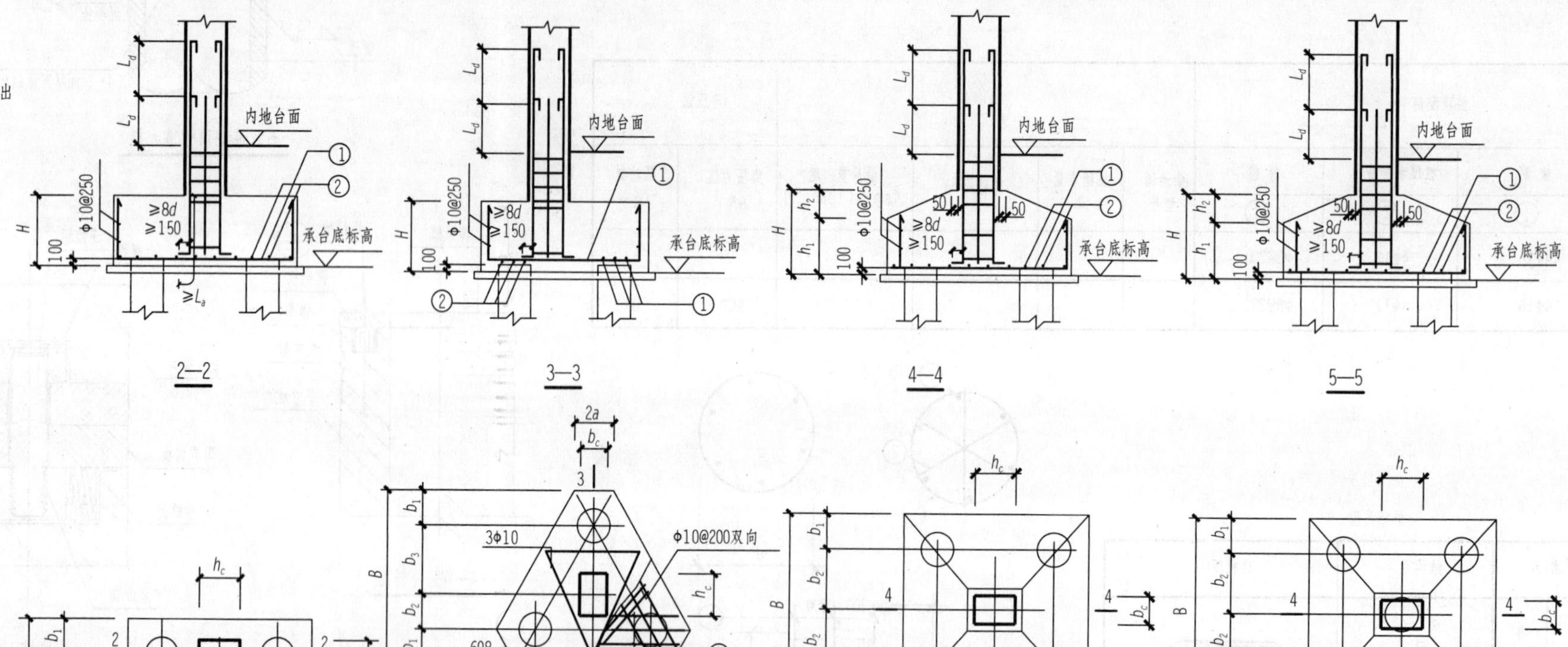

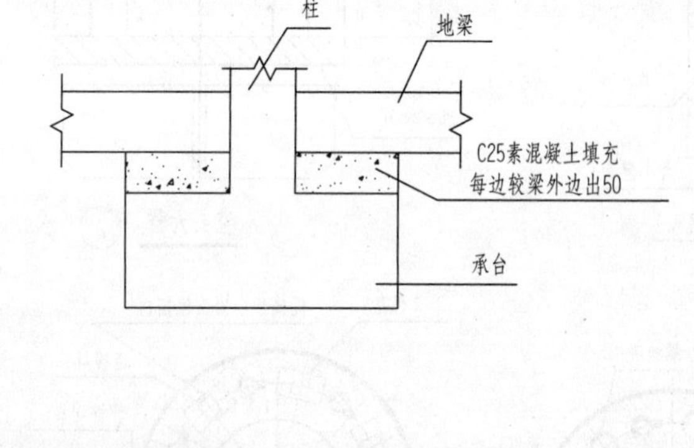

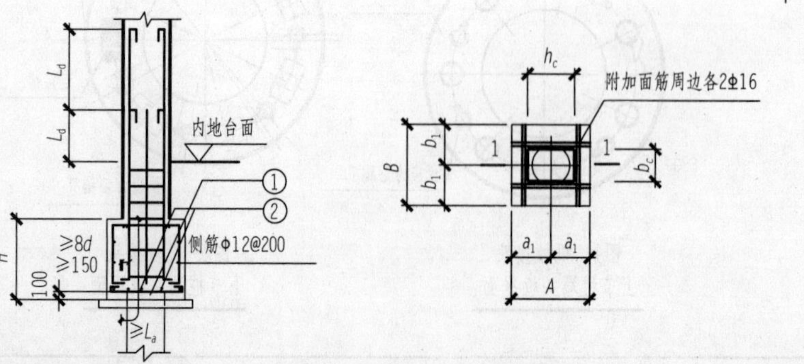

××市勘察设计院				工程名称	××学院教师公寓JB型	设计阶段	结施图
设计		专业负责人		图纸名称	桩基承台表	图号	G-07
制图		项目负责人				比例	1:100
校对		审核				第张	共张

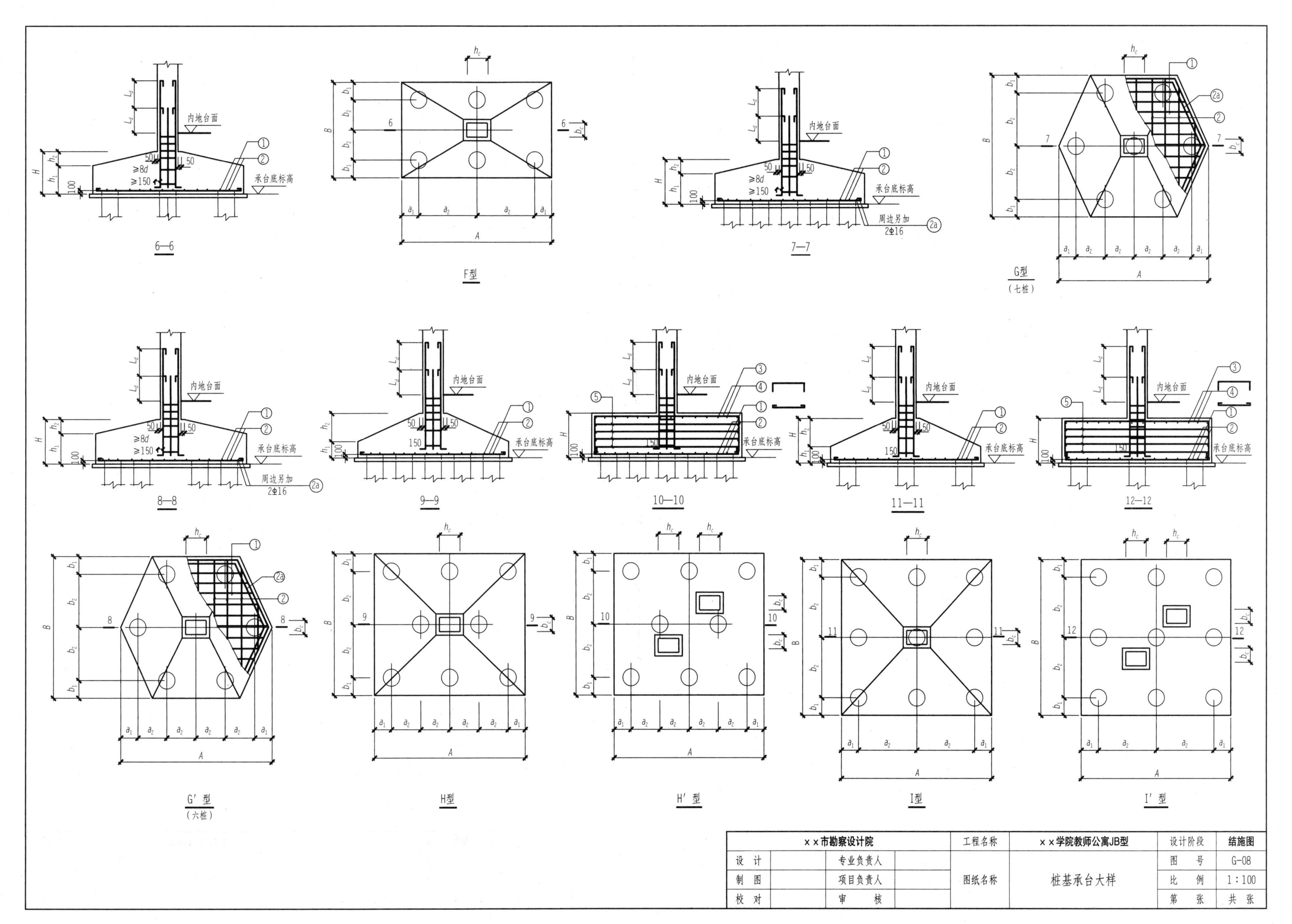

××市勘察设计院				工程名称	××学院教师公寓JB型	设计阶段	结施图
设计		专业负责人		图纸名称	桩基承台大样	图号	G-08
制图		项目负责人				比例	1:100
校对		审核				第张	共张

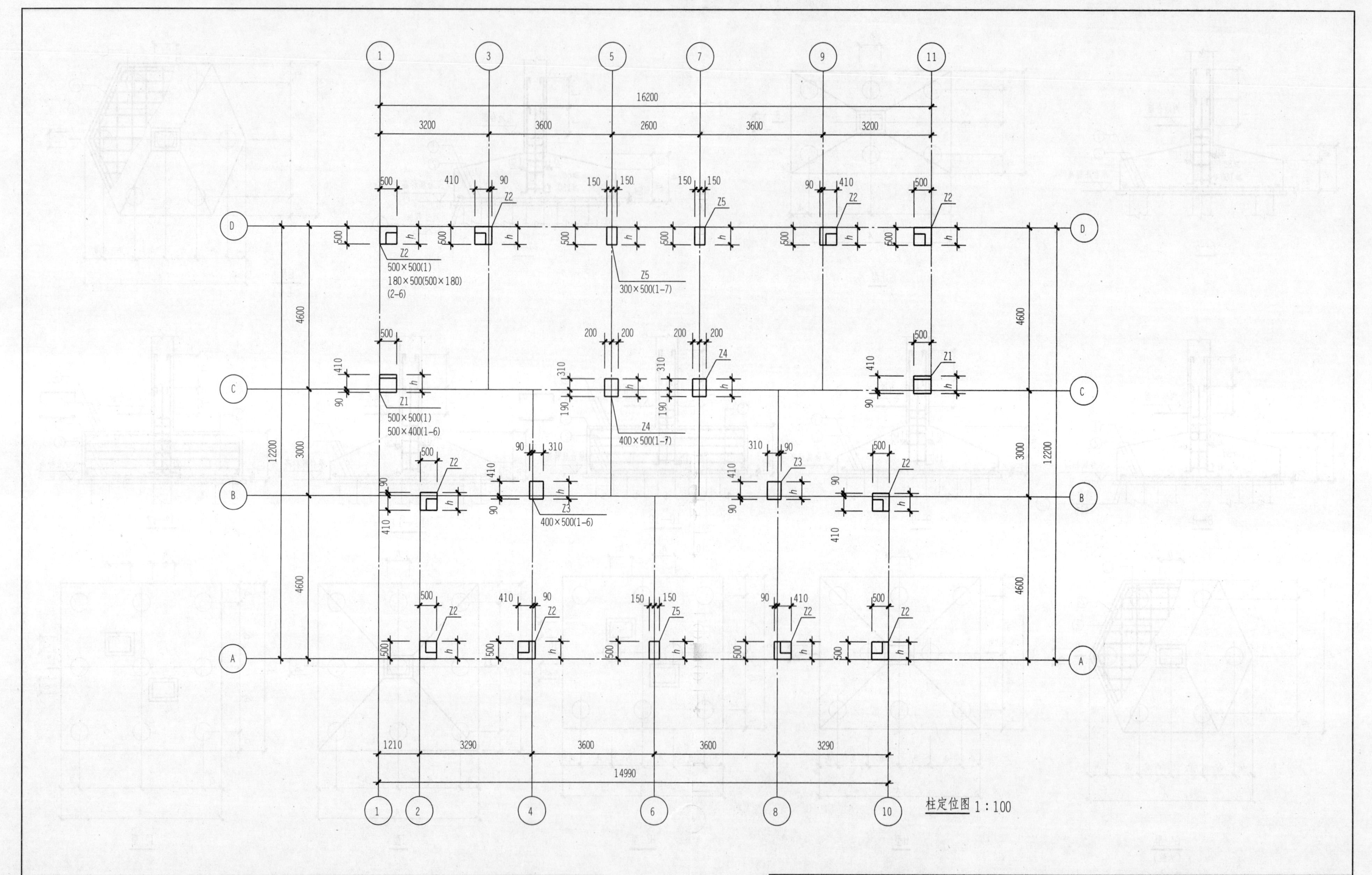

柱定位图 1∶100

××市勘察设计院				工程名称	××学院教师公寓JB型	设计阶段	结施图
设计		专业负责人		图纸名称	柱定位图	图号	G-09
制图		项目负责人				比例	1∶100
校对		审核				第张	共张

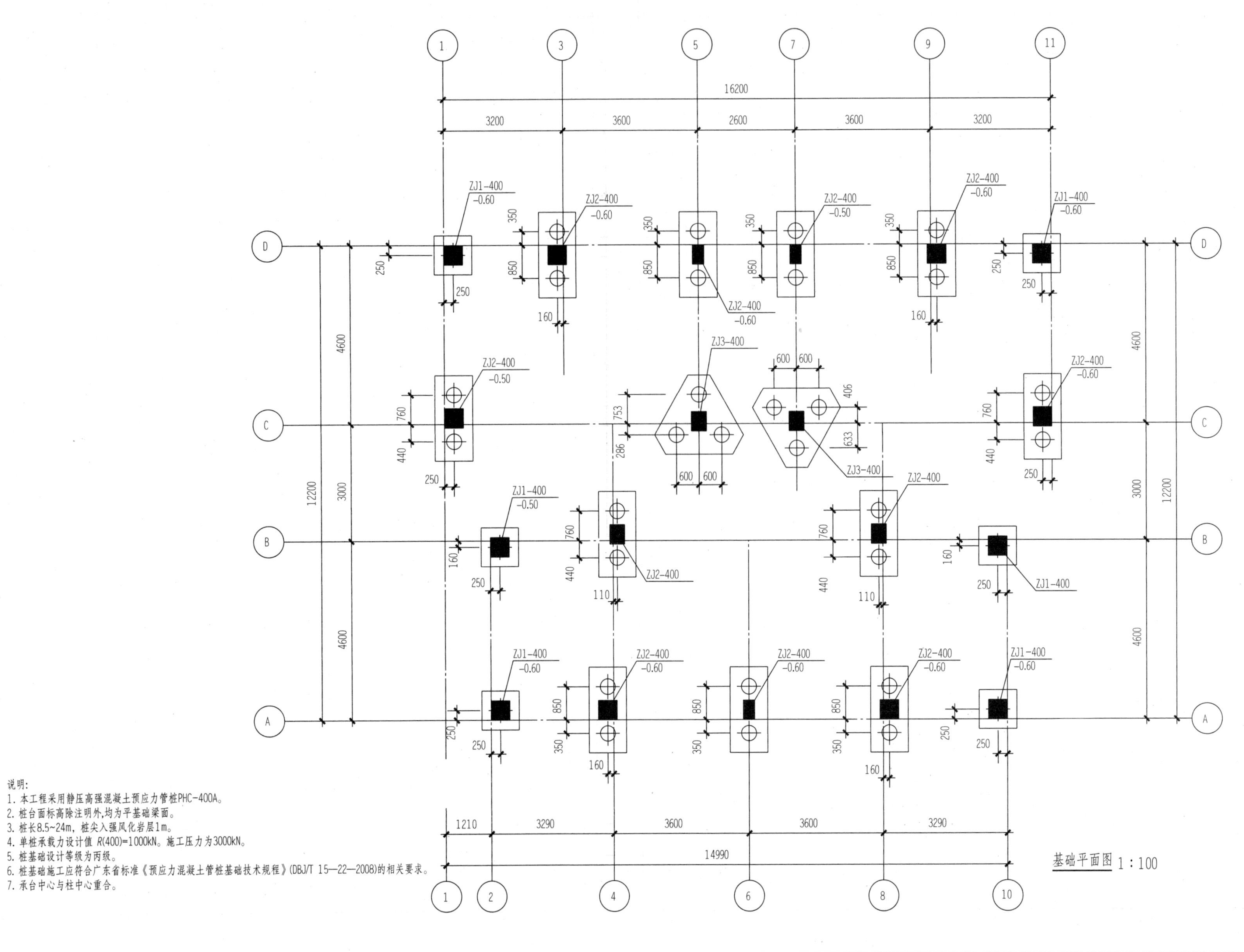

说明:

1. 本工程采用静压高强混凝土预应力管桩PHC-400A。
2. 桩台面标高除注明外,均为平基础梁面。
3. 桩长8.5~24m,桩尖入强风化岩层1m。
4. 单桩承载力设计值 $R(400)$=1000kN。施工压力为3000kN。
5. 桩基础设计等级为丙级。
6. 桩基础施工应符合广东省标准《预应力混凝土管桩基础技术规程》(DBJ/T 15—22—2008)的相关要求。
7. 承台中心与柱中心重合。

××市勘察设计院				工程名称	××学院教师公寓JB型	设计阶段	结施图
设 计		专业负责人		图纸名称	基础平面图	图 号	G-10
制 图		项目负责人				比 例	1∶100
校 对		审 核				第 张	共 张

柱编	层号	高度或H_j/H_0	混凝土强度	截面型式	截面尺寸 $b×h$或直径	截面尺寸 $b_1×h_1$	截面尺寸 t_1	截面尺寸 t_2	竖筋 ①	竖筋 ②	竖筋 ③	竖筋 ④	插筋 ⑤a+⑤b	插筋 ⑥	插筋 ⑦	⑧⑨⑩⑪⑫⑬号箍筋 中部	箍筋 端部	箍筋L_n	节点内	复合箍内箍肢数 ⑨1 b边短肢	复合箍内箍肢数 ⑨2 h边长肢	备注
Z5	7	3700	C30	E1	300×500				2Φ18	1Φ16	2Φ16					Φ8@100	Φ8@100	全长	Φ8@100			
	2~6	3000	C30	E1	300×500				2Φ18	1Φ16	2Φ16					Φ8@100	Φ8@100	全长	Φ8@100			
	1	3000	C30	E1	300×500				2Φ18	1Φ16	2Φ16					Φ8@100	Φ8@100	全长	Φ8@100			
	H_0		C30	E1	300×500				2Φ18	1Φ16	2Φ16					Φ8@100	Φ8@100		Φ8@100			
	H_j		C30						2Φ18	1Φ16	2Φ16					上	中下	各	Φ8@100			
Z4	7	3700	C30	E1	400×500				2Φ16	1Φ16	2Φ16					Φ8@100	Φ8@100	全长	Φ8@100			
	2~6	3000	C30	E1	400×500				2Φ16	1Φ16	2Φ16					Φ8@200	Φ8@100	700	Φ8@100			
	1	3000	C30	E1	400×500				2Φ16	1Φ16	2Φ16					Φ8@200	Φ8@100	700/100	Φ8@100			
	H_0		C30	E1	400×500				2Φ16	1Φ16	2Φ16					Φ8@100	Φ8@100		Φ8@100			
	H_j		C30						2Φ16	1Φ16	2Φ16					上	中下	各	1Φ8			
Z3	2~6	3000	C30	E1	400×500				2Φ16	1Φ16	2Φ16					Φ8@200	Φ8@100	700	Φ8@100			
	1	3000	C30	E1	400×500				2Φ16	1Φ16	2Φ16					Φ8@200	Φ8@100	700/1000	Φ8@100			
	H_0		C30	E1	400×500				2Φ16	1Φ16	2Φ16					Φ8@100	Φ8@100		Φ8@100			
	H_j		C30						2Φ16	1Φ16	2Φ16					上	中下	各	1Φ8			
Z2	3~6	3000	C30	N	180×500	500×180			2Φ16	2Φ16	1/2Φ12	1/2Φ12	4Φ16			Φ8@150	Φ8@100	700	Φ8@100			
	2	3000	C30	N	180×500	500×180			2Φ16	2Φ16	1/2Φ12	1/2Φ12	4Φ16			Φ8@150	Φ8@100	700	Φ8@100			
	1	3000	C30	F	500×500				2Φ16	2Φ16	2Φ16			2Φ16	2Φ16	Φ8@150	Φ8@100	700/1000	Φ8@100			
	H_0		C30	F	500×500				2Φ16	2Φ16	2Φ16					Φ8@100	Φ8@100		Φ8@100			
	H_j		C30						2Φ16	2Φ16	2Φ16					上	中下	各	1Φ8			
Z1	2~6	3000	C30	F	500×400				2Φ16	2Φ16	2Φ16					Φ8@200	Φ8@100	700	Φ8@100			
	1	3000	C30	F	500×500				2Φ16	2Φ16	2Φ16					Φ8@200	Φ8@100	700/1000	Φ8@100			
	H_0		C30	F	500×500				2Φ16	2Φ16	2Φ16					Φ8@200	Φ8@100		Φ8@100			
	H_j		C30						2Φ16	2Φ16	2Φ16					上	中下	各	1Φ8			

××市勘察设计院				工程名称	××学院教师公寓JB型	设计阶段	结施图
设计		专业负责人		图纸名称	柱表	图号	G-11
制图		项目负责人				比例	1:100
校对		审核				第 张	共 张

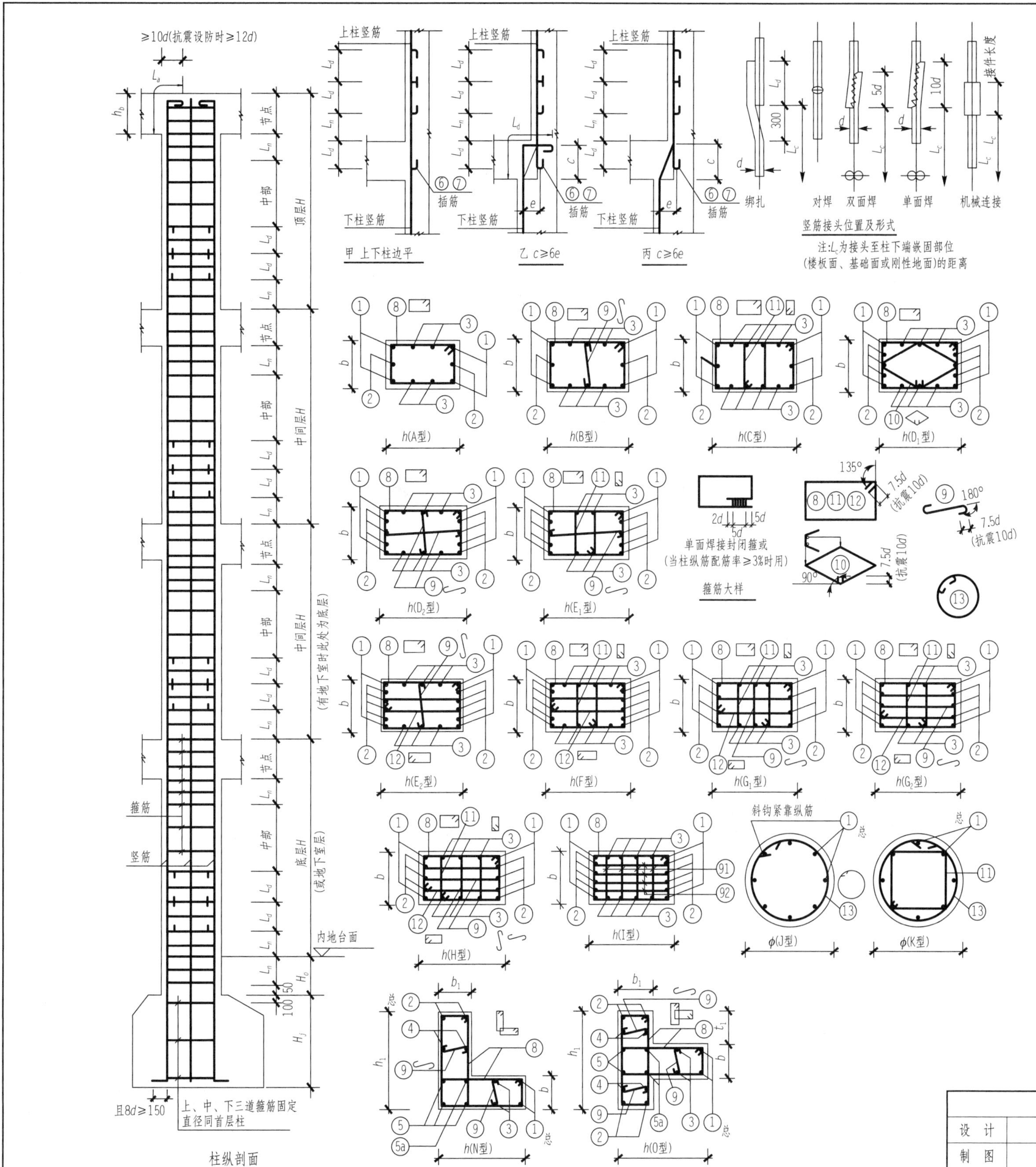

说明:

1. 表中竖筋数量为柱截面单侧(翼)配量，另一侧(翼)为对称配量，当竖筋编号旁注有“总”字者为总配量。

2. 表中注有(二)字样的竖筋表示配置在第二排，与第一排钢筋的净距为50。

3. 表中钢筋 (Φ)HPB300、(Φ)HRB400，钢筋强度设计值f_y详结构总说明。

4. 柱竖筋当直径d不大于28时采用焊接接头；d大于等于28时采用挤压套筒连接。

5. 上下柱竖筋或上柱竖筋与下柱预插筋的接头应在两个水平面上按甲、乙、丙大样施工，当每侧竖筋少于四根时，该侧接头可在一个水平截面上。在竖筋搭接接头L_d范围内，其箍筋间距为100，当为抗震设防时，竖筋接头位置应在柱端箍筋加密区L_n范围以外，且应满足$L_n≥750$的要求，并宜$L_n≥h$。

6. A至I型截面中，插筋 6号与12号对应，7号与3号对应；J至N型截面中，6号筋与1号对应，7号筋与2号对应。当前层所填写的插筋，是当前层柱顶伸入上层的预留插筋，插入柱顶锚固长度为L_a。

7. 图中 9号拉结筋的安放应紧靠竖筋并勾住封闭箍筋。

8. 柱与砌体的连接面沿高度每隔500预埋2Φ6钢筋，埋入柱内200，其外伸长度：抗震设防时为1000或等于墙垛长，非抗震设防时为500，预埋筋两端均弯成直钩。

9. 当梁柱混凝土强度等级相差大于5MPa时，梁柱节点区的混凝土须按柱的混凝土强度等级施工。

10. 顶层柱竖筋上端锚入节点长度L_{ad}不小于($h-30$)，当为抗震设防时还应有不少于$10d$的水平段(如纵剖面图所示)，当为边柱时，两侧竖筋均弯入有梁的一侧。

11. 当本说明第10条未填写L_d值时，则详结构总说明。

12. I型截面中㉑为平行b边的肢数㉒，h为平行边的肢数，每两肢箍筋组成一封闭箍⑩或⑫，当肢数为奇数时，中间一肢为∽筋，㉑㉒箍筋直径及间距相应同⑧号筋。

13. 本图尺寸均以mm为单位，标高以m为单位。

14. 楼层混凝土强度等级另详结构总说明。

××市勘察设计院				工程名称	××学院教师公寓JB型	设计阶段	结施图
设　计		专业负责人		图纸名称	柱截面形式	图　号	G-12
制　图		项目负责人				比　例	1:100
校　对		审　核				第　张	共　张

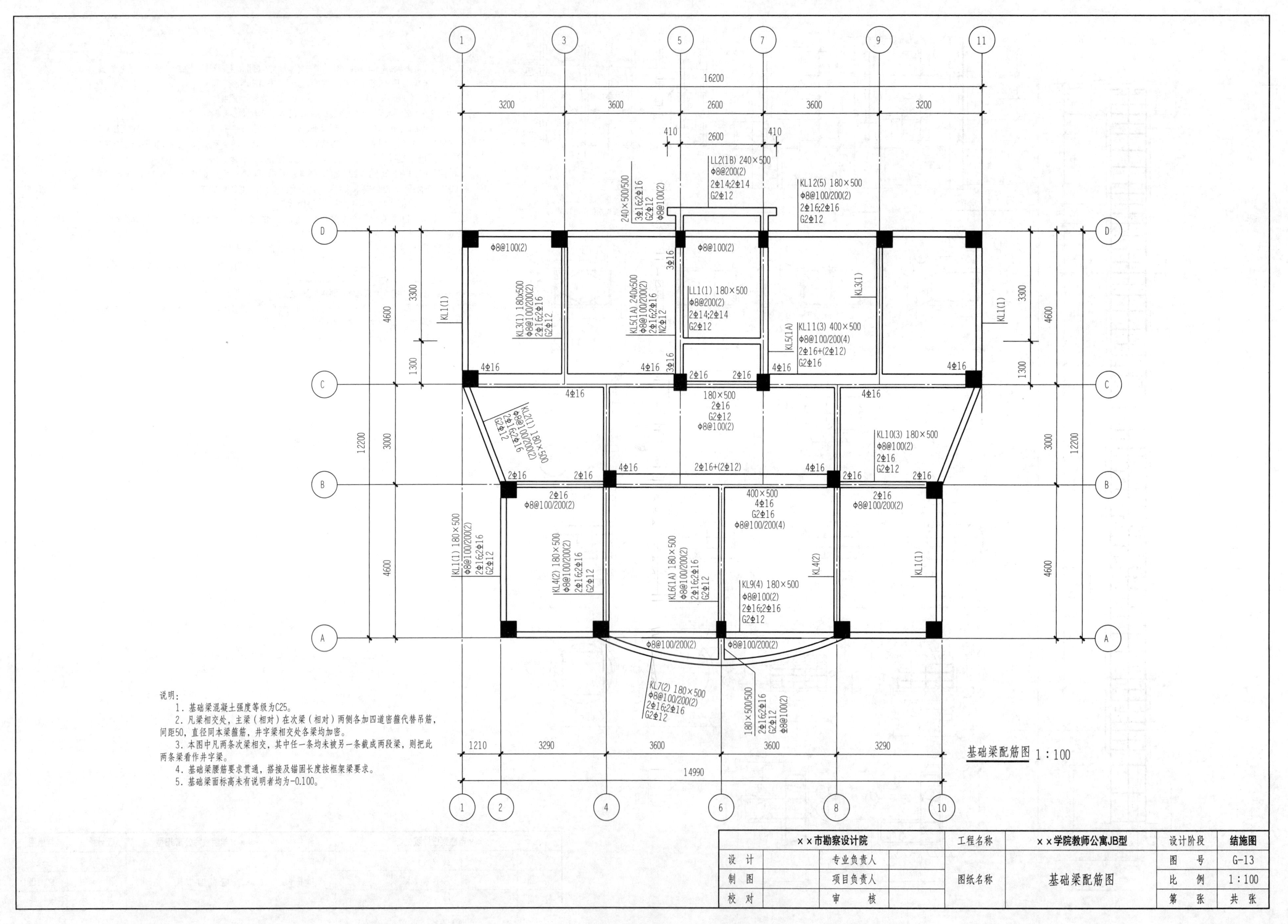
16200
3200
3600
2600
3600
3200
410
2600
410
LL2(1B) 240×500
Φ8@200(2)
2Φ14;2Φ14
G2Φ12
240×500/500
3Φ16;2Φ16
G2Φ12
Φ8@100(2)
KL12(5) 180×500
Φ8@100/200(2)
2Φ16;2Φ16
G2Φ12
Φ8@100(2)
Φ8@100(2)
3Φ16
KL3(1) 180×500
Φ8@100/200(2)
2Φ16;2Φ16
G2Φ12
KL5(1A) 240×500
Φ8@100/200(2)
2Φ16;2Φ16
N2Φ12
LL1(1) 180×500
Φ8@200(2)
2Φ14;2Φ14
G2Φ12
KL5(1A)
KL11(3) 400×500
Φ8@100/200(4)
2Φ16+(2Φ12)
2Φ16
KL3(1)
KL1(1)
KL1(1)
4Φ16
4Φ16
3Φ16
2Φ16
2Φ16
4Φ16
4Φ16
4Φ16
4Φ16
180×500
2Φ16
G2Φ12
Φ8@100(2)
KL2(1) 180×500
Φ8@100/200(2)
2Φ16;2Φ16
G2Φ12
KL10(3) 180×500
Φ8@100(2)
2Φ16
G2Φ12
4Φ16
2Φ16+(2Φ12)
4Φ16
2Φ16
2Φ16
2Φ16
2Φ16
2Φ16
Φ8@100/200(2)
400×500
4Φ16
G2Φ16
Φ8@100/200(4)
2Φ16
Φ8@100/200(2)
KL1(1) 180×500
Φ8@100/200(2)
2Φ16;2Φ16
G2Φ12
KL4(2) 180×500
Φ8@100/200(2)
2Φ16;2Φ16
G2Φ12
KL6(1A) 180×500
Φ8@100/200(2)
2Φ16;2Φ16
G2Φ12
KL9(4) 180×500
Φ8@100(2)
2Φ16;2Φ16
G2Φ12
KL4(2)
KL1(1)
Φ8@100/200(2)
Φ8@100/200(2)
KL7(2) 180×500
Φ8@100/200(2)
2Φ16;2Φ16
G2Φ12
180×500/500
2Φ16;2Φ16
G2Φ12
Φ8@100(2)
4600
3300
1300
12200
3000
4600
1210
3290
3600
3600
3290
14990
1
3
5
7
9
11
D
C
B
A
1
2
4
6
8
10
说明：
1．基础梁混凝土强度等级为C25。
2．凡梁相交处，主梁（相对）在次梁（相对）两侧各加四道密箍代替吊筋，间距50，直径同本梁箍筋，井字梁相交处各梁均加密。
3．本图中凡两条次梁相交，其中任一条均未被另一条截成两段梁，则把此两条梁看作井字梁。
4．基础梁腰筋要求贯通，搭接及锚固长度按框架梁要求。
5．基础梁面标高未有说明者均为-0.100。
基础梁配筋图 1：100
××市勘察设计院
设 计
专业负责人
制 图
项目负责人
校 对
审 核
工程名称
××学院教师公寓JB型
图纸名称
基础梁配筋图
设计阶段
结施图
图 号
G-13
比 例
1：100
第 张
共 张

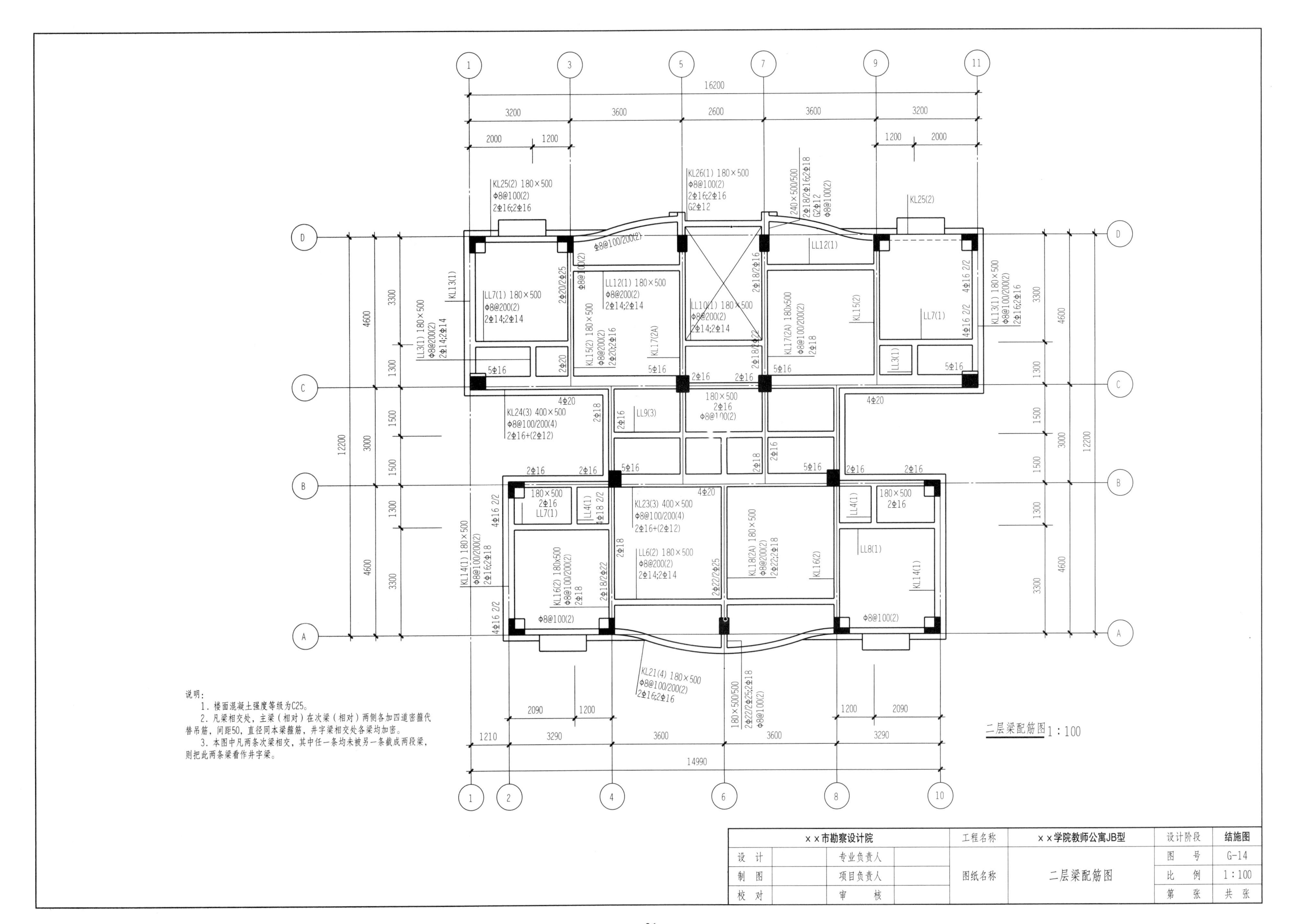

说明：

1. 楼面混凝土强度等级为C25。

2. 凡梁相交处，主梁（相对）在次梁（相对）两侧各加四道密箍代替吊筋，间距50，直径同本梁箍筋，井字梁相交处各梁均加密。

3. 本图中凡两条次梁相交，其中任一条均未被另一条截成两段梁，则把此两条梁看作井字梁。

××市勘察设计院				工程名称	××学院教师公寓JB型	设计阶段	结施图
设　计		专业负责人		图纸名称	二层梁配筋图	图　号	G-14
制　图		项目负责人				比　例	1:100
校　对		审　核				第　张	共　张

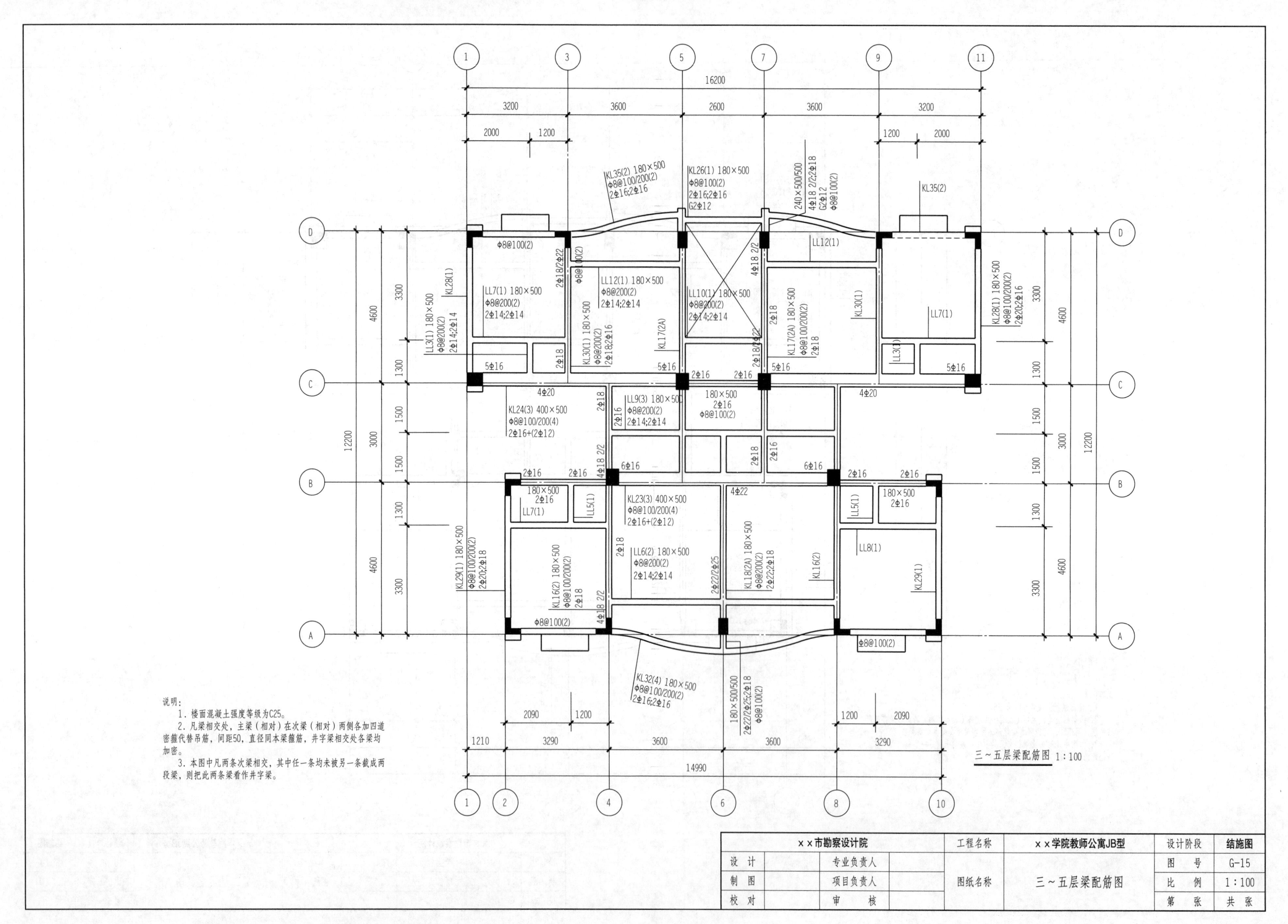

KL35(2) 180×500
Φ8@100/200(2)
2Φ16;2Φ16
KL26(1) 180×500
Φ8@100(2)
2Φ16;2Φ16
G2Φ12
240×500/500
4Φ18 2/2;2Φ18
G2Φ12
Φ8@100(2)
KL35(2)
LL12(1)
LL7(1) 180×500
Φ8@200(2)
2Φ14;2Φ14
LL12(1) 180×500
Φ8@200(2)
2Φ14;2Φ14
LL10(1) 180×500
Φ8@200(2)
2Φ14;2Φ14
KL28(1) 180×500
Φ8@100/200(2)
2Φ20;2Φ16
LL3(1) 180×500
Φ8@200(2)
2Φ14;2Φ14
KL30(1) 180×500
Φ8@200(2)
2Φ18;2Φ16
KL17(2A) 180×500
Φ8@100/200(2)
2Φ18
KL24(3) 400×500
Φ8@100/200(4)
2Φ16+(2Φ12)
LL9(3) 180×500
Φ8@200(2)
2Φ14;2Φ14
180×500
2Φ16
Φ8@100(2)
KL23(3) 400×500
Φ8@100/200(4)
2Φ16+(2Φ12)
LL6(2) 180×500
Φ8@200(2)
2Φ14;2Φ14
KL18(2A) 180×500
Φ8@200(2)
2Φ22;2Φ18
KL29(1) 180×500
Φ8@100/200(2)
2Φ20;2Φ18
KL16(2) 180×500
Φ8@100/200(2)
2Φ18
LL5(1)
LL7(1)
LL8(1)
KL32(4) 180×500
Φ8@100/200(2)
2Φ16;2Φ16
180×500/500
2Φ22/2Φ25;2Φ18
Φ8@100(2)
16200
3200 3600 2600 3600 3200
14990
1210 3290 3600 3600 3290
12200
说明：
1. 楼面混凝土强度等级为C25。
2. 凡梁相交处，主梁（相对）在次梁（相对）两侧各加四道密箍代替吊筋，间距50，直径同本梁箍筋，井字梁相交处各梁均加密。
3. 本图中凡两条次梁相交，其中任一条均未被另一条截成两段梁，则把此两条梁看作井字梁。
三～五层梁配筋图 1:100
××市勘察设计院
设 计
制 图
校 对
专业负责人
项目负责人
审 核
工程名称
××学院教师公寓JB型
图纸名称
三～五层梁配筋图
设计阶段 结施图
图 号 G-15
比 例 1:100
第 张 共 张

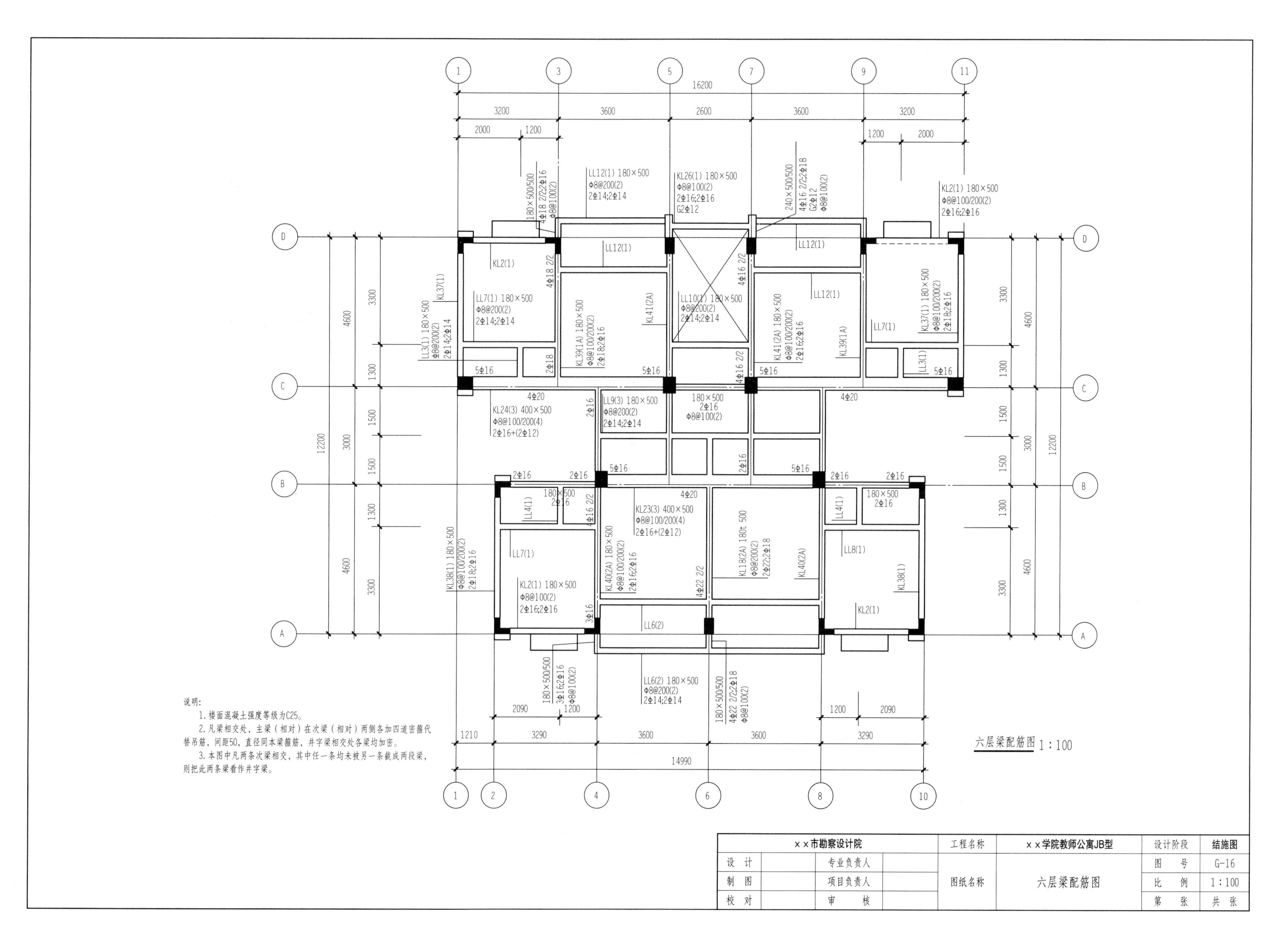
说明:
1. 楼面混凝土强度等级为C25。
2. 凡梁相交处，主梁（相对）在次梁（相对）两侧各加四道密箍代替吊筋，间距50，直径同本梁箍筋，井字梁相交处各梁均加密。
3. 本图中凡两条次梁相交，其中任一条均未被另一条截成两段梁，则把此两条梁看作井字梁。
六层梁配筋图 1 : 100
16200
3200
3600
2600
3600
3200
14990
1210
3290
3600
3600
3290
12200
KL24(3) 400×500
Φ8@100/200(4)
2Φ16+(2Φ12)
KL23(3) 400×500
Φ8@100/200(4)
2Φ16+(2Φ12)
LL6(2) 180×500
Φ8@200(2)
2Φ14;2Φ14
LL12(1) 180×500
Φ8@200(2)
2Φ14;2Φ14
KL26(1) 180×500
Φ8@100(2)
2Φ16;2Φ16
G2Φ12
KL2(1) 180×500
Φ8@100/200(2)
2Φ16;2Φ16
××市勘察设计院
工程名称
××学院教师公寓JB型
设计阶段
结施图
设 计
专业负责人
图 号
G-16
制 图
项目负责人
图纸名称
六层梁配筋图
比 例
1 : 100
校 对
审 核
第 张
共 张

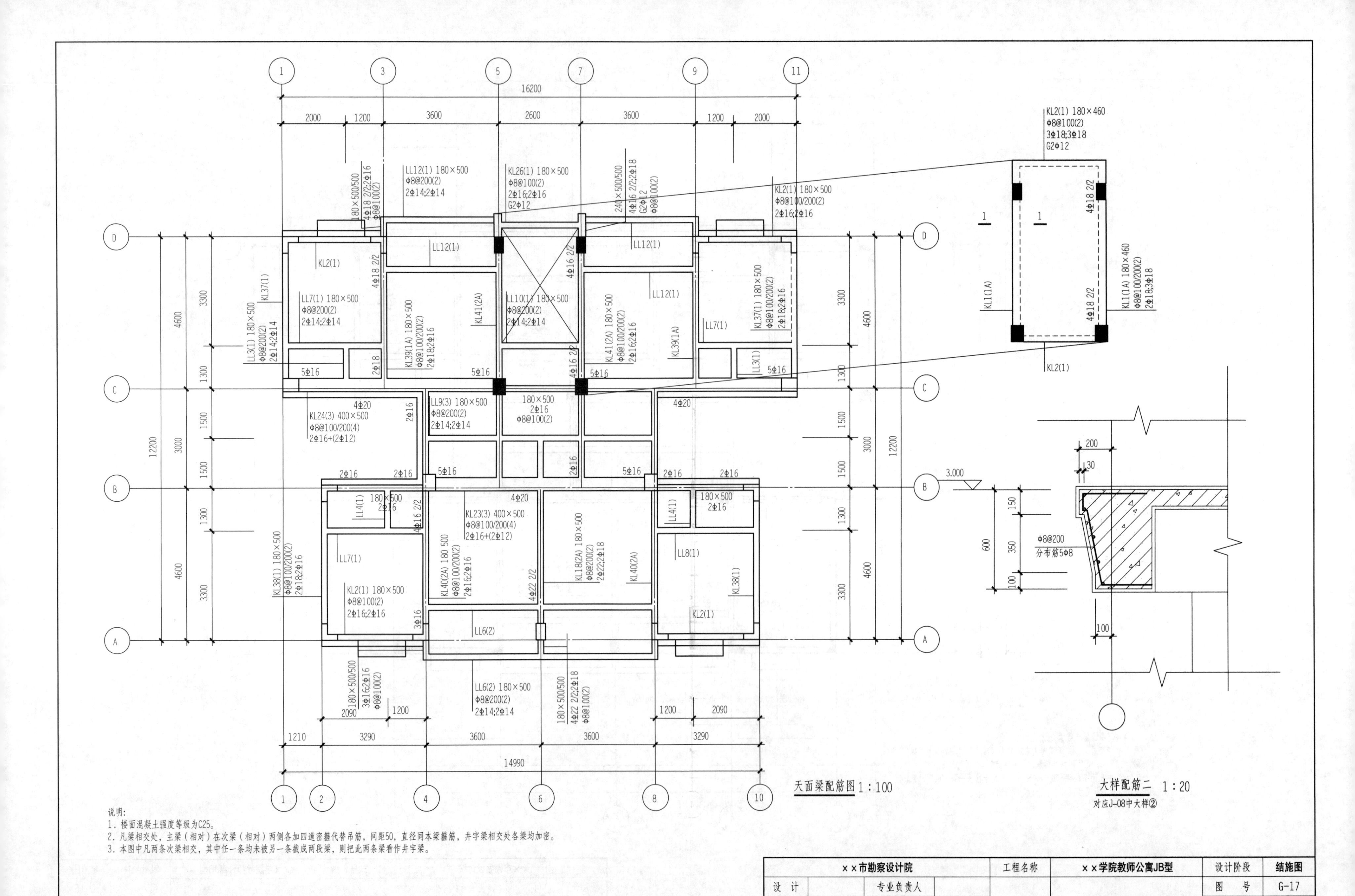

说明：
1. 楼面混凝土强度等级为C25。
2. 凡梁相交处，主梁（相对）在次梁（相对）两侧各加四道密箍代替吊筋，间距50，直径同本梁箍筋，井字梁相交处各梁均加密。
3. 本图中凡两条次梁相交，其中任一条均未被另一条截成两段梁，则把此两条梁看作井字梁。

x x 市勘察设计院		工程名称	x x 学院教师公寓JB型	设计阶段	结施图
设 计	专业负责人	图纸名称	天面梁配筋图	图 号	G-17
制 图	项目负责人			比 例	1：100
校 对	审 核			第 张	共 张

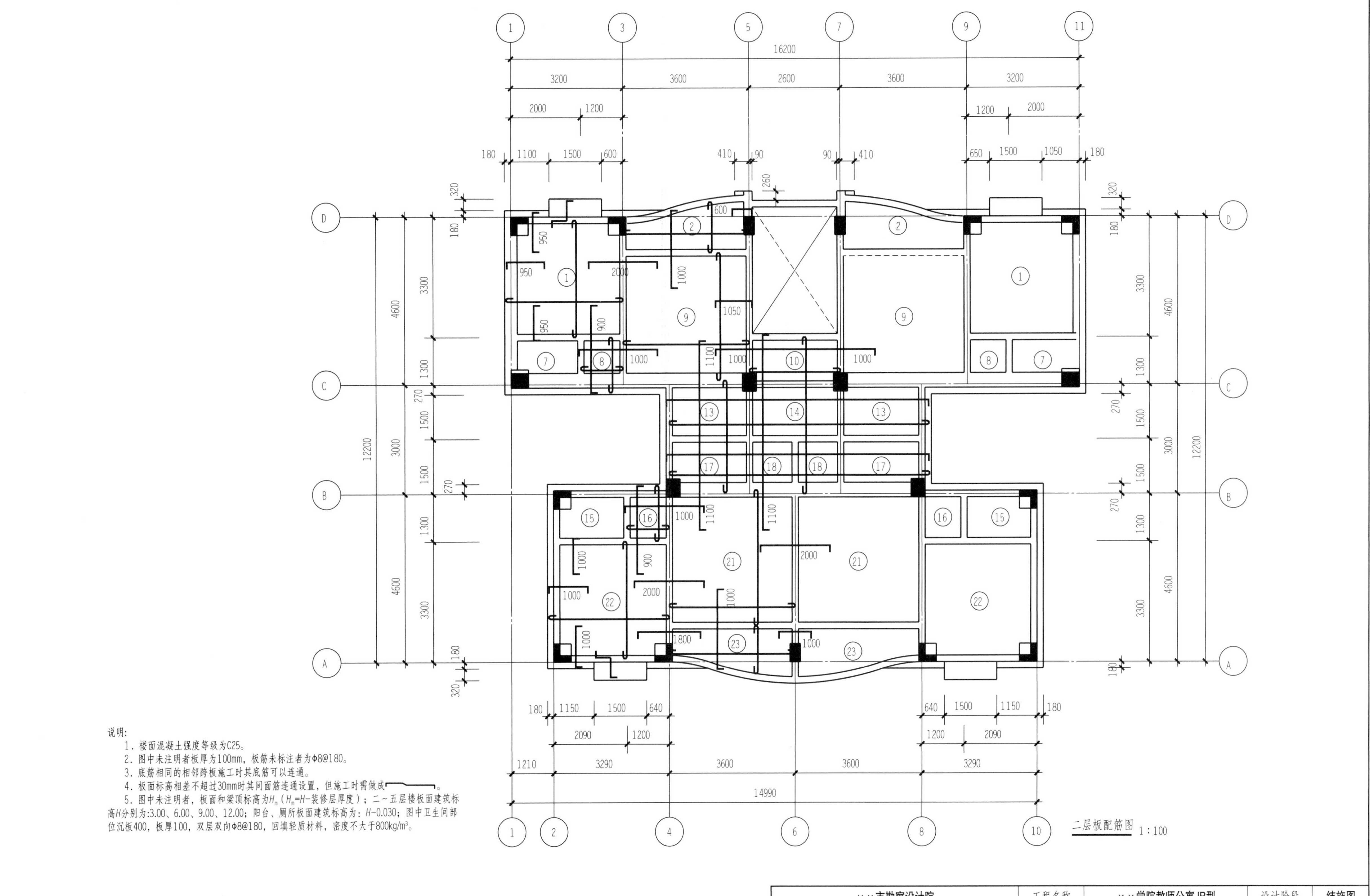

二层板配筋图 1：100

说明：

1．楼面混凝土强度等级为C25。

2．图中未注明者板厚为100mm，板筋未标注者为Φ8@180。

3．底筋相同的相邻跨板施工时其底筋可以连通。

4．板面标高相差不超过30mm时其间面筋连通设置，但施工时需做成⌐。

5．图中未注明者，板面和梁顶标高为H_m（H_m=H−装修层厚度）；二～五层楼板面建筑标高H分别为:3.00、6.00、9.00、12.00；阳台、厕所板面建筑标高为：H−0.030；图中卫生间部位沉板400，板厚100，双层双向Φ8@180，回填轻质材料，密度不大于800kg/m³。

××市勘察设计院				工程名称	××学院教师公寓JB型	设计阶段	结施图
设　计		专业负责人		图纸名称	二层板配筋图	图　号	G-18
制　图		项目负责人				比　例	1：100
校　对		审　　核				第　张	共　张

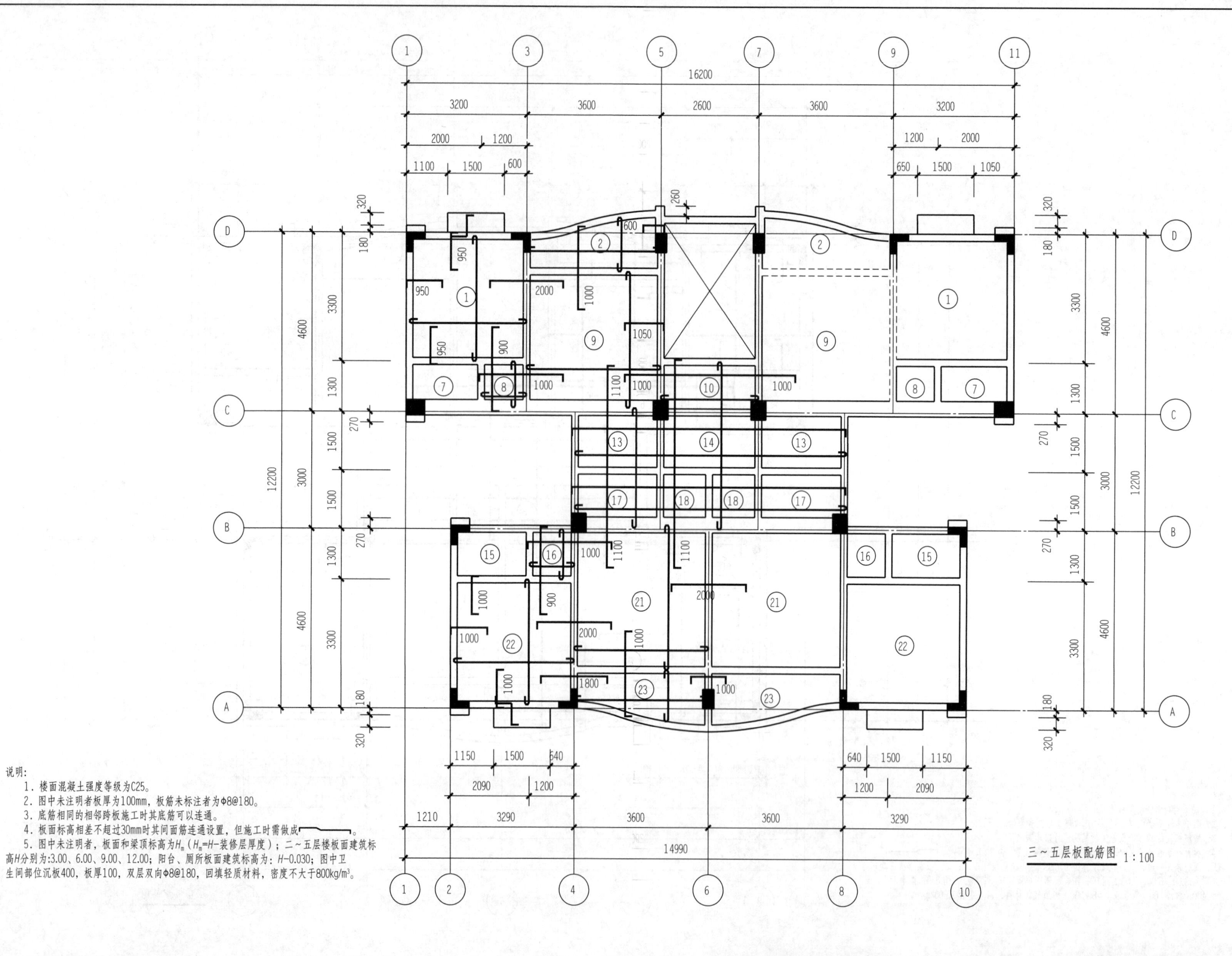

说明：

1. 楼面混凝土强度等级为C25。
2. 图中未注明者板厚为100mm，板筋未标注者为Φ8@180。
3. 底筋相同的相邻跨板施工时其底筋可以连通。
4. 板面标高相差不超过30mm时其间面筋连通设置，但施工时需做成⌐⌐。
5. 图中未注明者，板面和梁顶标高为H_m（H_m=H-装修层厚度）；二～五层楼板面建筑标高H分别为:3.00、6.00、9.00、12.00；阳台、厕所板面建筑标高为：H-0.030；图中卫生间部位沉板400，板厚100，双层双向Φ8@180，回填轻质材料，密度不大于800kg/m³。

××市勘察设计院			工程名称	××学院教师公寓JB型	设计阶段	结施图
设 计		专业负责人	图纸名称	三～五层板配筋图	图 号	G-19
制 图		项目负责人			比 例	1∶100
校 对		审 核			第 张	共 张

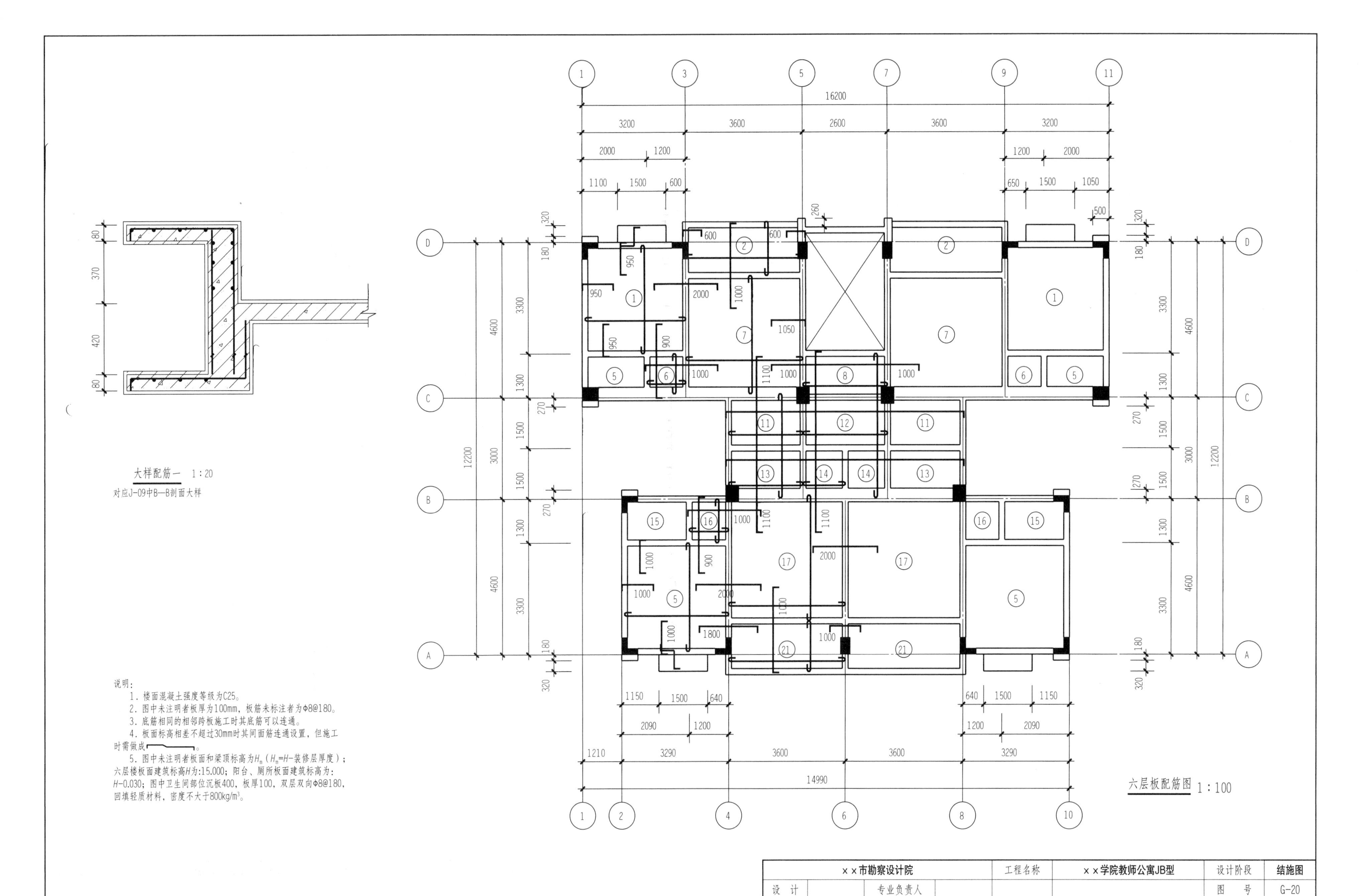
大样配筋一 1:20
对应J-09中B—B剖面大样
说明:
1．楼面混凝土强度等级为C25。
2．图中未注明者板厚为100mm，板筋未标注者为Φ8@180。
3．底筋相同的相邻跨板施工时其底筋可以连通。
4．板面标高相差不超过30mm时其间面筋连通设置，但施工时需做成。
5．图中未注明者板面和梁顶标高为Hm（Hm=H-装修层厚度）；六层楼板面建筑标高H为:15.000；阳台、厕所板面建筑标高为：H-0.030；图中卫生间部位沉板400，板厚100，双层双向Φ8@180，回填轻质材料，密度不大于800kg/m3。
六层板配筋图 1:100
××市勘察设计院
工程名称
××学院教师公寓JB型
设计阶段
结施图
设 计
专业负责人
图 号
G-20
制 图
项目负责人
图纸名称
六层板配筋图
比 例
1:100
校 对
审 核
第 张
共 张

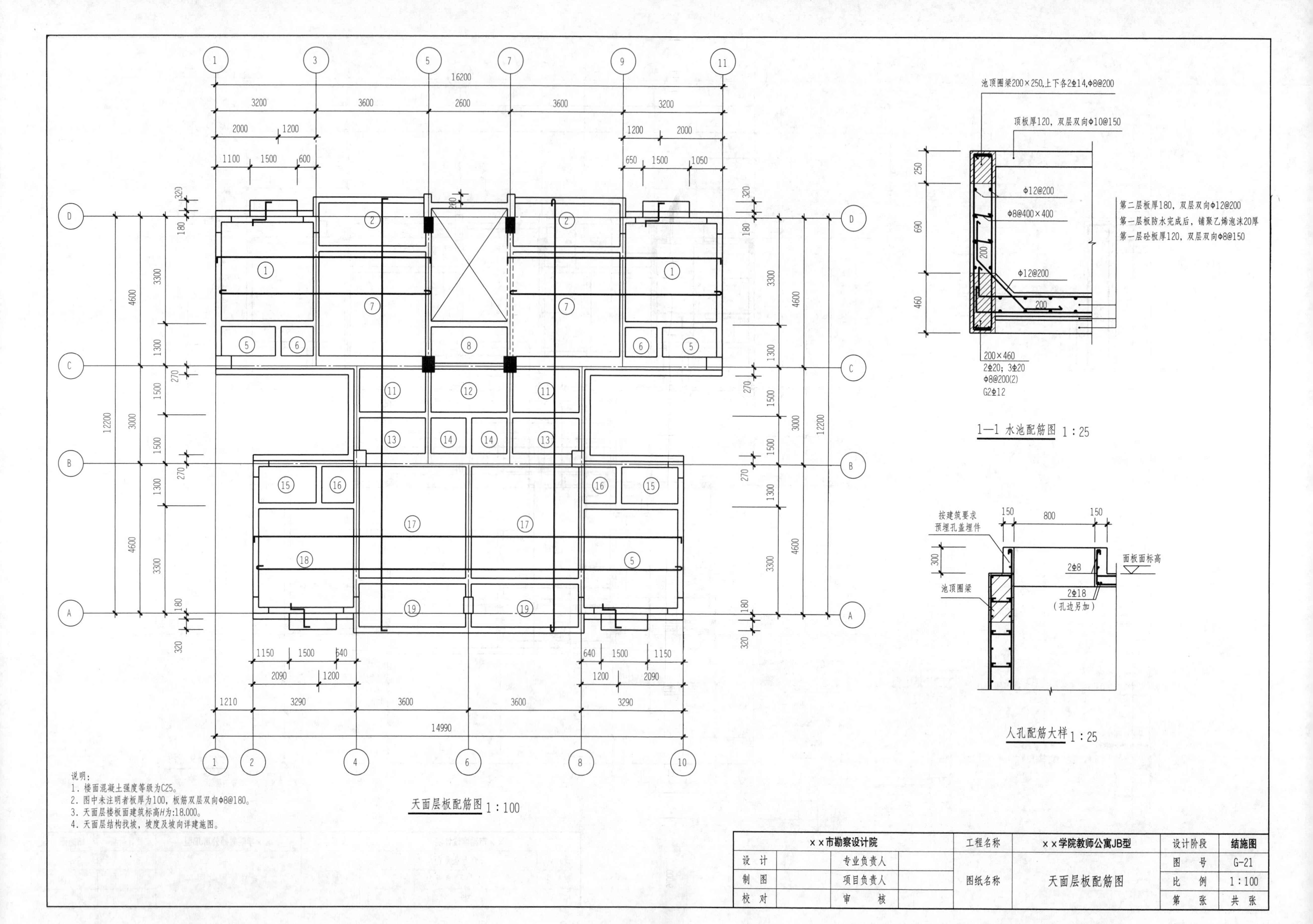
天面层板配筋图 1：100
1—1 水池配筋图 1：25
人孔配筋大样 1：25
池顶圈梁200×250,上下各2Φ14,Φ8@200
顶板厚120，双层双向Φ10@150
Φ12@200
Φ8@400×400
第二层板厚180，双层双向Φ12@200
第一层板防水完成后，铺聚乙烯泡沫20厚
第一层砼板厚120，双层双向Φ8@150
200×460
2Φ20；3Φ20
Φ8@200(2)
G2Φ12
按建筑要求
预埋孔盖埋件
面板面标高
2Φ8
2Φ18
（孔边另加）
池顶圈梁
说明：
1. 楼面混凝土强度等级为C25。
2. 图中未注明者板厚为100，板筋双层双向Φ8@180。
3. 天面层楼板面建筑标高H为:18.000。
4. 天面层结构找坡，坡度及坡向详建施图。
××市勘察设计院
工程名称
××学院教师公寓JB型
设计阶段
结施图
设 计
专业负责人
图 号
G-21
制 图
项目负责人
图纸名称
天面层板配筋图
比 例
1：100
校 对
审 核
第 张
共 张

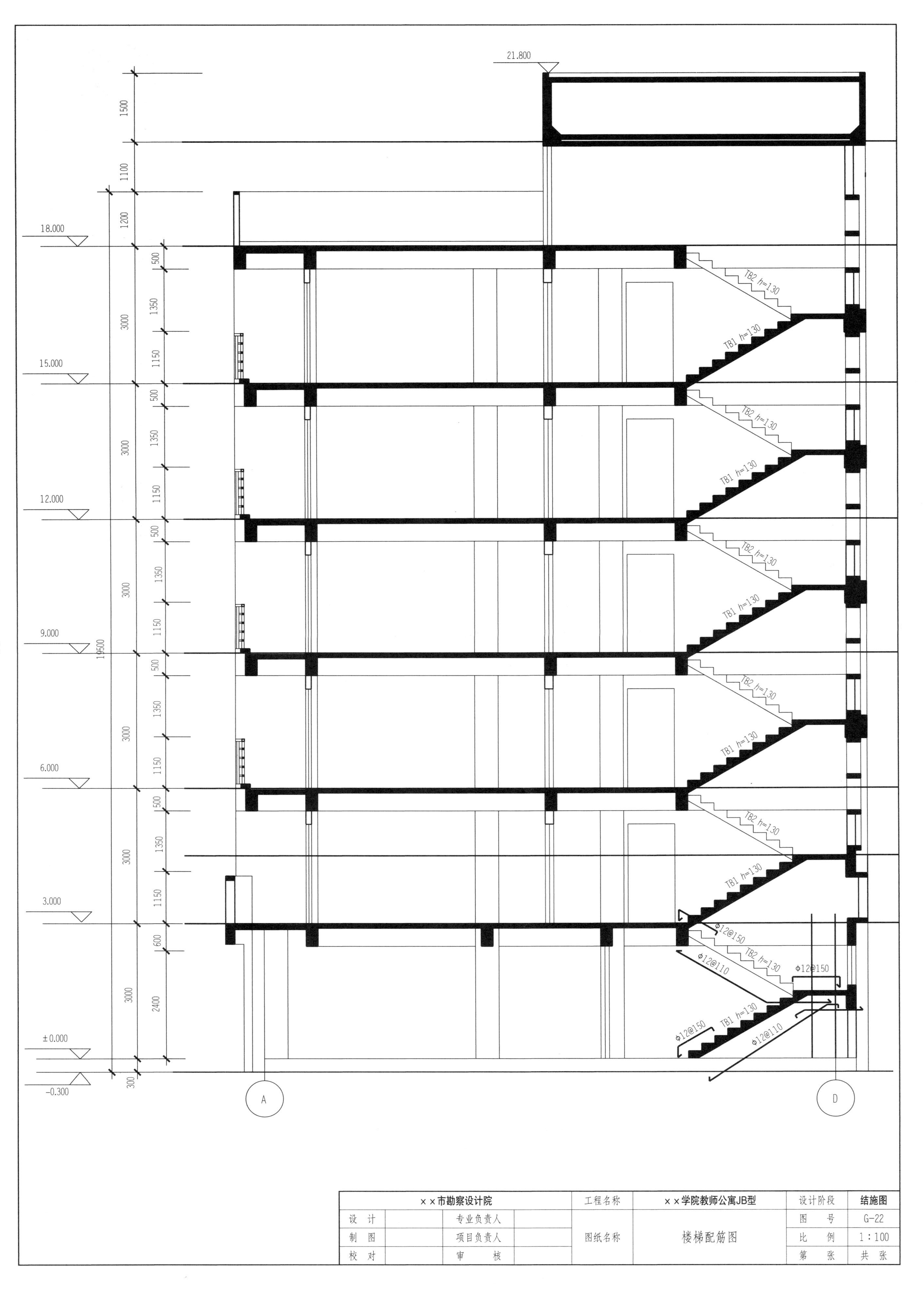
21.800
18.000
15.000
12.000
9.000
6.000
3.000
±0.000
-0.300
1500
1100
1200
3000
19500
500
1350
1150
600
2400
300
TB1 h=130
TB2 h=130
Φ12@150
Φ12@110
A
D
××市勘察设计院
设计
制图
校对
专业负责人
项目负责人
审核
工程名称
图纸名称
××学院教师公寓JB型
楼梯配筋图
设计阶段
结施图
图号
G-22
比例
1:100
第张
共张

策划编辑：瞿义勇
项目编辑：李　鹏
封面设计：易细文化

北京理工大学出版社
BEIJING INSTITUTE OF TECHNOLOGY PRESS

通信地址：北京市海淀区中关村南大街5号
邮政编码：100081
电话：010-68944723 82562903
网址：www.bitpress.com.cn

爱习课专业版

定价：85.00元